中国石油和化学工业优秀教材一等奖

国际工程教育认证系列教材

分离工程

朱家文　吴艳阳　等编

化学工业出版社
·北京·

《分离工程》共9章：第1章绪论，介绍了分离工程的研究内容、发展、机遇和挑战；第2章多组分精馏，内容包括多元体系汽液相平衡、常规精馏的严格计算和简捷计算以及间歇精馏；第3章特殊精馏，涉及了萃取精馏、恒沸精馏、加盐精馏和反应精馏；第4章吸收，内容包括吸收的基本理论、吸收和解吸的简捷计算、化学吸收过程的计算以及气液传质设备的效率；第5章溶剂萃取，论述了萃取的基本原理、萃取塔中的流体流动、典型的萃取设备以及萃取设备的设计；第6章膜分离技术，涉及膜分离的基本原理、膜分离技术中的工程问题以及几种典型的膜分离单元；第7章浸取，介绍了浸取的热力学、动力学计算以及应用；第8章结晶，论述了结晶的基本原理、热力学与动力学分析以及常规的工业结晶设备；第9章吸附分离与色谱分离，介绍了吸附分离和色谱分离的基本原理、分离过程和工业应用。

《分离工程》包括了化工科技人才必须掌握的分离工程学科的知识，可作为高等院校化工类专业高年级教材，并可供相关工程技术人员参考。

图书在版编目（CIP）数据

分离工程/朱家文等编．—北京：化学工业出版社，2019.9（2023.4重印）
国际工程教育认证系列教材
ISBN 978-7-122-34522-6

Ⅰ.①分… Ⅱ.①朱… Ⅲ.①分离-化工过程-教材 Ⅳ.①TQ028

中国版本图书馆CIP数据核字（2019）第092778号

责任编辑：徐雅妮　杜进祥　任睿婷　　　　装帧设计：关　飞
责任校对：宋　夏

出版发行：化学工业出版社（北京市东城区青年湖南街13号　邮政编码100011）
印　　刷：北京云浩印刷有限责任公司
装　　订：三河市振勇印装有限公司
787mm×1092mm　1/16　印张20　字数513千字　　2023年4月北京第1版第3次印刷

购书咨询：010-64518888　　　　售后服务：010-64518899
网　　址：http://www.cip.com.cn
凡购买本书，如有缺损质量问题，本社销售中心负责调换。

定　　价：59.00元

前 言

分离工程是研究混合物分离和纯化的工程科学，是化学工程学科的重要分支。它的研究对象是化工及其相关过程中的基本分离操作过程，在医药、材料、冶金、食品、生化、原子能和环保等众多领域都得到了广泛的应用，并且在生产过程中，对生产成本、产品质量和环境的污染程度等起到了关键甚至决定性的作用。

作为化工类专业的一门骨干课程，分离工程课程具有应用性和实践性较强、内容涉猎面广、跨度大、知识点多等特点，在化工类及相关专业的人才培养中具有重要地位和作用。分离工程课程是学生在学习物理化学、化工原理、化工热力学等专业课程基础上的提升。本教材定位为应用型本科教材，以“强化基础，拓宽专业，联系实际，强调课程的理论性、前沿性和实践性”为指导原则进行编写，面向化工生产实际，突出应用性。

本书的编者是华东理工大学分离工程教研组的全体教师，基于他们多年的分离工程教学和研究经验，本书明确了大学本科分离工程课程的定位和基本内容；同时，依据 ABET 认证和中国工程教育专业认证对毕业生能力的要求，强调了课程对专业培养目标和学生毕业要求达成的贡献，书中附有培养目标与学生毕业要求关系表和课程评估记录要求，体现了专业认证特色，以适应培养高水平技术人才的需要。

本书由华东理工大学朱家文和吴艳阳等编，其中第 1 章、第 5 章和第 7 章由朱家文编写，第 2 章和第 6 章由武斌编写，第 3 章和第 9 章由吴艳阳编写，第 4 章由纪利俊编写，第 8 章由陈葵编写。

分离过程种类繁多，而且新的分离过程不断出现，由于编写人员水平有限，书中不妥之处，敬请读者和有关专家批评指正。

编者

2019 年 4 月

目录

第1章 绪论

分离工程是研究过程工业中物质的分离和纯化方法的一门学科。许多天然物质都以混合物的形式存在，要从其中获得具有使用价值的一种或几种产品，必须对混合物进行分离。在许多加工工业中，例如化工、炼油、医药、食品、材料、冶金、生化等，必须对中间体和产物进行分离和提纯，才能使加工过程进行下去，并得到符合使用要求的产品。分离过程还是环保工程中用于污染物脱除的一个重要环节。

分离工程是一门内容极其丰富的学科。按采用的分离方法的原理的不同，分离大致可以分为以下几种类型：

① 根据物质的平衡性质进行分离，如蒸馏、吸收、吸附、萃取、浸取、结晶等。这是目前在化工生产中最重要、使用最普遍的一类分离方法。在这类分离方法中，通常需在过程中产生第二相或加入分离介质作为第二相，利用平衡时两相中各组分的浓度差异作为实现分离的依据。为了提高分离效果，这类过程往往在多级装置中进行。还可以在上述过程中引入化学反应以强化分离效果，如反应萃取、化学吸收、化学吸附等，或加入质量分离剂改变相平衡，如加盐蒸馏等。

② 根据粒子大小和形状的不同进行分离，如过滤、微滤、超滤、分子筛吸附分离、凝胶过滤和分子排阻层析等。其中微滤和超滤属于膜分离的范畴。

③ 根据物质的密度差进行分离，如重力沉降和离心分离等。

④ 根据物质的电性质进行分离，如电渗析和电泳等。

⑤ 根据物质的迁移速率的不同进行分离，如分子蒸馏、气体扩散法和热扩散法等。

分离是过程工业中最基本的一类单元操作，在相当多的生产过程中，它对生产的成本和产品的质量起到了关键甚至决定性的作用。在石油、化工等企业中，分离过程的投资和操作费用占有很高的比例。据统计，在典型的化工企业中，分离过程的投资一般要占总投资的1/3左右。在聚乙烯生产中，乙烯分离提纯单元的设备投资和操作费用均占总费用的一半左右。而在炼油行业及某些生化产品的生产过程中，分离过程所占的投资高达70%以上。而在一些基因工程产品的生产过程中，分离提纯的成本占总生产成本的比例甚至高达90%。因此，研究新的分离方法和技术，开发新的高效分离过程和设备，始终是分离工程重要的研究领域。

1.1 分离工程与化学工业的进步和发展

早在数千年前，人们已利用各种分离方法制作许多生活和社会发展中需要的物质。例如，利用日光蒸发海水结晶制盐，农产品的干燥，从矿石中提炼铜、铁、金、银等金属，火药原料硫黄和木炭的制造，从植物中提取药物，酿造葡萄酒时用布袋过滤葡萄汁，制造蒸馏酒等。这些早期的人类生产活动都是以分散的手工业方式进行的，主要依靠世代相传的经验和技艺，尚未形成科学的体系。

近代化学工业是伴随着 18 世纪开始的工业革命而崛起的，于 19 世纪末开始了大规模的发展。当时，三酸二碱和以煤焦油为基础的基本有机化工等都有了一定的规模。在生产中，需要将产品或生产过程的中间体从混合物中分离出来，才可供使用。例如，当时著名的索尔维制碱法中，使用了高达二十多米的纯碱碳化塔，在其中同时进行化学吸收、结晶、沉降等分离过程，这是一项了不起的成就，但这时的分离技术是结合具体的化工生产工艺的开发过程、单独而分散地发展的。

1.1.1 化工生产实践的需要推动了分离工程的发展

随着大量的工业实践，人们逐渐认识到，各种化工生产工艺，除了其中的核心即反应过程外，大都是由为数不多的一些基本操作组成的，这些基本操作的知识对于化工过程的正确开发和化工流程、装置的正常运行及经济性有重要的作用。在 20 世纪初提出的单元操作的概念指出：任何化工生产过程不论规模如何，皆可分解为一系列名为单元操作的过程，例如粉碎、混合、加热、吸收、冷凝、浸取、沉降、结晶、过滤等。单元操作的概念包含了流体动力过程、传热过程、传质分离过程、热力过程、粉体工程等许多化工生产过程中常见的操作和过程，传质分离过程是其重要的组成部分。

单元操作概念的建立对化学工程的发展起了重大的作用。它将用于不同的化学工艺中的同样的操作，以单元操作的概念抽象出来，对其共同规律进行研究。通过对其基础、单元操作所用设备的结构、操作特性、设计计算方法及应用开发等多方面的研究，为分离过程在化工工艺开发、化工过程放大、化工装置设计和化工生产中的正确应用提供了较为完整的理论体系和经济高效的分离设备，对促进化学工业的发展起到了重要的作用。同时，以此为基础发展起来了以量纲分析和相似论为基础的实验研究方法和以数学模型方法为基本的理论结合实际的化学工程研究方法，也对化学工程学科本身的发展做出了很大的贡献。

自 20 世纪 50 年代以来，通过对化学工程的深入研究，提出了三传一反（动量传递、热量传递、质量传递、化学反应工程）的概念。使分离工程建立在更基本的质量、动量、能量传递的基础上，从界面的分子现象和基本流体力学现象进行各单元操作的基础研究，并用定量的数学模型描述分离过程，用于分析已有的分离设备，进而用于设计新的过程和设备。由于计算机技术的飞速发展，使得从较基础的理论出发对分离过程和设备进行研究成为可能，减少了对数学模型的过分简化而带来的误差和失真。一些复杂的数学模型的开发和应用，以及过程模拟软件的开发和引入，使化工过程的研究、开发和设计更趋成熟和完善。

1.1.2 单元操作的提出带动了分离工程的建立和发展

现代化学工业中使用较为普遍的一些分离单元操作如下。

(1) 蒸馏

利用液体混合物中各组分挥发度的差别，使液体混合物部分汽化，挥发度较低的组分较多地留在液相，而挥发度较高的组分较多地进入汽相并部分冷凝，从而实现液体混合物中各组分的分离。蒸馏是目前应用最广的一类液体混合物分离方法。

蒸馏的应用有悠久的历史，早在两千多年前，人们就用蒸馏的方法制酒和芳香油，14

世纪已有较具规模的酒精生产，18 世纪从煤焦油中用蒸馏提取油品，19 世纪中叶第一个石油炼厂投产。

早期的蒸馏设备能耗大、分离效果差，19 世纪中叶，人们设计了直立多级、采用回流技术的精馏塔，被认为是蒸馏技术发展中的重大突破。精馏采用回流技术，在塔内实现充分的汽、液两相多级逆流接触传质，能实现混合物的高纯度分离，广泛应用于炼油、化工、轻工、食品、空气分离等工业中，是非常重要的分离技术之一。20 世纪以来，化学工业特别是石油化工的迅速发展，在生产规模和分离难度上对蒸馏提出了更高的要求，各种生产能力大、分离效率高、流动阻力低的新型蒸馏设备不断出现，常用的是各种板式塔和填料塔，这些塔器设备已成为常用的汽液传质设备，并用于其他分离单元操作如吸收等。不同的蒸馏操作方法也得到了迅速的发展，针对不同的分离体系特点，出现了恒沸精馏、萃取精馏、加盐精馏、反应精馏等各种复杂蒸馏方法。

（2）吸收

根据气体混合物中各组分在液体中溶解度的差别，用某种液体（称为吸收剂）选择性地溶解气体混合物中的一个或几个组分（称为溶质），而其余组分则几乎不能溶解（称为惰性组分），从而实现气体混合物的分离。吸收剂通过解吸得到溶质并再生使用。按溶质是否与吸收剂发生化学反应，吸收可分为物理吸收和化学吸收，化学吸收由于吸收选择性高和生产强度高而获得广泛应用。

吸收在石油化工、无机化工、精细化工和环境保护等行业得到了广泛应用。例如：用水吸收 SO_3 制造硫酸、吸收 HCl 制造盐酸，合成氨生产过程中变换气中 CO_2 的脱除，废气处理过程中 SO_2、NO_x、H_2S 等有害气体的脱除，用洗油分离焦炉煤气中的苯等。

（3）溶剂萃取

为了对溶液中的双组分或多组分进行分离，加入另一种不互溶的液体作为萃取剂，利用相关组分在两液相中的溶解度差异实现组分的分离。

虽然 20 世纪初就有了萃取的首次工业应用（用液态二氧化硫从煤油中萃取芳烃），但对萃取技术的大规模研究和开发始于第二次世界大战期间。当时，由于原子能研究和应用的需要，首先对铀、钍、钚等放射性元素的萃取提取和分离进行了开发研究。同时，对不同种类的萃取剂及其对溶质的萃取性能进行了广泛的研究，为溶剂萃取技术奠定了坚实的化学基础。而对萃取设备进行的开发研究，使萃取技术迅速走向了大规模的工业应用。当时萃取技术应用的另一个重要进展是青霉素的提取，它与青霉素的深层发酵技术一起，使青霉素的大规模低成本生产得以实现，成为 20 世纪医药工业重要的技术之一。

与其他溶液组分分离技术相比，萃取具有操作温度较为温和、不涉及相变、能耗低、能对不挥发物质如金属离子等进行分离等特点，较适用于具有下列特点的分离体系：组分相对挥发度很小，或形成共沸物，用通常的精馏方法难以分离；低浓度高沸组分的分离，此时用精馏能耗很高；多种离子的分离；热敏性物质等不稳定物质的分离等。现在萃取技术已在各方面获得了广泛的应用：炼油和石化工业中石油馏分的分离和精制，如烷烃和芳烃的分离、润滑油精制等；湿法冶金，铀、钍、钚等放射性元素，稀土、铜等有色金属，金等贵金属的分离和提取；磷酸的净化；医药工业中多种抗生素和生物碱的分离提取；食品工业中有机酸的分离和净化；环保处理中有害物质如酚的脱除等。

（4）浸取

浸取又称液固萃取。用溶剂或水溶液浸渍固体混合物以分离可溶性组分及残渣。我国早就用浸取来煎煮中药和泡茶。现在，浸取主要用于从固体中提取有用组分，如湿法冶金过程、湿法磷酸生产、天然植物有效成分提取、蔗糖和植物油的生产等。浸取在矿产开发利用和资源回收中也有重要应用。

(5) 吸附和离子交换

用固体吸附剂处理气体或液体混合物，将其中所含的一种或几种组分吸附在固体表面上，从而实现混合物的组分分离。常用的传统吸附剂有活性炭、活性白土、硅藻土、硅胶、活性氧化铝、分子筛、合成树脂等。吸附在工业上的主要用途有：气体和液体的深度干燥；食品、药品等的脱色和脱臭；异构体分离；空气分离；废水和废气处理等。新型的吸附分离方法，如变压吸附和模拟移动床吸附等，已成为被广泛应用的高效、高精度分离方法。

离子交换借助于固体离子交换剂中的离子与稀溶液中的离子进行交换，以达到提取或去除溶液中某些离子的目的。过程中使用的固体离子交换剂主要是离子交换树脂。离子交换的选择性较高，适用于高纯度的分离和净化，操作过程和设备与吸附基本相同。离子交换广泛用于水处理、溶液的精制和脱色、金属离子的分离和生物产品的提取等工业过程。

(6) 结晶

结晶一般是指从液态原料中析出晶体物质，从而获得产品的热质传递单元操作。根据液固平衡，结晶时可设法优先析出某特定的固体溶质，而将杂质留在溶液中，是一种经济有效的分离纯化手段。一些高纯度的固体物质往往可以通过反复结晶（称为重结晶）获得。工业结晶的手段通常有：冷却结晶、蒸发结晶、真空结晶、溶析结晶和熔融结晶等，通过减少溶质溶解度或提高溶质在溶液中的浓度，使溶质在溶液中过饱和，生成晶核进而生长为晶体而析出。在无机化工、精细化工、医药工业等许多需要得到固体产品和高纯度产品的场合，广泛使用结晶操作。区域熔炼是一种较为特殊的熔融结晶方法，在冷凝结晶过程中组分会重新分布，通过多次的区域重熔和结晶，使杂质富集于晶体的一端，切除即可获得极高纯度的金属和半导体材料等，如高纯度锗、单晶硅等的生产。

(7) 过滤

使液固或气固混合流体通过多孔过滤介质，截留其中的悬浮固体颗粒而使非均相的液固或气固混合物得到分离。与上述属于传质分离的单元操作不同，过滤是属于流体动力过程的机械分离过程。过滤可在常压、加压、真空、离心等条件下进行。过滤方法有表面过滤和深层过滤。在常用的表面过滤中，对固体颗粒起拦截作用的是过滤过程中在过滤介质表面沉积的滤饼。常用的过滤设备有压滤机、自动压滤机、转鼓真空过滤机、转台真空过滤机、水平带式真空过滤机和各种离心过滤机等。过滤是应用极广的单元操作，常用于获得固体产品、分离过程中产生的沉淀物和澄清流体等。

1.1.3 分离工程的发展促进了化学等过程工业的发展

分离作为过程工业中的一个不可缺少的环节，在化工等过程工业的发展中起着重要而不可替代的作用。分离技术的发展和不断取得的技术进步促进了化学及相关工业的发展，提高了相应的生产和技术水平，其影响是无处不在的，本章仅举数例如下。

炼油和石油化工是现代人类工业文明中最重要的基础加工工业之一。石油炼制工业通过炼油过程把原油加工为汽油、喷气燃料、煤油、柴油、燃料油、润滑油、石油蜡、石油沥青、石油焦和各种石油化工原料，为现代人类文明提供了重要的能源和工业原料。石油化学工业用上述原料生产种类极多、范围极广的各种化学品，例如塑料、合成纤维、合成橡胶、合成洗涤剂、溶剂、涂料、农药、染料、医药和各种中间体等重要产品。目前，国际上石油化学工业产品的销售额已占到全部化工产品的45%。在大型石油化工联合企业中，炼油和石油化工过程是紧密结合在一起的。各种分离操作是其生产过程必不可少的组成部分，在其设备投资和操作费用中占据了相当大的份额。

蒸馏是炼油和石油化工最主要的基本操作过程之一。早期的炼油工业即是简单的利用釜式蒸馏将石油的轻重组分加以分离，以生产汽油、煤油和重质油等产品的过程。现在，原油仍借常压蒸馏及减压蒸馏按沸程不同进行分离。蒸馏技术的发展，例如精馏技术的开发、泡罩塔等各种直立精馏塔的应用，提高了炼油生产中原油的分离效率，使大规模连续化的分离操作得以实现，明显降低了设备投资、操作能耗和分离成本。20世纪中叶以来各种生产能力大、分离效率高、流动阻力低的新型塔器的出现，进一步促进了炼油工业的技术进步和发展。我国的化学工程研究者也对各种新型填料和塔板进行了广泛的研究，在炼油和石油化工等工业的应用中取得了明显的经济效益，例如，美国在1950～1970年之间，通过对蒸馏设备的改进就创造了近二十亿美元的经济效益；我国用网板波纹填料对数百座旧式板式塔进行改造，使分离能力和气体通量均增加了30%～50%。

在石油化工中也大量应用着蒸馏等各种分离操作。例如，裂解气的吸收精馏分离曾是较普遍使用的方法，但存在能耗高、设备易堵塞等问题，在大型乙烯装置中，多已为裂解气深冷分离法所替代，这一方法实际上是在低温条件下的多组分冷凝精馏过程。对于C_4馏分分离和C_5馏分分离，由于各组分沸点差小，普通精馏难以奏效，为此专门发展了以萃取精馏、恒沸精馏、吸收和吸附与精馏结合等C_4馏分分离方法和C_5馏分分离方法。

除此以外，现代炼油和石油化工中还广泛应用着其他分离单元操作，例如萃取用于溶剂脱蜡、润滑油精制、溶剂脱沥青和芳烃抽提等；吸附用于分子筛脱蜡、C_8芳烃分离、烯烃和烷烃的分离等。

目前，现代人类文明的进步和发展是建立在以化石燃料为主的一次性能源的基础结构上的。然而，石油、天然气、煤的贮藏量都是有限的，核能作为一种清洁、安全、经济的工业能源，正越来越受到重视。核工业最初是在第二次世界大战期间由于战争的需要而获得超常规的高速发展的。其中，为了提取和纯化铀，对溶剂萃取技术进行了大量的研究。

铀是在工业上第一个使用溶剂萃取法提取和纯化的金属元素。在铀的溶剂萃取法提取过程中，使用的萃取剂有磷酸三丁酯（TBP）、TBP-D_2EHPA-煤油混合溶剂、胺类萃取剂等。在铀的分离提取过程开发中，对萃取单元操作进行了大量的基础和开发研究工作。以萃取设备的开发研究为例，最初用于萃取过程的设备有间歇操作的搅拌釜和类似于汽液接触设备的喷淋塔和筛板塔等，效率低，操作困难。通过研究，认识到液液接触和汽液接触不同，液液两相的密度差小、界面张力小、黏度大、传质阻力大、分散和聚并分相均较困难，因此萃取设备中，往往需要进行机械搅拌以促进分散和强化传质。因此开发了通常使用的萃取设备如各种转动塔、脉动塔、振动塔和混合澄清槽等，为萃取过程的工业转化提供了可靠、经济、高效且生产能力大的分离设备。铀、钍、钚等的萃取分离过程和气体扩散法等同位素分离方法的工业转化，为核工业在战后的迅速发展提供了坚实的基础。

由于矿物资源的贫化，湿法冶炼，即利用酸、碱等水溶液浸取矿物，然后将其中的有用组分进行分离或净化，受到了越来越多的重视，其中常用萃取进行分离和提纯。用溶剂萃取从铜矿浸取液中提取铜，是20世纪70年代在湿法冶炼中取得的一项重要成就。一般认为，只要价格相当或超过铜的有色金属，都有可能用溶剂萃取方法进行提取。目前萃取已用于钴、镍、钨、钼、金等元素的生产过程，萃取也是使用最广泛的稀土分离方法。在磷、硼等无机矿的湿法提取过程中，萃取用于磷酸和硼酸的净化等。磷酸生产的热法过程是一种成熟的过程，产品纯度高，但生产中能耗很高，成本高，要求磷矿的品位高。磷酸的湿法生产过程可以处理低品位的磷矿，生产成本低于热法，因而成为与热法竞争的一种提取方法，并得到了日益广泛的应用。在湿法磷酸净化过程中，萃取法由于提取成本低，净化程度高，可以生产与热法磷酸品质相近的产品，而得到广泛的研究和应用。分离技术的发展，使人们可以更有效地利用资源，并生产出品种更多、质量更好、价格更低的产品。

发酵工业是生物技术和化工技术相结合的产业，生产着诸如乙醇、氨基酸、有机酸、抗生素等品种繁多的与人类生活密切相关的产品。分离过程是各种发酵产品生产中的重要过程。分离技术的进步也促进了发酵工业的发展。例如，柠檬酸是主要的发酵工业产品之一。传统的柠檬酸提取工艺通常采用钙盐法，即以石灰中和发酵清液中的柠檬酸生成柠檬酸钙沉淀，再以硫酸酸化得到柠檬酸产品。该方法生产成本高，劳动强度大，并产生大量的污染。用萃取法和离子交换法提取柠檬酸，提取成本低，可实现连续化操作，并且基本上不产生污染。在20世纪80年代实现了萃取法提取柠檬酸的工业化生产。在国内，用离子交换法提取柠檬酸以及维生素C等也已实现了工业化生产。

1.2 新分离方法促进了化工技术的进步

随着化学工业的发展，分离工程一直处在不断的发展之中。一方面，对传统分离技术的研究和应用不断取得进步，分离效率提高，处理能力加大，放大问题逐步得到解决，新型设备不断出现；另一方面，为了适应技术进步所提出的新的分离需求，对新的分离技术的开发、研究和应用非常活跃，并成为重要的化学工程研究前沿之一。

1.2.1 膜分离

膜分离以膜为分离介质来实现混合物的分离。膜是指两相之间的一个不连续区间。膜可为气相、液相、固相或它们的组合。通常是多孔或非多孔的固膜（聚合物膜或无机材料膜）以及液膜（乳状液膜或支撑液膜）。而膜分离过程即是利用不同的膜特定的选择渗透性能，在不同推动力（压力、电场或浓度差等）的作用下，实现混合物分离的过程。膜分离可分成微滤、超滤、反渗透、透析、电渗析、气体渗透、渗透汽化和液膜分离等几种主要类型。膜分离过程操作条件（如pH和温度等）较为温和，效率高，能耗低，对环境的污染小，是一种广泛用于国民经济各领域的新型分离技术。

(1) 超滤和微滤

根据分子或粒子的大小来进行分离的膜过程。使用的膜为对称或非对称固膜。超滤截留的物质分子量为300～300000；而微滤截留直径为0.1～10μm的粒子，大于超滤的截留溶质。20世纪60年代非对称膜应用于超滤，是超滤技术发展的一大突破。纤维素类和聚砜类非对称膜是目前常用的超滤膜，其他非对称性超滤膜尚有聚碳酸酯、聚偏氟乙烯、交联聚乙烯醇和丙烯腈/氯乙烯共聚物等。在医药工业中，超滤用于制剂水的除菌和除热原。超滤还可以用来对十分黏稠的发酵液进行固-液分离。在酶和蛋白质等活性大分子的生产中，由于超滤操作条件温和，不易使目标生物大分子失活，被用于分离提取过程的各个阶段。食品工业是应用膜技术最多的行业。在乳制品生产中乳品的浓缩、精制和排水处理，果汁和酒等的生产中，均广泛用着超滤等膜分离过程。超滤还广泛用于环保过程，例如汽车制造业中电泳涂料清洗用水的处理、含油废水的处理，合成纤维生产含聚乙烯醇废水的处理、纸浆废水的处理等。微滤的重要应用之一是工艺水和制剂水的精制。微孔滤膜可很好地除去水中的细菌、铁、锰等金属氧化物及其他物质的粒子，用于纯水、超纯水生产的终端处理。另外，微滤还在生物、医药工业中用于组织培养液、抗生素、血清、血浆蛋白质等多种溶液的灭菌。

(2) 反渗透

根据离子在固膜中的迁移速率及渗透压进行分离。在膜分离的工业应用中，反渗透可以说是最广泛的，其应用在整个膜分离领域中约占一半。反渗透是渗透的逆过程，当两种浓度不同的溶液通过半透膜相隔时，在浓溶液侧加压至大于两溶液间的渗透压，水就从浓溶液侧流向稀溶液侧，即为反渗透。常用的反渗透膜和超滤膜是各类纤维素膜、聚酰胺膜和聚砜膜，分别于 20 世纪 70 年代前后实现商品化。反渗透已广泛用在海水、苦咸水淡化，纯水制备等方面。在海水和苦咸水淡化方面，反渗透技术的应用在 20 世纪 80 年代就已占到 20%，可使海水一次脱盐达到饮用水标准。反渗透、超滤等膜技术和离子交换组合过程用于纯水生产，可使纯水中的杂质含量接近理论纯水值，广泛用于医药工业无菌纯水和电子工业纯水的制造。对低分子量水溶性组分的浓缩回收，也是反渗透应用的重要领域。

(3) 气体的渗透分离

以分压差为推动力，根据气体分子通过膜的渗透率不同而进行气体组分分离。于 20 世纪 70 年代实现工业化应用。最早用于从合成氨驰放气和石油炼厂气中提氢，已得到了较大范围的推广使用并取得了可观的经济效益。气体的渗透分离在天然气净化、天然气提氦、甲烷/二氧化碳分离中也得到了应用。用空气膜法富氧技术生产含氧量小于 40%的富氧空气，可用于锅炉和工业窑炉的燃烧以及医用。空气膜法富氮技术已用于油井和化工装置的保护以及蔬菜和果品保鲜。

(4) 渗透汽化膜分离

用于液体混合物的分离。采用高选择性的均质膜或复合膜进行分离，透膜的组分通过真空、温差或其他方法使之汽化，过程的推动力为分压差。渗透汽化膜分离是一种新的化工分离单元操作，在许多场合可以代替精馏，取得了明显的节能效果，尤其是对恒沸物、沸点相近的体系和稀溶液的分离。用渗透汽化法从恒沸混合物生产 99.8%无水乙醇已于 20 世纪 80 年代实现工业化，能耗约为恒沸精馏的 30%～40%。渗透汽化还可以分离水中含有的微量或少量有机物，用于环保、有机物或溶剂的回收。

1.2.2 超临界萃取

超临界萃取是利用超临界流体进行固体或液体中可溶性组分分离的技术。超临界流体是物质处于临界温度 T_c、临界压力 p_c之上的一种流体状态，兼有气、液两重性的特点，即密度接近于液体，黏度和扩散系数又与气体相似。它不仅具有与液体溶剂相当的萃取能力，而且具有传质扩散速度快的优点。超临界流体具有显著的非理想流体特性，当压力或温度变化时其物性尤其是密度发生明显变化，而其萃取能力主要决定于其密度，因此可通过调节压力和温度来控制其对溶质的萃取，改变压力或温度又可使超临界流体和被萃取的溶质分离，从而获得被提取的物质。最常用的超临界流体（溶剂）为二氧化碳，通常采用高压下萃取，然后降低压力使之脱离超临界状态实现溶剂和被萃取物的分离的操作方式。由于操作温度较低，萃取时间很短，适用于热敏物质的提取；惰性环境可避免产品被氧化；无毒，不污染环境，分离后被提取物中无溶剂残留，特别适合于动植物中天然有效成分的提取和精制。超临界萃取可用于多种加工过程中，如从咖啡豆中除去咖啡因、天然香料的生产、中药中有效成分的提取等。在我国，超临界萃取得到了广泛的应用研究。用超临界二氧化碳萃取天然存在的脂溶性高沸点热敏性物质，如月见草油、小麦胚芽油、沙棘籽油等不饱和脂肪或脂肪酸，维生素 E、紫草宁、银杏内酯、青蒿素等药用组分，取得了很好的成果，有的已可进行生产。超临界萃取也可用于不同组分的精细分离，称为超临界萃取精馏。用这一方法以含有60%二十碳五烯酸（EPA）和二十二碳六烯酸（DHA）的鱼油为原料，可提取精制得到纯度各达 90%的 EPA 和 DHA。

1.2.3 新型吸附技术

吸附技术近年来发展很快，出现了模拟移动床、变压吸附、层析（色谱）、扩张床等新分离方法，并相继应用于工业生产中。

(1) 模拟移动床吸附

C_8 芳烃中的对二甲苯是经济价值高、用途广泛的产品，对于其分离，20 世纪 50 年代已实现工业化的低温结晶分离法是较成熟的一种方法，但其能耗大，设备投资和生产成本高，产品纯度略低。20 世纪 60 年代发展起来的模拟移动床吸附分离法，利用对对二甲苯有较强吸附作用的分子筛固体吸附剂，通过固相模拟移动的方法产生两相连续逆流接触的效果，既提高了吸附剂的利用率、设备的生产能力和分离效率，又避免了固体吸附剂的磨损破碎、堵塞及固体颗粒缝间的沟流，与固定床吸附装置相比较，其吸附剂装填量仅为 1/25，液体脱附剂用量为 1/2，明显降低了设备投资费用和分离成本，获得的产品纯度很高，可以95%的回收率得到纯度为 99.5%的对二甲苯。工业化实现后发展很快，并已用到其他异构体的分离、烯烃和烷烃的分离和柠檬酸的提取中。

在解决了黏稠流体在柱内的分配流动和传质、装柱和避免床层收缩等技术难题后，模拟移动床成功地应用于果/葡萄糖浆分离的工业过程，被认为是现代制糖工业重要的技术进步之一。

在治疗心脏病、癌症、艾滋病等严重影响人类健康的疾病方面，旋光纯手性药物有着独特的作用。分离工艺技术是生产旋光纯手性药物原料的关键技术之一。由于手性分子之间唯一的不同是它们的分子立体构型，它们之间的分离极其困难。虽然高压液相色谱可以用于实验室和试验规模的生产，但用于大规模生产过于昂贵。UOP 公司等成功地将模拟移动床技术用于手性拆分，研究结果表明其分离成本低于常规固定床方法的 10%，现已用于旋光纯手性药物的生产。

(2) 变压吸附

利用固体吸附剂（分子筛、硅胶、活性氧化铝、活性炭等）对不同的气体组分具有一定的吸附选择性和平衡吸附量随组分分压升高而增加的特性，实行加压吸附、减压脱附的操作方法称为变压吸附，目前已广泛用于气体混合物的分离。变压吸附一般在常温下操作，循环周期短，易于实现自动化。变压吸附在工业生产上的应用迅速增长，在气体分离方面被认为优于模拟移动床。目前其主要的应用领域有：空气干燥；氢的纯化。变压吸附可生产纯度高达 99.999%～99.9999%的氢，生产成本比常规的深冷法和涤气法低 5%～7%；对于生产规模不大，纯度要求也不是很高（氧气低于 95%，氮气低于 99.7%）时，变压吸附已被证明是比深冷法更为经济的方法，应用于炼钢、有色金属冶炼、造纸和纸浆工业、医药、环保、惰性气体保护、食品保鲜等各方面。

(3) 层析（色谱）

在层析分离中，被分离物质的分子在两相（固定相和流动相）之间分配，亲固定相的分子在系统中移动较慢，而亲流动相的分子则随流动相较快地流出系统，从而实现了不同物质之间的分离。固定相通常都是固体，流动相（也称为洗脱相）则可以是气体或液体。按两相相互作用的原理不同，可以分为吸附层析、离子交换层析、疏水作用层析、亲和层析、固定化金属离子亲和层析、凝胶过滤层析等不同的过程。层析是分离能力很强的技术，并且很适合用于从稀溶液中提取溶质。早期用于分析和实验室分离制备，目前在工业上用于一些分离纯化要求很高的过程，如生物活性物质的提取、天然动植物资源中有效成分的提取、重稀土金属的分离等。在生物技术产品的分离提纯过程中，层析是一种特别重要的分离手段。

(4) 扩张床吸附

通常的生物技术产品的分离纯化过程包括发酵液预处理、固液分离、分离、纯化、产品加工等步骤，操作复杂、步骤多、处理时间长，造成提取过程投资高、收率低、分离成本高。如何高效低成本地实现生物活性物质的大规模分离纯化是分离工程面临的挑战，也是生物技术产品产业化过程的迫切需求。其中，当料液中颗粒微小、料液黏度高时，对料液的固液分离是一个很困难的过程，处理不当（如处理时间过长等）容易造成生物活性物质的失活。与固定床吸附不同，扩张床在吸附操作时其床层处于膨松的亚流化状态，但同时又保持了较低的返混，因而可以处理含较多微颗粒的“脏”料液，如发酵液等，并达到良好的分离效果；在脱附时则反向流动以固定床方式进行。扩张床吸附将固液分离、吸附分离和浓缩集成为一个操作过程，简化了分离工艺，提高了产品回收率，是一项应用前景广阔的生化分离新技术。扩张床吸附允许的通量范围可达 1～3m/h，分离效果可达 200 平衡级/米。目前扩张床技术已用于多种生物制品的分离过程中。

(5) 反应-分离耦合技术

反应-分离耦合是利用反应促进分离或利用分离促进反应的过程，反应-分离耦合可以提高过程产率，简化生产工艺过程，节约投资和操作费用，因而受到重视。例如，酯化反应是一种可逆反应，利用反应精馏，即把反应放在精馏塔中进行，可以在反应过程中利用精馏及时分离反应生成的水和酯，使反应持续向酯化的方向进行。在同一设备中完成反应和分离，可使设备投资和操作费用大为降低。膜分离与脱氢、氧化还原、酯化、酰化等反应的结合，可使反应转化率提高，具有诱人的应用前景。

1.3 分离工程面临的新机遇和挑战

20 世纪下半叶掀起的新技术革命浪潮在人类文明和社会发展上具有重大的意义。现代生物技术、环境科学、资源与能源科学、信息技术与材料科学等高新科技的发展对分离工程提出了新的、更高的要求，有许多是传统分离技术所无能为力的。分离工程发展与高新科技的结合是现实的迫切需求，也是分离工程面临的新的机遇和挑战。

以重组 DNA 技术为标志的现代生物技术近三十年来取得了迅猛的发展，对其下游过程，即生物技术产品的分离纯化技术提出了迫切的需求。通过发酵和动植物细胞培养等生成的目标产物需通过一系列的分离和纯化步骤才能获得最终的产品。生物技术产品生产中分离提纯成本一般要占其总成本的 40%～90%。这一情况直至目前仍未有明显的改观。通常，在以小分子产品为主的传统发酵工业中分离成本要占总成本的 60%左右，而现代基因工程产品有时可高达 90%左右。作为生化工程的一个组成部分，分离技术在其产品生产中起到重要作用。

以基因工程产品为代表的现代生物技术产品的分离提纯技术的开发研究是分离技术的前

沿研究方向，它有着与传统化工分离技术极为不同的分离对象、系统和特点：

① 分离对象是具有特定生物活性的生物大分子产品，分离过程设计中不恰当的物理和化学环境等（如温度、pH 值、缓冲液选择、有机溶剂、搅拌和剪切力等）皆有可能引起其蛋白质分子结构发生改变，从而使之失活；

② 所需要的目标产物往往存在于含有许多性质十分相似的杂质的稀溶液中，如何从这样一种复杂的稀溶液中经济有效地提取产物是生物分离技术面临的重大课题；

③ 从卫生和安全角度出发，对于治疗用基因工程产品，有着极高的纯度和同一性要求，对其中的有害杂质去除率要求极高，对分离设备材质和分离过程中引入的分离介质也有着严格的限制；

④ 基因工程中所表达的外源蛋白在宿主细胞（如大肠杆菌）中往往以不溶解的无定形蛋白聚合体即包涵体的形式存在，如何使之分离纯化并按正确的次序和结构复性为具有活性的最终产品是一个全新的分离技术研究领域。

通常，生物分离过程包括以下几个处理阶段：①培养液（或发酵液）的预处理和固-液分离；②产物提取；③产物纯化（精制）；④成品加工。许多分离技术已成功地应用于实验室研究和生产分离过程，例如，离心、过滤和超滤等膜分离技术等。许多适合于生物技术产品特点的分离技术在近几十年来得到了迅速的发展，例如离子交换层析、凝胶过滤、亲和层析等层析技术；超速离心分离技术；电泳技术、双水相萃取、反胶束萃取等。然而，现在的生物分离过程往往相当复杂，步骤很多，导致分离成本高，收率下降。因此，以经济和大规模高效分离为目标的许多新的生物技术产品组合分离技术，例如亲和膜分离、亲和超滤技术、扩张床技术、高效层析技术等，已受到重视，其中有些已成功地用于生产。可以预见，随着科学技术的发展，现有的生物分离技术将不断完善，新的生物分离技术还将不断涌现，以适应不断增多的生物技术产品的产业化的需要。

20 世纪下半叶掀起的信息革命浪潮正以以前无法想象的方式改变着人们的生活。分离工程在信息工业所需要的高纯原料的生产上有着重要的应用。锗、硅、砷化镓等半导体材料，集成电路生产中需要的试剂和光纤生产均需要达到极高纯度。以单晶硅的生产为例，冶炼级的硅在氢气的保护下与氯化氢反应生成氯硅烷，通过精馏分离得到纯净的三氯硅烷，在高温下通氢还原得到高纯度的多晶硅。这三个步骤实际上是对硅的分离提纯过程。然后再通过另一个纯化步骤，区域熔炼，得到单晶硅，以供制造集成电路之用。光纤生产中所需要的四氯化硅，纯度要求很高，其中的含氢化合物的含量要求低于 4×10^{-6}，金属离子含量低于 2×10^{-9}，可以通过多次精馏来进行纯化。分离工程在此面临的挑战是，如何开发出新的、更有效的、生产成本更低的提纯工艺来制造超纯材料。为此必须开展范围广泛的研究，包括新的高选择性质量分离剂（分离介质）、分离过程界面现象、提高分离过程的速率和操作强度、新的分离设备、分离单元操作和分离过程工艺流程的研究等。

地球上的一次性能源和资源都是有限的，由于工业生产和人民生活的需要而进行的大规模开采，已经使部分能源和资源日趋枯竭，尤其是既作为能源又作为基本化工原料的石油和天然气资源。使能源和资源能持续满足未来发展的需要是放在科研工作者面前的紧迫任务。目前来看，这些任务包括，现有资源的充分利用，贫矿和贫化资源的开采利用；煤、页岩油等资源的清洁、经济和有效的综合利用；新能源的开发，如太阳能、核聚变、生物能源等。分离工程的进步将对这些领域研究目标的实现和应用起到至关重要的作用。

在现有资源充分利用，贫矿和贫化资源的开采和提炼，煤、页岩油等资源的有效利用及其向液态燃料转化等方面，分离工程面临着许多新的挑战。由于资源的分散度大、含量较低、组成复杂（如伴生矿和共生矿）和处理过程的环境保护要求，使得对分离过程的开发提出了更高的要求。在煤气化合成汽油或煤液化生产燃料油的大规模应用中，也面临着许多新的、不同于石油化工的分离问题。现已普遍使用的许多化工分离技术如萃取、吸附、离子交换、膜分离等大有用武之地。对此，一个重要的方向是加强对使用于分离过程的高分离因子、高选择性、高容量、使用寿命长且易于再生循环使用的质量分离剂（分离介质）的研究，热力学和化学在其研究中有重要的作用。另外，加强对传质和传递现象、界面现象的研究，自动控制及计算机辅助过程应用于分离工程的研究，对于强化分离过程的分离效果也具有重要的意义。

核聚变有可能成为 21 世纪的主要能源之一。可控核聚变过程中轻核元素聚变成较重元素释放出的巨大能量可作为能源加以利用。主要的核聚变燃料是氘和氚。氘在自然界以重水的形式存在，可以从海水中提取得到，氚由锂和中子反应产生。据估计海水中约有 200 万亿吨重水，因此可控核聚变如能实现，将成为几乎用之不竭的能源。镁是一种战略金属，海水提镁已是镁的主要来源之一。从海水中提取镁生产高纯镁砂的主要过程即是对从海水中带来的杂质的分离。应用离子交换和吸附法，还可以从海水中提取铀、银、金、锶、铋、锌、锰等微量元素。由此可见，海洋是资源的大宝库，分离技术，尤其是从极稀溶液中经济高效地大量提取有用组分的技术，是充分利用这一重要资源来源的关键之一。

从可再生的生物资源中获得液体燃料将是今后能源结构中的重要组成部分。甘蔗是将太阳能转化为化学能的理想植物。实际上，通过甘蔗制糖、发酵生产的乙醇，在一些国家已作为汽油的代用品用于汽车燃料。然而要使这种燃料真正具有经济上的竞争力，必须要解决从发酵产生的乙醇稀溶液中经济而低能耗地提取高纯度乙醇的分离技术，以降低生产成本和提高净能量产出率。虽然对此的研究持续不断地取得进步，但仍有待于取得更大的突破。

环境保护是工业化社会中人们面临的严峻问题。对于工业生产中排出的废气、废液、废渣等污染物，常用的处理方法是生物降解、化学降解和污染物的分离脱除。分离工程在环境保护中起着重要的作用。由于污染物种类繁多、性质复杂、浓度又往往较稀，环保分离技术必须针对这些特点进行开发研究。许多分离单元操作已用于环境保护中，例如吸收用于从工业燃烧废气中脱硫和脱硝；萃取用于从工业废水中脱除酚和其他有害有机物以及重金属离子等；吸附和离子交换用于处理放射性废水等等。进一步的开发研究还集中在对排放废物的综合利用上。例如对燃烧废气中低浓度二氧化硫的脱除、回收和综合利用；柠檬酸和湿法磷酸生产中，产生大量的废石膏，由于杂质含量高而无法利用，如何脱除其中的杂质对其加以利用或将其转化成其他有用产品一直是人们关注的研究课题；废电池污染在一些大城市已成为日趋严重的问题，其回收利用有待于经济有效的分离过程的开发。根除污染物在生产过程中的产生是一种理想的环境保护方法，即所谓的“零排放”生产过程或绿色生产工艺的开发，要做到这一点需要环保研究者、分离工程研究者和各领域的工艺开发研究者共同合作，进行大量的努力。

1.4 分离工程课程的学习目标和要求

分离工程是研究在均相或非均相混合物中进行组分分离以及产品纯化技术和过程的科学。分离工程虽然隶属于化学工程学科，但其应用范围远远超出了化学工业的范畴，正在化学、炼油、核能、冶金、医药、食品、环境保护等工业领域中起着重要的作用。

分离工程是化工类专业的核心和主干课程。本课程以多组分、非理想、高浓度、有化学反应的、体系复杂的分离操作和过程为基本对象，以化工等过程工业为背景，以数学模型为工具，以分离单元操作为主线，深入讲授分离工程的理论、应用、研究、开发的工程问题和学科的前沿发展。在分离工程课程教学中，应按照 ABET 国际工程教育认证标准和中国工程教育认证标准（二者是实质等效的）及补充标准，以学生为中心，根据专业和课程的培养目标，注重学生能力的达成，注重理论教学与实验教学相结合，基本原理与实例讲授相结合，过程模拟与实验教学相结合，形成理论-模拟-实验教学体系，并注重学生终生学习能力的培养。

根据 ABET 国际工程教育认证标准，2019—2020 标准中规定的毕业生应满足的 7 项能力要求，分离工程课程应为学生达成表 1-1 的能力要求提供重要支撑。

表 1-1　学生能力达成的要求

编号	学生能力的达成(Student Outcomes)	“分离工程”课程对学生能力达成的贡献和要求
1	应用工程、科学和数学等基本原理鉴定、规划和解决复杂工程问题的能力。(An ability to identify, formulate, and solve complex engineering problems by applying principles of engineering, science, and mathematics.)	5
2	在考虑健康、安全、安宁以及社会、经济、文化、环境等因素的基础上，应用工程设计解决具体需求的能力。(An ability to apply engineering design to produce solutions that meet specified needs with consideration of public health, safety, and welfare, as well as global, cultural, social, environmental, and economic factors.)	4
3	与人有效沟通的能力。(An ability to communicate effectively with a range of audiences.)	
4	在工程状况下，承担伦理与专业责任并且做出综合判断的能力，必须在全球、经济、环境和社会背景下考虑工程方案的影响。(An ability to recognize ethical and professional responsibilities in engineering situations and make informed judgments, which must consider the impact of engineering solutions in global, economic, environmental, and societal contexts.)	2
5	通过团队合作达到目的。(An ability to function effectively on a team whose members together provide leadership, create a collaborative and inclusive environment, establish goals, plan tasks, and meet objectives.)	
6	通过实验与数据分析得到工程判断与结论。(An ability to develop and conduct appropriate experimentation, analyze and interpret data, and use engineering judgment to draw conclusions.)	
7	采用适宜的学习方法，获得并应用新知识的能力。(An ability to acquire and apply new knowledge as needed, using appropriate learning strategies.)	2

表 1-1 中最后一列是分离工程课程对本专业学生能力达成要求的贡献，其中的数字 1～5 表示要求的相关性，数字越大相关性越强，可以通过课程评估记录来定量评估课程的达成效果。

学生通过本课程的学习，应具有扎实的分离工程理论基础，活跃的创新意识，具备一定的分析和解决实际问题的能力，以及利用先进的研究手段从事相关领域研究的能力。并达到以下基本要求：**掌握传质过程和分离工程的基本理论，了解重要的分离单元操作及其设计、计算、应用基础，重视现代分离技术及其前沿发展。**在未来的工作中，能应用分离操作的原理，成功地开发、设计和操作工业过程。

第2章 多组分精馏

本章要点

• 精馏过程和设备的发展，工业应用。

• 多组分物系汽液相平衡：汽液相平衡计算方法，针对分离物系的具体特点选用合适的热力学方程，计算汽液相平衡常数。

• 单级平衡分离过程：泡点、露点、闪蒸过程的计算原理。

• 多级平衡分离过程的定量表征：基于物料衡算、热焓衡算、汽液相平衡、汽液相组成满足归一化要求，建立定态多级平衡分离过程的 MESH 方程组。

• 求解 MESH 方程组的常用算法：泡点法、流率加和法和全变量迭代法的原理，各算法的特点和适用范围。

• 多组分精馏过程的简捷计算：多组分精馏的组分分类，Fenske 方程估算最少理论板数 N_m 和对非关键组分在塔顶与塔釜产物间的分割，Underwood 方程计算最小回流比 R_m，Gilliland 关联求解理论板数。

• 综合考虑精馏过程的设备成本和操作成本，选定合理的操作压力。

• 多组分精馏分离合理流程设计依据的经验规则和工程常识。

• 间歇精馏过程：间歇精馏特点，间歇精馏简捷计算。

2.1 概述

过程工业中，精馏是分离液体混合物的一种经典单元操作。它是利用混合物中各组分挥发度的差异，通过汽、液相间的选择性分配而实现组分分离。

蒸馏作为一种分离手段，其应用有悠久的历史。早在二千余年前，人类已开始利用蒸馏制备烧酒和芳香油。早期的蒸馏为间歇、单级操作。19 世纪中叶以后，逐渐发展为连续、多级、带有塔顶馏出液部分回流的精馏过程。

通过长期的工程应用和相关研究，精馏过程与设备逐渐改进。各种大通量、高效率、低压降的新型精馏塔设备不断出现，形成了多级接触的板式塔和微分接触的填料塔两大类型。

蒸汽能耗是精馏分离成本的重要组成部分，通过利用中间冷凝、中间再沸、多效精馏和热泵精馏等手段，对多组分混合物精馏分离的复杂网络进行优化，提高能量的利用效率。

普通精馏仅依靠能量分离剂就能得到高效分离，不需另外加入试剂，操作相对简单，成本可控，已积累了丰富的操作经验和成熟的设备类型，这使得精馏成为液体混合物分离的首选方法。

精馏塔作为精馏过程汽、液相间传质的物理空间，首先应能保障汽、液两相得到充分的接触，以达到较高的传质效率。工业精馏塔包括板式塔和填料塔。塔板数和填料层高度，是传质效率的直接体现。求解完成一个具体的精馏分离任务需要的塔板数或填料层高度，是精馏设计的常见问题。

塔板上或填料表面的汽液传质过程十分复杂。精馏体系物性条件、设备结构和操作条件等都以各自形式影响传质比表面积和传质系数。对于板式塔，实际工程处理中，以理论板为参照，分别计算完成一个精馏分离任务需要的理论板数和效率，再求得实际需要的塔板数。

理论板即平衡级，汽、液相间传质的理论板概念主要基于以下假设：

① 进入理论板的汽、液相物流在板上有足够长的停留时间进行传质，离开该板的汽、液相间达到相平衡；

② 板上液相浓度均一，板间汽相浓度均一；

③ 离开理论板的汽液两相实现理想的相分离：离开的汽相中不夹带雾滴，液相不夹带气泡。

理论板和实际板的差异，可以用板效率表征。当汽液两相完全分离时（见图 2-1），以汽相浓度表示的 Murphree 板效率定义如下

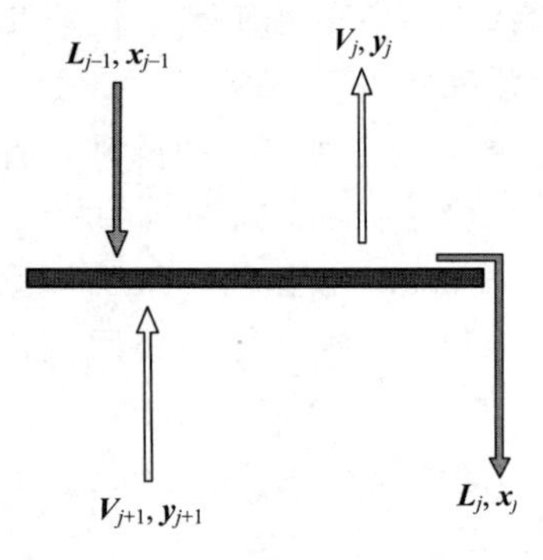

图 2-1 塔板上的汽液相流量和组成

$$E_{MV}=\frac{y_j-y_{j+1}}{y_j^*-y_{j+1}} \tag{2-1}$$

式中，y_{j+1}为进入该板汽相的组成；y_j 为离开该板的汽相组成；y_j^* 为与离开该板的液相组成 x_j 达到相平衡的汽相组成。

理论板数由精馏物系汽液相平衡、规定的分离要求和操作参数（进料热状态、回流比或液汽比）等共同决定，板数多少反映了达到规定分离要求的难易程度。实际塔板的效率受到相间传质速率、板上和板间汽液相返混、各组分汽液相平衡和设备条件等因素的制约。

求得精馏所需的理论板数 N 后，根据所选的塔型结构、物性和相平衡特性，获得实际板的全塔效率（E_o），再计算所需的实际板数（N_A）。

$$N_A=N/E_o \tag{2-2}$$

选定合理的板间距，由板间距和实际板数相乘，即为塔的有效高度。

对于填料塔，组分浓度在塔内呈微分变化，填料层高度的计算，既可采用传质单元法，也可用理论板当量高度法。

① 传质单元法。利用物料衡算和相平衡关系，求解完成一个具体精馏任务需要的传质单元数 NTU。由塔内汽液操作负荷和传质系数，得到传质单元高度 HTU，填料高度为

$$H=NTU\cdot HTU \tag{2-3}$$

② 理论板当量高度法。根据填料特性、物性条件和操作工况，确定完成一个理论板的分离任务需要的填料高度（等板高度 $HETP$），填料高度为

$$H=N\cdot HETP \tag{2-4}$$

2.2 汽液相平衡

准确的汽液相平衡关系，是精馏过程分析和设计计算的基础，可以表征理论板上汽、液相组成间的定量关系，也是传质单元法中计算相间传质推动力的依据。

如图 2-2 所示，达到平衡的汽液两相间，需要满足三组平衡条件：热平衡、机械平衡和化学位平衡，即

① 两相温度相等　$T^{L}=T^{V}$　(2-5)

② 两相压力相等　$p^{L}=p^{V}$　(2-6)

③ 各组分在两相间的分逸度相等　$\hat{f}_i^{V}=\hat{f}_i^{L}$　(2-7)

各组分在两相间分逸度相等，实质上是在两相间化学位相等。按照逸度进行计算分析，更加方便。

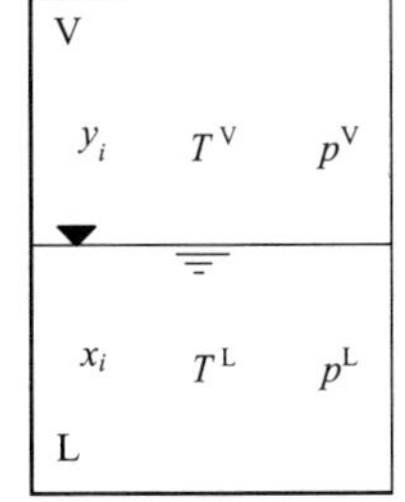

图 2-2　汽液两相平衡

2.2.1 相平衡关系的定量表达

在精馏过程的分析和计算中，通常用下述三种方法表示相平衡关系。

(1) 相图

主要用于表示二组分物系的相平衡关系，包括恒压下 T-x 和 y-x 曲线，及恒温下 p-x 曲线等。对于三组分物系，相平衡关系表示为 T-x-y 图和 p-x-y 图，均为三维相图。

(2) 汽液相平衡常数

组分 i 在如图 2-2 所示的汽液两相间的相平衡常数 K_i 为

$$K_i=\frac{y_i}{x_i} \tag{2-8}$$

式中，y_i 和 x_i 分别表示 i 组分的汽相摩尔分数和液相摩尔分数。

(3) 相对挥发度

组分 i 对组分 j 的相对挥发度 $\alpha_{i,j}$，等于两个组分各自的汽液相平衡常数 K_i 与 K_j 之比

$$\alpha_{i,j}=\frac{K_i}{K_j}=\frac{y_i/x_i}{y_j/x_j} \tag{2-9}$$

精馏体系汽液相平衡特性，可以用每个组分的汽液相平衡常数表征，也可以用两个组分间相对挥发度来表征。汽液相平衡常数是系统温度、压力、汽液相各组分摩尔分数的函数，对温度和压力的变化尤其敏感。而相对挥发度对温度、压力等变化反应相对迟钝，在塔内不同位置变化幅度不大。精馏计算中，常利用组分间相对挥发度取平均值后，计算最少理论板数和最小回流比。

根据式(2-9) 和汽、液相摩尔分数的各自加和为 1，可导出

$$y_i=\frac{\alpha_{i,j}x_i}{\sum_i \alpha_{i,j}x_i} \tag{2-10a}$$

$$x_i=\frac{y_i/\alpha_{i,j}}{\sum_i y_i/\alpha_{i,j}} \tag{2-10b}$$

式中，j 组分可以任意选定，一般选取重关键组分。

掌握了相对挥发度数据，利用式(2-10a) 或式(2-10b)，可以对平衡的汽相组成和液相组成进行换算。

2.2.2 相平衡常数的求取途径

达到平衡时，组分 i 在汽、液相的分逸度相等，满足式(2-7)。

汽相混合物中，组分 i 的分逸度 $\hat{f}_i^V$ 为

$$\hat{f}_i^V=\hat{\phi}_i^V y_i p \tag{2-11}$$

式中，$\hat{\phi}_i^V$ 为组分 i 的逸度系数；p 为总压。在中、低压下，$\hat{\phi}_i^V$ 可通过状态方程求解。

液相混合物中，组分 i 的分逸度也可以通过逸度系数来计算，即

$$\hat{f}_i^L=\hat{\phi}_i^L x_i p \tag{2-12}$$

对于液相非理想性强的系统，通过逸度系数来计算液相逸度并不准确；当压力不太高时，可以参照基准态的逸度，利用组分 i 在液相中的活度来修正基准态逸度，即

$$\hat{f}_i^L=\gamma_i x_i f_i^\circ \tag{2-13}$$

式中，γ_i 为组分 i 的活度系数；f_i°为组分 i 的基准态逸度。

(1) 逸度系数法

采用式(2-11) 和式(2-12) 计算组分 i 在汽、液相的分逸度，结合式(2-7)，可得

$$K_i=\frac{y_i}{x_i}=\frac{\hat{\phi}_i^L}{\hat{\phi}_i^V} \tag{2-14}$$

此方法对组分 i 在汽、液相的分逸度都通过逸度系数来计算，称为逸度系数法。中、低压下，对于液相非理想性不是很强的烃类系统，用逸度系数法计算液相组分 i 的分逸度和汽液相平衡常数，能得到可靠的结果。利用状态方程或实测 p-V-T 数据，应用式(2-14) 是工程计算获取相平衡常数的一条途径，所以逸度系数法又称状态方程法。

(2) 活度系数法

对于液相非理想性强的系统，不宜采用逸度系数法来计算液相逸度。采用活度系数法，修正基准态的逸度，可以计算组分 i 在液相中的分逸度［见式(2-13)］。组分 i 在汽相的分逸度仍用式(2-11) 计算。结合式(2-7)，可得

$$K_i=\frac{y_i}{x_i}=\frac{\gamma_i f_i^\circ}{\hat{\phi}_i^V p} \tag{2-15}$$

此法需计算组分的液相活度系数，所以又称为活度系数法。对压力不高，液相非理想性强的系统更为合适。对于有机化合物的精馏分离，多数情况下满足低压要求，所以活度系数法在精馏计算中较常用。

采用活度系数法计算组分的分逸度，是将混合物中组分 i 的逸度与该组分的基准态逸度对比、校正而得。所谓基准态，是指活度系数为 1 的状态。根据组分 i 可凝与否，应采用两种不同的基准态。

① 可凝性组分基准态逸度。可凝性组分的基准态，通常定义为系统温度 T 和压力 p 下组分 i 的纯液态。精馏体系混合物中，各组分大多或全部为可凝性组分。

由式(2-13)，可得

$$f_i^\circ=\frac{\hat{f}_i^L}{\gamma_i x_i} \tag{2-16}$$

式中，f_i°表示组分 i 的基准态逸度，即温度 T、压力 p 下液态纯组分 i 的逸度。

当 $x_i \to 1$ 时，$\gamma_i \to 1$，$f_i^\circ = \lim\limits_{x_i \to 1} \dfrac{\hat{f}_i^L}{\gamma_i x_i} = f_i^L$（$T$，$p$）。

根据热力学原理，$\left(\dfrac{\partial \ln f_i^L}{\partial p}\right)_T = \dfrac{V_i^L}{RT}$。其中 V_i^L 为液态纯组分 i 的摩尔体积。温度 T 下，纯组分 i 的饱和蒸气压为 p_i^s；f_i^s 为 T、p_i^s 下纯组分 i 的逸度，对应的逸度系数为 ϕ_i^s。精馏操作条件附近，p_i^s 偏离常压不远，$\phi_i^s \to 1$，$f_i^s = p_i^s \phi_i^s \to p_i^s$；基准态逸度 f_i°可参照 f_i^s，通过修正压力对逸度的影响而算得：$\ln\left(\dfrac{f_i^L}{f_i^s}\right) = \displaystyle\int_{p_i^s}^{p} \dfrac{V_i^L}{RT} dp$。整理得

$$f_i^\circ = f_i^L = f_i^s \exp\left(\int_{p_i^s}^{p} \frac{V_i^L}{RT} dp\right) = p_i^s \phi_i^s \exp\left(\int_{p_i^s}^{p} \frac{V_i^L}{RT} dp\right) \tag{2-17a}$$

式中，$\exp\left(\displaystyle\int_{p_i^s}^{p} \dfrac{V_i^L}{RT} dp\right)$ 又称 Poynting 修正因子。远离临界点时，V_i^L 可视为常数，$\displaystyle\int_{p_i^s}^{p} \dfrac{V_i^L}{RT} dp = V_i^L (p - p_i^s)/RT$。所以有

$$f_i^\circ = p_i^s \phi_i^s \exp[V_i^L (p - p_i^s)/RT] \tag{2-17b}$$

饱和蒸气压 p_i^s 可根据 Antoine 方程等关系式和相应参数来计算。

较低压力下，$\phi_i^s \to 1$，Poynting 因子近似为 1，$f_i^\circ \to p_i^s$，液相混合物组分 i 分逸度为

$$\hat{f}_i^L = \gamma_i x_i p_i^s \tag{2-18}$$

② 不可凝组分基准态逸度。对于汽液相平衡分离过程，混合物中某些组分在系统温度下不能液化。一般地，系统温度 T 高于组分 i 的临界温度 T_{ci}，这些组分进入液相的机理不是通过冷凝，而是溶解。

以亨利定律为依据，不可凝组分的基准态，可以定义为组分 i 溶解于液相中，且浓度无限稀释的状态。

任意的 x_i 下，$\hat{f}_i^L = \gamma_i x_i f_i^\circ$。

基准态时：$x_i \to 0$，$\gamma_i \to 1$。

T、p 一定，$x_i \to 0$ 时，亨利定律成立，即 $\hat{f}_i^L = H_i x_i$

基准态下，组分 i 的逸度，就是组分 i 的亨利系数

$$f_i^\circ = H_i = \lim_{x_i \to 0} \frac{\hat{f}_i^L}{x_i} \tag{2-19}$$

2.2.3　汽液相平衡系统的分类

根据分子间作用力的不同，汽相可分为三类。

(1) 理想气体

理想气体分子间的作用力和分子本身所占的体积均可以忽略。汽相为理想气体时，$\hat{f}_i^V = p y_i = p_i$，$\hat{\phi}_i^V = 1$。

(2) 实际气体的理想溶液

实际气体的理想溶液又称实际气体的理想混合物。此时相同分子间的作用力与相异分子

间的作用力相同，分子大小一样，气体混合时体积具有加和性。组分 i 的分逸度符合 Lewis-Randall 规则，即 $\hat{f}_i^V = f_i^V y_i$。其中，f_i^V 为纯组分 i 气体在系统 T、p 下的逸度。

(3) 实际气体

相同分子间的作用力不同于相异分子间的作用力，各组分的分子大小也不一样，属于最常见的情况。组分 i 分逸度可采用式(2-11) 计算，即 $\hat{f}_i^V = \hat{\phi}_i^V y_i p$。

与此类似，液相也可分为理想溶液和实际溶液两类。对于理想溶液，$\gamma_i \to 1$，则

$$\hat{f}_i^L = x_i f_i^\circ \tag{2-20}$$

根据汽相为理想气体、理想溶液、实际气体，液相为理想溶液、非理想溶液等情况，对其进行组合，汽液相平衡体系可以有以下几类。

① 完全理想系——汽相为理想气体，液相为理想溶液：压力低于 200kPa 和分子结构十分相似组分的溶液，如苯-甲苯二组分混合物，即属于完全理想系。

② 理想系——汽相为理想溶液，液相为理想溶液。

③ 非理想系——又可分为两种情况：汽相为理想气体，液相为非理想溶液，低压下大部分物系，如醇、醛、酮与水形成的溶液，属于此种类型；汽相为理想溶液，液相为非理想溶液。

④ 完全非理想系——汽相为实际气体，液相为非理想溶液。

根据式(2-15) 和式(2-17b)，可得汽液相平衡常数的一般表达形式为

$$K_i = \frac{y_i}{x_i} = \frac{\gamma_i p_i^s \phi_i^s}{\hat{\phi}_i^V p} \exp\left[\frac{V_i^L (p - p_i^s)}{RT}\right] \tag{2-21}$$

K_i 不仅取决于体系温度、压力，还受到汽、液相组成的影响。

如表 2-1 所示，对于汽相分别为理想气体、理想溶液、实际气体，液相分别为理想溶液和非理想溶液的不同组合，汽液相平衡常数的计算可以适当简化。

表 2-1　汽液相平衡系统分类

汽相 \ 液相	理想溶液	非理想溶液
理想气体	$K_i = \frac{p_i^s}{p}$	$K_i = \frac{\gamma_i p_i^s}{p}$
实际气体的理想溶液	$K_i = \frac{f_i^\circ}{f_i^V}$	$K_i = \frac{\gamma_i f_i^\circ}{f_i^V}$
实际气体	实际不存在	$K_i = \frac{\gamma_i f_i^\circ}{\hat{\phi}_i^V p}$

2.2.4　汽液相平衡计算的基本方程

汽液相平衡常数 K_i 的计算，常用的是逸度系数法和活度系数法。无论采用哪种方法要准确计算 K_i，关键在于应用热力学方程（状态方程、活度系数方程）求解各组分在汽、液相的逸度系数和活度系数等热力学变量。

采用逸度系数法计算时，其应用范围主要针对溶液的非理想性不强、压力不太高的情况。常采用 SRK、BWR、PR 等状态方程，计算各组分在汽、液相的逸度系数。

活度系数法的适用范围为非理想溶液，常压附近。计算汽相逸度系数时，既可采用

SRK、BWR、PR 等状态方程，也可用维里（Virial）方程。计算活度系数 γ_i 时，须选择合适的活度系数方程。

混合物组成给定时，在 p、V、T 三个变量中仅两个是独立的。选择 p 和 T 或 T 和 V 为独立变量，可以由热力学导出两组计算热力学性质的基本方程。

(1) 以 p 和 T 为独立变量的基本方程

逸度 $\hat{f}_i$ 和逸度系数 $\hat{\phi}_i$ 的基本方程为

$$RT\ln\left(\frac{\hat{f}_i}{z_i p}\right)=RT\ln\hat{\phi}_i=\int_0^p\left(\overline{V}_i-\frac{RT}{p}\right)\mathrm{d}p \tag{2-22}$$

式中，$\overline{V}_i$ 为组分 i 在混合物中的偏摩尔体积，$\overline{V}_i=\left(\frac{\partial V_\mathrm{t}}{\partial n_i}\right)_{T,p,n_j}$，$V_\mathrm{t}$ 为混合物的摩尔体积；z_i 为组分 i 的摩尔分数，计算汽相逸度时代之以 y_i，计算液相逸度时代之以 x_i。

对于纯组分 i，$V_i=\overline{V}_i$，式(2-22) 可简化为

$$RT\ln\left(\frac{f_i}{p}\right)=\int_0^p\left(V_i-\frac{RT}{p}\right)\mathrm{d}p \tag{2-23}$$

或

$$\ln\left(\frac{f_i}{p}\right)=\int_0^p\left(\frac{Z_i}{p}-\frac{1}{p}\right)\mathrm{d}p \tag{2-24}$$

式中，Z_i 为纯组分 i 的压缩因子，$Z_i=pV_i/RT$。

(2) 以 T 和 V 为独立变量的基本方程

逸度 $\hat{f}_i$ 和逸度系数 $\hat{\phi}_i$ 的基本方程为

$$RT\ln\left(\frac{\hat{f}_i}{z_i p}\right)=RT\ln\hat{\phi}_i=\int_{V_\mathrm{t}}^{\infty}\left[\left(\frac{\partial p}{\partial n_i}\right)_{T,V_\mathrm{t},n_j}-\frac{RT}{V_\mathrm{t}}\right]\mathrm{d}V_\mathrm{t}-RT\ln Z \tag{2-25}$$

式中，Z 为混合物的压缩因子，$Z=pV_\mathrm{t}/n_\mathrm{t}RT$。

对于具体的混合物，根据合适的状态方程，以 p 和 T 或是以 T 和 V 为独立变量，选择相应的基本方程，即能求得 $\hat{f}_i$、$\hat{\phi}_i$。

2.2.5 逸度系数计算

(1) 烃类系统相平衡常数的近似估计——p-T-K 列线图

对于烃类系统，汽液两相均接近理想溶液，$K_i=f_i^\circ/f_i^\mathrm{V}=f(T,p)$。$f_i^\circ$ 和 f_i^V 仅与 p 和 T 有关，K_i 也仅是 p 和 T 的函数，与混合物组成无关。

根据 BWR 状态方程，计算不同 T、p 下相平衡常数 K 并绘成 p-T-K 列线图，如图 2-3 所示。工程计算中，已知系统温度和压力，可以从图上查得各烃类组分的 K_i 值。由于忽略了组成对 K_i 的影响，列线图中查得的是 K_i 的大概值，平均误差为 8%～15%，适用于 0.8～1MPa（绝压）以下区域。p-T-K 列线图计算 K_i 比较粗略，但对于工程估算比较便捷。

(2) 利用维里方程计算逸度

维里方程本身是作为经验方程提出的，但有理论基础的支持。维里系数反映了气体分子间相互作用的效应，维里方程可计算组分汽相逸度系数 $\hat{\phi}_i^\mathrm{V}$，但不适用于液相。

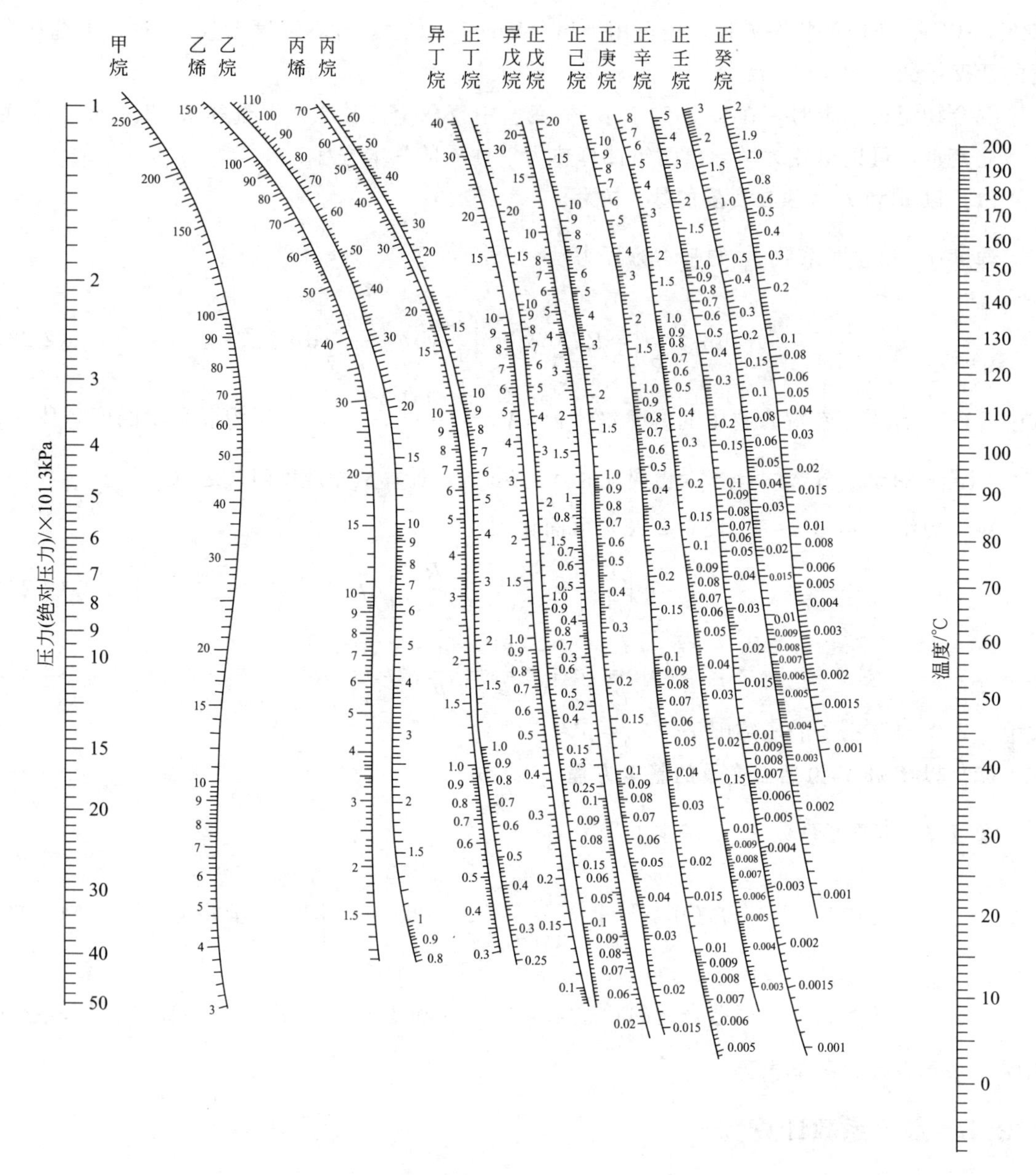

图 2-3 烃类的 p-T-K 图（高温段）

维里状态方程有两种形式：

① 压缩因子 Z 表示为摩尔体积倒数的幂级数，独立变量为 V 和 T

$$Z=\frac{pV}{RT}=1+\frac{B}{V}+\frac{C}{V^2}+\frac{D}{V^3}+\cdots \tag{2-26}$$

式中，B 为第二维里系数；C 为第三维里系数；D 为第四维里系数。

② 压缩因子 Z 表示为压力 p 的幂级数，独立变量为 p 和 T

$$Z=\frac{pV}{RT}=1+B'p+C'p^2+D'p^3+\cdots \tag{2-27}$$

式中，B'、C'和 D'为维里系数。

为便于应用，常将式(2-26) 和式(2-27) 的第二维里系数后面的项截去，简化为

$$Z=\frac{pV}{RT}=1+\frac{B}{V} \tag{2-28}$$

和

$$Z=\frac{pV}{RT}=1+B'p=1+\frac{Bp}{RT} \tag{2-29}$$

由于忽略了维里方程的高次项，式(2-28) 和式(2-29) 只适用于中低压的气体。

维里方程应用于混合物时，混合物的维里系数与组成有关，其计算式为

$$B_{\mathrm{m}}=\sum_i \sum_j y_i y_j B_{i,j} \tag{2-30}$$

$$C_{\mathrm{m}}=\sum_i \sum_j \sum_k y_i y_j y_k C_{i,j,k} \tag{2-31}$$

其中，$B_{i,j}$ 为与组分 i 和 j 两分子间相互作用和碰撞有关的第二维里系数。$B_{i,j}$ 和 $B_{j,j}$ 分别为纯组分 i 和纯组分 j 的第二维里系数。$C_{i,j,k}$ 为与组分 i、j 和 k 三分子间相互作用和碰撞有关的第三维里系数，$C_{i,i,i}$、$C_{j,j,j}$、$C_{k,k,k}$ 分别为纯组分 i、j 和 k 的第三维里系数。

采用式(2-28) 形式的维里方程，从式(2-25) 导出逸度系数为

$$\ln\left(\frac{\hat{f}_i^{\mathrm{V}}}{y_i p}\right)=\ln\hat{\phi}_i^{\mathrm{V}}=\frac{2}{V}\sum_j y_j B_{i,j}-\ln Z \tag{2-32}$$

式中

$$Z=1+\frac{B_{\mathrm{m}}}{V} \tag{2-33}$$

采用式(2-29)，由式(2-22) 可得

$$\ln\left(\frac{\hat{f}_i^{\mathrm{V}}}{y_i p}\right)=\ln\hat{\phi}_i^{\mathrm{V}}=\frac{p}{RT}\left[2\sum_j y_j B_{i,j}-B_{\mathrm{m}}\right] \tag{2-34}$$

对于纯组分 i，逸度系数计算式为

$$\ln\phi_i^{\mathrm{V}}=\ln\frac{f_i^{\mathrm{V}}}{p}=\frac{B_i p}{RT}=Z_i-1 \tag{2-35}$$

式(2-32) 和式(2-34) 适用于中等压力以下二组分和多组分、极性和非极性的汽相。式中用到的第二维里系数除有较丰富的实验数据外，还有比较可靠的估算方法。

计算时，先找到或估算各纯组分维里系数、组分间相互作用的维里系数，根据适用混合规则计算 B_{m}。最后，由式(2-34)、式(2-35) 等，分别计算混合物和纯态下组分的逸度系数。

(3) 利用 SRK 状态方程计算逸度系数

能描述非极性物质及混合物的汽、液两相 p-V-T 关系的状态方程有 SRK、PR 和 BWRS 方程等。以下介绍 SRK 方程用于计算组分在汽液相混合物中的 $\hat{\phi}_i^{\mathrm{V}}$、$\hat{\phi}_i^{\mathrm{L}}$。

SRK 方程形式为

$$p=\frac{RT}{V-b}-\frac{a}{V(V+b)} \tag{2-36}$$

式中

$$a=a_{\mathrm{c}}\alpha(T) \tag{2-37}$$

令 $A=\frac{ap}{R^2T^2}$，$B=\frac{bp}{RT}$，式(2-36) 可写成无量纲形式

$$Z^3-Z^2+Z(A-B-B^2)-AB=0 \tag{2-38}$$

式(2-36) 应用于纯组分 i 流体时，$a_i=a_{\mathrm{c}i}\alpha_i(T)$，其中

$$a_{ci}=0.42748\frac{R^2T_{ci}^2}{p_{ci}} \tag{2-39}$$

T_{ci}和p_{ci}为组分i的临界温度和临界压力。

$$\alpha_i(T)=\{1+m_i[1-(T/T_{ci})^{0.5}]\}^2 \tag{2-40}$$

$$m_i=0.48508+1.55171\omega_i-0.15613\omega_i^2 \tag{2-41}$$

式中，ω_i为组分i的偏心因子。式(2-41) 是 Graboski 等根据多种烃类物质的实测饱和蒸气压和汽液相平衡数据等回归而得，式中系数与 Soave 原来建议的值略有变动。

纯组分参数b_i的计算相对简便

$$b_i=0.08664\frac{RT_{ci}}{p_{ci}} \tag{2-42}$$

计算得各组分的a_i、b_i后，利用以下混合规则，可得混合物对应参数a和b

$$a=(\sum_i z_i a_i^{0.5})^2 \tag{2-43a}$$

$$b=\sum_i z_i b_i \tag{2-43b}$$

由式(2-25) 和 SRK 方程可得

$$\ln\left(\frac{\hat{f}_i}{z_i p}\right)=\ln\hat{\phi}_i=\frac{b_i}{b}(Z-1)-\ln(Z-B)-\frac{A}{B}\left(2\frac{a_i^{0.5}}{a^{0.5}}-\frac{b_i}{b}\right)\ln\left(1+\frac{B}{Z}\right) \tag{2-44}$$

SRK 方程对汽液两相均适用。计算液相逸度、逸度系数和焓时，须用液相压缩因子；计算汽相性质时，则须用汽相压缩因子。SRK 方程［式(2-38)］是压缩因子的三次方程，在汽液两相区有三个根，其中最大值为汽相压缩因子Z_V，最小值为液相压缩因子Z_L。选择合适的压缩因子解，代入适用的关系式，即可求得逸度系数和焓值。

2.2.6 活度系数计算

对于非理想性较强的液体混合物，尚无成熟状态方程可用于计算液相逸度系数。这类溶液中各组分的逸度，一般以基准态为参照，通过活度系数的修正来计算。

正确表征溶液 Gibbs 过剩自由能的有关数学模型，是建立活度系数方程的基础。溶液过剩自由能G_t^E与活度系数的关系为

$$G_t^E=\sum_i(n_iRT\ln\gamma_i) \tag{2-45}$$

$$\left(\frac{\partial G_t^E}{\partial n_i}\right)_{T,p,n_j}=RT\ln\gamma_i \tag{2-46}$$

如果有准确反映溶液过剩自由能的数学模型，就能根据式(2-46) 得到活度系数方程。

文献中已发表许多G_t^E的关联式，其中一部分是经验性的，而另一部分则是以某种溶液理论为基础的半经验方程。常用的活度系数方程有三类：①Wohl 型方程，典型的如 Van Laar 方程和 Margules 方程。②基于局部组成概念建立的模型和活度系数方程，如 Wilson 方程、NRTL 方程、UNIQUAC 方程等。③基于基团贡献法建立的方程，如 UNIFAC 方程等。以下简单介绍第 1 类和第 2 类活度系数方程的应用。

(1) Wohl 型方程

这是以正规溶液假设为基础的活度模型。所谓正规溶液，是指溶液中不同组分间作用力相同，各组分分子在微观空间上均匀分布。在总结归纳 Van Laar 和 Margules 等人的过剩自由能方程后，Wohl 提出如下形式的方程

$$\frac{G_t^E}{RT\sum q_i x_i}=\sum_i\sum_j \Psi_i\Psi_j a_{i,j}+\sum_i\sum_j\sum_k \Psi_i\Psi_j\Psi_k a_{i,j,k}+\sum_i\sum_j\sum_k\sum_l \Psi_i\Psi_j\Psi_k\Psi_l a_{i,j,k,l}+\cdots \tag{2-47}$$

式中，Ψ_i 为混合物中组分 i 的有效体积分数，其定义为

$$\Psi_i=\frac{x_i q_i}{\sum_j x_j q_j} \tag{2-48}$$

式中，x_i 为组分 i 的摩尔分数；q_i 为组分 i 的有效摩尔体积；$a_{i,j}$、$a_{i,j,k}$ 和 $a_{i,j,k,l}$ 分别为相应下标的分子对、三分子基团和四分子基团的相互作用参数，其中 $a_{i,i}=0$，$a_{i,j}=a_{j,i}$，$a_{i,i,i}=0$，$a_{i,j,k}=a_{i,k,j}=a_{j,i,k}=a_{j,k,i}=a_{k,i,j}=a_{k,j,i}$。

对式(2-47) 进行适当简化，并对 q_i 赋以各种不同假定，可以导出活度系数计算的 Van Laar 方程和 Margules 方程等。

Van Laar 方程、Margules 方程有悠久的历史，但仍有实用价值，特别是在定性分析方面。方程的数学表达式简单，模型参数容易从活度系数数据估计。

对于二组分物系，Van Laar 方程形式如下

$$\ln\gamma_1=A_{12}\left(\frac{A_{21}x_2}{A_{12}x_1+A_{21}x_2}\right)^2 \tag{2-49a}$$

$$\ln\gamma_2=A_{21}\left(\frac{A_{12}x_1}{A_{12}x_1+A_{21}x_2}\right)^2 \tag{2-49b}$$

对于二组分物系，Margules 方程形式如下

$$\ln\gamma_1=x_2^2[A_{12}+2(A_{21}-A_{12})x_1] \tag{2-50a}$$

$$\ln\gamma_2=x_1^2[A_{21}+2(A_{12}-A_{21})x_2] \tag{2-50b}$$

三组分物系 Margules 活度系数方程的形式为

$$\begin{aligned}\ln\gamma_1=&x_2^2[A_{12}+2x_1(A_{21}-A_{12})]+x_3^2[A_{13}+2x_1(A_{31}-A_{13})]\\&+x_2x_3[A_{21}+A_{13}-A_{32}+2x_1(A_{31}-A_{13})\\&+2x_3(A_{32}-A_{23})-C(1-2x_1)]\end{aligned} \tag{2-51}$$

式(2-51) 只给出了组分 1 的活度系数的关系式。对其他组分，需要将式(2-51) 中各物理量的下标按照 1→2→3→1 的顺序进行变换得到。

式(2-51) 中 A_{12} 和 A_{21} 为组分 1 和 2 构成的二组分物系参数，A_{13} 和 A_{31} 以及 A_{23} 和 A_{32} 具有类似意义。C 为表征三组分物系性质的参数，必须由实测的三组分物系平衡数据推算得到。因此，不能单用二组分物系的数据来正确推断三组分物系的活度系数。

Wohl 型方程有较大的局限：①适用于非理想性不大的物系，不适用于非理想性很强的溶液。②用于多组分计算时，需要有多组分汽液相平衡实验数据的支撑，且只能在实验范围内插值计算，几乎没有外推预测作用。③不能反映温度的影响。

常见有机化合物的汽液相平衡数据和相关模型参数，有关工具书中有详细记载。经验性活度系数方程中一些参数的确定较困难，在多组分溶液中应用意义不大。三组分以上多组分溶液的活度系数的计算，长期未得到有效解决，直到 1964 年，Wilson 提出以局部组成概念为基础、可应用于任意组分数的活度系数方程。

(2) 基于局部组成概念的活度系数方程

1964 年，Wilson 首次提出了局部组成概念。局部组成概念认为，混合物溶液中不同种

类分子间作用力的差异，造成了它们在微观尺度上局部组成的不均匀；这种局部组成的差异，会体现在 Gibbs 过剩自由能上，由此建立的模型能更好地反映实际溶液与理想溶液的偏离。局部组成概念提出以后，相平衡计算取得了长足进步。基于局部组成概念的活度系数方程，包括 Wilson 方程、NRTL 方程、UNIQUAC 方程。

① Wilson 方程

$$\ln\gamma_i = 1 - \ln\left(\sum_j \Lambda_{i,j} x_j\right) - \sum_k \frac{\Lambda_{k,i} x_k}{\sum_j \Lambda_{k,j} x_j} \tag{2-52}$$

式中，$\Lambda_{i,j}$ 为 Wilson 参数，$\Lambda_{i,j} = \frac{V_j^{\mathrm{L}}}{V_i^{\mathrm{L}}}\exp[-(\lambda_{i,j}-\lambda_{i,i})/RT]$；$\lambda_{i,j}-\lambda_{i,i}$ 为组分 i 和 j 间的二元交互作用能量参数；V_i^{L}、V_j^{L} 分别为纯液体 i 和 j 的摩尔体积。

Wilson 方程的特点有：通用性强，适用于酮、醇、醚、腈和酯类以及含水、硫、卤化物的互溶系统汽液相平衡的预测和计算，精度高；仅需用有关二组分物系的参数 $\Lambda_{i,j}$ 和 $\Lambda_{j,i}$ 即能预计多组分物系的活度系数；能够反映温度对活度系数的影响。但是对于液液相平衡，Wilson 方程预测结果往往与实际有大的偏差，所以不能用它来预计液液相平衡时的活度系数。

② NRTL 方程

$$\ln\gamma_i = \frac{\sum_j \tau_{j,i} G_{j,i} x_j}{\sum_k G_{k,i} x_k} + \sum_j \frac{x_j G_{i,j}}{\sum_k G_{k,j} x_k}\left[\tau_{i,j} - \frac{\sum_l \tau_{l,j} G_{l,j} x_l}{\sum_k G_{k,j} x_k}\right] \tag{2-53}$$

式中，$\tau_{i,j}=(g_{i,j}-g_{j,j})/RT$；$g_{i,j}-g_{j,j}$ 为组分 i 和 j 间的二元交互作用能量参数；$G_{i,j}=\exp(-\alpha_{i,j}\tau_{i,j})$，其中 $\alpha_{i,j}$ 为第三参数，取值范围通常在 0.2～0.47 之间。

NRTL 方程通用性强，适用于多类体系汽液和液液相平衡的预测和计算。NRTL 方程对于汽液相平衡的预测精度比 Wilson 方程稍差一点，但对含水系统的预计精度很好。

③ UNIQUAC 方程

UNIQUAC 模型将过剩自由能拆解为组合过剩自由能 $G_{\mathrm{C}}^{\mathrm{E}}$ 和剩余过剩自由能 $G_{\mathrm{R}}^{\mathrm{E}}$ 两项，如式(2-54)、式(2-55a)、式(2-55b) 所示。相应地，活度系数方程中将活度系数 γ_i 拆解为组合活度系数 γ_i^{C} 和剩余活度系数 γ_i^{R} 两项。

过剩自由能为
$$G^{\mathrm{E}} = G_{\mathrm{C}}^{\mathrm{E}} + G_{\mathrm{R}}^{\mathrm{E}} \tag{2-54}$$

$$G_{\mathrm{C}}^{\mathrm{E}}/RT = \sum_i x_i \ln\frac{\varphi_i}{x_i} + \frac{z}{2}\sum_i q_i x_i \ln\frac{\theta_i}{\varphi_i} \tag{2-55a}$$

$$G_{\mathrm{R}}^{\mathrm{E}}/RT = -\sum_i q'_i x_i \ln\left(\sum_j \theta'_j \tau_{j,i}\right) \tag{2-55b}$$

活度系数
$$\ln\gamma_i = \ln\gamma_i^{\mathrm{C}} + \ln\gamma_i^{\mathrm{R}} \tag{2-56}$$

$$\ln\gamma_i^{\mathrm{C}} = \ln\frac{\varphi_i}{x_i} + \frac{z}{2} q_i \ln\frac{\theta_i}{\varphi_i} + l_i - \frac{\varphi_i}{x_i}\sum_j x_j l_j \tag{2-57a}$$

$$\ln\gamma_i^{\mathrm{R}} = -q'_i \ln\left(\sum_j \theta'_j \tau_{j,i}\right) + q'_i - q'_i \sum_j \frac{\theta'_j \tau_{i,j}}{\sum_k \theta'_k \tau_{k,j}} \tag{2-57b}$$

式中，$\tau_{i,j}=\exp[-(u_{i,j}-u_{j,j})/RT]$，$u_{i,j}-u_{j,j}$ 为组分 i 和 j 间的二元交互作用能量参数；$l_i=\left(\frac{z}{2}\right)(r_i-q_i)-(r_i-1)$；$z$ 为配位数，通常取为 10；q_i、q'_i 为组分 i 的表面积参

数，除一元醇和水的 $q_i \neq q'_i$ 外，其余 $q=q'$；r_i 为组分 i 的体积参数；$\theta_i=\dfrac{q_i x_i}{\sum_j q_j x_j}$，$\theta'_i=\dfrac{q'_i x_i}{\sum_j q'_j x_j}$ 为组分 i 的平均表面积分数；$\varphi_i=\dfrac{r_i x_i}{\sum_j r_j x_j}$，为组分 i 的平均体积分数。

组合活度系数与液相组成、纯组分体积参数和表面积参数有关。分子间相互作用力的影响，则体现在剩余活度系数一项中。纯组分的体积参数和表面积参数，各组分间相互作用参数，可查询有关热力学手册。UNIQUAC 方程适用于多类体系汽液和液液相平衡的预测和计算，包括分子大小相差悬殊的混合溶液，但表达式最复杂，预测普通体系汽液相平衡的精度比 Wilson 方程略差一点。

基于局部组成概念构建的活度系数方程，其共同的优点是：仅用二元参数即可很好地表示二组分物系和多组分物系的相平衡关系。

由纯组分性质推算相平衡特性，特别是活度系数，一直是人们所期望的。工程计算中已采用的方法有溶解度参数法和 UNIFAC 模型等。溶解度参数法只需要纯组分的溶解度参数和液相摩尔体积，但预测精度较差。UNIFAC 模型基于混合液中各组分分子中的官能团概念，将数以千计的化学组分拆分为几十种官能团，根据实验数据回归得到官能团的面积参数、体积参数、交互作用参数的值，可以对热力学研究缺乏的体系进行活度系数估算和相平衡特性预测。

求解汽液相平衡的平衡常数，是精馏过程设计和分析计算的热力学基础。应该认真研究涉及的分离物系，根据其特点选定合适的热力学模型，这是过程计算得到可靠结果的关键。

2.3 单级平衡分离过程的计算

单级平衡过程，是平衡级分离过程的基本单元。对于汽液相平衡，当分离物系中轻重组分相对挥发度很大时，单级操作几乎就可以完成分离任务。一般情况下，需要多级的汽液平衡接触，以达到高的分离效率。

单级蒸馏过程有若干种形式，如等温闪蒸、绝热闪蒸。作为特例，泡点计算问题可以视作汽相分率为 0 的等温闪蒸，露点计算问题可视作汽相分率为 1 的等温闪蒸。

单级蒸馏是蒸馏计算最简单的形式，但由于平衡常数与温度、压力、汽液相组成的复杂关系，求解过程也往往要进行费力而枯燥的迭代计算。

2.3.1 泡点计算

精馏计算中常进行泡点计算，以确定塔板温度和塔的操作压力。其运算次数很大，提高泡点计算的收敛稳定性和速度十分重要。

泡点计算包括泡点温度和泡点压力计算两类。

(1) 泡点温度计算

已知压力 p 和液相组成 $\boldsymbol{x}$，求解泡点温度 T_b 和对应的平衡汽相组成 $\boldsymbol{y}$。

泡点计算依据的约束方程有以下三个。

① 相平衡关系

$$y_i=K_i x_i \quad (i=1,\cdots,c) \tag{2-58}$$

② 汽、液相摩尔分数加和归一方程

$$\sum_i y_i = 1 \quad \sum_i x_i = 1 \tag{2-59}$$

③ 相平衡常数关联式

$$K_i = f_i(T, p, \boldsymbol{x}, \boldsymbol{y}) \quad (i = 1, \cdots, c) \tag{2-60}$$

对于泡点问题，约束方程［式(2-58)～式(2-60)］有 $2c+2$ 个，涉及变量数为 $3c+2$，该问题的自由度$=(3c+2)-(2c+2)=c$。此问题独立约束条件只能给定 c 个。

计算泡点温度时，压力和液相组成是给定的，汽相组成在开始时暂时未知。汽相分率 $V/L=0$，气泡的形成不影响液相组成。根据 $y_i = K_i x_i$ 和 $\sum_i y_i = 1$，可得泡点方程

$$\sum_i K_i x_i = 1 \tag{2-61a}$$

泡点方程也可表示为目标函数形式

$$G = 1 - \sum_i K_i x_i = 0 \tag{2-61b}$$

泡点方程是泡点计算的主要依据。

求解泡点温度时，由于 p_i^s 与 T 的非线性关系，一般需要迭代求解。

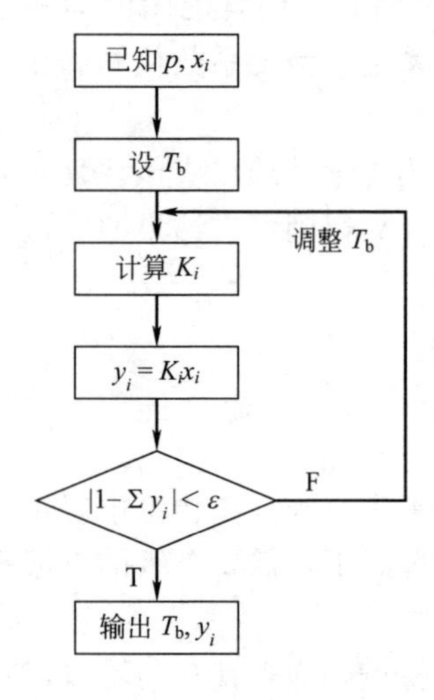

图 2-4 理想系泡点温度的算法框图

对于理想系，K_i 仅是 p 和 T 的函数时，泡点温度计算相对简单，如图 2-4 所示。

理想系中，K_i 与汽、液相组成无关。确定泡点温度的初值后，即可算得 K_i，然后计算汽相组成 y_i，并加和验证是否满足泡点方程。如果不满足泡点方程，则调整泡点温度值，循环迭代。$|1-\sum_i y_i|$ 足够小时，可视作迭代收敛。收敛判据 ε 一般可取 0.001。

压力 p 一定时，汽液相平衡常数 K_i 与温度 T 为单调的正相关关系。若 $\sum_i y_i < 1$，表明 K_i 偏小，原来假设的温度值偏低，需要提高；若 $\sum_i y_i > 1$，表明 K_i 偏大，原来假设的温度偏高，应适当降低。

为了避免迭代中变量调整的盲目性，计算泡点温度时，可选择物系中对 $\sum_i K_i x_i$ 数值影响较大的某个组分为基础组分 (Base Component，简称 B)，有针对性地通过基础组分平衡常数 K_B 的修正，较快地逼近泡点温度值。各组分相对于 B 组分的相对挥发度为 α_{iB}，利用式(2-10a) 可以得到

$$y_i = \frac{\alpha_{iB} x_i}{\sum_i \alpha_{iB} x_i} \tag{2-62}$$

泡点时，$\sum K_i x_i = \sum \alpha_{iB} K_B x_i = 1$，于是

$$\frac{1}{K_B} \sum K_i x_i = \sum \alpha_{iB} x_i \tag{2-63a}$$

相对挥发度 α_{iB} 对温度变化不敏感，因此，式(2-63) 中，$\frac{1}{K_B}\sum K_i x_i$ 近似为常数。

迭代法计算泡点温度时，即使温度尚未收敛至泡点温度 T_b，仍然有以下关系成立

$$\frac{1}{K_B^{(r+1)}}\sum_i K_i^{(r+1)}x_i \approx \frac{1}{K_B^{(r)}}\sum_i K_i^{(r)}x_i \tag{2-63b}$$

式中，上标 $r+1$ 和 r 表示迭代次数。

迭代法计算泡点温度时，可以先对基础组分 B 的汽液相平衡常数 K_B 进行修正，通过修正后的 K_B 与温度的函数关系，算得对应的温度值，该值会较快地接近泡点，再利用泡点方程进行校核；如果仍未收敛，则继续对 K_B 进行修正，并计算新的温度值，再进行泡点校核，直至收敛。根据式(2-63b)，为了使得第 $r+1$ 次迭代时，$\sum K_i^{(r+1)}x_i=1$，由此可得到泡点温度计算时，K_B 的修正计算式为

$$K_B^{(r+1)}=\frac{K_B^{(r)}}{\sum_i K_i^{(r)}x_i} \tag{2-64}$$

手工计算泡点温度时，选择主要组分或挥发居中的组分作为基础组分，利用平衡常数修正法，能大大提高收敛速度。

【例 2-1】 脱异丁烷塔的塔釜液组成为：

组分	异丁烷(1)	正丁烷(2)	异戊烷(3)	正戊烷(4)
x_i	0.0319	0.7992	0.1041	0.0648

塔釜压力取 698kPa，试计算塔釜液温度。

解： 塔釜液温度就是对应的泡点温度。

(1) 设 $T=65℃$，查图 2-3 得

$K_1=1.3$，$K_2=1.0$，$K_3=0.47$，$K_4=0.38$

$S_y=\sum y_i=\sum K_i x_i=1.3\times0.0319+1.0\times0.7992+0.47\times0.1041+0.38\times0.0648=0.914$

S_y 与 1 有显著偏离，需重新计算。

(2) 选择正丁烷为基础组分，计算其修正后的平衡常数

$$K_B^{(1)}=\frac{K_B^{(0)}}{\sum_i K_i^{(0)}x_i}=\frac{1}{0.914}=1.094$$

由图 2-3 查得：$p=698$kPa 下，$K_B^{(1)}=1.094$ 时，$T_b^{(1)}=67.8℃$。再由图 2-3 查得 $p=698$kPa，$T_b^{(1)}=67.8℃$ 时，$K_1^{(1)}=1.42$，$K_3^{(1)}=0.50$，$K_4^{(1)}=0.41$。

重新校核泡点方程：$\sum K_i x_i=0.998$，与 1.0 已经足够接近，可以认为计算结果正确，塔釜液温度为 67.8℃。本题通过修正基础组分的平衡常数，经 1 次迭代即达收敛。

计算非理想系泡点温度时，$K_i=f(T_b,p,x_i,y_i)$。迭代计算要考虑汽相组成 y_i 变化对 K_i 的影响，具体步骤如图 2-5 所示。

压力不大时（2MPa 以下），K_i 对 y_i 不敏感，对温度较为敏感，因此将 y_i 放在内层循环，温度迭代放在外层循环。内层迭代中，对于 y_i 进行归一化圆整处理，目的在于为下一轮迭代提供更好的出发点。

计算非理想系的泡点温度时，K_i 求算中要计算液相活度系数和汽相逸度系数，计算量较大。目标函数的选择对收敛速率影响很大。

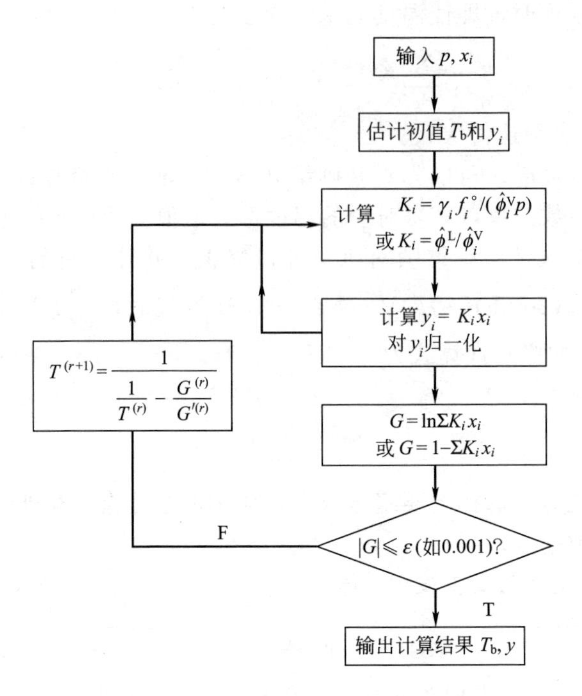

图 2-5 非理想系泡点温度算法框图

根据泡点方程原来形式［式(2-61b)］，目标函数 $G=1-\sum\limits_i K_i x_i=0$，计算收敛不快。$K_i=\dfrac{\gamma_i f_i^\circ}{\hat{\phi}_i^V p}=f_i(T, p, \boldsymbol{x}, \boldsymbol{y})$。$K_i$ 主要受温度影响，而温度对 K_i 的影响通过 f_i°起作用。$f_i^\circ\approx\phi_i^s p_i^s\approx p_i^s$，$p_i^s$ 常用 Antoine 方程计算

$$\ln p_i^s=A_i-\frac{B_i}{T+C_i} \tag{2-65}$$

可见，$\ln K_i$ 与 $1/T$ 近似呈线性关系。如果对式(2-61a) 取自然对数，可得以下的目标函数

$$G(1/T)=\ln\sum_i K_i x_i=0 \tag{2-66}$$

目标函数式(2-66) 与 $1/T$ 呈近似线性关系，采用图 2-6 所示的牛顿切线法迭代，可以很快收敛。迭代计算以 $1/T$ 为自变量，每轮迭代后变成温度的形式，再进行下一轮运算。

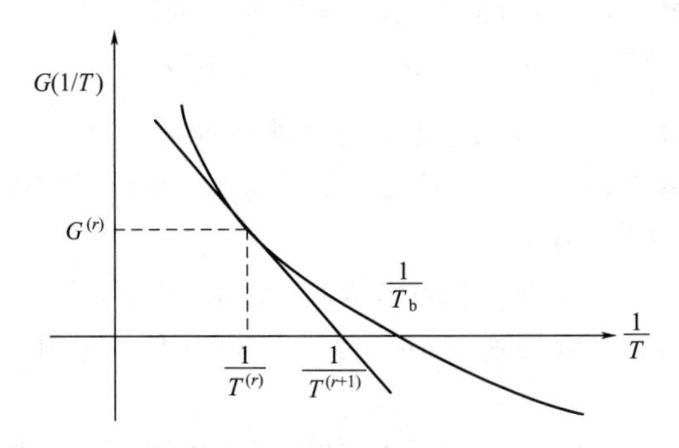

图 2-6 牛顿切线法迭代

由 $\frac{1}{T^{(r+1)}}=\frac{1}{T^{(r)}}-\frac{G^{(r)}}{G'^{(r)}}$，可得

$$T^{(r+1)}=\frac{1}{\frac{1}{T^{(r)}}-\frac{G^{(r)}}{G'^{(r)}}} \tag{2-67}$$

系统压力不大（$p<1.5\text{MPa}$）时，采用目标函数 $G(1/T)=\ln\sum_i K_i x_i$，计算收敛较快。压力很高（$p>1.5\text{MPa}$）时，汽相非理想性较强，以 $G(1/T)=\ln\sum_i K_i x_i$ 为目标函数，优势不明显，可仍采用式(2-61b) 为目标函数。

(2) 泡点压力计算

泡点压力计算是指给定温度 T 和液相组成 x_i，计算刚开始沸腾时的压力 p_b 和平衡的汽相组成 y_i。目标函数为 $G(p)=1-\sum_i K_i x_i=0$。

对于理想系，泡点压力 p_b计算相对简单，其步骤与 T_b计算类同，只是首先需要假设的是泡点压力，迭代中压力按下式调整

$$p_b^{(r+1)}=p_b^{(r)}\sum K_i^{(r)}x_i \tag{2-68}$$

根据 $K_i=\frac{\gamma_i f_i^\circ}{\hat{\phi}_i^V p}$，$T$ 一定时，p 与 K_i 呈负相关，迭代时通过式(2-68) 调整 p，算法简单且肯定趋于收敛。计算泡点压力时，由于温度确定，不用反复计算蒸气压，计算量比泡点温度要少。

实际上，对于理想系，只有当压力较高、汽相不能作为理想气体而只能作为理想溶液时，才需要通过迭代求解泡点压力。汽相为理想气体时，泡点压力可以直接计算得到，而不需再行迭代。

汽相为理想气体，液相为理想溶液时，$K_i=\frac{p_i^s}{p}$。由泡点方程 $1-\sum_{i=1}^{c}K_i x_i=0$，得

$$p_b=\sum_{i=1}^{c}p_i^s x_i \tag{2-69}$$

汽相为理想气体，液相为非理想溶液时，$K_i=\frac{\gamma_i p_i^s}{p}$。由泡点方程得 $1-\sum_{i=1}^{c}\frac{\gamma_i p_i^s}{p}x_i=0$，对应泡点压力为

$$p_b=\sum_{i=1}^{c}\gamma_i p_i^s x_i \tag{2-70}$$

非理想系泡点压力算法如图 2-7 所示。非理想系 K_i受到压力 p 和汽相组成 y_i 的双重影响。K_i 对 y_i 不甚敏感，而与 p 成反比关系，因此将 y_i 放在内层循环，压力迭代放在外层循环。

2.3.2 露点计算

露点计算有两类问题：已知压力和汽相组成，计算露点温度 T_d和液相组成；已知温度和汽相组成，计算露点压力 p_d和液相组成。

露点计算依据的约束方程，与泡点计算相同。

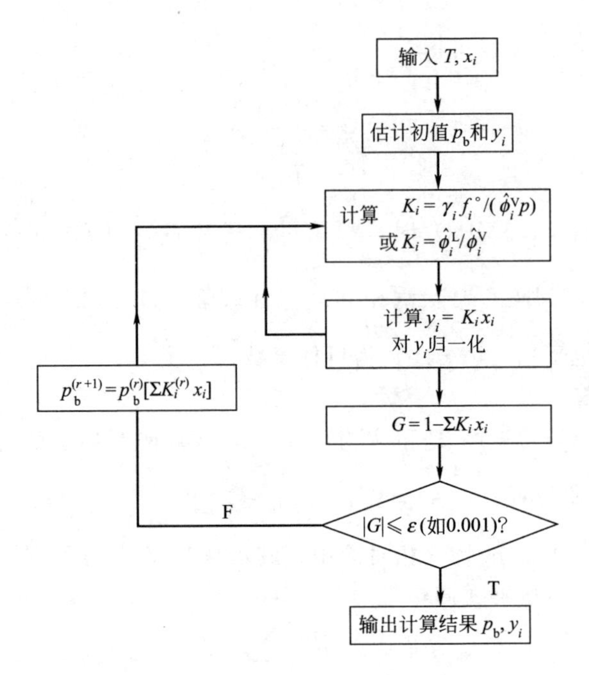

图 2-7 非理想系泡点压力算法框图

① 相平衡关系

$$y_i=K_i x_i \quad (i=1,\cdots,c) \tag{2-58}$$

② 汽、液相摩尔分数加和归一方程

$$\sum_i y_i=1 \quad \sum_i x_i=1 \tag{2-59}$$

③ 相平衡常数关联式

$$K_i=f_i(T,p,\boldsymbol{x},\boldsymbol{y}) \quad (i=1,\cdots,c) \tag{2-60}$$

露点状态下，汽相分率 $L/V=1$，极少液滴的形成不改变汽相组成。由相平衡关系和液滴组成满足归一化方程，得到露点方程

$$\sum_i y_i/K_i=1 \tag{2-71a}$$

露点方程也可以表示为目标函数形式

$$G=1-\sum_i y_i/K_i=0 \tag{2-71b}$$

露点方程是露点计算的主要依据，其自变量为露点温度或露点压力。

(1) 露点温度计算

露点温度计算，是指给定压力和汽相组成，求解露点温度 T_d。目标函数是温度为自变量的露点方程，即 $G(T)=1-\sum_i y_i/K_i=0$ 或 $G(T)=1-\sum_i x_i=0$。

露点计算步骤与泡点计算类似。迭代法计算露点温度时，同样可以通过对基础组分 B 的汽液相平衡常数 K_B 进行修正，以较快地收敛。但露点方程与泡点方程形式有差异，修正方法略有不同，露点温度计算时 K_B 的修正计算式为

$$K_B^{(r+1)}=K_B^{(r)}\sum_i \frac{y_i}{K_i^{(r)}}$$

(2) 露点压力计算

露点压力计算步骤与泡点压力计算类似，只是迭代中压力按下式调整

$$p_{\mathrm{d}}^{(r+1)}=\frac{p_{\mathrm{d}}^{(r)}}{\sum \frac{y_i}{K_i^{(r)}}} \tag{2-72}$$

T 确定时，p 与 K_i 呈负相关，因而 p 与 $\sum y_i/K_i$ 呈正相关，露点压力修正时，应除以 $\sum y_i/K_i$（即 $\sum x_i$）。

对非理想系进行露点计算时，液相非理想性强的物系因 x_i 未知，K_i 在迭代过程中变化较大，必要时计算中应增加一层 K_i 的迭代。

汽相为理想气体时，可以直接计算得到露点压力而不需迭代。

2.3.3 等温闪蒸

等温闪蒸过程中，进料流量和组成、闪蒸温度和压力被指定，需要计算平衡的汽、液两相流量和组成。如图 2-8 所示，进料混合物进闪蒸罐前，先经过加热或冷却，发生部分汽化或冷凝，然后入闪蒸罐进行相分离。加热（或冷却）热负荷，可通过热量衡算求得。

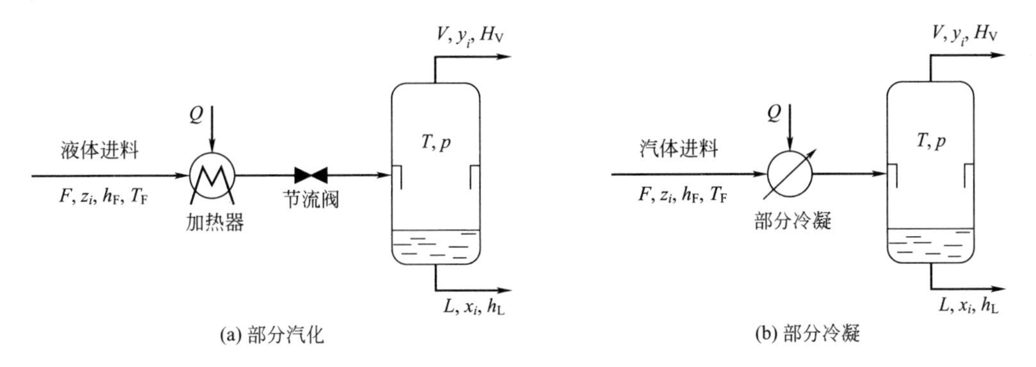

图 2-8　闪蒸的两种形式

(1) 基本方程

等温闪蒸中，汽、液两相组成满足相平衡关系和物料衡算关系。依据的基本方程如下：

① 相平衡关系

$$y_i=K_i x_i \quad (i=1,\cdots,c) \tag{2-58}$$

② 组分物料衡算

$$Fz_i=Vy_i+Lx_i \quad (i=1,\cdots,c) \tag{2-73}$$

③ 摩尔分数加和归一方程

$$\sum_i z_i=1 \quad \sum_i x_i=1 \quad \sum_i y_i=1 \tag{2-74}$$

④ 相平衡常数关联式

$$K_i=f_i(T,p,\boldsymbol{x},\boldsymbol{y}) \quad (i=1,\cdots,c) \tag{2-60}$$

以上这些关系，构成了约束闪蒸过程的基本方程。共有（$3c+3$）个方程。

过程涉及的变量包括 F、V、L、T、p、x_i、y_i、z_i、K_i，共 $4c+5$ 个。

变量数减去约束方程数得到过程的自由度，为 $c+2$。对于等温闪蒸过程，给定 T、p，进料流量 F 和组成 $z_i(i=1,\cdots,c-1)$，有唯一解。

汽液相平衡常数是温度、压力和汽液相组成的函数。相平衡常数关联式是非线性的，闪蒸问题需迭代法求解。

对于给定温度、压力、进料流量和组成的等温闪蒸，一个便捷的求解方法是选择汽化分率 e 为撕裂变量。从相平衡关系和各组分物料衡算出发，平衡汽相、液相中各组分的摩尔分数都可以和汽化分率 e 关联起来。

料液的汽化分率 e，即

$$e=\frac{V}{F} \tag{2-75}$$

则 $V=eF$，$L=(1-e)F$。

结合式(2-73)、式(2-58) 得

$$x_i=\frac{z_i}{(K_i-1)e+1} \tag{2-76}$$

$$y_i=\frac{K_i z_i}{(K_i-1)e+1} \tag{2-77}$$

将汽相、液相各组分的归一化方程相减，得到以汽化分率 e 为自变量的闪蒸方程 $\sum_i(y_i-x_i)=0$。选择 $\sum_i(y_i-x_i)$ 为目标函数，它与汽化分率 e 几乎为线性关系（见图 2-9），用牛顿切线法能很快得到解。从原理上看，选择 $\sum_i x_i-1$ 或 $\sum_i y_i-1$ 为目标函数，也是可以的；但实际迭代中，可能不能正确求解。例如，取 $\sum_i x_i-1$ 作为目标函数，由图 2-10 可见，此函数与 e 的关系不是单调变化的，中间有极值，$e=0$ 永远是它的假根。应用牛顿切线法迭代时，应设初值 $e=1$，如果初值选择了 $e=0$ 或其附近的值，迭代就难以得到正确结果。

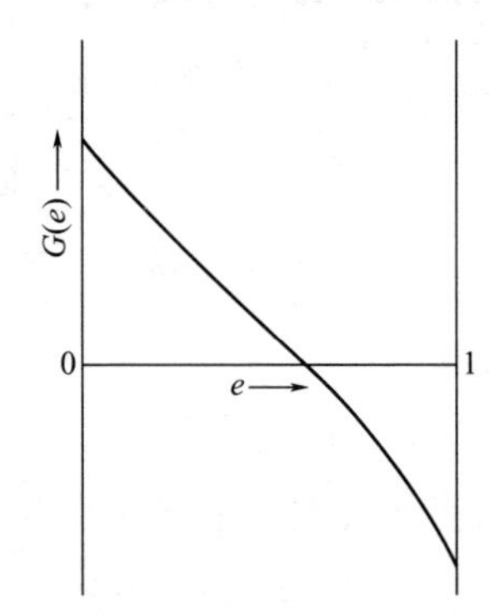

图 2-9 等温闪蒸目标函数 $G(e)$ 与 e 的关系

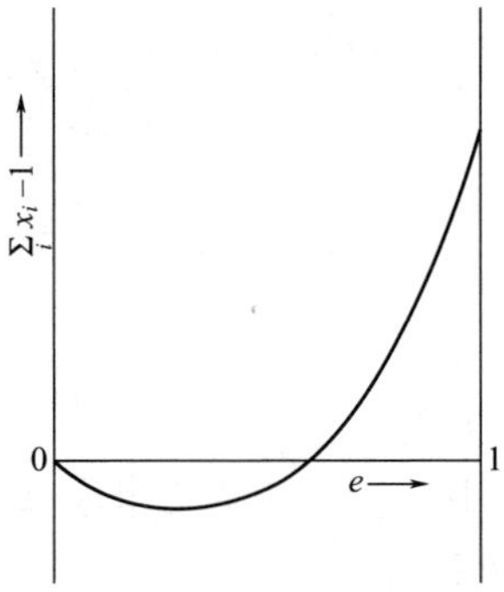

图 2-10 等温闪蒸 $\sum_i x_i-1$ 与 e 的关系

为了避免产生不合理的解，通常做法是选择 $\sum_i(y_i-x_i)$ 为目标函数，并将式(2-76) 和式(2-77) 代入其中，整理得

$$G(e)=\sum_i\frac{z_i(K_i-1)}{(K_i-1)e+1}=0 \tag{2-78}$$

该式又称 Rachford-Rice 方程。

闪蒸计算之前，一般要核实闪蒸问题是否成立。$T_b<T<T_d$时，进料为汽液混合状态，构成闪蒸问题。否则，进入闪蒸器的料液全为液相，或全为汽相，无需进行相分离。

(2) 核实方法

先假定给定的闪蒸温度 T 恰好为进料的泡点，估算 K_i 值，计算 $\sum K_i z_i$。

$\sum K_i z_i = 1$，为泡点。$\sum K_i z_i < 1$，为过冷液体。$\sum K_i z_i > 1$，温度 T 在实际的泡点温度之上。

如果 $\sum K_i z_i > 1$，再假定给定的闪蒸温度 T 恰好为进料的露点，计算 $\sum z_i / K_i$。

$\sum z_i / K_i = 1$，为露点。$\sum z_i / K_i < 1$，为过热蒸汽。$\sum z_i / K_i > 1$，T 在实际的露点温度之下。

如果同时有 $\sum K_i z_i > 1$，$\sum z_i / K_i > 1$ 成立，则系统温度高于泡点，低于露点，混合物处于汽液两相区。此时，闪蒸问题成立。

(3) 计算步骤

闪蒸问题常以牛顿迭代法求解

$$e^{(r+1)} = e^{(r)} - G^{(r)} / G'^{(r)} \tag{2-79}$$

式中

$$G'^{(r)} = -\sum_i \frac{z_i (K_i - 1)^2}{[1 + e^{(r)}(K_i - 1)]^2} \tag{2-80}$$

上标 r 代表迭代计算的次数。

初始化时，令 $e = 0.5$，或先估计 T_b、T_d，然后设定 e 的初值：$e = (T - T_b)/(T_d - T_b)$。

对于理想系，先直接计算 K_i 值，然后进行 e 的迭代。此时，K_i 为常数，采用牛顿迭代法，只要很少的迭代次数，即得收敛的汽化分率 e。然后，可以方便地求得汽、液相总流量和组成 V、L、x_i、y_i。

带有问题核实步骤的等温闪蒸计算如图 2-11 所示。

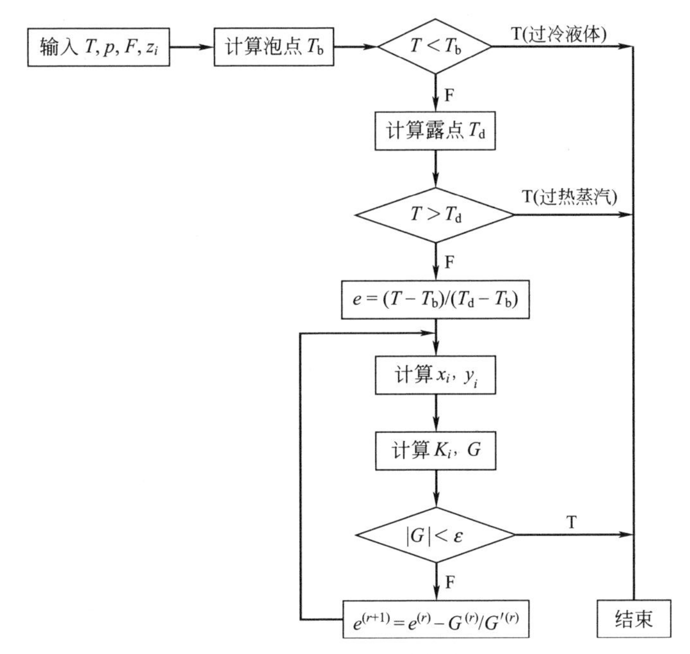

图 2-11 等温闪蒸计算框图

对于非理想系，闪蒸计算中，需要估计 x_i、y_i 的初值，并估算 K_i。迭代过程中，每次得到 e 的新值后，都需要重新计算 x_i、y_i、K_i 值。

(4) 等温闪蒸热负荷

迭代得到收敛的汽、液相流量和组成后，分别计算进料、汽相、液相的摩尔焓值 h_F、

H_V 和 h_L。由热量衡算，可得等温闪蒸罐之前的换热负荷

$$Q=VH_V+Lh_L-Fh_F \tag{2-81}$$

【例 2-2】 精馏塔进料中，苯（1）、甲苯（2）、二甲苯（3）的摩尔分数分别为 0.6、0.3、0.1。常压下操作，若进料温度为 92℃，确定进料状态。如果符合闪蒸问题，求 100kmol/h 进料在温度 92℃，常压下闪蒸后汽、液相组成及流率。

假设液相服从拉乌尔定律，汽相为理想气体。三个组分的蒸气压分别用下列各式计算。

$$\ln p_1^s=20.7936-2788.51/(T-52.36)$$

$$\ln p_2^s=20.9065-3096.52/(T-53.67)$$

$$\ln p_3^s=21.0318-3366.99/(T-58.04)$$

式中，p_i^s 的单位为 Pa，T 的单位为 K。

解：(1) 确定进料状态

$T=92$℃时，$p_1^s=144155\text{Pa}$，$p_2^s=57826\text{Pa}$，$p_3^s=23584\text{Pa}$

$K_i=p_i^s/p$，$K_1=1.4227$，$K_2=0.5707$，$K_3=0.2328$

设 92℃为泡点温度：$\sum y_i=\sum z_iK_i=1.048>1$

设 92℃为露点温度：$\sum x_i=\sum z_i/K_i=1.376>1$

因此，92℃下进料，是汽液两相混合进料。

(2) 牛顿迭代法求解汽化分率

汽化分率初值取 $e^{(0)}=0.5$。

由式(2-78) 计算 $G[e^{(0)}]=\sum_{i=1}^{3}\frac{z_i(K_i-1)}{(K_i-1)e^{(0)}+1}=-0.07909<0$

由式(2-80) 得 $G'[e^{(0)}]=-\sum_{i=1}^{3}\frac{z_i(K_i-1)^2}{[(K_i-1)e^{(0)}+1]^2}=-0.31762$

按式(2-79) 迭代计算新的 e 值

$$e^{(1)}=e^{(0)}-\frac{G[e^{(0)}]}{G'[e^{(0)}]}=0.5-\frac{-0.07909}{-0.31762}=0.2510$$

$$G[e^{(1)}]=\sum_{i=1}^{3}\frac{z_i(K_i-1)}{(K_i-1)e^{(1)}+1}=-0.0101$$

1 次迭代后，已接近收敛。继续迭代，计算结果如表 2-2 所示。

表 2-2 等温闪蒸的牛顿迭代法计算

汽化分率 e		$G(e)$		$G'(e)$	
$e^{(0)}$	0.5	$G[e^{(0)}]$	−0.0791	$G'[e^{(0)}]$	−0.3176
$e^{(1)}$	0.2510	$G[e^{(1)}]$	−0.0101	$G'[e^{(1)}]$	−0.2474
$e^{(2)}$	0.2103	$G[e^{(2)}]$	−0.0001	$G'[e^{(2)}]$	−0.2409
$e^{(3)}$	0.2097	$G[e^{(3)}]$	-2.3×10^{-8}	$G'[e^{(3)}]$	—

经过 2 轮迭代运算，即达到收敛。

根据收敛后的汽化分率 $e=0.2097$，分别计算汽、液相流率和组成。

闪蒸后汽、液相流率为 $V=eF=20.97\text{kmol/h}$，$L=(1-e)F=79.03\text{kmol/h}$。

汽、液相组成为：$y_1=0.7841$，$y_2=0.1882$，$y_3=0.0277$，$x_1=0.5511$，$x_2=0.3297$，$x_3=0.1192$。

2.3.4 绝热闪蒸

绝热闪蒸过程，是在绝热条件（$Q=0$）下进料，分离成平衡的汽、液两相。精馏塔中的平衡级，如果没有中间换热，就是一个简单的绝热闪蒸级。

绝热闪蒸计算的给定条件包括：进料流量 F 和组成 $z_i(i=1,\cdots,c-1)$，闪蒸压力，换热量（$Q=0$）。需要计算闪蒸温度和汽、液相组成。

对于绝热闪蒸，相平衡关系、物料衡算、Rachford-Rice 闪蒸方程仍然适用。

绝热闪蒸计算中，温度 T 是待求变量；根据给定的绝热条件（$Q=0$），进行热量衡算 $Fh_F+Q=VH_V+Lh_L$，可以建立热量衡算方程

$$f=h_F-eH_V-(1-e)h_L=0 \tag{2-82}$$

Rachford-Rice 闪蒸方程和热量衡算方程，是绝热闪蒸计算的基本依据。

绝热闪蒸计算需要两个撕裂变量：汽化分率 e 和温度 T。迭代计算中，如果采用序贯算法，不会同时改变这两个变量，而是设置两层迭代，e 和 T 分别在内层和外层迭代计算。

对于宽沸程物系，e 对 T 不敏感而对组成变化更敏感，迭代中 e 变化不大，而 T 变化较大。e 放在内层循环，用闪蒸方程迭代。T 放在外层循环，用热量衡算方程迭代。

对于窄沸程物系，e 对 T 敏感，迭代中 e 变化大，而 T 变化范围不大。T 放在内层循环，用闪蒸方程迭代。e 放在外层循环，用热量衡算方程迭代。

图 2-12 为宽沸程物系绝热闪蒸算法框图。将 e 放在内层循环迭代，可有效减小计算量。闪蒸方程是自变量为 e 的 Rachford-Rice 方程

$$G(e)=\sum_i \frac{z_i(K_i-1)}{(K_i-1)e+1}=0 \tag{2-78}$$

汽化分率 e 确定后，y_i、x_i 也确定，利用焓值与 T 的函数关系，求解热量衡算方程，得到收敛的 T。焓的数值一般都很大，为了便于外层迭代达到收敛，热量衡算方程式(2-82)可以除以一个校正因子 ξ，以使式中各项的数量级均为 1，即

$$f(T)=\frac{h_F-eH_V-(1-e)h_L}{\xi}=0 \tag{2-83}$$

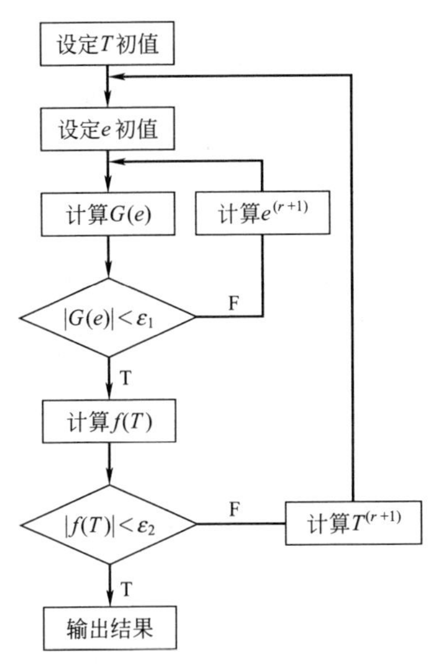

图 2-12 宽沸程物系绝热闪蒸算法框图

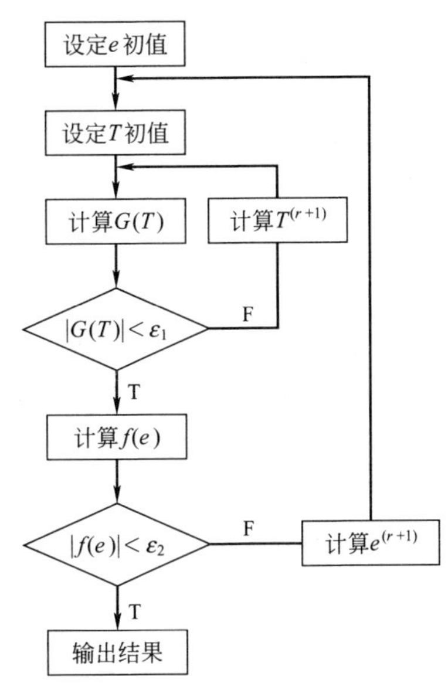

图 2-13 窄沸程物系绝热闪蒸算法框图

当焓的单位为J/mol时，可取$\xi=10^5$。

图2-13为窄沸程物系绝热闪蒸过程算法框图。此时，将T放在内层循环以减小计算量，闪蒸方程的自变量为T

$$G(T)=\sum\frac{[K_i(T)-1]z_i}{[K_i(T)-1]e+1}=0 \tag{2-84}$$

内层迭代中e暂时不变，自变量T的影响，体现在K_i与T的函数关系中。

内层迭代确定T后，y_i、x_i也暂时确定了，汽、液相焓值也可以确定，通过外层迭代求解热量衡算方程，得到收敛的e

$$f(e)=h_F-eH_V-(1-e)h_L=0 \tag{2-85}$$

用热量衡算方程求解e比较简单，可直接求解

$$e=\frac{h_F-h_L}{H_V-h_L} \tag{2-86}$$

2.4 精馏过程的严格计算

为了合理地选择精馏塔设备，经济、有效地实现精馏分离，准确掌握所需理论板数非常必要。精馏过程的计算，可以对精馏塔建立物料衡算和能量衡算等多个方程，对方程组进行严格求解，对于比较简单的精馏工艺，也可以用简捷算法求得理论板数。

精馏计算分为设计型和操作型两类。设计型计算是给定进料条件下，为达到规定的分离要求，计算确定合适的回流比、所需理论板数和最佳进料位置。计算前必须从技术经济角度综合考虑，确定塔的操作压力（参见本章2.6节）。操作型计算是给定操作压力、进料状态和组成、进料位置、塔板数、回流比等条件，计算确定产品组成、塔中各板上浓度和温度，以及冷凝器和再沸器的热负荷等。

2.4.1 多组分精馏和二组分精馏的差异

设计型精馏计算，可采用简捷算法，对二组分物系可用逐板计算法。多组分物系精馏的严格计算，往往不能用逐板计算直接求解设计型问题，而是需要采用操作型计算来解决设计型问题：先假设理论板数、进料位置和回流比等设备和工艺条件，然后用操作型方法计算塔顶和塔釜组成，根据计算结果与预期的偏离程度，对精馏方案进行调整，直到恰好满足分离要求为止。

对于二组分精馏，分别对塔顶和塔釜给定一个含量要求（共两个组分含量条件），另外一个组分的含量要求也就确定了。二组分精馏简捷计算，可以方便地运用Fenske方程和Underwood方程计算最少理论板数和最小回流比。

对于多组分精馏，分离条件仍然只能是两个，如某一组分在塔顶、塔底产品中的浓度。塔的分离能力已经确定，其余组分在塔顶、塔底产品中的浓度也就随之定下来了，不能再任意指定。其他组分的含量，虽然有确定的唯一解，但在开始计算时并不知道其值。

多组分精馏和二组分物系的精馏操作，塔内的汽相、液相浓度和温度的分布，也有显著不同。

图2-14为二组分物系（苯-甲苯）精馏塔中液相摩尔分数变化，从塔釜向塔顶，浓度的逐板变化是单调的，提馏段中部和精馏段中部变化较快。

图 2-15 为多组分物系（苯-甲苯-二甲苯-异丙苯）精馏塔中液相组成变化，由于各组分在汽、液相分配中的相互竞争，浓度的逐板变化不再是单调的。作为重关键组分（HK）的二甲苯在提馏段中和作为轻关键组分（LK）的甲苯在精馏段中分别出现浓度峰值。

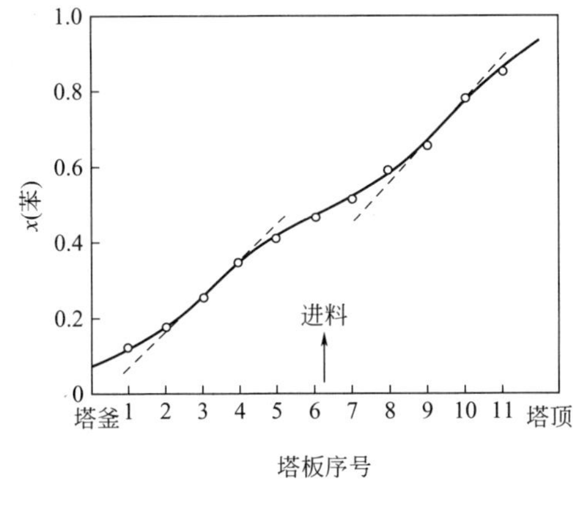

图 2-14 苯-甲苯二组分精馏液相组成

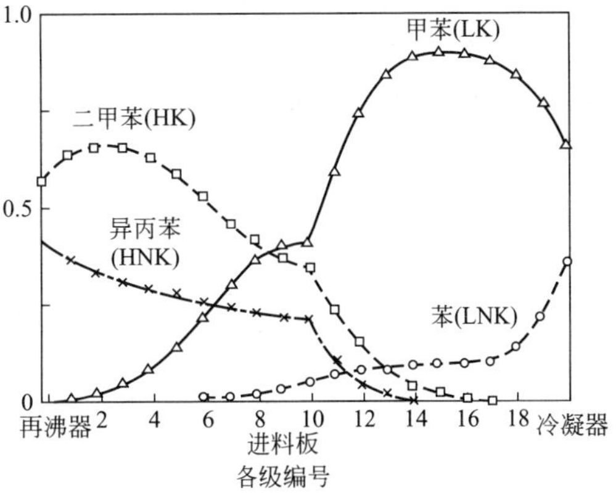

图 2-15 苯-甲苯-二甲苯-异丙苯四组分精馏液相组成

在接近塔釜的几块板上，随着液流向塔釜流动，作为重非关键组分（HNK）的异丙苯浓度迅速上升，而二甲苯浓度出现下降。加料位置以上的几块板上，液相中异丙苯浓度迅速下降接近于 0。精馏段中，重关键组分二甲苯浓度迅速下降，而轻关键组分甲苯的浓度迅速上升。靠近塔顶时，苯浓度迅速上升，轻关键组分甲苯的浓度有所下降。

多组分精馏和二组分精馏操作相比，塔内温度都呈现单调分布，但变化规律也有显著差异。图 2-16 为二组分（苯-甲苯）精馏塔板温度分布，温度在塔两端的变化很慢，在精馏段中部和提馏段中部变化较快。图 2-17 为多组分（苯-甲苯-异丙苯）精馏塔板温度分布，温度变化快的区域在塔釜附近和加料板以及上方附近位置，这些区域也正是塔内液相浓度剧烈变化的区域。

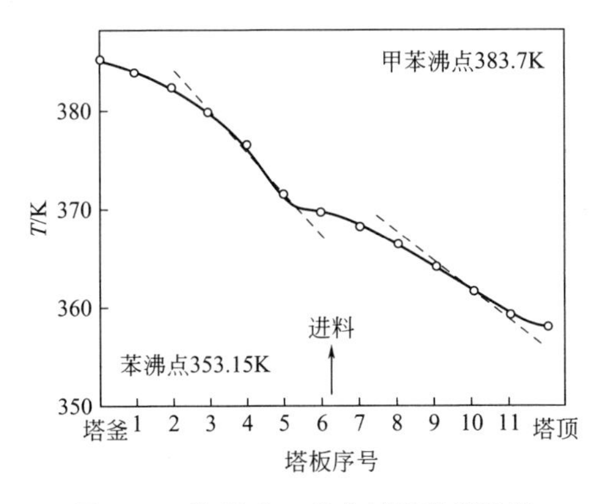

图 2-16 苯-甲苯二组分精馏塔板温度

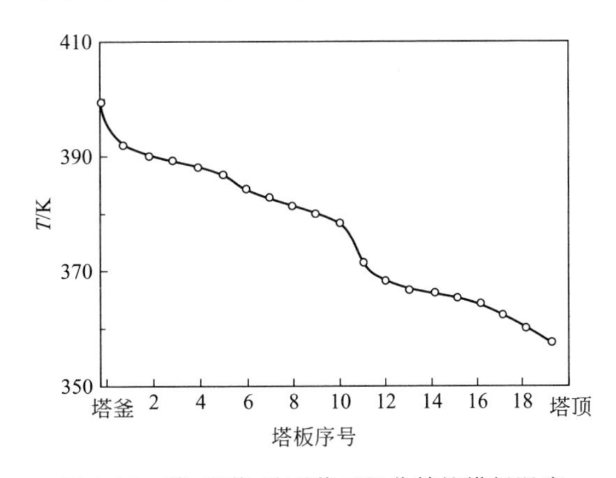

图 2-17 苯-甲苯-异丙苯三组分精馏塔板温度

多组分常规精馏的设计型问题，采用简捷计算能较快确定理论板数。但简捷计算也存在一些局限：①简捷计算中假设“恒摩尔流或相对挥发度为常数”，在高压及塔顶、塔釜温差很大的情况下，偏差太大，计算结果并不可靠。②现有的简捷计算，一般处理一股进料、塔顶和塔釜两股出料的常规精馏过程较为方便，而难以处理多股进料、多股侧线采出、有中间换热等复杂边界条件的分离过程，也不能得出各塔板上浓度、温度等信息。③简捷算法用于非理想性强的精馏体系时，不能得到正确结论。特殊精馏、多组分吸收、多组分萃取等过程物系非理想性强时，应采用严格计算。

2.4.2 多级精馏的定态数学模型

对于稳态操作的多级精馏塔，可以建立定态数学模型：①多级平衡级模型——每级均为平衡级，利用相平衡关系把汽、液相组成联系起来；②多级非平衡级模型——考虑每级汽、液相间传质速率，是一种速率模型。前者应用广，比较成熟，本节仅介绍平衡级模型。

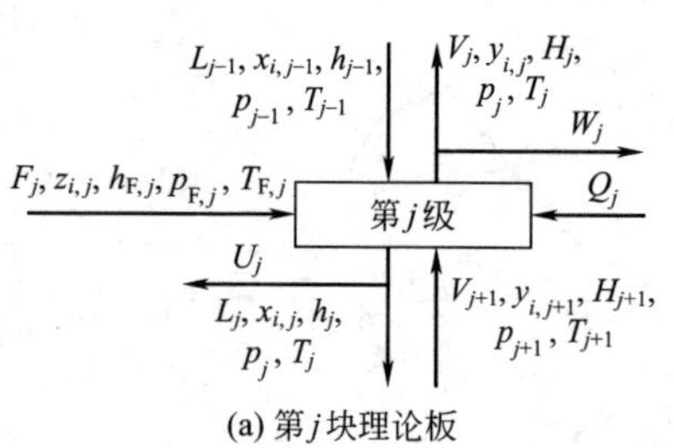

(a) 第j块理论板

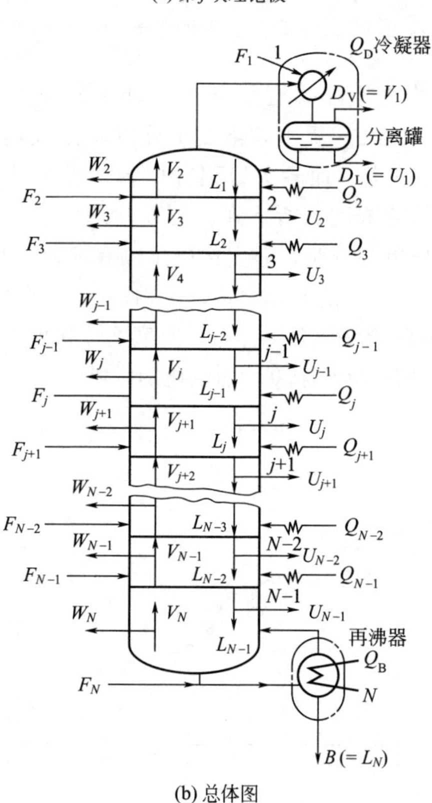

(b) 总体图

图 2-18 带有侧线出料和中间换热的多级精馏塔模型

为使模型方程通用，考虑图 2-18 所示的连续操作精馏塔。除冷凝器和再沸器有些特殊外，每个理论级均有加料和换热，并有汽相和液相侧线出料。冷凝器和分离罐一起作为第一级，再沸器为最末一级即第 N 级。围绕塔中每一级均能建立起物料衡算（Material Balance，简称 M）、相平衡关联（Phase Equilibrium，简称 E）、物流中各组分摩尔流率加和归一（Mole Fraction Summation，简称 S）和热量衡算（Enthalpy Balance，简称 H）四组方程。各级的 M、E、S、H 四组方程汇总，简称为 MESH 方程组，这就是多级精馏过程的定态数学模型。

结合图 2-18，分析各理论级上的物流和热流。以中间某一级（第 j 级）为例，进入该级的物料包括：进料 F_j，从 $j+1$ 级上升进入的汽流 V_{j+1}，从 $j-1$ 级下降进入的液流 L_{j-1}。离开该级的物料包括：上升汽流 V_j，汽相侧线出料 W_j，下降液流 L_j，液相侧线出料 U_j。V_j 和 W_j 有相同汽相组成 $y_{i,j}$，L_j 和 U_j 有相同液相组成 $x_{i,j}$。下标中，i 为组分编号，j 为级编号。

第 j 级进料的压力和温度分别为 $p_{F,j}$ 和 $T_{F,j}$，进料中组分 i 的摩尔分数记作 $z_{i,j}$，第 j 级的压力和温度分别为 p_j 和 T_j。

进入或离开第 j 级的汽（液）流中，组分 i 的流量也可以表示为分流率的形式，分流率用总流率的小写字母表示。

进料 F_j 的摩尔焓，记为 $h_{F,j}$，汽流的摩尔焓为 H_j，液流的摩尔焓为 h_j。对塔板物料加热时，换热负荷 Q_j 定义为正，否则为负。塔顶冷凝器负荷 Q_1（即图 2-18 中 Q_D）和塔釜再沸器负荷 Q_N（即图 2-18 中 Q_B）一般不作为给定条件，而是待计算的变量。中间换热器负荷 Q_j（$j=2, \cdots, N-1$）一般作为已知条件给出，没有中间换热器时，可理解为 $Q_j=0$。

按分流率形式表示，第 j 级上组分 i 的物料衡算方程（M 方程）为

$$u_{i,j}+l_{i,j}+w_{i,j}+v_{i,j}-v_{i,j+1}-l_{i,j-1}-f_{i,j}=0 \quad (i=1,\cdots,c;j=1,\cdots,N) \tag{2-87}$$

在塔顶和塔釜处，M 方程简化为：

$j=1$ 时，为冷凝器和分离罐，$l_{i,0}=0$，$L_0=0$，$w_{i,1}=0$，$W_1=0$

$$u_{i,1}+l_{i,1}+v_{i,1}-v_{i,2}-f_{i,1}=0 \quad (i=1,\cdots,c)$$

$j=N$ 时，为再沸器，$v_{i,N+1}=0$，$V_{N+1}=0$，$u_{i,N}=0$，$U_N=0$

$$l_{i,N}+v_{i,N}+w_{i,N}-l_{i,N-1}-f_{i,N}=0 \quad (i=1,\cdots,c)$$

相平衡关联方程（E方程）

$$v_{i,j}=\frac{K_{i,j}V_j}{L_j}l_{i,j} \quad (i=1,\cdots,c;j=1,\cdots,N) \tag{2-88}$$

$K_{i,j}$表示第j级上，组分i在汽、液相间平衡常数。

摩尔分数加和归一方程（S方程）

$$\sum_i \frac{l_{i,j}}{L_j}=\sum_i \frac{v_{i,j}}{V_j}=\sum_i \frac{f_{i,j}}{F_j}=1 \quad (j=1,\cdots,N) \tag{2-89}$$

热量衡算方程（H方程）

$$(U_j+L_j)h_j+(W_j+V_j)H_j-V_{j+1}H_{j+1}-L_{j-1}h_{j-1}-F_jh_{F,j}-Q_j=0 \quad (j=1,\cdots,N) \tag{2-90}$$

为了求解MESH方程组时，还要用到一些辅助性变量关系。

① $K_{i,j}$与T_j、p_j、汽液相组成的关系。

$$K_{i,j}=K_{i,j}(p_j,T_j,v_{i,j},l_{i,j}) \quad (i=1,\cdots,c;j=1,\cdots,N) \tag{2-91}$$

② H_j与T_j、p_j、汽相组成的关系。

$$H_j=H_j(p_j,T_j,v_{i,j}) \quad (j=1,\cdots,N) \tag{2-92}$$

③ h_j与T_j、p_j、液相组成的关系。

$$h_j=h_j(p_j,T_j,l_{i,j}) \quad (j=1,\cdots,N) \tag{2-93}$$

④ $w_{i,j}$与$v_{i,j}$、W_j、V_j的关系。

$$w_{i,j}=\frac{W_j}{V_j}v_{i,j} \quad (i=1,\cdots,c;j=2,\cdots,N) \tag{2-94}$$

⑤ $u_{i,j}$与$l_{i,j}$、U_j、L_j的关系。

$$u_{i,j}=\frac{U_j}{L_j}l_{i,j} \quad (i=1,\cdots,c;j=1,\cdots,N-1) \tag{2-95}$$

2.4.3 严格计算的约束条件和算法概述

精馏问题的约束条件是一个重要的问题，决定了精馏问题是否存在唯一解。

如表2-3所示为MESH方程组和辅助性变量关系，这些方程共有$(5c+6)N-2c$个，它们构成了精馏过程的约束条件。问题涉及的各种变量，共有$(6c+11)N-2c-1$个。

表2-3 方程数和变量数关系

方程编号	方程数	变量	变量数	变量	变量数
(2-87)	Nc	$l_{i,j}$	Nc	L_j	N
(2-88)	Nc	$v_{i,j}$	Nc	V_j	N
(2-89)	$3N$	$u_{i,j}$	$(N-1)c$	U_j	$N-1$
(2-90)	N	$w_{i,j}$	$(N-1)c$	W_j	$N-1$
(2-91)	Nc	$K_{i,j}$	Nc	p_j	N
(2-92)	N	$f_{i,j}$	Nc	T_j	N
(2-93)	N	F_j	N	h_j	N
(2-94)	$(N-1)c$	$h_{F,j}$	N	H_j	N
(2-95)	$(N-1)c$	Q_j	N	N	1
总计	$(5c+6)N-2c$				$(6c+11)N-2c-1$

在 MESH 方程等条件的约束下，多组分精馏的自由度=变量数-方程数$=(c+5)N-1$。一个精馏问题，只有给定的独立条件有$(c+5)N-1$个时，存在唯一解。

精馏塔严格计算，目前多表达为操作型问题。要使得 MESH 方程组有唯一解，须指定$(c+5)N-1$个变量。操作型命题一般通常指定：①进料分流率$f_{i,j}$和摩尔焓$h_{F,j}$（$cN+N$个条件）；②各级压力p_j（N个条件）；③中间换热器负荷Q_j（Q_1和Q_N除外）（$N-2$个条件）；④W_j和U_j（包括$D_L=U_1$）（$2N-2$个条件）；⑤理论板数N（1个条件）；⑥塔顶汽相流量V_1（即D_V）和回流比R（2个条件）。共计$(c+5)N-1$个给定条件。

有时指定W_j/V_j和U_j/L_j代替W_j和U_j。偶尔还有其他的给定条件。

通过计算得到$l_{i,j}$、$v_{i,j}$、V_j、L_j、T_j、Q_1、Q_N以及$K_{i,j}$、h_j和H_j。

通过求解精馏模型方程组，可以确定各理论级的汽液相组成、流量和温度等信息。模型方程中相平衡常数关联式是非线性的，须用迭代法求解。MESH 模型方程的解法已开发了多种，比较通用和成熟的算法均是操作型的。

MESH 方程的各种操作型算法，在收敛特性和适用场合方面存在着明显差别。各种算法的不同主要体现在：

① 迭代变量。选择某些变量在迭代计算中逐步修正而趋向正确解，而其余变量则可从迭代变量算得。

② 迭代算法的组织。首先要决定的是整个方程组分块求解还是联立求解。如果选择联立求解，还需对方程和迭代变量的排列和对应作出决定；如果选择分块求解，则需确定方程组如何分块，变量与方程如何匹配，内层迭代和外层迭代如何安排等。

③ 归一方法。计算出$x_{i,j}$、$y_{i,j}$后，其加和往往不等于1，易发散，需要归一圆整。各种算法对归一化方法和时机的选择，是有显著差异的。

第2.4.2节所述以 MESH 方程组为核心的多级精馏过程的定态数学模型，不仅适用于解决精馏分离问题，对于多级平衡分离过程，也有普遍的应用意义。只要对该模型中各变量符号的定义略做调整，同样适用于解决其他多级平衡分离过程，如吸收、汽提、萃取、反萃取、吸附等。

2.4.4 三对角线矩阵法

三对角线矩阵法是通过对 MESH 方程组中 M 方程和 E 方程的联立，先行求解液相或汽相组成的一类算法，是各种分块求解算法的一部分。

三对角线矩阵，是将 MESH 方程组中 M 方程和 E 方程结合，以$l_{i,j}$为基本变量，利用 E 方程［式(2-88)］和式(2-94)、式(2-95)，对 M 方程［式(2-87)］中的$w_{i,j}$、$v_{i,j}$和$u_{i,j}$以$l_{i,j}$形式进行替换，整理得到以$l_{i,j}$为求解对象的方程组（M+E），可写成如下形式

$$K_{i,j}\frac{V_j+W_j}{L_j}l_{i,j}+\left(1+\frac{U_j}{L_j}\right)l_{i,j}-K_{i,j+1}\frac{V_{j+1}}{L_{j+1}}l_{i,j+1}-l_{i,j-1}-f_{i,j}=0 \tag{2-96}$$

上式可简写为

$$A_{i,j}l_{i,j-1}+B_{i,j}l_{i,j}+C_{i,j}l_{i,j+1}=f_{i,j} \tag{2-97}$$

式中，$A_{i,j}=-1$（$j=2,\cdots,N$），$B_{i,j}=K_{i,j}\dfrac{V_j+W_j}{L_j}+1+\dfrac{U_j}{L_i}$（$j=1,\cdots,N$），$C_{i,j}=-K_{i,j+1}\dfrac{V_{j+1}}{L_{j+1}}$（$j=1,\cdots,N-1$）。

当$j=1$时，$l_{i,0}=0$，则$B_{i,1}l_{i,1}+C_{i,1}l_{i,2}=f_{i,1}$。

当$j=N$时，$l_{i,N+1}=0$，则$A_{i,N}l_{i,N-1}+B_{i,N}l_{i,N}=f_{i,N}$（$A_{i,N}=-1$）。

将式(2-97)写成矩阵和向量形式为

$$\begin{bmatrix} B_{i,1} & C_{i,1} & & & & & & \\ A_{i,2} & B_{i,2} & C_{i,2} & & & & & \\ & \cdots & \cdots & \cdots & & & & \\ & & A_{i,j} & B_{i,j} & C_{i,j} & & & \\ & & & \cdots & \cdots & \cdots & & \\ & & & & A_{i,N-1} & B_{i,N-1} & C_{i,N-1} \\ & & & & & A_{i,N} & B_{i,N} \end{bmatrix} \begin{bmatrix} l_{i,1} \\ l_{i,2} \\ \cdots \\ l_{i,j} \\ \cdots \\ l_{i,N-1} \\ l_{i,N} \end{bmatrix} = \begin{bmatrix} f_{i,1} \\ f_{i,2} \\ \cdots \\ f_{i,j} \\ \cdots \\ f_{i,N-1} \\ f_{i,N} \end{bmatrix} (i=1,\cdots,c) \tag{2-98}$$

经上述整理后，三对角线矩阵法的模型方程变为式(2-98)、式(2-89) 和式(2-90)，分成三块求解。而式(2-98) 进一步分为 c 块，单独求解。

精馏体系中有 c 个组分，需要求解 c 个如式(2-98) 所示的方程组，每个方程组只能求出某一个组分在各理论级上的液相流量。c 个方程组全部解完后，可得各组分在全塔范围的逐级分流率。

式(2-98) 中，系数矩阵为三对角稀疏矩阵。考虑到矩阵的稀疏性，为减少矩阵运算求解引入的误差，Thomas 建议，利用 Gauss 消去法求解。将 c 个上述三对角矩阵形式的 M+E 方程组，经 Gauss 消去法整理变为

$$\begin{bmatrix} 1 & p_{i,1} & & & & & \\ & 1 & p_{i,2} & & & & \\ & & \cdots & \cdots & & & \\ & & & 1 & p_{i,j} & & \\ & & & & \cdots & \cdots & \\ & & & & & 1 & p_{i,N-1} \\ & & & & & & 1 \end{bmatrix} \begin{bmatrix} l_{i,1} \\ l_{i,2} \\ \cdots \\ l_{i,j} \\ \cdots \\ l_{i,N-1} \\ l_{i,N} \end{bmatrix} = \begin{bmatrix} q_{i,1} \\ q_{i,2} \\ \cdots \\ q_{i,j} \\ \cdots \\ q_{i,N-1} \\ q_{i,N} \end{bmatrix} \quad (i=1,\cdots,c) \tag{2-99}$$

式(2-99) 的系数矩阵为双对角矩阵形式，且一条对角线上系数均为 1。利用递归计算，可得到各级上的 $l_{i,j}$

$$l_{i,N}=q_{i,N} \rightarrow l_{i,N-1}=q_{i,N-1}-p_{i,N-1}l_{i,N} \rightarrow \cdots \rightarrow l_{i,j}=q_{i,j}-p_{i,j}l_{i,j+1}$$

完成递归计算，就得到了各级上组分 i 的分流率。对各个组分依次按上述方式解式(2-99)后，也就得到了各组分在塔中各级的分流率。

精馏严格计算的常用算法中，泡点法、流率加和法均为三对角线矩阵法，都是分块求解的算法。两者的主要区别在于利用三对角线矩阵法求解了各级组成后，后续的 T_j、L_j (V_j) 等变量的迭代顺序和算法安排存在差异。

2.4.5 泡点法

泡点法将每级液相视作处于泡点状态，根据三对角矩阵运算得到的各级液相组成，计算对应泡点温度，作为各级温度 T_j。泡点法适用于窄沸程混合物的分离，如多组分普通精馏的计算。

(1) 泡点法的算法思路

泡点法将 MESH 方程分成三块：M+E 方程、S 方程、H 方程，先后分块求解。

① 根据 M+E 方程即三对角线矩阵 [式(2-98)] 先行求解，得到 $l_{i,j}$；

② 利用上一步求得的液相 $l_{i,j}$，硬性归一得到各级液相中各组分摩尔分数，以 S 方程 [式(2-89)] 为依据，泡点计算求解 T_j；

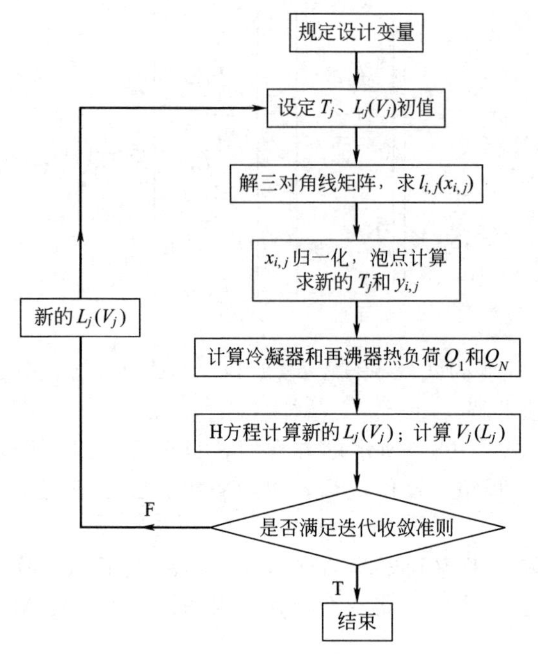

图 2-19 泡点法的计算框图

③ 在前面计算的基础上，求得各级汽、液相的摩尔焓，再以 H 方程［式(2-90)］为依据，结合总物料衡算，求解 $L_j(V_j)$。

收敛判据：以 L_j 相邻两轮迭代的相对误差小于 0.001，或以相邻两轮迭代中各级温度差绝对值的均值小于 0.1K，作为迭代收敛的依据。

$$\sum_{j=1}^{N}[T_j^{(r)}-T_j^{(r-1)}]^2<0.01N$$

或 $|L_j^{(r)}-L_j^{(r-1)}|/L_j^{(r-1)}<\varepsilon_2=0.001$

如图 2-19 所示，是泡点法的一种算法流程。

图 2-19 所计算的问题为操作型问题，其规定条件包括：各级进料条件、汽液侧线出料量、各级压力、中间换热负荷、理论板数、回流比和塔顶汽相采出流率等。

计算首先要从合适的初值出发。主要的迭代变量为 T_j、L_j (V_j)，一般按照合理的假设，推算其初值。

① $L_j(V_j)$ 初值的赋予。用指定回流比、馏出量、进料量、侧线采出量，按恒摩尔流假设给出一组初值。

② T_j 初值的赋予。塔顶温度初值：汽相采出时，按露点温度计；液相采出时，按泡点温度计；汽、液相混合时，根据汽相分率，选择泡点和露点之间的温度。塔釜温度初值：计算釜液泡点温度获得。塔顶和塔釜温度初值确定后，根据给定理论板数，线性内插得到中间各级温度初值。

设定 T_j、L_j (V_j) 初值后，求解三对角矩阵［式(2-98)］，得到各级液相分流率 $l_{i,j}$。对液相组成硬性归一，可得归一化的液相摩尔分数 $x_{i,j}$

$$x_{i,j}=\frac{l_{i,j}}{\sum_i l_{i,j}} \tag{2-100}$$

以硬性归一的液相组成为依据，利用 S 方程（$\sum_i y_{i,j}=\sum_i K_{i,j}x_{i,j}=1$）进行泡点计算，计算对应的泡点温度并赋值给新的各级温度 T_j 和 $K_{i,j}$。

求得 T_j 后，可利用各级 H 方程，结合总物料衡算方程，迭代求解 L_j、V_j，并检查收敛判据，没有达到收敛时，以新的 L_j、V_j 代替旧值，进行后续的迭代运算。图 2-19 中，在求解了三对角矩阵，并对液相组成硬性归一后，随即就用新的 $x_{i,j}$ 代替旧值。泡点运算后，有了新的 T_j 和 $y_{i,j}$ 值，也随即更新，并用于各级汽液相摩尔焓 H_j、h_j 的计算。

(2) 利用 H 方程和总物料衡算方程计算各板的 L_j 和 V_j

H 方程形式为

$$(U_j+L_j)h_j+(W_j+V_j)H_j-V_{j+1}H_{j+1}-L_{j-1}h_{j-1}-F_jh_{F,j}-Q_j=0 \tag{2-90}$$

Q_1 和 Q_N 一般不作为已知条件，所以这里只考虑作为给定条件的 $Q_j(j=2,\cdots,N-1)$。

前面迭代已确定各级 T_j 后，H 方程中汽、液相摩尔焓可以用热力学方程［式(2-92)］和式(2-93) 求得，仅有 V_{j+1}、V_j、L_j、L_{j-1} 为待求变量。借助总物料衡算，可以将问题化简。

从 j 级往下的总物料衡算方程为

$$V_j = L_{j-1} - L_N + \sum_{m=j}^{N}(F_m - U_m - W_m) \tag{2-101a}$$

从 $j+1$ 级往下，再写一遍总物料衡算方程，即

$$V_{j+1} = L_j - L_N + \sum_{m=j+1}^{N}(F_m - U_m - W_m) \tag{2-101b}$$

借助式(2-101a) 和式(2-101b)，用 L_{j-1} 和 L_j 替换式(2-90) 中的 V_j 和 V_{j+1}，变形整理，得含 L_j 的方程组为

$$\left[\sum_{m=j+1}^{N}(F_m - U_m - W_m) - L_N\right](H_j - H_{j+1}) + F_j(H_j - h_{\mathrm{F},j}) + U_j(h_j - H_j) - Q_j$$
$$= L_{j-1}(h_{j-1} - H_j) + L_j(H_{j+1} - h_j) \tag{2-102}$$

令 $\alpha_j = h_{j-1} - H_j$，$\beta_j = H_{j+1} - h_j$，$\gamma_j = \left[\sum_{m=j+1}^{N}(F_m - U_m - W_m) - L_N\right](H_j - H_{j+1}) + F_j(H_j - h_{\mathrm{F},j}) + U_j(h_j - H_j) - Q_j$

式(2-102)可继续变形为

$$\alpha_j L_{j-1} + \beta_j L_j = \gamma_j \quad (j = 2, \cdots, N-1) \tag{2-103}$$

以上各 H 方程表达为矩阵形式，实际上是 L_j 的双对角线矩阵方程组

$$\begin{bmatrix} \beta_2 & & & & & & \\ \alpha_3 & \beta_3 & & & & & \\ & \cdots & \cdots & \cdots & & & \\ & & \alpha_j & \beta_j & & & \\ & & & \cdots & \cdots & \cdots & \\ & & & & \alpha_{N-2} & \beta_{N-2} & \\ & & & & & \alpha_{N-1} & \beta_{N-1} \end{bmatrix} \begin{bmatrix} L_2 \\ L_3 \\ \cdots \\ L_j \\ \cdots \\ L_{N-2} \\ L_{N-1} \end{bmatrix} = \begin{bmatrix} \gamma_2 - \alpha_2 L_1 \\ \gamma_3 \\ \cdots \\ \gamma_j \\ \cdots \\ \gamma_{N-2} \\ \gamma_{N-1} \end{bmatrix} \tag{2-104}$$

从式(2-104) 所示双对角线矩阵方程组很容易求解 L_j。

当 L_1 为规定条件时，L_N 由总物料衡算确定。将 L_1 代入方程组 (2-104)，从解 L_2 开始逐级递归计算，便可得所有板上的 L_j。

递归算式为

$$L_j = \frac{\gamma_j - \alpha_j L_{j-1}}{\beta_j} \quad (j = 2, \cdots, N-1) \tag{2-105}$$

再利用总物料衡算式(2-101a)，可得各板上 V_j。

冷凝器和再沸器的热负荷（Q_1 和 Q_N）分别由塔顶和塔釜的热量衡算求得

$$Q_1 = (L_1 + U_1)h_1 + V_1 H_1 - V_2 H_2 - F_1 h_{\mathrm{F},1} \tag{2-106}$$

式中，$V_2 = V_1 + L_1 + U_1$。

$$Q_N = V_1 H_1 + L_N h_N - \sum_{j=1}^{N}(F_j h_{\mathrm{F},j} - U_j h_j - W_j H_j) - \sum_{j=1}^{N-1} Q_j \tag{2-107}$$

对于非理想性不强的体系，泡点法收敛相当快；当分离要求较高时，收敛速度明显下降。对于非理想性强的系统，采用泡点法，计算振荡或发散，因而不适用。

2.4.6　流率加和法

流率加和法适用于宽沸程混合物的分离过程，如吸收、汽提和萃取等的计算。

对于宽沸程混合物，绝热闪蒸时已略有介绍，其汽液相流量变化不大，而温度则有较大变化空间。汽、液相流量变化与两相组成密切相关，而热量平衡对级温度变化比对级间流率变化敏感得多。宽沸程混合物中，可能有很多不凝性组分存在，各级 T_j 往往离泡点相距很远，因而泡点法也无从适用。

流率加和法也是分块算法，将 MESH 方程分成三块，M+E 方程、S 方程和 H 方程，序贯分块求解。

① 根据 M+E 方程即三对角线矩阵［式(2-98)］，先行求解，得到 $l_{i,j}$。

② 宽沸程混合物分离过程，各级间 V_j 和 L_j 变化不大、容易收敛，求解三对角矩阵得到的 $l_{i,j}$，不是用于计算泡点温度，而是用 S 方程［式(2-89)］把各级液体分流率加和，计算总流率 L_j，即 $L_j=\sum_i l_{i,j}$，所以这种算法称为流率加和法。有了 L_j，根据总物料衡算，各级汽相流率 V_j 也随之得到。

③ 在前面计算的基础上，求得各级汽、液相组成，再以 H 方程［式(2-90)］为依据，迭代求解各级温度 T_j。

收敛判据为 $\sum_{j=1}^{N}[T_j^{(r)}-T_j^{(r-1)}]^2<0.01N$ 或 $|L_j^{(r)}-L_j^{(r-1)}|/L_j^{(r-1)}<\varepsilon_2=0.001$。

如图 2-20 所示，是流率加和法的一种具体算法。

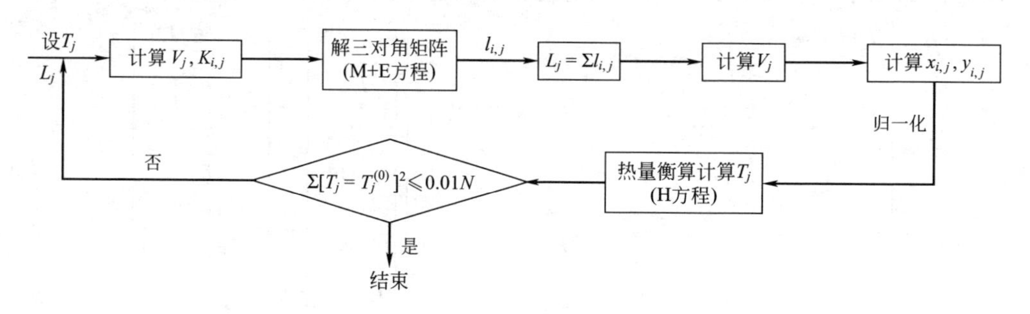

图 2-20 流率加和法计算框图

每轮迭代中，在已经计算 L_j、V_j、$y_{i,j}$、$x_{i,j}$ 后，利用热量衡算（H 方程）和摩尔焓与组成、温度的关系，进行 Newton-Raphson 迭代求解 T_j。H 方程［式(2-90)］可以写成向量形式

$$E_j=(L_j+U_j)h_j+(V_j+W_j)H_j-V_{j+1}H_{j+1}-L_{j-1}h_{j-1}-F_jh_{F,j}-Q_j=0 \quad (j=1,\cdots,N) \tag{2-108a}$$

$$\boldsymbol{E}=[E_1,E_2,\cdots,E_j,\cdots,E_N]^T=\boldsymbol{0} \tag{2-109}$$

利用式(2-109) 中 H_j、h_j 与温度的隐函数关系，可以作一级 Taylor 展开

$$\boldsymbol{E}(\boldsymbol{T})=\boldsymbol{E}(\boldsymbol{T}_0)+\frac{\partial \boldsymbol{E}}{\partial \boldsymbol{T}}(\boldsymbol{T}_0)\Delta\boldsymbol{T}=\boldsymbol{0} \tag{2-110}$$

可导出

$$\Delta\boldsymbol{T}=-\left[\frac{\partial \boldsymbol{E}}{\partial \boldsymbol{T}}(\boldsymbol{T}_0)\right]^{-1}\boldsymbol{E}(\boldsymbol{T}_0) \tag{2-111}$$

再利用式(2-111) 进行 Newton-Raphson 迭代，可求解各级温度的修正值 $\Delta\boldsymbol{T}$。

Q_1、Q_N 一般是待求的未知量，不能用来求解 T_j。E_1、E_N 方程一般不是由 H 方程推出，而是另外给定独立方程，例如以下的形式。

$$E_1=\sum_i l_{i,1}-L_1=0 \tag{2-112a}$$

$$E_N=\sum_i l_{i,N}-L_N=0 \tag{2-112b}$$

利用式(2-112a) 和式(2-112b) 计算 T_1 和 T_N，实质上是根据塔顶冷凝液和塔釜液的组成，计算泡点温度。Newton-Raphson。迭代计算中，根据式(2-111) 对 T_j $(j=2,\cdots,N-1)$ 进行修正。

以上介绍了两种使用三对角线矩阵的严格算法。三对角线矩阵法的优点是对稀疏矩阵采用 Gauss 消去法求解，避免了大型矩阵运算对大存贮量的需求，对非理想性不强的物系收敛相当快。此法对于非理想性强的物系不适用，计算振荡或发散，这时要另找强有力的算法。

2.4.7 全变量迭代法

全变量迭代法是联立求解 MESH 方程组的一种算法，收敛能力较强，可用于精馏、吸收、萃取等非理想性较强体系的严格计算。一般选用 $v_{i,j}$、T_j、$l_{i,j}$ 等为迭代变量，其他待求变量为跟随变量，每轮迭代产生 $v_{i,j}$、T_j、$l_{i,j}$ 等的新值后，直接用 S 方程或热力学方程等可得跟随变量的新值。

基于迭代变量在矩阵计算中不同的顺序安排，全变量迭代法有不同分类，其中 Naphtali-Sandholm 安排（简称 N-S 安排）较为常用，尤其适用于理论板数多、而组分数较少的精馏过程。

(1) 全变量迭代法的算法原理

以 Naphtali-Sandholm 建议的全变量迭代安排为例，选择 T_j、$l_{i,j}$ 和 $v_{i,j}$ 为迭代变量时，全塔共 $(2c+1)N$ 个变量。将 MESH 方程组中的 M 方程、E 方程和 H 方程改写成剩余函数的形式，以构建全变量迭代中的目标函数矩阵。

物料衡算的剩余函数方程为

$$M_{i,j}=\left(1+\frac{W_j}{V_j}\right)v_{i,j}+\left(1+\frac{U_j}{L_j}\right)l_{i,j}-v_{i,j+1}-l_{i,j-1}-f_{i,j}=0 \qquad (i=1,\cdots,c;j=1,\cdots,N) \tag{2-113}$$

相平衡关系的剩余函数方程为

$$Q_{i,j}=\frac{K_{i,j}V_j}{L_j}l_{i,j}-v_{i,j}=0 \qquad (i=1,\cdots,c;j=1,\cdots,N) \tag{2-114}$$

上式中，$Q_{i,j}$ 为剩余函数，不同于换热负荷 Q_j。

热量衡算的剩余函数方程为

$$E_j=\left(1+\frac{U_j}{L_j}\right)L_jh_j+\left(1+\frac{W_j}{V_j}\right)V_jH_j-V_{j+1}H_{j+1}-L_{j-1}h_{j-1}-F_jh_{F,j}-Q_j=0 \qquad (j=1,\cdots,N) \tag{2-108b}$$

上列方程组即为全变量迭代所用的剩余函数形式的 MEH 方程组。剩余函数方程共 $(2c+1)N$ 个，迭代变量 $(2c+1)N$ 个，满足唯一解条件。

式(2-108b) 中，N 个 E_j 方程不是全都在全变量迭代时用得上。虽然中间换热器的负荷 Q_j 为已知条件，但塔顶冷凝器和塔釜再沸器负荷 Q_1 和 Q_N 是未知的。由热量衡算得到的 E_j 方程 [式(2-108b)] 仅有 $N-2$ 个可用。基于热量衡算的 E_1 和 E_N 方程在全变量迭代时不使用，而是在收敛之后用于计算 Q_1 和 Q_N。

为了使方程组有唯一解，需要补充 2 个 E_j 方程。一般以塔顶和塔釜的约束条件来构建替代 E_1 和 E_N 的表达式，但不增加精馏问题的总约束条件。E_1 和 E_N 的具体替代形式如表

2-4 所示，可以灵活安排。

表 2-4 替代剩余函数 E_1 和 E_N 的几种形式

指定条件	E_1	E_N
回流比(L/D)或再沸比(V/B)	$\sum l_{i,1}-(L/D)U_1=0$ 或 $\sum l_{i,1}-(L/D)\sum v_{i,1}=0$	$\sum v_{i,N}-(V/B)\sum l_{i,N}=0$
级温度 T_D 或 T_B	$T_1-T_D=0$	$T_N-T_B=0$
产品流率 D 或 B	$\sum v_{i,1}-D=0$	$\sum l_{i,N}-B=0$
产品组分流率 d_i 或 b_i	$v_{i,1}-d_i=0$	$l_{i,N}-b_i=0$
产品摩尔分数 $y_{D,i}$ 或 $x_{B,i}$	$v_{i,1}-(\sum v_{i,1})y_{D,i}=0$	$l_{i,N}-(\sum l_{i,N})x_{B,i}=0$

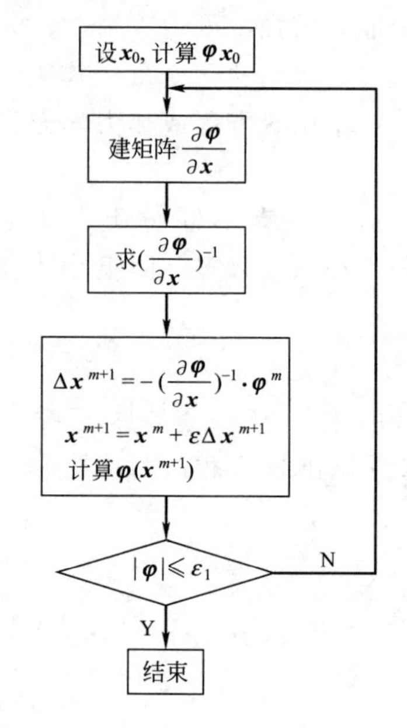

图 2-21 全变量迭代法的基本原理

S 方程用来求总的摩尔流率，即

$$L_j=\sum l_{i,j} \quad V_j=\sum v_{i,j}$$

上述剩余函数 $M_{i,j}$、$Q_{i,j}$ 和 E_j 随着迭代计算趋向收敛解而趋于零。

其他约束条件方程，如式(2-91)～式(2-95) 所示。利用这些关系，在每轮迭代产生 $v_{i,j}$、T_j、$l_{i,j}$ 新值后，跟随变量 H_j、h_j、$K_{i,j}$、$w_{i,j}$、$u_{i,j}$ 等也随着直接给出新值。

全变量迭代法的基本原理如图 2-21 所示。

将迭代变量以适当形式写成列向量 $\boldsymbol{x}$，剩余函数（$M_{i,j}$、$Q_{i,j}$、E_j 等）表达成列向量矩阵形式 $\boldsymbol{\varphi}$，则收敛的解应该满足以下方程

$$\boldsymbol{\varphi}(\boldsymbol{x})=\boldsymbol{0} \tag{2-115}$$

迭代从初值 $\boldsymbol{x}_0$ 出发，将剩余函数向量按一阶偏导数展开，可以得到线性化方程

$$\boldsymbol{\varphi}=\boldsymbol{\varphi}(\boldsymbol{x}_0)+\left(\frac{\partial \boldsymbol{\varphi}}{\partial \boldsymbol{x}}\bigg|_{x}\right)\Delta \boldsymbol{x}=\boldsymbol{0} \tag{2-116}$$

迭代计算的目标是找到合适的迭代变量的解，使得剩余函数尽可能趋于零向量。

解线性化方程，得迭代变量的修正值

$$\Delta \boldsymbol{x}=-\left(\frac{\partial \boldsymbol{\varphi}}{\partial \boldsymbol{x}}\bigg|_{x}\right)^{-1}\boldsymbol{\varphi}(\boldsymbol{x}_0) \tag{2-117a}$$

由此，可求出迭代变量的新值。以 ε_1 为收敛判据，检验迭代变量新值对应的剩余函数是否充分接近收敛，必要时重新迭代计算。

(2) 采用 N-S 安排的全变量迭代法

① 构建迭代变量矩阵。根据 Naphtali 和 Sandholm 建议的排列方式，迭代变量先按理论级排列成 N 个迭代分向量，每个分向量中，再依次排布对应的 $v_{i,j}$、T_j、$l_{i,j}$。

$$\boldsymbol{x}_j=[v_{1,j},v_{2,j},\cdots,v_{c,j},T_j,l_{1,j},l_{2,j}\cdots l_{c,j}]^T$$

$$\boldsymbol{x}=[\boldsymbol{x}_1^T,\boldsymbol{x}_2^T,\cdots,\boldsymbol{x}_i^T,\cdots,\boldsymbol{x}_N^T]^T \tag{2-118}$$

② 构建剩余函数矩阵。剩余函数先按理论级排列成 N 个分向量，每个分向量中再顺序排布 E_j、$M_{i,j}$、$Q_{i,j}$ 方程。

$$\boldsymbol{\varphi}_j=[E_j,M_{1,j},M_{2,j},\cdots,M_{c,j},Q_{1,j},Q_{2,j},\cdots,Q_{c,j}]^T$$

$$\boldsymbol{\varphi}=[\boldsymbol{\varphi}_1^T,\boldsymbol{\varphi}_2^T,\cdots,\boldsymbol{\varphi}_j^T,\cdots,\boldsymbol{\varphi}_N^T]^T \tag{2-119}$$

③ 构建 Jacobian 矩阵。采用（Newton-Raphson）法对全部 $M_{i,j}$、$Q_{i,j}$、E_j 线性化，即求解各剩余函数对各迭代变量的一阶偏导数，以构造剩余函数对迭代变量的偏导数矩阵，即 Jacobian 矩阵，这是一个（$2c+1)N\times(2c+1$）N 方阵。

$$\boldsymbol{J}=\frac{\partial\boldsymbol{\varphi}}{\partial\boldsymbol{x}}=\begin{bmatrix}\frac{\partial\boldsymbol{\varphi}_1}{\partial\boldsymbol{x}_1} & \frac{\partial\boldsymbol{\varphi}_1}{\partial\boldsymbol{x}_2} & \cdots & \frac{\partial\boldsymbol{\varphi}_1}{\partial\boldsymbol{x}_j} & \cdots & \frac{\partial\boldsymbol{\varphi}_1}{\partial\boldsymbol{x}_N}\\ \frac{\partial\boldsymbol{\varphi}_2}{\partial\boldsymbol{x}_1} & \frac{\partial\boldsymbol{\varphi}_2}{\partial\boldsymbol{x}_2} & \cdots & \frac{\partial\boldsymbol{\varphi}_2}{\partial\boldsymbol{x}_j} & \cdots & \frac{\partial\boldsymbol{\varphi}_2}{\partial\boldsymbol{x}_N}\\ & & \cdots & & & \\ \frac{\partial\boldsymbol{\varphi}_j}{\partial\boldsymbol{x}_1} & \frac{\partial\boldsymbol{\varphi}_j}{\partial\boldsymbol{x}_2} & \cdots & \frac{\partial\boldsymbol{\varphi}_j}{\partial\boldsymbol{x}_j} & \cdots & \frac{\partial\boldsymbol{\varphi}_j}{\partial\boldsymbol{x}_N}\\ & & \cdots & & & \\ \frac{\partial\boldsymbol{\varphi}_N}{\partial\boldsymbol{x}_1} & \frac{\partial\boldsymbol{\varphi}_N}{\partial\boldsymbol{x}_2} & \cdots & \frac{\partial\boldsymbol{\varphi}_N}{\partial\boldsymbol{x}_j} & \cdots & \frac{\partial\boldsymbol{\varphi}_N}{\partial\boldsymbol{x}_N}\end{bmatrix} \tag{2-120a}$$

式中，

$$\frac{\partial\boldsymbol{\varphi}_j}{\partial\boldsymbol{x}_i}=\begin{bmatrix}\frac{\partial E_j}{\partial v_{1,i}} & \cdots & \frac{\partial E_j}{\partial v_{c,i}} & \frac{\partial E_j}{\partial T_i} & \frac{\partial E_j}{\partial l_{1,i}} & \cdots & \frac{\partial E_j}{\partial l_{c,i}}\\ \frac{\partial M_{1,j}}{\partial v_{1,i}} & \cdots & \frac{\partial M_{1,j}}{\partial v_{c,i}} & \frac{\partial M_{1,j}}{\partial T_i} & \frac{\partial M_{1,j}}{\partial l_{1,i}} & \cdots & \frac{\partial M_{1,j}}{\partial l_{c,i}}\\ & & & \cdots & & & \\ \frac{\partial M_{c,j}}{\partial v_{1,i}} & \cdots & \frac{\partial M_{c,j}}{\partial v_{c,i}} & \frac{\partial M_{c,j}}{\partial T_i} & \frac{\partial M_{c,j}}{\partial l_{1,i}} & \cdots & \frac{\partial M_{c,j}}{\partial l_{c,i}}\\ \frac{\partial Q_{1,j}}{\partial v_{1,i}} & \cdots & \frac{\partial Q_{1,j}}{\partial v_{c,i}} & \frac{\partial Q_{1,j}}{\partial T_i} & \frac{\partial Q_{1,j}}{\partial l_{1,i}} & \cdots & \frac{\partial Q_{1,j}}{\partial l_{c,i}}\\ & & & \cdots & & & \\ \frac{\partial Q_{c,j}}{\partial v_{1,i}} & \cdots & \frac{\partial Q_{c,j}}{\partial v_{c,i}} & \frac{\partial Q_{c,j}}{\partial T_i} & \frac{\partial Q_{c,j}}{\partial l_{1,i}} & \cdots & \frac{\partial Q_{c,j}}{\partial l_{c,i}}\end{bmatrix} \tag{2-120b}$$

Jacobian 矩阵中的元素都是某一 MESH 剩余函数对某一迭代变量的偏导数。由 MESH 方程组可见，j 级上的剩余函数除了与 j 级上的变量有关外，仅与相邻的 $j-1$ 级和 $j+1$ 级上的变量有关，由排列方式可知，Jacobian 矩阵 $\boldsymbol{J}$ 是一个很稀疏的具有三对角线结构的分块矩阵。

$$\boldsymbol{J}=\frac{\partial\boldsymbol{\varphi}}{\partial\boldsymbol{x}}=\begin{bmatrix}\boldsymbol{B}_1 & \boldsymbol{C}_1 & \cdots & & \boldsymbol{0}\\ \boldsymbol{A}_2 & \boldsymbol{B}_2 & \boldsymbol{C}_2 & & \\ \vdots & \ddots & \ddots & \ddots & \vdots\\ & & \boldsymbol{A}_{N-1} & \boldsymbol{B}_{N-1} & \boldsymbol{C}_{N-1}\\ \boldsymbol{0} & \cdots & & \boldsymbol{A}_N & \boldsymbol{B}_N\end{bmatrix} \tag{2-121}$$

Jacobian 矩阵中的块状子矩阵 $\boldsymbol{A}_j$、$\boldsymbol{B}_j$、$\boldsymbol{C}_j$ 都是（$2c+1)\times(2c+1$）阶方阵，分别表示

第 j 级上的 MESH 剩余函数对级 $j-1$、j、$j+1$ 上的迭代分向量 $\boldsymbol{x}_{j-1}$、$\boldsymbol{x}_j$、$\boldsymbol{x}_{j+1}$ 的偏导数，即

$\boldsymbol{A}_j=\left[\dfrac{\mathrm{d}\boldsymbol{\varphi}_j}{\mathrm{d}\boldsymbol{x}_{j-1}}\right]$，$\boldsymbol{B}_i=\left[\dfrac{\mathrm{d}\boldsymbol{\varphi}_i}{\mathrm{d}\boldsymbol{x}_i}\right]$，$\boldsymbol{C}_j=\left[\dfrac{\mathrm{d}\boldsymbol{\varphi}_j}{\mathrm{d}\boldsymbol{x}_{j+1}}\right]$，$\boldsymbol{A}_j$、$\boldsymbol{B}_j$、$\boldsymbol{C}_j$ 都具有不规则的结构。

有关 Jacobian 子矩阵的具体形式，内容比较繁杂，可参阅相关文献。

④ 迭代。通过矩阵运算解方程，可得全部变量的修正步长 $\Delta\boldsymbol{x}$。

$$\boldsymbol{\varphi}=\boldsymbol{\varphi}(\boldsymbol{x}_0)+\left(\frac{\partial\boldsymbol{\varphi}}{\partial\boldsymbol{x}}\bigg|_{\boldsymbol{x}_0}\right)\Delta\boldsymbol{x}=\boldsymbol{0} \tag{2-116}$$

$$\Delta\boldsymbol{x}=-\left(\frac{\partial\boldsymbol{\varphi}}{\partial\boldsymbol{x}}\right)^{-1}\cdot\boldsymbol{\varphi}^m \tag{2-117b}$$

$$\boldsymbol{x}^{m+1}=\boldsymbol{x}^m+\varepsilon\Delta\boldsymbol{x}^{m+1} \tag{2-122}$$

式中，ε 为阻尼（或加速）因子。ε 取适当值时，可以起到阻尼迭代过程的震荡（$0<\varepsilon<1$）或加速收敛的作用（$\varepsilon>1$）。一般只需要每次迭代能够达到剩余函数的平方和逐次减小即可。迭代计算初期，易发生震荡或发散，此时应使用较小的阻尼因子。当迭代计算接近收敛时，可使用 $\varepsilon\geqslant1$ 的加速因子，以加快收敛速度。

全变量迭代法计算的具体步骤如图 2-22 所示。判断迭代是否收敛，需要根据精馏问题涉及的组分、级数的多少而仔细选择达到收敛的标准。如图 2-22 所示，收敛判据为 $\sum\limits_j\left[\sum\limits_i\left(\dfrac{\Delta l_{i,j}}{L_j}\right)^2+\sum\limits_i\left(\dfrac{\Delta v_{i,j}}{V_j}\right)^2+(\Delta T_j)^2\right]\leqslant\varepsilon_1$。迭代中，$|\Delta l_{i,j}|/L_j$ 和 $|\Delta v_{i,j}|/V_j$ 比较容易达到 0.001 以下，而对于 $|\Delta T_j|$，能达到 0.1K 以下已经不错了。所以 ε_1 的取值，要根据组分数和级数进行适当调整。ε_1 取值偏大，计算精度不足，ε_1 取值偏小，则达到收敛困难。

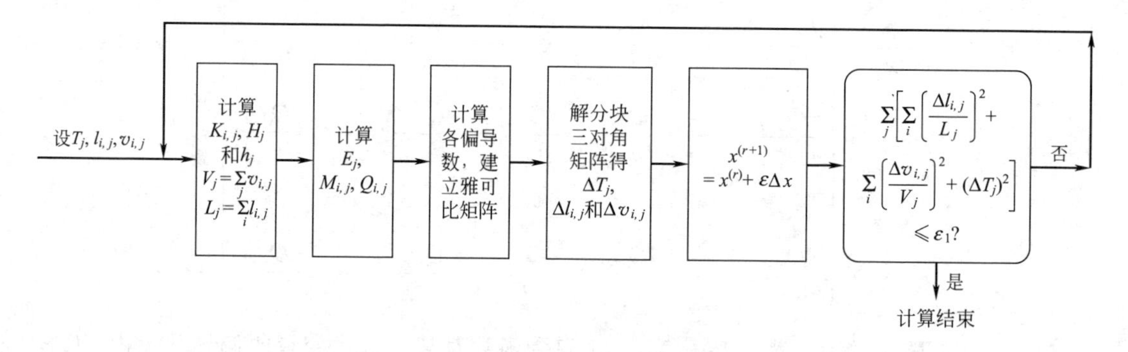

图 2-22　全变量迭代法计算框图

与适用范围较窄的泡点法、流率加和法相比，全变量迭代法有更强的收敛能力，通用性强，不仅可用于计算普通的精馏、吸收过程，还可以解决非理想性强的体系的平衡级分离问题，如萃取精馏、共沸精馏、再沸吸收、再沸汽提等等。

精馏的严格算法有多种，必要时可以参阅有关专著。

由于近几十年来对定态精馏模拟的广泛研究，开发出了一些通用性强、收敛特性好的算法，再加上计算技术的发展，精馏的严格算法已成为设计计算的有用工具。Aspen Plus 等多种流程模拟软件都包含了多级平衡分离过程严格计算的模块，可供工程设计者选用。

2.5 精馏过程的简捷计算

很多情况下，精馏过程相对简单，只要求得到近似可靠的结果即可，此时可以考虑采用简捷算法，简捷计算可以为精馏严格计算提供初值。有些场合，如多种精馏方案的比较，不需很精准的计算结果，但希望较快地得到粗略结论，也可用简捷算法。很多情况下，可以把简捷计算和严格计算组合使用，先用简捷算法求解理论板数，确定合适的回流比，然后用严格算法进行校核验证。

常见的简捷算法，分别用Fenske方程、Underwood方程、Gilliland关联计算最少理论板数、最小回流比和需要的理论板数，所以又称FUG捷算法。由于采用了一系列简化假定，只能供估算用。但因其计算简单，在做全流程计算中常被采用。

简捷计算用于二组分精馏时，塔顶和塔底组成无须估算，可以唯一确定。多组分精馏进行简捷计算时，给定条件完备的前提下，塔顶、塔釜各组分的组成也是唯一的；给定条件中，只给出了两个组分各1条组分含量的信息，塔顶和塔釜液的其他组成指标在简捷计算中（Fenske方程、Underwood方程、Kirkbride方程等）需要用到，但在开始计算时并不会给出，需估算得出，必要时还需要迭代。

2.5.1 多组分精馏中的组分分类

典型的常规精馏流程为一股进料，塔顶和塔釜两股出料。塔顶馏出液流率为D，馏出液中组分i分流率用d_i表示。塔釜液采出流率用B表示，塔釜液组分i的分流率用b_i表示。进料总流率为F，进料中组分i分流率为f_i。

多组分精馏进行简捷计算时，常用的指定条件包括：各级压力p_j、回流比R（或R/R_m）、塔顶（塔釜）组分要求（共2条）。一般选择两个挥发度相邻的对分离效果有控制作用的组分，指定它们在塔顶或塔釜产品中的含量或回收率，即规定其分离要求，这样就用完了2个组分条件。对应的两个组分，称为关键组分。

关键组分包括轻关键组分和重关键组分。轻关键组分常记作LK（Light Key Component），重关键组分记作HK（Heavy Key Component）。LK、HK之外的其他组分，都可以归为非关键组分（Non-Key Components）。包括：轻非关键组分（Light Non-Key Components）和重非关键组分（Heavy Non-Key Components）。轻非关键组分（或称轻组分）一般记作LNK，重非关键组分（或称重组分）一般记作HNK。

多组分体系中还可能有中间组分，即挥发度处在LK和HK之间的某些组分。LK、HK之间可以没有中间组分，选择两个挥发度相邻的组分为LK、HK时，就不存在中间组分。

根据组分是否在塔顶和塔底都出现，各组分可分为分布组分和非分布组分。分布组分是指在塔顶和塔底均出现的组分。LK、HK和中间组分一定是分布组分。非分布组分是指在仅在塔的一端出现的某些组分。轻、重组分可能是非分布组分。

如图2-15所示，由于各组分挥发度差异明显，在有限的级数下，即达到显著的分离效果，选定挥发度居中的甲苯、二甲苯分别为LK和HK，重组分（HNK）异丙苯不进入塔顶，轻组分（LNK）苯不进入塔釜，这两者均为非分布组分。

2.5.2 最少理论板数

(1) Fenske 方程

采用 Fenske 方程，可以计算全回流时达到规定分离要求所需最少理论板数 N_m。

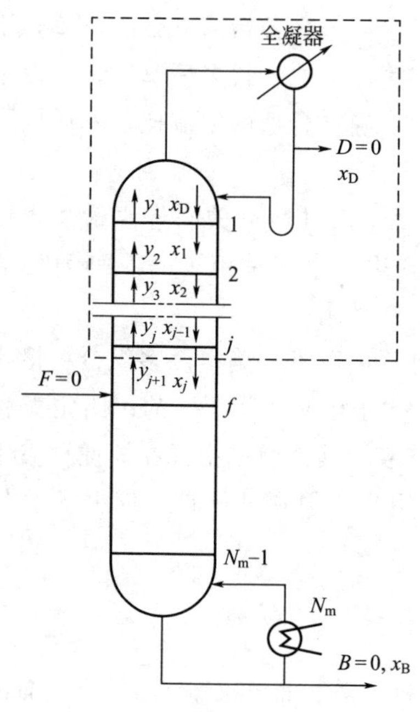

图 2-23 精馏塔的全回流操作

Fenske 方程是在全回流条件下，利用离开每块板的汽相组成和从上一块板流下的液相组成相等，结合离开每块板的汽、液相组成满足相平衡关系，严格推导而得的。

如图 2-23 所示，全回流操作时，$L_j=V_{j+1}$。

作 j 板至塔顶范围的组分 i 的物料衡算：$L_j x_{i,j}=V_{j+1}y_{i,j+1}$

两式结合得
$$x_{i,j}=y_{i,j+1} \tag{2-123}$$

根据 $\alpha_{i,k}=K_i/K_k$ 和式(2-123)，由全凝器中组分 i 和组分 k 的物质的量比 $x_{D,i}/x_{D,k}$ 开始，向塔釜逐级推导，可得

$$\frac{x_{D,i}}{x_{D,k}}=(\bar{\alpha}_{i,k})^{N_m}\frac{x_{B,i}}{x_{B,k}} \tag{2-124}$$

$\bar{\alpha}_{i,k}$ 为所有各块塔板上组分 i 与 k 间相对挥发度的几何平均值。用于表示 LK 与 HK 的分离时，上式可写成

$$\frac{x_{D,LK}}{x_{D,HK}}=(\bar{\alpha}_{LK,HK})^{N_m}\frac{x_{B,LK}}{x_{B,HK}}$$

两端取对数整理后，得到典型形式的 Fenske 方程

$$N_m=\frac{\lg\left(\dfrac{x_{D,LK}}{x_{B,LK}}\Big/\dfrac{x_{D,HK}}{x_{B,HK}}\right)}{\lg\bar{\alpha}_{LK,HK}}=\frac{\lg\left(\dfrac{x_{D,LK}}{x_{D,HK}}\times\dfrac{x_{B,HK}}{x_{B,LK}}\right)}{\lg\bar{\alpha}_{LK,HK}} \tag{2-125a}$$

式中，N_m为精馏装置所需的最少理论板数，N_m中没有计入塔顶全凝器，但计入了塔釜再沸器的 1 个理论级。

Fenske 方程是严格的。式(2-125a) 的严格应用则较困难，需知道各板上的相对挥发度。为简化计算，用 LK 和 HK 在塔顶和塔底两处平均相对挥发度，有时用在塔顶、进料板和塔底三处的平均相对挥发度代替所有各板的平均相对挥发度

$$\bar{\alpha}_{LK,HK}=[(\bar{\alpha}_{LK,HK})_D(\bar{\alpha}_{LK,HK})_F(\bar{\alpha}_{LK,HK})_B]^{\frac{1}{3}} \tag{2-126}$$

Fenske 方程不仅适用于 LK 与 HK 之间，而且适用于任何两组分之间。

式(2-125a) 形式的 Fenske 方程，分子是反映 LK、HK 在塔顶和塔釜间分离要求的比值，不单单局限于以摩尔分数求比值，具体求法可以比较灵活。Fenske 方程形式上可以有较多变化，但本质上是等效的。由精馏问题的规定要求，较容易求得 LK、HK 在塔顶和塔釜的摩尔分流率时，Fenske 方程可采用以下形式

$$N_m=\frac{\lg\left[\left(\frac{d}{b}\right)_{LK}\times\left(\frac{b}{d}\right)_{HK}\right]}{\lg\bar{\alpha}_{LK,HK}} \quad (2\text{-}125b)$$

当由精馏问题规定要求，较易求得 LK、HK 在塔顶和塔釜的回收率时，采用以下形式较方便

$$N_m=\frac{\lg\left[\frac{\eta_{LK,D}\eta_{HK,B}}{(1-\eta_{LK,D})(1-\eta_{HK,B})}\right]}{\lg\bar{\alpha}_{LK,HK}} \quad (2\text{-}125c)$$

涉及非关键组分时，Fenske 方程的表达形式为

$$N_m=\frac{\lg\left(\frac{x_{D,i}}{x_{D,j}}\Big/\frac{x_{B,i}}{x_{B,j}}\right)}{\lg\bar{\alpha}_{i,j}}=\frac{\lg\left(\frac{d_i}{d_j}\Big/\frac{b_i}{b_j}\right)}{\lg\bar{\alpha}_{i,j}}=\frac{\lg\left(\frac{d_i}{b_i}\Big/\frac{d_j}{b_j}\right)}{\lg\bar{\alpha}_{i,j}}=\frac{\lg\left(\frac{d_i}{b_i}\Big/\frac{d_{HK}}{b_{HK}}\right)}{\lg\bar{\alpha}_{i,HK}} \quad (2\text{-}127a)$$

(2) 塔顶和塔底组成估算

简捷算法中，塔顶和塔底组成的估算应该在用 Fenske 方程计算 N_m之前进行。但存在非清晰分割组分时，这些组分的估算往往不准确，需要在求得 N_m后，再利用 Fenske 方程，对非清晰分割的组分重新核算。

对于精馏问题，关于分离要求只能有两个条件，即对塔顶馏出液和塔釜液各规定一条分离要求。分离要求的具体形式是多样化的，可以按组分含量的形式提出，也可以按回收率的形式提出。从某些形式的分离要求，不能直接得到 LK 和 HK 在塔顶和塔釜的流率比，即使为了计算 N_m，也需先作假设和简化，再根据 Fenske 方程重新修正。

① 清晰分割法。清晰分割法假定除了 LK、HK 和中间组分以外，其他组分均为非分布组分。轻（非关键）组分在塔顶产品中的收率为 1，重（非关键）组分在塔底产品中的收率为 1。如果无中间组分存在，塔两端产品的组成和量只要通过简单的物料衡算就能算得。

② 非清晰分割法。除 LK、HK 和中间组分以外，轻、重组分中也含有分布组分。此时，清晰分割的前提不复存在。假定部分回流时精馏塔两端产品的组成与全回流时的相同，则可以利用 Fenske 方程来对分布组分在塔顶和塔釜的分配情况进行核算和修正。该方法适用于相对挥发度差异不大或分离要求不太高的系统。

利用 Fenske 方程，写成任意组分 i 对重关键组分 HK 的形式

$$N_m=\frac{\lg\left(\frac{d_i}{b_i}\times\frac{b_{HK}}{d_{HK}}\right)}{\lg\bar{\alpha}_{i,HK}} \quad (2\text{-}127b)$$

整理变形，得

$$\lg\frac{d_i}{b_i}=N_m\lg\bar{\alpha}_{i,HK}+\lg\frac{d_{HK}}{b_{HK}} \quad (2\text{-}128)$$

式(2-128) 结合组分 i 的物料衡算式 $b_i+d_i=f_i$，可导出

$$b_i=\frac{f_i}{1+(d_{HK}/b_{HK})\bar{\alpha}_{i,HK}^{N_m}}, \quad (2\text{-}129)$$

$$d_i=\frac{f_i(d_{HK}/b_{HK})\bar{\alpha}_{i,HK}^{N_m}}{1+(d_{HK}/b_{HK})\bar{\alpha}_{i,HK}^{N_m}} \quad (2\text{-}130)$$

由式(2-129) 和式(2-130) 计算得到分布组分的 d_i、b_i后，即可算出塔顶、塔底总流率

D、B，进而计算 $x_{D,i}$、$x_{B,i}$。

【例 2-3】 精馏分离 A、B、C 三组分混合物。进料组成如下：$z_A=0.3$，$z_B=0.3$，$z_C=0.4$（摩尔分数）。

相对挥发度为：$\alpha_{A,C}=3$，$\alpha_{B,C}=2.08$。分离要求：B 组分在塔顶馏出液中回收率为 90%，C 组分在塔釜流出液中回收率为 90%。试用非清晰分割法计算 A 组分在塔顶和塔底流出液中的流量。

解：设进料流量 $F=100\text{kmol/h}$，则轻、重关键组分的流量为

$d_B=100\times0.30\times0.90=27\text{kmol/h}$，$d_C=100\times0.40\times(1-0.90)=4\text{kmol/h}$

$b_B=100\times0.30\times(1-0.90)=3\text{kmol/h}$，$b_C=100\times0.40\times0.90=36\text{kmol/h}$

先利用 Fenske 方程计算最少理论板数

$$N_m=\frac{\lg\left(\frac{d_{LK}}{d_{HK}}\times\frac{b_{HK}}{b_{LK}}\right)}{\lg\bar{\alpha}_{LK,HK}}=\frac{\lg\left(\frac{27}{4}\times\frac{36}{3}\right)}{\lg 2.08}=6.0$$

对组分 A 和 C（HK）应用 Fenske 方程，得 $\lg\frac{d_A}{b_A}=6\lg 3+\lg\frac{4}{36}=1.9085$

结合 A 的物料衡算 $b_A+d_A=f_A=30$，可得

$$b_A=0.3659\text{kmol/h},\ d_A=29.6341\text{kmol/h}$$

关于清晰分割和非清晰分割的判断，简便的方法是通过组分挥发度的比较来进行。

① 当 LK 与 HK 之间的分离要求比较高，同时有 $K_L\gg K_{LK}$，$K_H\ll K_{HK}$成立时，则清晰分割法比较适合。

② 当 $K_{LNK}\approx K_{LK}$，$K_{HNK}\approx K_{HK}$，LK 与 HK 间的分离要求又不是很高时，轻组分 LNK、重组分 HNK 会出现分布组分，此时分布组分采用非清晰分割法，其余非分布组分采用清晰分割法较好。

实际上，对塔顶和塔釜组分含量进行估算，清晰分割法与非清晰分割法都是近似估算方法。不同回流条件下，各种不同挥发度非关键组分在塔顶馏出液和塔釜液的典型分配情况，如图 2-24 所示，由图可以发现：

① 全回流时，理论板数最少，全部组分在塔的两端出现，都是分布组分。如图中线 1 所示，为线性关系，符合 Fenske 方程。

② 最小回流比 R_m下操作时，因全塔板数无限多，不少轻、重组分只在塔的一端产品中存在，为非分布组分，分配曲线为 S 形曲线（图中曲线 4）。

③ 全回流时的产品组成（线 1）与最小回流比时的产品组成（曲线 4）有较大差异。

④ 实际选定回流比下与全回流时的产品组成差异较小。图 2-24 中，线 2 和线 3 更加接近直线 1，而不是曲线 4。这表明，非清晰分割法中关于“部分回流时精馏塔两端产品的组成与全回流时的相同”的基本假设，是有根据的。

2.5.3 最小回流比

用 Underwood 方程估计达到规定分离要求所需的最小回流比 R_m。所谓最小回流比 R_m，理论上讲是需要无限多块塔板才能达到 LK 与 HK 间分离要求时的回流比。在最小回流比下进行精馏操作，塔内将出现恒浓区（相邻板上的汽相浓度和液相浓度各自相同），需用无限多理论板数才能实现一定的分离作用。

(1) 恒浓区和最小回流比 R_m

y-x 平衡曲线形状正常的二组分物系的精馏，在最小回流比时，只出现一个恒浓区，其

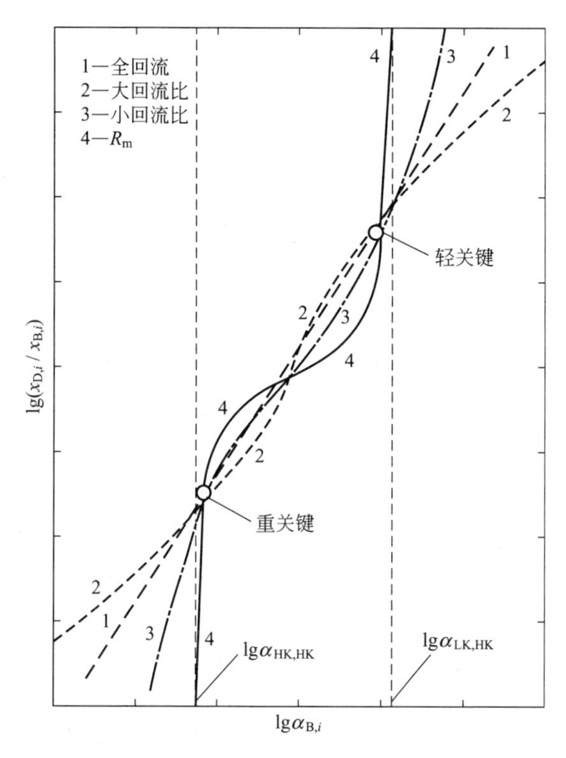

图 2-24 各种回流比下组分在精馏塔两端产品中的分布

位置是在加料板附近。多组分精馏中，恒浓区的浓度和位置受到非关键组分的数目、是否分布等多种因素影响，有很大的不确定性。

① 多组分物系的单恒浓区。最小回流比下，为保证 LK 与 HK 之间的分离效率达到规定要求，理论上需要无限多块塔板（$N\rightarrow\infty$）。LK 与 HK 在两端产品中均存在，为分布组分。如果存在中间组分，它必然是分布组分。如果所有组分均为分布组分，多组分精馏与二组分精馏相似，最小回流比下操作只有一个恒浓区。

② 多组分物系的上、下恒浓区。当料液中存在非分布轻组分和（或）非分布重组分，即使只有一个非分布组分，塔中也将出现两个恒浓区。多组分精馏在最小回流比下操作，出现两个恒浓区是常态。

图 2-25 是典型的六组分精馏过程在最小回流比下操作时的浓度分布曲线。精馏体系中存在着 6 个组分：LK 和 HK；2 个轻非关键组分（LNK1 和 LNK2）；2 个重非关键组分（HNK1 和 HNK2）。其汽液相平衡常数依次降低的顺序为

$$K_{LNK1}>K_{LNK2}>K_{LK}>K_{HK}>K_{HNK1}>K_{HNK2}$$

轻非关键组分 LNK1 和 LNK2 的挥发度显著高于 LK，仅出现在塔顶产品中；重非关键组分 HNK1 和 HNK2 的挥发度显著低于 HK，仅出现在塔底产品中。LNK1、LNK2、HNK1、HNK2 均为非分布组分。

由于料液中存在非分布轻组分和（或）非分布重组分，塔中将出现两个恒浓区。

精馏过程在最小回流比下进行。观察进料中重组分 HNK1、HNK2，它们随蒸汽上升时，因 LK 与它们的相对挥发度（K_{LK}/K_{HNK1}、K_{LK}/K_{HNK2}）比 LK 与 HK 之间的相对挥发度（K_{LK}/K_{HK}）大，塔是以 LK、HK 间分离的最小回流比 R_m 操作，LK、HK 在恒浓区的传质推动力趋于 0，但 LK 与 HNK1、HNK2 间的分离不会遇到困难。HNK1、HNK2

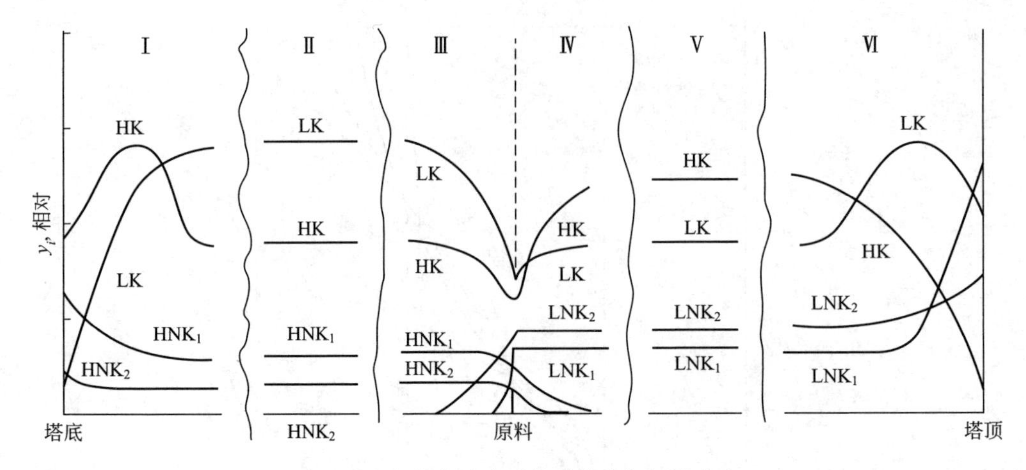

图 2-25 在最小回流时典型的汽相组成分布

仍有一定的传质推动力，在进料板以上有限区域内（区域Ⅳ），HNK1、HNK2 浓度逐步变小而趋于 0。相应地，其余各组分浓度也在变化，所以区域Ⅳ不可能是恒浓区。当组分 HNK1 和 HNK2 浓度减到可忽略后，开始出现上恒浓区（区域Ⅴ）。进入此区域的组分为 HK 以及挥发度高于 HK 的各组分，此区域有无限多板数。上恒浓区以上，为精馏段的分馏区（区域Ⅵ），LK 与 HK 间进一步分离，脱除 HK 而达到规定分离要求。

再来看进料中轻组分 LNK1、LNK2，当它们随液流下降时，因 LNK1、LNK2 与 HK 的相对挥发度（$K_{\mathrm{LNK1}}/K_{\mathrm{HK}}$、$K_{\mathrm{LNK2}}/K_{\mathrm{HK}}$）比 LK 与 HK 之间的相对挥发度（$K_{\mathrm{LK}}/K_{\mathrm{HK}}$）大，在进料板以下有限区域内（区域Ⅲ）将逐步从液相中脱除，对应的平衡汽相中浓度也随之趋于 0，其余组分浓度随之发生变化，区域Ⅲ为轻组分脱除区，不可能是恒浓区。直至轻组分浓度减至可忽略后，液流降入下恒浓区Ⅱ。进入此区域的组分为 LK 以及挥发度低于 LK 的各组分，该恒浓区有无限多板数。最后液体降入提馏段的分馏区（区域Ⅰ），液相中 LK 进一步脱除，直至达到分离要求。

在最小回流比下，存在两个恒浓区的多组分物系，可以有以下形态。

① 进料中有非分布的轻、重组分（至少各 1 个），形成典型的上、下恒浓区。

② 所有轻组分均为分布组分，存在非分布的重组分。非分布重组分在进料板上方去除，下恒浓区上移至进料板，此时为上恒浓区和加料板恒浓区。

③ 所有重组分均为分布组分，存在非分布的轻组分。非分布轻组分在进料板下方去除，上恒浓区下移至进料板，此时为下恒浓区和加料板恒浓区。

一般说来，恒浓区已脱除了轻组分或重组分，关键组分的浓度有所增大，但此浓度值并不能确切掌握，所以要准确求出多组分精馏的最小回流比相当困难，至今还没有一个通用的算法。目前较常用的办法是采用一些近似算式，算出最小回流比的近似值，供设计计算参考。

(2) Underwood 方程求解 R_{m}

对于精馏塔在 R_{m} 下的操作，Underwood 作了两条基本假定：①各组分相对挥发度恒定；②进料点和两个恒浓区之间均符合恒摩尔流。在此基础上推导出的 Underwood 方程，可以用于估算存在非分布组分时精馏操作的最小回流比 R_{m}。

对于多组分精馏，Underwood 方程是由两个方程组成的方程组。

$$\sum \frac{\alpha_{i,\mathrm{B}} z_{\mathrm{F},i}}{\alpha_{i,\mathrm{B}} - \theta} = 1 - q \tag{2-131a}$$

$$R_m=\sum\frac{\alpha_{i,B}x_{D,i}}{\alpha_{i,B}-\theta}-1 \tag{2-131b}$$

式中，$\alpha_{i,B}$为组分 i 与某一任选的基础组分间的相对挥发度。

如果塔内相对挥发度 α 变化不大，可将塔顶、进料、塔釜三处条件下各组分的相对挥发度取几何平均值 $\alpha_i=\sqrt[3]{\alpha_D\alpha_F\alpha_B}$，代入 Underwood 方程计算。如果相对挥发度变化较大，可根据塔顶馏出液和塔釜液流量对塔顶温度 T_D 和塔釜温度 T_B 作加权平均，得到平均温度 $T_\alpha=(DT_D+BT_B)$ $/F$。然后，再算该平均温度 T_α下的相对挥发度$\alpha(T_\alpha)$。

求解式(2-131a)，需要的已知条件还有进料的摩尔分数 $z_{F,i}$和热状态值 q。方程的未知数为 θ。式(2-131b) 的已知条件包括塔顶馏出液摩尔分数 $x_{D,i}$，代入式(2-131a) 适合的解 θ，可求得最小回流比 R_m。计算 R_m需要 $x_{D,i}$值，所以应在估算出可靠的塔顶组成后进行。

对于二组分精馏，R_m计算比较简单，根据组分的相对挥发度、轻组分在进料和馏出液的摩尔分数，可以得到泡点和露点两种极限情形下的 R_m，然后以 q 值为权重，对两个 R_m 的取值进行加和，即可得实际 q 值下的最小回流比。

对于二组分物系泡点进料（$q=1$），从式(2-131a) 和式(2-131b) 导得

$$R_m=\frac{1}{\alpha_{12}-1}\left[\frac{x_D}{x_F}-\frac{\alpha_{12}(1-x_D)}{1-x_F}\right] \tag{2-132a}$$

对于二组分物系露点进料（$q=0$），则有

$$R_m=\frac{1}{\alpha_{12}-1}\left(\frac{\alpha_{12}x_D}{y_F}-\frac{1-x_D}{1-y_F}\right)-1 \tag{2-132b}$$

对于多组分精馏，利用 Underwood 方程组计算 R_m，首先要掌握进料组成 $z_{F,i}$和热状态 q 值，还要掌握各组分相对于基础组分 B 的相对挥发度，其中基础组分 B 优先选择重关键组分。然后，从式(2-131a) 求解未知数 θ。精馏体系中共 c 个组分，从式(2-131a) 形式看，它有 c 或 $c-1$ 个根。这些根的数值，位于两两相邻的各组分相对挥发度 $\alpha_{i,B}$之间，但不是所有的 θ 根都是有效的。Underwood 方程求解的对象 R_m是针对 LK 和 HK 间达到分离要求而言的，用于计算 R_m的 θ 值应介于 $\alpha_{HK,HK}$（$=1$）与 $\alpha_{LK,HK}$之间，否则无效，即：$1<\theta<\alpha_{LK,HK}$。

如果在确定 LK 和 HK 时，LK 和 HK 的挥发度相邻，即 $\alpha_{HK,HK}$与 $\alpha_{LK,HK}$相邻，不存在中间组分，θ 的解则可以唯一确定，代入式(2-131b) 即得 R_m值。

LK 和 HK 之间有中间组分时，介于 $\alpha_{HK,HK}$($=1$) 和 $\alpha_{LK,HK}$间的 θ 根不止一个，R_m的计算要烦琐一些。为了叙述简单起见，假设只有一个中间组分 M，此时有两个介于 1 和 $\alpha_{LK,HK}$间的根 θ_1和 θ_2，即 $1<\theta_1<\alpha_{M,HK}$，$\alpha_{M,HK}<\theta_2<\alpha_{LK,HK}$。可以将 $x_{D,M}$和 R_m都作为未知数，对应 θ_1和 θ_2 的式(2-131b) 有两个，正好满足求解 R_m和 $x_{D,M}$的要求。一种简易的处理办法是对 θ_1和 θ_2 取平均值 $\theta_m=(\theta_1+\theta_2)/2$，将 θ_m代入式(2-131b) 计算 R_m

$$R_m=\sum\frac{\alpha_{i,B}x_{D,i}}{\alpha_{i,B}-\theta_m}-1 \tag{2-133}$$

对于多组分精馏，如果最小回流比下，体系中所有组分均分布时，塔内只有一个恒浓区，即进料板附近的恒浓区，则计算 R_m 时，Underwood 方程为以下形式

$$R_m=\frac{1}{(\alpha_{LK,HK})_F-1}\left[\left(\frac{x_{D,LK}}{x_{F,LK}}\right)-(\alpha_{LK,HK})_F\frac{x_{D,HK}}{x_{F,HK}}\right] \tag{2-134}$$

其中，$(\alpha_{LK,HK})_F$ 为进料板条件下，LK 与 HK 的相对挥发度。该式适用于汽液两相区的进

料条件（包括泡点和露点进料）；对于过冷液体或过热蒸汽进料，将闪蒸计算得到的虚拟组成 $x_{F,LK}$、$x_{F,HK}$ 代入，也可用式(2-134）计算 R_m。对于二组分物系，由式(2-134）可导出式(2-132)。

【例 2-4】 在脱丁烷塔中分离多烃混合物，进料、塔顶产物的组成和各组分的挥发度如下：

组分	丙烷(1)	异丁烷(2)	丁烷(3)	异戊烷(4)	戊烷(5)	己烷(6)
$z_{F,i}$(摩尔分数)	0.0110	0.1690	0.4460	0.1135	0.1205	0.1400
$x_{D,i}$(摩尔分数)	0.0176	0.2698	0.6995	0.0104	0.0027	0.35×10^{-5}
$\bar{\alpha}_{i,4}$	3.615	2.084	1.735	1.000	0.864	0.435

选择丁烷（组分 3）为轻关键组分，异戊烷（组分 4）为重关键组分。进料状态为饱和液体（$q=1$）进料。试求最小回流比 R_m。

解：由式(2-131a）得

$$\frac{3.615\times0.0110}{3.615-\theta}+\frac{2.084\times0.1690}{2.084-\theta}+\frac{1.735\times0.4460}{1.735-\theta}+\frac{1\times0.1135}{1-\theta}+\frac{0.864\times0.1205}{0.864-\theta}+\frac{0.435\times0.1400}{0.435-\theta}=0$$

θ 应介于 1 和 α_{34}（$=1.735$）之间，经试差求得 $\theta=1.105$。

由式(2-131b）得

$$R_m=\frac{3.615\times0.0176}{3.615-1.105}+\frac{2.084\times0.2698}{2.084-1.105}+\frac{1.735\times0.6995}{1.735-1.105}+\frac{1\times0.0104}{1-1.105}+\frac{0.864\times0.0027}{0.864-1.105}-1$$
$$=1.417$$

(3) 操作回流比的确定

实际精馏操作中，回流比的确定应在两个极限条件之间选择。

① 全回流操作（$R\to\infty$），达到规定的分离要求时，所需的理论板最少。但因为全回流，得不到产品。

② 最小回流操作（$R=R_m$），达到规定的分离要求，需无限多块板，即实际塔中得不到合格产品。

建议的回流比范围为：$R=1.1\sim1.5R_m$。回流比 R 取得大一些，所需实际理论板数可以少些，以操作成本的增加换取设备成本降低。回流比取得小一些，实际理论板数可能较多，需要适当增加设备成本，但有利于降低能耗和操作成本。

2.5.4 实际理论板数的确定

Gilliland 关联反映了理论板数 N 与最少理论板数 N_m、最小回流比 R_m、实际回流比 R 之间的定量关系。选定实际回流比 R 后，可以利用 Gilliland 关联计算精馏分离所需的理论板数。Gilliland 关联是基于 61 座精馏塔的计算结果整理得到的，其适用条件是比较宽的。

Gilliland 关联曲线如图 2-26 所示。图中，横坐标为$\frac{R-R_m}{R+1}$，反映了操作回流比与最小回流比的偏移；纵坐标为$\frac{N-N_m}{N+1}$，反映了实际板数与最少理论板数的差异程度。查图，可

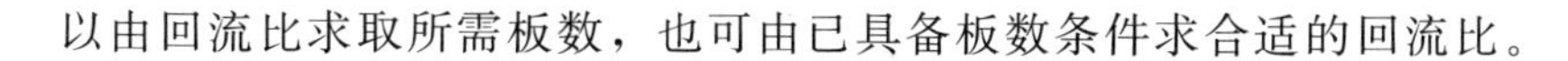

以由回流比求取所需板数，也可由已具备板数条件求合适的回流比。

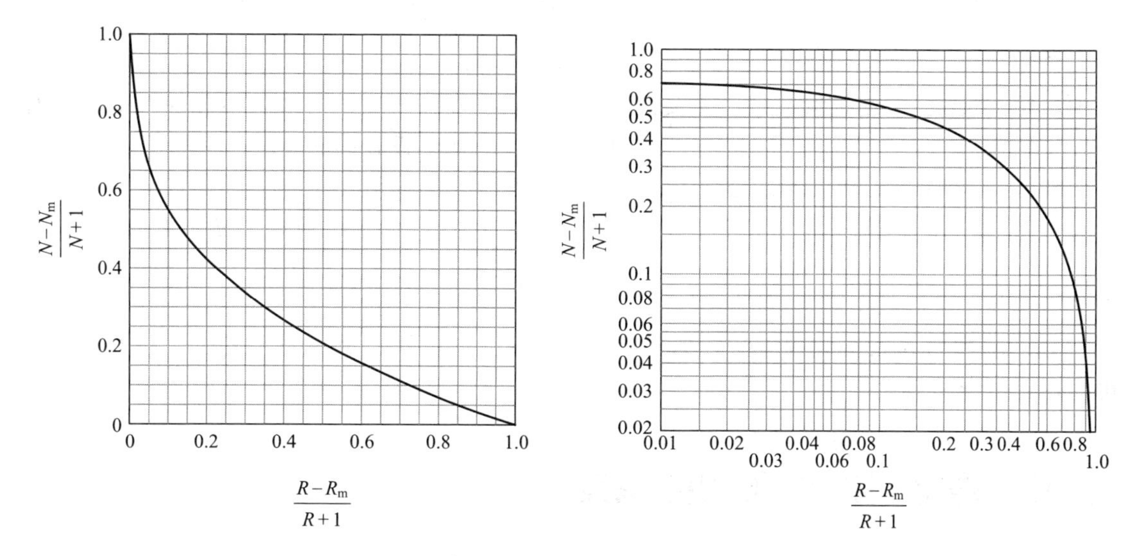

图 2-26　Gilliland 关联曲线

自从 Gilliland 关联提出后，该曲线已回归成多种算式，以下是常见的两种形式

$$\frac{N-N_m}{N+1}=0.75\left[1-\left(\frac{R-R_m}{R+1}\right)^{0.5668}\right] \tag{2-135}$$

$$Y=1-\exp\left[\left(\frac{1+54.4X}{11+117.2X}\right)\left(\frac{X-1}{X^{0.5}}\right)\right] \tag{2-136}$$

式中，$X=\frac{R-R_m}{R+1}$，$Y=\frac{N-N_m}{N+1}$。

2.5.5　进料板位置的确定

利用 Gilliland 关联式计算理论板时，暗含着进料板处于最佳进料位置的要求。计算得到理论板数后，为充分利用其分离能力，也应该确定进料板最佳位置。估计最佳进料位置，常用如下两种经验方法。

(1) Kirkbride 经验式

Kirkbride 提出，对于泡点进料，可以利用以下经验式，确定进料位置

$$\frac{N_R}{N_S}=\left[\left(\frac{x_{F,HK}}{x_{F,LK}}\right)\left(\frac{x_{B,LK}}{x_{D,HK}}\right)^2\left(\frac{B}{D}\right)\right]^{0.206} \tag{2-137}$$

式中，N_R为精馏段（Rectification Section）的理论板数；N_S为提馏段（Stripping Section）的理论板数；N_R/N_S 表示精馏段和提馏段分离负荷的相对大小。Kirkbride 式形象地把 N_R/N_S与一些可以表示分离负荷的参数关联起来。求得 N_R/N_S后，可以方便地对已求得的全塔理论板数进行分割（$N=N_R+N_S$），确定最佳进料位置。

(2) Brown 和 Martin 的建议方案

另一种估计进料位置的方法是 Brown 和 Martin 建议的。该方法首先利用 Fenske 方程，分别求出精馏段和提馏段在全回流操作时所需的最少理论板数，即：

精馏段

$$N_{Rm}=\frac{\lg\left[\frac{x_{D,LK}}{x_{F,LK}}\times\frac{x_{F,HK}}{x_{D,HK}}\right]}{\lg(\overline{\alpha}_{LK,HK})_R} \tag{2-138}$$

提馏段
$$N_{Sm}=\frac{\lg\left[\frac{x_{F,LK}}{x_{B,LK}}\times\frac{x_{B,HK}}{x_{F,HK}}\right]}{\lg(\bar{\alpha}_{LK,HK})_S} \tag{2-139}$$

式中，$(\bar{\alpha}_{LK,HK})_R$ 为精馏段的轻、重关键组分间平均相对挥发度，可取塔顶和加料板处相对挥发度的几何均值；$(\bar{\alpha}_{LK,HK})_S$ 为提馏段的均值，可取加料板和塔底处的几何均值。

Martin 和 Brown 建议的方法基于以下假定：实际操作回流比下 N_R/N_S 与全回流时的 N_{Rm}/N_{Sm} 相同。计算出 N_{Rm} 和 N_{Sm} 之后，把 N_{Rm}/N_{Sm} 当作实际回流比操作下的 N_R/N_S 之比，即 $\frac{N_R}{N_S}=\frac{N_{Rm}}{N_{Sm}}$，结合 $N_R+N_S=N$ 即可求出 N_R 和 N_S。

Martin 和 Brown 的建议方法，如果精馏塔的两端产品量 D 和 B 大致相当，该算法比较可靠，否则误差较大。

2.6 精馏塔操作压力的确定

塔的压力是精馏操作的重要参数。精馏塔设计时，应尽早确定操作压力。

(1) 塔顶塔底温度与操作压力的关系

精馏操作压力的范围，决定了塔顶冷凝温度和塔釜被加热液体温度，从而影响到冷源、热源的选择等。反之，比较容易获得、成本较低的冷源和热源的温度范围，很大程度影响着设计者对精馏压力的选择。

工业上价格相对低廉的热源为低压水蒸气，通常是再沸器热源的首选，最低廉的冷源为冷却水或空气。在冷源、热源品位相对确定的前提下，精馏压力的选择归结为泡点压力计算。

① 精馏压力下限。塔顶产品用冷却水冷凝时，夏季时循环冷却水进口温度可能达到33℃，为保证合理的传热温差，冷源液温度 T_D 不能小于 40℃。

选定冷凝液温度 $T_D>40$℃，计算对应的泡点压力 $p_D=p_{min}$ 为最低压力，这决定了精馏操作压力的下限，低于此值塔顶就不能用冷却水冷凝。全凝器计算泡点压力，如果采用分凝器，应计算露点压力。

② 精馏压力上限。釜底产品用低压蒸汽加热时，蒸汽温度一般不超过 180℃。选定塔釜液温度 $T_B<180$℃，计算对应的泡点压力 $p_B=p_{max}$ 为最高压力，这决定了精馏操作压力的上限。

塔釜温度的确定，还需要考虑物料的分解、聚合与结垢倾向和高压水蒸气对锅炉的要求。

当物料热敏性强、不适宜在较高温度下操作时，需要减压精馏，以降低塔釜温度。

选择廉价冷源时，如果计算得到的塔顶压力很高（比如 $p>2.5$MPa），塔设备制造成本过高。此时，应该考虑改用温度更低的制冷剂为塔顶冷源，以便降低精馏塔的操作压力。通过精馏操作成本的适当提高（制冷消耗），降低塔设备的成本，使其在合理范围。一般说来，如果塔顶蒸汽需用制冷剂冷凝时，还应考虑是否能用萃取等其他分离手段来替代精馏。

精馏塔操作压力优选范围：

① $p=0.1\sim1$MPa 为常压或加压精馏操作，设备和操作的综合成本一般比较经济，这是优先选用的压力范围。

② $p>1\mathrm{MPa}$ 为高压精馏，塔壁需加厚以保证机械强度，设备成本高。但在进料低沸点成分多，需要降低冷源的成本时，可以考虑选用。

③ $p<0.1\mathrm{MPa}$（绝压） 为减压精馏或真空精馏，低于大气压下操作，设备成本高，处理量低。处理高沸点、热敏性组分时，可以考虑选用。

(2) 压力对组分间相对挥发度的影响

随着精馏操作压力的增加，各组分间相对挥发度下降，达到相同分离效果需要的理论板数增加。此影响一般较弱，但压力变化较大时，相对挥发度变化的影响应该考虑。

(3) 操作压力对塔的造价和操作费用的影响

① 从设备成本角度看，有两重影响。第一重是正面的影响，汽相密度与压力成正比，对于一定流率的气体，提高操作压力，则体积流量减小，从而减小塔径，塔的投资下降。另一重是负面的影响，当压力超过0.7MPa后，塔壁的设计厚度将随压力增加而增厚，造成塔的制造成本增加。

② 从操作成本角度看，压力升高引起相对挥发度的减小（不显著），达到规定分离要求所需的板数将增加，也将增加投资；挥发度下降还将使最小回流比增大，从而引起加热能耗和冷却剂成本的增加。

加压或真空精馏都有泄漏危险，对于易燃、易爆、有毒物料需特别注意，在设备设计和操作上都应有相应的安全配套措施。

(4) 传质效率与塔操作压力

对于板式塔，压力对常压塔和加压塔（$p\geqslant 0.1\mathrm{MPa}$）的效率几乎没有影响，但对于真空精馏（$p<0.1\mathrm{MPa}$），要求每块板的压降小，则设计时溢流堰的高度一般取得较低以降低板上液层高度，汽液接触传质时间缩短，很可能造成板效率下降。对于高真空精馏，应选用压降低、效率高的塔板，例如导向筛板塔盘。

对于填料塔，真空精馏时因汽相密度小造成塔径增大，液体的喷淋密度较小，导致填料的润湿困难，传质效率变差。

2.7 多组分精馏分离流程规划

过程工业中，多组分精馏有间歇精馏和连续精馏两种方式。间歇精馏一般适用于处理量不大的场合，大规模分离一般采用连续精馏。单个精馏塔肯定不能胜任多组分物系的连续精馏分离，需要多个精馏塔的联合操作。由此，产生了如何规划和安排多组分混合物精馏流程的问题。

多组分连续精馏可以大致分为两种情况。

① 将混合物分离成几个具有不同沸程范围的产品，如原油炼制为汽油、煤油、柴油和重油等有一定沸程的混合态馏分，此时，可以用一个塔采用侧线出料得到 n 个馏分产品。

② 将混合物分离成各个纯组分产品：应用一个连续精馏塔不可能将多组分混合物完全分离成各纯组分，每个塔的作用只能将混合物从两个沸点相邻的组分处分开而得到两个物料。要把 c 组分混合物分成 c 个纯组分，须有 $c-1$ 个精馏塔。两个以上精馏塔连续操作，就产生了如何安排流程最优的问题。

举例来说，系统中含有A、B、C三个组分（汽液相平衡常数 $K_A>K_B>K_C$），分离目标是分别得到纯的A、B、C组分，全部分离单元均为精馏，则采用普通精馏的流程方案有两种，如图 2-27 所示。第一种流程，先从三组分混合物中分离挥发度最高的 A，再对 B 和 C 混合物进行分离。第二种流程，先从三组分混合物中分离挥发度最低的 C，再分离 A 和 B。如果试图先分离 B，再拆分 A 和 C，热力学上就不可行。

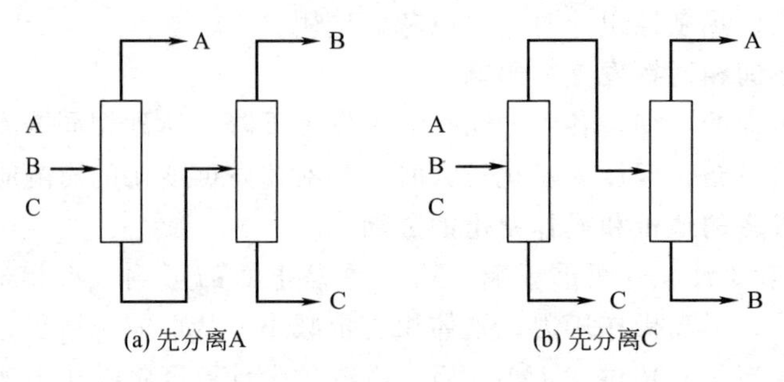

图 2-27 三组分混合物的精馏分离方案

待分离系统中含有 c 个组分，采用 $c-1$ 个普通精馏塔，不考虑侧线出料等情况，可能排列的流程方案数为

$$S=\frac{[2(c-1)]!}{c!\ (c-1)!} \tag{2-140}$$

根据式(2-140)，组分数 c 和分离方案数 S 的对应关系如表 2-5 所示。

表 2-5 多组分分离中组分数与分离方案数的对应关系

c	2	3	4	5	6	7	8	9	10
S	1	2	5	14	42	132	429	1430	4862

精馏流程的确定，需要对多种分离方案进行比较，筛选出合理方案。待分离混合物中组分数较少时，分离流程的规划和选择工作量是有限的，但随着组分数增加，供比较和选择的方案数量急剧增加，如果逐个筛选，工作量太大。工程实践中，有一些经验规则可供参考，这些规则能帮助设计者剔除存在显著缺陷和问题的分离方案，减少筛选工作量。

对于多组分分离流程的规划，有这样一些经验规则可供参考。

① 各分离单元，首先考虑选用的分离方法是普通精馏，不需引入其他化学试剂，设备较少，不会污染产品，技术上也最为成熟。

② 选择产品馏分数最少的流程。避免或减少总的分离流程中存在由几种相同化学组分以不同浓度构成的不同产品馏分的情况。

③ 按料液中各组分挥发度递减的顺序，依次从塔顶蒸出，最为经济。

④ 原料中有热稳定性差的、腐蚀性的组分，以及会产生有害化学反应的组分时，应该考虑优先分离这些组分。

⑤ 先易后难的原则。最难分离的一对组分放到最后分离，最容易分离的组分先分离。

⑥ 优先选用料液对半分开的分离方案。馏出液和塔釜采出液大致流量相当，避免一方过大，另一方过小。

⑦ 将高纯度、高回收率的组分放在最后分离，有利于减小设备尺寸。

⑧ 原料中含量最多的组分应首先分离。这样安排流程，可以避免含量多的组分在后继塔中多次蒸发、冷凝，有利于减小后继塔的负荷。

多组分混合物的分离，应根据混合物的具体化学组成、产物的质量要求、分离成本等因素，合理组织精馏流程，并为各单元设备确定合适的设备形式和操作条件。

2.8 间歇精馏

连续操作的常规精馏塔中，只能收获塔顶和塔釜液两种产品。采用单塔间歇精馏，将料液一次性加入塔釜，然后按沸点从低到高的顺序，从塔顶逐一蒸出易挥发馏分，灵活安排馏分的切割，可获得多个纯组分产品。与连续精馏相比，间歇精馏处理量较小，设备要求简单，能处理含固体或生成可能堵塞精馏塔的焦油或树脂类等成分的物料，适应性强，能方便地调节工艺条件以应对进料组成的变化。

典型的间歇精馏过程如图 2-28 所示。其中图 2-28(a) 是有 N 个理论级精馏段的间歇精馏，也称分馏。带有提馏段的间歇精馏也有报道，但工业中常用的是只有精馏段的分馏过程。图 2-28(b) 为只有一个理论级的简单间歇精馏，也称微分精馏。

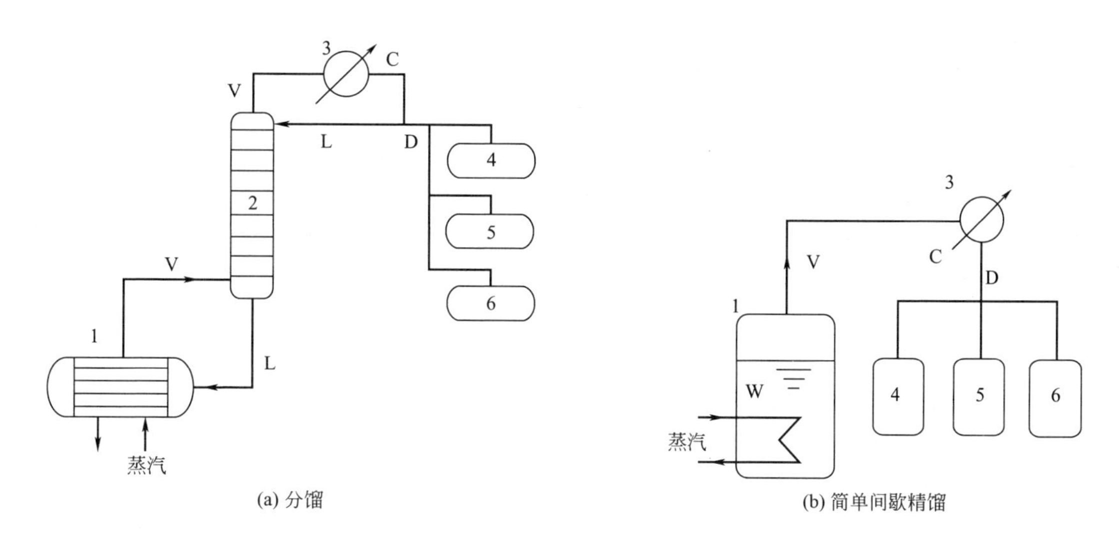

图 2-28　间歇精馏过程

1—塔釜；2—塔；3—冷凝器；4～6—产品收集罐；C—冷却介质；V—上升蒸汽；L—级间流液；D—馏出液；W—塔釜液

2.8.1 二组分物系间歇精馏

二组分物系间歇精馏，在实际分离中很少应用，但其分离原理相对简单。

(1) 简单间歇精馏

简单间歇精馏属于最早的蒸馏方式，如图 2-28(b) 所示，物料一次性投入塔釜，釜液加热蒸发产生的蒸汽冷凝后全部收集于接收罐，而无回流，馏出液（即冷凝液）的组成与上升的蒸汽组成相同。蒸馏进行至某一时刻 t 时，釜内混合液量为 W，釜液组成为 x（易挥发组分），冷凝液组成为 x_D。时间微元 dt 内，釜液量减少 dW，塔釜易挥发组分浓度减少 dx。釜液中剩下的易挥发组分量为 $(W-dW)(x-dx)$，蒸出的易挥发组分量为 $x_D dW$。在 $[t, t+dt]$ 时间段，作物料衡算可得

$$Wx=(W-dW)(x-dx)+x_D dW \tag{2-141}$$

略去二阶微分变量，变形可得

$$\frac{\mathrm{d}W}{W}=\frac{\mathrm{d}x}{x_{\mathrm{D}}-x} \tag{2-142}$$

积分式(2-142）得

$$\ln\frac{W}{W_0}=\int_{x_0}^{x}\frac{\mathrm{d}x}{x_{\mathrm{D}}-x} \tag{2-143}$$

(2) 分馏

为了获得高纯度的浓缩产品和实现组分间的清晰分离，间歇精馏必须利用回流，且采用多块理论板进行精馏操作，如图 2-28(a) 所示。完整的二组分间歇精馏操作，包含以下步骤：开始阶段多蒸出易挥发组分（轻关键组分 LK），直到总馏出液中重关键组分 HK 含量达到限制值。继续蒸馏，得到含 LK 和 HK 的中间馏分，直到釜液中 LK 含量足够低，排出釜液中富含 HK 的物料，中间馏分返回下一批的装料。

间歇精馏设计计算时，首先选择基准状态（一般为初始操作状态或终点态）进行计算，求得理论板数。在理论板数已定的前提下，进行操作型计算，以确定精馏过程中其他状态下的回流比或产品组成。

间歇精馏中，调节回流比是控制塔顶馏出液中易挥发组分纯度的主要手段。控制回流比和塔顶馏出液恒定是两种典型操作方法，前者简便易行，适用于小型精馏系统；后者操控相对复杂，但能得到更高的分离收率，适用于处理规模较大的场合。最优的操作方法应该介于两者之间，随着精馏进行逐渐增加回流比，但不强求保持塔顶浓度恒定。恒回流比和塔顶馏出液恒定这两种操作方式的计算问题，常在 x-y 坐标系中以图解法进行，其方法在化工原理教材中已有介绍，此处不再赘述。

2.8.2 多组分物系间歇精馏

实际应用中，间歇精馏多用于处理多组分混合物。对于多组分混合物的分离，间歇精馏可以只用一个精馏塔，即可按照沸点由低到高的顺序，依次从塔顶分出各个组分，最后从塔釜得到沸点最高的组分。

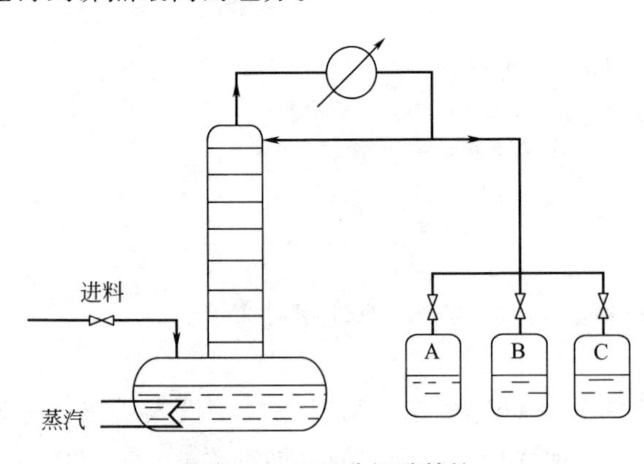

图 2-29 四组分间歇精馏

对于一个四组分混合物，含有 A、B、C、D 四个组分，要分离得到四种纯组分产品，若采用连续精馏，就需要一个三塔系统才能完成。采用间歇精馏，仅需要一个塔，全回流稳定后，按先后次序馏出纯组分产品，其流程如图 2-29 所示。流程中有三个产品收集阶段：第一个阶段分离出 A，第二个阶段分离出 B，第三个阶段分离出 C，纯组分 D 产品剩在塔釜内。除了收集产品馏分之外，还存在过渡馏分阶段（图中未显示）：组分 A 和组分 B 的中间馏分，组分 B 和组分 C 的中间馏分，组分 C 和组分 D 的中间馏分。

c 种组分混合物的间歇精馏，一般有 $c-1$ 种过渡馏分，这些馏分可以加到原料中再进行蒸馏。如果对产品的纯度要求不高，组分间的沸点差又较大，则可以不分离出这些过渡馏分，或不分离出某两个组分产品间的中间馏分。

对于多组分间歇精馏，假设回流比恒定，可以在连续的时间步长上，采用 2.5 节所述的

FUG 简捷算法来模拟，实质是用一系列连续定态精馏过程模拟间歇精馏。对于变回流比的间歇精馏，较短时间段内回流比可视为固定，也可通过简捷算法分段求解。

简捷算法针对的是塔顶和塔釜汽、液相组成，不能得到中间各级的组成和温度，计算中也不计入各级液体滞留量对精馏的影响。具体处理上，仍然要用到 Fenske 方程、Underwood 方程和 Gilliland 关联，但在应用形式和时机等细节上，与连续精馏计算有显著区别，具体的计算原理和算法，可参照相关文献进行。

对于多组分间歇精馏，简捷算法不能反映逐级浓度和温度变化。为了完整地研究多组分间歇精馏中逐级流量、浓度和温度分布，需要基于严格模型，进行数值求解。多组分间歇精馏逐级严格模型的建立和具体解法，参见有关文献。

思考题

2-1 在过程工业中分离液体混合物时，为什么最常选用精馏？

2-2 汽液相平衡系统分几类？各类相应的 K_i 的计算式是什么？

2-3 工程计算中求取相平衡常数常用的途径有哪两条？各自的 K_i 计算式是什么？

2-4 什么是真实气体的理想溶液？当汽液两相均可作为理想溶液处理时，K_i 取决于哪些因素？

2-5 计算 ϕ_i^L 和 ϕ_i^V 的状态方程相同，那么如何确定算得的结果是 ϕ_i^L 还是 ϕ_i^V？

2-6 现有乙烷、丙烷和异丁烷组成的三组分混合物，采用 SRK 状态方程计算它们的相平衡常数 K_i，试问需要查取哪些基础数据才能计算它们的 K_i？

2-7 由乙醇、水、正丙烷组成的三组分混合物，采用 Wilson 活度系数和 Virial 方程计算汽相逸度系数，试问需要查取哪些基础数据才能计算？

2-8 以局部组成概念为基础的活度系数方程用来预计多组分物系的汽液相平衡，比起 Wohl 型方程有哪些优点？

2-9 如何简单地判别一个混合物的状态？试归纳相态判别的关系式。

2-10 等温闪蒸的编程计算，采用的目标函数和迭代变量是什么？用它们有什么优点？

2-11 试推导多级平衡分离过程的 MESH 方程组。

2-12 编程计算求解多级平衡分离过程的要点是什么？试以泡点法为例进行剖析，并由此说明算法的局限性。

2-13 比较三对角矩阵法中的泡点法和流率加和法的具体计算框架，两种方法各自适用的物系有哪些？

2-14 全变量迭代法是求解多级精馏分离的常用算法。按照 Naphtali-Sandholm 的建议，迭代变量和对应的剩余函数是如何安排的？为什么要这么安排？

2-15 总结一下，进行多组分精馏的简捷计算，需要掌握哪些资源？

2-16 何谓关键组分？精馏分离的多组分混合物可能含有哪些组分？

2-17 由 A、B、C、D（以挥发度递减次序排列）四种组分组成的料液加入精馏塔中进行分离。试对 A、B，B、C 或 C、D 是轻重关键组分，塔在 R_m 下操作时塔中的恒沸区位置进行分析。因为什么组分的变化而引起恒浓区位置的变化？

2-18 估算精馏塔塔顶和塔底产品的量和组成有哪两种方法？各自的基本假定有哪些？

2-19 精馏塔操作压力的上、下限各由什么因素决定？增大操作压力对分离效果和能耗有何影响？

2-20 对于处理量较小的多组分精馏分离，是否一定需要多塔联合操作？

2-21 多组分精馏安排的定性原则有哪几条？如果三组分料液中有一个组分含量甚少，只要求其余两个组分的产品相当纯净，试问能否用一个塔将它们分开？如能，请画出流程。

习 题

2-1 由苯（1）、甲苯（2）和二甲苯（3）组成的三组分混合物在常压下精馏。精馏塔进料、塔顶产品和塔底产品的组成如下表所示。

组分	苯	甲苯	二甲苯
塔顶产品	0.990	0.010	0
塔底产品	0.007	0.5918	0.4012
进料	0.500	0.300	0.200

试求：(1) 塔顶分凝器（露点）和塔釜温度（泡点）。(提示：塔顶和塔釜温度初值都取90℃)。(2) 若进料温度为100℃，确定进料相态。

液相服从拉乌尔定律，汽相可作为理想气体。三个组分蒸气压为：

$\ln p_1^s = 20.7936 - 2788.51/(T - 52.36)$

$\ln p_2^s = 20.9065 - 3096.52/(T - 53.67)$

$\ln p_3^s = 21.0318 - 3366.99/(T - 58.04)$

式中，p_i^s 的单位为 Pa；T 的单位为 K。

2-2 利用 SRK 方程，逸度系数法求解：丙烷（质量分数为 30%）和苯（质量分数为 70%）二组分汽相混合物在 190℃和 2200kPa 下的分逸度系数。丙烷临界压力为 4250kPa，临界温度为 369.82K，偏心因子为 0.152。苯临界压力为 4895kPa，临界温度为 562.05K，偏心因子为 0.2103。

2-3 乙醇（1）和异辛烷（2）组成的二组分物系，50℃无限稀释下液相活度系数为 $\gamma_1^\infty = 21.17$，$\gamma_2^\infty = 9.84$。试求：(1) Van Laar 方程中 A_{12} 和 A_{21} 参数值；(2) 利用 Van Laar 方程，计算常压下 $x_1 = 0.3$ 时泡点温度和汽相组成 y_1。

汽相作为理想气体处理，液相活度系数由 Van Laar 方程计算。乙醇（1）和异辛烷（2）的 Antoine 方程分别为

$\lg p_1^s = 8.04494 - 1554.3/(T - 50.5)$

$\lg p_2^s = 6.81189 - 1257.840/(T - 52.415)$

式中，p_i^s 的单位为 mmHg；T 的单位为 K。

2-4 50%（摩尔分数）苯、25%甲苯和 25%对二甲苯的 100kmol 混合物，120kPa 和 110℃下是否能进行闪蒸？如果能闪蒸，试计算液相和汽相产物的量和组成。设该物系为理想溶液，各组分蒸气压按下式计算（p_i^s 的单位为 Pa；温度的单位为 K）：

苯 $\ln p_1^s = 20.7936 - 2788.51/(T - 52.36)$

甲苯 $\ln p_2^s = 20.9065 - 3096.52/(T - 53.67)$

对二甲苯 $\ln p_3^s = 20.981 - 3346.65/(T - 57.84)$

2-5　脱乙烷塔操作压力为 2.626MPa，塔顶和塔底组成分别如下表所示。

组分	CH_4	C_2H_4	C_2H_6	C_3H_6	C_3H_8	C_4H_{10}	C_5H_{12}
塔底		0.002	0.002	0.68	0.033	0.196	0.087
塔顶	0.0039	0.8651	0.1284		0.0026		

计算：(1) 塔底温度和塔顶分凝器温度。改变操作压力（如 2.5MPa、2.7MPa），塔顶、塔底温度将如何变化？(2) 塔底液节流后进脱丙烷塔，脱丙烷塔压力为 0.917MPa。脱丙烷塔进料的温度、汽化分率和汽液相组成为多少？(3) 选用不同热力学方法，考察压力变化引起的温度变化对公用工程（冷、热换热）要求有何影响。

2-6　烃类混合物进精馏塔分离，进料量为 100kmol/h，组成如下表所示。

组分	CH_4	C_2H_4	C_2H_6	C_3H_6	C_3H_8	n-C_4H_{10}
摩尔分数/%	0.8	22.9	9.37	10.7	11.1	45.13

稳定操作时，塔顶馏出液中 n-C_4H_{10} 的摩尔分数不大于 0.005，塔釜液中 C_3H_8 的摩尔分数不大于 0.003。试用清晰分割法估算塔顶和塔底产品的流量和组成。

2-7　精馏分离由苯（B）、甲苯（T）、二甲苯（X）和异丙苯（C）组成的芳烃混合物。进料量为 100mol/h，进料组成为 $z_B=0.20$，$z_T=0.40$，$z_X=0.10$，$z_C=0.30$。塔顶使用全凝器，饱和液体回流。以甲苯为基准时，各组分间相对挥发度为：$\alpha_{B,T}=2.25$，$\alpha_{T,T}=1.0$，$\alpha_{X,T}=0.33$，$\alpha_{C,T}=0.21$。

要求：釜液中异丙苯回收率为 99.5%，馏出液中甲苯回收率为 99.7%。求：(1) 最少理论板数 N_m；(2) 各组分在塔顶和塔釜产品中的分配。

2-8　常规精馏分离某轻烃混合物，泡点进料，料液组成如下表所示。

组分	丙烯	丙烷	异丁烷
z_i	0.68	0.304	0.016

要求塔顶产品中丙烯摩尔分数≥98.0%，塔底产品中丙烯摩尔分数≤6%。试求：(1) 分离所需的 R_m，$R=2R_m$ 时所需的理论板数 N。(2) 如果塔顶精丙烯产品纯度提高，要求精丙烯浓度达 99.0%，塔底组成保持不变，此时能耗比生产 98.0% 产品时的增加多少？

已知：相对挥发度 $\bar{\alpha}_{12}=1.12184$，$\bar{\alpha}_{22}=1.0$，$\bar{\alpha}_{32}=0.54176$。

2-9　某连续精馏塔的料液、馏出液和釜残液组成及各组分对重关键组分的相对挥发度 $\bar{\alpha}_{i,HK}$ 见下表，泡点加料，试求：(1) 最小回流比；(2) 若操作回流比为最小回流比的 1.5 倍，所需的理论板数。

组分	料液组成 $x_{F,i}$	馏出液组成 $x_{D,i}$	釜残液组成 $x_{B,i}$	$\bar{\alpha}_{i,HK}$
A	0.25	0.5	0	5
B(LK)	0.25	0.48	0.02	2.5
C(HK)	0.25	0.02	0.48	1
D	0.25	0	0.5	0.2

2-10　常规精馏分离下列烃类混合物：

组分	CH_4	C_2H_4	C_2H_6	C_3H_6	C_3H_8	$n\text{-}C_4H_{10}$
摩尔分数/%	0.52	24.9	8.83	8.7	3.05	54.0

工艺规定 C_3H_6 为轻关键组分，$n\text{-}C_4H_{10}$ 为重关键组分。要求 C_3H_6 在塔顶收率为 0.990，$n\text{-}C_4H_{10}$ 在塔底收率为 0.995，假设轻组分全部从塔顶馏出。试计算：(1) 最小回流比 R_m 和 C_3H_6 在塔两端产品中的分布，两端产品的量和组成（设 $F=100$kmol/h，泡点进料）。(2) 最少理论板数 N_m。(3) 取 $R=1.5R_m$，求 N。

组分的相对挥发度如下：

$\alpha_{C_1,C_4}=17.4$；$\alpha_{C_2^=,C_4}=7.18$；$\alpha_{C_2^0,C_4}=5.00$；$\alpha_{C_3^2,C_4}=2.17$；$\alpha_{C_3^0,C_4}=2.0$；$\alpha_{C_4,C_4}=1.00$

2-11 利用流程模拟软件进行计算：流率为 200kmol/h，压力为 862kPa（绝压）的饱和液体进料含 5%（摩尔分数，下同）$i\text{-}C_4$、20% $n\text{-}C_4$、35% $i\text{-}C_5$ 和 40% $n\text{-}C_5$。设有全凝器和部分再沸器。馏出液中含有进料中 95%的 $n\text{-}C_4$，而塔底产物中含有进料中 95%的 $i\text{-}C_5$。采用 SRK 方程计算热力学物性，确定适当的设计方案。假定该塔的理论板数为由 Fenske 方程估计的最小理论板数的 2 倍。

2-12 稳态流程模拟软件计算：用两个精馏塔将温度为 37.8℃，压力为 3310kPa（绝压）的下列物流分离：

组分	流率/(mol/h)			
	进料	产物 1	产物 2	产物 3
H_2	1.5	1.5		
CH_4	19.3	19.2	0.1	
C_6H_6(苯)	262.8	1.3	258.1	3.4
C_7H_8(甲苯)	84.7		0.1	84.6
$C_{12}H_{10}$(联苯)	5.1			5.1

考察两种不同的精馏序列：在第一种序列中，CH_4 在第一个塔中脱除；在第二种序列中，甲苯在第一个塔中脱除。对这两种精馏序列，分别估算各塔需要的实际回流比和理论板数。实际回流比等于 1.3 倍最小回流比。调节塔压，使馏出液温度为 54.4℃，塔压不应低于 137.9kPa（绝压）。塔顶采用全凝器，只有当甲烷从塔顶采出时才采用分凝器。

参 考 文 献

[1] Kockmann N. 200 years in innovation of continuous distillation [J]. ChemBioEng Reviews，2014，1 (1)：40-49.

[2] Kiss A A. Distillation technology - still young and full of breakthrough opportunities [J]. Journal of Chemical Technology and Biotechnology，2014，89 (4)：479-498.

[3] 邓修，吴俊生．化工分离工程 [M]．第 2 版．北京：科学出版社，2013.

[4] Fredenslund A，Gmehling J，Rasmussen P. Vapor-liquid equilibria using UNIFAC [M]. Amsterdam：Elsevier，1977.

[5] Hildebrand J H，Prausnitz J M，Scott R L. Regular and related solutions [M]. New York：Van Nostrand Reinhold Co.，Inc.，1970.

[6] 郭天民．多元气-液平衡和精馏 [M]．北京：石油工业出版社，2002.

[7] Haydon J G，O' Conell J P. A generalized method for predicting second virial coefficients [J]. Industrial and Engineering Chemistry Process Design and Development，1975，14 (3)：209-216.

[8] Soave G. Equilibrium constants from a modified RK equation of state [J]. Chemical Engineering Science，1972，27 (6)：1197-1203.

[9] Peng D Y, Robinson D B. A new two-constant equation of state [J]. Industrial and Engineering Chemistry Fundamentals, 1976, 15 (1): 59-64.

[10] Graboski M S, Daubert T E. A modified Soave equation of state for phase equilibrium calculations, 1. hydrocarbon systems [J]. Industrial and Engineering Chemistry Process Design and Development, 1978, 17 (4): 443-448.

[11] Gmehling J, Onken U, Arlt W. Vapor-liquid equilibrium collection (continuing series) [M]. Frankfurt: DECHEMA, 1979.

[12] Gmehling J, Li J D, Schiller M. A modified UNIFAC model, 2. present parameter matrix and results for different thermodynamic properties [J]. Industrial and Engineering Chemistry Research, 1993, 32 (1): 178-93.

[13] Hirata M, Ohe S, Nagahama K. Computer aided data book of vapor-liquid equilibria [M]. Amsterdam: Elsevier, 1975.

[14] Seader J D, Henley E J, Roper D K. Separation process principles [M]. 3rd ed. Hoboken, New Jersey: John Wiley & Sons., Inc., 2011.

[15] Wankat P. Equilibrium-staged separations [M]. New York: Elsevier Science Publishing Co., Inc., 1988.

[16] Wang J C, Henke G E. Tri-diagonal matrix for distillation [J]. Hydrocarbon Processing, 1966, 45 (8): 155-163.

[17] Friday J R, Smith B D. An analysis of the equilibrium stage separations problem —formulation and convergence [J]. AIChE Journal, 1964, 10 (5): 698-707.

[18] Naphtali L M, Sandholm D P. Multi-component separation calculations by linearization [J]. AIChE Journal, 1971, 17 (1): 148-153.

[19] 刘家祺．分离工程 [M]. 北京：化学工业出版社，2002.

[20] Bausa J, Watzdorf R V, Marquardt W. Shortcut methods for nonideal multicomponent distillation— Ⅰ. Simple columns [J]. AIChE Journal, 1998, 44 (10): 2181-2198.

[21] Fenske M R. Fractionation of straight-run Pennsylvania gasoline [J]. Industrial and Engineering Chemistry, 1932, 24: 482-485.

[22] Stupin W J, Lockhart F J. The distribution of non-key components in multicomponent distillation [C]. The 61st Annual Meeting of the AIChE, Los Angeles, 1968.

[23] Underwood A J V. Fractional distillation of multicomponent mixtures [J]. Chemical Engineering Progress, 1948, 44 (8): 603-614.

[24] 叶庆国．分离工程 [M]. 第 2 版．北京：化学工业出版社，2017.

[25] Gilliland E R. Multicomponent rectification—estimation of the number of theoretical plates as a function of the reflux ratio [J]. Industrial and Engineering Chemistry, 1940, 32: 1220-1223.

[26] Kirkbride C G. Process design procedure for multicomponent fractionators [J]. Petroleum Refiner, 1944, 23 (9): 321-336.

[27] Brown G G, Martin H Z. An empirical relationship between reflux ratio and the number of equilibrium plates in fractionating columns [J]. Transactions of American Institute of Chemical Engineers, 1939, 35: 679-708.

[28] King C J. Separation processes [M]. 2nd ed. New York: McGraw-Hill Book Co., Inc., 1980.

[29] Kister H Z, Doig I D. Guidelines for selection of the economic pressure consideration—the pressure effects on capacity and relative volatility [J]. Hydrocarbon Processing, 1977, 56 (7): 132-140.

[30] Pigford R L, Tepe J B, Garrahan C J. Effect of column holdup in batch distillation [J]. Industrial and Engineering Chemistry, 1951, 43: 2592-2602.

[31] 陈敏恒，丛德滋，方图南，等．化工原理（下册）[M]. 第 4 版．北京：化学工业出版社，2015.

[32] Sundarasm S, Evans L B. Shortcut procedure for simulating batch distillation operations [J]. Industrial and Engineering Chemistry Research, 1993, 32 (3): 511-518.

[33] DiStefano G P. Mathematical modeling and numerical integration of multicomponent batch distillation equations [J]. AIChE Journal, 1968, 14 (1): 190-199.

第3章

特殊精馏

本章要点

• 混合物组分的相图：蒸馏边界的概念，剩余曲线图和精馏曲线图的异同，采用精馏曲线图预测在全回流下的产物组成区。

• 萃取精馏：萃取精馏的基本原理，萃取剂的选择原则，萃取精馏过程的简捷计算，萃取精馏操作的特点分析。

• 恒沸精馏：不同体系恒沸组成的计算，根据剩余曲线图的特点选择恒沸剂，几种典型的恒沸精馏流程，恒沸精馏与萃取精馏的比较分析。

• 加盐精馏：盐效应对汽液相平衡的影响，溶盐精馏及加盐萃取精馏的特点分析。

• 反应精馏：不同反应过程的反应精馏分析，几种典型的反应精馏流程，反应精馏的工艺条件分析，反应精馏过程的特点及数值模拟。

3.1 概述

在化工生产过程中，当混合物中欲分离组分的相对挥发度小于1.1或形成恒沸物，或待分离组分为热敏性物质，或有价值、但难挥发组分浓度很低时，采用普通精馏的方法进行分离或在经济上不合算，或在技术上不可行。如果向精馏系统添加第三组分，通过它与原料液中各组分的不同作用，改变它们之间的相对挥发度，使原来难以用普通精馏分离的物系变得易于分离，这类既用能量分离剂，又用质量分离剂的精馏过程称为特殊精馏。根据加入的质量分离剂的性质和作用的不同，特殊精馏可以分为以下几种。

(1) 萃取精馏

加入较原系统组分沸点高、且不与系统中任一组分形成恒沸物的溶剂，以改变关键组分间的相对挥发度，称为萃取精馏，加入的溶剂为萃取剂。萃取剂从塔顶下方几块板的位置加入，从塔釜离开精馏塔，它可以改变恒沸物进料组成，甚至使相对挥发度逆转。

(2) 恒沸精馏

分为均相恒沸精馏和非均相恒沸精馏。均相恒沸精馏时，加入某恒沸剂，能与被分离系统中一个或几个组分形成最低或最高恒沸物，而从塔顶蒸出或塔釜馏出。根据恒沸剂移除的位置不同，恒沸剂可通过接近塔顶或塔釜处加入。非均相恒沸精馏时，通过加入恒沸剂，形成的非均相最低恒沸物在塔顶冷凝系统中分层，产生两个液相。一个液相作为回流返回塔，另一个液相或作为产物被采出，或被送到下一个分离步骤。

(3) 加盐精馏

加盐精馏是一种特殊的萃取精馏。向绝大多数含水有机物中加入第三组分盐后，会引起汽液相平衡组成的变化，增大有机物质的相对挥发度，使恒沸点发生移动甚至消失，从而实现精馏过程的强化。盐由于不挥发，将保留在液相中，随之沿塔向下流动。

(4) 反应精馏

反应精馏是将反应和精馏结合起来的化工分离过程，向体系加入特定的分离剂，与一种或多种进料组分发生选择性可逆反应，使反应产物从未反应的组分中馏出，然后通过逆向反应，以回收分离剂和其他反应组分。若使用催化剂，则称为催化精馏。

确定和优化特殊精馏序列的难度比常规精馏大得多。由于液相溶液的非理想性强，不易确定合适的分离序列，特殊精馏的严格计算较为困难。为此，本章在介绍三组分相图的基础上，对几种特殊精馏的原理、流程和计算进行了分析和讨论，为特殊精馏的开发提供有价值的参考和指导。

3.2 混合物组分的相图

3.2.1 三组分相图和蒸馏边界

对于三组分物系的蒸馏，可以采用等边或直角三角形的相图来表示蒸馏过程中三组分混合物的组成，其中三个顶点代表纯组分，三组分混合物的任意组成均可在三角相图内找到相应位点。

图 3-1 为 101.325kPa（1atm）下典型的三组分液相混合物的剩余曲线相图，浓度以摩尔分数表示。相图中标绘了三个纯组分及其所形成的二组分或三组分恒沸物的沸点，相图中的每一条曲线表示混合物蒸馏过程中可能的平衡液相组分的轨迹，可以从曲线上任何一点开始。

对于不形成恒沸物的三组分物系，仅存在一个蒸馏区域，可以直接根据沸点高低判断塔顶或塔釜组成。如图 3-1(a) 所示，甲醇（A）、乙醇（B）和丙醇（C）沸点依次升高。由组分的沸点判断，可以在塔顶得到甲醇，或在塔釜得到 1-丙醇，但在塔顶或塔釜都无法得到纯乙醇。将此类三组分混合物分离成三个纯组分，需采用两个常规精馏塔，如图 3-2 所示。图 3-2(a) 为直接序列，由总物料衡算，进料、塔顶和塔釜产物应位于一条直线上。进料 F 首先被分离成塔顶产物 A 与塔釜混合物 B 和 C，然后分离 B 和 C。图 3-2(b) 为间接序列，第一个塔得到含 A 和 B 的塔顶混合物与塔釜产物 C，在第二个塔分离 A 和 B。

对于形成一个恒沸物的三组分物系（假设形成二组分恒沸物），采用常规精馏塔，其产物取决于进料组成。如图 3-1(b) 所示，丙酮（A）、甲醇（B）和乙醇（C）的沸点依次升高。101.325kPa 下，仅形成由丙酮和甲醇组成的最低恒沸物，即 55.7℃、含 78.4%（摩尔分数）的丙酮。此类系统虽然形成恒沸物，但不存在蒸馏边界。因此，通过进料点的总物料衡算线可延伸到三角形边界。选择合适的分离条件，可避免在塔顶或塔釜形成三组分混合物。例如，表 3-1 的进料条件下，采用高回流比和大平衡级数时，塔顶没有乙醇，只有丙

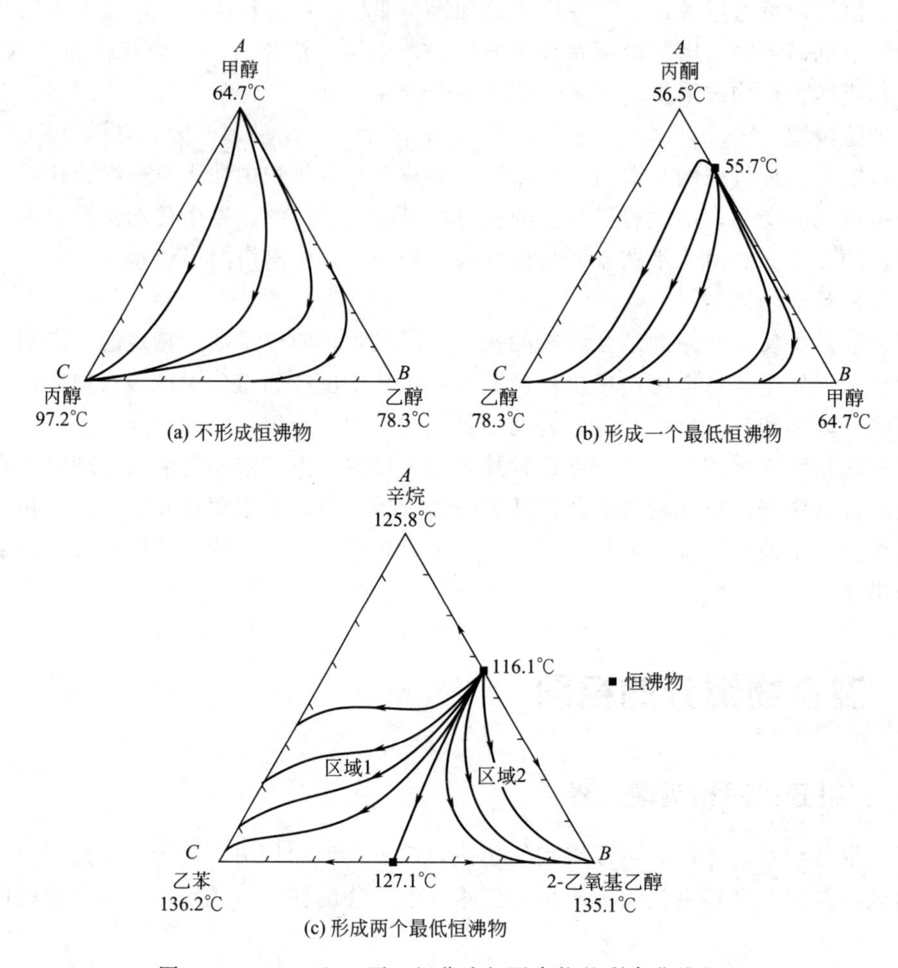

(a) 不形成恒沸物 (b) 形成一个最低恒沸物 (c) 形成两个最低恒沸物

图 3-1 101.325kPa 下三组分液相混合物的剩余曲线相图

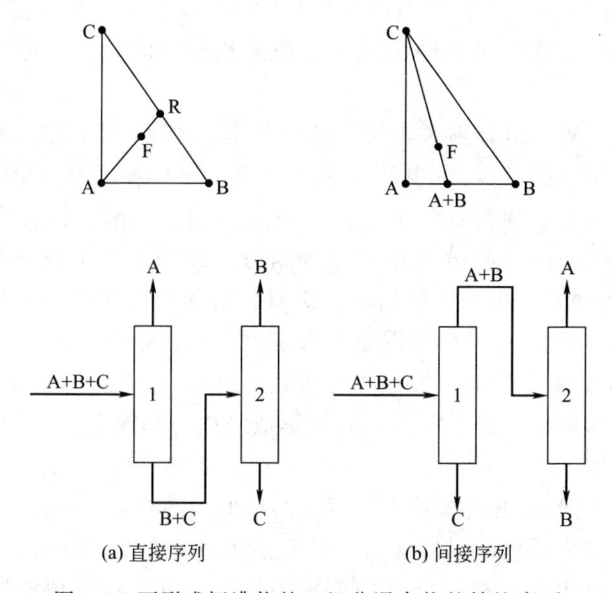

(a) 直接序列 (b) 间接序列

图 3-2 不形成恒沸物的三组分混合物的精馏序列

酮-甲醇二组分恒沸物，或者塔釜没有丙酮，只有甲醇-乙醇混合物。

表 3-1　不同进料条件下的蒸馏产物

案例	进料		塔顶产物		塔釜产物	
	$x_{丙酮}$	$x_{甲醇}$	$x_{丙酮}$	$x_{甲醇}$	$x_{丙酮}$	$x_{甲醇}$
1	0.1677	0.1677	0.7842	0.2158	0.0000	0.1534
2	0.1250	0.3750	0.7837	0.2163	0.0000	0.4051
3	0.2500	0.2500	0.7837	0.2163	0.0000	0.2658
4	0.3750	0.1250	0.7837	0.2163	0.0000	0.0412
5	0.3333	0.3333	0.7837	0.2163	0.0000	0.4200

图 3-1(c) 为更复杂的情况，正辛烷（A）、2-乙氧基乙醇（B）和乙苯（C）组成三组分混合物，其中 A 和 B 形成沸点为 116.1℃的最低恒沸物，B 和 C 形成沸点为 127.1℃的最低恒沸物。两个最低恒沸物的连线称为蒸馏边界，它将三角相图分割成区域 1 和 2。连接进料、塔顶和塔釜产物的物料衡算线不能穿过蒸馏边界，这就限制了可能得到的精馏产物，进料组成所在区域不同，得到的精馏产物可能不同。当进料组成位于区域 1 时，采用普通蒸馏只能在塔釜得到 A-C 的混合物，塔顶得到 A-B 恒沸物；或塔釜得到组分 C，塔顶得到三组分混合物。当进料组成位于区域 2 时，无论采用何种工艺条件，利用普通蒸馏均无法在塔釜得到具有最高沸点的乙苯，只能得到 B-C 混合物，在塔顶得到 A-B 恒沸物；或在塔釜得到组分 B，塔顶得到三组分混合物。

为了进一步明确蒸馏边界对产物组成的限制，分析进料摩尔组成为 15% A、70% B 和 15% C 的三组分混合物的常规精馏。如果该混合物具有图 3-1(a) 或 (b) 的相图，塔釜可以得到最高沸点组分 C；但如果混合物具有图 3-1(c) 的相图，同样的进料组成比，塔釜产物为次高沸点组分 B。

因此，当存在蒸馏边界时，三组分混合物的产物不能仅根据各组分和恒沸物的沸点以及进料组成比进行预测。

3.2.2　剩余曲线图

下面分析简单的间歇蒸馏或微分蒸馏过程。如图 3-3 所示，液体混合物在蒸馏釜中慢慢沸腾，气体在逸出瞬间立即被移出，生成的每一微分量气体与釜中的剩余液体成汽液相平衡，液相组成连续变化。对于三组分混合物的蒸馏，假设釜中液体完全混合并处于泡点温度，对任意组分 i 进行物料衡算

$$\frac{\mathrm{d}x_i}{\mathrm{d}t}=(y_i-x_i)\frac{\mathrm{d}W}{W\mathrm{d}t} \tag{3-1}$$

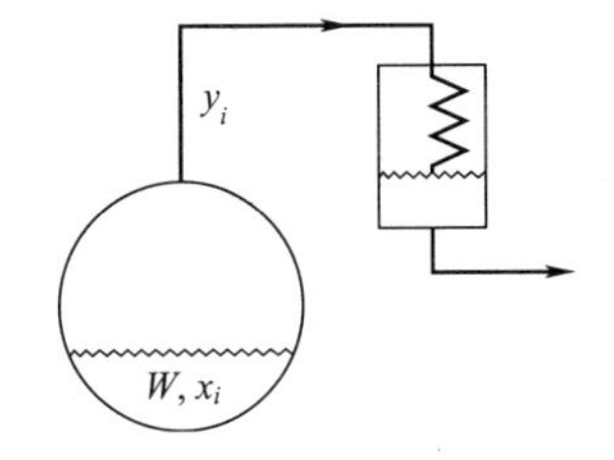

图 3-3　简单蒸馏

式中，W 为釜中剩余液体的物质的量；x_i 为釜中剩余液体中组分 i 的摩尔分数；y_i 为与 x_i 成平衡的瞬时馏出蒸汽中组分 i 的摩尔分数。

由于 W 随时间 t 变化，设无量纲时间变量 ξ 为与 W 和 t 有关的中间变量

$$\frac{\mathrm{d}\xi}{\mathrm{d}t}=-\frac{\mathrm{d}W}{W\mathrm{d}t} \tag{3-2}$$

将式(3-1)和式(3-2)合并，即

$$\frac{\mathrm{d}x_i}{\mathrm{d}\xi}=x_i-y_i \tag{3-3}$$

若蒸馏的初始条件为：$t=0$，$W=W_0$，$x_i=x_{i0}$。由式(3-2)解得任意时间t时的ξ

$$\xi(t)=\ln[W_0/W(t)] \tag{3-4}$$

ξ称为无量纲时间，因为$W(t)$随时间单调减小，所以$\xi(t)$随时间单调增加。

归纳上述关系，结合汽液相平衡关联式，可用以下微分-代数方程组求解（假设没有第二液相形成）三组分物系的简单蒸馏过程

$$\frac{\mathrm{d}x_i}{\mathrm{d}\xi}=x_i-y_i \quad (i=1,2) \tag{3-5}$$

$$\sum_{i=1}^{3}x_i=1 \tag{3-6}$$

$$y_i=K_ix_i \quad (i=1,2,3) \tag{3-7}$$

$$\sum_{i=1}^{3}K_ix_i=1 \tag{3-8}$$

式中，$K_i=K_i(T,p,x,y)$。

该系统由7个方程组成，涉及9个变量，即p、T、x_1、x_2、x_3、y_1、y_2、y_3和ξ。如果操作压力恒定，则后面7个变量可认为是无量纲时间ξ的函数。在给定蒸馏初始条件下，沿ξ增加或减小的方向可计算出连续变化的液相组成。在三角相图上，表达简单蒸馏过程中液相组成随时间变化的曲线称为剩余曲线。同一条剩余曲线上不同点对应不同的蒸馏时间，箭头指向时间增加的方向，也是温度升高的方向。对于复杂的三组分相图，剩余曲线按簇分布，不同簇的剩余曲线具有不同的起点和终点，构成不同的蒸馏区域。下面用例题说明剩余曲线的计算和绘制方法。

【例3-1】 计算并绘制正丙醇(1)-异丙醇(2)-苯(3)三组分物系的剩余曲线图。其中，操作压力为101.3kPa，液相起始组成：$x_1=0.2$，$x_2=0.2$，$x_3=0.6$(摩尔分数)。汽液相平衡常数按式$K_i=\dfrac{\gamma_i p_i^{\mathrm{s}}}{p}$计算，式中液相活度系数$\gamma_i$按正规溶液计算。组分1、2、3的正常沸点分别为97.3℃、82.3℃和80.1℃。组分1、3和组分2、3均形成二组分最低恒沸物，恒沸温度分别为77.1℃和71.7℃。

解： 由式(3-7)和式(3-8)，作泡点计算，得到正丙醇(1)-异丙醇(2)-苯(3)三组分物系的起始汽相组成：$y_1=0.1437$，$y_2=0.2154$和$y_3=0.6409$，起始温度为79.07℃。

设定ξ的增量$\Delta\xi=0.1$，用欧拉法解微分方程式(3-5)，求得x_1和x_2

$$x_1^{(1)}=x_1^{(0)}+[x_1^{(0)}-y_1^{(0)}]\Delta\xi=0.2000+(0.2000-0.1437)\times0.1=0.2056$$

式中，上标(0)表示起始值，上标(1)表示增加$\Delta\xi$后的计算值。由于x_1的变化仅为2.8%，说明取$\Delta\xi=0.1$是合适的。同理可以计算

$$x_2^{(1)}=0.2000+(0.2000-0.2154)\times0.1=0.1985$$

由式(3-6)得到x_3

$$x_3^{(1)}=1-x_1^{(1)}-x_2^{(1)}=1-0.2056-0.1985=0.5959$$

然后，由式(3-7)和式(3-8)作泡点计算，求解相应的y值和T值，得

$$y^{(1)}=[0.1474,0.2134,0.6392]^T \quad T^{(1)}=79.14℃$$

以此类推，ξ增加$\Delta\xi$后重复上述计算。

沿 ξ 增加的方向继续进行计算直到 $\xi=1.0$，再沿相反方向计算至 $\xi=-1.0$。具体结果列于表 3-2。

表 3-2　不同增量 ξ 值下三组分混合物的汽液相平衡数据

ξ	x_1	x_2	y_1	y_2	T/℃
−1.0	0.1515	0.2173	0.1112	0.2367	78.67
−0.9	0.1557	0.2154	0.1141	0.2344	78.71
−0.8	0.1600	0.2135	0.1171	0.2322	78.75
−0.7	0.1644	0.2117	0.1201	0.2300	78.79
−0.6	0.1690	0.2099	0.1232	0.2278	78.83
−0.5	0.1737	0.2081	0.1264	0.2256	78.87
−0.4	0.1786	0.2064	0.1297	0.2235	78.91
−0.3	0.1837	0.2047	0.1331	0.2214	78.95
−0.2	0.1889	0.2031	0.1365	0.2194	79.00
−0.1	0.1944	0.2015	0.1401	0.2173	78.05
0.0	0.2000	0.2000	0.1437	0.2154	79.07
0.1	0.2056	0.1985	0.1474	0.2134	79.14
0.2	0.2115	0.1970	0.1512	0.2115	79.19
0.3	0.2175	0.1955	0.1550	0.2095	79.24
0.4	0.2237	0.1941	0.1589	0.2076	79.30
0.5	0.2302	0.1928	0.1629	0.2058	79.24
0.6	0.2369	0.1915	0.1671	0.2041	79.41
0.7	0.2439	0.1902	0.1714	0.2023	79.48
0.8	0.2512	0.1890	0.1758	0.2006	79.54
0.9	0.2587	0.1878	0.1804	0.1989	79.61
1.0	0.2665	0.1867	0.1850	0.1973	79.68

按照上述方法，可以画出该体系完整的剩余曲线图，如图 3-4 所示。该三组分物系的所

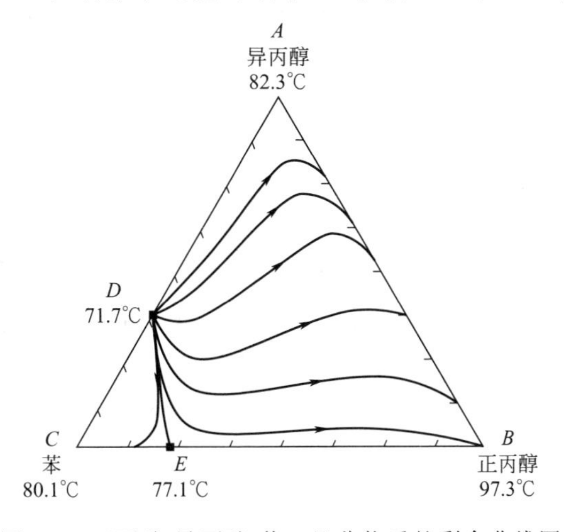

图 3-4　正丙醇-异丙醇-苯三组分物系的剩余曲线图

有剩余曲线都起始于异丙醇-苯的最低恒沸点 D(71.7℃)，箭头方向指向较高沸点的组分或恒沸物。其中一条最为特殊的剩余曲线终止于正丙醇-苯的最低恒沸点 E(77.1℃)，即 DE 线，将三角相图分成两个蒸馏区域，该线称为蒸馏区域边界线。所有处于蒸馏边界右上方即 $ADEB$ 区域的剩余曲线都终止于正丙醇 B，即该区域内的最高沸点（97.3℃）。所有处于蒸馏边界左下方即 DCE 区域的剩余曲线都终止于纯苯 C，即该区域内的最高沸点（80.1℃）。若原料组成落在 $ADEB$ 区域内，蒸馏过程液相组成将逐渐趋于点 B，蒸馏釜中最后一滴液体是纯正丙醇。而位于 DCE 区域的原料蒸馏结果为纯苯（C 点）。

通常，纯组分顶点、二组分或三组分混合物的恒沸点被称为特殊点，按其附近剩余曲线的形状和趋向不同可分为三类：凡剩余曲线汇聚于某特殊点，即剩余曲线的终点，则该点为稳定节点，如图 3-4 中点 B 和点 C；凡剩余曲线发散于某特殊点，即剩余曲线的起点，则该点为不稳定节点，如图 3-4 中点 D；凡某特殊点附近的剩余曲线是双曲线的，则该点为鞍点，如图 3-4 中点 A 和点 E。在同一蒸馏区域内，剩余曲线簇可以有多个鞍点，但仅有一个稳定节点和一个不稳定节点。

3.2.3 精馏曲线图

如上所述，剩余曲线表示单级间歇蒸馏过程中剩余液体组成随时间的连续变化，曲线指向时间增加的方向，即从较低沸点上升到较高沸点。与此相对应的是全回流条件下的连续精馏过程，其液体组成在精馏塔内各板上的分布也可以用三角相图表示，即精馏曲线。其可以从任何组成沿塔向上或向下开始计算。

在精馏塔内，各板上的汽液相平衡组成分布与操作关系可用逐板计算法获得。假设自下而上从第 1 级开始进行计算，在全回流条件下，塔中任意相邻的两平衡级（j 和 $j+1$）上组分的汽、液相组成应符合以下操作关系

$$x_{i,j+1}=y_{i,j} \tag{3-9}$$

离开同一级的汽、液相组成应符合相平衡关系

$$y_{i,j}=K_{i,j}x_{i,j} \tag{3-10}$$

计算某一操作压力下的精馏曲线，首先假设起始液相组成 $x_{i,1}$。按式(3-10) 作泡点温度计算，得到第 1 级的平衡汽相组成 $y_{i,1}$。由操作关系式(3-9)，得 $x_{i,2}=y_{i,1}$。重复上述计算可得到一系列的汽液相平衡和操作关系数据。将得到的液相组成数据依次绘制于三角相图上，可得到一条全回流条件下的精馏曲线。由一系列精馏曲线组成的图称为精馏曲线图。

【例 3-2】 计算并绘制精馏曲线，条件同例 3-1。

解： 计算起始值为：$x_{11}=0.2000$，$x_{21}=0.2000$，$x_{31}=0.6000$。由例 3-1，根据泡点计算得到：$T_1=79.07$℃；平衡汽相组成 $y_{11}=0.1437$，$y_{21}=0.2154$，$y_{31}=0.6409$。由式(3-10)，$x_{12}=0.1437$，$x_{22}=0.2154$，$x_{32}=0.6409$。再作该液相组成的泡点计算，得 $T_2=78.62$℃；$y_{12}=0.1063$，$y_{22}=0.2360$，$y_{32}=0.6577$。重复计算，结果汇总于表 3-3。

表 3-3 全回流条件下精馏塔内各平衡级板上的三组分物系汽液相平衡组成

平衡级	x_1	x_2	y_1	y_2	T/℃
1	0.2000	0.2000	0.1437	0.2154	79.07
2	0.1437	0.2154	0.1063	0.2360	78.62
3	0.1063	0.2360	0.0794	0.2597	78.29
4	0.0794	0.2597	0.0592	0.2846	78.02
5	0.0592	0.2846	0.0437	0.3091	77.80

将表 3-3 中数据绘于图 3-5，每个点表示一个平衡级，各点之间用直线连接。

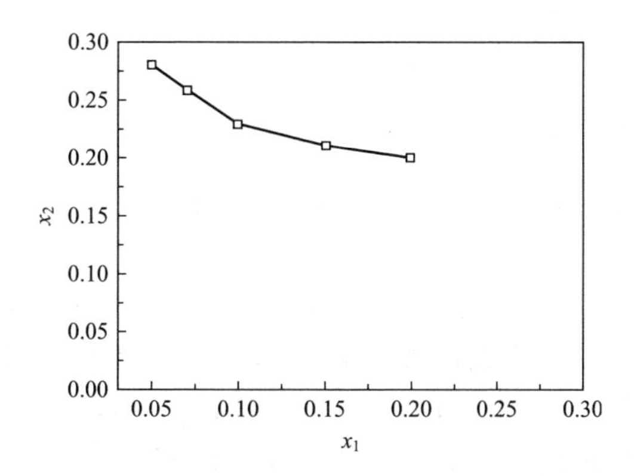

图 3-5　计算所得的正丙醇(1)-异丙醇(2)-苯(3)体系的精馏曲线图

下面对比分析剩余曲线与精馏曲线。

对于剩余曲线的计算，当使用数值法解例 3-1 时，可将微分方程式(3-5) 写成差分形式

$$\frac{(x_{i,j+1}-x_{i,j})}{\Delta\xi}=x_{i,j}-y_{i,j} \tag{3-11}$$

设 $\Delta\xi=+0.1$，则沿温度升高的方向计算；$\Delta\xi=-0.1$，沿温度降低的方向计算。如果选择 $\Delta\xi=-1$，式(3-11) 即变成式(3-9)，此时例 3-1 与例 3-2 的计算方法是一致的。作为连续曲线的剩余曲线就等同于通过各离散点圆滑画出的精馏曲线。因此精馏曲线和剩余曲线所得到的结果很相近，但精馏曲线的计算更快。

综上所述，剩余曲线图可近似描述连续精馏塔内在全回流条件下的液体组成分布，由于剩余曲线不能穿过蒸馏边界，故全回流条件下精馏曲线的液体组成分布也不能穿越蒸馏边界。作为近似处理，在一定回流比下操作的精馏塔的组成分布也不能穿越蒸馏边界。

将一系列的精馏曲线与蒸馏边界绘制于三角相图上，即构成了精馏曲线图。图 3-6 为 101.3kPa 下丙酮-氯仿-甲醇三组分物系的剩余曲线和精馏曲线图，采用 Wilson 方程计算该

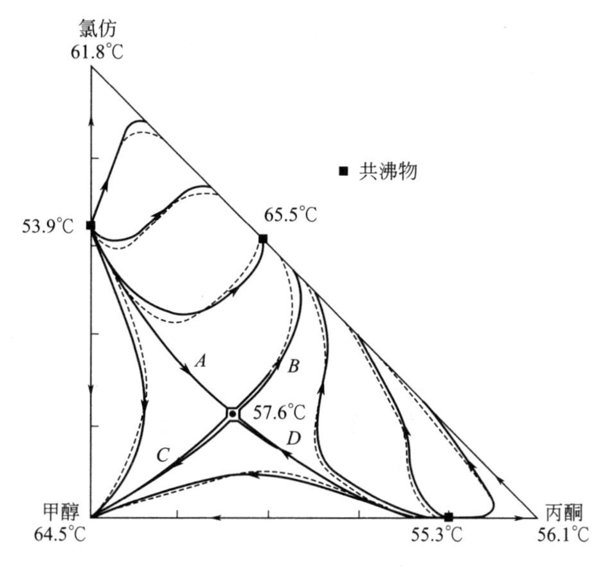

图 3-6　剩余曲线和精馏曲线图

物系的液相活度系数。图中虚线表示精馏曲线，实线表示剩余曲线。由图可见，它们是相当接近的。该物系有两个二组分最低恒沸物、一个二组分最高恒沸物和一个三组分鞍形恒沸物，形成了 4 条蒸馏边界，A、B、C 和 D。

3.2.4 在全回流下的产物组成区域

对于非理想三组分混合物的蒸馏，可用物料衡算线和剩余曲线图或精馏曲线图初步估算其可能的产物组成区域。

在等压条件下的非恒沸体系，图 3-7(a) 给出了物料平衡线和剩余曲线（或全回流条件下的精馏曲线），F 为进料点。在高回流比操作条件下连续精馏，进料 F 被连续精馏成塔顶产物 D、塔釜产物 B。根据全塔物料平衡，F、D 和 B 点共线，该直线为物料平衡线。对于某一物料平衡线，D 点和 B 点的组成必须落在同一条精馏曲线上，即这两个点上的物料平衡线与精馏曲线相交，物料平衡线是该精馏曲线上的一条弦。

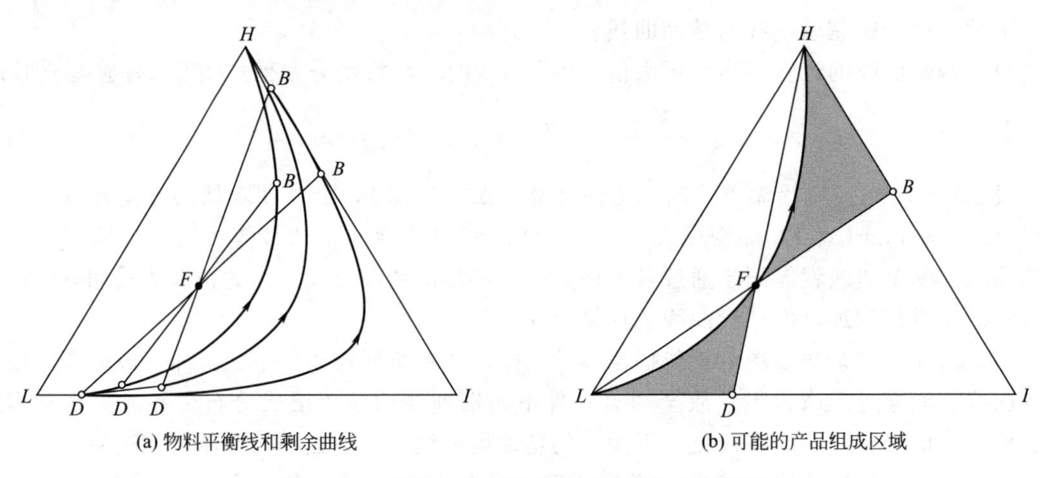

(a) 物料平衡线和剩余曲线　　(b) 可能的产品组成区域

图 3-7　无恒沸物的三组分物系可能的分离区域

由图 3-7(b) 可以看出，对于非恒沸物体系，若塔顶组成是低沸点组分 L，则从该点过 F 的物料平衡线与 HI 相交于 B 点，为相应的塔釜组成。若塔釜组成是高沸点组分 H，则从该点过点 F 的物料平衡线与 LI 相交于 D 点，为相应的塔顶组成。这两条物料平衡线和经 F 点的精馏曲线所包围的阴影区域则为可能的产品组成区域。因为其形状似蝶，又称为蝶形区域。

对于恒沸系统，如果有蒸馏边界线存在，可能的产品组成区域必然限定在某一个蒸馏区域内，存在两个蒸馏区域的系统通常有两个最小二组分恒沸物，并且由连接两个最小恒沸点的蒸馏边界分隔开来。如图 3-8(a) 所示，两个二组分最低恒沸物将三角相图分为两个精馏区。若进料组成处于 1 区，塔顶组成被限制在 D_1 阴影区，塔釜组成被限制在 B_1 阴影区，因此进料组成在区域 1 时不能分离出纯的乙苯产物。图 3-8(b) 为更复杂的精馏物系，由两个二组分最低恒沸物、一个二组分最高恒沸物和一个三组分恒沸物组成，将三角相图分为四个蒸馏区域，可能的产物组成受到更多的限制。

综上所述，全回流下的精馏曲线与剩余曲线基本接近，精馏曲线图可用于精馏产物组成分析、开发精馏流程、评比分离方案和确定适宜的分离流程，为恒沸精馏、间歇精馏和反应精馏等的流程设计及集成提供理论依据。

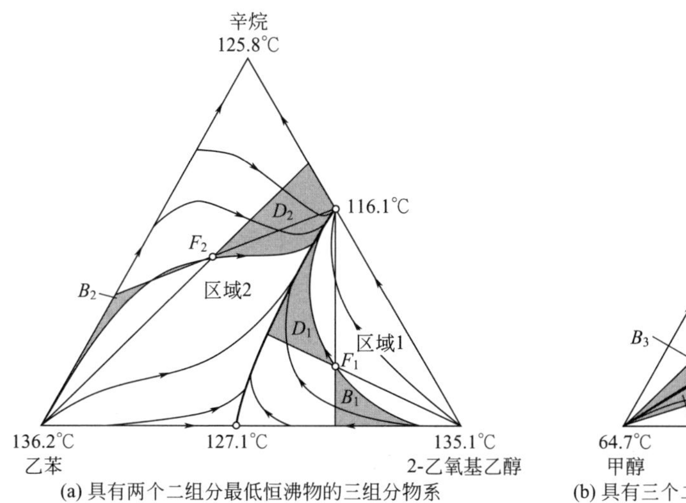

(a) 具有两个二组分最低恒沸物的三组分物系

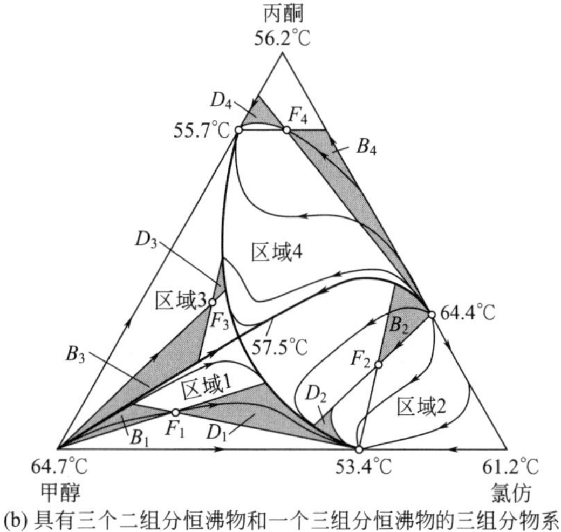

(b) 具有三个二组分恒沸物和一个三组分恒沸物的三组分物系

图 3-8　规定进料组成的物系可行的产品组成区域

3.3 萃取精馏

3.3.1 萃取精馏基本概念

在被分离的二组分混合物中加入第三组分，该组分对原溶液中 A、B 两组分的分子作用力不同，可选择性地改变原溶液中 A、B 两组分的蒸气压，增大它们之间的相对挥发度，或改变乃至消除恒沸点，使它们变得易于分离，此精馏过程称为萃取精馏。所选的第三组分称为溶剂，它不与原料液中的各组分生成恒沸物，沸点又较料液中的各组分高，从而便于溶剂回收，得到合格产品。

采用萃取精馏分离二组分溶液以得到两个较纯产品时，需应用两座塔，如图 3-9 所示。溶剂 S 于萃取精馏塔的进料口之上加入，使得塔内大部分塔板上维持较高的溶剂浓度。溶剂入口之上有若干块塔板，称为溶剂回收段，以避免溶剂混入塔顶产品 A。溶剂 S 与另一组分 B 组成的溶液从塔釜排出，进入溶剂回收塔分离。从溶剂回收塔塔顶得到较纯组分 B 的产品，塔釜回收溶剂 S，供循环使用。萃取精馏的关键在于选择合适的溶剂，这由经济核算最终确定。

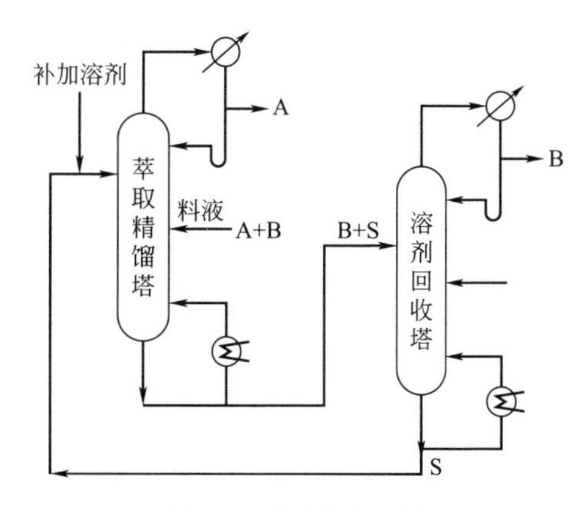

图 3-9　萃取精馏系统

3.3.2 萃取精馏原理

由热力学方程，导得

$$K_i=\frac{\gamma_i f_i^{\circ}}{\hat{\phi}_i^{V} p} \tag{3-12}$$

料液中两个关键组分 1 和 2 的相对挥发度为

$$\alpha_{12}=\frac{K_1}{K_2}=\frac{\hat{\phi}_2^{V}\gamma_1 f_1^{\circ}}{\hat{\phi}_1^{V}\gamma_2 f_2^{\circ}}$$

一般萃取精馏的压力不高，所以 $\hat{\phi}_1^{V}\approx\hat{\phi}_2^{V}\approx 1$，$f_1^{\circ}\approx p_1^{s}$，$f_2^{\circ}\approx p_2^{s}$，于是

$$\alpha_{12}=\frac{\gamma_1 p_1^{s}}{\gamma_2 p_2^{s}} \tag{3-13}$$

对于应用特殊精馏分离的料液，α_{12}大都接近或等于 1。

当加入溶剂 S 后，组分 1 对 2 的相对挥发度 $\alpha_{12/S}$为

$$\alpha_{12/S}=\left(\frac{p_1^{s}}{p_2^{s}}\right)_{T_S}\left(\frac{\gamma_1}{\gamma_2}\right)_S \tag{3-14}$$

式中，$(\gamma_1/\gamma_2)_S$ 为加入溶剂后组分 1 和 2 的活度系数比；T_S 为加入溶剂后的塔板温度。因 p_1^{s}/p_2^{s} 随温度的变化很小，可以认为$\frac{p_1^{s}}{p_2^{s}}\approx\left(\frac{p_1^{s}}{p_2^{s}}\right)_{T_S}$。由式(3-14) 与式(3-13) 相除，得

$$\frac{\alpha_{12/S}}{\alpha_{12}}=\frac{(\gamma_1/\gamma_2)_S}{\gamma_1/\gamma_2} \tag{3-15}$$

$\alpha_{12/S}/\alpha_{12}$称为溶剂的选择性，是衡量溶剂效果的一项重要标志。式(3-15) 表明，萃取精馏之所以能提高 $\alpha_{12/S}$，关键是溶剂的存在造成了待分离的两组分间活度系数的变化。

若用三组分 Margules 方程求液相活度系数，则在溶剂存在下

$$\begin{aligned}\ln(\gamma_1/\gamma_2)_S=&A_{21}(x_2-x_1)+x_2(x_2-2x_1)(A_{12}-A_{21})\\&+x_S[A_{1,S}-A_{S,2}+2x_1(A_{S,1}-A_{1,S})-x_S(A_{2,S}-A_{S,2})-C(x_2-x_1)]\end{aligned} \tag{3-16}$$

式中，A_{12}、A_{21}为组分 1 和 2 所组成的二组分系统的端值常数，$A_{2,S}$、$A_{S,2}$和 $A_{1,S}$、$A_{S,1}$意义类同；C 为表征三组分系统性质的常数。如果三对二组分溶液的 γ-x 曲线均近于对称，即 $A_{12}\approx A_{21}$，$A_{1,S}\approx A_{S,1}$，$A_{2,S}\approx A_{S,2}$，则 $C\approx 0$。以 $A'_{12}=\frac{1}{2}(A_{12}+A_{21})$ 代替 A_{12}和 A_{21}，以 $A'_{1,S}=\frac{1}{2}(A_{1,S}+A_{S,1})$ 代替 $A_{1,S}$和 $A_{S,1}$，以 $A'_{2,S}=\frac{1}{2}(A_{2,S}+A_{S,2})$ 代替 $A_{2,S}$和 $A_{S,2}$，则式(3-16) 可以简化为

$$\ln\left(\frac{\gamma_1}{\gamma_2}\right)=A'_{12}(x_2-x_1)+x_S(A'_{1,S}-A'_{2,S}) \tag{3-17a}$$

当无溶剂存在时

$$\ln\left(\frac{\gamma_1}{\gamma_2}\right)=A'_{12}(x_2-x_1) \tag{3-18a}$$

须注意的是，式(3-17a) 中的 x_1 和 x_2 是由组分 1、2 和 S 组成的三组分溶液的浓度，式(3-18a) 中的 x_1 和 x_2 是由组分 1 和 2 组成的二组分溶液的浓度，仅当 $x_S=0$ 时它们才一样。

定义组分 1 和 2 的脱溶剂基的浓度（又称相对浓度）如下

$$x'_1=\frac{x_1}{x_1+x_2} \tag{3-19a}$$

$$x'_2=\frac{x_2}{x_1+x_2} \tag{3-19b}$$

则式(3-17a) 和式(3-18a) 分别改写为

$$\ln\left(\frac{\gamma_1}{\gamma_2}\right)=A'_{12}(1-2x'_1)(1-x_S)+x_S(A'_{1,S}-A'_{2,S}) \tag{3-17b}$$

$$\ln\left(\frac{\gamma_1}{\gamma_2}\right)=A'_{12}(1-2x'_1) \tag{3-18b}$$

于是未加溶液时的 α_{12} 计算式为

$$\ln\alpha_{12}=\ln\left(\frac{p_1^s}{p_2^s}\right)+A'_{12}(1-2x'_1) \tag{3-20}$$

加入溶剂后

$$\ln\alpha_{12/S}=\ln\left(\frac{p_1^s}{p_2^s}\right)_{T_S}+A'_{12}(1-2x'_1)(1-x_S)+x_S(A'_{1,S}-A'_{2,S}) \tag{3-21}$$

由上两式得到

$$\ln\left(\frac{\alpha_{12/S}}{\alpha_{12}}\right)=x_S[A'_{1,S}-A'_{2,S}-A'_{12}(1-2x'_1)] \tag{3-22}$$

式(3-22) 是全面评价溶剂作用的基础。由此式可以看出，溶剂的选择性不仅取决于溶剂的性质和浓度，而且与原溶液的性质和浓度有关。

萃取精馏处理的料液大致有两类，一类在全浓度范围内 α_{12} 接近于 1，另一类是恒沸物。对于前一类料液，希望加入溶剂后能使组分 1 和 2 间的相对挥发度 $\alpha_{12/S}$ 在全浓度范围均提高，即各浓度下的溶剂选择性都须大于 1。对于后一类料液，往往只在恒沸浓度和其邻近区域的 α_{12} 等于或接近于 1，而在其他浓度区域 α_{12} 远离 1，例如乙醇-水料液。对于这类料液加入溶剂后，主要要求恒沸浓度邻近区域的 $\alpha_{12/S}$ 有明显增大，而对于原来 α_{12} 远离 1 的区域，$\alpha_{12/S}$ 无须明显增大，甚至可以有所减小，只要保持全浓度范围的 $\alpha_{12/S}$ 较明显偏离 1 即可。因此，在选择溶剂时需注意到两类料液的不同点。

溶剂是如何改变组分 1 和 2 间的相对挥发度的呢？比较式(3-20) 和式(3-21)，不难发现：

① 溶剂加入后，式(3-21) 右边比式(3-20) 多了第三项 x_S $(A'_{1,S}-A'_{2,S})$，这一项反映了溶剂 S 对料液中组分 1 和 2 的不同作用效果。为使 $\alpha_{12/S}$ 大于 1，且大得多，就应尽可能使 $A'_{1,S}>0$，$A'_{2,S}\leqslant 0$，即溶剂 S 与组分 1 形成正偏差溶液，与组分 2 形成负偏差溶液，至少能形成理想溶液。同时，x_S 值越大越有利。

② 式(3-21) 右方第二项有了变化，比式(3-20) 的第二项多乘了 $(1-x_S)$。式(3-21) 中第二项反映了原料液中组分 1 和 2 间的作用，而 $(1-x_S)$ 小于 1，表示加入溶剂 S 后组分 1 和 2 间的作用减弱了，溶剂的这一作用称为稀释作用。

对于全浓度范围 α_{12} 接近于 1 的料液，原有两组分沸点相近，非理想性不大时，$A'_{12}\approx 0$，因此溶剂的稀释作用对于增大原有两组分的相对挥发度几乎没有影响。对于这类料液要使 $\alpha_{12/S}$ 增大，必须依靠溶剂对两个组分间的不同作用。不过，当组分 1 和 2 的分子结构差别很小时，选择合适的溶剂是相当困难的。有时候可以通过加入混合溶剂实现原有两组分的分离。

对于恒沸料液，被分离物系的非理想性较大，以乙醇-水为例，这是个较强的正偏差系统，A'_{12} 较大，而恒沸组成的 $(1-2x'_1)$ 是负值，因此第二项对于增大相对挥发度不利，因溶剂的稀释作用多乘了 $(1-x_S)$，恰能减弱此不利影响，且 x_S 越大，不利影响就越弱。因此，对于恒沸料液，仅仅依靠溶剂的稀释作用有时就能成为合适的溶剂。

综上所述，可以得到如下结论。

(1) 溶剂的作用

① 溶剂与料液中两个组分间的不同作用，式(3-21) 中 x_S $(A'_{1,S}-A'_{2,S})$ 反映了这一因素。显然，原料的非理想性越强，越易选到合适的溶剂，使 $A'_{1,S}$和 $A'_{2,S}$之差足够大。

② 溶剂的稀释作用使原来两组分间的作用减弱，式(3-21) 中的 $(1-x_S)$ $A'_{12}(1-2x'_1)$ 反映了这一因素。对于全浓度范围 α_{12} 接近于 1 的料液，因 A'_{12} 近于零，稀释作用几乎无影响。对于恒沸物料液，因 $|A'_{12}|$ 相当大，稀释作用的影响相当大。

(2) 溶剂的浓度

一般 x_S 越大，溶剂的效果越显著。不过，当 x_S 达到一定值后效果趋缓。综合考虑溶剂费用，适宜的溶剂浓度一般为 0.6～0.8。

3.3.3 萃取剂的选择

萃取剂的选择需综合考虑各种因素的影响，首要的是萃取剂的选择性，使组分 1 和 2 之间的相对挥发度按希望的方向改变，并有尽可能大的选择性。其次，萃取剂易于再生，即与原料液中的组分有一定的沸点差，不形成恒沸物，不会发生化学反应，同时在塔中不会发生分解或聚合等。此外，萃取剂的价格、来源、黏度、毒性、腐蚀性以及原料液各组分在其中的溶解度等均需全面考虑。下面介绍一些定性考虑法则，对初步筛选萃取剂有一定的指导作用。

(1) 尤厄尔 (Ewell) 分类法选择原则

通常有机化合物的极性减弱顺序及与水的极性的相对关系为：

水＞二醇＞醇＞酯＞酮＞醛＞醚＞烃

以此来选择待分离组分的溶剂是较常用的方法。而尤厄尔等依据液体能否生成氢键的特性，推出了各类有机物组成溶液时的偏差，对萃取剂的选择具有重要的参考价值。显然，若生成氢键，必须有一个活性氢原子（缺少电子）与一个供电子的原子相接触，氢键强度取决于与氢原子配位的供电子原子的性质。尤厄尔根据液体中是否具有活性氢原子和供电子原子，将全部液体分成如下五类：

类型Ⅰ 能形成三维强氢键网络的液体，如水、乙二醇、甘油、氨基醇、羟胺、含氧酸、多酚、氨基化合物等。

类型Ⅱ 其余同时含有活性氢原子和供电子原子（氮、氧和氟）的分子组成的液体，如醇、酸、酚、伯胺、仲胺、肟、含 α-氢原子的硝基化合物、含氰基的腈化物、氨、联氨、氟化氢、氢氰酸等。

类型Ⅲ 分子中仅含供电子原子，而不含活性氢原子的液体，如醚、酮、醛、酯、叔胺、不含 α-氢原子的硝基化合物和氰化物等。

类型Ⅳ 分子中仅含活性氢原子，而不含有供电子原子的分子组成的液体，如 $CHCl_3$、CH_2Cl_2、CH_2Cl-CH_2Cl、$CHCl_2$-$CHCl_2$、CH_2Cl-$CHCl$-CH_2Cl 等。

类型Ⅴ 其他液体，它们没有形成氢键的能力，如烃类、二硫化碳、硫醇、不包括在Ⅳ类中的卤代烃等。

各类液体混合时对拉乌尔定律的偏差汇总于表 3-4。显然，当形成溶液时仅有氢键生成则呈现负偏差；若仅有氢键断裂，则呈现正偏差；若既有氢键生成又有氢键断裂，则情况比较复杂，需要考虑混合时单位体积中氢键数是增加还是减少。

表 3-4　各类液体混合时对拉乌尔定律的偏差

类　型	偏　差	氢　键
Ⅰ＋Ⅴ Ⅱ＋Ⅴ	总是正偏差，Ⅱ＋Ⅴ常为部分互溶	仅有氢键断裂或稀释
Ⅲ＋Ⅳ	总是负偏差	仅有氢键生成
Ⅰ＋Ⅳ Ⅱ＋Ⅳ	总是正偏差，Ⅰ＋Ⅳ常为部分互溶	氢键生成或氢键断裂，但Ⅰ或Ⅱ类液体的氢键断裂更重要
Ⅰ＋Ⅰ Ⅰ＋Ⅱ Ⅰ＋Ⅲ Ⅱ＋Ⅱ Ⅱ＋Ⅲ	非常复杂的组合，通常为正偏差，有时为负偏差，形成某些最高恒沸物	氢键生成或氢键断裂
Ⅲ＋Ⅲ Ⅲ＋Ⅴ Ⅳ＋Ⅳ	接近理想溶液，总是正偏差或理想的，有可能形成最低恒沸物	不涉及氢键
Ⅳ＋Ⅴ Ⅴ＋Ⅴ	最低恒沸物	

虽然仅用氢键的判断来表示各种液体混合时的偏差是不充分的，但对溶剂的选择具有实际意义。例如，选择某溶剂来分离相对挥发度接近 1 的二组分物系，若溶剂与组分 2 生成氢键，降低了组分 2 的挥发度，使组分 1 对组分 2 的相对挥发度有较大提高，那么该溶剂是符合基本要求的。

(2) 同系物或结构相似物选择原则

由萃取精馏中溶剂的作用分析，为使 $\alpha_{12/S}$大，希望所选溶剂能与塔釜产品形成负偏差溶液或理想溶液。与塔釜产品形成理想溶液的溶剂一般可从它的同系物中选取。同时还希望所选溶剂与塔顶产品形成较大正偏差的溶液，并具有较高的沸点，不会生成恒沸物。如果原料液是正偏差的，宜选择塔釜产品的同系物作为溶剂，则它与塔顶产品组成的溶液也会是正偏差的。

所谓“塔釜产品”，一般是原料液中的重组分，但也可能是轻组分。因此，所选溶剂可以从两组分的同系物中选择。以丙酮-甲醇的最低恒沸物为例，丙酮的沸点为 56.4℃，甲醇的沸点为 64.7℃，恒沸物组成 $x_{丙酮}=0.8$，沸点为 55.7℃。分析表 3-5 列出的丙酮和甲醇各自的一些同系物，丙酮同系物中，只有甲基乙基酮会与甲醇形成恒沸物；甲醇同系物中，没有一个会与丙酮形成恒沸物。以甲醇同系物为溶剂，利用了丙酮比甲醇易挥发的特性，对增大 $\alpha_{12/S}$有利；同时，乙醇与塔釜产物（甲醇）形成的溶液更接近理想状态，而其余的同系物正偏差较大。另外，对于乙醇-水恒沸物的分离，以乙二醇替代苯作为其中水的同系物进行精馏，同样也可获得无水乙醇，目前我国已广泛采用此工艺。

表 3-5　丙酮和甲醇的一些同系物

丙酮同系物	沸点/℃	甲醇同系物	沸点/℃
甲基乙基酮	79.6	乙醇	78.3
甲基正丙基酮	102.0	丙醇	97.2
甲基异丁基酮	115.9	水	100.0
甲基正戊基酮	150.6	丁醇	117.8
		戊醇	137.8
		乙二醇	197.2

此外，分子结构相似可以用来定性推测所选溶剂与关键组分间的作用。例如与链烷烃和环烷烃相比，苯酚、苯胺等环结构化合物与苯和甲苯一类芳烃的分子结构更相似些。

应用一些定性规则筛选出一些候选溶剂后，最好能通过其活度系数、汽液相平衡关系等物性参数来估算其对分离体系的分离因子，或经过实验验证。

3.3.4 萃取精馏计算

萃取精馏过程的基本计算方法与普通精馏相同。但萃取精馏塔是多进料的多组分复杂塔，处理的物料非理想性较强，又因大量溶剂存在，塔温变化较大，汽液两相流率变化也较大，相平衡及热量平衡的计算都比较复杂，最好的设计方法是利用计算机严格求解。由于物系的液相非理想性较强，此时模拟计算需采用温度和液相组成同时逼近的算法，例如 Naphtali-Sandholm 的全变量迭代法。当选用或开发了合适的模拟算法，并取得了系统的平衡关联式后，通过多方案计算，再结合必要的经济核算，可以解决设计计算问题，得到达到规定分离要求所需的适宜溶剂量及其加入位置、适宜的回流比、必需的理论板数以及适宜的进料位置。

在很多情况下，特别是原溶液组分的化学性质接近时，如以萃取精馏分离烃类混合物时，溶剂的浓度和液体的热焓沿塔高变化较小。萃取剂的沸点高，挥发度小，由塔顶引入后几乎全部流入塔釜，因而萃取剂在塔内各级上的浓度恒定不变，萃取剂的存在仅改变了原组分间的相对挥发度，此时三组分精馏计算可以作为拟二组分精馏计算，用图解法或解析法来处理，使计算得以简化。此法一般能满足工程设计的要求。

(1) 溶剂用量 S 与塔中溶剂浓度 x_S 间的关系

假设：①塔内恒摩尔流；②塔顶产品带出的溶剂量可忽略不计，即 $(x_S)_D=0$。同时，进塔溶剂为纯溶剂。

对精馏段作塔顶处的物料衡算，如图 3-10 所示。

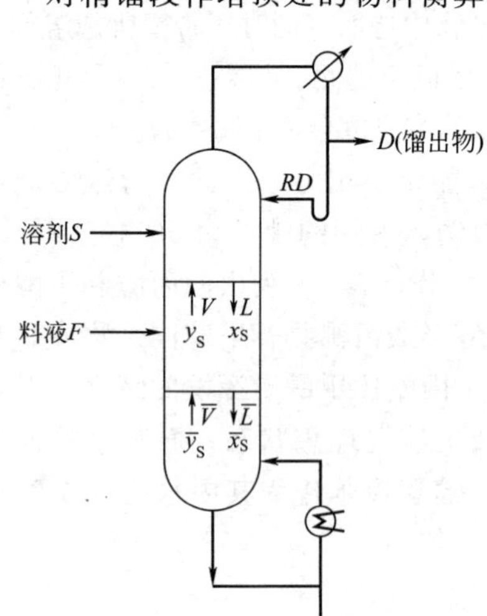

图 3-10 萃取精馏塔物料衡算

总物料衡算 $V+S=L+D$

溶剂 S 衡算 $Vy_S+S=Lx_S$

上两式结合整理得

$$y_S=\frac{Lx_S-S}{L+D-S} \tag{3-23}$$

将非溶剂部分虚拟为一个组分 n，它的相平衡关系为

$$y_n=K_n x_n$$

即

$$1-y_S=K_n(1-x_S) \tag{3-24}$$

溶剂的平衡关系为：$y_S=K_S x_S$

定义溶剂对非溶剂的相对挥发度

$$\alpha_{S,n}=\frac{K_S}{K_n}=\frac{y_S/x_S}{(1-y_S)/(1-x_S)} \tag{3-25}$$

由此得

$$y_S=\frac{\alpha_{S,n}x_S}{(\alpha_{S,n}-1)x_S+1} \tag{3-26}$$

结合式(3-23) 和式(3-26) 得

$$x_S=\frac{S}{(1-\alpha_{S,n})L-\frac{D\alpha_{S,n}}{1-x_S}} \tag{3-27a}$$

将 $L=RD+S$ 代入上式整理得

$$S=\frac{RDx_S(1-\alpha_{S,n})-D\alpha_{S,n}x_S/(1-x_S)}{1-(1-\alpha_{S,n})x_S} \tag{3-28}$$

对提馏段同理可导得

$$\overline{x_S}=\frac{S}{(1-\alpha_{S,n})\overline{L}+\frac{\alpha_{S,n}B'}{1-\overline{x_S}}} \tag{3-29a}$$

式中，B'为塔釜脱溶剂产品量，$B'=F-D$。

如果非溶剂部分仅包含组分 1 和 2，或可简化为 1 和 2，则

$$\alpha_{S,n}=\frac{y_S/(1-y_S)}{x_S/(1-x_S)}=\frac{y_S/(y_1+y_2)}{x_S/(x_1+x_2)}=\frac{x_1+x_2}{x_S}\times\frac{1}{\alpha_{1,S}\frac{x_1}{x_S}+\alpha_{2,S}\frac{x_2}{x_S}}=\frac{x_1+x_2}{\alpha_{1,S}x_1+\alpha_{2,S}x_2} \tag{3-30a}$$

一般 $\alpha_{1,S}$和 $\alpha_{2,S}$相当大，所以 $\alpha_{S,n}$很小，若近似当作零，则式(3-27a) 和式(3-29a) 可以简化为

$$x_S=\frac{S}{L} \tag{3-27b}$$

$$\overline{x_S}=\frac{S}{\overline{L}} \tag{3-29b}$$

如果用式(3-27a) 和式(3-29a) 计算，则 $\alpha_{S,n}$需分别取精馏段和提馏段各自的顶部与底部 $\alpha_{S,n}$的几何均值。一般塔顶 $x_2\approx0$，由式(3-30a) 得

$$(\alpha_{S,n})_D\approx1/\alpha_{1,S} \tag{3-30b}$$

$$(\alpha_{S,n})_B\approx1/\alpha_{2,S} \tag{3-30c}$$

(2) 理论板的简化计算

简化计算的基本点在于塔的精馏段和提馏段中溶剂浓度均保持常数，认为溶剂只改变料液中两个组分（或关键组分）的相对挥发度，三组分精馏计算可以作为拟二组分计算。进一步假定恒摩尔流和相对挥发度 $\alpha_{12/S}$为常数，于是可以应用普通精馏的简捷计算法。对于萃取精馏塔，为防止溶剂从塔顶产品中被带走，在溶剂进料口以上需设有溶剂回收段，根据溶剂与料液中组分的沸点差大小，估计该段所需的理论板数。

【例 3-3】 乙酸甲酯(1)-甲醇(2)料液用水作为溶剂进行萃取精馏，料液的摩尔分数（下同）$x_{F1}=0.649$，呈露点状态进塔。要求塔顶馏出液中乙酸甲酯的浓度 $x_{D1}=0.95$，其回收率为 98%。选取精馏段中溶剂浓度 $x_S=0.8$，操作回流比 $R=1.5R_m$。试计算溶剂用量与料液量之比以及所需的理论板数。

此三组分物系的活度系数用 Margules 方程式计算

$$\ln\gamma_1=x_2^2[A_{12}+2x_1(A_{21}-A_{12})]+x_3^2[A_{13}+2x_1(A_{31}-A_{13})]$$
$$+x_2x_3[A_{21}+A_{13}-A_{32}+2x_1(A_{31}-A_{13})+2x_3(A_{32}-A_{23})-C(1-2x_1)]$$

各端值常数为：$A_{12}=1.0293$，$A_{21}=0.9464$，$A_{1,S}=2.9934$，$A_{S,1}=1.8881$，$A_{2,S}=0.8298$，$A_{S,2}=0.5066$，$C=0$

54℃恒沸点时，$p_1^s=90.24$kPa，$p_2^s=65.98$kPa

解：(1) 以 $F=100$kmol/h 为基准进行计算

由物料衡算

$$Dx_{D1}=0.98Fx_{F1}=0.98\times100\times0.649=63.6\text{kmol/h}$$

已知 $x_{D1}=0.95$，则

$$D=63.6/0.95=66.9\text{kmol/h}$$

假设馏出液中不含溶剂，$x'_{D1}=x_{D1}=0.95$。

对组分1进行全塔物料衡算

$$B'x'_{B1}=64.9-63.6=1.3\text{kmol/h}$$

$$B'=F-D=100-66.9=33.1\text{kmol/h}$$

$$x'_{B1}=\frac{1.3}{33.1}=0.0393，x'_{B2}=1-0.0393=0.9607$$

（2）计算平均相对挥发度 $\alpha_{12/S}$

假定有关两对二组分物系均近似为对称物系，则

$$A'_{12}=\frac{1}{2}(A_{12}+A_{21})=0.9879，A'_{1,S}=2.441，A'_{2,S}=0.6682$$

计算溶剂加入板（精馏段顶）上的 $\alpha_{12/S}$，按式(3-17b)

$$\ln\left(\frac{\gamma_1}{\gamma_2}\right)_S=0.9879\times(1-0.8)\times(1-2\times0.95)+0.8\times(2.441-0.6682)=1.2404$$

$$(\gamma_1/\gamma_2)_S=3.457$$

又

$$\left(\frac{p_1^s}{p_2^s}\right)_{T_S}\approx\left(\frac{p_1^s}{p_2^s}\right)_{\text{恒沸点}}=\frac{90.24}{65.98}=1.368$$

于是

$$\alpha_{12/S}=3.458\times1.368=4.73$$

计算塔釜的 $\alpha_{12/S}$

$$\ln\left(\frac{\gamma_1}{\gamma_2}\right)_S=0.9879\times(1-0.8)\times(1-2\times0.0393)+0.8\times(2.441-0.6682)=1.600$$

$$\left(\frac{\gamma_1}{\gamma_2}\right)_S=4.955$$

于是

$$\alpha_{12/S}=4.955\times1.368=6.78$$

本例中进料状态为露点，全塔中溶剂浓度可近似为常数，又因为加料板上液体组成未知，该处 $\alpha_{12/S}$ 难以计算，故近似取平均值

$$\alpha_{12/S}=\sqrt{4.73\times6.78}=5.66$$

（3）计算最小回流比 R_m

由 $R_m=\frac{1}{\alpha_{12}-1}\left[\frac{\alpha_{12}x_D}{y_F}-\frac{1-x_D}{1-y_F}\right]-1$ 得

$$R_m=\frac{1}{5.66-1}\times\left[\frac{5.66\times0.95}{0.649}-\frac{1-0.95}{1-0.649}\right]-1=0.747$$

$$R=1.5R_m=1.121$$

（4）计算全回流时 N_m（包括釜）

$$N_m=\frac{\lg\left[\left(\frac{x'_{D1}}{x'_{D2}}\right)/\left(\frac{x'_{B1}}{x'_{B2}}\right)\right]}{\lg\alpha_{12/S}}=\frac{\lg\left[\left(\frac{0.95}{0.05}\right)\times\left(\frac{0.9607}{0.0393}\right)\right]}{\lg5.66}=3.54$$

(5) 计算实际回流比下的 N（包括釜）

$$\frac{R-R_m}{R+1}=\frac{1.121-0.747}{1.121+1}=0.1763$$

查 Gilliland 关联图，得 $\frac{N-N_m}{N+1}=0.47$

$$N=7.6 \text{ 块(包括釜)}$$

此外，在溶剂加入板之上应该有一个回收段，可取3～4块。

(6) 计算溶剂量对进料量的比值 S/F

先计算 $\alpha_{S,n}$（式3-30a）

精馏段顶处 $(\alpha_{S,n})_D=\left(\frac{x_1+x_2}{\alpha_{1,S}x_1+\alpha_{2,S}x_2}\right)_D$

式中 $\alpha_{1,S}$ 和 $\alpha_{2,S}$ 可以按下列两式计算

$$\ln\alpha_{1,S}=\ln(p_1^s/p_S^s)+A'_{1,S}(x_S-x_1)+x_2(A'_{12}-A'_{2,S})$$

$$\ln\alpha_{2,S}=\ln(p_2^s/p_S^s)+A'_{2,S}(x_S-x_2)+x_1(A'_{21}-A'_{1,S})$$

算得 $\alpha_{1,S}=26.8$，$\alpha_{2,S}=5.7$。代入式(3-30a) 得

$$(\alpha_{S,n})_D=\frac{0.19+0.01}{26.8\times0.19+5.7\times0.01}=0.0388$$

进料板处，近似取 $x_S=0.8$，$x_1=0.649\times0.2=0.1298$，$x_2=0.0702$。用上述类似方式可算得 $\alpha_{1,S}=37.3$，$\alpha_{2,S}=6.22$。

$$(\alpha_{S,n})_F=\frac{0.1298+0.0702}{37.3\times0.1298+6.22\times0.0702}=0.0379$$

$$(\alpha_{S,n})_{精}=\sqrt{0.0388\times0.0379}=0.0383$$

由式(3-28) 得

$$S=\frac{1.121\times66.9\times0.8\times(1-0.0383)-66.9\times0.0383\times\frac{0.8}{1-0.8}}{1-(1-0.0383)\times0.8}=205.7\text{kmol/h}$$

因此 $S/F=2.057$

3.3.5 萃取精馏操作的特点

(1) 塔内流量分布

萃取精馏与普通精馏不同，进入塔内的物料除料液和回流液外，尚有以液体形式进入的萃取剂。且萃取剂的流率往往大大超过其他物料的流率，因此塔内液相流率远远大于汽相流率，造成汽液接触不佳，使萃取精馏的全塔效率小于普通精馏塔，一般为普通精馏塔的50%。

同时，由于大量萃取剂S的加入，很小的温度变化也能使塔内汽液流量发生很大波动，对全塔影响很大，所以应严格控制S的进料温度，尽可能维持恒定，否则将影响分离效果。

(2) 塔内溶剂浓度分布

精馏段和提馏段级上浓度：根据以上分析，在萃取精馏中，一般选择的溶剂挥发度很小，即 $\alpha_{S,n}$ 很小，可近似为零，则精馏段和提馏段的溶剂浓度可以直接用 $x_S=\frac{S}{L}$ 和 $\overline{x}_S=\frac{S}{\overline{L}}$ 计算。

塔釜浓度：由于进入塔内的溶剂基本上从塔釜出料，且 $\overline{L}>B$，故釜液中的溶剂浓度 $(x_S)_B=\dfrac{S}{B}$ 大于提馏段塔板上溶剂浓度 $\overline{x}_S=\dfrac{S}{\overline{L}}$，溶剂浓度在再沸器中发生跃升。萃取精馏这一特点表明，不能以塔釜溶剂浓度当作塔板上溶剂的浓度。

塔顶浓度：塔顶产品带出的溶剂量可忽略不计，即 $(x_S)_D=0$。

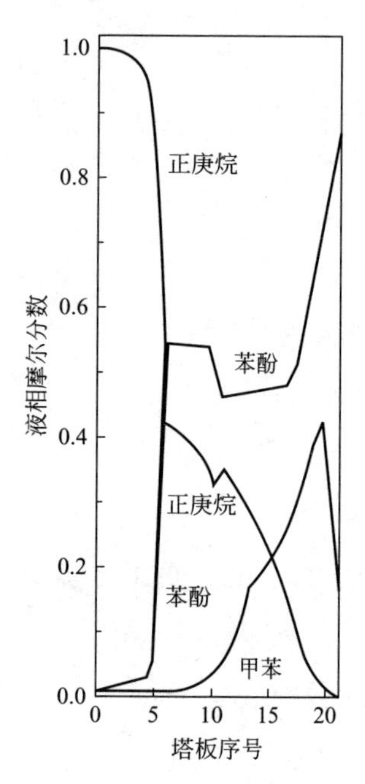

图 3-11 正庚烷-甲苯萃取精馏塔浓度分布

图 3-11 是以苯酚作溶剂分离正庚烷-甲苯二组分物系的萃取精馏塔内浓度分布，塔板自上而下编号。1～5 板是溶剂回收段，从溶剂加入板至塔顶，苯酚的液相浓度迅速降至零，该段对正庚烷和甲苯没有明显的分离作用。6～12 板是精馏段，苯酚的浓度近似恒定。由于在 13 板有液相进料，提馏段苯酚液相浓度明显降低。21 板为再沸器，苯酚浓度发生跃升。

(3) 萃取精馏的控制

萃取精馏依靠萃取剂使组分 1 和 2 间的相对挥发度变大，一般萃取剂浓度越大，相对挥发度越大。因此，萃取剂的浓度是一个重要的控制参数，而萃取剂进塔量和回流比均会影响塔中萃取剂浓度。

① 萃取剂进塔量。由于精馏段和提馏段的萃取剂浓度可以近似用 $x_S=\dfrac{S}{L}$ 和 $\overline{x}_S=\dfrac{S}{\overline{L}}$ 计算，因此提高级上 S 的浓度所采取的重要手段是增加萃取剂的进料流率，从而提高塔顶馏出液的纯度。当然，在保持用量不变的条件下，同时减少进料量、塔顶馏出液量和蒸发量，也能提高馏出液的纯度。

② 萃取剂回流比。在萃取精馏中，当 S 一定时，回流比增加，x_S 和 $\overline{x}_S$ 减小，所以增大回流比对分离不利。图 3-12 表示了采用乙二醇为溶剂，通过萃取精馏分离乙醇-水恒沸物的模拟计算结果。由图可知，萃取精馏塔不同于一般精馏塔，增大回流比并不总能提高分离程度，对于一定的溶剂/进料操作存在一个最佳回流比，它是权衡回流比和溶剂浓度对分离度综合影响的指标，盲目调节回流比往往得不到预期效果。

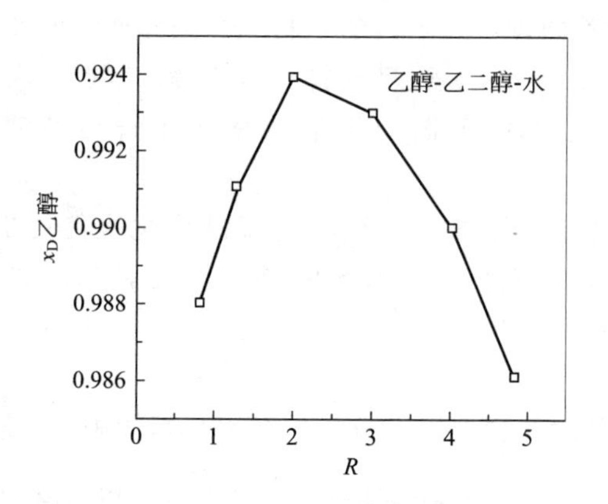

图 3-12 回流比对馏出液纯度的影响

3.4 恒沸精馏

与萃取精馏一样，恒沸精馏也是通过加入适当的分离媒介（这里称为恒沸剂）来改善待分离组分间的汽液相平衡关系。不同点在于恒沸剂是通过与混合物中的一个或多个组分形成恒沸物来改变原溶液组分的相对挥发度，从而使组分间的分离变得容易。因此，在萃取精馏中所讨论过的溶剂作用原理，原则上都适用于恒沸剂，只需在汽液相平衡的基础上对恒沸物的特征作进一步的了解。在此基础上，对恒沸精馏的工艺加以讨论。

通常，恒沸物的沸点比料液中任一组分或原有恒沸物的沸点低（高）得多，且组成也有显著的差异，形成的恒沸物从塔顶（塔釜）采出，塔釜（塔顶）引出较纯产品，最后将恒沸剂与组分分离。

3.4.1 恒沸物的特性和恒沸组成的计算

恒沸物的形成对于用精馏方法分离液体混合物有很大的影响。因此，恒沸过程一直是很多研究工作的对象。科诺瓦洛夫定律对二组分恒沸物的性质作了一般性叙述。根据该定律，混合物的蒸气压-组成曲线上的极值点处，汽、液平衡相的组成相等。这一定律不仅适用于二组分物系，而且能应用于多组分物系，且温度的极大（或极小）值，总是对应于压力的极小（或极大）值。但多组分物系不同于二组分物系，汽、液平衡相组成相等时，并不一定对应于温度或压力的极值点，这是因为在多组分物系中，相组成与蒸汽的分压及总压之间的关系要比二组分物系时复杂得多。

(1) 二组分物系

① 二组分均相恒沸物

恒沸物的形成是由于组成溶液的各组分分子间不相似，混合时引起与理想溶液的偏差。若系统压力不大，可假设汽相为理想气体，则二组分均相恒沸物的特征是

$$\alpha_{12}=\frac{\gamma_1 p_1^s}{\gamma_2 p_2^s}=1 \tag{3-31}$$

由二组分物系中组分的活度系数与组成的关系可知，当溶液中两组分的沸点相近、纯组分的蒸气压相差很小时，则很可能在较小的正（或负）偏差时形成恒沸物，而且恒沸组成也越接近等摩尔分数。通常认为恒沸物形成的条件，一是组分化学结构不相似，存在偏差（$\gamma_1 \neq 1$）；二是组分的沸点差较小。当沸点差大于 30K 时一般不会形成恒沸物。

目前已有专著汇集了大量已知的恒沸组成和恒沸温度。但在新过程开发或恒沸组成随压力（或温度）变化等情况不明确时，可以利用热力学关系加以估算。

对于恒沸组成，$\alpha_{12}=1$，上式变为

$$\frac{\gamma_1}{\gamma_2}=\frac{p_2^s}{p_1^s} \tag{3-32}$$

上式是计算二组分均相恒沸物沸点的基本公式，若已知 $p_1^s=f_1(T)$，$p_2^s=f_2(T)$ 以及 γ_1 和 γ_2 与组成和温度的关系，可得关联了恒沸温度和组成的关系式(3-33)。

$$p=p_1^s\gamma_1 x_1+p_2^s\gamma_2 x_2 \tag{3-33}$$

用试差法可以确定在一定总压 p（或一定温度 T）下某二组分物系是否会形成恒沸物，如会形成则可算出恒沸物组成和恒沸点温度（或总压）。

【例 3-4】 试求总压力为 86.659kPa 时，氯仿（1）-乙醇（2）的恒沸物组成和恒沸温度。已知：

$$\ln\gamma_1 = x_2^2(0.59+1.66x_1);\ln\gamma_2 = x_1^2(1.42-1.66x_2) \tag{a}$$

$$\lg p_1^s = 6.02818-\frac{1163.0}{227+T};\lg p_2^s = 7.33827-\frac{1652.05}{231.48+T} \tag{b}$$

解：设 $T=55℃$

式(3-32) 两边取对数后，$\ln\dfrac{\gamma_1}{\gamma_2}=\ln\dfrac{p_2^s}{p_1^s}$

由式(a) 得 $\ln\dfrac{\gamma_1}{\gamma_2}=0.59x_2^2-1.42x_1^2+1.66x_1x_2$

故 $\ln\dfrac{37.311}{82.372}=0.59x_2^2-1.42x_1^2+1.66x_1x_2$

由试差法求得 $x_1=0.8475$，$x_2=0.1525$

将此 x_1、x_2 代入式(a) 得

$$\gamma_1=1.0475,\gamma_2=2.3120$$

由 $p=p_1^s\gamma_1x_1+p_2^s\gamma_2x_2$ 与给定值基本一致。

因此，恒沸温度为 55℃，恒沸组成为 $x_1=0.8475$。

② 二组分非均相恒沸物

当系统与拉乌尔定律的正偏差很大时，可能形成两个液相。二组分物系在三相共存时，系统的自由度为 1。因此在等温（或等压）时，自由度为 0，也就是说，压力（或温度）一经确定，平衡汽相和两个液相的组成就是一定的。

若汽相为理想气体，则

$$p=p_1+p_2>p_1^s>p_2^s \tag{3-34}$$

式中，p 为两液相共存区的溶液蒸气压；p_1、p_2 为共存区饱和蒸汽中组分 1 及组分 2 的分压。

由式(3-34) 可得出不等式

$$p_1^s-p_1<p_2 \tag{3-35}$$

在两液相共存区，$p_1=p_1^s x_1^{\mathrm{I}}\gamma_1^{\mathrm{I}}$，$p_2=p_2^s x_2^{\mathrm{II}}\gamma_2^{\mathrm{II}}$

式中，Ⅰ为组分 1 为主的液相；Ⅱ为组分 2 为主的液相。

将其代入式(3-35)，可得出

$$\frac{p_1^s(1-x_1^{\mathrm{I}}\gamma_1^{\mathrm{I}})}{p_2^s x_2^{\mathrm{II}}\gamma_2^{\mathrm{II}}}<1 \tag{3-36}$$

若相互溶解度很小，则 $x_1^{\mathrm{I}}\approx1$，$x_2^{\mathrm{II}}\approx1$，即 $\gamma_1^{\mathrm{I}}\approx\gamma_2^{\mathrm{II}}\approx1$

上式简化为

$$E=\frac{p_1^s}{p_2^s}\times\frac{x_2^{\mathrm{I}}}{x_2^{\mathrm{II}}}<1 \tag{3-37}$$

故可用 E 作为定性估算能否形成恒沸物的指标。由式(3-37) 可见，组分蒸气压相差越小，相互溶解度越小，则形成恒沸物的可能性越大。

由于在二组分非均相恒沸点，一个汽相和两个液相互成平衡，故恒沸组成的计算必须同时考虑汽液平衡和液液平衡，可以建立如下关系式

$$\gamma_1^{\mathrm{I}}x_1^{\mathrm{I}}=\gamma_1^{\mathrm{II}}x_1^{\mathrm{II}} \tag{3-38}$$

$$\gamma_2^{\mathrm{I}}(1-x_1^{\mathrm{I}})=\gamma_2^{\mathrm{II}}(1-x_1^{\mathrm{II}}) \tag{3-39}$$

$$p=p_1^{\mathrm{s}}\gamma_1^{\mathrm{I}}x_1^{\mathrm{I}}+p_2^{\mathrm{s}}\gamma_2^{\mathrm{I}}(1-x_1^{\mathrm{I}}) \tag{3-40}$$

如果给定 p（或 T），则联立求解式(3-38)～式(3-40)，解得 T（或 p）、x_1^{I}、x_1^{II}。如已知 NRTL 或 UNIQUAC 参数，首先假设温度，由式(3-38) 和式(3-39) 试差求得互成平衡的两液相组成，再用式(3-40) 核实假设的温度是否正确。

二组分非均相恒沸物都是正偏差恒沸物。从二组分物系的临界混溶温度很容易预测在某温度下所形成的恒沸物是均相的还是非均相的。

(2) 三组分物系

三组分物系的相图常以立体图形表示。底面的正三角形表示组成，三个顶点分别表示纯组分。立轴表示压力（恒温系统）或温度（恒压系统），分别用压力面或温度面表示物系的汽液相平衡性质。另一种三组分相图是用底面的平行面切割上述压力面或温度面并投影到底面上成等压线（恒温系统）或等温线（恒压系统）。

由于构成三组分物系的各对二组分物系的正负偏差及形成恒沸物情况不同，三组分物系的汽液相平衡性质有多种类型。在具有三个性质相同的二组分恒沸物时（即两个均为最高或最低恒沸物），大多数情况会有三组分恒沸物（见图 3-13）。当三组分物系有两个性质相同的二组分恒沸物时，压力面上两个恒沸物的连线会形成蒸馏边界，出现一个“脊”或“谷”（见图 3-14）。一个正（负）偏差恒沸物与一个不涵盖在此二组分恒沸物中的低（高）沸点组分会形成蒸馏边界，可使压力面产生脊（谷）。当三组分物系的压力面上既有脊又有谷时产生鞍形恒沸物（见图 3-15）。

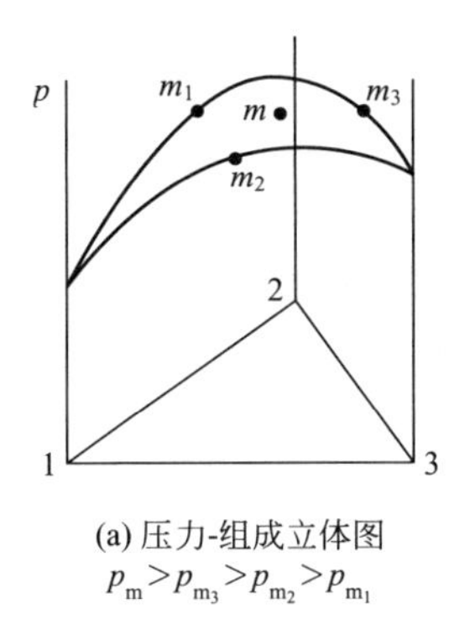

(a) 压力-组成立体图
$p_{\mathrm{m}}>p_{\mathrm{m}_3}>p_{\mathrm{m}_2}>p_{\mathrm{m}_1}$

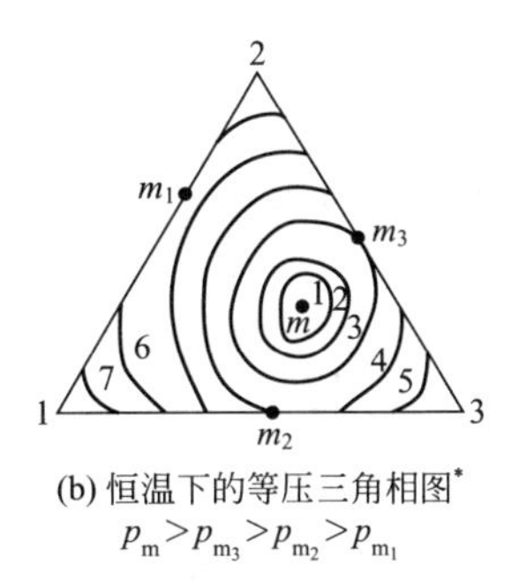

(b) 恒温下的等压三角相图*
$p_{\mathrm{m}}>p_{\mathrm{m}_3}>p_{\mathrm{m}_2}>p_{\mathrm{m}_1}$

图 3-13　三个二组分最低恒沸物（m_1，m_2，m_3）及一个三组分最低恒沸物（m）相图

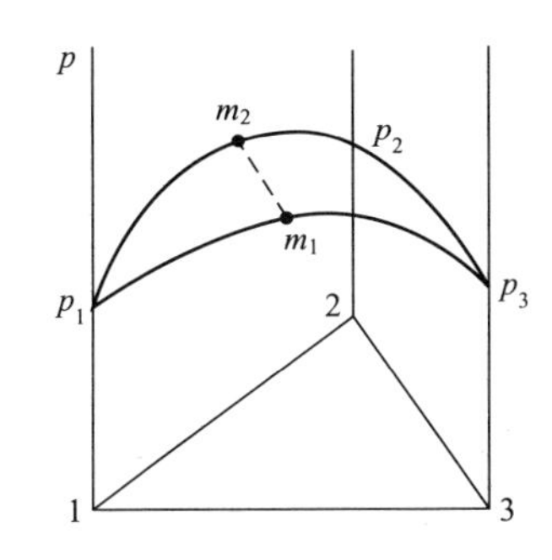

(a) 压力-组成立体图
$p_3^*>p_2^*>p_1^*$；$p_{\mathrm{m}_1}>p_{\mathrm{m}_2}$，沿$m_1$–$m_2$有脊

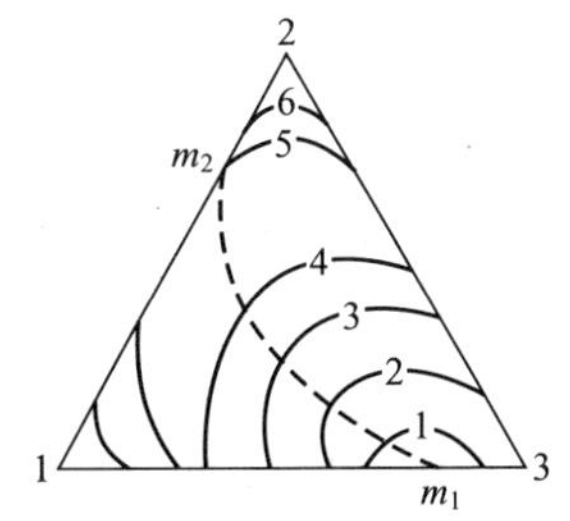

(b) 恒压下的等温线三角图**
$T_1>T_2>T_3$；$T_{\mathrm{m}_1}>T_{\mathrm{m}_2}$，沿$m_1$–$m_2$有谷

图 3-14　具有两个二组分正偏差恒沸物的三组分相图

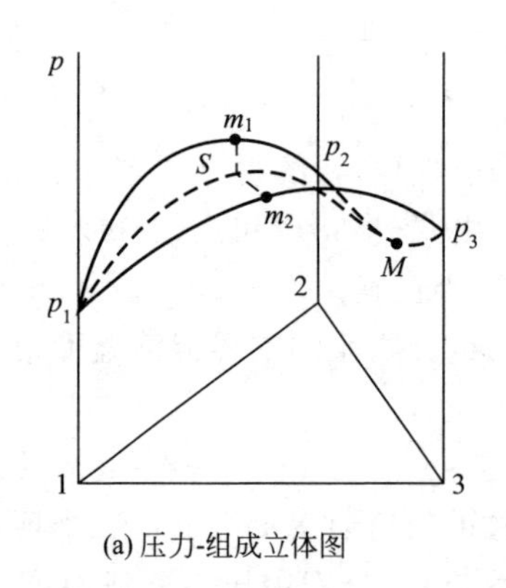

(a) 压力-组成立体图

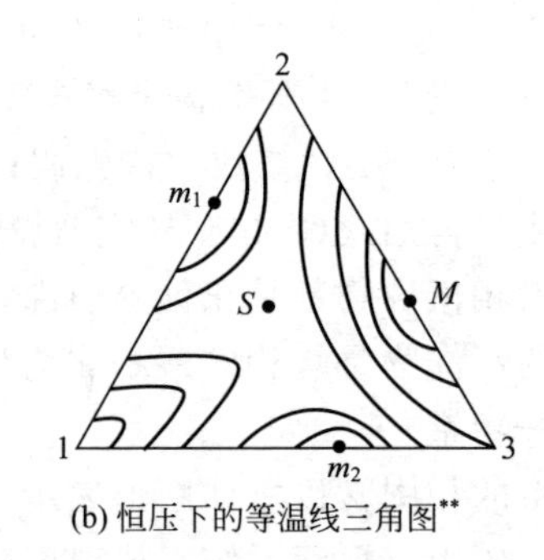

(b) 恒压下的等温线三角图**

图 3-15 形成鞍形恒沸物的三组分相图

（注：* 三角相图中的曲线为等压线；** 三角相图中的曲线为等温线）

形成非均相恒沸物对恒沸剂的回收特别有利，仅借助冷凝和冷却分层的方法就可以实现组分和恒沸剂的分离。如目前工业中醋酸和水的分离就是采用非均相恒沸精馏脱水法。工业精制对二甲苯酸装置中，就是以醋酸正丙酯为恒沸剂，采用非均相恒沸精馏脱水回收醋酸。

三组分均相恒沸组成的计算与二组分恒沸计算类似。对于三组分恒沸物，$x_i = y_i$，则 $\alpha_{12} = \alpha_{13} = \alpha_{23} = 1$，由此可得

$$\frac{\gamma_3}{\gamma_1} = \frac{p_1^s}{p_3^s} \tag{3-41}$$

$$\frac{\gamma_3}{\gamma_2} = \frac{p_2^s}{p_3^s} \tag{3-42}$$

再加上

$$p = p_1^s \gamma_1 x_1 + p_2^s \gamma_2 x_2 + p_3^s \gamma_3 x_3 \tag{3-43}$$

联立上述三式，可以求得三组分物系在一定温度下的恒沸压力和恒沸组成或一定压力下的恒沸温度和恒沸组成。但计算已相当复杂，通常需用计算机计算。

3.4.2 恒沸剂的选择

恒沸精馏中恒沸剂的选择是否合适，与整个过程的分离效果、经济性都有密切的关系。恒沸剂最少应与一个组分形成恒沸物，使汽液相平衡向有利于原组分分离的方向转化，此为进行恒沸精馏的基础。同时，该恒沸物的沸点应该与被分离组分的沸点或原溶液的恒沸点有足够大的差别，一般应大于 10K，才适于工业应用。

组分 a 和组分 b 形成二组分恒沸物，加入恒沸剂的作用是在塔顶或塔釜分离出比较纯的产品 a 和 b。这就要求在三角相图上剩余曲线必须开始或终止于 a 和 b，即 a 和 b 分别为稳定节点或不稳定节点。下面简述恒沸剂必须满足的基本要求。

(1) a 和 b 形成最低恒沸物的情况

选择比原恒沸温度更低的低沸点物质为恒沸剂。如图 3-16 所示，$T_e < T_a < T_b$，e-b 和 e-a 均不形成恒沸物，e 的加入将三角相图分成两个蒸馏区域，a、b 分别位于不同区域，均为稳定节点。进料组成的区域决定了得到产品的组成区域，纯组分 a 和 b 以釜液形式采出。

选择中间沸点的物质为恒沸剂，它与低沸点组分生成最低恒沸物。如图 3-17 所示，$T_a < T_e < T_b$，e-a 生成最低恒沸物 $T_2 < T_a$，e 的加入形成了两个蒸馏区域，边界线是两个二组分恒沸物点的连接线，a 和 b 均为稳定节点。纯组分 a 和 b 以釜液形式采出。

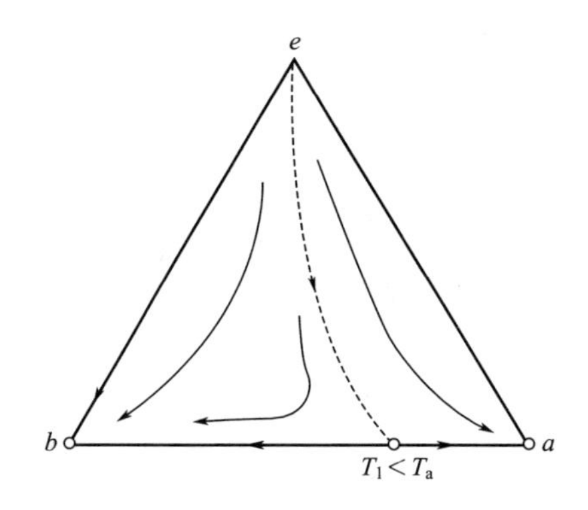

图 3-16　最低恒沸物三组分物系剩余曲线（恒沸剂沸点最低）

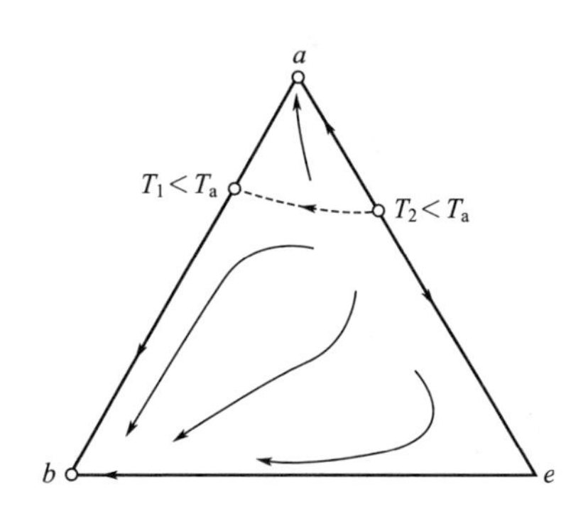

图 3-17　最低恒沸物三组分物系剩余曲线（恒沸剂沸点居中）

选择高沸点物质为恒沸剂，它与原两组分均生成最低恒沸物。如图 3-18 所示，$T_e>T_b>T_a$，e-a 和 e-b 生成最低恒沸物，在图上分别标以 c 和 d 点，有三个蒸馏区域，边界线为 cz 和 dz，顶点 a 和 b 是稳定节点。纯组分 a 和 b 以釜液形式采出。

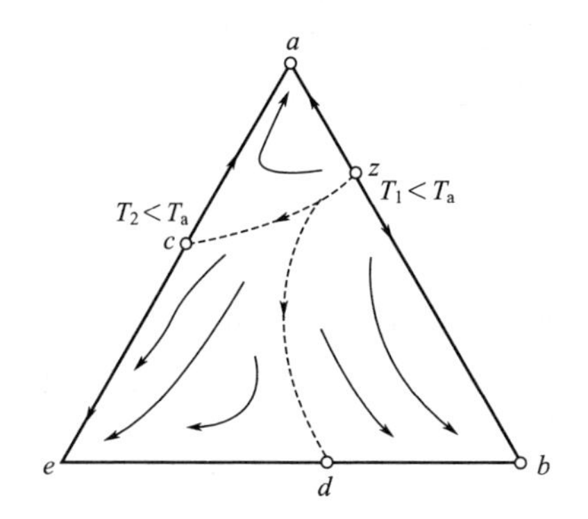

图 3-18　最低恒沸物三组分物系剩余曲线（恒沸剂沸点最高）

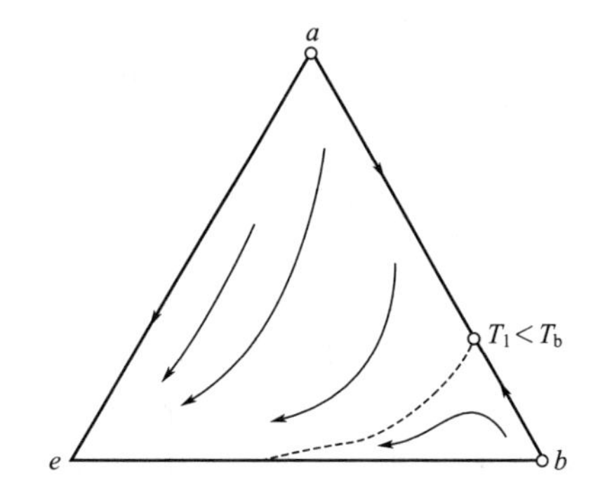

图 3-19　最高恒沸物三组分物系剩余曲线（恒沸剂沸点最高）

(2) a 和 b 形成最高恒沸物的情况

选择比原恒沸温度更高的物质为恒沸剂。如图 3-19 所示，$T_e>T_1$，e-b 和 e-a 均不形成恒沸物，e 和原恒沸点的连接线将三角相图划分为两个蒸馏区域，a 和 b 分别位于不同区域，均为不稳定节点。

选择中间沸点的物质为恒沸剂，它与高沸点物质生成最高恒沸物。如图 3-20 所示，$T_b>T_e>T_a$，e-b 生成最高恒沸物 $T_1>T_b$，三角相图划分为两个蒸馏区域，边界为两恒沸点的连接线。a 和 b 均为不稳定节点，纯组分 a 和 b 以馏出液形式采出。

选择低沸点物质为恒沸剂，它与原两组分形成恒沸物。如图 3-21 所示，$T_e<T_a<T_b$，e-a 和 e-b 都形成最高恒沸物，有三个蒸馏区域，两个蒸馏边界，顶点 a、b 分属两个区域，均为不稳定节点，纯组分 a 和 b 以馏出液形式采出。

综上所述，只有当某一剩余曲线连接所要得到的产品时，均相恒沸物才能被分离成近似纯的组分。因此，对于二组分最低恒沸物体系，恒沸剂必须是一个低沸点组分或能形成新的二组分或三组分最低恒沸物的组分；对于二组分最高恒沸物体系，恒沸剂必须是一个高沸点组分或能形成新的二组分或三组分最高恒沸物的组分。

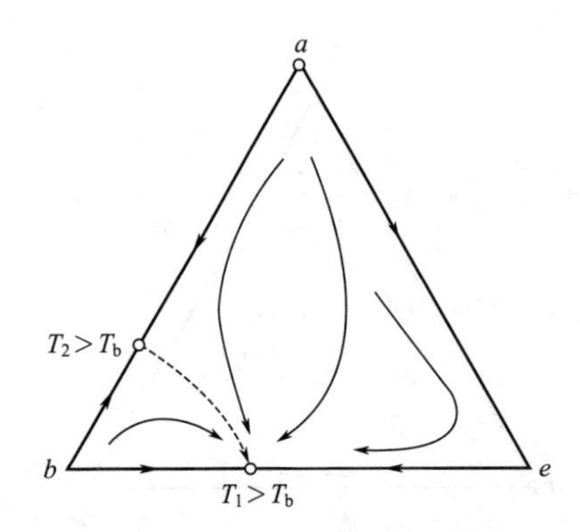

图 3-20　最高恒沸物三组分物系剩余曲线
（恒沸剂沸点居中）

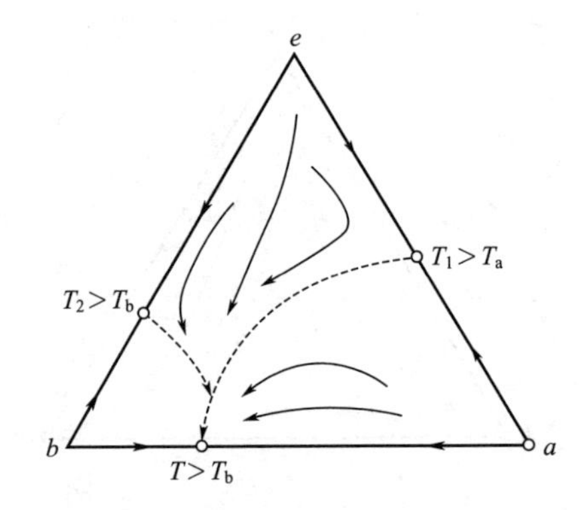

图 3-21　最高恒沸物三组分物系剩余曲线
（恒沸剂沸点最低）

另外，恒沸剂的选择还应考虑以下因素。

① 形成的恒沸物中，恒沸剂的浓度应尽可能小，以减少恒沸剂用量，节省能耗。

② 新恒沸物最好为非均相混合物，可用分层方法分离，便于恒沸剂的回收。

③ 如果恒沸剂在溶剂回收塔的塔顶回收，则更应具有较小的汽化潜热，以节省能耗。

④ 与进料组分互溶，不生成两相，不与进料中组分起化学反应。

⑤ 无腐蚀、无毒，廉价易得。

3.4.3 恒沸精馏流程

由于恒沸剂可能与原料液中的一个或两个组分形成二组分或三组分恒沸物，而且此恒沸物冷凝后又可能是均相或非均相的，再加上三组分汽液相平衡十分复杂，因此工程上存在多种恒沸精馏流程，以实现料液的分离。以下介绍几种典型的流程。

(1) 系统有一对二组分恒沸物

以丙酮为恒沸剂分离环己烷和苯属此类（见图 3-22）。从恒沸精馏塔塔釜直接得到纯苯产品，塔顶产物则为丙酮-环己烷恒沸物。此恒沸物在萃取塔中用水萃取丙酮，得到环己烷产品。丙酮水溶液再在普通精馏塔中分离后循环使用。

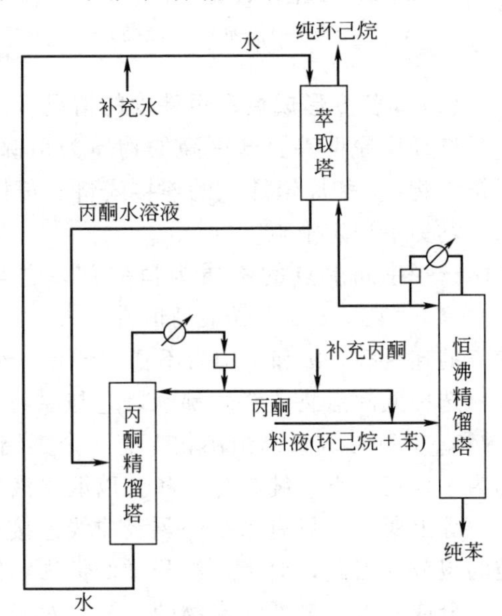

图 3-22　用丙酮分离环己烷-苯的流程

(2) 系统有两对二组分恒沸物

因塔顶二组分恒沸物存在均相或非均相的不同，分离流程有所不同。以甲醇为恒沸剂分离甲苯和烷烃料液的流程如图 3-23 所示。恒沸精馏塔塔顶产品为均相的甲醇-烷烃恒沸物，经过萃取塔水洗分出烷烃，甲醇水溶液再经普通精馏塔分离后供循环使用。为确保恒沸精馏塔塔釜产品中烷烃的浓度尽可能低，一般甲醇稍有过量。由塔釜引出的含有过量甲醇的少量甲苯进入脱甲醇塔，由塔釜得到高纯度甲苯产品，塔顶得到的甲醇-甲苯恒沸物返回恒沸精馏塔作进料。

以硝基甲烷为恒沸剂分离甲苯-烷烃的流程

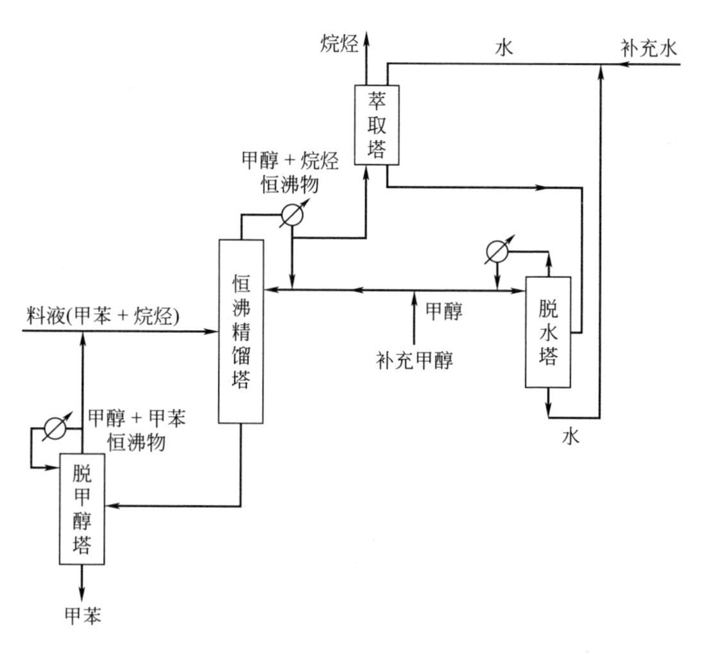

图 3-23 用甲醇分离甲苯-烷烃的流程

如图 3-24 所示。从恒沸精馏塔顶引出的是硝基甲烷-烷烃恒沸物，经冷却后在倾析器（又称分层器）中分为两层。富含烷烃的上层液相一部分作为回流，余下部分引入烷烃回收塔。烷烃回收塔塔釜得到较纯的烷烃产品，塔顶引出恒沸物。分层器中富含硝基甲苯的下层液相与上层液相的部分回流液合并，再与烷烃回收塔来的恒沸物一起作为恒沸精馏塔回流液进入塔中。恒沸精馏塔塔釜排出的是含有过量恒沸剂的甲苯，其处理办法与上一流程相似，引入脱硝基甲苯塔，从此塔釜得到高纯度甲苯产品，塔顶恒沸物则返回恒沸精馏塔的进料中。

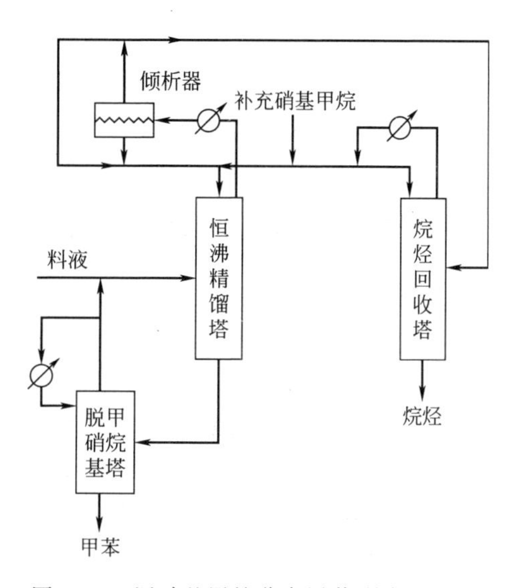

图 3-24 用硝基甲烷分离甲苯-烷烃的流程

(3) 塔顶馏出液为三组分非均相恒沸物

乙醇-水恒沸物利用苯作为恒沸剂，进行恒沸精馏制取无水乙醇的过程属于此类。

乙醇-水-苯三组分恒沸物的组成（摩尔分数）为 $x_{乙醇}=0.228$，$x_{水}=0.233$，沸点为 64.86℃。乙醇-水二组分恒沸物中，$x_{水}=0.1057$，沸点为 78.15℃。两者在水和乙醇间的相对浓度和沸点有较大差异，故可用恒沸精馏方法分离，其流程见图 3-25。从恒沸精馏塔塔釜引出无水乙醇产品，塔顶引出三组分恒沸物，经冷凝后在分层器中分层，上层富含苯，引入恒沸塔作回流；下层富含水，引入苯回收塔。从苯回收塔塔顶引出三组分恒沸物，与恒沸塔塔顶汽流一起进入冷凝器；苯回收塔塔釜排出的水中尚有少量乙醇，引入乙醇回收塔进一步分离，由此塔釜排出较纯的水，塔顶引出的乙醇-水恒沸物并入主塔进料中再作分离。

由以上流程可知：①若塔顶引出的是非均相恒沸物，分离比较简单，只需经分层进行分离，而均相恒沸物则需用萃取等方法来分离；②为得到高纯度的恒沸精馏塔的塔釜产品，采用稍微过量的恒沸剂，增加一座脱溶剂塔是行之有效的办法。

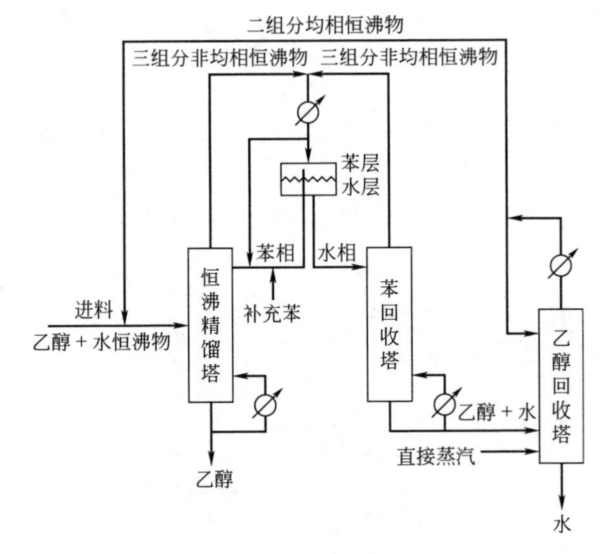

图 3-25 用苯分离乙醇-水恒沸物的流程

3.4.4 恒沸精馏计算

与普通精馏类似，恒沸精馏包括操作型计算和设计型计算。由于其处理的物料非理想性很强，逐板计算法和简捷算法虽有报道，但不能保证计算的正确性。恒沸精馏一般采用严格算法，通过计算机解决 MESH 方程，其具有以下特点。

① 如果已取得合适的相平衡和焓关联，其操作型计算需采用温度和液相组成同时迭代逼近的算法，例如 Naphtali-Sandholm 全变量迭代算法。有时还需要给定较合理的塔顶和塔釜产物的初值，据此对塔中的汽、液相的组成或摩尔流率的初值进行估算。

② 对于形成非均相恒沸物的恒沸精馏塔，需同时计算液液平衡。如果在塔中，塔板上已出现了两个液相，则需应用三相精馏的模拟算法，但计算比较困难。

③ 可以通过改变恒沸剂用量、回流比、板数和进料位置等，进行多方案模拟计算，结合分离要求和适当的经济核算，解决新塔的设计问题。

3.4.5 恒沸精馏与萃取精馏的比较

恒沸精馏和萃取精馏的相同之处在于，需在待分离混合物中加入适当的分离媒介（溶剂），以增大待分离的组分间的相对挥发度，促使精馏容易实现。但二者之间有一定的差异，主要包括以下几点。

① 恒沸精馏所用的恒沸剂必须与一个或两个待分离组分形成恒沸物，因此可供选择的恒沸剂很有限，而萃取精馏所用溶剂没有这种限制。

② 恒沸精馏的恒沸剂大都从塔顶蒸出，而萃取精馏的萃取剂从塔釜排出。因此恒沸精馏消耗热能较大，只有当恒沸物中恒沸剂的浓度很低，与恒沸剂形成恒沸物的组分在原料中浓度也低时，才有可能与萃取精馏的能耗相当。

③ 萃取精馏的萃取剂一般从塔上部不断加入，不适宜间歇精馏，而恒沸剂可与料液一起从塔釜加入，可用于大规模的连续生产和实验室的间歇精馏。

④ 在同样压力下操作，恒沸精馏的操作温度较低，故更适宜于分离热敏性物料。

3.5 加盐精馏

采用固体盐（溶盐）作为分离剂的精馏过程称为加盐精馏。在互相成平衡的两相体系中，加入非挥发的盐，使平衡点发生迁移，称为盐效应。对二组分汽液相平衡，它表现为提高某组分的相对挥发度的盐析效应和降低另一组分的相对挥发度的盐溶效应。绝大多数含水有机物，加入盐后可以增大有机物的相对挥发度。而对于具有恒沸性质的含水有机溶液，加盐后会使其恒沸点发生移动，甚至消失。加盐精馏就是利用盐的这种效应强化精馏过程。近年来出现了利用盐效应的精馏工艺，包括溶盐精馏和加盐萃取精馏。

3.5.1　盐效应

如果把盐加入非电解质水溶液中，非电解质的溶解度就发生变化，导致溶解度减小的现象称为盐析，导致溶解度增加的现象称为盐溶。这两种作用统称为盐效应。加盐精馏的理论依据是通过盐和溶液组分之间的相互作用改变溶液的汽液相平衡关系。

例如在醇-水这种含有氢键的强极性含盐溶液中，盐可以通过化学亲和力、氢键以及离子的静电引力等，与溶液中某种组分的分子发生选择性的溶剂化反应，生成某种难挥发的缔合物，从而减少该组分在平衡汽相中的分子数，使其蒸气压降低到相应的水平。对于一般盐来说，水分子的极性远大于醇，盐-水分子间的相互作用也远远超过盐-醇分子，所以可以认为溶剂化作用主要在盐水之间进行。考虑到溶剂化作用降低了水的蒸气压，因此提高了醇对水的相对挥发度。从微观角度分析，由于盐是强电解质，在水中解离为离子，产生电场，而溶液中水分子和醇分子的极性和介电常数不同，在盐离子的电场作用下，极性强、介电常数大的水分子就会较多地聚集在盐离子周围，使水的活度系数减小，从而提高了醇对水的相对挥发度，使其汽液相平衡性质进一步改观；或者加入的盐会与溶液中的某一组分生成不稳定的化合物，导致该组分的蒸气压下降，从而改变了原组分间的汽液相平衡关系。总之，由于盐的加入降低了水的挥发性，从而使醇的汽相分压升高，出现了盐析现象。

对于加入盐的原二组分物系，表示盐效应的最简单的方法是 Furter 经验式

$$\ln\left(\frac{\alpha_S}{\alpha}\right)=Kz \tag{3-44}$$

式中，α_S和 α 分别为有盐和无盐条件下的相对挥发度；K 为盐析常数；z 为液相中盐的摩尔分数。该公式只是在一定的盐浓度范围内有效，当盐的浓度很高时，盐效应增加的趋势下降。因此该公式的应用有一定局限性。

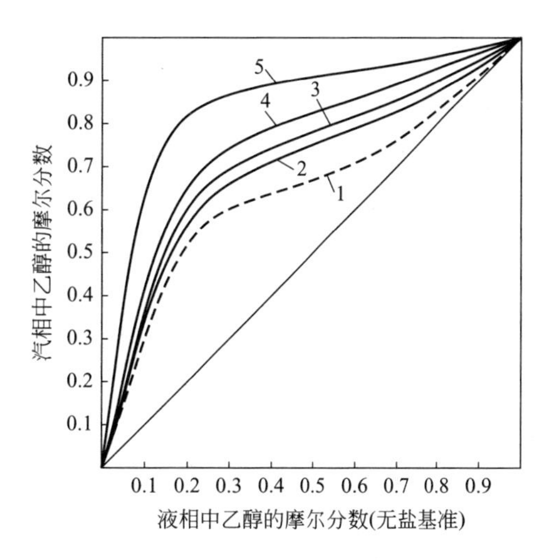

图 3-26　醋酸钾浓度对乙醇-水物系汽液相平衡的影响

1—无盐；2—盐浓度 5.9%（摩尔分数）；3—盐浓度 7.0%（摩尔分数）；4—盐浓度 12.5%（摩尔分数）；5—盐的饱和溶液

由于电解质溶液的复杂性，致使盐效应的理论还很欠缺，含盐体系汽液相平衡的关联主要依靠实验数据。图 3-26 为在 101.3kPa 压力下醋酸钾浓度对乙醇-水物系汽液相平衡的影响。所有曲线都是按无盐基准绘制的，即按假二组分物系处理。曲线 1 表示无盐存在的乙醇-水物系，存在最低恒沸物，恒沸组成含乙醇 89.43%（摩尔分数）。其他曲线是在不同醋酸钾浓度下得到的。由图可知，随物系中盐浓度的增加，乙醇对水的相对挥发度呈增大趋势，当醋酸钾溶液达到饱和浓度时相对挥发度最大。在盐溶液浓度很低（<5.9%）时，也能消除恒沸物。在德国已使用混合醋酸盐通过溶盐精馏分离乙醇-水。

3.5.2 溶盐精馏

溶盐精馏的流程与萃取精馏基本相同。唯一区别在于溶剂是盐而不是液体。由于溶解的盐是不挥发的，故溶盐可从塔顶加入，无须设溶剂回收段。盐从塔釜排出，用蒸发或结晶的方法回收并重复使用。

工业上生产无水乙醇的主要方法是恒沸精馏和萃取精馏。其缺点是回流比大，塔板数较多。而采用 $CaCl_2$ 溶盐精馏，在盐浓度仅为混合溶液的1.0%～1.5%时，即可节省45块塔板，且因回流比的降低使能耗减少20%～25%，显示出明显的优越性。

目前，溶盐精馏中盐的加入方式包括以下三种。①将固体盐加入回流液中，在塔顶得到纯产品，塔釜得到盐溶液，其中的盐回收再用。这种方法的缺点是盐回收十分困难，要消耗大量热能。②将盐溶液与回流液混合，此方法较为方便，但由于盐溶液中含有重组分，在塔顶得不到纯产品。③将盐加到再沸器中，再用普通精馏进行分离，盐仅起破坏恒沸物的作用。它适用于盐效应很大或产品纯度要求不高的场合。

溶盐精馏的优点是：①盐类完全不挥发，只存在于液相，没有液体溶剂发生部分汽化和冷凝的问题，能耗较少；②盐效应显著改变组分相对挥发度，盐用量少，仅为萃取精馏的百分之几，可节约设备投资和降低能耗。溶盐精馏的主要缺点是盐的回收十分困难，且循环使用中固体盐的输送加料和盐结晶会引起堵塞、腐蚀等问题，限制了它在工业中的应用，目前主要用于制取无水乙醇。

3.5.3 加盐萃取精馏

加盐精馏效果显著，但由于盐的回收、输送、加料以及盐结晶等问题，使它在工业上的应用受到了一定限制。而萃取精馏的主要缺点是溶剂用量大，通常溶剂料液比在5～10以上，造成溶剂损耗大，能量消耗大，操作成本高；溶剂用量大还会使萃取精馏塔内液体负荷高，液相停留时间短，级效率低，一般为20%～40%，这就增加所需的实际塔板数，大大削弱了由于加入溶剂提高相对挥发度而使平衡级数减少的效果。加盐萃取精馏综合了普通萃取精馏和溶盐精馏的优点，是将盐加入溶剂而形成的新萃取精馏方法。其特点是用含有溶解盐的溶剂作为分离剂，一方面利用溶盐提高欲分离组分之间的相对挥发度，克服纯溶剂效能差、用量大的缺点，另一方面又能保持液体分离剂容易循环回收，便于在工业生产上实现的优点。

加盐萃取精馏比溶盐精馏更为复杂，因为除了欲分离的组分外，还有液体溶剂和溶盐，因而最少是四组分物系。目前主要还是用实验方法来测定含盐物系的汽液相平衡。

加盐萃取精馏的流程与普通萃取精馏流程完全相同。含盐的液体溶剂从萃取精馏塔的中上部加入，进料组分从塔中部加入，轻组分从萃取精馏塔的顶部采出，含盐溶剂与重组分一起自塔釜出料，然后进入溶剂回收塔从塔顶分离出重组分，含盐溶剂自此塔的塔釜返回萃取精馏塔。

加盐萃取精馏一般用于恒沸体系的分离，已在工业上得到了应用。

(1) 醇-水物系的分离

在乙醇、丙醇、丁醇等与水的混合液中，大多存在着恒沸物，采用加盐萃取精馏可实现预期的分离效果。工业上应用加盐萃取精馏分离乙醇-水制取无水乙醇的装置规模已达5000t/a，叔丁醇-水物系的分离已有3500t/a的中试装置。

(2) 酯-水物系的分离

酯-水物系也是形成恒沸物的体系。传统的分离方法是恒沸精馏。近年来利用加盐萃取精馏提纯乙酸乙酯的研究已取得较大进展。

3.6 反应精馏

将化学反应和精馏结合起来同时进行的操作过程称为反应精馏。通常，若化学反应在液相进行称为反应精馏；在固体催化剂与液相的接触表面进行，称为催化精馏。反应精馏可以是为提高分离效率而将反应与精馏相结合的一种分离操作，也可以是为提高反应收率而借助于精馏分离手段的一种反应过程。与反应、精馏分别进行的传统方法相比，它具有产品收率高、反应选择性高且不受反应平衡的限制、节能（放热反应放出的热量可用于精馏）、投资少、流程简单等优点。

反应精馏的概念是1921年由Bacchaus提出的。由于同一设备中精馏与化学反应同时进行，比单独的反应过程或精馏过程更为复杂，因此从20世纪30年代中期到60年代，大量研究工作是针对某些特定体系的工艺进行的，60年代末才开始了反应精馏一般规律的研究。70年代后反应精馏的研究已扩大到非均相反应，出现了催化精馏过程，在精馏中固体催化剂既加速反应过程又作为填料或塔内件提供传质表面。由于反应精馏的复杂性，其设计、放大、操作性能和控制方案研究上难度较大，70年代末开始，研究重点转向了反应精馏的数学模拟，计算机模拟技术的迅速发展促进了反应精馏过程的开发。

3.6.1 反应精馏中的反应过程

(1) 可逆反应

反应精馏适用于可逆反应，既可以利用精馏分离提高反应收率，也可用于利用反应促进分离。

当反应产物的挥发度大于反应物时，由于精馏作用，产物离开反应区，从而破坏了化学平衡，使反应向生成产物的方向移动，甚至变成单向反应，使精馏促进化学反应，提高转化率。

例如乙醇和乙酸的酯化反应

$$CH_3COOH+C_2H_5OH \rightleftharpoons CH_3COOC_2H_5+H_2O \tag{3-45}$$

在反应操作中，该反应是可逆的，乙酸乙酯的收率受反应平衡的限制。分析该反应体系的物理化学性质可知，酯、水和醇之间存在三组分最低恒沸物，利用反应精馏可将该三组分恒沸物不断蒸出，使反应持续向正方向进行，增大反应的转化率。

在反应精馏中，以反应促进精馏分离的典型例子是英国Holve提出的利用活性金属异丙苯钠从间二甲苯中分离对二甲苯。含活性金属的异丙苯钠（IPNa）与二甲苯（MX）发生反应如下

$$IPNa+MX \xrightarrow{K_2} IP+MXNa \tag{3-46}$$

由于IPNa与不同的二甲苯可逆反应平衡常数不同，因此可以使间位和对位二甲苯混合物得到分离。

(2) 连串反应

反应精馏用于连串反应具有独特的优势。连串反应可用以下反应表示

$$A \xrightarrow{k_1} R \xrightarrow{k_2} S \tag{3-47}$$

当反应精馏用于连串反应时，根据生产需要产品是S还是R，利用反应体系物性的差异，灵活设置反应精馏塔，使反应选择性和产品收率均提高。

① 以S为目的产物

在化工生产中，有很多反应是经过中间产物才得到目的产物的。一般这两步反应的温度和速率均不同。以香豆素生产工艺为例，首先水杨酸与乙酐反应，生成水杨酸单乙酯，然后生成的单乙酯重排脱水生成香豆素，其反应为

$$C_6H_4(OH)(OH) + (CH_3CO)_2O \xrightarrow{160℃} C_6H_4(OCOCH_3)(CHO) + CH_3COOH \tag{3-48a}$$

$$C_6H_4(OCOCH_3)(CHO) \xrightarrow[200\sim220℃]{催化剂} \text{(苯并吡喃环)}—C{=}A + H_2O \tag{3-48b}$$

香豆素传统的生产工艺是两个反应分别在两个反应器中进行，反应时间约为6h，收率仅为65%～75%。

采用反应精馏技术，通过选择合适的操作压力和反应介质，确定了既满足反应又满足精馏的温度分布。将反应精馏塔分成三段：中段为反应a的反应区，使反应a进行完全，并不断蒸出生成的乙酸；上段为精馏塔，其作用是使塔顶馏出合格的乙酸而不让乙酐蒸出；下段有两个作用，一是提馏乙酐使其不进入塔釜，二是作为反应b的反应区，重排反应在此段完成。由此可见，反应精馏应用于此类连串反应的特点是具有两个反应区。由于反应产物（上段中段的乙酸和下段的水）的不断移出和合理的浓度、温度分布，既改变了反应平衡又加快了反应速率，使反应时间缩短为几十分钟，收率提高到85%～95%。

② 以R为目的产物

对这类反应，利用反应精馏的分离作用，把产物R尽快移出反应区，避免进一步反应是非常有效的。以氯丙醇皂化制备环氧丙烷的生产工艺为例，其反应为

$$CH_3—\underset{OH}{CH}—\underset{OH}{CH_2} + Ca(OH)_2 \xrightarrow{k_1} \underbrace{CH_2—CH}_{O}—CH_3 + CaCl_2 + H_2O \tag{3-49a}$$

但生成的环氧丙烷在碱作用下会进一步水解生成丙二醇

$$\underbrace{CH_2—CH}_{O}—CH_3 + H_2O \xrightarrow[OH^-]{k_2} \underset{OH}{CH_2}—\underset{OH}{CH}—CH_3 \tag{3-49b}$$

主反应（a）和副反应（b）均为一级反应，碱介质对主副反应均有利。OH^-浓度为0.2mol/L和反应温度为90℃时，速率常数$k_1=0.852s^{-1}$，$k_2=8.97\times10^{-3}s^{-1}$，尽管$k_1/k_2\approx100$，但反应在传统的皂化管中进行时，水解仍很严重，主产品环氧丙烷收率仅为90%。采用反应精馏技术后，不仅反应温度的降低可抑制水解反应，同时生成的环氧丙烷可及时蒸出，缩短了其在液相中的停留时间，大大减少了水解反应，使环氧丙烷的收率提高到98%。

3.6.2 反应精馏流程

由于反应和精馏在同一塔设备中进行，故塔内不同区域的作用有别于普通精馏塔。进料位置取决于系统的反应和汽液相平衡性质，决定了塔内精馏段、反应段和提馏段的相互关系，对塔内浓度分布有强烈的影响。确定反应精馏塔进料位置的原则是保证反应物与催化剂充分接触，保证一定的反应停留时间，保证达到预期的产物的分离要求。

根据反应类型和反应物、产物的相对挥发度关系，有以下几种反应精馏流程。

① 反应 A ⟶C，若产物比反应物易挥发，则进料位置在塔下部，甚至在塔釜，产物 C 为馏出液，塔釜不出料或出料很少，如图 3-27(a) 所示。若反应物比产物更易挥发，则应在塔上部甚至在塔顶进料，并在全回流下操作，塔釜出产品，如图 3-27(b) 所示。

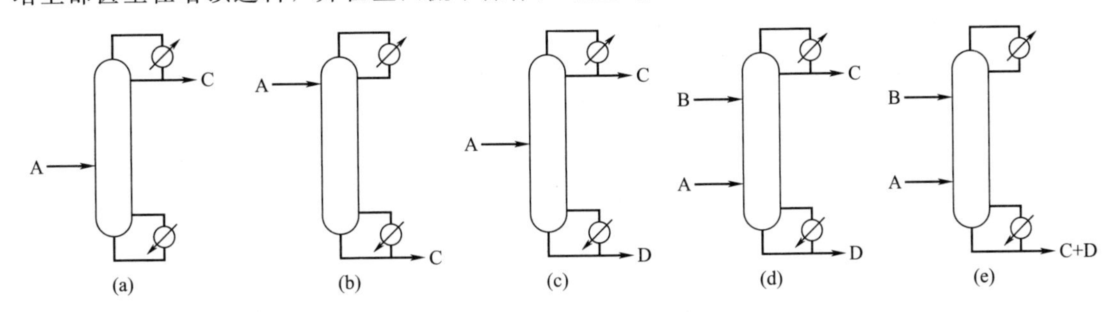

图 3-27　反应精馏流程

② 反应 A ⟶C ⟶D，C 为目的产物，相对挥发度顺序为 $\alpha_C>\alpha_A>\alpha_D$，由于 C 很快从塔顶馏出，减少了连串反应中 C 的消耗。精馏的目的不仅是实现产物和反应物的分离，也要实现产物之间的分离，如图 3-27(c) 所示。

③ 反应 A＋B ⟶C＋D，若各组分相对挥发度顺序为 $\alpha_C>\alpha_A>\alpha_B>\alpha_D$，则组分 B 在塔上部进料，A 在塔下部进料。B 进料口以上称精馏段，A、B 进料口之间为反应段，A 进料口以下为提馏段。对此类反应，有时 A 和 B 也可在塔中同时进料，如图 3-27(d) 所示。若相对挥发度顺序为 $\alpha_A>\alpha_B>\alpha_C>\alpha_D$，组分 B 在塔顶进料，组分 A 在塔下部进料，如图 3-27(e)所示。

④ 对塔内装填催化剂的催化精馏塔，催化剂填充段应放在反应物浓度最大的区域，构成反应段，其位置确定的原则可用图 3-28 说明。

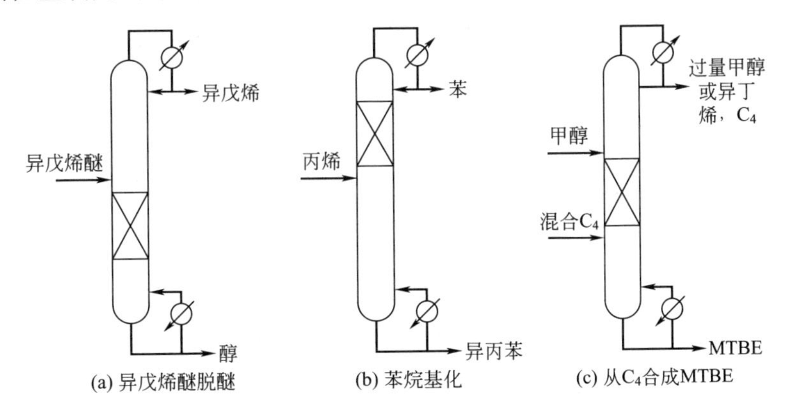

图 3-28　催化精馏流程

在异戊烯醚脱醚的催化精馏塔中［见图 3-28(a)］，应使产物异戊烯尽快离开反应区，使之在反应区维持较低的浓度，以不断破坏反应平衡。而异戊烯的沸点最低，且难以和醚及醇分开，需要较长的精馏段；反之沸点很高的醇则很容易和其他物质分开，需要较短的提馏段，所以催化剂装填于塔的下部。异丙苯制备的反应精馏与上述情况正好相反，催化剂装于塔的上部［见图 3-28(b)］。而在生产 MTBE 的反应精馏塔中，既希望沸点最高的 MTBE 迅速离开反应区，又要求移走多于化学计量的甲醇，以防生成副产物二甲醚，所以催化剂装在塔的中部，保证有足够长的精馏段和提馏段来分离过量的甲醇和产物 MTBE［见图 3-28(c)］。

3.6.3 反应精馏的工艺条件

和普通精馏相似，加料位置、回流比、精馏段和提馏段内的理论板数（或等板高度）以及能影响化学反应速率的因素如催化剂、停留时间等都会影响反应精馏的效果。

(1) 反应精馏塔内浓度和温度分布

由于反应精馏塔内反应和精馏同时进行，故塔内浓度和温度分布可能与普通精馏塔的情况有很大区别。对于普通精馏塔，温度和浓度分布取决于相平衡，但反应精馏则不同，温度对反应速率有很大影响。以醋酸（H）-乙醇（OH）酯化反应精馏为例，采用图 3-29 所示的流程。全塔有 20 块理论板，全凝器为第 1 块理论板，再沸器为第 20 块理论板。原料醋酸在第 5 块板加入，酸的进料浓度是 23.59%（摩尔分数），其余为水，少量硫酸催化剂与醋酸一起进料，使塔内催化剂均匀分布。原料乙醇在第 13 块板加入，醇进料浓度为 88.19%（摩尔分数），操作回流比为 3。馏出液为反应生成的醋酸乙酯、未反应的乙醇和少量水。塔釜液为少量未反应的醋酸、醇以及进料和反应生成的水。

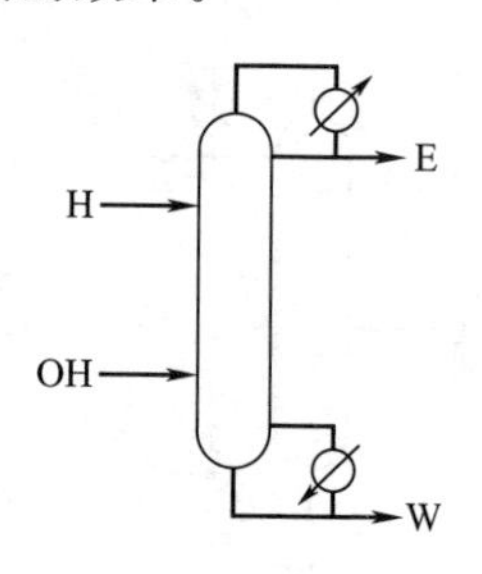

图 3-29 醋酸-乙醇反应精馏流程

塔内液相浓度分布如图 3-30 所示。酸进料和醇进料将全塔分为三段，即精馏段、反应段和提馏段。作为较轻组分的醇在浓度分布上有两个极值点，在醇进料口附近，醇浓度最高，由于提馏段的提馏作用，除少量醇进入塔釜外，大部分醇进入反应段，与塔上部下来的酸逆流接触，不断反应，有少量未反应的醇进入精馏段。因此，醇在反应段和提馏段内的浓度分布是从醇进料口向塔顶和塔釜两个方向逐渐下降的。在精馏段，由于组分间挥发度的变化，醇浓度分布曲线上又出现了极值；同理，作为重组分的酸在酸进料口处浓度最高，由于反应的消耗，沿塔向下酸浓度逐渐降低，至塔釜已成微量。在酸与醇的逆流接触中，由于进料位置不同，低浓度的醇和高浓度的酸接触，而高浓度的醇与低浓度的酸接触，这有利于反应的进行。精馏段提浓了醋酸乙酯，并使未反应的醋酸回到反应段。

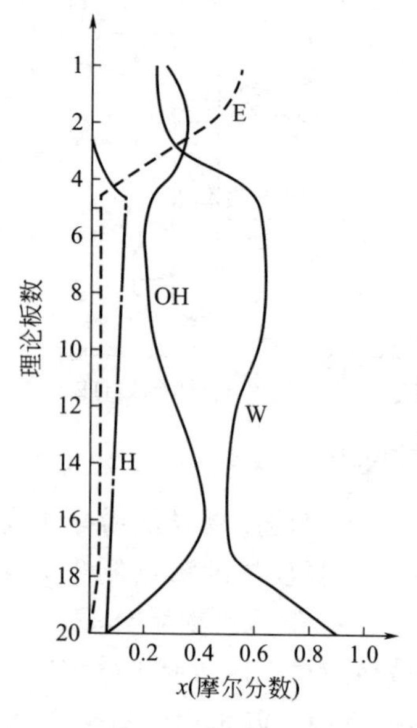

图 3-30 反应精馏塔浓度分布

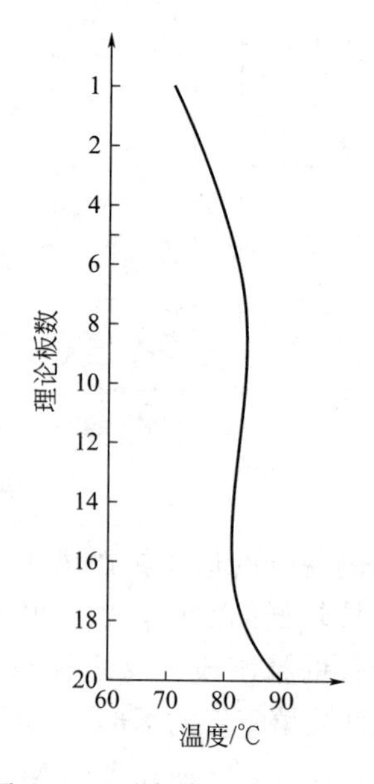

图 3-31 反应精馏塔温度分布

与浓度分布相对应，塔内温度分布也有“反常”现象。对于普通精馏，塔釜温度最高，由下而上逐渐降低。但反应精馏则不同，由于反应的存在，适宜反应温度下的精馏有时会在塔中某板出现温度的极值点，如图 3-31 所示。

(2) 加料位置

图 3-30 也表明，加料位置决定了精馏段、反应段和提馏段的关系，对塔内浓度分布有很大的影响。为保证各反应物与催化剂充分接触以及有足够的反应停留时间，通常，挥发度大的反应物及催化剂在靠近塔的下部进料，反之在塔的上部进料。

进料位置的确定除考虑对精馏段和提馏段的需要外，还要保证有足够长度的反应段，达到充分反应和分离产物的双重目的。一般来说，增长反应段有利于提高转化率和收率。

(3) 回流比和理论板数

普通精馏中有最小回流比和最少理论板数，且回流比和理论板数相互补偿。但反应精馏则略有不同，回流比变化不但改变板上液相组成而且影响反应，同时，也改变了液体与催化剂的表面接触状况和液体在反应段的停留时间。以醋酸和乙醇酯化反应为例，随着回流比的增加，提高了塔的分离程度。与此同时，各板上醋酸浓度相应下降，而乙醇浓度上升，二者对酯化反应影响相反，必然导致最高转化率的极值点出现，它对应着适宜的回流比。

反应精馏回流比的计算比普通精馏要复杂得多，而且对平衡反应和反应速率控制的反应体系不同。

对平衡反应体系，Barbosa 和 Doherty 采用与普通精馏中恒摩尔流假设相似的假设，推导出用转换组成表示的操作线，其形式与普通精馏操作线完全一样，但实际上是非线性的，利用此操作线可求得最小回流比。双进料比单进料反应精馏的最小回流比受反应的影响更大。

与普通精馏不同的是，对一定的产品组成，回流比与理论板数间只在一定的范围内才有补偿作用，有时这一范围很窄。对反应速率控制的物系，由于体系的约束关系增加了，系统的自由度减少了，所以回流比与理论板数不存在相互消长的关系，而是一确定值，即不存在最小回流比。

(4) 停留时间

由于反应精馏塔内有化学反应，故停留时间对反应精馏收率有很大影响。影响停留时间的因素有塔板数、进料位置、回流比和塔板结构等。塔板数和进料位置直接影响反应段长度，进而影响反应停留时间；回流比变化不仅从塔板液相组成变化上影响反应，而且也改变了液体在反应段的停留时间。增加回流比会减小反应停留时间。塔结构对停留时间的影响体现在反应段塔板上的液层高度，为了保证有足够长的停留时间，在反应段塔板上需有足够高的液层。一般情况下，反应段塔板的堰高大于精馏段或提馏段的堰高。但由于反应精馏塔内精馏作用的结果，反应速率快，其停留时间还是大大小于非反应精馏的情况。

(5) 催化剂

为了提高反应速率，很多反应精馏是在催化剂存在下进行的，用得较多的是均相催化剂。催化剂可以与反应物一起进料，或者根据反应物的挥发度和反应停留时间的要求，在进料以上或以下加入塔：另一类是非均相催化反应精馏，将固定的反应器与精馏塔组合，装在塔内的催化剂既有加快反应的催化作用，又有为汽液两相传质提供表面的填料作用。

非均相催化精馏比均相催化精馏过程要复杂得多，故目前的研究尚需在 2.5cm 的实验塔中进行小试，7.5cm 或 10cm 的塔中进行中试，考核催化剂的性能、寿命以及产品纯度和技术经济指标是否达到工业化要求，最后经过工业试验逐步完善。

3.6.4 反应精馏的特点

(1) 反应精馏的分类

根据所使用催化剂形态的不同，反应精馏可分为均相反应精馏和非均相反应精馏；根据投料操作方式，可分为连续反应精馏和间歇反应精馏；根据化学反应速率的快慢，又可分为瞬时、快速和慢速反应精馏。

(2) 反应精馏的基本要求

由于反应精馏是化学反应和精馏分离耦合的操作过程，所以化学反应和精馏操作既相互促进，又相互制约。一个化学工艺如要使用反应精馏操作得到目的产物，必须满足以下要求。

① 化学反应必须在液相中进行。

② 在操作压力下，主反应的反应温度和目的产物的泡点温度接近，以使目的产物及时从反应体系中移出；也可用带较低温度的侧反应器和较高温度的精馏集成过程，侧反应器与精馏塔之间有质量和能量交换，可以达到与传统反应精馏集成过程相同的效果。

③ 主反应不能是强吸热反应，否则精馏操作的传热和传质会受到严重影响，导致分离效率降低，甚至使精馏操作无法顺利进行。

④ 相比于精馏时间，主反应时间不能过长，否则精馏塔的分离能力受到影响。

⑤ 对于催化精馏，要求催化剂具有较长的使用寿命，因为频繁地更换催化剂需要停止反应精馏操作，会导致生产效率下降，生产成本增加。

⑥ 催化剂的装填结构需要同时确保催化反应和精馏操作顺利进行。

(3) 反应精馏过程的主要优点

作为一种新型的分离技术，反应精馏很有发展前景，反应精馏过程的主要优点如下。

① 选择性高：由于反应产物一旦生成即移出反应区，对于连串反应之类的复杂反应，可抑制副反应，提高收率。

② 转化率高：由于反应产物不断移出反应区，使可逆反应平衡移动，提高了转化率。

③ 生产能力高：因为产物随时从反应区蒸出，故反应区内反应物浓度始终较高，从而提高了反应速率，缩短了接触时间，提高了设备的生产能力。

④ 产品纯度高：对于促进反应的反应精馏在反应的同时也得到了较纯的产品；对沸点相近的物系，利用各组分反应性能的差异，采用反应精馏可获得高纯度产品。

⑤ 能耗低：反应热可直接用于精馏，降低了精馏能耗，即使是吸热反应，因反应和精馏在同一塔内进行，集中供热也比分别供热节能，减少了热损失。

⑥ 投资省：将反应器和精馏塔组合，节省设备投资，简化流程。

⑦ 系统容易控制：常用改变塔的操作压力来改变液体混合物的泡点（即反应温度），从而改变反应速率和产品分布。

(4) 反应精馏过程的局限性

反应精馏的应用也有其局限性，主要体现在以下几个方面。

① 反应精馏技术仅适用于那些反应过程和物系的精馏分离可以在同一温度条件下进行的工艺过程，即在催化剂具有较高活性的温度范围内，反应物系能够进行精馏分离。当催化剂的活性温度超过物质的临界点时，物质无法液化，不具备精馏分离的必要条件。

② 根据反应物和产物的相对挥发度大小，有四种类型：第一类是所有产物的相对挥发度都大于或小于所有反应物的相对挥发度；第二类是所有反应物的相对挥发度介于产物的相

对挥发度之间；第三类是所有产物的相对挥发度介于反应物的相对挥发度之间；第四类是反应物和产物的相对挥发度基本相同。显然，前两类可采用反应精馏技术，而后两类不具备反应精馏的条件。

3.6.5 反应精馏的数值模拟

从原则上讲，除了在组分物料衡算式中考虑由于化学反应而引起该组分的生成或消失，在热量衡算式中考虑反应热效应以及与反应速率表达式或化学平衡表达式一起联立求解外，反应精馏的数学模型与单纯的精馏过程没有大的区别。但是正由于反应速率项的存在，使这一组模型方程表现出很强的非线性，致使迭代过程难以收敛。

与普通精馏一样，反应精馏的严格计算大致可分为三类。

① 三对角线矩阵法：不需要导函数运算，可使用贮存少而计算较快的 Thomas 法，但当涉及组分的沸点差较大时，常常收敛较慢或不收敛。

② 松弛法：有较好的稳定性，然而收敛速度很慢，迭代次数较多。

③ Newton-Raphson：用于反应精馏的模拟，其优点是收敛速度较快，但需要较大的计算机内存和复杂的导数运算。

思考题

3-1 试应用教材中推导 $\alpha_{12/S}$ 的计算式(式 3-22)，说明萃取精馏中溶液的作用。如果原料中两组分的相对挥发度十分接近 1，靠加入溶剂的什么作用才可能使 $\alpha_{12/S}$ 较大地偏离 1?

3-2 何为萃取精馏溶剂的选择性？其值是否一定要大于 1?

3-3 萃取精馏捷算法计算溶剂用量，回流比与理论板数的假定有哪些?

3-4 预测压强不高时物系恒沸点的基本关系式是什么？一般两组分的沸点差在什么范围内才能形成恒沸物？如何判别计算得到的恒沸物是最低恒沸物，还是最高恒沸物?

3-5 分别画出恒沸精馏塔塔顶产物是三组分非均相恒沸物和二组分均相恒沸物的流程。

3-6 决定恒沸精馏塔塔顶和塔底产物的基本原则有哪几条?

习 题

3-1 以 25%丙酮、25%甲醇和 50%的氯仿为进料组成，画出其可能的产品组成区域，剩余曲线图如图 3-6 所示。

3-2 从文献中查找正己烷-甲醇-醋酸甲酯三组分物系在 101.3kPa 压力下的所有二组分和三组分共沸物。在三角相图上画出剩余曲线和蒸馏边界的示意图，确定每一个共沸物和纯组分顶点是稳定节点、不稳定节点还是鞍点。

3-3 计算丙酮-苯-正庚烷三组分物系的精馏曲线。系统压力为 101.3kPa。以组成为丙酮 20%（摩尔分数）、苯 60%（摩尔分数）和正庚烷 20%（摩尔分数）的泡点液体为计算起点。活度系数的计算选用 UNIFAC 方程。

3-4 乙酸甲酯（1）和甲醇（2）混合物在 45℃时为恒沸物，今以水为溶剂进行萃取精馏，已知其组成为 $x_1=0.7$，$x_S=0.8$，$A_{12}=0.447$，$A_{21}=0.411$，$A_{13}=1.3$，$A_{31}=0.82$，

$A_{23}=0.36$，$A_{32}=0.22$。试求其选择性，并说明塔顶馏出物的组成。

3-5 含丙酮摩尔分数（下同）75%和甲醇25%的混合物在101.3kPa压力下用萃取精馏进行分离。溶剂进料速率为60mol/s，进料温度为50℃，操作回流比为4。若要求馏出液中丙酮的摩尔分数大于95%，丙酮回收率大于99%，问该塔需多少理论板数。

3-6 在101.3kPa压力下氯仿(1)-甲醇(2)系统的NRTL参数为：$\tau_{12}=8.9665$J/mol，$\tau_{21}=-0.8365$J/mol，$\alpha_{12}=0.3$。试确定共沸温度和共沸组成。

安托尼方程（p^s的单位为Pa；T的单位为K）

氯仿：$\ln p_1^s=20.8660-2696.79/(T-46.16)$

甲醇：$\ln p_2^s=23.4803-3626.55/(T-34.29)$

（实验值：共沸温度53.3℃；$x_1=y_1=0.65$）

3-7 某二组分物系，活度系数方程为$\ln\gamma_1=Ax_2^2$，$\ln\gamma_2=Ax_1^2$，端值常数与温度的关系为$A=1.7884-4.25\times10^{-3}T$（$T$的单位为K）

蒸气压方程为

$$\ln p_1^s=16.0826-\frac{4050}{T}$$

$$\ln p_2^s=16.3526-\frac{4050}{T}$$

式中，p的单位为kPa；T的单位为K。

假设汽相是理想气体，试问99.75kPa时（1）系统是否形成共沸物？（2）共沸温度是多少？

3-8 将含醋酸甲酯55%（质量分数）和含甲醇45%（质量分数）的混合物分离成含醋酸甲酯99.5%（质量分数）和含甲醇99%（质量分数）的两种产品。拟采用一个均相共沸精馏塔和一个普通精馏塔构成的组合流程完成这一分离。可考虑的共沸剂为正己烷、环己烷或甲苯。试确定这些分离方案的可行性。

3-9 将120mol/s的异丙醇和水的共沸物分离成接近纯的异丙醇和水。操作压力为101.3kPa，采用以苯为共沸剂的非均相共沸精馏。试设计一个三塔精馏流程，实现该物系的分离。

3-10 Eastman化学公司开发了生产醋酸甲酯的反应精馏工艺，反应精馏塔内的含量分布和温度分布如附图所示。试分析该分布图与普通精馏塔不同的特征。

3-11 某合成橡胶厂欲用萃取精馏分离1-丁烯（1）和丁二烯（2），以乙腈作为萃取剂，料液量为100kmol/h，含1-丁烯0.6，丁二烯0.4（摩尔分数），露点状态进塔。塔内萃取剂浓度基本保持在$x_S=0.8$。要求：塔釜液脱乙腈后丁二烯纯度达99.5%，塔顶丁二烯浓度小于0.1%，乙腈含量小于0.12%，试计算萃取精馏所需的理论板数和萃取剂用量。

已知：$x_S=0.8$时，$\alpha_{12/S}=1.67$，$\alpha_{1,S}=19.2$，$\alpha_{2,S}=11.5$，取$R=1.5R_m$。

3-12 通过实验测得，乙醇（1）-异辛烷（2）二组分物系溶液50℃时无限稀释下活度系数为$\gamma_1^\infty=21.17$，$\gamma_2^\infty=9.84$。试求：（1）二组分物系Wilson方程中Λ_{12}和Λ_{21}参数值（提示：计算Λ_{12}和Λ_{21}时，可以分别从0.1和0.25出发）；（2）利用Wilson方程，计算乙醇-异辛烷溶液在全浓度范围[0,1]内活度系数与摩尔分数的关系（标绘γ_i-x_i关系曲线）；（3）保持温度50℃不变，汽相作为理想气体，求全浓度范围［0,1］内乙醇-异辛烷二组分液相混合物饱和蒸气压p^s与摩尔分数的关系（标绘p^s-x_i关系曲

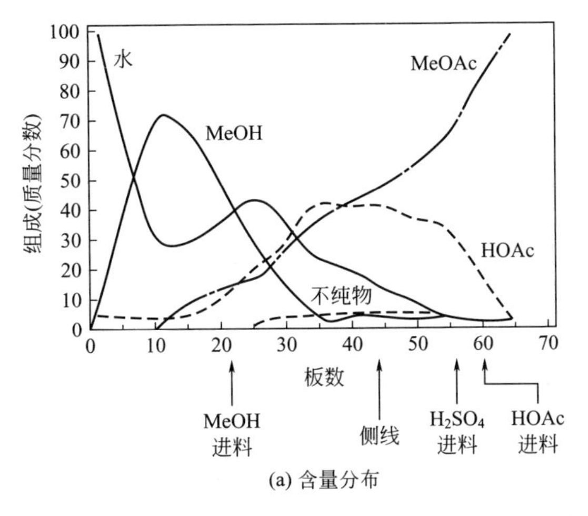

(a) 含量分布

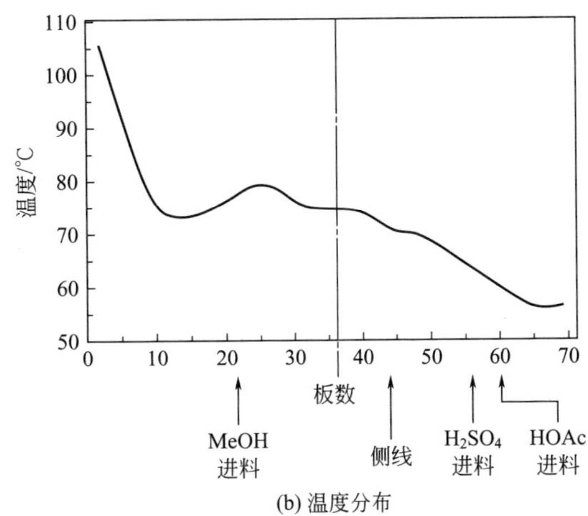

(b) 温度分布

习题 3-10 附图 醋酸甲酯塔

线)；(4) 此系统是否存在恒沸物？如存在，50℃下恒沸点对应的压力是多少，恒沸点组成如何？

乙醇 (1) 和异辛烷 (2) 的 Antoine 方程分别为

$$\lg p_1^s = 8.04494 - 1554.3/(T - 50.5)$$

$$\lg p_2^s = 6.81189 - 1257.840/(T - 52.415)$$

式中，p_i^s 的单位为 mmHg；T 的单位为 K。

3-13 用恒沸精馏分离某二组分混合液。所选用的夹带剂 E 与组分 A 形成最低恒沸物，从塔顶蒸出，通过全凝器，冷凝液部分作为回流，部分作为塔顶产品。设定塔顶冷凝器的冷却水进、出口温度分别为 33℃和 43℃，要求冷凝器的有效温差为 8℃。试估算：(1) 该塔的最小操作压力；(2) 塔顶恒沸物的组成。

计算组分 A 和夹带剂 E 的饱和蒸气压的 Antoine 方程如下：

$$\ln p_A^s = 15.7527 - 2766.63/(T - 50.50)$$

$$\ln p_E^s = 16.6513 - 2940.46/(T - 35.93)$$

式中，p_i^s 的单位为 mmHg；T 的单位为 K。

汽相可以作为理想气体。液相中组分的活度系数按下列方程估算。

$$\ln\gamma_A = 1.5x_E^2 \quad \ln\gamma_E = 1.5x_A^2$$

3-14 用苯作恒沸剂分离乙醇与水的恒沸物，要求塔顶得到三组分恒沸物而塔底得近似纯乙醇产品。试计算每小时处理 1000kg 原料时需加入的苯的最低量。恒沸物质量分数数据如下表所示。

系统	恒沸点/℃	水	乙醇	苯
乙醇-水	78.17	4.0	96.0	
苯-乙醇-水	64.86	7.4	18.5	74.1

参 考 文 献

[1] Seader J D, Henley E J, Roper D K. Separation process principles chemical and biochemical operations [M]. 3rd ed. New York: John Wiley & Sons, 2011.

[2] 邓修，吴俊生．化工分离工程［M］．第2版．北京：科学出版社，2013.

[3] Hadler A B，Ott L S，Bruno T J. Study of azeotropic mixtures with the advanced distillation curve approach［J］. Fluid Phase Equilibria，2009，281（1）：49-59.

[4] Jiménez L，Wanhschafft O M，Julka V. Analysis of residue curve maps of reactive and extractive distillation units［J］. Computers & Chemical Engineering，2001，25（4-6）：635-642.

[5] Ulrich J，Morari M. Operation of homogeneous azeotropic distillation column sequences［J］. Industrial & Engineering Chemistry Research，2003，42（20）：4512-4534.

[6] I-Lung C，Kai-Luen Z，Huan-Yi C. Design and control of a complete heterogeneous azeotropic distillation column system［J］. Industrial & Engineering Chemistry Research，2004，43（9）：2160-2174.

[7] Zhiwen Q，Aspi K，Sundmacher K. Residue curve maps for reactive distillation systems with liquid-phase splitting［J］. Chemical Engineering Science，2002，57（1）：163-178.

[8] Sánchez-Daza O，Escobar G V，Zárate E M，et al. Reactive residue curve maps：A new study case［J］. Chemical Engineering Journal，2006，117（2）：123-129.

[9] Sherwood T K，Pigford R L，Wilke C R. Mass Transfer［M］. New York：McGraw-Hill，1977.

[10] 刘家祺．分离过程与技术［M］．天津：天津大学出版社，2001.

[11] Ewell R H，Harrison J M，Berg L. Azeotropic distillation［J］. Ind Eng Chem，1944，36（10）：871-875.

[12] Esbjerg K，Andersen T R，Müller D，et al. Multiple steady states in heterogeneous azeotropic distillation sequences［J］. Industrial & Engineering Chemistry Research，1998，37（11）：4434-4452.

[13] Gutiérrez-Antonio C，Jiménez-Gutiérrez A. Method for the design of azeotropic distillation columns［J］. Industrial & Engineering Chemistry Research，2007，46（20）：6635-6644.

[14] Henley E J，Seader J D. Equilibrium-stage separation operations in chemical engineering［M］. John Wiley & Sons.，Inc.，1981.

[15] Perry R H. Azeotropic and extractive distillation［J］. J Am Chem Soc，1965，87（9）：2079-2079.

[16] 赵德明．分离工程［M］．杭州：浙江大学出版社，2011.

[17] Xiuhui H，Weimin Z，Wenli D，et al. Thermodynamic analysis and process simulation of an industrial acetic acid dehydration system via heterogeneous azeotropic distillation［J］. Industrial & Engineering Chemistry Research，2013，52（8）：2944-2957.

[18] William F F. Extractive distillation by salt effect［J］. Extractive and Azeotropic Distillation，1974，（3）：35-45.

[19] Kyle B G，Leng D E. Solvent Selection for Extractive Distillation［J］. Industrial & Engineering Chemistry Research，1965，57（2）：43-48.

[20] 陈欢林．新型分离技术［M］．北京：化学工业出版社，2013.

[21] Jaime J A，Rodríguez G，Gil I D. Control of an optimal extractive distillation process with mixed-solvents as separating agent［J］. Industrial & Engineering Chemistry Research，2018，57（29）：9615-9626.

[22] Ivanov I V，Lotkhov V A，Moiseeva K A. Mass transfer in a packed extractive distillation column［J］. Theoretical Foundations of Chemical Engineering，2016，50（5）：667-677.

[23] Hui Z，Ye L，Chunjian X. Control of highly heat-integrated energy-efficient extractive distillation processes［J］. Industrial & Engineering Chemistry Research，2017，56（19）：5618-5635.

[24] Ortuño-Boter D，Plesu V，Alexandra E，et al. Enhanced distillation based on feed impurities［J］. Computer Aided Chemical Engineering，2016，38：1923-1928.

[25] Orchillés A V，Miguel P J，González-Alfaro V，et al. 1-Ethyl-3-methylimidazolium dicyanamide as a very efficient entrainer for the extractive distillation of the acetone + methanol system［J］. J Chem Eng Data，2012，57（2）：394-399.

[26] Dimian A C，Omota F，Bliek A. Entrainer-enhanced reactive distillation［J］. Chemical Engineering and Processing：Process Intensification，2004，43（3）：411-420.

[27] 叶庆国．分离工程［M］．第2版．北京：化学工业出版社，2017.

[28] Ramos W B，Figueirêdo M F，Brito K D，et al. Effect of solvent content and heat integration on the controllability of extractive distillation process for anhydrous ethanol production［J］. Industrial & Engineering Chemistry Research，2016，55（43）：11315-11328.

[29] Luyben W L. Control of a multiunit heterogeneous azeotropic distillation process［J］. Aiche Journal，2010，52（2）：

623-637.

[30] Zhigang L, Rongqi Z, Zhanting D. Application of scaled particle theory in extractive distillation with salt [J]. Fluid Phase Equilibria, 2002, 200 (1): 187-201.

[31] Furter W F, Cook R A. Salt effect in distillation: A literature review [J]. International Journal of Heat and Mass Transfer, 1967, 10 (1): 23-36.

[32] Ligero E L, Ravagnani T M K. Dehydration of ethanol with salt extractive distillation—a comparative analysis between processes with salt recovery [J]. Chemical Engineering and Processing: Process Intensification, 2003, 42 (7): 543-552.

[33] 袁惠新. 分离工程 [M]. 北京: 中国石化出版社, 2002.

[34] Waltermann T, Grueters T, Skiborowski M. Optimization of extractive distillation—integrated solvent selection and energy integration [J]. Computer Aided Chemical Engineering, 2018, 44: 187-192.

[35] Yi A, Weisong L, Ye L, et al. Design/optimization of energy-saving extractive distillation process by combining preconcentration column and extractive distillation column [J]. Chemical Engineering Science, 2015, 135: 166-178.

[36] Zhaoyou Z, Yongsaeng R, Hui J, et al. Process evaluation on the separation of ethyl acetate and ethanol using extractive distillation with ionic liquid [J]. Separation and Purification Technology, 2017, 181: 44-52.

[37] 刘家祺. 分离工程 [M]. 北京: 化学工业出版社, 2002.

[38] 靳海波. 化工分离过程 [M]. 北京: 中国石化出版社, 2008.

[39] TASSIOS D imitrios P. Rapid screening of extractive distillation solvents predictive and experimental techniques [J]. Extractive and Azeotropic Distillation, 1974, 4: 46-63.

[40] Van Dyk B, Nieuwoudt I. Design of solvents for extractive distillation [J]. Industrial & Engineering Chemistry Research, 2000, 39 (5): 1423-1429.

[41] Black C, Ditsler D E. Dehydration of aqueous ethanol mixtures by extractive distillation [J]. Extractive and Azeotropic Distillation, 1974, 1: 1-15.

[42] Feyzi V, Beheshti M. Exergy analysis and optimization of reactive distillation column in acetic acid production process [J]. Chemical Engineering & Processing: Process Intensification, 2017, 120: 161-172.

[43] Gerbaud V, Rodriguez-Donis I, Hegely L, et al. Review of extractive distillation: Process design, operation, optimization and control [J]. Chemical Engineering Research and Design, 2019, 141: 229-271.

[44] Muthia R , Reijneveld A G T , Ham A G J V D, et al. Novel method for mapping the applicability of reactive distillation [J]. Chemical Engineering and Processing: Process Intensification, 2018, 128: 263-275.

[45] Jiabo L, Tao W. Coupling reaction and azeotropic distillation for the synthesis of glycerol carbonate from glycerol and dimethyl carbonate [J]. Chemical Engineering and Processing: Process Intensification, 2010, 49 (5): 530-535.

[46] Barreto A A, Rodriguez-Donis I, Vincent G, et al. Optimization of heterogeneous batch extractive distillation [J]. Industrial & Engineering Chemistry Research, 2011, 50 (9): 5204-5217.

[47] Medina-Herrera N, Tututi-Avila S, Jiménez-Gutiérrez A, et al. Optimal design of a multi-product reactive distillation system for silanes production [J]. Computers & Chemical Engineering, 2017, 105: 132-141.

第4章

吸　　收

本章要点

- 吸收的分类、应用及工业流程。
- 吸收相平衡：物理吸收和化学吸收的相平衡分析。
- 吸收的传质速率：吸收过程的传质理论和模型，传质系数及其关联式，化学吸收增强因子的基本概念。
- 吸收的简捷计算：利用平均吸收因子法对吸收塔或解吸塔的理论板数和进出口组成进行近似计算。
- 化学吸收传质速率：化学吸收的反应分类，一级、二级和瞬间不可逆化学反应吸收过程的传质速率计算方法。
- 气液传质设备的效率：气液传质设备效率的表示方法，AIChE 的板效率半理论模型，获取效率的几种途径。

4.1 概述

气体混合物与适合的液体相接触，混合物中一种或多种组分从气相转移到液相形成溶液，不能溶解的组分仍然留在气相，这样气体混合物就分离成两部分。这种利用溶解度的差异来分离气体混合物的操作称为吸收。吸收的逆过程，即气体溶质从液相中解离出来转移到气相的过程，称为解吸。对于吸收全过程，应包括筛选吸收剂、确定吸收和再生的工艺条件、设计合适的传质设备。本章内容先简单介绍吸收过程的基本概念和流程，然后对物理吸收和化学吸收的相平衡特点进行分析，在此基础上对吸收过程的计算进行详细阐述。对于物理吸收和解吸，主要介绍吸收的简捷计算法；对于化学吸收，通过传质理论和反应类型的讨论，深入分析化学反应强化传质的机理。以填料塔为主要的吸收设备形式，结合气液相间的传质速率方程，介绍传质单元法计算物理吸收和化学吸收的有效填料高度。在精馏和吸收的内容学习基础上，本章最后一节介绍气液传质设备效率的基本原理和获取方法。

4.1.1　吸收的分类

(1) 根据气体溶解于吸收剂的变化可分为物理吸收和化学吸收

气体溶质与液体溶剂之间不发生明显的化学反应，气体进入液相是单纯的溶解过程，这类吸收是物理吸收，如用中冷油吸收 C_3 组分、用甘油或乙二醇吸收脱除天然气中的水分。气体溶于吸收剂后与吸收剂发生了明显的化学反应，这样的吸收过程称为化学吸收。一般而言，化学吸收能使单位体积液体溶解的气体量大大增加，降低气相平衡分压以及通过液相内的反应来提高传质速率，因此化学吸收过程要综合考虑气体溶于吸收剂的速度和化学反应速率。如果反应是可逆的，则吸收了气体的溶液（富液）还可以借蒸汽或惰性气体提馏进行溶液再生，然后返回吸收器中循环使用，如图 4-1 所示。

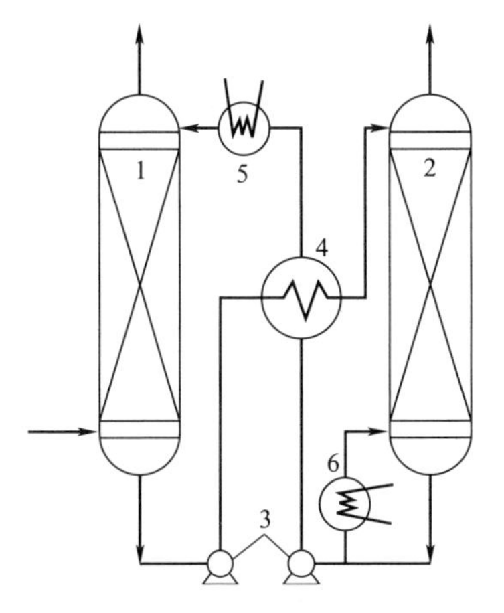

图 4-1　吸收-解吸过程示意图

1—吸收塔；2—再生塔；3—泵；4—换热器；5—水冷器；6—再沸器

(2) 根据吸收剂所吸收组分的多少可分为单组分吸收与多组分吸收

在气体吸收过程中，若气体混合物中只有一个组分在吸收剂中有显著的溶解度，其他组分的溶解度很小，甚至可以忽略时，则这类吸收称为单组分吸收。例如用水洗法脱除合成氨原料气中的 CO_2，虽然原料气中其他组分在水中也存一定的溶解度，但与 CO_2 相比就小得多，因此可视为单组分吸收。当气体混合物中各组分在吸收剂中的溶解度不同，但多个组分在吸收剂中有显著的溶解度，这种吸收称为多组分吸收。例如裂解气的冷油吸收塔，乙烯、乙烷、丙烯和丙烷在油中都有着显著的溶解度，甲烷在其中的溶解度也不可忽略，这样的吸收可视为多组分吸收过程。

4.1.2　吸收的应用及工业流程

无论物理吸收还是化学吸收，在化学和相类似的工业部门应用极为广泛，其应用包括：①获得产品，例如浓硫酸、盐酸和氨水的生产等，吸收剂不再去解吸再生；②气体混合物的分离，例如从焦炉气或城市煤气中吸收脱苯，从高温裂解气中分离乙炔等，其目的是通过吸收剂选择性地吸收气体中某一组分而达到分离的目的；③气体净化，如合成氨原料气脱 CO_2、脱 CO 和脱 H_2S，这类吸收常伴有解吸过程；④回收有价值的组分，例如含易挥发性溶剂（醇、酮、醚等）的气体的吸收。

满足上述四种吸收应用的工业吸收装置流程基本分为两大类：一类是吸收剂不需再生的流程；另一类是吸收剂必须解吸再生的流程。具体装置流程主要包括如下四种。

(1) 吸收剂不需解吸再生的吸收流程

这类流程常用于经过吸收就可获得产品或中间产品的场合，吸收剂往往不需进行解吸再生。例如硫酸吸收 SO_3 制 H_2SO_4，水吸收 HCl 制盐酸、吸收甲醛制福尔马林液，碱液吸收 CO_2 或 SO_2 制碳酸氢盐或亚硫酸盐等都属于这类装置流程。有时，这类流程也可以用于除去气体中微量的有害物质如氟化物气体（SiF_4 和 HF）、SO_2 等。以接触法生产硫酸的干吸工段为例，介绍一次使用吸收剂的吸收装置的运行情况，其流程图如图 4-2 所示。经冷却和净化后含7%左右的SO_2炉气进入干燥塔3中，与塔内喷淋而下的95%～96%H_2SO_4相接触，除去水分后进入接触反应器，气体中的绝大部分SO_2被氧化成SO_3，经降温后依次通过发烟硫酸吸收塔1和浓硫酸吸收塔2。每个吸收塔都配有储罐4、酸泵5、冷却器6，以保持塔中的吸收剂（酸）的浓度和温度恒定。发烟硫酸和浓硫酸吸收塔的酸浓度分别为含20%游离SO_3的发烟硫酸和98%浓硫酸。为了保持这三个塔的酸浓度不变，可将干燥塔较稀的95%～96%的硫酸和发烟硫酸各自与98%浓硫酸混合（串酸），以达到分离的目的。

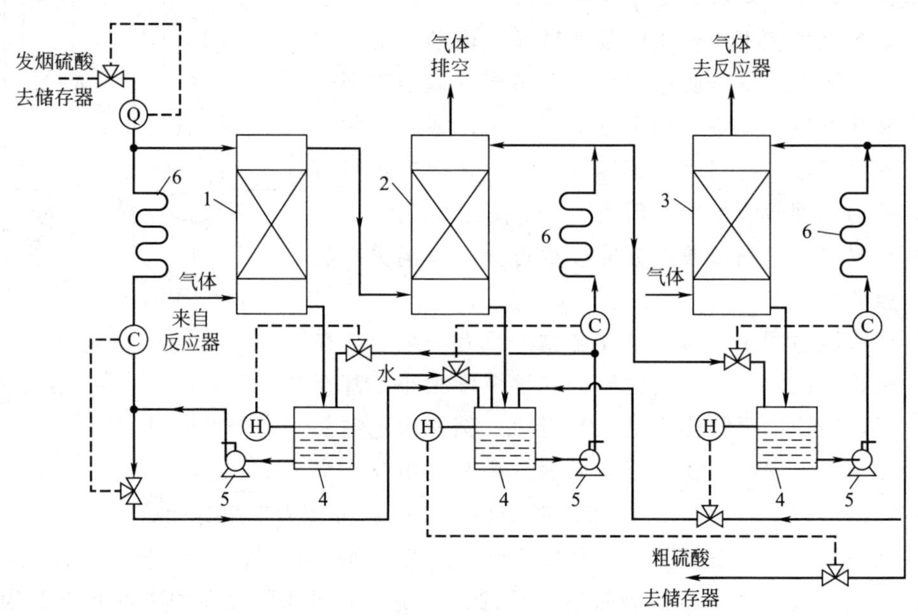

图4-2　接触法制硫酸中SO_3的吸收流程图

1—发烟硫酸吸收塔；2—浓硫酸吸收塔；3—干燥塔；4—储罐；5—酸泵；6—冷却器；C—浓度计；H—液面计；Q—流量计

(2) 吸收剂进行解吸的吸收流程

这类流程常用于吸收剂比较昂贵、本身化学稳定性较好、可以反复使用的场合。它的应用十分广泛，大致可以分为四种。

① 吸收剂价廉，但必须解吸后再弃去的吸收装置

当吸收剂吸收的溶质为有毒成分时，不可任意排放，此时必须对吸收剂进行解吸、回收或脱去有毒成分后才能排放。图4-3为这种情况的典型吸收装置——氯气液化后从废气中回收氯。从电解槽来的产品氯气进入冷却塔1中进行冷却，再经过两级硫酸干燥塔2除去氯气中的水分后进入液化装置。液氯中的不凝性含氯弛放气经过水吸收塔除去（回收）大部分氯气后才允许在水吸收塔4顶部排空。含有氯的水不能直接排入地下，首先利用它的冷量，在塔1中作冷却剂，然后在该塔的下部与蒸汽直接接触，加热解吸出水中溶解的氯后再排入地槽。此流程可将废气、废水中所含的绝大部分氯气都予以回收。

② 减压冷再生流程

减压冷再生流程属较简单的吸收装置，比较适合于物理吸收过程。一般情况下，物理吸收多采用加压吸收、逐级减压、选择性解吸的办法来进行。例如在合成氨厂中，脱除原料气

中 CO_2 的吸收操作通过加压吸收、减压再生进行，典型的流程如图 4-4 所示。

以碳酸丙烯酯为吸收剂，在 2.9MPa 下进行吸收操作。解吸时，通常第一级降压至 1.0MPa，以回收合成原料气中的氢气和氮气。然后再经 0.5MPa 和 0.1MPa 两级减压，释放出大部分 CO_2，吸收剂再经泵加压后循环使用。这类流程的经济性取决于工艺对气体净化度的要求。如果要求某溶质净制后含量极低，而常压解吸尚不能达到净化度的要求，那么再生必须在真空下进行。一般认为，总压在 0.03MPa 以下进行该过程是不经济的。

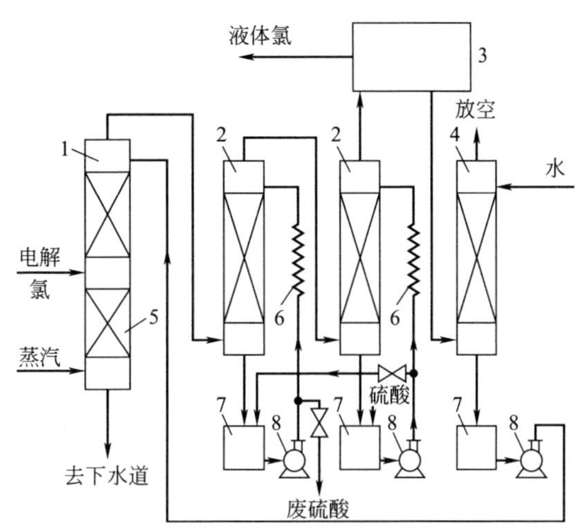

图 4-3　从液化废气中提取氯的流程

1—冷却塔；2—干燥塔；3—氯气液化装置；4—吸收塔；5—解吸器；6—冷却器；7—储槽；8—泵

③ 气提冷再生流程

这类吸收装置适用于气体净化以除去价值不高或含量很低的组分，如用碳酸钠溶液从气体中除去 H_2S，流程如图 4-5 所示。由吸收塔 1 流出的吸收剂（富液）进入再生塔 2，利用惰性气体（如空气）从塔底向上吹以解吸 H_2S。解吸后的吸收剂（贫液）再回到吸收塔循环使用。这类流程对操作压力无特殊要求，通常吸收和解吸在同一压力下进行，主要的理论依据是利用大量的惰性气体降低液面上溶质的分压，以使吸收剂中溶质的平衡分压大于液面上溶质的分压而达到解吸的目的。解吸时所消耗的惰性气体量极大，会导致解吸气中溶质的含量极低而无法回收再利用。若该溶质有毒，而解吸气未达到允许排放标准时，还必须进一步净化。

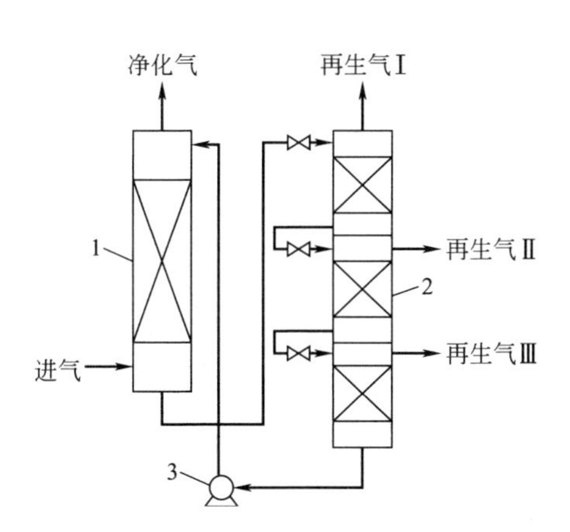

图 4-4　CO_2 吸收-再生流程

1—吸收塔；2—再生塔；3—泵

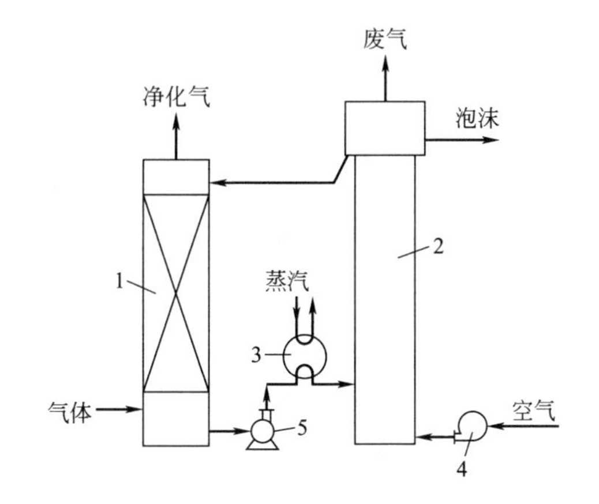

图 4-5　氧化法吸收 H_2S 流程

1—吸收塔；2—再生塔；3—预热器；4—鼓风机；5—泵

④ 间接蒸汽热再生流程

这类装置应用很广，其典型流程如图 4-6 所示。由于间接蒸汽再生兼顾降低液面上的活性组分的分压和加速逆反应解吸速率两方面，溶液再生比较完全。工业上常在低温或常温下选用合适的溶剂，在吸收塔内除去气体中绝大部分的 SO_2，气体在塔顶放空。富液出塔后经贫富液换热器加热到一定温度，送入再生塔顶与再生气相逆流接触，解吸掉溶剂中大部分溶质后，贫液从再生塔底流出，经贫富液换热器回收多余的热量，再经水冷器冷却至吸收塔温度，送入吸收塔循环使用。再生气经塔顶冷凝器除去大部分水后，或送硫酸系统制硫酸，或经干燥后进压缩机、储罐以获得纯液态 SO_2 产品。在该过程中，如果热源是本厂的废热源如烟气、废蒸汽等将更为合适，否则，消耗热能将是该过程的主要考核指标。

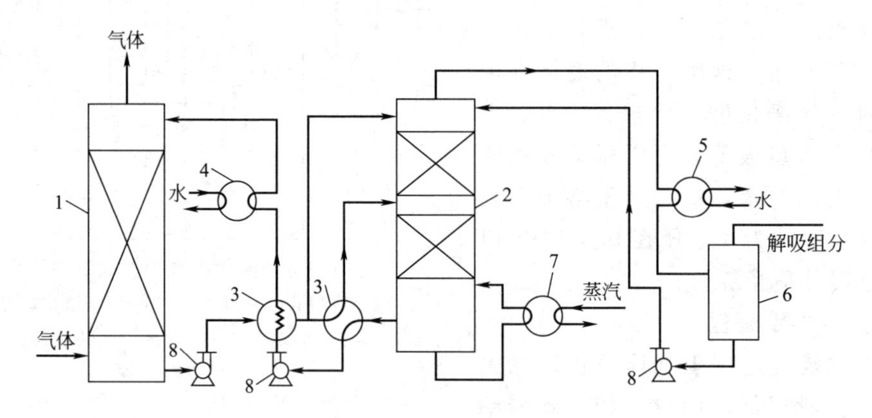

图 4-6 间接蒸汽热再生流程

1—吸收塔；2—解吸塔；3—换热器；4—冷却器；5—分凝器；6—分离器；7—加热器；8—泵

4.2 吸收的基本原理

无论采用板式塔、填料塔或者其他类型的吸收设备，进行吸收严格计算和简捷计算都需要基础的气液平衡数据。填料塔、鼓泡塔、喷雾塔这类设备中，气、液相的浓度和温度变化是连续的，属于微分接触的热质传递过程，气液相间的传质速率是决定塔高的主要因素。物理吸收的填料层高度需要获得气、液两相的传质系数，对于化学吸收还要考虑不同类型的化学反应对液相传质系数的强化作用。

4.2.1 物理吸收的相平衡

气液两相达到相平衡时，满足三个条件，气液两相的温度相等，压力相等，各组分在两相的逸度相等。相平衡时，两相间的净“三传”为零，即两相间的热量传递、动量传递和质量传递的净值为零，这是因为“三传”的推动力为零。吸收过程中，组分的气相逸度计算方法与精馏相同，利用状态方程结合混合规则来求取；被吸收组分的液相活度系数则采用无限稀释的溶液为基准态，这是因为吸收温度通常大于组分的临界温度，被吸收组分不可凝，不能以纯液体作为基准态，这是与精馏活度系数计算模型的不同之处。

由热力学可知，气液两相间的平衡条件是在两相的压强和温度相同的情况下，各组分在两相中的化学位相等，化学位可用组分的逸度 f_i 来表示，其方程为

$$\mu_i = RT\ln f_i + \lambda(T) \tag{4-1}$$

式中，$\lambda(T)$ 是仅与温度有关的函数。同样由上述的气液平衡条件，可得

$$\hat{f}_i^{G} = \hat{f}_i^{L} \tag{4-2}$$

当系统的温度较大地超过气相组分的临界温度时，气液两相的平衡也即气相组分在液相中的溶解度，成为吸收、解吸等单元操作的相平衡的关键。对于气液平衡的定量表示方法，常借助于相平衡常数 m_i，即气相中溶质的浓度与液相中该溶质的浓度之比。显然，在一般情况下，相平衡常数与压力 p、温度 T 以及浓度 $x_i(y_i)$ 有关，即 $m_i=f(T,p,x_i)$。

当液相和气相均属非理想态时，应服从下列方程，即

$$\hat{f}_i^{\mathrm{G}}=p\,\hat{\phi}_i y_i \tag{4-3}$$

$$\hat{f}_i^{\mathrm{L}}=f_i^{\mathrm{L}}\gamma_i x_i \tag{4-4}$$

式中，$\hat{f}_i^{\mathrm{G}}$、$\hat{f}_i^{\mathrm{L}}$ 分别为 i 组分在气相和液相中的逸度；$\hat{\phi}_i$、γ_i 分别为气相的逸度系数和液相的活度系数，对于理想的气体混合物，$\hat{\phi}_i$ 值可由图 4-7 查得；f_i^{L} 为纯态 i 组分液相在系统温度和压强下的逸度；p 为气相总压。气液平衡时有

$$m_i=\frac{y_i}{x_i}=\frac{f_i^{\mathrm{L}}\gamma_i}{p\,\hat{\phi}_i} \tag{4-5}$$

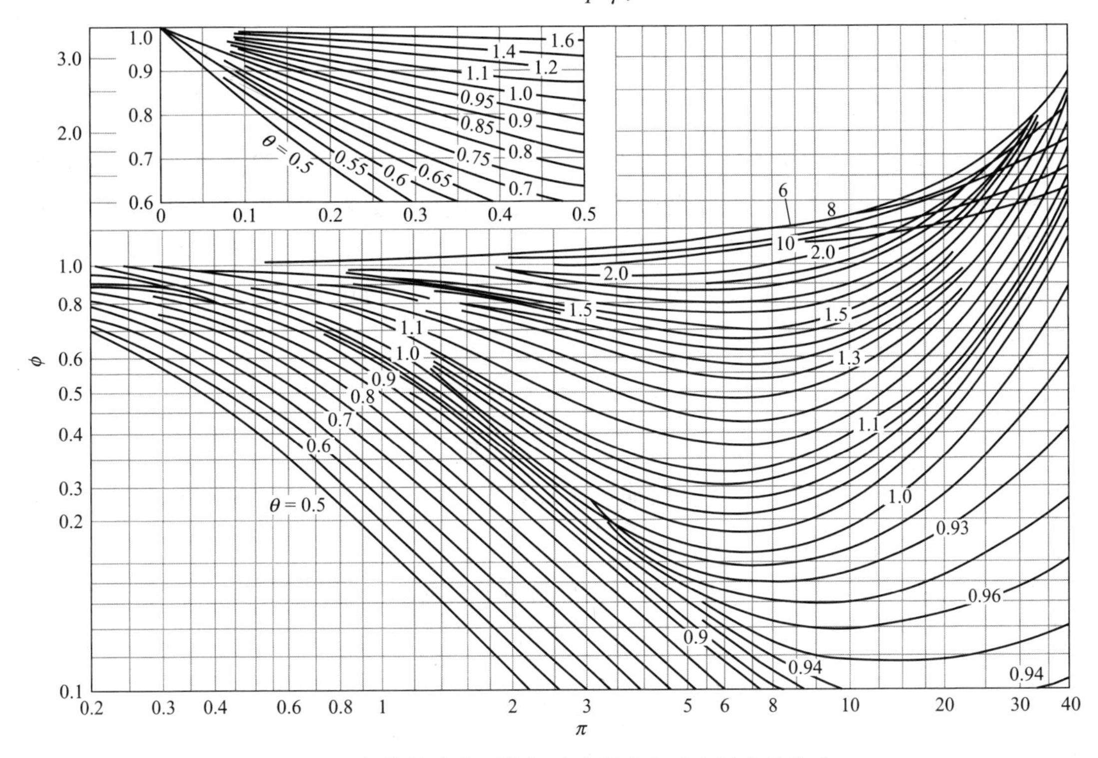

图 4-7　气体的逸度系数与对比温度和对比压力的关系

前面已经指出，大多数气液吸收过程中溶剂的温度高于气体的临界温度，此时，气体不再被冷凝而是溶解于液相。二组分溶解的气液平衡关系近似服从下列方程

$$\ln\frac{\hat{f}_i}{x_i}=\ln H_i-\frac{A}{RT}(1-x_0^2) \tag{4-6}$$

式中，x_0 是在溶液中吸收剂的摩尔分数（$x_0=1-x_i$）；H_i 是亨利系数，kPa；A 是压力和温度的函数。该式适合于任何浓度的电解质溶液和 x_i 值很小的非电解质溶液。对于理想溶液，$A=0$，式(4-6) 可化简为

$$\hat{f}_i^{\mathrm{G}}=H_i x_i \tag{4-7}$$

在低压下，可用平衡分压 $p_{\mathrm{e}i}$ 代替 f_i，变成亨利定律的表达形式

$$p_{\mathrm{e}i}=H_i x_i \tag{4-8}$$

$$p_{\mathrm{e}i}=H'_i c_i \tag{4-9}$$

H 只和温度有关，随温度的增高而增大，与溶液的总压和组成无关。应用亨利定律计算平衡分压时应注意亨利系数的单位，亨利系数 H 以压力为单位，H'_i 是以压力除以摩尔浓度为单位的亨利系数。一些教材或文献将 H'_i 的倒数（H''_i）称为溶解度常数或溶解度系数。

$$c_i=H''_i p_{\mathrm{e}i} \tag{4-10}$$

亨利系数、溶解度常数可以相互换算。显然，$H_i=H'_i c_{\mathrm{M}}$。c_{M} 为溶液的总摩尔浓度，由于吸收剂中溶剂的量通常远大于溶质的量，因此 c_{M} 近似等于溶剂的摩尔浓度。例如 1mol/L 的 NaOH 水溶液，溶液总摩尔浓度 c_{M} 等于 56.5mol/L，溶剂水的摩尔浓度为 55.5mol/L。同样的，利用 H'_i 与 H''_i 的倒数关系，可以很容易将两者进行换算。

某些气体在水溶液中的 H_i 值可见文献。它和温度的关系式如下

$$\ln H_i=-\frac{\phi_i}{RT}+C_i \tag{4-11}$$

式中，C_i、ϕ_i 是常数，与物系有关。

亨利定律仅适用于理想溶液。事实上，所有的稀溶液都近似于理想溶液，都可应用亨利定律获得相应的平衡数据，以此判断传质的方向、极限以及计算传质推动力的大小。对于难溶气体，亨利定律有足够的正确性；对于易溶气体，该定律仅适用于较低的浓度范围，在较高浓度时，其溶解度的值将比亨利定律计算值低一些。当系统压力较大时，可用下式来进行气相逸度 $\hat{f}_i^{\mathrm{G}}$ 的计算

$$\ln\frac{\hat{f}_i^{\mathrm{G}}}{x_i}=\ln H_i+\frac{\overline{V}_i(p-p^{\mathrm{s}})}{RT} \tag{4-12}$$

式中，p^{s} 为纯溶剂的蒸气压；$\overline{V}_i$ 为被吸收组分 i 的偏摩尔体积，当混合气体服从道尔顿分压定律时，保持体积的加和性，$\overline{V}_i=V_i$。

如果溶剂中含有电解质，会显著降低气体在溶液中的溶解度。可用离子强度 I 和未解离的被溶解分子的浓度 c_i 来表示溶液的溶解度变化

$$\ln\frac{m_i}{m_{i0}}=bI+b'c_i \tag{4-13}$$

式中，m_i 和 m_{i0} 分别为气体在溶液和纯水中的相平衡常数；b 和 b' 是与电解质和溶剂的性质有关的常数。离子强度 $I=\frac{1}{2}\sum c_i z_i^2$。其中 c_i 为离子浓度，z_i 为离子价数。

对于电解质溶液中相当于 H^+ 浓度低于 3mol/L 时，可由下述经验式获得气体的相平衡常数

$$m_i=\frac{m_{i0}}{1-(k_{\mathrm{r}}+k^- z^+ + k^+ z^-)c^{0.75}} \tag{4-14}$$

式中，c 为电解质的浓度，kmol/m^3；z^+、z^- 为正、负离子的价数；k_{r}、k^+、k^- 分别为被溶解气体、正离子和负离子对气体溶解度的降低系数，其值见表 4-1。

表 4-1　校正系数 k_r、k^+ 及 k^- 值

气体	k_r	正离子	k^+	负离子	k^-
CO_2	−0.03	H^+	0	NO_2^-	0
CO	−0.01	NH_4^+	0.07	Cl^-	0.05
C_2H_2	−0.01	K^+	0.13	HCO_3^-	0.05
N_2O	0.0	Na^+	0.16	OH^-	0.10
H_2	0.03	Fe^{3+}	0.23	CO_3^{2-}	0.17
O_2	0.08	Fe^{2+}	0.25	SO_4^{2-}	0.20
		Ca^{2+}	0.28	$Fe(CH)_6^{4-}$	0.30

【例 4-1】 试计算 CO_2 溶解在温度为 20℃，浓度为 $c_i=1.5\text{kmol/m}^3$ 碳酸钠溶液的相平衡常数。

解： 由文献查得 CO_2 的亨利系数 $H_i=1440\times10^2\text{kPa}$，对于纯水 $M=18\text{g/mol}$，$\rho=1000\text{kg/m}^3$，此时可求得以浓度 c 表示的相平衡常数

$$m_{c0}=H_i\frac{M}{\rho RT}=\frac{1440\times10^2\times18}{1000\times8.31\times(273+20)}=1.07$$

再查表 4-1，$k_r=-0.03$，$k^-=0.17$，$k^+=0.16$ 以及 $z^+=1$，$z^-=2$，所以

$$m_c=\frac{m_{c0}}{1-(k_r+k^-z^++k^+z^-)c^{0.75}}=\frac{1.07}{1-(-0.03+0.17\times1+0.16\times2)\times1.5^{0.75}}=2.84$$

4.2.2　伴有化学反应的吸收相平衡

溶质和吸收剂在液相中发生解离、缔合及化学反应时，平衡分压 p_e 与浓度的关系明显地偏离线性，亨利定律不再适用。气体吸收剂中某些组分发生化学反应时，该气体溶质的气液平衡关系既服从于溶解时的相平衡关系，又服从于化学反应时的平衡关系。

假设溶质 A 与溶剂中的 B 发生反应，其平衡关系可表示为

$$\begin{array}{c} a\text{A} \\ \Big\Updownarrow H_\text{A} \\ a\text{A}+b\text{B}\xrightleftharpoons{K_a}m\text{M}+n\text{N} \end{array}$$

式中，a、b、m、n 分别为组分的化学计量系数。c 为组分的摩尔浓度，a_i 为组分的活度，γ_i 为组分的活度系数，则化学反应平衡常数为

$$K_a=\frac{a_\text{M}^m a_\text{N}^n}{a_\text{A}^a a_\text{B}^b}=\frac{c_\text{M}^m c_\text{N}^n}{c_\text{A}^a c_\text{B}^b}\times\frac{\gamma_\text{M}^m\gamma_\text{N}^n}{\gamma_\text{A}^a\gamma_\text{B}^b} \tag{4-15}$$

令 $\dfrac{\gamma_\text{M}^m\gamma_\text{N}^n}{\gamma_\text{A}^a\gamma_\text{B}^b}=K_\gamma$，其值在理想溶液时为 1，则

$$K'=\frac{K_a}{K_\gamma}=\frac{c_\text{M}^m c_\text{N}^n}{c_\text{A}^a c_\text{B}^b} \tag{4-16}$$

又知，溶解时的相平衡关系服从亨利定律 $p_\text{A}=H'_\text{A}c_\text{A}$，与上式联立，得到

$$p_\text{A}=H'_\text{A}\left(\frac{c_\text{M}^m c_\text{N}^n}{K'c_\text{B}^b}\right)^{\frac{1}{a}} \tag{4-17}$$

显然，伴有化学反应的平衡分压 p_A 必定低于物理溶解时的平衡分压，即溶解度变大，且平衡分压 p_A 还受到化学平衡的影响。

化学吸收的相平衡与反应形式有关。被吸收组分与吸收剂的相互作用可以分为两类，一类是被吸收气体组分与溶剂发生化学反应，例如用水吸收氨气、HCl 气体，此时溶剂水是反应物。另一类是被吸收的气体组分与吸收剂中的活性组分发生反应，例如用 NaOH 溶液吸收 CO_2、铜氨溶液吸收 CO，此时反应物分别为 NaOH 和铜氨络合物，而不是溶剂水。考虑化学吸收时反应产物是否解离，如果产物解离，化学吸收相平衡要综合考虑物理溶解平衡、化学反应平衡和解离平衡。下面，根据几种不同的情况分别进行讨论。

(1) 被吸收组分与溶剂相互作用

该情况可分两类：

① 当溶质 A 与溶剂 B 相互反应生成 N 时，有下列方程

$$\begin{array}{c}\mathrm{A(g)}\\ \Big\Updownarrow H_A\\ \mathrm{A(l)}+\mathrm{B(l)}\xrightleftharpoons{K_a}\mathrm{N(l)}\end{array}$$

在溶液中 A 的初始浓度 c_A^0（即总溶解浓度）可写成

$$c_A^0=c_A+c_N \tag{4-18}$$

而理想溶液 $K_a=K'$

$$K'=\frac{c_N}{c_A c_B}=\frac{c_A^0-c_A}{c_A c_B} \tag{4-19}$$

$$c_A=\frac{c_A^0}{1+K'c_B} \tag{4-20}$$

平衡又服从物理溶解时的亨利定律

$$p_A=\frac{H_A' c_A^0}{1+K'c_B} \tag{4-21}$$

对于稀溶液，在吸收过程中可把 c_B 近似看成是不变量，K' 也不随浓度变化。此时该平衡关系继续保持 p_A 和 c_A 之间的正比关系。若将 $H'/(1+K'c_B)$ 视为表观亨利系数，则亨利系数比物理吸收缩小了 $(1+K'c_B)$ 倍。由于亨利系数越大对应溶解度越小，与物理吸收相比，化学吸收的（表观）亨利系数减小，溶解度变大。浓溶液时，K' 不再恒定，表观亨利系数成为浓度的函数。被吸收组分与溶剂相互作用且产物不解离，常见的例子是 NH_3-H_2O 系统。

② 上述讨论中，若生成物 N（如 SO_2 与水生成亚硫酸）在液相中又解离为离子，此时，气液平衡还需要考虑解离反应平衡，即

$$\mathrm{N}\xrightleftharpoons{K_1}\mathrm{K}^+ +\mathrm{A}^-$$

K^+、A^- 为相应的正、负离子，有解离常数

$$K_1=\frac{c_{K^+} c_{A^-}}{c_N} \tag{4-22}$$

忽略溶液中水的解离

$$c_{K^+}=c_{A^-} \tag{4-23}$$

由此有

$$c_{K^+}=\sqrt{K_1 c_N} \tag{4-24}$$

而溶液中 A 的总溶解浓度为

$$c_A^0=c_A+c_N+c_{A^-} \tag{4-25}$$

联解方程式(4-23)～式(4-25)，可得

$$c_A=\frac{(2c_A^0+K_a)-\sqrt{K_a(4c_A^0+K_a)}}{2(1+K'c_B)} \tag{4-26}$$

式中

$$K_a=\frac{K_1K'c_B}{1+K'c_B} \tag{4-27}$$

故

$$p_A=H'_Ac_A=\frac{H'_A}{2(1+K'c_B)}\left[(2c_A^0+K_a)-\sqrt{K_a(4c_A^0+K_a)}\right] \tag{4-28}$$

显然，p_A 和 c_A^0 不再呈直线关系，此类情况典型的系统有 Cl_2-H_2O、CO_2-H_2O 和 SO_2-H_2O等。

(2) 被吸收组分与吸收剂中活性组分的作用

若吸收剂是初始浓度为 c_B^0 的稀溶液，此时，存在的反应方程式为

$$\begin{array}{c}A(g)\\ \Big\Updownarrow H_A\\ A(aq)+B(aq)\overset{K_a}{\rightleftharpoons}N(aq)\end{array}$$

当反应平衡转化率为 R 时

$$K'=\frac{c_N}{c_Ac_B}=\frac{c_B^0R}{c_Ac_B^0(1-R)}=\frac{R}{c_A(1-R)} \tag{4-29}$$

由气液平衡

$$p_A=H'_Ac_A=\frac{H'_AR}{K'(1-R)}=\frac{R}{\alpha(1-R)} \tag{4-30}$$

其中 $\alpha=\dfrac{K'}{H'_A}$，再将两式联立求解，有

$$c_A^0=c_A+Rc_B^0=\frac{p_A}{H'_A}+c_B^0\frac{\alpha p_A}{1+\alpha p_A} \tag{4-31}$$

当物理溶解量可以忽略不计时

$$c_A^0=Rc_B^0=c_B^0\frac{\alpha p_A}{1+\alpha p_A} \tag{4-32}$$

【例 4-2】 已知在气体净化中（亚）铜氨液吸收 CO 的总包反应方程式如下

$$\begin{array}{l}CO(g)\\ \Big\Updownarrow\\ CO+Cu(NH_3)_2^+ +NH_3 \rightleftharpoons Cu(NH_3)_3CO^+\end{array}$$

当游离氨浓度较高时，可作常数处理，则气体平衡关系为

$$c_{CO}=Rc_{Cu}^0=c_{Cu}^0\frac{\alpha p_{CO}}{1+\alpha p_{CO}} \tag{4-33}$$

当铜氨液组分 $[Cu_2]^{2+}$ 络合离子浓度为 0.288kmol/m^3 时，$[Cu]^+$ 络合离子浓度为 2.011kmol/m^3，总 NH_3 为 10.25kmol/m^3，乙酸为 2.085kmol/m^3，CO_2 为 2.281kmol/m^3 的吸收剂，由实测获得其 α 值如表 4-2 所示。

表 4-2 例 4-2 实测数据

温度/℃	0	5	10	15	20	25	30
α	3.35	2.8	1.758	1.3	0.92	0.66	0.45

试计算该吸收液的吸收能力（温度为 10℃，CO 分压为 0.507MPa）。

解：$c_{Cu}^0=2.011\text{kmol/m}^3$，10℃时 $\alpha=1.758$，$p_{CO}=0.507\text{MPa}$

$$c_{CO}=c_{Cu}^0\frac{\alpha p_{CO}}{1+\alpha p_{CO}}=2.011\times\frac{1.758\times0.507}{1+1.758\times0.507}=1.063\text{kmol/m}^3$$

由式(4-31) 可以看出，化学吸收总的溶解量包括物理溶解量和化学反应量两部分，化学反应量与反应物 B 的转化率成正比，受反应物量的限制，化学反应的吸收容量不能无限制增大。对于溶液的吸收能力而言，在稀溶液范围，物理吸收的平衡关系只服从亨利定律，溶质的浓度和它在气相中的平衡分压呈直线关系，并不受浓度高低的限制，且对溶质不具有选择性。正由于如此，物理吸收过程往往借助于提高操作压力达到提高单位吸收液对气体的容纳量以降低溶剂循环量的目的。化学反应的吸收相平衡不但和亨利系数有关，还和它的化学平衡有关，化学反应的存在对降低液面上的平衡分压 p_A 有利，在低浓度溶液区操作可提高吸收率，还具有强烈的选择性。

实际上，相平衡还影响到这两类吸收过程的再生方式。对于物理吸收，往往采用加压吸收，然后逐级减压闪蒸的方法以达到溶剂再生的目的；而对于化学吸收，提高温度可以破坏化学平衡，有利于吸热的解吸过程。对于具有一定气体浓度而净化要求高的气体，可以采用两级串联的吸收方式，物理吸收为第一级，除去大部分溶质组分，再以化学吸收为第二级，以确保净化度。化学吸收具有很多优点：①净化度高；②增加吸收与解吸的传质系数；③具有较强的选择性等。但也带来成本较高、吸收热大、腐蚀性强等缺点。

4.2.3 传质理论及传质系数

吸收可以视为组分从气相进入液相的单向传质过程。传质可以通过几种不同的机理进行，它们包括：①分子扩散，由分子热运动引起的彼此的相互碰撞；②对流，在外力如压强差、密度差等的作用下发生的主体流动；③湍流混合，宏观的流体微元或旋涡在惯性力的作用下产生移动。这三种情况所产生的物质传递的共同效应将决定传质过程。传质领域的研究十分广泛，20 世纪以来出现了诸多的传质理论，就其适用性及应用的广泛程度而言，当以双膜论、渗透论以及表面更新论三者较为成熟。在这三种传质理论的基础上，发展了一些改进型模型，如涡流扩散传质模型、旋涡渗透模型、膜渗透模型、修正表面更新模型等。

(1) 双膜论

双膜论由 Whitman 于 1923 年提出，模型示意图见图 4-8。要点是：①流动状态。在气液接触界面两侧分别存在着一层

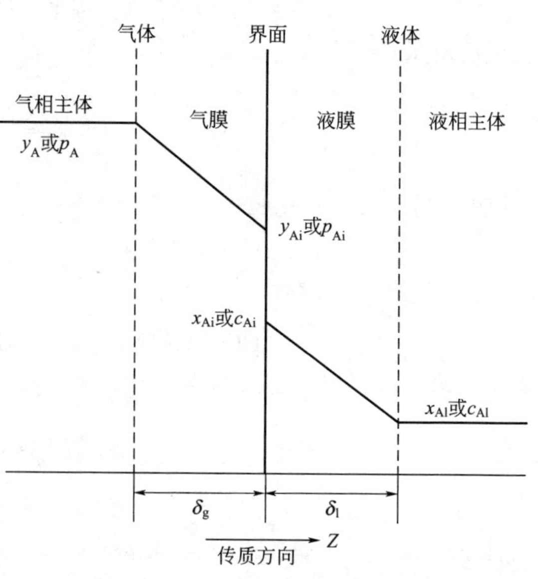

图 4-8 双膜论模型示意图

稳定的滞流膜，它们不等同于流体力学的滞流边界层。该膜的厚度取决于传质构件的结构和流体的湍动程度，可厚可薄。②传递方式。滞流膜内传质方式将以分子扩散来实现，膜两侧的主体流动区湍流激烈，使得主体内的组分浓度趋于一致。传质的阻力由气相主体、气膜、界面、液膜和液相主体等各部分阻力叠加而成，而实际上阻力将集中在界面两侧的液膜和气膜。③相界面上，气液两相瞬间达到平衡，所以界面无阻力。

由上述假设，根据 Fick 定律对微元体作物料衡算，稳态传质时液膜侧传质速率为

$$N_A=\frac{D_{Al}}{\delta_l}(c_{Ai}-c_{Al}) \tag{4-34}$$

同理，可得气膜侧传质速率为

$$N_A=\frac{D_{Ag}}{\delta_g RT}(p_A-p_{Ai}) \tag{4-35}$$

界面处没有物质积累，因此液膜和气膜侧传质速率相等。液膜和气膜的传质系数分别为

$$k_l=\frac{D_{Al}}{\delta_l} \quad k_g=\frac{D_{Ag}}{\delta_g RT} \tag{4-36}$$

当上述的等分子扩散变为组分 A 在静止膜［式(4-36) 中下标 l 和 g 分别指液膜和气膜］内的单分子扩散时，分传质系数 k_l 和 k_g 都必须考虑到主体流动的影响，应乘上彼此的漂流因子。

由于双膜论比较简单，数学处理方便，其假设具有一定的合理性，因此得到了广泛的应用，特别对具有固定传质表面、周围流体又是高度湍动的系统，有可能存在一层很薄的相对静止的滞流膜。但双膜论存在着下列问题：①很多气液传质设备的内构件造成气液相接触的不固定的相界面（如喷射式、鼓泡型等），而且旋涡也往往使表面不断更新，这些都和稳定的界面传质膜的假设矛盾；②较多塔设备显然无法建立稳定的膜内浓度梯度，即使膜式塔有可能建立稳定的传质膜，但建立膜的过程本身也就是一个非稳态过程；③膜厚 δ 是一个无法测定的量，而且传质系数 k 与 D 的一次方成正比，也和大量实测到 k 和 $D^{0.5}$ 成正比的结果不符，这是由膜边界层外缘传质条件不连续的假定所引起的；④唯有清洁的界面才有可能使界面阻力小到可以忽略的地步，对于液液系统往往不可忽略。

(2) 渗透论

Higbie 在 1935 年提出了渗透论。这一理论的观点如下：①传质未开始时，气液两相各自内部的浓度是一致的，两者一接触就开始传质，气相溶质不断溶解到液相中，随着接触时间的增长，积累在液膜内的溶质增多，传质速率逐渐趋于稳定。②液相主体中任一微元都有可能被主体内的流动如旋涡带到气液接触界面上，一旦带到界面就进行上述不稳定的传质，微元停留在界面的停留时间 t_e 都是相同的，直到另一个旋涡把它拉回液相主体为止。③界面无阻力，气液两相达到平衡。渗透论展示出一个不稳定的传质过程，当时间 $t=0$ 时 N_A 为最大，随着 t 增加，浓度梯度和传质通量逐渐下降，直到时间 $t\to\infty$ 时，浓度梯度恒定，N_A 达最小值。这一理论所得的膜内传质的情况由实验获得，绘制于图 4-9。从图中可看出随着时间的增加，沿着界面方向传质不断深入，直至整个液膜的渗透百分率都达 100%。

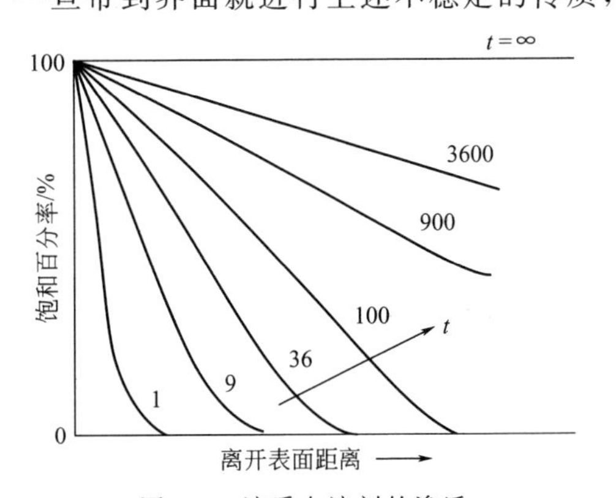

图 4-9　溶质向溶剂的渗透

根据渗透模型假设，经 Laplace 变换求解液相浓度微分方程，得到整个表面的平均传递通量，已知表面微元的接触时间为 t_e，可得

$$\overline{N}_A=\frac{\int_0^{t_e} N_i \mathrm{d}t}{t_e}=\frac{\int_0^{t_e}(c_{Ai}-c_{Al})\sqrt{\frac{D_{Al}}{\pi t}}\mathrm{d}t}{t_e}=2\sqrt{\frac{D_{Al}}{\pi t_e}}(c_{Ai}-c_{Al}) \tag{4-37}$$

液膜传质系数

$$k_l=2\sqrt{\frac{D_{Al}}{\pi t_e}} \tag{4-38}$$

可以看出，渗透模型描述了 k 与 D 的 0.5 次幂成正比的正确关系，比较符合实际。渗透论未考虑表面更新效应，这是因为在充分发展的湍流流动中，旋涡扩散对传质的贡献远大于分子扩散，即 $D_E \gg D$，因此传质系数 $k_l \propto \sqrt{D+D_E} \approx \sqrt{D_E}$。涡流扩散系数 D_E 可由实验测定获得，其值的大小取决于流场位置，与界面之间的距离成正比，即随着距离的增加而增大，且在界面处为零。所以，在这种情况下，不需考虑表面更新效应。基于渗透论的传质模型虽然引进了非稳态传质，但认为微元的寿命是同样的，从而具有一定的局限性。

传质表面上微元的接触时间 t_e 无法通过实验定量测定，通常用两种方法来估算。第一种方法是根据各向同性湍流理论，将 Kolmogorov 最小黏性涡尺度与湍流脉动速度的比率近似地作为暴露时间，即 $t_e \propto \sqrt{\varepsilon/\upsilon}$。$\varepsilon$ 表示湍动动能耗散速率，υ 表示动力学黏度。第二种估算暴露时间的方法基于滑移渗透模型，即以气泡直径 d_0 与气泡滑移速度 u_{sl} 的比值计算 t_e。

Harriott 认为任意时刻抵达表面的旋涡可能来自流场中的任意位置，提出了修正渗透论。修正渗透论采用含可调参数的伽马分布函数来描述接触时间或涡旋距离表面位置的分布，伽马分布函数包括了所有旋涡的平均暴露时间 t_e 和旋涡与表面的平均距离 H。修正渗透传质模型的传质系数可表示为

$$k_l=\frac{1}{\frac{H}{D_{Al}}+\frac{\sqrt{t_e/D_{Al}}}{1.13}} \tag{4-39}$$

对于气液传质，经过一段较长时间后，微元内形成稳态的浓度梯度，不会再积累质量，质量通过流体微元发生传递。因此，年龄大的流体微元符合双膜理论，年龄小的流体微元符合渗透理论，介于两者之间的中间阶段，流体微元没有形成稳定的梯度，同时具有两种机制。如果所有年龄段的流体微元都出现在界面，那么将同时发生三种类型的传质，包含上述情况的模型称为膜渗透模型。Dobbin 基于膜渗透理论并结合湍流结构特征，提出了一个含有两参数的传质系数方程，膜厚 δ_l 根据湍流场中最小 Kolmogorov 旋涡的尺度来估算，而停留时间则依据界面附近的能量守恒来估算，得到的传质系数方程为

$$k_l=\sqrt{c_1\frac{D_{Al}\rho l\varepsilon}{\sigma}}\cos\sqrt{c_1 c_2\frac{\rho(\varepsilon\upsilon)^{0.75}l^2}{D_{Al}\sigma}} \tag{4-40}$$

式中的模型参数 c_1、c_2 通过实验来确定。如果发生在相际界面传质的流体微元停留时间足够长，那么 Dobbin 模型可以还原为双膜模型。

(3) 表面更新论

1951 年，Danckwerts 对渗透论进行了修正，提出了表面更新论。表面更新论认为：①在界面上的每一微元具有不同的暴露时间（年龄），但它们被另一微元置换的机会均等；②无论气相或液相都可能发生上述过程，所以两相表面是不断更新的；③每个进入界面的微

元均按瞬时传质的规律向液膜内渗透。表面更新论以不稳定的分子扩散为基础，采用了与渗透论同样的边界条件，溶质的瞬时传质速率也与渗透理论相同，令界面微元的更新频率 S 为定值，可求得传质速率方程

$$N_{A}=(c_{Ai}-c_{Al})\sqrt{D_{Al}S} \tag{4-41}$$

和传质速率式 $N_{A}=k_{l}(c_{Ai}-c_{Al})$ 相比较，可得

$$k_{l}=\sqrt{D_{Al}S} \tag{4-42}$$

尽管表面更新频率 S 仍然是一个不可得的量，但 Danckwerts 的假设更接近于实际的传质机理。当所有的表面更新频率 S 的值相同时，即各微元在界面上的接触时间（寿命）相等，此时的表面更新论就是渗透论。当接触时间趋于无穷时，微元停留的时间都将一样，且达到稳定的分子扩散所需的时间也一样，此时的表面更新论又和双膜论相一致了。所以，从某种意义来说，渗透论与双膜论都是表面更新论的特例。

Perlmutter 认为 Danckwerts 的表面停留时间的指数分布不合理，提出从主体到界面之间流体微元的流动满足两个串联的容量过程，并提出了“多容量效应”概念，相应的 n 级容量串联停留时间密度分布函数为

$$f(\phi)=\frac{n^{n}\phi^{n-1}}{(n-1)!\ t^{n}}e^{(-n\phi/t)} \tag{4-43}$$

其中，当 $n=1$ 时，停留时间密度分布函数为指数函数，即 Danckwerts 的表面更新论；但 n 趋向无穷时，为 Higibe 的渗透模型。

Perlmutter 还针对某些特殊流场，提出了考虑“死时间效应”的停留时间密度分布函数

$$f(\theta)=\begin{cases}0 & 0<\zeta<A\\ \dfrac{1}{\tau}\exp[-(\theta-A)/\tau] & A\leqslant\zeta\end{cases} \tag{4-44}$$

Wang 等研究者整合了 Whitman 双膜论和 Danckwerts 表面更新论，提出了非稳态双膜理论。首先对单侧膜上的非稳态传质方程及分布函数进行 Laplace 变换，得到平均传质速率，然后对单侧膜推广得到具有两相阻力的双膜模型。

上述三种传质理论和诸多模型描述了物理传质过程。对于化学吸收的传质速率，通常在纯物理吸收速率基础上，用增强因子 β 表征化学反应对传质速率所增加的倍数。分别采用双膜论、渗透论和表面更新论来计算化学吸收的增强因子，三种模型处理结果比较见图 4-10。对于不可逆一级反应，尽管三种传质理论得到的 β 的表达式有很大的不同，但随着膜内转化系数 M 的变化，三者的 β 值实际相差并不大。表中的计算范围内，三者的最大差别不超过

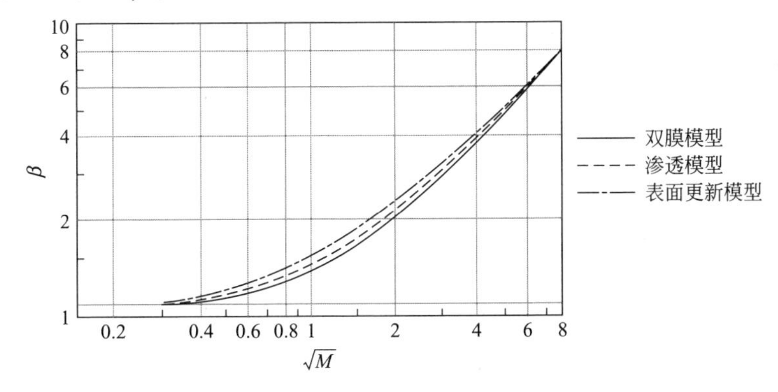

图 4-10 不可逆一级反应时三种传质模型所得 β 值的比较

6%，而在$M>100$或$M<0.04$的范围，差别不超过2%。

对于二级、m级以及(m,n)级化学反应，不同模型的处理结果的差别一般不超过8%，仅个别情况可能达20%。对传质过程建模而言，理论模型中的参数须实验可测和数学处理方便是重要的考虑因素。所以，本章后面的内容将只对双膜模型的处理结果进行讨论。

4.2.4 物理吸收传质速率

传质系数是传质理论研究的主要对象之一，它是填料塔中分离程度（或达到一定分离程度的塔高）和板式塔达到平衡的程度（效率）的主要影响因素。传质速率一般用传质系数乘以推动力来计算。由双膜论可知，气膜到液膜的传质是串联过程，用气膜或液膜的分传质系数乘以分传质推动力得到的传质速率相等，传质速率也等于总传质系数与总推动力的乘积。这些传质速率式的区别在于推动力的大小和单位不同。气膜传质推动力一般用摩尔分数差或者压差，液膜传质推动力则常用摩尔分数差或摩尔浓度差。

对于液体吸收气流中溶质A的过程，只要是稀溶液，其传质速率可由下式表示

$$N_A=k_y(y_{Ag}-y_{Ai})=k_g(p_{Ag}-p_{Ai}) \tag{4-45}$$

$$N_A=k_x(x_{Ai}-x_{Al})=k_l(c_{Ai}-c_{Al}) \tag{4-46}$$

式中，k_y、k_x分别为以摩尔分数差Δy、Δx为推动力的气相和液相的分传质系数。当总压一定时，有$k_y=k_g p$；当溶液总摩尔浓度c_M一定时，有$k_x=k_l c_M$。

实际上，如果单用气膜或液膜的分传质推动力计算传质速率是困难的，因为界面处的摩尔浓度、摩尔分数、分压是难以获得的。传质速率是双膜控制时，一般用总传质系数乘以总推动力来计算，因为主体浓度和主体分压是可以测定或计算的。如能从流体力学条件和物系的物性出发，寻得分传质系数和它们的数学关联式，然后再由分传质系数计算得到总传质系数，传质过程的计算就较简单。

根据双膜论，界面处满足相平衡

$$p_{Ai}=H'c_{Ai} \tag{4-47}$$

联立式(4-45)、式(4-46)的速率方程和界面处相平衡方程(4-47)，消去界面处的气体分压p_{Ai}和液体摩尔浓度c_{Ai}，得到总传质系数K_G和K_L的传质速率方程

$$N_A=K_G(p_{Ag}-p_{Ae}) \tag{4-48}$$

$$N_A=K_L(c_{Ae}-c_{Al}) \tag{4-49}$$

式中，p_{Ae}表示与液流主体中A的平均浓度c_{Al}成平衡的A的气相分压；c_{Ae}表示和气流主体中A的平均分压p_{Ag}成平衡的A的液相浓度。

传质速率式(4-48)、式(4-49)中的总传质系数与式(4-45)、式(4-46)中分传质系数的关系为

$$\frac{1}{K_G}=\frac{1}{k_g}+\frac{H'_A}{k_l} \tag{4-50}$$

$$\frac{1}{K_L}=\frac{1}{H'_A k_g}+\frac{1}{k_l} \tag{4-51}$$

K_L与K_G的关系满足

$$K_L=H'_A K_G \tag{4-52}$$

传质速率式有多个，如果不能理解它们的含义，在应用中就容易混淆。计算传质速率时，容易测得溶质A在气相主体的分压和液相主体的摩尔浓度，因为两者单位不同，总推动力不能用压力减去摩尔浓度，因此需利用亨利定律将液相摩尔浓度转换成与之平衡的气相

分压 p_{Ae}，或者将气相分压转换成与之平衡的液相摩尔浓度 c_{Ae}，相减后算出总推动力。以摩尔浓度为总推动力，对应液相总传质系数；以压差为总推动力，对应气相总传质系数。

吸收的传质方向是气相进入液相，故有 $c_{Ae}>c_{Ai}>c_{Al}$ 和 $p_A>p_{Ai}>p_{Ae}$。因为式(4-48)中的总推动力大于式(4-45)中的分推动力，所以 K_G 必小于 k_g。同理，K_L 必小于 k_l。

传质速率计算与传热、串联电路的计算方法是类似的，即通量等于推动力除以阻力。将传质系数的倒数视为传质阻力，由图4-11的示意图可以看出，传质总阻力 R = 液膜阻力 R_l + 气膜阻力 R_g。如果液膜阻力远远大于气膜阻力，则传质速率受液膜控制，反之则为气膜控制，如果气膜和液膜的阻力相当，传质速率就是受双膜控制。

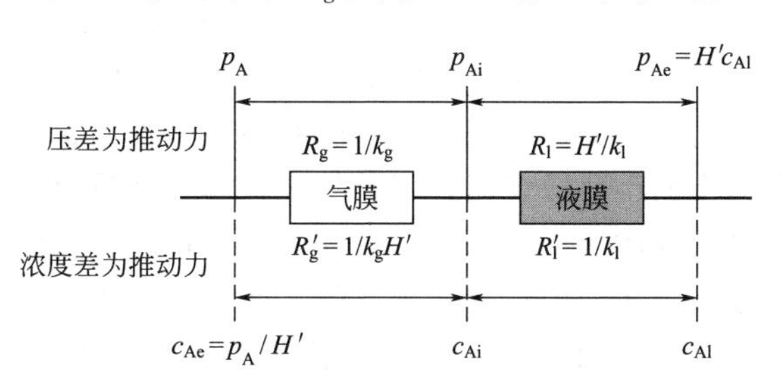

图4-11　传质推动力和传质阻力

显然，当 H'_A 很大，溶质A为难溶气体时，$H'_A/k_l \gg 1/k_g$ 和 $1/k_l \gg 1/H'_A k_g$，于是 $K_G \approx k_l/H'_A$ 和 $K_L \approx k_l$。这时分液相传质系数将直接影响传质速率，气相分传质系数将和传质速率无关，属液膜控制过程。反之，当 H'_A 很小，A为易溶气体时，传质速率将直接和 k_g 成正比，与 k_l 无关，属气膜控制。

传质速率确定后，即可利用传质单元法计算填料层高度 h。h 是传质单元高度与传质单元数的乘积，即

$$h=H_G N_G=H_L N_L \tag{4-53}$$

同样，有

$$h=H_{OG} N_{OG}=H_{OL} N_{OL} \tag{4-54}$$

式中，H_G、H_L 为气相和液相的分传质单元高度，$H_G=\dfrac{G}{k_y a}$，$H_L=\dfrac{L}{k_x a}$；N_G、N_L 为气相和液相的分传质单元数，$N_G=\displaystyle\int_{y_2}^{y_1}\frac{dy}{y-y_i}$，$N_L=\displaystyle\int_{x_2}^{x_1}\frac{dx}{x_i-x}$；$H_{OG}$、$H_{OL}$ 为气相和液相的总传质单元高度，$H_{OG}=\dfrac{G}{K_y a}$，$H_{OL}=\dfrac{L}{K_x a}$；N_{OG}、N_{OL} 为气相和液相的总传质单元数，$N_{OG}=\displaystyle\int_{y_2}^{y_1}\frac{dy}{y-y_e}$，$N_{OL}=\displaystyle\int_{x_2}^{x_1}\frac{dx}{x_e-x}$；$h$ 为填料层高度，m；G、L 分别为单位塔截面积上气体和溶液的摩尔流率，kmol/(m^2·s)；a 为比表面积，m^2/m^3 填料；K_y、K_x 为总传质系数，k_y、k_x 为分传质系数，kmol/(m^2·s)；x、y 为摩尔分数。

传质单元数 N_{OG} 和 N_{OL} 中所含变量只与物系的相平衡和进出口浓度有关，与设备形式和流动状况无关，只反映分离任务的难易程度。H_{OG} 和 H_{OL} 与设备的形式及其操作条件有关，表示完成一个传质单元数所需的填料层高度，反映了吸收设备效能的高低。

稀溶液服从亨利定律，总传质单元高度和气液两相的传质单元高度之间的关系为

$$H_{OG}=H_G+\frac{mG}{L}H_L \tag{4-55}$$

$$H_{OL}=\frac{L}{mG}H_G+H_L \tag{4-56}$$

4.2.5　传质系数关联式

在大多数传质设备中，相际接触界面不易确定，而工程设计往往需要 $k_g a$ 和 $k_l a$ 的数

据，式(4-50) 和式(4-51) 常转换成以下形式

$$\frac{1}{K_{G}a}=\frac{1}{k_{g}a}+\frac{H'}{k_{l}a} \tag{4-57}$$

$$\frac{1}{K_{L}a}=\frac{1}{H'k_{g}a}+\frac{1}{k_{l}a} \tag{4-58}$$

式中，$k_{g}a$ 为液相阻力较小或无液相阻力的传质实验中所得的 K_{G} 和 a 的乘积；$k_{l}a$ 为气相阻力较小或无气相阻力的传质实验中所得的 K_{L} 和 a 的乘积。通常 $k_{g}a$ 可由测定纯液体的蒸发速率而得，或者通过测定易溶气体的吸收速率（水吸收氨）得到。而 $k_{l}a$ 可通过测定难溶气体的吸收速率（如纯水吸收 CO_2、O_2、N_2等）而得。在很多工程计算中，都采用体积传质系数 $K_{G}a$ 或 $K_{L}a$，可以避免单独获取 a 值和 k 值时的许多困难。

用填料润湿表面积 a_{w}来代替填料干比表面积 a_{t}，可获得真实的传质系数 k_{g} 和 k_{l} 值。恩田和竹内较全面地考虑了 a_{w}的影响因素，得到的关联式为

$$\begin{aligned}\frac{a_{w}}{a_{t}}&=1-\exp\left\{-1.45\left(\frac{\sigma_{c}}{\sigma_{L}}\right)^{0.75}\left(\frac{G_{L}}{a_{t}\mu_{L}}\right)^{0.1}\left(\frac{G_{L}^{2}}{\rho_{L}\sigma_{L}a_{t}}\right)^{0.2}\left(\frac{a_{t}G_{L}^{2}}{\rho_{L}^{2}g}\right)^{-0.05}\right\}\\&=1-\exp\left\{-1.45\left(\frac{\sigma_{c}}{\sigma_{L}}\right)^{0.75}Re_{L}^{0.1}We_{L}^{0.2}Fr_{L}^{-0.05}\right\}\end{aligned} \tag{4-59}$$

润湿表面不但与液体空塔质量流速 G_{L}、液体的物性（μ_{L}、ρ_{L}、σ_{L}）以及填料干比表面积 a_{t} 有关，还与填料材质的润湿性能有关，即材料的临界表面张力 σ_{c}。σ_{c} 是与该材料的接触角为 0°时的液体的表面张力，其值可见表 4-3。

表 4-3 填料材质的临界表面张力 σ_{c}

填料材质	玻璃	瓷质	聚氯乙烯	聚乙烯	石墨	钢质	石蜡
$\sigma_{c}/(\times10^{3}N/m)$	73	61	40	30	60～65	71	20

式(4-59) 的适用范围是：液相 Reynold 数 Re_{L} 0.04～500；液相 Weber 数 We_{L} 1.2×10^{-8}～0.7；液相 Froude 数 Fr_{L} 2.5×10^{-9}～1.8×10^{-2}；$\frac{\sigma_{c}}{\sigma_{L}}$ 0.3～2。

根据双膜论，传质膜对分子扩散的阻力主要体现在膜厚度 δ 上，而 δ 主要与系统的流体力学特性有关，因此与 Reynold 数、Schmidt 数有关。针对不同几何形状的系统，可以推导出无量纲群形式的关联式，例如气膜分传质系数的 Sherwood 数可整理成以下形式

$$Sh=(k_{g}/G)\cdot Re\cdot Sc=St\cdot Re\cdot Sc=f(Re,Sc) \tag{4-60}$$

式中，Sh 为 Sherwood 数，$Sh=\frac{k_{g}d}{D_{g}}$，d 为填料当量直径；St 为 Stanton 数，$St=\frac{k_{g}}{G}$；Re 为 Reynolds 数，$Re=\frac{Gd}{\mu_{g}(1-\varepsilon)}$，$\varepsilon$ 为填料层孔隙率；Sc 为 Schmidt 数，$Sc=\frac{\mu_{g}}{\rho_{g}D_{g}}$，其物理意义为流体膜厚度与传质膜厚度的乘积。

基于式(4-60)，Charpentier 给出了公称直径大于 15cm 的填料的气膜分传质系数关联式

$$\frac{k_{g}p}{G}=5.3\,(ad)^{-1.7}\left(\frac{Gd}{\mu_{g}}\right)^{-0.3}\left(\frac{\mu_{g}}{\rho_{g}D_{g}}\right)^{-0.5} \tag{4-61}$$

式中，k_{g}为气膜分传质系数，kmol/(m² · s · Pa)；G 为表观气体流率，kmol/(m² · s)；d 为填料公称直径，m；μ_{g} 为气体黏度，N · s/m²；ρ_{g} 为气体密度，kg/m³；D_{g} 为气体扩散系数，m²/s。

液膜分传质系数也有类似于式(4-60)的结果。由 St 数与 Re 数、Sc 数的关系，分传质系数一般表达成 Re 数和 Sc 数的函数，液膜分传质系数可表示成如下形式

$$\frac{k_1 a}{D_1}=c_0 Re^{c_1} \cdot Sc^{c_2}=g(Re,Sc) \tag{4-62}$$

式中，c_0、c_1、c_2为模型参数，由实验数据拟合得到。

Sherwood 和 Holloway 给出了不同尺寸的瓷拉西环、瓷鞍形环和瓷螺旋环填料的液膜传质系数关联式，对 10～50mm 的拉西环和 16～38mm 的鞍形环、瓷螺旋环，其式如下

$$\frac{k_1 a}{D_1}=\beta\left(\frac{L_G}{\mu_1}\right)^{1-n}\left(\frac{\mu_1}{\rho_1 D_1}\right)^{0.5} \tag{4-63}$$

式中，k_1 为液膜传质系数，m/s；a 为填料比表面积，m^2/m^3；D_1 为溶质在液体中的扩散系数，m^2/s；L_G 为液体质量流率，$kg/(m^2 \cdot s)$；ρ_1 为液体密度，kg/m^3；μ_1 为液体的动力黏度，$N \cdot s/m^2$；β 和 n 是与填料类型和尺寸有关的常数，其值可以从文献查取。

恩田（Onda）等基于式(4-59)建立了传质系数与传质单元高度的关联式，将湿比表面积 a_w 纳入了关系式

$$H_1=\frac{G_1}{k_1 a_w \rho_1} \tag{4-64}$$

$$H_g=\frac{G_g}{k_g a_w \rho M_g} \tag{4-65}$$

并给出气、液分传质系数各自的特征数关联式

液相 $$k_1\left(\frac{\rho_1}{g\mu_1}\right)^{1/3}=0.0051\left(\frac{G_1}{a_w \mu_1}\right)^{2/3}\left(\frac{\mu_1}{\rho_1 D_1}\right)^{-1/2}(a_t d_p)^{0.4} \tag{4-66}$$

气相 $$k_g\left(\frac{RT}{a_t D_g}\right)=5.23\left(\frac{G_g}{a_t \mu_g}\right)^{0.7}\left(\frac{\mu_g}{\rho_g D_g}\right)^{1/3}(a_t d_p)^{-2} \tag{4-67}$$

需要注意的是，采用上述关联式计算传质系数时，必须明确各物理量的量纲。

4.2.6 化学吸收传质速率与增强因子

化学吸收的传质速率是通过物理吸收传质速率结合增强因子来求取的。图 4-12 为吸收过程中液膜传质的浓度分布示意图。物理吸收中组分 A 在液膜中的溶解速率服从于费克定律

$$N_A=-D_{A1}\left(\frac{dc_A}{dx}\right)_{DE} \qquad 0 \leqslant x \leqslant \delta_1 \tag{4-68}$$

A 的浓度变化可以用直线 DE 表示，其斜率即为浓度梯度 dc_A/dx。当液膜中伴有化学反应以后，化学反应速率较快，组分 A 在液膜中边扩散边反应，此时的浓度变化不再保持直线，而变成一条向下弯曲的曲线（见图 4-12）。曲线 DE 表示存在化学反应时液膜内的浓度分布。而在界面 D 点的位置，其扩散速率的大小可由曲线在 D 点的切线 DD' 的斜率表示

$$x=0 \quad N_A=-D_{A1}\left(\frac{dc_A}{dx}\right)_{DD'} \tag{4-69}$$

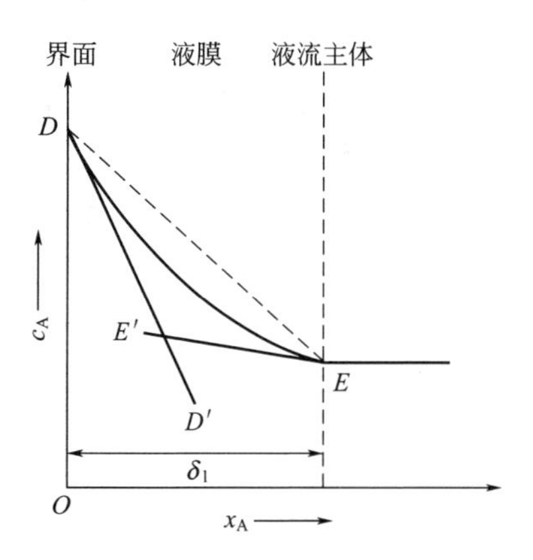

图 4-12 液膜传质的浓度分布

显然，此时 A 的扩散通量应该包括通过液膜扩散传递的量与在液膜中 A 和反应物 B 生成产物而消耗

(传递）的量之和。根据传递的连续性，在膜厚δ处E点的位置，A向液相主体扩散的速率可由曲线在E点的切线EE'的斜率来表示，即

$$x=\delta_1 \quad N_A=-D_{Al}\left(\frac{dc_A}{dx}\right)_{EE'} \tag{4-70}$$

于是，两者反应速率之差即是在膜中反应量m_r的量度

$$m_r=-D_{Al}\left[\left(\frac{dc_A}{dx}\right)_{DD'}-\left(\frac{dc_A}{dx}\right)_{EE'}\right] \tag{4-71}$$

吸收速率由扩散系数和浓度梯度的乘积度量。若扩散系数为恒定值，则浓度梯度（相当于斜率）的大小就可间接代表吸收速率的快慢。如此，化学吸收在界面处的速率为DD'的斜率，物理吸收的速率可表示为DE的斜率，两者之比则表示在传质推动力相同时，化学吸收速率比纯物理吸收速率增加的倍数，常把它称为增强因子，以符号β表示

$$\beta=\frac{DD'\text{斜率}}{DE\text{ 斜率}}>1 \tag{4-72}$$

因此，只要了解液膜中浓度分布即$c_A=f(x)$以后，通过求导，按界面上扩散速率来计算化学吸收速率和确定β值，这样，化学吸收速率就相当于纯物理吸收速率的β倍，即

$$N_A=k_g(p_{Ag}-p_{Ai})=\beta k_l(c_{Ai}-c_{Al}) \tag{4-73}$$

$$N_A=K_G(p_{Ag}-p_{Ae})=K_L(c_{Ae}-c_{Al}) \tag{4-74}$$

$$\frac{1}{K_G}=\frac{1}{k_g}+\frac{H'}{\beta k_l} \tag{4-75}$$

$$\frac{1}{K_L}=\frac{1}{H'k_g}+\frac{1}{\beta k_l} \tag{4-76}$$

可以看出，β仅降低液膜阻力，而不影响气相传质分系数，对于同时计及气相和液相阻力影响的传质总系数，显然β对其会有影响。

综上所述，气膜和液膜阻力对物理吸收和化学吸收都有影响，化学反应的存在，能降低液膜阻力，并提高吸收速率。对于气膜一侧，假定气相主体中传质是以涡流为主的对流扩散，溶质A的浓度均匀一致，则主体无阻力，气相一侧的阻力主要是气膜阻力。在气膜中，物理吸收与化学吸收的不同点是，化学平衡将改变界面处和液相主体中溶质A的平衡分压，由此产生的气相分传质推动力的增大也将使化学吸收在气相的传质速率比物理吸收的要大。从物理吸收的角度来看，液相一侧的吸收机理和气相一侧的机理相差无几。但对于化学吸收，由于吸收剂中的反应物B朝着A扩散的反方向进行扩散，两者在相遇处，不论是在液相主体，还是在液膜处，都可发生化学反应，由此造成溶质A和生成物M的物理扩散、溶质A与反应物B的化学反应在液相中交叉进行。一般情况下化学反应促进传质。

【例 4-3】 为了研究气液系统在填料塔中的传质情况，在25℃下将氧从水中解吸进入空气，所用的流动条件下，塔的$k_la=0.0100\text{s}^{-1}$。根据水从空气中吸收氨的测定，扣除液相阻力后，得到相同条件下（25℃及常压）$k_ga=0.00100\text{mol}/(\text{s}\cdot\text{m}^3\cdot\text{Pa})$。试确定以下各种情况气相阻力所占的分数和液相阻力所占的分数。

$$f_G=\frac{K_Ga}{k_ga} \tag{a}$$

$$f_L=\frac{K_La}{k_la} \tag{b}$$

显然，$f_L=1-f_G$。在25℃，氧在水中的扩散系数$D_{O_2-H_2O}=2.4\times10^{-9}\text{m}^2/\text{s}$，氨在

空气中的扩散系数 $D_{NH_3-Air}=2.3\times10^{-5}m^2/s$。下列各系统都在25℃下操作：(1) 水吸收空气中的氨，是稀溶液。氨在水中的亨利系数为 $2.37m^3\cdot Pa/mol$，在水中的扩散系数 $D_{NH_3-H_2O}=2.3\times10^{-9}m^2/s$。(2) 水吸收空气中的 CO_2。CO_2 在水中的亨利系数为 $3040m^3\cdot Pa/mol$，$D_{CO_2-H_2O}=2.0\times10^{-9}m^2/s$。(3) 碱液吸收空气中的 CO_2，按不存在化学反应时的溶解度计算其推动力，CO_2 的 k_l 加大到100倍。(4) 水从空气-乙醇混合气体中吸收乙醇，$D_{C_2H_5OH-Air}=1.18\times10^{-5}m^2/s$，$D_{C_2H_5OH-H_2O}=1.24\times10^{-9}m^2/s$。25℃下乙醇蒸气在水稀溶液中的亨利系数为 $0.868m^3\cdot Pa/mol$。

解：随溶质扩散系数的改变，k_la 和 k_ga 必须加以修正。为此液相和气相传质系数受扩散系数的影响分别为 $k_l\propto D_L^{0.5}$ 和 $k_g\propto D_G^{2/3}$

由于氧是难溶气体，属液膜控制，因此有 $K_La\approx k_la$

(1)
$$k_la=(k_la)_{O_2}\left(\frac{D_{NH_3}}{D_{O_2}}\right)^{0.5}=0.0100\times\left(\frac{2.3}{2.4}\right)^{0.5}=0.0098s^{-1}$$

$$k_ga=(k_ga)_{NH_3}=0.00100mol/(s\cdot m^3\cdot Pa)$$

$$\frac{1}{k_ga}=1000m^3\cdot Pa\cdot s/mol$$

$$\frac{H'_{NH_3}}{k_la}=\frac{2.37}{0.0098}=241m^3\cdot Pa\cdot s/mol$$

$$\frac{1}{K_Ga}=\frac{1}{k_ga}+\frac{H'}{k_la}=1241m^3\cdot Pa\cdot s/mol$$

$$f_g=\frac{K_Ga}{k_ga}=\frac{1000}{1241}=0.81$$

此系统主要是气相控制，但液相阻力的影响也不可忽视。

(2)
$$k_la=0.0100\times\left(\frac{2.0}{2.4}\right)^{0.5}=0.0091s^{-1}$$

$$k_ga=0.00100\times\left(\frac{1.59}{2.3}\right)^{2/3}=0.00078mol/(m^3\cdot Pa\cdot s)$$

25℃下 CO_2 在水中的传质阻力为

$$\frac{H'_{CO_2}}{k_la}=\frac{3040}{0.0091}=3.34\times10^5m^3\cdot Pa\cdot s/mol$$

$$\frac{1}{k_ga}=\frac{1}{0.00078}=1282m^3\cdot Pa\cdot s/mol$$

$$f_g=\frac{1282}{1282+3.34\times10^5}=0.0038$$

此系统为高度液膜控制。

(3) 把 k_la 增加100倍，故 $H'_{CO_2}/(k_la)=3.34\times10^3$，其他均不变

$$f_g=\frac{1282}{1282+3.34\times10^3}=0.28$$

由于 k_l 大大增加，系统已转变为两相阻力都是主要的。

(4)
$$k_la=0.0100\times\left(\frac{1.24}{2.4}\right)^{0.5}=0.00719s^{-1}$$

$$k_ga=0.00100\times\left(\frac{1.18}{2.3}\right)^{2/3}=0.000641mol/(m^3\cdot Pa\cdot s)$$

$$\frac{H'_{乙醇}}{k_1 a}=\frac{0.869}{0.00719}=120.8\text{m}^3\cdot\text{Pa}\cdot\text{s/mol}$$

$$\frac{1}{k_g a}=\frac{1}{0.000641}=1560\text{m}^3\cdot\text{Pa}\cdot\text{s/mol}$$

$$f_g=\frac{1560}{1560+120.8}=0.93$$

此系统基本属气膜控制。

由上例可以看出溶解度（亨利系数）是判断传质控制步骤的决定性因素。化学吸收可以增大气体溶解度，提高液膜传质分系数，促使纯液膜控制向双膜控制转化。对于化学吸收的传质系数值，则以物理吸收为基础，全力求出 β 值即可。

4.3 吸收和解吸过程的简捷计算

化工生产中最为常见的吸收是多组分吸收。多组分吸收的基本原理和单组分吸收相同，但多组分吸收存在自己的特点。吸收过程一般为单相传质过程，进塔到出塔的气相（由下到上）流率逐渐减小，而液相（由上到下）流率不断增大。多组分吸收中，吸收量大，流率的变化也大，不能按恒摩尔流处理。吸收操作中，吸收量沿塔高分布不均，因而溶解热分布不均，使得吸收塔温度分布情况比较复杂。在多组分吸收中，各溶质组分的沸点范围很宽，有些组分在操作条件下已接近或超过其临界状态，不再遵循拉乌尔定律，若用单组分吸收计算中采用的那些旨在简化计算的假设来处理多组分吸收，就可能会产生较大的误差。因此，要获得精确的结果，必须采用上一章的严格计算法中的流率加和法或全变量迭代法。本节所介绍的简捷计算法用于过程设计的初始阶段和对操作的简要分析，既节省时间又能获得基本满意的结果，并可为严格计算提供初值等，即使在计算机已广泛应用的今天，也有其实用价值。

4.3.1 平均吸收因子法

Kremser 提出了吸收因子法，可以对塔的进出口组成和理论板数进行近似计算。这种方法虽不能像逐板计算法那样提供沿填料层高度的塔内的浓度和温度分布数据，但由于计算简单，不但在低浓度多组分吸收的场合中使用，还可应用于高浓度吸收的近似计算。

如图 4-13 所示的具有 N 块理论板的吸收塔，用吸收剂吸收混合气中某些组分。对于任一吸收组分，作塔顶到第 N 级的物料衡算应有

$$g_N=g_1+l_{N-1} \tag{4-77}$$

任一吸收组分的气、液相流率为

$$g=yG \tag{4-78}$$

$$l=xL \tag{4-79}$$

且 $l_0=0$。每一级均存在平衡关系，第 N 级满足

$$y_N=mx_N \tag{4-80}$$

联立式(4-78)～式(4-80)，g_N 变成

$$g_N=\frac{l_N}{(L_N/mG_N)} \tag{4-81}$$

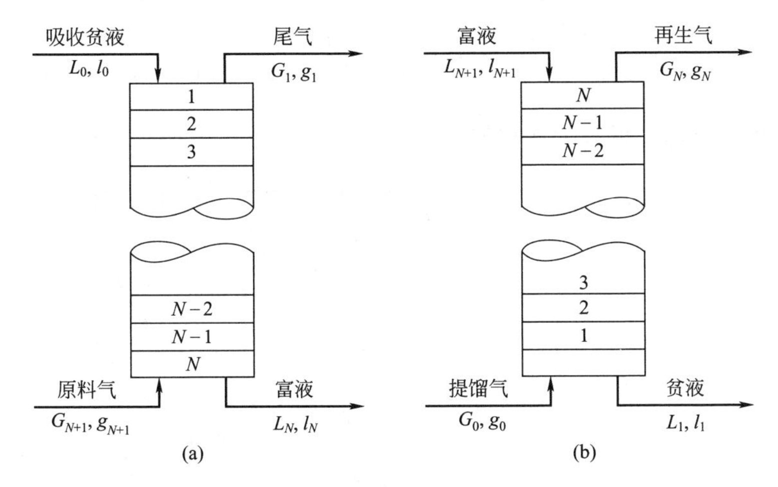

图 4-13　多级逆流吸收设备

令 $A=L/mG$ 为吸收因子，于是

$$g_N=l_N/A \tag{4-82}$$

将式(4-82) 代入式(4-77)，有

$$l_N=(l_{N-1}+g_1)A_N \tag{4-83}$$

同样的方法，l_{N-1}可以由第 1 级和第 $N-2$ 级计算得到。更简单的方法是，将式(4-83) 的下标 N 用其他板号替代，例如第 $N-1$ 块板的公式，只要将式(4-83) 的下标 N 用 $N-1$ 替代即可得到

$$l_{N-1}=(l_{N-2}+g_1)A_{N-1} \tag{4-84}$$

将式(4-84) 代入式(4-83) 可得

$$l_N=l_{N-2}A_{N-1}A_N+g_1(A_N+A_{N-1}A_N) \tag{4-85}$$

继续做代入消去法，直至塔顶，即 $g_1A_1=l_1$ 处，于是

$$l_N=g_1(A_1A_2A_3\cdots A_N+A_2A_3\cdots A_N+A_3\cdots A_N+\cdots+A_N) \tag{4-86}$$

根据全塔物料衡算

$$l_N=g_{N+1}-g_1 \tag{4-87}$$

上两式联立，最终可得

$$g_1=g_{N+1}\phi_A \tag{4-88}$$

此外，定义 ϕ_A 为未被吸收的溶质所占的百分率，表示吸收不完善程度

$$\phi_A=\frac{1}{A_1A_2A_3\cdots A_N+A_2A_3\cdots A_N+A_3\cdots A_N+\cdots+A_N+1} \tag{4-89}$$

若假定 $A_1=A_2=A_3=\cdots=A_N$，或选定 A_e作为塔的有效平均吸收因子来代替各级的吸收因子，则

$$\phi_A=\frac{1}{A_e^N+A_e^{N-1}+\cdots+A_e+1} \tag{4-90}$$

分母的等比级数求和由定义，得

$$\phi_A=\frac{A_e-1}{A_e^{N+1}-1}=\frac{y_1-y_{1e}}{y_{N+1}-y_{1e}} \tag{4-91}$$

对于已定分离要求（如关键组分吸收率为 η，$\eta=1-\phi_A$）而板数未知的设计型计算，上式可变为

$$N=\frac{\ln\left\{\left[\left(1-\frac{1}{A}\right)/\phi_{\mathrm{A}}\right]+\frac{1}{A}\right\}}{\ln A}=\frac{\ln\left(\frac{A-\eta}{1-\eta}\right)}{\ln A}-1 \tag{4-92}$$

图 4-14 绘出了以理论板数为参数的 A-ϕ_{A} 图。

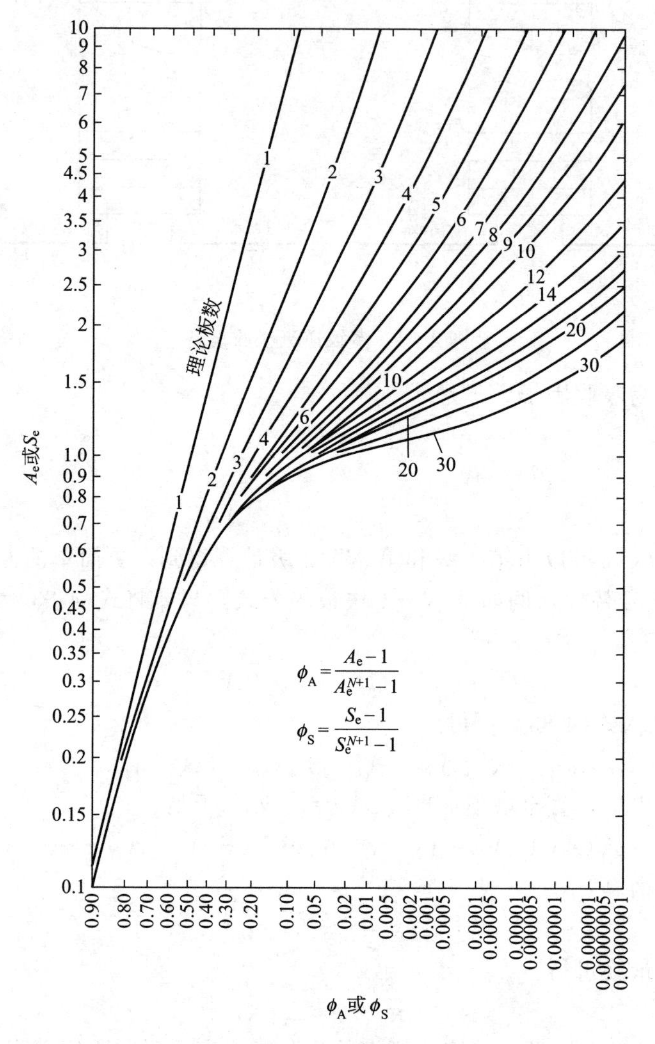

图 4-14 理论板数 A-ϕ_{A}

如果气相默弗里板效率 E_{MV} 为常数，则实际级数可由下式给出

$$N_{实}=\frac{\ln\left\{\left[\left(1-\frac{1}{A}\right)/\phi_{\mathrm{A}}\right]+\frac{1}{A}\right\}}{-\ln\left[1+E_{\mathrm{MV}}\left(\frac{1}{A}-1\right)\right]} \tag{4-93}$$

Kremser 方程［式(4-91)～式(4-93)］与传质方向无关。尽管上述方程是依据吸收塔的情况推导而得，但同样适合于气提塔，即图 4-13（b）所示的解吸塔，满足下列关系

$$l_1=l_{N+1}\phi_{\mathrm{S}} \tag{4-94}$$

$$\phi_{\mathrm{S}}=\frac{S_{\mathrm{e}}-1}{S_{\mathrm{e}}^{N+1}-1}=\frac{x_1-x_{1\mathrm{e}}}{x_{N+1}-x_{1\mathrm{e}}} \tag{4-95}$$

$$S=\frac{mG}{L} \tag{4-96}$$

上述关系式同样绘制于图4-14，对于板数不多的塔，可以图解求得。

对于塔板数已固定的操作型问题，用下式计算吸收率 η 更方便

$$\eta=1-\phi_A=\frac{y_{N+1}-y_1}{y_{N+1}-y_{1e}}=\frac{A^{N+1}-A}{A^{N+1}-1} \tag{4-97}$$

吸收过程设计需要确定最小液气比 $(L/G)_{min}$。吸收的最小液气比与精馏的最小回流比类似，都是平衡线与操作线相交，达到分离要求需要无穷块理论板。ϕ_A 或 ϕ_S 越小，溶质脱除率越高。A 值在1左右时，脱除率对 A 值的变化特别敏感。当 $(L/mG)<1$ 时，图4-14和式(4-91)都表示在 $N\to\infty$ 时，ϕ_A 趋于定值，该渐近值是 $\phi_A\to 1-(L/mG)=1-A$。$(L/G)_{min}$ 对应的最小吸收因子 A_{min} 严格限制了脱除率，即当 $(L/mG)=0.2$ 时，无论塔板数为多少，还是进塔为不含溶质的纯吸收剂，出塔气体仍残留80%的溶质。这一结果是由塔底平衡所造成的，除了增加 (L/mG) 值即 L/G 值，别无他法。对多组分吸收来说，所需的 L/G 值将由关键组分即分离要求指定的吸收组分来确定。关键组分的 L/G 必须足够大，使得其吸收因子 $A_{AK}>1$。

由上述分析可知，吸收时的最小吸收剂用量在 $N=\infty$ 时给出，且最小液气比 $(L/G)_{min}$ 对应的最小吸收因子 $A_{min}<1$，由式(4-97)得到

$$(L/G)_{min}=m_K(1-\phi_{AK})=m_K\eta_{AK} \tag{4-98}$$

式中，下标K指关键组分。

在有限板数的情况下，提高液气比有利于 ϕ_{AK} 的降低。但当 (L/mG) 超过3以后，再增加液气比所获得的增益不大，典型设计的液气比取 $(L/G)_{min}$ 的1.2～2.0倍，常用1.4左右。

【例4-4】 用不挥发的烃类液体为吸收剂，平均吸收温度为38℃，操作压力为1.013MPa，要求 i-C_4H_{10} 的回收率为90%。原料气组成 $y_{i,N+1}$（摩尔分数）和操作条件下的相平衡常数 m_i 如表4-4所示。

表4-4 例4-4数据表

组成	CH_4	C_2H_6	C_3H_8	i-C_4H_{10}	n-C_4H_{10}	i-C_5H_{12}	n-C_5H_{12}	n-C_6H_{14}
$y_{i,N+1}$	76.5	4.5	3.5	2.5	4.5	1.5	2.5	4.5
m_i	17.4	3.75	1.3	0.56	0.4	0.18	0.144	0.056

计算：(1) 最小液气比；(2) 操作液气比为最小液气比的1.1倍时所需的理论板数；(3) 各组分的吸收率和塔顶尾气的数量和组成；(4) 塔顶的吸收剂加入量。

解：(1) 最小液气比 $(L/G)_{min}$

i-C_4H_{10} 为关键组分，在最小液气比下，$N=\infty$。

$$(L/G)_{min}=m_K(1-\phi_{AK})=m_K\eta_{AK}=0.56\times0.9=0.504$$

(2) 理论板数 N

操作液气比 (L/G)

$$L/G=1.1(L/G)_{min}=1.1\times0.504=0.5544$$

i-C_4H_{10} 的吸收因子 A_K 为

$$A_K=\frac{L}{m_KG}=\frac{0.5544}{0.56}=0.99$$

由式(4-92)，理论板数为

$$N=\frac{\ln\left(\frac{A-\eta}{1-\eta}\right)}{\ln A}-1=\frac{\ln\frac{0.99-0.9}{1-0.9}}{\ln 0.99}-1=9.48$$

(3) 进气和尾气中各组分数量和组成

由 (L/G) 和相平衡常数计算各组分的吸收因子 A_i，再由式(4-97) 计算各组分吸收率 η_i，结果如表 4-5 所示。

表 4-5　进气和尾气中各组分数量和组成

组分 i	进气 $g_{i,N+1}$ /(kmol/h)	吸收因子 A_i	吸收率 $\eta_i=1-\phi_i$	尾气	
				$g_{i,1}=g_{i,N+1}\phi_i$ /(kmol/h)	$y_{i,1}$(摩尔分数) /%
CH_4	76.5	0.032	0.032	74.05	92.3
C_2H_6	4.5	0.148	0.148	3.834	4.8
C_3H_8	3.5	0.426	0.426	2.009	2.5
i-C_4H_{10}	2.5	0.99	0.90	0.250	0.3
n-C_4H_{10}	4.5	1.386	0.99	0.045	0.06
i-C_5H_{12}	1.5	3.08	1.00	0.0	0.0
n-C_5H_{12}	2.5	3.85	1.00	0.0	0.0
n-C_6H_{14}	4.5	9.9	1.00	0.0	0.0
合计	100.0			80.19	100.0

(4) 塔顶加入的吸收剂量

由进气和尾气的流率计算塔内气体的平均流率

$$G=\frac{G_{N+1}+G_1}{2}=\frac{100+80.19}{2}=90.10\text{kmol/h}$$

由塔顶和塔底的液流率计算塔内吸收液平均流率

$$L=\frac{L_0+L_N}{2}=\frac{L_0+[L_0+(G_{N+1}-G_1)]}{2}=L_0+9.905$$

平均液气比 $L/G=(L_0+9.905)/90.10=0.5544$，解得：$L_0=40.05\text{kmol/h}$

4.3.2 有效平均吸收因子法

(1) 吸收

实际上，工业吸收过程大都采用吸收-再生过程。由于再生的不完全，往往 $x_0\neq0$，而 $l_0=Lx_0\neq0$。所以全塔的物料衡算应是

$$g_1=g_{N+1}\phi_A+l_0(1-\phi_S) \tag{4-99}$$

上式即为吸收塔操作线的一般式。求解该式需获得吸收因子和解吸因子，以计算 ϕ_A 和 ϕ_S 值。Edmister 建议采用如下计算式求取有效平均吸收或解吸因子

$$A_e=[A_N(A_1+1)+0.25]^{1/2}-0.5 \tag{4-100}$$

$$S_e=[S_1(S_N+1)+0.25]^{1/2}-0.5 \tag{4-101}$$

它们精确地适用于二级绝热吸收塔和近似地适用于多级绝热吸收塔。

要知道塔顶和塔底的 A 和 S 值，还必须知道该级的温度和气液流率。对于流率

$$G_2=G_1\left(\frac{G_{N+1}}{G_1}\right)^{1/N} \tag{4-102}$$

$$L_1=L_0+G_2-G_1 \tag{4-103}$$

$$G_N=G_{N+1}\left(\frac{G_1}{G_{N+1}}\right)^{1/N} \tag{4-104}$$

液相温度的变化近似正比于气体吸收的体积变化，应有

$$\frac{T_N-T_1}{T_N-T_0}=\frac{G_{N+1}-G_2}{G_{N+1}-G_1} \tag{4-105}$$

上述讨论的几个方程式都是近似式，在设计前期用于研究各变量的影响是十分有用的。

对于多组分系统，当确定了关键组分以后，关键组分将决定其他组分在吸收过程中的吸收程度。对于有些工业吸收过程，例如从天然气中回收汽油组分，属低浓度气体吸收范畴，吸收和解吸因子都是恒量，即 $L_1=L_N=L_0$，$G_1=G_N=G_{N+1}$ 以及 $T_1=T_N=\left(\frac{T_0+T_{N+1}}{2}\right)$。此时，用 Kremser 所提出的方程组直接求解。当处理高浓度吸收时，由于 A 和 S 都沿塔高变化，采用 Edmister 的方法较为合适。

(2) 解吸

进入再生塔进行提馏的气体往往是水蒸气或另一种惰性气体。当它们不含要解吸的任何组分时，提馏剂既不会冷凝下来也不会被吸收，可当作惰性气体处理。此时，传质方向仅仅是从液相到气相的单相传质。所以，计算过程将只需要解吸因子 S_e 值。

计算过程所需的 S_e 的计算式如下

$$S_e=[S_N(S_1+1)+0.25]^{1/2}-0.5 \tag{4-106}$$

为估算 S_1 和 S_N 值，可采用下列各式

$$L_2=L_1\left(\frac{L_{N+1}}{L_1}\right)^{1/N} \tag{4-107}$$

$$G_1=G_0+L_2-L_1 \tag{4-108}$$

$$L_N=L_{N+1}\left(\frac{L_1}{L_{N+1}}\right)^{1/N} \tag{4-109}$$

同样

$$\frac{T_{N+1}-T_N}{T_{N+1}-T_1}=\frac{L_{N+1}-L_N}{L_{N+1}-L_1} \tag{4-110}$$

温度差正比于液体的浓度，它由焓平衡方程解得。

追求好的提馏效果，应采用较高的温度和较低的压强。同样，最小提馏剂用量在理论塔板 $N=\infty$ 时求出

$$(G_0)_{\min}=\frac{L_{N+1}}{m_K}(1-\phi_{SK}) \tag{4-111}$$

式(4-111) 适合于 $S_K<1$ 和稀溶液的场合。

4.4 化学吸收过程的分析与计算

化学吸收过程中，化学反应不但改变了相平衡关系，而且降低了传质阻力并增大了传质推动力，从吸收容量和吸收速率两方面强化了传质。本节通过对化学吸收传质特性的分析，

根据化学反应的类型和速率进行分类，重点介绍一级反应、二级反应和瞬间反应的增强因子 β 的计算方法，从而得到化学吸收过程的传质速率式。

4.4.1 化学吸收的分类及其判别

化学吸收过程中吸收剂和其中的反应物一般无挥发性，以致整个化学反应均在液相中进行。尽管如此，化学吸收对该传质过程的总的结果必然产生两方面的影响。

① 加大推动力。溶解于液相的溶质 A 被反应消耗而产生其他新的物质，吸收容量增大，还使得液相主体中 A 的浓度和液面处 A 组分的平衡分压都将比纯物理吸收要低得多。

② 提高吸收速率。化学吸收速率可以比物理吸收的传质速率大 2 个数量级或更大。好的化学吸收剂甚至可以使整个吸收过程变为气膜控制的传质过程。

在化学吸收过程中，气膜扩散、液膜扩散和化学反应三者共同决定整个过程的总速率。下面的内容将对化学吸收过程进行分类，并找出其判别条件。

(1) 化学反应可忽略的物理吸收过程

液相中溶质与溶剂（或吸收剂中的反应物）之间的反应量极少，以致化学反应量与物理溶解量相比可以忽略，此时即可视为物理吸收过程，即

$$\text{液相中的总反应量} \ll \text{扩散所传递的量} \tag{4-112}$$

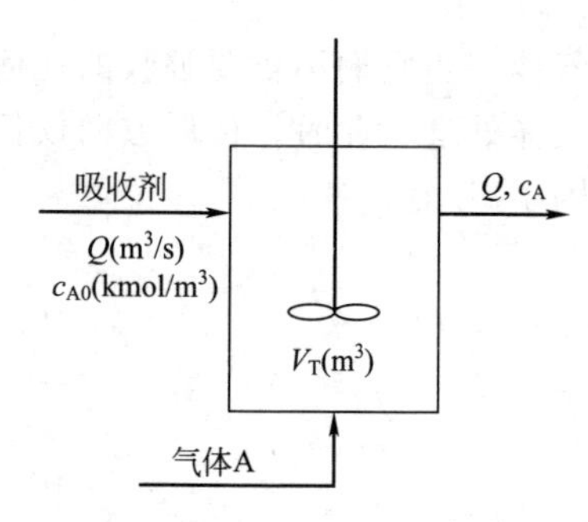

图 4-15 吸收器的出、进口浓度

以一级或拟一级化学反应为例，反应速率 $r=k_{\mathrm{I}}^{*}c_{\mathrm{A}}$，kmol/(m^3·s)，其中 k_{I}^{*} 为反应速率常数，s^{-1}。如图 4-15所示，当吸收器（塔）中液相的总体积为 V_{T}，m^3，若吸收器（塔）内液相的流量为 Q，m^3/s，c_{A0} 和 c_{A} 分别为吸收器（塔）的进、出口浓度，kmol/m^3，其扩散所传递的量应是 $Q(c_{\mathrm{A}}-c_{\mathrm{A0}})$，kmol/s。于是，下列不等式成立

$$V_{\mathrm{T}}r \ll Q(c_{\mathrm{A}}-c_{\mathrm{A0}}) \tag{4-113}$$

移项，并令 $\dfrac{Q}{V_{\mathrm{T}}}=\dfrac{1}{\tau}$，有

$$k_{\mathrm{I}}^{*}\tau \ll 1-\frac{c_{\mathrm{A0}}}{c_{\mathrm{A}}} \tag{4-114}$$

对于纯溶剂，进口 $c_{\mathrm{A0}}=0$，于是

$$k_{\mathrm{I}}^{*}\tau \ll 1 \tag{4-115}$$

即存在极缓慢的化学反应的吸收过程中，若吸收液在吸收器内停留时间也很短，液相中的化学反应量将可忽略，把整体过程视为物理吸收。反过来说，对于十分缓慢的化学反应，吸收剂在吸收设备中必须有足够的停留时间。

【例 4-5】 采用 pH 为 10 的碱性溶液在常温下吸收 CO_2，已知 CO_2 和 OH^- 的反应速率 $r=k_{\mathrm{OH^-}}^{*}c_{\mathrm{CO_2}}c_{\mathrm{OH^-}}$，且 $k_{\mathrm{OH^-}}^{*}$ 在常温下为 10^4 m^3/(kmol·s)，该反应作为物理吸收过程的条件是什么？

解： pH＝10 时，$c_{\mathrm{OH^-}}=10^{-4}$ kmol/m^3

将该反应作拟一级反应处理，则 $k_{\mathrm{I}}^{*}=k_{\mathrm{OH^-}}^{*}c_{\mathrm{OH^-}}=10^4\times10^{-4}=1\mathrm{s}^{-1}$，于是，由 $k_{\mathrm{I}}^{*}\tau\ll1$，得 $\tau\ll1$，由题意，当 τ 即溶液在吸收器中的停留时间远小于 1s，该过程即可作为物理吸收处理。

(2) 在液流主体中进行缓慢化学反应的吸收过程

有时，尽管化学反应较缓慢，但停留时间较长或反应条件较好等，都使溶液中的反应量增大。此时，溶质不仅在液膜中进行化学反应，还要扩散到液相主体中去反应。由于液膜一般比液流主体厚度薄得多，溶质在液膜中的反应能力远小于其在液膜中的传递能力，即

$$\text{液膜中反应的量} \ll \text{通过液膜扩散的量} \tag{4-116}$$

仍以一级反应为例，液膜中反应量是 $\delta_l k_{\mathrm{I}}^{*} c_{\mathrm{Ai}}$，其中 δ_l 为液膜的厚度，m。通过液膜的扩散量为 $k_l(c_{\mathrm{Ai}}-c_{\mathrm{Al}})$，其中 c_{Ai} 和 c_{Al} 分别为界面处和液流主体中溶质的浓度，k_l 为物理吸收的液膜传质系数，m/s。界面面积为 F 时，液膜体积为 $F\delta_l$，有不等式

$$F\delta_l k_{\mathrm{I}}^{*} c_{\mathrm{Ai}} \ll F k_l(c_{\mathrm{Ai}}-c_{\mathrm{Al}}) \tag{4-117}$$

由双膜论，溶质在液相的扩散系数为 D_l，则传质液膜厚度 $\delta_l=D_l/k_l$，代入并整理后得

$$\frac{k_{\mathrm{I}}^{*}\delta_l}{k_l}=\frac{D_l k_{\mathrm{I}}^{*}}{k_l^2} \ll 1-\frac{c_{\mathrm{Al}}}{c_{\mathrm{Ai}}} \tag{4-118}$$

令 $M=\frac{k_{\mathrm{I}}^{*}\delta_l}{k_l}=\frac{D_l k_{\mathrm{I}}^{*}}{k_l^2}$，是一个无量纲特征数，称为膜内转化系数。$M$ 反映了化学反应速率与传递速率在液膜中的相对大小。当 $M \ll 1$ 时，说明液膜反应能力远比传递能力小，此时化学反应扩展到液流主体中进行，称为慢反应。

对于慢反应化学吸收过程，在液相主体中存在着一定数量的化学反应，而液膜中的反应量几乎可以忽略，即增强因子 β 接近 1 的工况。其传质速率式可表示为

$$N_{\mathrm{A}}=k_l(c_{\mathrm{Ai}}-c_{\mathrm{Al}}) \tag{4-119}$$

但是，化学反应的影响未消失，在液流主体相中的化学反应使得液相中溶质 A 的含量 c_{Al} 比物理吸收的 c_{Al} 要低得多。液相中的 c_{Al} 可从物料衡算式获得，即液膜的扩散量应是在液流主体中 A 的积累量与化学反应使 A 的减少量之和，即

$$k_l(c_{\mathrm{Ai}}-c_{\mathrm{Al}})\mathrm{d}F=Q_l \mathrm{d}c_{\mathrm{Al}}+r\mathrm{d}V \tag{4-120}$$

符号如前述，并令 $a=\frac{\mathrm{d}F}{\mathrm{d}V}$ 为吸收器中单位积液的表面积，整理上式后，可得

$$c_{\mathrm{Al}}=\frac{k_l a}{k_l a+k_{\mathrm{I}}^{*}}\left(c_{\mathrm{Ai}}-\frac{Q_l}{k_l a}\times\frac{\mathrm{d}c_{\mathrm{Al}}}{\mathrm{d}V}\right) \tag{4-121}$$

当吸收剂用量 Q_l 较小时，物理溶解的积累量几乎可忽略，这时

$$c_{\mathrm{Al}}=\frac{k_l a}{k_l a+k_{\mathrm{I}}^{*}}c_{\mathrm{Ai}} \tag{4-122}$$

于是

$$N_{\mathrm{A}}=\frac{k_l k_{\mathrm{I}}^{*}}{k_l a+k_{\mathrm{I}}^{*}}c_{\mathrm{Ai}} \tag{4-123}$$

对于缓慢反应，$k_l a \gg k_{\mathrm{I}}^{*}$。此时，$c_{\mathrm{Al}} \approx c_{\mathrm{Ai}}$，即吸收速率将完全取决于液相主体化学反应的快慢，这时的吸收速率可以表示为

$$N_{\mathrm{A}}=\frac{k_{\mathrm{I}}^{*}c_{\mathrm{Al}}}{a}=\frac{k_{\mathrm{I}}^{*}c_{\mathrm{Ai}}}{a} \tag{4-124}$$

说明此时单位表面的吸收速率与反应速率常数 k_{I}^{*}、主体浓度 c_{Al} 成正比，而与单位积液的表面积成反比，增加吸收器中的积液总量（如改为鼓泡吸收塔）将能改善反应条件。

【例 4-6】 用 pH =9 的溶液在 20℃下吸收 CO_2，已知 $D_{lCO_2}=1.4\times10^{-9}\,m^2/s$，$CO_2$ 和 OH^- 的二级反应速率常数 $k^*_{OH^-}=10^4\,m^3/(kmol\cdot s)$，液膜传质系数 $k_l=10^{-4}\,m/s$，试问该反应是否属于缓慢反应过程。

解： 二级反应速率可表示为

$$r=k^*_{OH^-}c_{OH^-}c_{CO_2}$$

pH=9 时，溶液中 $c_{OH^-}=10^{-14+9}=10^{-5}\,kmol/m^3$，可将二级反应速率常数写成拟一级形式

$$k^*_I=k^*_{OH^-}c_{OH^-}=10^4\times10^{-5}=0.1s^{-1}$$

$$M=\frac{D_lk^*_I}{k_l^2}=\frac{1.4\times10^{-9}\times0.1}{10^{-8}}=1.4\times10^{-2}\ll1$$

该过程属缓慢反应吸收过程。

(3) 在液膜中进行反应的化学吸收过程

当化学反应速率加快，快到其反应速率远远超过在液膜中的扩散传递速率时，使得扩散进液膜的溶质在液膜内就已反应完毕，此时符合不等式

$$液膜中反应量\gg通过液膜扩散所传递的量 \tag{4-125}$$

即 $M\gg1$。显然，从传质的浓度分布图来看，化学反应的影响越大，弯曲程度越大。有化学反应时，采用双膜模型求取组分 A 的扩散方程，服从费克第二定律，有

$$D\frac{d^2c_A}{dx^2}=r \tag{4-126}$$

由上式结合图 4-16，吸收时，曲线的弯曲度应为 r/D，其中 r 为变值。式(4-126) 的边界条件有 $x=0$，$c_A=c_{Ai}$；$x=\delta$，$c_A=c_{Al}$ 和 $\frac{dc_A}{dx}=0$，现令 $y=\frac{dc_A}{dx}$，代入式(4-126)，得 $y\frac{dy}{dc_A}=r/D$，积分求解可得

$$N_A|_{x=0}=-D\frac{dc_A}{dx}|_{x=0}=\pm D\sqrt{\frac{2}{D}\int_{c_{Al}}^{c_{Ai}}r\,dc_A}=\beta k_l(c_{Ai}-c_{Al}) \tag{4-127}$$

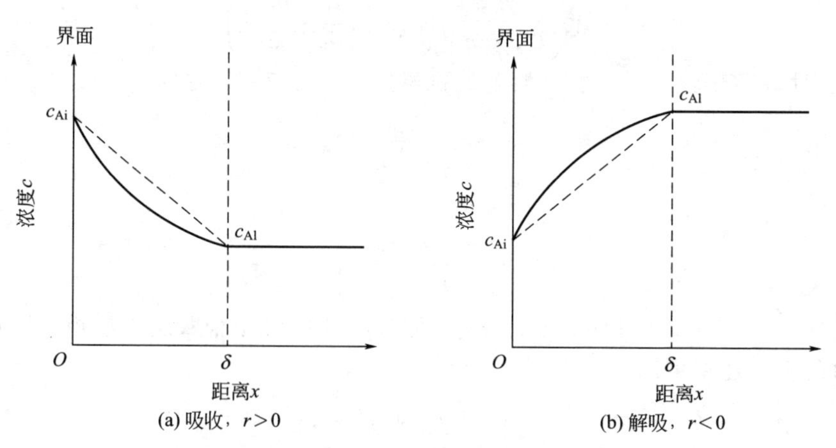

图 4-16 双膜模型的化学吸收与解吸时的浓度分布

引进反应时间 t_r 和扩散时间 t_D 两个概念，由前面传质理论部分的论述，可定义

$$k_1=\sqrt{\frac{D}{t_D}} \tag{4-128}$$

由此，比较式(4-36)、式(4-38)和式(4-42)，有

$$t_D=\frac{\delta^2}{D}=\frac{\pi t_e}{4}=\frac{1}{S} \tag{4-129}$$

t_D 的大小可以通过考察液相流体力学行为获得，也可以由实测的 k_1 值进而求取。对于绝大多数的工业单元，t_D 值在 $4\times10^{-3}\sim4\times10^{-2}$s 的范围内，液相可以获得很好的混合。

由图 4-16(a)，曲线的弯曲度可表达为 r/D，其中 r 可以近似地用其均值代替，即

$$r_{均}=\frac{1}{c_{Ai}-c_{Al}}\int_{c_{Al}}^{c_{Ai}} r\mathrm{d}c_A \tag{4-130}$$

$r_{均}$ 值在吸收时为正，解吸时为负。化学反应较快时，弯曲度十分大，其值远远大于平均浓度梯度与膜厚度的比值，即

$$\frac{r_{均}}{D}\gg\frac{\frac{c_{Ai}-c_{Al}}{\delta}}{\delta} \tag{4-131}$$

则

$$\frac{c_{Ai}-c_{Al}}{r_{均}}\ll\frac{\delta^2}{D}=t_D \tag{4-132}$$

此时的浓度图可看作快反应，其增强因子大于 1。在式(4-132)中，把不等式的左边称为反应时间 t_r，表示化学反应使浓度从 c_{Ai} 改变到 c_{Al} 时所需的时间，即化学反应在平均速率 $r_{均}$ 下使浓度从 c_{Ai} 变为 c_{Al} 所需的时间，可用数学表达式

$$t_r=\frac{c_{Ai}-c_{Al}}{2r_{均}}=\frac{(c_{Ai}-c_{Al})^2}{2\int_{c_{Al}}^{c_{Ai}} r\mathrm{d}c_A} \tag{4-133}$$

该式适用于一级反应，式(4-127)带入了系数 2。从时间因素来看，快反应符合

$$t_D\gg t_r \tag{4-134}$$

扩散时间 t_D 的数量级约为 10^{-2}s。慢反应的 $t_r>10^{-2}$s，快反应 $10^{-2}\text{s}>t_r>10^{-6}$s，对 $t_r<10^{-6}$s 的化学吸收反应，可以认为 $M\rightarrow\infty$，称为瞬间反应，可见 t_r 决定了反应进行的场所。事实上，在快反应与慢反应之间，还存在一过渡区，在这个区内反应既在液膜中进行，又在液相主体中进行，M 既不远大于 1，又不远小于 1，这类过渡区称作中速的化学吸收。

综上所述，以 M 作为划分各类化学反应的依据，将化学反应吸收分类列入表 4-6。

表 4-6　化学反应吸收的分类

反应类别	判别条件	物理意义	反应进行情况	图像
瞬间反应吸收	$M\rightarrow\infty$	反应在液膜中某个面上进行，反应面两侧为物理扩散过程	反应在某个面瞬间完成	p_A　p_{Ai}　c_{Bl}　c_{Ai}

续表

反应类别	判别条件	物理意义	反应进行情况	图像
快速反应吸收	$M\gg1$	液膜反应量远大于通过液膜的扩散量	反应在液膜内进行完毕	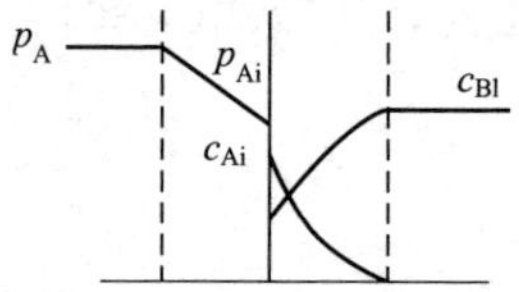 p_A p_{Ai} c_{Bl} c_{Ai}
中速反应吸收	$M\approx1$	液膜反应量与扩散量相当	反应既在液膜中进行，又扩散到主体中去	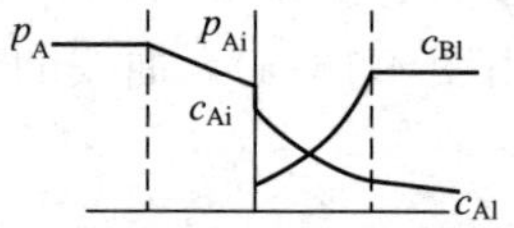 p_A p_{Ai} c_{Bl} c_{Ai} c_{Al}
慢速反应吸收	$1\gg M$	液膜反应量远小于通过液膜的扩散量	反应在液流主体中进行	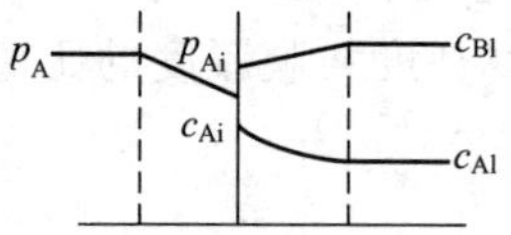 p_A p_{Ai} c_{Bl} c_{Ai} c_{Al}
物理吸收	$1\gg k_1^*\tau$	液相中总反应量远小于扩散传质总量	化学反应可以忽略，按气液膜控制机理处理	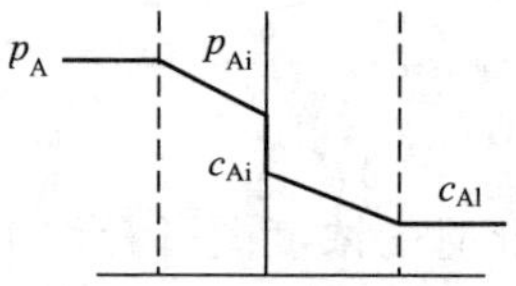 p_A p_{Ai} c_{Ai} c_{Al}

4.4.2 不可逆一级反应化学吸收

化学吸收的传质速率是扩散速率和化学反应速率的综合结果，吸收的极限也同时取决于气液平衡和液相中的化学反应平衡。化学反应发生在液相，忽略吸收剂的挥发性，化学吸收中的气相扩散情况与纯物理吸收相一致。在液相中，既存在着溶质的物理扩散，又存在着溶质和吸收剂的化学反应，同时有吸收剂和反应生成物的扩散传递过程，使总的结果同时受扩散与反应的制约。化学吸收中液相传质的研究一般将按下述步骤进行：①建立液相微元的扩散-反应微分方程。从稳态传质或不稳态传质入手，根据传质模型导得微分方程。②求得液相反应速率式。根据反应的级数、可逆与否以及单组分或多组分反应等特征，推导得到符合该反应特征的速率式。③模型求解。将反应速率方程带入扩散-反应微分方程获得数学模型，求取模型参数。对于化学吸收过程，通常以物理吸收为基准，通过比较液相传质系数提高的倍数——化学反应增强因子 β 值，最终获得伴有化学反应的液相传质系数值。

(1) 扩散-反应方程

现以在液膜中扩散与反应同时进行的化学吸收为例，取液膜中离界面深度为 x 处的微元（厚 dx）考查。在微分时间 dt 内，对于面积为 F、厚度为 dx 的微元进行物料衡算

$$扩散进入量-扩散流出量-反应量=积累量 \tag{4-135}$$

扩散进入量 M_x 应服从费克定律

$$N_x=\frac{M_x}{F\,dt}=-D_1\frac{dc}{dx} \tag{4-136}$$

$$M_x=-D_l\frac{dc}{dx}F\,dt \qquad (4\text{-}137)$$

扩散流出量 M_{x+dx} 同样服从费克定律（见图 4-17）。

$$M_{x+dx}=M_x+\frac{\partial M_x}{\partial x}dx$$

$$=-D_l\frac{dc}{dx}F\,dt-D_l\frac{\partial^2 c}{\partial x^2}F\,dt\,dx \qquad (4\text{-}138)$$

在时间 dt 内，反应量为 M_R

$$M_R=rF\,dx\,dt \qquad (4\text{-}139)$$

dt 时间内，积累在微元中的量 M_a，在稳态时为零，在非稳态时应有

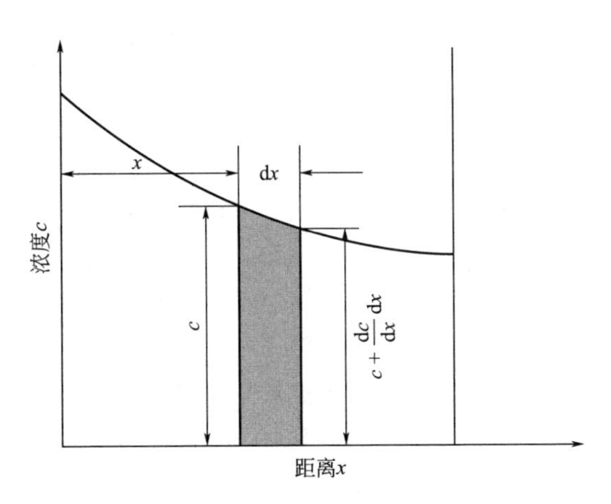

图 4-17　化学吸收液膜内微元的物料平衡

$$M_a=\left(\frac{\partial c}{\partial t}\right)F\,dx\,dt \qquad (4\text{-}140)$$

$$M_x-M_{x+dx}-M_R=M_a \qquad (4\text{-}141)$$

$$-D_l\frac{dc}{dx}F\,dt+D_l\frac{dc}{dx}F\,dt+D_l\frac{\partial^2 c}{\partial x^2}F\,dt\,dx-rF\,dx\,dt=\frac{\partial c}{\partial t}F\,dx\,dt \qquad (4\text{-}142)$$

$$D_l\frac{\partial^2 c}{\partial x^2}-r=\frac{\partial c}{\partial t} \qquad (4\text{-}143)$$

式(4-143) 即为扩散-反应微分方程。其中浓度是传质距离 x 和时间 t 的函数。在稳态传质时，浓度不随时间变化而改变，即 $\frac{\partial c}{\partial t}=0$，式(4-143) 化简为

$$D_l\frac{\partial^2 c}{\partial x^2}=r \qquad (4\text{-}144)$$

本章对传质模型的选择以数学处理的方便与否为首选，因此，后续的推导以双膜论为基础，讨论不同的化学反应机理的模型求解。

(2) 以双膜论处理不可逆一级反应

混合气体中被吸收的溶质 A 和溶液中活性组分 B 进行反应生成产物 Q

$$A+\upsilon B\longrightarrow Q \qquad (4\text{-}145)$$

为不可逆反应，吸收剂中活性组分 B 大大过量，在液膜中的浓度变化可以忽略。于是

$$r=k_{\mathrm{I}}^{*}c_A \qquad (4\text{-}146)$$

其中 $k_{\mathrm{I}}^{*}=k_{\mathrm{II}}^{*}c_B$，反应视为拟一级反应。

由双膜论，液膜中进行稳态传质，将式(4-146) 代入式(4-144) 的扩散-反应方程，可得

$$\frac{d^2c_A}{dx^2}=\frac{k_{\mathrm{I}}^{*}c_A}{D_{Al}} \qquad (4\text{-}147)$$

令 $\bar{c}_A=\frac{c_A}{c_{Ai}}$ 和 $\bar{x}=\frac{x}{\delta_l}$，可将上式无量纲化，即

$$\frac{d^2\bar{c}_A}{d\bar{x}^2}=\delta_l^2\frac{k_{\mathrm{I}}^{*}}{D_{Al}}\bar{c}_A \qquad (4\text{-}148)$$

已知双膜论中 $k_l=\frac{D_{Al}}{\delta_l}$，并令 $M=\frac{D_{Al}k_{\mathrm{I}}^{*}}{k_l^2}$，于是

$$\frac{\mathrm{d}^2\bar{c}_A}{\mathrm{d}\bar{x}^2}=\frac{D_{Al}k_I^*}{k_l^2}\bar{c}_A=M\bar{c}_A \tag{4-149}$$

上述微分方程的通解为

$$\bar{c}_A=c_1\mathrm{e}^{\sqrt{M}\bar{x}}+c_2\mathrm{e}^{-\sqrt{M}\bar{x}} \tag{4-150}$$

c_1 和 c_2 值由边界条件确定。当 $\bar{x}=0$ 即 $x=0$ 时，$c_A=c_{Ai}$，$\bar{c}_A=1$，代入通解，可得

$$c_1+c_2=1 \tag{4-151}$$

当 $\bar{x}=1$ 即 $x=\delta_l$ 时，$c_A=c_{Al}$，$\bar{c}_A=\frac{c_{Al}}{c_{Ai}}$。且应符合在此条件下的物料平衡，即在 $x=\delta_l$ 的界面上，组分 A 向主体扩散的量等于在主体中反应的量，有

$$-D_{Al}\frac{\mathrm{d}c_A}{\mathrm{d}x}\bigg|_{x=\delta_l}=k_I^*c_A(V_l-\delta_l) \tag{4-152}$$

式中，V_l为单位传质表面的积液容积，m^3/m^2。无量纲化上述方程，并令 $\alpha_l=V_l/\delta_l$，它是积液容积（或称积液厚度）与液膜容积（或称液膜厚度）之比，即液相主体与液膜的体积比。

$$-D_{Al}\frac{\mathrm{d}\bar{c}_A}{\mathrm{d}\bar{x}}=\delta_l k_I^*\bar{c}_A(V_l-\delta_l)=\delta_l^2k_I^*\bar{c}_A\left(\frac{V_l}{\delta_l}-1\right) \tag{4-153}$$

$$-\frac{\mathrm{d}\bar{c}_A}{\mathrm{d}\bar{x}}\bigg|_{\bar{x}=1}=\frac{\delta_l^2k_I^*}{D_{Al}}\bar{c}_A(\alpha_l-1)=M\bar{c}_A(\alpha_l-1) \tag{4-154}$$

对通解求导，并与两边界条件联解，可得

$$c_2=1-c_1=\frac{[\sqrt{M}(\alpha_l-1)+1]\mathrm{e}^{\sqrt{M}}}{(\mathrm{e}^{\sqrt{M}}+\mathrm{e}^{-\sqrt{M}})+\sqrt{M}(\alpha_l-1)(\mathrm{e}^{\sqrt{M}}-\mathrm{e}^{-\sqrt{M}})} \tag{4-155}$$

将 c_1、c_2 值代入通解，并由双曲函数 $\mathrm{sh}\sqrt{M}=\frac{\mathrm{e}^{\sqrt{M}}-\mathrm{e}^{-\sqrt{M}}}{2}$ 和 $\mathrm{ch}\sqrt{M}=\frac{\mathrm{e}^{\sqrt{M}}+\mathrm{e}^{-\sqrt{M}}}{2}$，于是

$$\bar{c}_A=\frac{\mathrm{ch}\sqrt{M}(1-\bar{x})+\sqrt{M}(\alpha_l-1)\mathrm{sh}\sqrt{M}(1-\bar{x})}{\mathrm{ch}\sqrt{M}+\sqrt{M}(\alpha_l-1)\mathrm{sh}\sqrt{M}} \tag{4-156}$$

所以，每单位面积的组分 A 的吸收速度 $N_A[\mathrm{kmol/(m^2\cdot s)}]$可用下式表示

$$N_A=-D_{Al}\frac{\mathrm{d}c_A}{\mathrm{d}x}\bigg|_{x=0}=-\frac{D_{Al}c_{Ai}}{\delta_l}\times\frac{\mathrm{d}\bar{c}_A}{\mathrm{d}\bar{x}}\bigg|_{\bar{x}=0}=-k_lc_{Ai}\frac{\mathrm{d}\bar{c}_A}{\mathrm{d}\bar{x}}\bigg|_{\bar{x}=0} \tag{4-157}$$

将 $\bar{c}_A$ 的表达式对 $\bar{x}$ 求导，并在边界条件 $\bar{x}=0$ 时求得吸收速率为

$$N_A=\frac{k_lc_{Ai}\sqrt{M}[\sqrt{M}(\alpha_l-1)+\mathrm{th}\sqrt{M}]}{(\alpha_l-1)\sqrt{M}\,\mathrm{th}\sqrt{M}+1} \tag{4-158}$$

由化学吸收增强因子 β 的定义可知，其值是上述速率与纯物理吸收速率之比。当 $c_{Al}=0$ 时，即取最大传质推动力下的速率进行比较，物理吸收速率 $N_A=k_lc_{Ai}$，于是

$$\beta=\frac{\sqrt{M}[\sqrt{M}(\alpha_l-1)+\mathrm{th}\sqrt{M}]}{(\alpha_l-1)\sqrt{M}\,\mathrm{th}\sqrt{M}+1} \tag{4-159}$$

显然，对于化学吸收中不可逆一级反应，β 值将与反应速率常数 k_I^*、扩散系数 D_{Al}、液膜传质系数 k_l、无量纲厚度 α_l 有关。M 值的大小主要决定反应过程的快慢程度，下面就 M 值在不同的范围，对上述的 β 值作概括的讨论。表 4-7 列出了 $\sqrt{M}$ 与 $\mathrm{th}\sqrt{M}$ 相对应的值

表 4-7　$\sqrt{M}$ 与 th $\sqrt{M}$ 的值

$\sqrt{M}$	0.01	0.1	0.2	0.5	1	2	3	4	5
th $\sqrt{M}$	0.0099996	0.0997	0.1974	0.4621	0.7616	0.9640	0.9951	0.9993	0.99991
$\sqrt{M}$/th $\sqrt{M}$	1.0000	1.0033	1.0133	1.0820	1.3130	2.0746	3.0148	4.0028	5.00045

以供讨论时参考。

① 快反应

$M \gg 1$ 即反应速率很大时，$\sqrt{M}>3$，th $\sqrt{M} \to 1$，式(4-159) 可简化为

$$\beta=\sqrt{M} \tag{4-160}$$

于是

$$N_A=\sqrt{M} k_1 c_{Ai}=c_{Ai}\sqrt{k_I^* D_{Al}} \tag{4-161}$$

此时的吸收速率仅取决于 k_I^*、D_{Al} 和 c_{Ai}，而与 α_1、k_1 无关。所以，传统的增加液相湍动以提高传质速率的方法无效，只有改善反应条件，选择好的吸收剂和提高界面上 A 的浓度等才可能强化传质过程，见图 4-18(a)。

② 中速反应，但 α_1 较大

α_1 较大，有 $(\alpha_1-1)\sqrt{M}\,\text{th}\sqrt{M} \gg 1$ 和 $(\alpha_1-1)\sqrt{M} \gg \text{th}\sqrt{M}$，此时尽管反应在液膜中不能进行完毕，但液相主体的反应能力很强，可以使 $x=\delta_1$ 处 $c_{Al} \approx 0$，式(4-159) 可简化为

$$\beta=\frac{\sqrt{M}}{\text{th}\sqrt{M}} \tag{4-162}$$

可知

$$N_A=\frac{\sqrt{M}}{\text{th}\sqrt{M}} k_1 c_{Ai} \tag{4-163}$$

这种情况下，α_1 远远大于 1(α_1 通常在 $10 \sim 10^4$ 之间，填料塔 α_1 为 $10 \sim 100$，鼓泡塔 α_1 为 $100 \sim 10^4$)，以致在液膜与主体的交界处组分 A 仍能反应完毕，见图 4-18(b)。

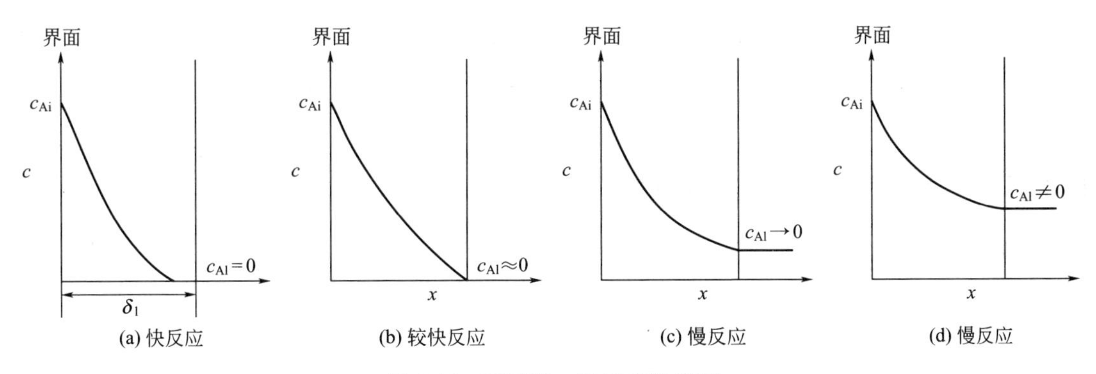

图 4-18　不可逆一级反应浓度图

③ 慢反应

$M \ll 1$，即反应速率极慢时，反应将在液相主体中完成，由表 4-7 可以看到，$\sqrt{M}<0.2$ 的情况下 th $\sqrt{M} \to \sqrt{M}$，于是

$$\beta=\frac{\alpha_1 M}{\alpha_1 M-M+1} \tag{4-164}$$

式中，$\alpha_1 M=\frac{V_1}{\delta_1}\times\frac{D_{Al}k_I^*}{k_1^2}=\frac{V_1}{\delta_1}\times\frac{\delta_1 k_I^*}{k_1}=\frac{V_1 k_I^* c_{Ai}}{k_1 c_{Ai}}$，它代表了液相主体的化学反应速率（或

反应量）与液膜物理传质速率（或传质量）之比，可用于判断上述两者的相对大小。

对于上述 β 的表达式，尽管 $M \ll 1$，只要 $\alpha_1 M$ 值远大于 1，这时 β 值有可能接近 1。例如，当 $M=0.01$ 时，希望 α_1 大些，若选用鼓泡塔并使 α_1 值达 4000，则 $\alpha_1 M=40$，可知 $\beta=0.976$。这时出现图 4-18(c) 的情况，即化学反应很慢，使反应主要在液相主体中进行，但利用鼓泡塔液相容积大的特点，液相主体中的 c_{Al} 近似等于零即反应完全。

当设备受到限制或所选设备的储液量较小时，$\alpha_1=10$，那么，同样是 $M=0.01$ 的慢反应，$\alpha_1 M=0.1$，$\beta=0.0917$。这意味着上述反应与以 $c_{Al}=0$ 的物理吸收速率相比，$\beta<1$，即对于反应缓慢而容积又不够的化学吸收，液相主体的 c_{Al} 较高，有时甚至会接近界面浓度 c_{Ai}。出现 $\beta<1$ 的情况，并不是表明化学吸收没有强化作用，因为 β 是取最大传质推动力下 ($c_{Al}=0$) 的速率比较得到，若在实际的推动力 ($c_{Ai}-c_{Al}$) 下比较，则实际的增强因子 $\beta_{实}>1$。由此可知，当吸收过程为慢反应时，选择合适的传质设备是十分重要的。

【例 4-7】 用浓度 c_B 为 0.5kmol/m^3 的 NaOH 溶液吸收 CO_2，已知 $k_l=1.5\times10^{-4}\,\text{m/s}$，$k_{\text{II}}^*=5\times10^3\,\text{m}^3/(\text{kmol}\cdot\text{s})$，$D_{Al}=1.8\times10^{-9}\,\text{m}^2/\text{s}$，$H_{CO_2}=1.4\times10^{-4}\,\text{kmol}/(\text{kPa}\cdot\text{m}^3)$，界面上 CO_2 分压为 0.001MPa，现假定液膜中 c_B 可当作恒值。试求反应的 β 值和吸收速率。

解： NaOH 溶液吸收 CO_2 应是一个二级反应 $r=k_{\text{II}}^* c_{Al} c_{Bl}$，现 c_{Bl} 值恒定不变，则 $r=k_{\text{I}}^* c_{CO_2}$，其中

$$k_{\text{I}}^*=k_{\text{II}}^* c_B=5\times10^3\,\text{m}^3/(\text{kmol}\cdot\text{s})\times0.5\,\text{kmol/m}^3=2.5\times10^3\,\text{s}^{-1}$$

$$\sqrt{M}=\frac{\sqrt{k_{\text{I}}^* D_{Al}}}{k_l}=\frac{\sqrt{2.5\times10^3\times1.8\times10^{-9}}}{1.5\times10^{-4}}=14.1$$

当 $\sqrt{M}\gg1$，$\sqrt{M}\rightarrow \text{th}\sqrt{M}$，所以

$$\beta=\sqrt{M}=14.1$$

其吸收速率

$$\begin{aligned}N_A&=\sqrt{M}k_l c_{Ai}=\sqrt{k_{\text{I}}^* D_{Al}}\,H_{CO_2}\,p_{CO_2}\\&=\sqrt{2.5\times10^3\times1.8\times10^{-9}}\times1.4\times10^{-4}\times1\\&=2.97\times10^{-7}\,\text{kmol}/(\text{m}^2\cdot\text{s})\end{aligned}$$

4.4.3 不可逆瞬时反应化学吸收

若溶质 A 能与液相中的不挥发物质 B 发生瞬时不可逆反应，则化学吸收时，界面区浓度分布情况如图 4-19 所示。此时的反应为

$$A+bB\longrightarrow Q$$

式中，Q 为反应产物；b 为反应的化学计量系数。由于 A 和 B 的反应速率极大，两者一旦接触立刻反应生成新物质 Q，因此在液膜内 A 和 B 不可能同时存在，反应仅能在液膜中的反应面上进行，在厚度趋于零的反应面上，A 与 B 的浓度值均为零。当然此时必然存在生成物 Q 的浓度 c_Q，和向液相的扩散。图中 δ_l 指界面与液流主体间的距离，δ_l' 指界面与反应面间的距离，δ_2'、δ_l' 之和为液膜厚度 δ_l 值。

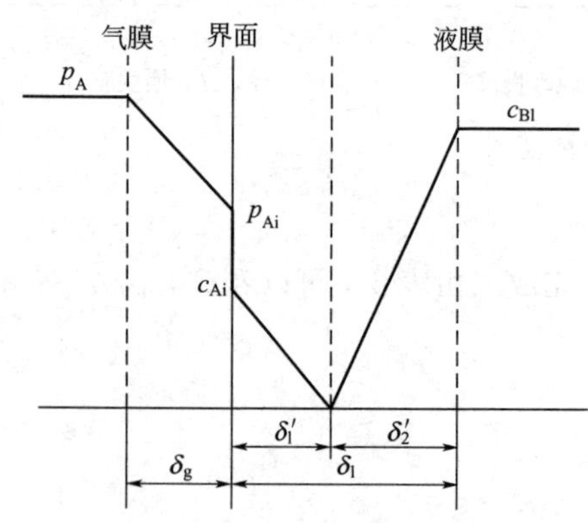

图 4-19 不可逆瞬间反应膜内浓度分布

对于双膜模型，稳态传质的扩散-反应方程：$D_1\dfrac{d^2c}{dx^2}=r$，在液膜中除反应面外，其他各处都不发生反应，即 $r=0$，于是有

$$0\leqslant x<\delta_1' \qquad \frac{d^2c_A}{dx^2}=0 \tag{4-165}$$

$$\delta_1'<x\leqslant\delta_1 \qquad \frac{d^2c_B}{dx^2}=0 \tag{4-166}$$

反应面上（$x=\delta_1'$）进行物料衡算

$$-D_A\frac{dc_A}{dx}=\frac{D_B}{b}\times\frac{dc_B}{dx} \tag{4-167}$$

上述微分方程有边界条件 $x=0$，$c_A=c_{Ai}$；$x=\delta_1$，$c_B=c_{Bl}$；$x=\delta_1'$，$c_{Al}=0$ 和 $c_{Bl}=0$。

对式(4-165) 和式(4-166) 积分两次，并代入边界条件求积分常数，可得

$$0\leqslant x<\delta_1' \qquad c_A=c_{Ai}\left(1-\frac{x}{\delta_1'}\right) \tag{4-168}$$

$$\delta_1'<x\leqslant\delta_1 \qquad c_B=c_{Bl}(x-\delta_1')/(\delta_1-\delta_1') \tag{4-169}$$

将上两式代入式(4-167)，并应用加比定律，可得

$$\frac{D_Ac_{Ai}}{\delta_1'}=\frac{D_Bc_{Bl}}{b(\delta_1-\delta_1')}=\frac{D_Ac_{Ai}+D_Bc_{Bl}/b}{\delta_1-\delta_1'+\delta_1'} \tag{4-170}$$

于是

$$\beta=\frac{k_1'}{k_1}=\frac{D_A(c_{Ai}-0)/\delta_1'}{D_Ac_{Ai}/\delta_1}=\frac{\delta_1}{\delta_1'}=1+\frac{c_{Bl}}{bc_{Ai}}\times\frac{D_B}{D_A} \tag{4-171}$$

$$\beta=1+cd \tag{4-172}$$

式中，$d=D_B/D_A$，为反应物的扩散系数之比；$c=\dfrac{c_{Bl}}{bc_{Ai}}$，为反应物的化学反应计量浓度之比。

由于化学反应速率极快，已将液膜中的反应区域变为厚度接近于零的反应面，通过加快反应速率强化传质已变得没意义了。所以 β 值与反应速率常数 k^* 值无关，而只与物系的扩散系数、反应物各自的浓度有关。由于各种组分在同一溶液的扩散系数值几乎都在同一个数量级，因此几乎不用考虑扩散系数之比的影响。物系一定，它将是个定值。化学反应计量浓度之比的大小对吸收速率将有着明显的影响。随着 c_{Bl} 值的增大，从图 4-20 可看出反应面的位置必然向界面移动，而使 δ_1'减小，即可有效地提高反应吸收速率。

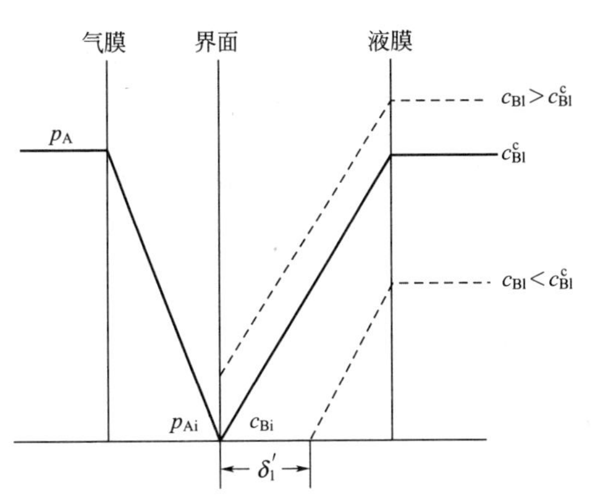

图 4-20 瞬时反应的临界浓度

但是，如图 4-20 所示，吸收剂浓度 c_{Bl}的提高对吸收速率的影响是有一极限值的，称这一极限值为临界浓度 c_{Bl}^c。这时 $\delta_1'=0$，即反应面和相界面重合，液膜阻力完全消除了，使过程成为单纯的气膜控制，此时 $c_{Ai}=0$，$p_{Ai}=0$，$c_{Bi}=0$。因此，对于 $c_{Bl}\geqslant c_{Bl}^c$的瞬间反应吸收，吸收速率仅取决于 A 组分在气膜中的传质速率，即 $N_A=k_gp_A$。由 $N_B=bN_A$，有

$$N_B=\frac{D_B}{\delta_1}(c_{Bl}^c-c_{Bi})=bN_A=bk_g p_A \tag{4-173}$$

于是
$$c_{Bl}^c=\frac{bk_g p_A\delta_1}{D_B}=\frac{bk_g}{k_1}\times\frac{D_A}{D_B}p_A \tag{4-174}$$

若 c_{Bl}继续增大，会使得界面上有过剩的 B 组分，由于吸收速率受气相分压 p_A 限制，不再变化。此时，增大 c_{Bl}将无必要。

临界浓度可用于瞬间反应吸收的吸收剂浓度的选择，或用于某吸收剂组分浓度沿填料层高度变化时，寻找出临界浓度的位置，再用不同的传质速率式以获得填料层高度。

当 $c_{Bl}\geqslant c_{Bl}^c$，属气膜控制范畴

$$N_A=k_g p_A \tag{4-175}$$

当 $c_{Bl}<c_{Bl}^c$，属气液双膜控制范畴，此时 $p_{Ai}\neq0$

$$N_A=k_g(p_A-p_{Ai}) \tag{4-176}$$

以及
$$N_A=(1+cd)k_1c_{Ai} \tag{4-177}$$

由界面相平衡关系 $p_{Ai}=H'c_{Ai}$，与式(4-176) 和式(4-177) 联立，得到双膜控制的吸收速率式

$$N_A=\frac{p_A+\dfrac{H'D_B}{bD_A}c_{Bl}}{\dfrac{H'}{k_1}+\dfrac{1}{k_g}} \tag{4-178}$$

【例 4-8】 H_2S 与 MEA（乙醇胺）水溶液的反应可看作瞬时反应，当 H_2S 含量较低时，还可看作不可逆反应，即

$$H_2S+RNH_2 \longrightarrow HS^- +RNH_3^+$$

在 293K 下，$D_{H_2S}=1.48\times10^{-9}\,m^2/s$，$D_{RNH_2}=0.95\times10^{-9}\,m^2/s$，$H'_A=8.696\times10^2\,kJ/kmol$。现用浓度 c_{Bl}分别为：(1) 2mol/L (2) 0.3mol/L 的 MEA 溶液在一加压设备中脱除气体中所含的 H_2S，试求气相 H_2S 分压 $p_A=10kPa$ 时的传质速率，已知物理传质分系数 $k_g=1\times10^{-5}\,kmol/(m^2\cdot s\cdot kPa)$，$k_1=2\times10^{-4}\,m/s$。

解： 首先求取 c_{Bl}^c，判断传质是气膜还是双膜控制。

由反应式 $b=1$，$d=\dfrac{0.95}{1.48}=0.64$，故

$$c_{Bl}^c=\frac{bk_g p_A}{dk_1}=\frac{1\times10^{-5}\times10}{0.64\times2\times10^{-4}}=0.781\ kmol/m^3$$

(1) $c_{Bl}=2mol/L>c_{Bl}^c$，气膜控制

$$N_A=k_g p_A=1\times10^{-5}\times10=10^{-4}\,kmol/(m^2\cdot s)$$

(2) $c_{Bl}=0.3mol/L<c_{Bl}^c$，双膜控制

$$N_A=\frac{p_A+\dfrac{H'_AD_B}{bD_A}c_{Bl}}{\dfrac{H'_A}{k_1}+\dfrac{1}{k_g}}=\frac{10+\dfrac{8.696\times10^2\times0.95\times10^{-9}}{1\times1.48\times10^{-9}}\times0.3}{\dfrac{8.696\times10^2}{2\times10^{-4}}+\dfrac{1}{1\times10^{-5}}}=3.99\times10^{-5}\,kmol/(m^2\cdot s)$$

两种吸收剂浓度下，显然双膜控制的吸收速率小于纯气膜控制的吸收速率。

4.4.4 不可逆二级反应化学吸收

二级反应在工业化学吸收过程中很常见。反应为不可逆时，其反应式

$$A+bB \longrightarrow Q$$

液膜中的反应-扩散微分方程为

$$\frac{d^2 c_A}{dx^2}=\frac{k_{\mathrm{II}}^* c_A c_B}{D_{Al}} \tag{4-179}$$

其边界条件为 $x=0$，$c_A=c_{Ai}$；$x=\delta_1$，$-D_{Al}\frac{dc_A}{dx}=(V-\delta_1)k_{\mathrm{II}}^* c_{Al}c_{Bl}$，式中，$k_{\mathrm{II}}^*$ 为不可逆二级反应的反应速率常数。

上述反应中，当吸收剂中的反应物 B 大大过量，反应量不足以使 c_{Bl} 变化时，反应可成为拟不可逆一级反应，$k_{\mathrm{I}}^*=k_{\mathrm{II}}^* c_{Bl}$。于是，式(4-179) 的解就与不可逆一级反应完全相同，只要将结论中的 k_{I}^* 变为 $k_{\mathrm{II}}^* c_{Bl}$ 即可。然而，当 c_{Bl} 有限或反应进行得十分快而使膜内 c_B 不能维持恒量时，式(4-179) 将无法获得解析解，仅能在液流主体 $c_{Al}=0$ 的情况下获得近似解。解得的二级反应增强因子为

$$\beta=\sqrt{M\frac{\beta_\infty-\beta}{\beta_\infty-1}}\Big/\mathrm{th}\sqrt{M\frac{\beta_\infty-\beta}{\beta_\infty-1}} \tag{4-180}$$

式中，$M=\frac{D_{Al}k_{\mathrm{II}}^* c_{Bl}}{k_{\mathrm{l}}^2}$；$\beta_\infty=1+\frac{D_{Bl}c_{Bl}}{bD_{Al}c_{Ai}}$，即不可逆瞬间反应增强因子。

式(4-180) 是 β 的隐函数，一般通过 β_∞ 为参变数的 β-$\sqrt{M}$ 图（见图 4-21）进行图解计算。

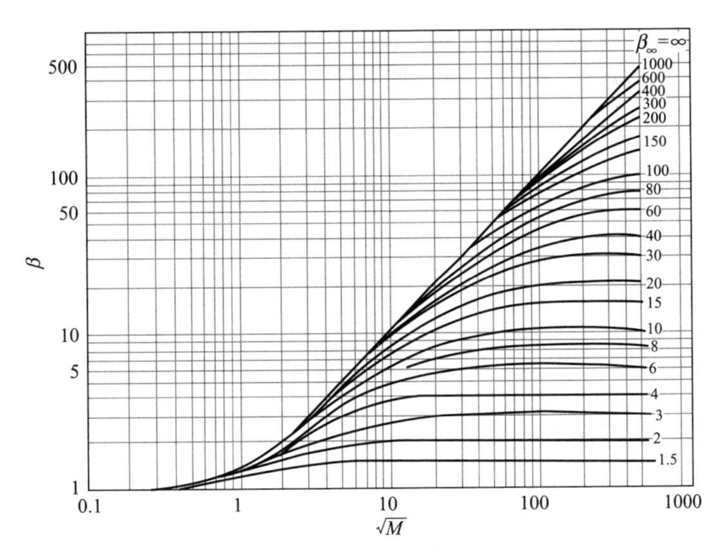

图 4-21　不可逆二级反应的增强因子

图 4-21 中有两种极端的情况：

① 若 B 在液膜中的扩散量大大超过反应的消耗量，即 c_{Bl} 恒定不变，这就构成了前述的拟一级快反应情况，表现为图中的 45°对角线，其数学表达式为 $\beta=\sqrt{M}$。这时，必须符合 $3<\sqrt{M}<\frac{1}{2}\beta_\infty$ 的条件，即二级反应作拟一级快反应处理的判别式。

② 在图中，$\sqrt{M}>10\beta_\infty$ 时，曲线呈水平状，$\sqrt{M}$ 对 β 的影响微弱，相当于反应速率常数 k_{II}^* 很大，或传质系数 k_{l} 很小的情况，二级反应增强因子 β 与瞬间反应增强因子 β_∞ 相等。

于是$\beta=\beta_\infty=1+cd$，二级反应可看作瞬间反应来处理，其判别条件为$\sqrt{M}>10\beta_\infty$。

除了上述两种极端情况，在图中其他区域（除了45°对角线和曲线呈水平状的区域），界面浓度c_{Ai}也未知时，不可逆二级反应的β不能进行简化处理，只能用图解法迭代计算。为计算瞬间反应增强因子β_∞，先以主体分压p_A为界面分压初值p_{Ai}^0，由亨利定律可以计算出界面浓度的初值$c_{Ai}^0=p_{Ai}^0/H'\approx p_A/H'$，然后由式(4-171)计算出$\beta_\infty$，并由$M=\dfrac{D_{Al}k_{\mathrm{II}}^{*}c_{Bl}}{k_l^2}$得到$M$，再从图4-21中查得增强因子$\beta$。增强因子知道后，根据$N_A=\beta k_l c_{Ai}=k_g(p_A-p_{Ai})$，可以求得界面处分压新值$p_{Ai}^1$，计算界面浓度的新值$c_{Ai}^1=p_{Ai}^1/H'$，重复上述步骤，通过反复迭代，直到$c_{Ai}$的计算结果收敛为止，此时得到的$\beta$就是一般的二级反应的增强因子。

【例 4-9】 用 NaOH 吸收 CO_2，NaOH 浓度为 0.5kmol/m^3，$k_l=10^{-4}$ m/s，$k_{\mathrm{II}}^{*}=10^4$ m^3/(kmol·s)，$D_{Al}=1.8\times10^{-9}$m^2/s，$D_{Bl}=3.06\times10^{-9}$m^2/s，且已知界面上CO_2的浓度$c_{Ai}=0.04$ kmol/m^3。试求：(1) 吸收速率；(2) 界面CO_2浓度低到多少时可按拟一级反应处理。

解：(1)

$$\sqrt{M}=\sqrt{\frac{(1.8\times10^{-9})\times10^4\times0.5}{(10^{-4})^2}}=30$$

$$\beta_\infty=1+cd=1+\frac{3.06\times10^{-9}\times0.5}{2\times1.8\times10^{-9}\times0.04}=11.6$$

查图4-21得$\beta=9$，所以，吸收速率为

$$N_A=\beta k_l c_{Ai}=9\times10^{-4}\times0.04=3.6\times10^{-5}\text{kmol}/(\text{m}^2\cdot\text{s})$$

(2) 可作为一级反应的判别式为$\beta_\infty>2\sqrt{M}$，即

$$1+\frac{D_{Bl}c_{Bl}}{bD_{Al}c_{Ai}}>2\times30$$

将已知条件代入，得

$$c_{Ai}<\frac{3.06\times10^{-9}\times0.5}{2\times1.8\times10^{-9}\times(60-1)}=0.0072\text{kmol/m}^3$$

4.5 吸收塔的填料高度

除了湿壁塔、升(降)膜塔这类设备有明确的传质表面以外，大多数传质设备的传质界面都无法直接得到，只能借助单位体积有效设备（填料）体积所含的表面积（比表面积）这一概念。塔高可依据体积传质系数（如K_ya或K_xa）和相平衡的数据，并根据两相流的大小和分离要求进行计算。低浓度气体吸收时填料高度的具体算法在各种版本的《化工原理》书中已经详述，本节内容主要讨论高浓度气体吸收以及化学吸收的填料层高度。

4.5.1 高浓度气体吸收时的填料高度

溶剂吸收高浓度（一般大于10%）气体时，G和L沿塔高不再能近似为恒量，此时必须以各自的惰性组分作物料衡算的基准。令$L'=L(1-x)$和$G'=G(1-y)$，其中L'和G'分别为溶剂和惰性气体的量，kmol/s，于是

$$d(Gy)=G'd\left(\frac{y}{1-y}\right)=G'\frac{dy}{(1-y)^2}=G\frac{dy}{1-y} \tag{4-181}$$

$$d(Lx)=L'd\left(\frac{x}{1-x}\right)=L'\frac{dx}{(1-x)^2}=L\frac{dx}{1-x} \tag{4-182}$$

溶质 A 的组成 y 和 x 之间存在下列物料平衡

$$d(Gy)=d(Lx)=N_A Sa\,dh \tag{4-183}$$

由传质速率式

$$d(Lx)=(K_x a)(x_e-x)S\,dh \tag{4-184}$$

$$d(Gy)=(K_y a)(y-y_e)S\,dh \tag{4-185}$$

联立积分可得

$$h=\int_{x_1}^{x_2}\frac{L\,dx}{K_x a(1-x)S(x_e-x)} \tag{4-186}$$

$$h=\int_{y_1}^{y_2}\frac{G\,dy}{K_y a(1-y)S(y-y_e)} \tag{4-187}$$

为解决上述积分，考虑到传质系数也是气液流率的函数，再进一步写成

$$h=\int_{x_1}^{x_2}\frac{L\,(1-x)_m dx}{K_x a\,(1-x)_m S(x_e-x)(1-x)} \tag{4-188}$$

$$h=\int_{y_1}^{y_2}\frac{G\,(1-y)_m dy}{K_y a\,(1-y)_m S(y-y_e)(1-y)} \tag{4-189}$$

式中，$(1-y)_m$ 为任一截面上 $(1-y)$ 与 $(1-y_e)$ 的对数平均值；$(1-x)_m$ 项类同。从大量发表的填料塔传质系数关系式可知，$K_y a$ 大致和 G 的 0.8 次方成正比，$K_y a(1-y)_m$ 与浓度无关，随塔高的上升，G 和 $K_y a(1-y)_m$ 都随之减少，以致其商 $G/K_y a(1-y)_m$ 可近似看为常数，于是

$$h=\frac{G}{K_y a\,(1-y)_m S}\int_{y_2}^{y_1}\frac{(1-y)_m dy}{(1-y)(y-y_e)} \tag{4-190}$$

$$h=\frac{L}{K_x a\,(1-x)_m S}\int_{x_2}^{x_1}\frac{(1-x)_m dx}{(1-x)(x_e-x)} \tag{4-191}$$

应该注意的是，此时的平衡线和操作线都不再是直线。平衡线将由实验数据或热力学关联式给出。操作线仍建立在物料平衡的基础上，若对塔的上半部作衡算

$$G+L_2=G_2+L \tag{4-192}$$

对溶质 A 作物料衡算，当溶剂为纯溶剂时，有

$$Gy=G_2 y_2+Lx \tag{4-193}$$

溶剂的物料平衡方程为

$$L_2=L(1-x) \tag{4-194}$$

上述几个方程联立求解

$$y=\frac{G_2 y_2+L_2 x/(1-x)}{G_2+L_2 x/(1-x)} \tag{4-195}$$

上式表述了已知一端状况的塔的操作线方程，然后用图解法计算填料层高度。

4.5.2 伴有化学反应时的填料高度

伴有化学反应的传质方程还没有广泛应用于吸收和解吸的设计上。如果忽略吸收过程的热效应，利用传质单元法计算化学吸收填料层的方法原则上与物理吸收是相同的，只是必须

考虑化学反应引起的吸收速率的增加，即考虑化学吸收的增强因子。计算的基本原则是联立求解物料衡算式、相平衡关系式和化学吸收传质速率式。

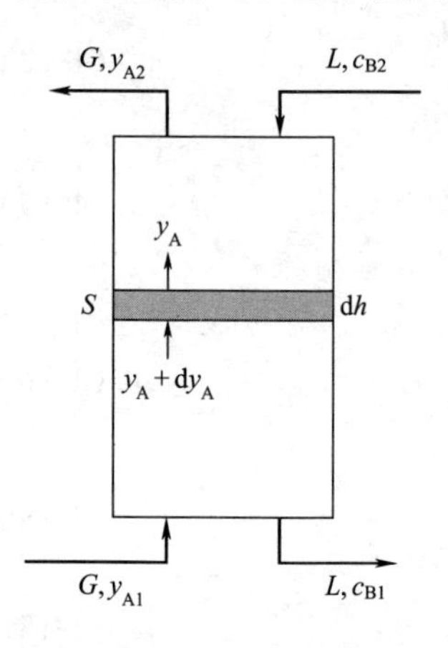

图 4-22 填料塔内横截面微元的物料衡算

(1) 低浓度气体的化学吸收

对于低浓度气体的化学吸收，气体流率 G 和液体流率 L 都是常量。如图 4-22 所示，对填料塔内横截面微元 Sdh 进行物料衡算

$$G\mathrm{d}y_A = N_A Sa\,\mathrm{d}h \tag{4-196}$$

式中，G 为气体摩尔流率；y_A 为被吸收组分摩尔分数；N_A 为吸收速率；S 为塔横截面积；h 为填料层高度；a 为填料比表面积。积分可得填料层高度

$$h = \int_0^h \mathrm{d}h = \frac{G}{Sa}\int_{y_{A2}}^{y_{A1}} \frac{\mathrm{d}y_A}{N_A} \tag{4-197}$$

以气相总传质系数计算化学吸收传质速率

$$N_A = K_G(p_A - p_{Ae}) = K_G p(y_A - y_{Ae}) \tag{4-198}$$

式中，p 为系统总压；p_A 为被吸收组分分压；p_{Ae} 为被吸收组分平衡分压，由物料衡算得到的液相浓度结合亨利定律求取。

化学吸收的气相总传质系数为

$$\frac{1}{K_G} = \frac{1}{k_g} + \frac{H'}{\beta k_1} \tag{4-199}$$

式(4-197)～式(4-199) 是传质单元法计算低浓度化学吸收填料层高度的基本方程，与物理吸收相比可以看出，确定化学吸收的填料层高度的关键在于确定增强因子。

对于不可逆一级快速反应，$\beta = \sqrt{M} = \sqrt{\dfrac{D_1 k_{\mathrm{I}}^*}{k_1^2}}$，代入式(4-199) 可得

$$\frac{1}{K_G} = \frac{1}{k_g} + \frac{H'}{\sqrt{D_1 k_{\mathrm{I}}^*}} \tag{4-200}$$

可以看出，不可逆一级快反应化学吸收的总传质系数 K_G 为常数，由式(4-197) 积分可得

$$h = \frac{G}{pSaK_G}\int_{y_{A2}}^{y_{A1}} \frac{\mathrm{d}y_A}{y_A - y_{Ae}} = \left(\frac{1}{k_g} + \frac{H'}{\sqrt{D_1 k_{\mathrm{I}}^*}}\right)\frac{G}{pSa}\int_{y_{A2}}^{y_{A1}} \frac{\mathrm{d}y_A}{y_A - y_{Ae}} \tag{4-201}$$

反应类型是不可逆瞬间反应时，化学吸收的填料层高度的计算往往需要分别讨论。这是因为在吸收塔中气液两相逆流接触，气相沿塔自下而上流动，被吸收组分浓度逐渐降低，在塔顶处浓度最低，而吸收剂中反应物浓度在塔顶处最高，沿塔自上而下逐渐降低。对于瞬间反应化学吸收，如果塔顶和塔底处的反应物浓度都大于该处的临界浓度，则全塔传质受气膜控制。实际上，根据气、液两相浓度单调变化的特性，只要塔底处吸收液中反应物浓度超过临界浓度，即可判定全塔传质速率受气膜控制。

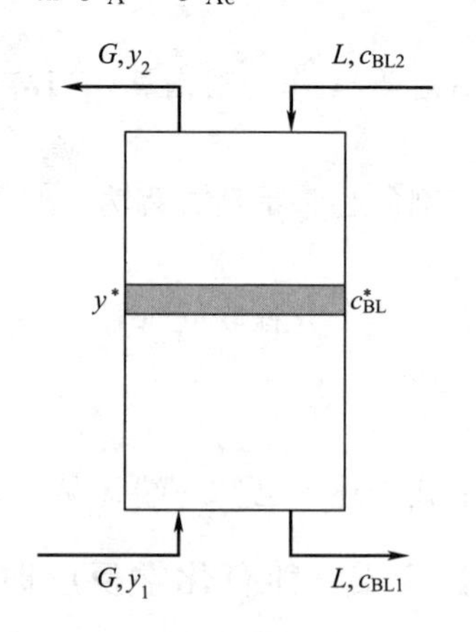

图 4-23 填料塔内瞬间反应吸收的物料浓度

如图 4-23 所示，当塔底处反应物浓度大于临界浓度时，即 $c_{BL1} \geqslant (c_{BL}^c)_{底}$，全塔传质速率受气膜控制，传质速率为

$$N_A = k_g p_A = k_g p y_A \tag{4-202}$$

$$h=\frac{G}{Sa}\int_{y_2}^{y_1}\frac{\mathrm{d}y_A}{N_A}=\frac{G}{Sak_g p}\int_{y_2}^{y_1}\frac{\mathrm{d}y_A}{y_A}=\frac{G}{Sak_g p}\ln\frac{y_1}{y_2} \tag{4-203}$$

如果塔顶处吸收剂中反应物浓度大于临界浓度，而塔底处浓度低于临界浓度，即 $c_{BL2}\geqslant(c_{BL}^{c})_{顶}$ 且 $c_{BL1}<(c_{BL}^{c})_{底}$，就会出现塔中传质既有气膜控制又有双膜控制的情况。在吸收塔上半部分，较高的反应物浓度和较低的气体溶质分压下，是气膜控制吸收；在吸收塔下半部分，较低的反应物浓度和较高的气体溶质分压下，吸收转变为双膜控制。针对这种情况，填料层高度需要分段计算。首先根据吸收剂中的反应物浓度变化，确定塔中气膜控制段的位置。如图 4-23 所示，沿塔自上而下，反应物浓度逐渐降低，当塔中某一横截面处反应物浓度正好等于该处的临界浓度时，此处即为分段的位置。在气膜控制和双膜控制的分段处，设气相被吸收组分摩尔分数为 y^*，液相反应物摩尔浓度为 c_{BL}^*。塔顶到分段处的物料衡算满足

$$L(c_{BL2}-c_{BL}^*)=bGc_M(y^*-y_2) \tag{4-204}$$

式中，b 为反应的计量系数；c_M 为包括溶剂在内的吸收液总摩尔浓度，水为溶剂时，c_M 的值约为 55.6kmol/m^3。

分段处的 c_{BL}^* 也是瞬间反应吸收的临界浓度，与气相摩尔分数 y^* 的关系满足

$$c_{BL}^*=c_{BL}^{c}=\frac{bk_g D_{Al}p}{k_l D_{Bl}}y^* \tag{4-205}$$

式(4-204) 和式(4-205) 联立，求解二元一次方程组，可以计算出 y^* 和 c_{BL}^*。塔上部的气膜控制段，按式(4-203) 计算气膜控制段高度 h_1。

塔下部的双膜控制段，由式(4-178) 可得传质速率为

$$N_A=K_G\left(py_A+\frac{H'D_{Bl}}{bD_{Al}}c_{BL}\right) \tag{4-206}$$

式中，$\frac{1}{K_G}=\frac{H'}{k_l}+\frac{1}{k_g}$。

根据物料衡算，分段处以下任意横截面上的 c_{BL} 和 y_A 满足

$$c_{BL}=c_{BL}^*-\frac{bGc_M}{L}(y_A-y^*) \tag{4-207}$$

将式 (4-207) 中的 c_{BL} 代入式(4-206)，得到

$$N_A=K_G\left\{py_A+\frac{H'D_{Bl}}{bD_{Al}}\left[c_{BL}^*-\frac{bGc_M}{L}(y_A-y^*)\right]\right\} \tag{4-208}$$

可知传质速率与 y_A 呈线性关系，即 $N_A=f(y_A)=K_G(Ay_A+B)$。

双膜控制段填料层高度为

$$h_2=\frac{G}{Sa}\int_{y^*}^{y_1}\frac{\mathrm{d}y_A}{N_A}=\frac{G}{Sa}\int_{y^*}^{y_1}\frac{\mathrm{d}y_A}{f(y_A)}=\frac{G}{SK_G a}\int_{y^*}^{y_1}\frac{\mathrm{d}y_A}{Ay_A+B} \tag{4-209}$$

h_1 和 h_2 两段高度加和，就是填料层总高度 h。

当 $c_{BL2}<(c_{BL}^{c})_{顶}$、$c_{BL1}<(c_{BL}^{c})_{底}$ 时，全塔为双膜控制，直接用式(4-209) 进行计算。

以上分析可以看出，对于不可逆的一级快反应和瞬间反应的低浓度化学吸收，联立物料衡算方程（即操作线方程）和传质速率方程，通过积分可以容易地得到填料层高度的解析解。

(2) 高浓度气体的化学吸收

高浓度气体的化学吸收，气、液相流率沿塔变化很大，热效应也比较显著，填料塔内化学吸收的热质传递过程机理十分复杂，其真实模型很难用数学方程予以严格的描述。对于多

组分系统的化学吸收过程，一般均简化为：①吸收以主要吸收的溶质和水汽为对象，其他组分均作惰性气体；②气液两相沿轴向的流动为活塞流，沿径向（同一横截面）上各参数（如相组成、温度、压强等）均一致，全混。然后在这个基础上针对填料塔内任一微分填料层进行衡算，获得表征该吸收过程的微分方程组，再加以数值计算求解，获得沿塔高的浓度分布、温度分布和压强分布以及气液两相流率后，即可最终获得塔高值。各参数的特征方程如下：

① 气相组分的浓度沿塔高变化的微分方程

$$\frac{\mathrm{d}y'_{\mathrm{A}}}{\mathrm{d}h}=\frac{K_{\mathrm{G}}apF}{G_{\mathrm{I}}}(y'_{\mathrm{A}}-y'_{\mathrm{Ae}}) \tag{4-210}$$

式中，y'_{A}为气相中溶质 A 的比摩尔浓度，mol A/mol 干惰性气体；h 为填料高度，m；$K_{\mathrm{G}}a$ 为气相容积传质总系数，kmol/(m^3·h·MPa)；F 为空塔横截面积，m^2；G_{I} 为干惰性气体的摩尔流量，kmol/h；y'_{Ae}为气相溶质与液相相平衡的比摩尔浓度；p 为气相总压，MPa。

② 气相中水汽浓度沿塔高变化的微分方程

$$\frac{\mathrm{d}y_{\mathrm{w}}}{\mathrm{d}h}=\frac{K_{\mathrm{w}}a_{\mathrm{w}}pF}{G_0}(y_{\mathrm{w}}-y_{\mathrm{we}}) \tag{4-211}$$

式中，y_{w} 为水汽的比摩尔浓度，mol 水/mol 干惰性气体；K_{w} 为水汽的气相传质总系数，kmol/(m^2·h·MPa)；a_{w} 为填料湿比表面积，m^2/m^3；y_{we}为水汽的气相平衡比摩尔浓度。

③ 液相中吸收溶质浓度沿塔高变化的微分方程。为方便计算，常将溶质进入溶液后的浓度折合为转化率 R 进行计算（见相平衡节），所以有

$$\frac{\mathrm{d}R}{\mathrm{d}h}=\frac{G_{\mathrm{I}}}{N_{\mathrm{K}}}\times\frac{\mathrm{d}y'_{\mathrm{A}}}{\mathrm{d}h} \tag{4-212}$$

式中，N_{K} 为 $R=0$ 时吸收剂的液量，kmol/h。

④ 吸收剂液量沿塔高变化的微分方程

$$\frac{\mathrm{d}L}{\mathrm{d}h}=M_{\mathrm{A}}G_{\mathrm{I}}\frac{\mathrm{d}y'_{\mathrm{A}}}{\mathrm{d}h}+M_{\mathrm{w}}G_{\mathrm{I}}\frac{\mathrm{d}y_{\mathrm{w}}}{\mathrm{d}h} \tag{4-213}$$

式中，L 为吸收剂的质量流率，kg/h；M_{A}、M_{w} 分别为溶质和水的相对分子质量。

⑤ 气相温度沿塔高变化的微分方程

$$\frac{\mathrm{d}T_{\mathrm{g}}}{\mathrm{d}h}=-\frac{k_{\mathrm{H}}a_{\mathrm{w}}F}{Gc_{p\mathrm{g}}}(T_{\mathrm{g}}-T_{\mathrm{l}}) \tag{4-214}$$

式中，T_{g}、T_{l} 分别为气、液相温度，K；k_{H} 为两相传热总系数，kJ/(m^2·h·K)；G 为气相的总流量，kmol/h；$c_{p\mathrm{g}}$为气体的定压比热容，kJ/(kmol·K)。

⑥ 液相温度沿塔高变化的微分方程

$$\frac{\mathrm{d}T_{\mathrm{l}}}{\mathrm{d}h}=\frac{\left[Gc_{p\mathrm{g}}\frac{\mathrm{d}T_{\mathrm{g}}}{\mathrm{d}h}+\Delta H_{\mathrm{A}}G_{\mathrm{I}}\frac{\mathrm{d}y'_{\mathrm{A}}}{\mathrm{d}h}+\Delta H_{\mathrm{w}}G\frac{\mathrm{d}y_{\mathrm{w}}}{\mathrm{d}h}+Q_{损}\right]}{c_{p\mathrm{l}}L} \tag{4-215}$$

式中，ΔH_{A}、ΔH_{w} 分别为溶质和水的反应热，kJ/kmol；$Q_{损}$ 为填料微元段的热损失，kJ/m；$c_{p\mathrm{l}}$为吸收液的比热容，kJ/(kg·K)。

⑦ 气相压强沿塔高变化的微分方程

$$\frac{\mathrm{d}p_{\mathrm{g}}}{\mathrm{d}h}=f(D_{\mathrm{p}},\varepsilon,u_{\mathrm{g}},u_{\mathrm{l}},Sc_{\mathrm{g}},Sc_{\mathrm{l}}) \tag{4-216}$$

式中，p_g 为气相压强，MPa。影响压降的因素众多，如填料当量尺寸 D_p、空隙率 ε、气相与液相流速 u_g 和 u_l 以及气液两相施密特数 Sc_g、Sc_l 等。具体计算时，可选用文献、手册中所推荐的经验关系式，也可直接用塔的实际测定值代入，以简化计算。

上述方程组积分时，只要确定边界条件，依据系统所具有的物性数据、相平衡数据、传热及传质数据，即可用 Runge-Kutta 标准计算程序求解，获得填料高度值。

4.6 气液传质设备的效率

精馏和吸收所用的气液传质设备的实际塔板数一般通过理论板数和传质效率来确定。对于板式塔，理论板数可由 MESH 方程组进行严格计算得到，再根据体系特点和处理量确定塔板型式和塔径，测定或估算板效率，将理论板数转化为实际板数。对于填料塔，填料的传质效率常用理论板的当量高度 HETP 进行考量。本节的主要内容重点讨论板式塔的效率，对填料塔理论板当量高度的估算做简略分析。

4.6.1 效率的表示方法

板效率是考虑理论板和实际板之间的差异而引入的，是综合考虑传质速率、板上气液两相的混合情况和非理想流动以及板间返混（雾沫夹带、泡沫夹带和漏液等）的结果。

实际板与理论板之间至少存在如下差异：①理论板假定离开该板的气液两相达到平衡，即 $y_j=y_j^*$（与 x_j 平衡）。该假定意味着规定了该板的传质量为 $V(y_j^*-y_{j+1})$，而实际板上的传质以一定速率进行，受到塔板结构、气液两相流动情况、两相的有关物性和平衡关系影响，相当复杂。②理论板上相互接触的气液两相都完全混合，板上液相浓度均一，等于离开该板的溢流液浓度。这与塔径较小的实际板上的混合情况接近，但当塔径较大时，板上液相不会完全混合，从进口堰到出口堰轻组分浓度逐渐降低。此外，进入同一板上各点的气相浓度也不相同。③实际板上气液两相存在不均匀流动，停留时间有明显差异。④实际板上还存在雾沫夹带、漏液和液相夹带泡沫现象。

为考虑上述各种差异的影响，引进了四种效率，分别讨论如下。

(1) 点效率

气相点效率 E_{OG} 定义为

$$E_{OG}=\frac{y-y_{j+1}}{y^*-y_{j+1}} \tag{4-217}$$

式中，y^* 为与 x 平衡的气相组成，即 $y^*=Kx$，x 为板上某点的液相摩尔分数，K 为泡点温度下的相平衡常数。与 E_{OG} 对应的液相点效率 E_{OL} 为

$$E_{OL}=\frac{x_{j-1}-x_j}{x_{j-1}-x_j^*} \tag{4-218}$$

点效率与塔板上该点处的气液两相接触传质情况有关，建立起板上某点的实际浓度和平衡浓度之间的关系，也就定量地考虑了上述差异①的影响。

(2) 板效率

Murphree 板效率又称为干板效率，气相的 E_{MV} 定义为

$$E_{MV}=\frac{\overline{y}_j-\overline{y}_{j+1}}{y_j^*-\overline{y}_{j+1}} \tag{4-219}$$

式中，y_j^* 是与离开 j 板液体摩尔分数 x_j 成平衡的气相摩尔分数；$\overline{y}_j$ 和 $\overline{y}_{j+1}$ 分别为离开 j 板和 $j+1$ 板气相的平均摩尔分数。与 E_{MV} 对应的液相 Murphree 效率 E_{ML} 定义为

$$E_{ML}=\frac{\overline{x}_{j-1}-\overline{x}_j}{\overline{x}_{j-1}-x_j^*} \tag{4-220}$$

E_{MV} 和 E_{ML} 间存在如下关系

$$E_{MV}=\frac{E_{ML}}{E_{ML}+\dfrac{mV}{L}(1-E_{ML})} \tag{4-221}$$

式中，m 是一块板涉及的浓度范围内的平衡线斜率，即 $y_j^*=mx_j+b_j$。由该式可见，当 $\dfrac{mV}{L}=1$ 时，气液两相效率相等；当 $\dfrac{mV}{L}$ 远大于 1 时，即液相阻力控制的系统，$E_{MV} \ll E_{ML}$。

板效率考量了板上实际浓度和平衡浓度的均值，它不仅与各点点效率有关，还与气液两相流经塔板时的流动和混合情况有关，即气液两相的各自混合情况和不均匀流动程度的影响必须予以考虑，因此板效率考虑了上述差异②和③的影响。

(3) 湿板效率

湿板效率考虑板间的雾沫夹带和漏液对传质效率的不利影响，湿板效率 E_a 可表示为

$$E_a=\frac{Y_j-Y_{j+1}}{y_j^*-Y_{j+1}} \tag{4-222}$$

式中，Y_j 和 Y_{j+1} 分别为离开 j 板和 $j+1$ 板的表观气相平均摩尔分数。

湿板效率考量了级间相际返混对传质效率的影响，即考虑了上述差异④的影响。

(4) 塔效率

塔效率又称为总板效率 E_0，其定义为

$$E_0=\frac{N}{N_p} \tag{4-223}$$

式中，N 为理论板数；N_p 为达到 N 块理论板分离效果需用的实际板数。E_0 是各板效率的某种平均值，与操作线和平衡线的斜率有关。

除了上述的四种效率外，文献中还有效率的其他定义。例如，霍兰定义了蒸发效率，用以表征气相浓度偏离平衡的程度。假定气液两相达到热平衡，组分 i 的蒸发点效率 E_i 为

$$E_i=\frac{y_i}{K_i x_i} \tag{4-224}$$

蒸发板效率 $E_{i,j}$ 为

$$E_{i,j}=\frac{\overline{y}_{i,j}}{K_{i,j}\overline{x}_{i,j}} \tag{4-225}$$

式中，x_i、y_i 分别为被考察点处的液、气两相中组分 i 的摩尔分数；$\overline{x}_{i,j}$、$\overline{y}_{i,j}$ 分别为离开 j 板的液、气两相中组分 i 的平均浓度；K_i 为满足 $\sum_i E_i K_i x_i=1$ 温度下的相平衡常数；$K_{i,j}$ 为满足 $\sum_i E_{i,j}K_{i,j}\overline{x}_{i,j}=1$ 温度下的相平衡常数。

4.6.2 板效率的半理论模型

以双膜传质理论为基础，根据气液两相传质机理建立的板效率半理论模型是气液传质设备领域的重要研究内容。半理论模型不仅能够估算板效率，还能体现各种因素对板效率的内

在影响规律，美国化学工程师学会（AIChE）在20世纪50年代提出了经典的板效率半理论模型，其基本思路是先从点到面，再从局部空间到整体，分析理论板和实际板的差异，得到气液接触过程的传质效率。

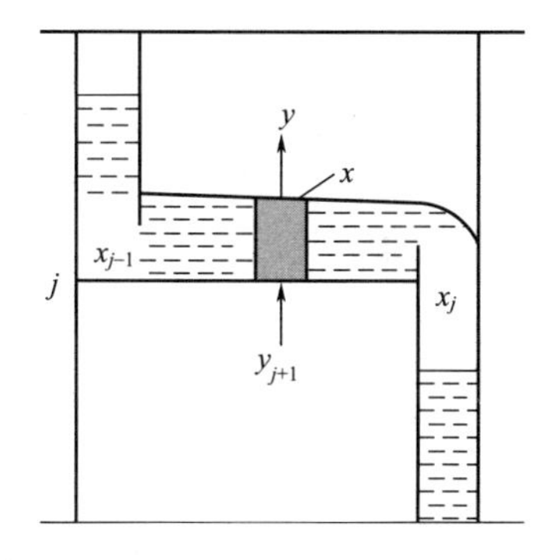

图4-24 点效率模型

为获得点效率，AIChE的方法是对板上该点的流体微元进行物料衡算。取塔中任意板 j 上的某点作为研究对象（见图4-24），假设板上液层在垂直方向均匀混合（与实际情况比较接近）。气体则呈活塞流通过液层，沿程发生浓度变化。

设气相摩尔流率为 V，则流经横截面 $\mathrm{d}S$ 的液层通量为 $V\mathrm{d}S$。该处板上泡沫层高度为 H_f，气液两相间传质比表面积为 a，气相传质总系数为 K_y，则对该微元可建立如下的物料衡算方程

$$(V\mathrm{d}S)\mathrm{d}y=K_y(y^*-y)a\mathrm{d}H_f\mathrm{d}S \tag{4-226}$$

上式沿液层高度积分得

$$\frac{K_y aH_f}{V}=\int_{y_{j+1}}^{y}\frac{\mathrm{d}y}{y^*-y}=-\ln\frac{y^*-y}{y^*-y_{j+1}}=N_{OG} \tag{4-227}$$

式中，N_{OG} 为气相总传质单元数。

根据 E_{OG} 的定义结合上式整理得

$$E_{OG}=\frac{y-y_{j+1}}{y^*-y_{j+1}}=1-\mathrm{e}^{-(K_y aH_f)/V}=1-\mathrm{e}^{-N_{OG}} \tag{4-228}$$

由此式可见，E_{OG} 将永远小于1。点效率主要由两相间接触传质速率决定，随 K_y、a 和 H_f 的增大而增大，随 V 的变化则很复杂，因为 V 将影响 K_y、a 和 H_f。

N_{OG} 与操作条件、物性因素和设备结构有关，影响因素众多，无法通过理论计算得到。这时候，适合用经验关联式来解决实际问题。美国化学工程师学会于20世纪50年代末根据在泡罩塔和筛板塔中测得的实验结果，归纳出如下两个经验式

$$N_G=\left[0.776+4.56h_w-0.24F_B+105\left(\frac{L_V}{l_f}\right)+2.4\Delta\right](Sc)^{-0.5} \tag{4-229}$$

$$N_L=20315D_L^{0.5}(0.213F_B+0.15)t_L \tag{4-230}$$

式中，N_G、N_L 分别为气相和液相分传质单元数；Sc 为气相 Schmidt 数；h_w 为溢流堰高度，m；L_V 为液相的体积流率，m³/s；l_f 为平均液流流程宽度，m；F_B 为基于塔板鼓泡区面积的气相动能因子，$F_B=u_B\sqrt{\rho_V}$，ρ_V 为气相密度，kg/m³，u_B 为以鼓泡面积为基准的气速，m/s；Δ 为液流的液面落差，m，对筛板塔大都可以忽略；D_L 为液相扩散系数，cm²/s；t_L 为液体在塔板上的停留时间，$t_L=Z_Lh_c/(L_V/l_f)$，s；Z_L 为液流流程长度，m；h_c 为塔板持液量，即清液层高度，m³/m²，对于筛板塔，h_c 建议按下式计算

$$h_c=0.0061+0.725h_w-0.006F_B+1.23(L_V/l_f) \tag{4-231}$$

气相总传质单元数则由下式算得

$$\frac{1}{N_{OG}}=\frac{1}{N_G}+\frac{1}{AN_L} \tag{4-232}$$

式中，A 为吸收因子，$A=L/mG=L/KV$。利用关联式计算出的分传质单元数，结合吸收因子，计算得到气相总传质单元数，根据式(4-228)就可以求取点效率。

整块板上的传质效率不但与板上各点的效率有关，还受到塔板上气相和液相的流动及混

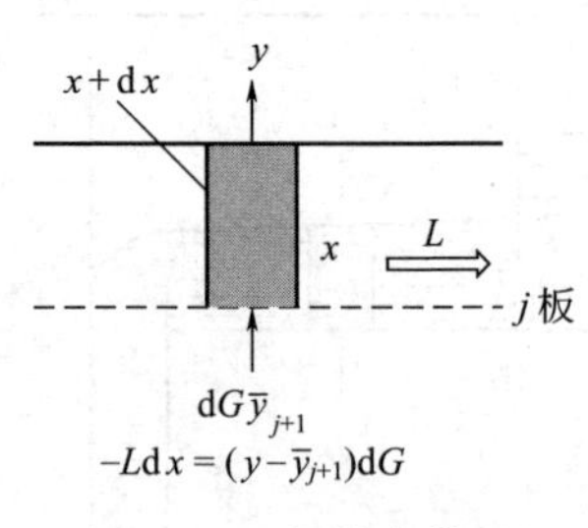

图 4-25 板效率模型

合状态的影响。路易斯假设气相在板间全混，板上各点的点效率相等，板上液相呈活塞流（见图 4-25），推导得到了干板效率和点效率的关系式。

$$E_{MV}=\frac{\overline{y}_j-\overline{y}_{j+1}}{y_j^*-\overline{y}_{j+1}}=\frac{\exp(E_{OG}/A)-1}{1/A} \tag{4-233}$$

液体流经塔板时，与气体产生密切接触，塔板上任一点处的液体在三个垂直方向发生混合，即沿液流方向上的混合，称为轴向混合；垂直于塔板液面、沿气流方向的混合，通常假定此方向全混；在塔板平面上与液流方向垂直的混合，称为横向混合。当液体流经小塔时，可以认为各方向都均匀混合，称为全混，如果塔板上各点的点效率一样，则 $E_{MV}=E_{OG}$。当液体流经大直径塔板时，轴向和横向均不会全混，在各自方向上存在浓度梯度。如液流在轴向无任何返混，呈活塞流，此时浓度梯度最大。不完全混合时，板上液体的平均浓度较溢流液浓度高，有利于传质，此时 $E_{MV}>E_{OG}$，活塞流时最有利，将得到最大的 E_{MV}/E_{OG}。

塔板上液体的实际流动介于全混流和活塞流这两种极限情况之间。板上液体的轴向混合可用扩散模型来描述。以涡流扩散系数作为可调节的模型参数，使得扩散模型的结果与实际混合结果等效。涡流扩散系数需由实验测定。

AIChE 的半理论模型假设塔板各点的 E_{OG} 相同，进入塔板的气相完全混合的条件下，利用扩散模型结合塔板上某微元的物料衡算推导得到

$$\frac{E_{MV}}{E_{OG}}=\frac{1-\exp[-(\eta+Pe)]}{(\eta+Pe)[1+(\eta+Pe)/\eta]}+\frac{\exp(\eta)-1}{\eta[1+\eta/(\eta+Pe)]} \tag{4-234}$$

式中，Pe 为 Peclect 数，$Pe=\frac{Z_L L_V}{D_E F}$；F 为液流平均截面积，m^2；D_E 为涡流扩散系数，m^2/s。参数 η 的定义为

$$\eta=\frac{Pe}{2}\left[\left(1+\frac{4E_{OG}}{APe}\right)^{1/2}-1\right] \tag{4-235}$$

美国化学工程师学会对泡罩塔和筛板塔建议了 D_E 的经验估算式

$$D_E^{0.5}=0.00378+0.0171u_B+3.68\left(\frac{L_V}{l_w}\right)+0.18h_w \tag{4-236}$$

式中，l_w 为溢流堰长，m。其余符号参见式(4-229) 的说明。

式(4-234) 以图线形式示于图 4-26。$Pe=0$，意味着 $D_E=\infty$，液相完全混合，$E_{MV}=E_{OG}$，该线与横坐标轴重合；$Pe=\infty$，意味着 $D_E=0$，即为活塞流。$Pe=\infty$和 $Pe=0$ 是 E_{MV}/E_{OG}的上下限曲线，部分混合均介于此两线间，可知，混合的不完全使 $E_{MV}>E_{OG}$。

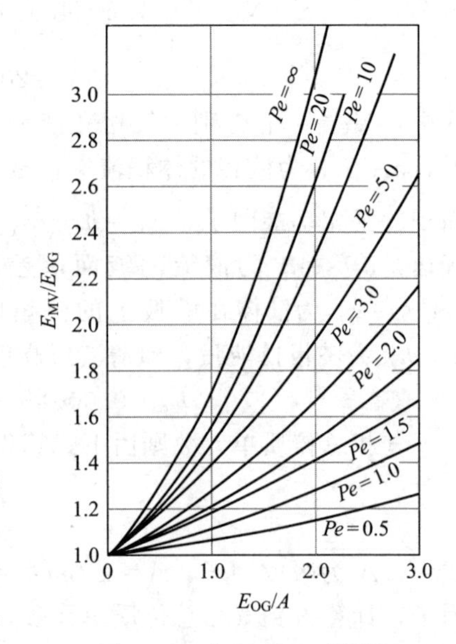

图 4-26 式(4-234) 图示

板效率的半理论模型还有诸多文献报道。在 AIChE 模型基础上，Chan 和 Fair 提出了 Chan-Fair 模型，提高了筛板塔板效率的预测精度。其他有代表性的模型包括 Gautreaux & O' Connell 提出的混合池模型、Foss 等人的停留时间模型、Porter & Lockett 的滞流区涡流

扩散模型等，这些半理论模型的基本思路与 AIChE 方法类似，计算点效率的方法与 AIChE 模型相同，差别在于采用了不同的混合模型处理点效率和板效率的转换关系。

4.6.3 流动及混合对板效率的影响

根据 AIChE 的板效率预测模型，随着塔径的增大，液流流程长度 Z_L 和 Pe 数随之增大，使得板效率将持续提高，但工程实践表明事实并非如此，主要原因是大直径塔板上的液相非均匀流动造成传质效率降低。

塔截面通常是圆形的，液体从进口堰流向出口堰有多种途径，各途径长短不一，阻力也不一样。在塔板中间（矩形区），液体流程短而直，阻力小，流速大。塔板边缘部分（弓形区），流程长而弯曲，又受到塔壁的牵制，阻力大，流速小。因此，液流量在各条途径中的分配不均匀，液体在塔板各部分的停留时间也就长短不一。图 4-27(a) 显示了半块实验塔板上实测的停留时间分布曲线，曲线上的数字表示液体在塔板上停留时间的相对大小。

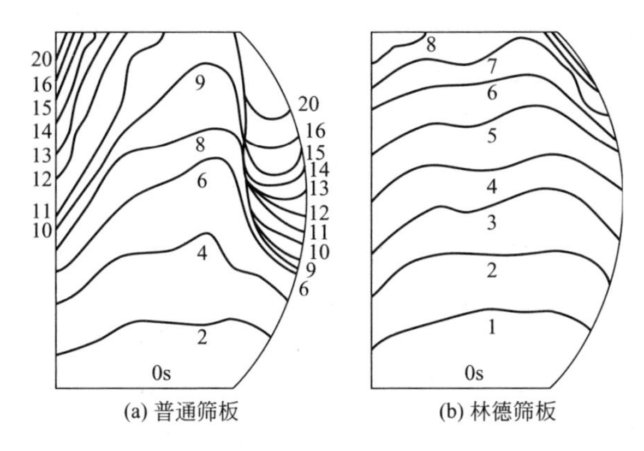

图 4-27 普通筛板和林德筛板上的液体停留时间分布

注：$F_B/(\rho_L-\rho_V)^{1/2}=0.21$，$L_V/l_w=0.0116m^3/(m \cdot s)$，$D=4.57m$

当塔径很大、塔板内件设计欠妥当时，液流不均匀性将严重发展，在塔的弓形区会形成环流（死区）或反向流。Biddulph 和 Burton 从液相的动能、涡流扩散和壁面边界层等方面分析了弓形区出现回流和反向流的机理，发现弓形区的回流和反向流与清液层高度密切相关，当清液层高度较低时，塔板两侧弓形区多出现两个回流区，当清液层高度较高时，两侧弓形区则出现两个反流区，如图 4-28 所示。这是因为当液相流量较小时，液流速度的不均匀分布尤为明显，弓形区易形成回流；当液相流量较大时，入口液流的抽吸作用容易使弓形区形成反向流。造成液相速度梯度和非均匀流动的另一个主要原因是塔板上的液面落差，在大直径塔板上表现尤为明显。大直径塔板上的液相流量大且流

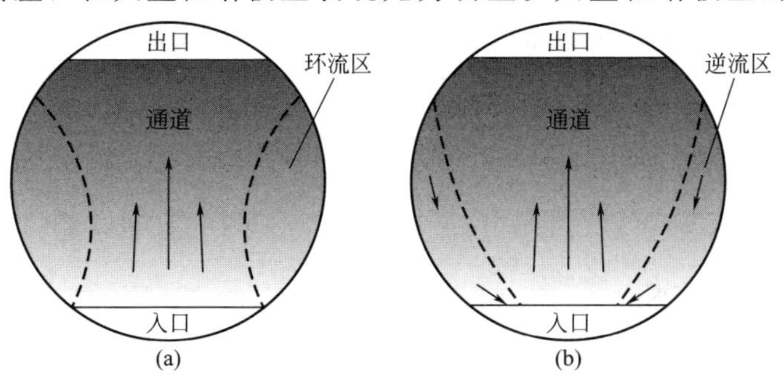

图 4-28 塔板上液相的回流和反向流动

程长，液相流经塔板需要克服更大的流动阻力，而流动推动力主要依靠液面落差提供，因而塔板上液体进、出口间的液面落差大。液面落差增大不但造成液相非均匀流动加剧，也导致气相的速率分布不均。

非均匀流动将造成分离效率明显下降，环流的影响尤其严重，如果此时再加上板间的气相不充分混合，效率下降将更多。这是因为塔中各板的环流区位于同一垂直线上，不混合的气体流经环区，相当于一股沟流，而液体在板上的横向混合和气体在板间的混合都能明显削弱上述有害影响。虽然至今这些模型的分析结果尚无直接的实验结果证实，不过工业上大塔的效率不像一些模型预测的那么高，可以算作间接证据。

对于液流量较大的加压精馏，大直径塔板总要采用多流程结构，这样可以大大缓解液体的不均匀流动。为降低液面落差，减缓常规大直径塔板上由于滞流和回流等引起的返混问题，研究人员通过对板上流体的水力学和流体力学的理论分析和实验研究，开发了导向筛板（Linde Sieve Tray）、微分浮阀塔板（Advanced Micro Dispersion Valve Tray）、立体喷射型塔板（Vertical Spray Tray）、导向浮阀塔板（Directed Valve Tray）等具有优良流体力学性能的新型塔板，并在降液管形式和排布、溢流堰构型等对塔板水力学、气液两相流场以及传质的影响进行了大量的理论和实验研究。在减压精馏中得到成功应用的林德筛板，由于采用了结构和布置合理的导向筛孔，液流在板上的停留时间分布均匀许多［见图 4-27(b)］，对提高分离效率起了有利作用。

一些著名的板效率预测模型，例如上面介绍的美国化学工程师学会模型，均假定气相在板间完全混合，即进入同一塔板各点的气相浓度一样，实际上在大直径塔中蒸汽更趋近于完全不混合。路易斯就研究了液体在板上呈活塞流、气体在板间完全不混合时的板效率和点效率的关系，所得结论是：当液体在相邻板上按同一方向流动时，在相同的 E_{OG} 和 A 条件下，板效率比蒸汽在板间全混时略大；当液体在相邻板上按相反方向（工业塔大都如此）流动时，板效率略小。这些结果表明气相在板间的混合情况对板效率的影响一般较小，或许当板上存在死区时，板间蒸汽不混合会起较坏的影响。

气体通过塔板的不均匀分布对塔板效率也起着不利的影响。气体的不均匀分布主要起因于板上泡沫液层高度的不均匀性。因为液体流过塔板必然遭遇阻力，液流流程越长，板面结构越复杂，液流流量越大，阻力越大，造成液体进板处和出板处的液面落差也越大。气体必然以较大流速通过泡沫层薄的区域，以较小的气速通过泡沫层厚的区域，形成气体从液体进口向出口逐渐增大的流速分布。这将影响板上各点传质接触情况和接触时间，严重时会产生液体入口处漏液，液体出口处雾沫夹带。

综上所述，液相轴向不完全混合对板效率有较明显的有利影响；不均匀流动，尤其是环流和回流对效率产生不利影响；横向混合能削弱液相不均匀流动的有害影响；气相于板间的不完全混合和流经塔板的不均匀分布也有一些不利影响。随着塔径的增大，轴向不完全混合的有利影响将逐渐减弱，不均匀流动则可能趋于严重。可以预料，E_{MV}/E_{OG}先随塔径的增大由 1 开始逐渐增大，但当塔径达到某临界值（一般在 1.5～6m 范围）后，继续增大将使 E_{MV}/E_{OG}下降，在临界塔径处 E_{MV}/E_{OG}最大。因此，E_{MV}的值有可能超过 1，而 E_{OG}则总是小于 1。

4.6.4 雾沫夹带的影响

总体上两相逆流的分离设备中发生的雾沫夹带和漏液是一种级间液体返混，将降低分离设备的分离效果。柯尔本于 1936 年分析了这个问题，分析中假定液相在板上完全混合，气相在级间完全混合，其塔板的物理模型示于图 4-29。

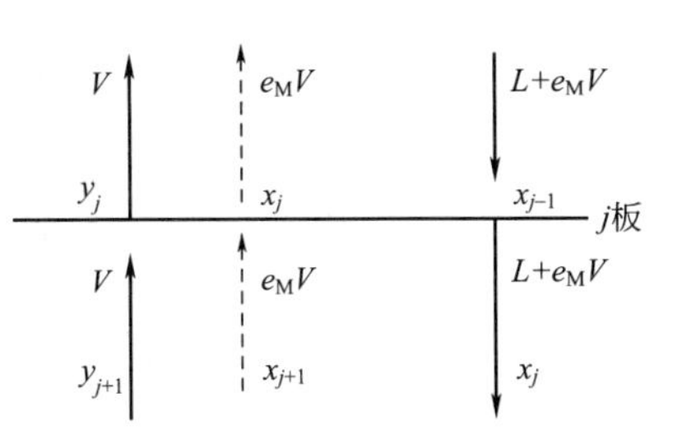

图 4-29 雾沫夹带的影响

由于雾沫夹带的存在，塔内实际上升的物流不单是气相 V，还夹带有雾沫 $e_M V$（e_M 为单位摩尔蒸汽夹带的雾滴物质的量）。考虑气相与雾滴间的浓度差异，引入表观气相浓度

$$Y_{j+1}=y_{j+1}-e_M(x_j-x_{j+1}) \tag{4-237}$$

对精馏段 j 板至塔顶进行物料衡算，可得考虑雾沫夹带情况下的表观操作线方程

$$Y_{j+1}=\frac{L}{V}x_j+\frac{L}{V}x_D \tag{4-238}$$

根据湿板效率的定义，结合式(4-238)，当平衡线和操作线斜率相差不大时（一般情况下如此），湿板效率与干板效率的关系为

$$E_a=\frac{E_{MV}}{1+\dfrac{e_M V}{L}E_{MV}} \tag{4-239}$$

由上式可见，E_a 总小于 E_{MV}，且 E_{MV} 和 e_M 越大，雾沫夹带的影响越严重。在塔板设计中，一般控制 $e_M<0.1$，以减少雾沫夹带的不利影响。

此外，板上液体经筛孔、阀孔的漏液也会降低效率，Strand 在气液两相全混的假定下，并认为漏液未参与板上传质，相当于经旁路绕过板上两相间的传质。定义 β 为漏液量占总液量的分率，推导得到塔板总体效率 E'_a 与无漏液时效率 E_{MV} 间的关系式为

$$E'_a=\frac{E_{MV}}{1+\dfrac{\beta E_{MV}}{A(1-\beta)}} \tag{4-240}$$

Lockett 研究了板间气体不混合时有漏液的情况，推导出塔板上液体为平推流时 E'_a 的计算式。对于高压操作的精馏塔，由于气液两相间密度差和表面张力的减小，降液管中气液两相的分离较困难，大量气体随泡沫被带入下面塔板，易起泡沫物系尤其严重。

当得到了湿板效率的数据后，分离所需的实际板数可以通过计算确定。现以二元图解法为例，首先用 E_a 值修正平衡曲线（见图 4-30），图中 AB 为气相经过塔中第 j 块理论板得到的增浓，而实际板的增浓应是 AD，AD 由 E_a 的定义式算出

$$\frac{AD}{AB}=E_a(x_j)$$

同样

$$\frac{EF}{EG}=E_a(x_{j-1})\cdots$$

当点 $DFJ\cdots$ 确定后，连接这些点得到修正平衡曲线。按照二元图解法作出表观操作线，再在两线间作梯级，即可得到实际板数。塔效率可按其定义式算出，一般 $E_0\neq E_a$。当操作线和平衡线均为直线（见图 4-31），且各板 E_a 相等时，E_0 和 E_a 的关系满足

$$E_0=\frac{\ln[1+E_a(S-1)]}{\ln S} \tag{4-241}$$

由式(4-241) 可见，即使平衡线和操作线均为直线，各板 E_a 相同，E_0 并不等于 E_a。只有当两根线互相平行，$S=1$，E_0 才等于 E_a；当 $S>1$，在 $E_a<1$ 范围，$E_0>E_a$；当 $S<1$，在 $E_a<1$ 范围，$E_0<E_a$。精馏时，平衡线是曲线，操作线通常是折线。若用式(4-241) 计算，至少应将全塔分为几段，各段近似将 S 当作常数。

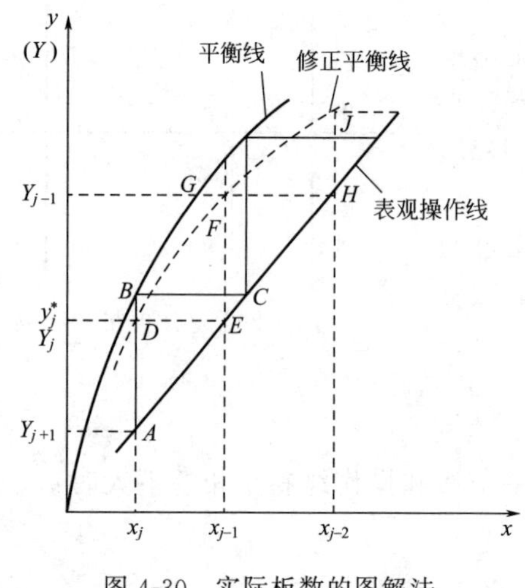

图 4-30 实际板数的图解法

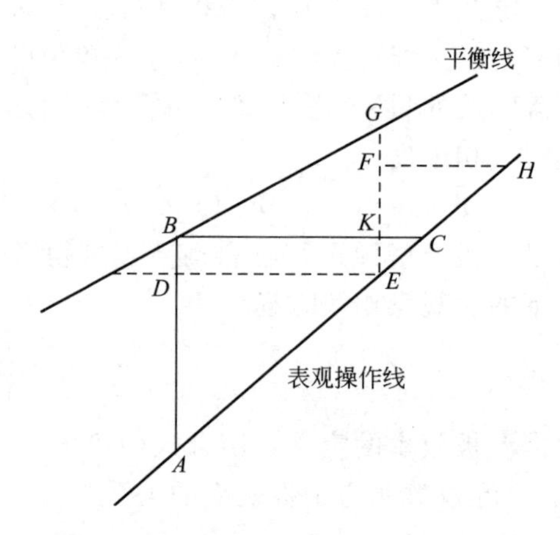

图 4-31 E_0 与 E_a 间关系式的推导

由上述讨论可见板上发生的两相间传质情况，气液两相（主要是液相）分别在板间和板上的混合情况、气液两相流经塔板的均匀程度、气相中雾沫夹带量、溢流液中泡沫夹带量和漏液量等均对板效率产生影响，而它们又由操作条件（温度、压力、气液两相流量等）、设备结构（塔径、板间距、溢流堰高和长度、筛板的孔径和开孔率、浮阀板的阀孔数、液流程数等）和系统物性（相对挥发度、气液两相密度和扩散系数、液相黏度、表面张力大小及梯度等）决定。当设备设计合理并在正常条件下操作时，效率主要由物性决定。

4.6.5 系统物性对板效率的影响

(1) 液相黏度

黏度高，产生的气泡大，相界面小，两相的接触差，同时液相扩散系数小，故效率低。精馏时，液相处于沸点温度，多数液体的黏度有相同数量级（0.15～0.7mPa・s），温度升高，黏度降低，板效率增大。这是精馏塔效率一般高于吸收塔的主要原因。

(2) 相对挥发度

相对挥发度大则相当于气相溶解度低，相平衡常数大，液相阻力大，板效率低。

(3) 表面张力大小及梯度

两者分别的影响很难由实验直接测定，因其难以同其他物性的影响分开。实验测定发现，当为泡沫态时，表面张力大小对板效率的影响相当小；在喷射态时，随表面张力的降低板效率有所增大。表面张力是液相组成的函数，按其变化情况，物系可分成如下三类。

① 正系统：轻组分的表面张力比重组分低的系统。当回流液从塔顶逐板流向塔釜时，轻组分浓度逐渐减小，因此液相的表面张力逐渐增大，例如庚烷（$T_b=98.4$℃，$\sigma_{T_b}=1.2$N/m）-甲苯（$T_b=110.7$℃，$\sigma_{T_b}=1.85$N/m）系统。这种系统的表面张力梯度：$d\sigma/dx_1<0$。

② 负系统：轻组分的表面张力比重组分高的系统。当回流液从塔顶向塔釜逐级下流时，液相的表面张力逐渐减小。例如苯（$T_b=80.2$℃，$\sigma_{T_b}=2.1$N/m）-庚烷系统，当然 $d\sigma/dx_1>0$。

③ 中性系统：两组分表面张力接近的系统，$d\sigma/dx_1\approx0$。

正系统更适宜在泡沫状态下操作，而负系统在喷射态下操作更好，这是因为正系统的泡沫稳定性好，不易破裂而聚并，因此传质面积大，有利于提高效率。负系统之所以适宜在喷射态下操作，是因为此时液滴不稳定，易破碎断裂成更细的液滴，气液两相间传质界面变大，有利于提高效率；相反，正系统液滴稳定，不利于相界面增大，效率降低。

4.6.6 获取效率的途径

设计所需的板效率数据可以通过如下四条途径取得。

(1) 工业规模和中试试验的实测数据

如果设计任务与工厂或试验的物系相同、操作条件相仿，由此推算得到的效率最可靠。试验塔设备结构和操作条件与设计塔不可能完全一样，但只要操作情况正常，测得的效率还是相当可靠的。这里有两点必须注意：①对于有机物水溶液，必须注意涉及的浓度范围。因为相对挥发度、表面张力大小和表面张力梯度等往往与浓度密切相关，不同浓度范围的效率数据可能有较大差异。②必须注意做效率推算时所用的相平衡数据。当 $\alpha<1.5$ 时，不同的相平衡数据算得的效率会存在较大误差，易造成计算结果有大的差错。

应用中试结果进行适当放大校正，需要对中试数据的适用性进行判别。首先，中试塔和设计塔中的两相接触状态要相同。其次，中试塔的操作气速应在合适范围，即其泛点百分率要适中（泛点百分率在 40%～90%范围均可以接受）。再则，中试塔中不应出现因回流比太小而形成夹点。如果中试符合上述要求，其效率直接用于设计同样偏保守。

(2) 应用奥德肖塔试验测取点效率，再按适当办法予以放大

奥德肖（Oldershaw）塔如图 4-32 所示，用于减压和常压精馏的一般是全玻璃结构，加压精馏时需用金属制作。自 1941 年提出该塔后，不少研究者用它进行了精馏试验，发现试验所得的效率与工业规模大塔的点效率在相同的泛点百分率条件下相当，大都稍微小一点，因此，比较一致地认为这是获取点效率的可靠办法。如果对于用点效率推算板效率缺乏把握，可以直接取奥德肖塔测得的效率为大塔效率，这样做偏保守。

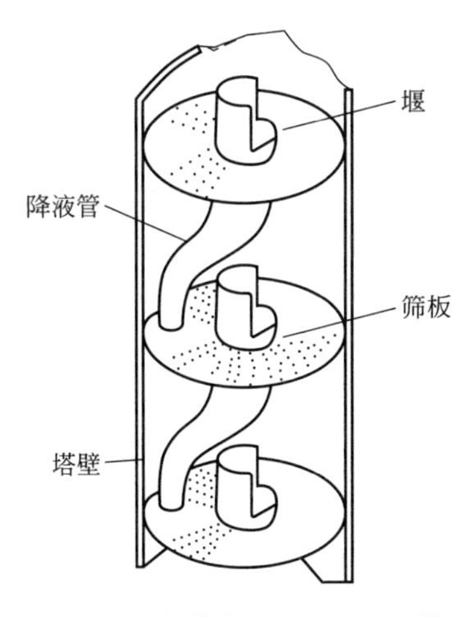

图 4-32 奥德肖（Oldshaw）塔

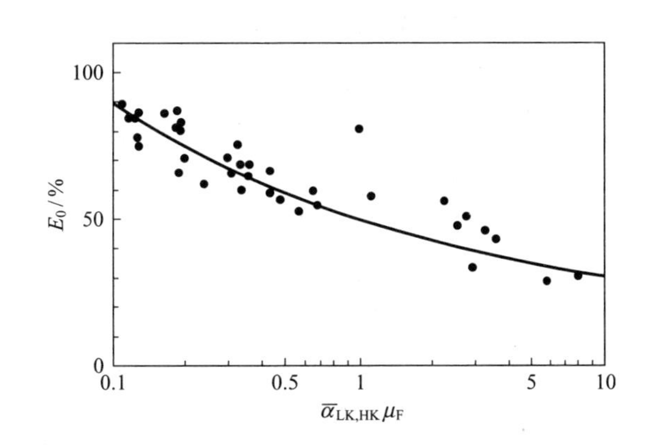

图 4-33 O'Connell 的塔效率关联

(3) 应用塔效率的经验关联式

经验关联式通常是将板效率与其影响因素作经验关联，这些影响因素主要包括物料的物性参数、操作参数、无量纲特征数、塔板特征尺寸等。早期的纯经验关联式仅考虑了物性因素，如预测全塔效率 O' Connell 关联式将全塔效率与物料黏度、关键组分间的相对挥发度的乘积进行关联（见图 4-33）。该关联是根据 31 座精馏塔资料获得的，物系包括烃类、氯化烃和醇类等，塔型均是泡罩塔，所以用来估算筛板和浮阀板塔效率略微保守。该关联图中的横坐标为关键组分间的相对挥发度和进料黏度的乘积，需注意相对挥发度是在塔顶、塔底算术平均温度下的值，进料黏度 μ_F 是在此平均温度下的分子黏度（mPa·s），可以按下式估算

$$\mu_F = \sum_i \mu_i x_{F_i} \tag{4-242}$$

该关联的适用范围为 $\bar{\alpha}_{LK,HK}\mu_F = 0.1 \sim 7.5$，液流流程长度小于 1.5m，拟合计算式如下

$$E_0 = 0.492(\bar{\alpha}_{LK,HK}\mu_F)^{-0.245} \tag{4-243}$$

加西莫维奇等提出了另一个关联，认为解吸因子是关键参数，关联式主要基于乙醇-水物系的精馏试验数据，试验塔径为 314mm。对于乙醇-水物系的简化关联式为

$$E_0 = 0.823S^{-0.491} \tag{4-244}$$

仅考虑物性因素的纯关联式的精度不高，且只适用于特定板型和物系。针对上述关联式的不足，Chaiyavech & Van Winkle、MacFarland & Van Winkle 分别建立了利用无量纲特征数群进行板效率估算的方法。其中 MacFarland & Van Winkle 关联式较有代表性的

$$E_{MV} = 0.268\left(\frac{A_0}{A_T}\right)^{-0.28}\left(\frac{L}{G}\right)^{0.024} \times G_0^{-0.013}\left(\frac{\sigma}{\mu_L U_0}\right)^{0.044}\left(\frac{\mu_L}{\rho_L D_L}\right)^{0.137} \times \alpha^{-0.028} \tag{4-245}$$

式中，A_0 为塔板开孔面积，m^2；A_T 为塔横截面积，m^2；G、L 分别为气相、液相的质量流量，kg/h；G_0 为气相表观质量流率，$kg/(m^2 \cdot h)$；σ 为表面张力，mN/m；μ_L 为液相黏度，mPa·s；U_0 为空塔气速，m/s；α 为轻、重关键组分的平均相对挥发度。

(4) 应用半理论的模型进行计算

文献中提出的模型有多个，前面介绍的美国化学工程师学会的模型最著名。由于模型中包含许多物性，例如混合物的扩散系数、密度、黏度等，要取得这些物性的正确值是相当困难的。由于效率问题的复杂性，至今尚无可靠的模型能用到设计计算中，今后尚有许多研究工作要做，尤其是更多地积累实测的效率数据，对于可靠模型的建立起着关键作用。

4.6.7 填料塔的理论板当量高度

填料塔同样是工业上得到广泛应用的气液传质设备，由于近三十年来在填料塔领域取得的显著进步，其在工业应用中的重要性得到增强，填料塔只适用于小塔的历史已经结束。填料塔发展中取得的成果主要包括：以金属矩鞍环、阶梯环、纳特环等为代表的、性能更优良的第三代散装填料的成功开发和应用；板波纹和丝网波纹规整填料的成功开发和应用；与新型填料配套使用的高性能液体分布器的成功开发和应用；对于填料塔中气液两相分布情况认识的深化，以及对于新型填料主要性能（压降、液泛和 *HETP* 等）的资料积累和研究，对于填料塔的放大效应有了深入的认识，使设计更有把握。据文献报道，目前金属矩鞍环填料塔的最大直径达 20m，金属板波纹填料塔直径达 13.4m。由于填料塔的某些优良性能，在减压和常压精馏场合应用相当成功，尤其在原有板式塔的增产挖潜改造中。

为确定达到分离要求所需的填料层高度，工程设计广泛应用理论板当量高度的概念

$$h = N \times HETP \tag{4-246}$$

应用式(4-246) 计算填料层高度形式上很简单，但计算的正确性取决于 *HETP* 的可靠性。平衡线和操作线均为直线的前提下，*HETP* 与气相总传质单元高度 H_{OG} 之间满足

$$HETP = H_{OG}\frac{\ln S}{S-1} \tag{4-247}$$

对于精馏塔，由于不符合此前提，作为近似应分段采用上式。一切影响塔中传质过程的因素都与 *HETP* 有关，*HETP* 最好取工业规模塔的实测数据，也常参考一些经验估算方法。各种新型填料的开发厂商往往提供实测的 *HETP* 资料，这是比较可靠的 *HETP* 来源，但需注意这些资料的正确利用。下面提供一些值得注意的要点，供读者参考。

(1) 液相的塔顶分布和再分布

液相分布情况直接影响气液两相的接触和传质。塔顶液体分布情况主要由塔顶分布器的分布特性决定，而评价此分布特性有三项基本指标：①淋液点分布密度，为单位塔截面的淋液点数；②淋液点在塔截面上分布的均匀性，这比分布密度更重要，尤其要注意塔壁区附近的布液均匀性；③各淋液点淋液量的均匀性。研究发现大尺度（0.1～0.2m^2的塔截面区域）的布液不均匀将严重恶化分离作用，逐个淋液点淋液量的小尺度不均匀对于 *HETP* 的影响很小。在填料塔中部引入料液处，以及因填料层过高而分段安装的层之间，需要设置液体再分布器。由于分布器的分布质量难以预测，一般主张填料层高度不超过 9m，对于高效填料，不少设计者主张每段填料相当的理论板数不超过 20 块，段间设置再分布器。

(2) 气相进入填料层时的初始分布

小塔往往不用分布器，但对于大塔分布器是必需的，尤其对于规整填料，因其压降低，流道比较规则，对于初始分布的不均匀的再分布能力差，初始分布不当将造成分离明显变差。为此，设计中除采用合适气体分布器外，在 *HETP* 的选择上应留有余地。

(3) 物性

许多实测数据表明，*HETP* 与物性的关系很小。但对于规整填料，发现不少水含量高的物料的 *HETP* 比不含水物料的高不少，其他高表面张力物系和高液相黏度的物系 *HETP* 也高，其原因至今尚不清楚。

(4) 操作压力

压力在 10kPa 至常压之间时，*HETP* 基本上与压力无关。压力小于 10kPa 的较高真空精馏，*HETP* 随压力下降有所增大，因压力降低引起温度下降，不利于传质；还可能因液体喷淋量太小，填料未能达到充分润湿。高压操作下发现 *HETP* 升高，特别对于规整填料，目前对于这一现象的解释是压力升高，液体喷淋密度增大，于是塔中气相返混增强。也有人认为是温度升高，界面张力减小，再加上高的液体负荷，促使泡沫生成而使 *HETP* 增大。此外，高压塔中气液相分布器的分布要求更高。

(5) 最小喷淋密度 Q_{min}

它是指单位塔截面积处理液体量的下限，当液体喷淋量低于此值时，填料表面的液膜将破裂成小溪流，相际传质面积急剧下降，从而使传质效率明显下降。

最小喷淋密度受众多因素影响，包括物性（表面张力、密度、黏度等）、填料类型、尺寸、材质和表面处理状况以及气速等。目前尚无可靠的预估算式，大都采用经验数据。美国格利希公司对于#1、#1.5 和#2 阶梯环，建议了表 4-8 中的 Q_{min}数值。

表 4-8 格利希公司建议的 Q_{min}值

填料材质	Q_{min}/[m^3/(m^2·h)]	填料材质	Q_{min}/[m^3/(m^2·h)]
粗陶瓷	0.49	光亮的金属（不锈钢、钛、其他合金）	2.93
受氧化处理的金属（钢、铜）	0.73	聚氯乙烯-氯化聚氯乙烯	3.42
表面处理过的金属（酸洗不锈钢）	0.98	聚丙烯	3.91
上釉陶瓷	1.96	含氟高聚物（聚四氟乙烯类）	4.89
玻璃	2.44		

基斯特基于上表数据建议按下式推广应用到其他散装填料

$$Q_{\min}=Q_{\min}^{*}\left(\frac{195}{a}\right)^{0.5} \tag{4-248}$$

式中，$Q_{\min}^{*}$为从表 4-8 中查得的数值。

对于规整填料，由于其良好的润湿性，基斯特指出：对于金属板波纹填料，当液体喷淋密度低达 $0.24\text{m}^3/(\text{m}^2 \cdot \text{h})$ 时，对于金属丝网填料液体喷淋密度低达 $0.12\text{m}^3/(\text{m}^2 \cdot \text{h})$ 时，填料塔仍能保持高的效率。

(6) 塔径和填料层高度

不少实验研究发现，如果能保证塔内气液两相的均布，分离效率将与塔径和填料层高度无关，所谓填料塔的放大效应归根到底还是塔内气液相分布问题。

总之，对于实测数据，应尽量查清其测试条件，再与设计状况进行对照，考虑主要差异点的影响，从而选取适宜可靠的 $HETP$ 值。

基斯特将文献中发表的一些经验规则汇总于表 4-9 中，它们适用于某些散装填料。由表 4-9 可见，左起前五个模型基本一致，基斯特推荐用波特和詹金斯规则，因为它与大多数规则相符，并经广泛的实验数据检验过，但有时稍微保守一点。

表 4-9 估算散装填料 HETP 的一些经验规则

经验规则提议人(年)	波特和詹金斯(1979)①②④	弗兰克(1979)②③⑤⑥	陈(1984)④	哈里森和弗兰斯(1989)④	瓦拉斯(1987)②	罗斯(1985)④	路德维格(1979)⑤	维托尔(1984)⑤
$HETP=$	$<18.0d_p$⑦					$d_p/0.075$⑧	0.46～0.61	
1in 填料		0.46	0.46	0.46	0.40～0.55			
1.5in 填料		0.66	0.66	0.66				
2in 填料		0.89	0.89	0.91	0.76～0.91			
小直径塔		D_T					D_T	D_T

①适用于发表的 83%鲍尔环数据。如改为$<24.0d_p$，则适合于 97%的数据。②适用于鲍尔环。③适用于矩鞍形填料。④适用于新型填料。⑤对于小直径塔，弗兰克和维托尔认为直径<0.61m，而路德维格认为是 0.30～1.22m，且当直径<0.3m 时，则取 $HETP=0.30\text{m}$。⑥减压蒸馏时，弗兰克认为 $HETP$ 应在一般值上加 0.15m，以补偿液体喷淋变差的影响。⑦该提议人于 1987 年将 18.0 改为 15.0。⑧根据 Huber 结果（1966 年）。

注：1in=0.0254m。

对于规整填料，基斯特建议了如下经验规则

$$HETP=\frac{100}{a}+0.1 \tag{4-249}$$

上式过于简单，未考虑物性、压力等操作条件的影响。洛凯特建议了如下经验式

$$HETP=2.45F_{80}/a^{0.5} \tag{4-250}$$

式中，F_{80}为泛点百分率 80%时的空塔气相动能因子，$(\text{m/s})\cdot(\text{kg/m}^3)^{1/2}$。该式主要根据布拉沃等提出的规整填料传质的 BRF 模型计算结果，并假定解吸因子 $S=1$ 导出。S 对 $HETP$ 的影响由下式表示

$$\frac{HETP}{(HETP)_{S=1}}=\frac{\left[1+S\left(\frac{H_L}{H_G}\right)\right]}{(S-1)\left(1+\frac{H_L}{H_G}\right)}\ln S \tag{4-251}$$

可见 S 的影响还与两相的分传质单元高度比值 H_L/H_G 有关。对于文献中所列的 16 种系

统，H_L/H_G为0.1～0.65，当S为0.5～1.5，$HETP$的最大变化为32%，一般情况要小得多。此外，空塔气相动能因子F对$HETP$的影响可以忽略。

美国诺顿公司的斯特莱格尔提供了一套$HETP$经验估算法，对于常压精馏、真空精馏和加压精馏分别进行了讨论，值得参考。

在结束本节效率讨论时，有一点需强调指出，提高塔效率只是塔设备的改进方向之一，实际生产中，塔效率、生产能力、压降和设备投资必须综合考虑，最后由技术上的可行性和经济上的合理性决定。一般说来，难分离系统的高纯度分离希望高的塔效率；而处理量大又易分离的系统，往往追求高的生产能力；真空精馏则需要低的压降。

对于板式塔，点效率与N_{OG}成指数关系，开始时提高N_{OG}对效率增大作用明显，但到后期效果逐渐趋小。因此，当效率达到0.6～0.85时，进一步提高效率不一定经济，而当效率过低时，设法提高效率常是必须的，经济上也合理。

思考题

4-1 化学反应如何影响吸收相平衡？当物理溶解量可以忽略时，化学吸收相平衡有何特点？

4-2 何谓传质模型？试述双膜论、渗透论和表面更新论等传质模型的优缺点并加以比较。

4-3 化学吸收增强因子β的意义是什么？提高它的目的是什么？

4-4 对不可逆一级化学反应：$\beta=\dfrac{\sqrt{M}}{\text{th}\sqrt{M}}$。在什么情况下可看作物理吸收？在什么情况下可看作气膜控制？

4-5 归纳教材中讨论的三类不可逆反应化学吸收速率式，并画出相应的溶质在气液两相中的浓度分布线。

4-6 对于瞬时反应和慢反应的化学吸收，应分别用何种塔型？

4-7 实际板和理论板的差异有哪些？AIChE的效率估算法是如何计及这些差异的？哪些差异尚未考虑到？

4-8 奥德肖（Oldshaw）筛板塔测得的板效率与工业规模大塔的效率在什么条件下相当？一般测得的效率比大塔的效率大还是小？为什么？

4-9 板效率随塔径如何变化？请说明变化的原因？

习 题

4-1 用水吸收气体混合物中的SO_2，吸收温度为20℃，常压操作，气相中SO_2的分压为0.08atm。SO_2在水溶液中发生如下电离过程

$$SO_2+H_2O \rightleftharpoons H^+ + HSO_3^-$$

上述电离过程的平衡常数为$K=\dfrac{[H^+][HSO_3^-]}{SO_2}=1.7\times10^{-2}\text{kmol/m}^3$，20℃时$SO_2$的溶解度常数$H'_{SO_2}=0.613\text{atm/(kmol/m}^3)$。试求：$SO_2$在水中被吸收的平衡总浓度（$\text{kg/m}^3$）。

4-2 某易溶于水的气体A的亨利系数$H_A=0.5$atm，难溶于水的气体B的亨利系数

$H_B=50000$atm，溶液的总摩尔浓度 $c_M=55.6$kmol/m^3。气膜侧传质推动力以压差表示，液膜侧传质推动力以摩尔浓度差表示，液膜和气膜的分传质系数分别为 $k_l=10^{-3}$cm/s 、$k_g=1.67\times10^{-5}$mol/(cm^2·s·atm)。

（1）如果是物理吸收，分别计算这两种气体的气膜阻力和液膜阻力之比。（2）试分析对于哪一种气体应用快速反应的化学吸收增强作用会更大一些。

4-3 不可逆一级反应的化学吸收过程，已知 $k_l=10^{-4}$m/s，$D_l=1.5\times10^{-9}$m^2/s，试讨论：

（1）反应速率常数 k_{I}^* 高于什么值时，吸收可视为快速反应，在液膜中完成；k_{I}^* 低于什么值时，吸收反应为慢反应，主要在液相主体中完成？（2）$k_{\text{I}}^*=0.1\text{s}^{-1}$，液相体积与液膜体积之比 α_L 大于多少，反应才能在液相主体中完成？（3）如果 $\alpha_L=30$，$k_{\text{I}}^*=0.2\text{s}^{-1}$，求增强因子 β。

4-4 计算 25℃时，用浓度为 0.8kmol/m^3 的 NaOH 溶液吸收 CO_2 的速率 N_A。

已知：$k_l=2\times10^{-4}$m/s，CO_2 的亨利系数 $H'_{CO_2}=3\times10^6$Pa/(kmol/m^3)，气相中 CO_2 分压 $p_A=10^5$Pa，扩散系数 $D_{Al}=D_{Bl}=1.5\times10^{-9}$m^2/s，气膜传质系数 $k_g=3\times10^{-2}$kmol/(m^2·s·atm)，反应速率常数 $k_{\text{II}}^*=8800$m^3/(kmol·s)。（提示：计算时可首先假设 $c_{Ai}=p_A/H'_A$，再校正）。

4-5 空气中含有有害杂质 A 需要除去，要求其含量（摩尔分数）由 0.1%减至 0.02%。试计算下列三种逆流吸收的填料层高度。

（1）常压下用纯水吸收，已知：$k_ga=32$kmol/(m^3·h·atm)，$k_la=0.1\text{h}^{-1}$。A 在纯水中的亨利系数 $H'_A=0.125$atm/(kmol/m^3)，气液两相流率分别为 $L=63.5$kmol/(m^2·h)，$G=9.1$kmol/(m^2·h)，液相的总摩尔浓度 $c_M=56.1$kmol/m^3。（2）用 $c_B=0.8$kmol/m^3 的强酸溶液进行吸收，已知：$D_{Al}=D_{Bl}$，$k_{Al}=k_{Bl}$，反应为瞬间反应 $A+B\longrightarrow P$。（3）用 $c_B=0.128$kmol/m^3 的强酸溶液进行吸收。（提示：根据传质阻力分段计算填料层高度）

4-6 用正庚烷（纯态）吸收处理轻烃类气体混合物：操作温度为－22℃，压力为 37.4atm，原料气总流率为 18900kmol/h，进气组成和各组分在操作温度和压力下的相平衡常数 m_i 如下表所示。要求通过 10 个理论级的逆流吸收，对进料气中乙烷的吸收率达到 50%。试计算：吸收剂正庚烷的流率及尾气和富液中各组分分流率。

组分	C_1	C_2	C_3	n-C_4	n-C_5
进料气中摩尔分数	0.949	0.042	0.007	0.001	0.001
m_i	2.85	0.36	0.066	0.017	0.004

4-7 某厂脱乙烷塔塔顶的气体组成见下表，拟用丙酮作吸收剂除去其中的乙炔，操作压力为 18 绝对压，操作温度为－20℃，此条件下各组分的相平衡常数已给，乙炔的回收率为 0.995。

组分	C_2H_6	C_2H_4	C_2H_2	Σ
进料流量/(kmol/h)	20.5	79	0.5	100
相平衡常数 m_i	3.25	2.25	0.3	

求：（1）所需的最小液气比 $(L/G)_{\min}$。（2）取操作液气比为最小液气比的 1.6 倍时所

需的理论塔板数 N。(3) 各组分的吸收率 η_i 和出塔尾气组成 y_i。(4) 塔顶应加入的吸收剂丙酮的用量 L_0。

4-8 用纯水吸收混合气体中的A。气体中A的浓度为0.01，塔内的液气比 $L/G=10$，操作压力 $p=3.039\times10^5\mathrm{Pa}$。已知：当温度 $T=10℃$ 时，$H_A=2.453\mathrm{MPa}$，尾气中A的浓度达到0.001；当温度 $t=30℃$ 时，$H_A=4.852\mathrm{MPa}$。用30℃水吸收时尾气中A的含量为多少？

参 考 文 献

[1] Seader J D，Henley E J，Roper D K. Separation process principles chemical and biochemical operations [M]. 3rd ed. New York：John Wiley & Sons，2011.

[2] Sherwood T K，Pigford R L，Wilke C R. Mass transfer [M]. New York：McGraw-Hill，1977.

[3] Kohl A L R. Gas purification [M]. 3rd ed. New York：McGraw-Hill Book Co.，1979.

[4] Danckwerts P V. Gas-liquid reactions [M]. New York：McGraw-Hill Inc.，1970.

[5] Astaria G，Savage D W，Bisio A. Gas treating with chemical solvents [M]. New York：John Wiley，1983.

[6] King C J. 分离过程 [M]. 第2版. 北京：化学工业出版社，1987.

[7] Henley E J，Seader J D. Equilibrium-stage separation operations in chemical engineering [M]. New York：John Wiley & Sons Inc.，1981.

[8] 兰州石油机械研究所. 现代塔器技术 [M]. 第2版. 北京：中国石化出版社，2005.

[9] 张成芳. 气液反应和反应器 [M]. 北京：化学工业出版社，1985.

[10] Strelzoff S. Technology and manufactrue of ammonia [M]. New York：John Wiley & Sons，1976.

[11] Perry R H. Chemical engineer's handbook [M]. 7th ed. New York：McGraw-Hill Book Co.，1999.

[12] Whitman W G. The two-film theory of absorption [J]. Chem Met Eng，1923，29：147.

[13] Higbic R. The rate of absorption of pure gas into a still liquid during short periods of exposure [J]. Trans Amer Inst Chem Eng，1935，(31)：365.

[14] Harriott P. A random eddy modification of the penetration theory [J]. Chemical Engineering Science，1962，17：149-154.

[15] Dobbins W E. Mechanism of gas absorption by turbulent liquids [J]. Advances in Water Pollution Research，1962，34 (3)：61-80.

[16] Danckwerts P V. Significance of liquid-film coefficients in gas absorption [J]. Ind Eng Chem，1951，43：1460.

[17] Perlmutter D D. Surface-renewal models in mass transfer [J]. Chemical Engineering Science，1961，16 (3)：287-296.

[18] Jinfu W，Langenann H. Unsteady two-film model for mass transfer [J]. Chemical Engineering Technology，1994，17 (4)：280-284.

[19] Bolles W L，Fair J R. Improved mass-transfer model enhances packed-column design [J]. Chem Eng，1982，12：09.

[20] Onda K. Gas absorption with chemical reaction in packed columns [J]. J Ch E Japan，1968，(1)：62-66.

[21] Onda K. Mass transfer cofficients between gas and liquid phases in packed columns [J]. J Ch E Japan，1968，(1)：56-62.

[22] 邓修，吴俊生，陈同芸. 化工分离工程 [M]. 北京：科学出版社，2013.

[23] 庄永定. 大型氨厂脱碳吸收塔的模拟计算 [J]. 上海第二工业大学学报，1989，(2)：42-50.

[24] American Institute of Chemical Engineers. Bubble-tray design manual. 1958.

[25] Lewis W K. Rectification of binary mixture plate efficiency of bubble cap columns [J]. IEC，1936，28 (4)：399.

[26] Chan H，Fair J R. Predict of point efficiencies on sieve trays [J]. Industrial & Engineering Chemistry Process Design & Development，1984，23 (4)：814-819.

[27] Gautreaux M F，O' Connell H E. Effect of length of liquid path on plate efficiency [J]. Chem Eng Prog，1955，51 (5)：232-237.

[28] Foss A S，Gerster J A，Pigford R L. Effect of liquid mixing on the performance of bubble trays [J]. AIChE J，

1958，4 (2)：231-239.

[29] Porter K E，Lockett M J，Lim C T. Effect of liquid channeling on distillation plate efficiency [J] . Trans Inst Chem Engrs，1972，50 (2)：91-101.

[30] Biddulph M W，Burton A C. Mechanisms of recirculating liquid flow on distillation sieve plates [J] . Industrial & Engineering Chemistry Research，1994，33 (11)：2706-2711.

[31] Colburn A P. Effect of entrainment on plate efficiency in distillation [J] . IEC，1936，28 (5)：526.

[32] Strand C P. Bubble cap tray efficiencies [J] . CEP，1963，59 (4)：58.

[33] Lockett M J，Rahman M A，Dhulesia H A. Prediction of the effect of weeping on distillation tray efficiency [J] . AIChE J，1984，30 (3)：423-436.

[34] Hoke D J，Zuiderweg F J. Influence of vapor entrainment on distillation tray efficiency at high pressures [J] . AIChE J，1982，28 (4)：535.

[35] Kister H Z. Distillation design [M]. New York：McGraw-Hill，1992.

[36] O'Connell H E. Plate efficiency of fractionating columns and absorbers，trans [J] . AIChE J，1946，42 (4)：741-755.

[37] Jacimovic B M，Genie S B. Use a new approach to find Murphree tray efficiency [J] . Chem Eng Prog，1996，92 (8)：46.

[38] Chaiyavech P，Winkle M Van. Effect of system properties on small distillation column efficiency [J] . Industrial & Engineering Chemistry，1961，53 (3)：187-190.

[39] Macfarland S A，Sigmund P M，Winkle M Van. Predict distillation efficiency [J]. Hydrocarbon Process，1972，51 (7)：112-114 .

[40] 吴俊生，邵惠鹤 . 精馏设计：操作和控制 [M]. 北京：中国石化出版社，1997.

[41] Lockett M J. Easily predict structured-packing *HETP* [J] . CEP，1998，94 (1)：60.

[42] Jr R F S . Packed tower design and applications [M]. 2nd ed. Gulf，1994.

第5章 溶剂萃取

本章要点

- 萃取的基本原理和萃取溶剂。
- 液液萃取体系的热力学和传质动力学。
- 萃取设备简介。
- 萃取塔中的理想和非理想流体流动。
- 萃取设备的设计计算。

5.1 概述

为了对溶液中的双组分或多组分进行分离，加入另一种不互溶的液体作为萃取剂，利用相关组分在两液相中的溶解度差异实现组分分离的过程称为萃取。

虽然20世纪初即有了萃取的首次工业应用（用液态二氧化硫从煤油中萃取芳烃），但对萃取技术的大规模研究和开发始于第二次世界大战期间。当时，由于原子能研究和应用的需要，首先对铀、钍、钚等放射性元素的萃取提取和分离进行了开发研究。同时，对不同种类的溶剂及其对大量溶质的萃取性能进行了广泛的研究，为溶剂萃取技术奠定了坚实的化学基础。而同时对萃取设备进行的开发研究，使萃取技术迅速走向了大规模的工业应用。

与其他溶液组分分离技术相比，萃取具有操作的温度条件较为温和、不涉及相变、能耗低、能对不挥发物质如金属离子等进行分离等特点，较适用于具有下列特点的分离体系：组分相对挥发度很小，或形成共沸物，用通常的精馏方法难以分离；低浓度高沸组分的分离，此时用精馏能耗很高；多种离子的分离；热敏性物质等不稳定物质的分离等。现在萃取技术已在各方面获得了广泛的应用：炼油和石化工业中石油馏分的分离和精制，如烷烃和芳烃的分离、润滑油精制等；湿法冶金，铀、钍、钚等放射性元素，稀土、铜等有色金属，金等贵金属的分离和提取；磷酸和硼酸等无机产品的净化；医药工业中多种抗生素和生物碱的分离提取；食品工业中有机酸的分离和净化；环保处理中多种有害物质的脱除等。

5.2 萃取的基本原理

溶剂萃取（Solvent Extraction）也称为液液萃取，常常简称为萃取。它是利用液态的萃取剂处理与之不互溶的双组分或多组分溶液而实现组分分离，是一种重要的传质分离过程。

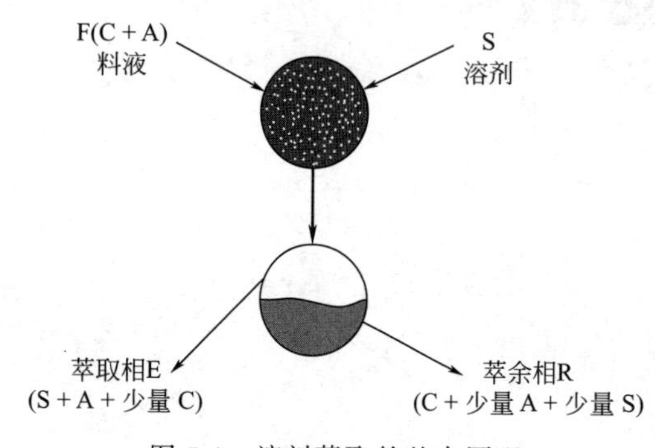

图 5-1 溶剂萃取的基本原理

溶剂萃取的基本原理如图 5-1 所示。将与料液不互溶的溶剂与料液一起混合，待溶质在两相间达到平衡后静置分相，分别放出有机相（萃取相）和水相（萃余相）。该过程中，含有待分离组分（溶质 A）的液相（料液 F，为溶质 A 溶解于载体 C 的溶液，萃取后成为萃余相）与另一个与之不互溶或部分互溶的液相（溶剂 S）接触，由于溶剂 S 也能溶解溶质 A，但不能或极少溶解 C，溶质 A 通过相际传质进入溶剂 S，成为萃取相 E，从而实现了对溶质 A 的提取，即 A 和 C 的分离。这是一个包含 A、C 和 S 的三组分物系的萃取过程。如果料液中含有多种溶质，由于溶剂 S 对它们的溶解度不同，也可实现对它们的分离。

1842 年，E M 佩利诺研究了用乙醚从硝酸溶液中萃取硝酸铀酰，这为后来研究用萃取进行元素分离打下了基础。萃取的首次大规模工业化应用则是在 20 世纪 30 年代，当时在低温下，用液态二氧化硫作溶剂，从煤油中提取芳烃和含硫化合物，以生产清洁的无烟煤油。

对溶剂萃取技术的大规模研究和开发始于第二次世界大战期间。当时，由于原子能研究和应用的需要，对铀、钍、钚等放射性元素的萃取提取和分离进行了大规模的研究，开发了具有良好分离性能的萃取剂（溶剂），发展了相应的萃取设备，使萃取技术迅速走向了大规模的工业应用。在此基础上，发展了湿法冶金技术，在各种有色金属如放射性元素的提取、铜的冶炼、稀土金属提炼等方面获得重要应用。也是在 20 世纪 40 年代，萃取技术应用出现了另一个重要进展——青霉素的萃取，它与青霉素的深层发酵技术一起，使青霉素的大规模低成本生产得以实现，成为 20 世纪医药工业重要的技术进步之一。

溶剂萃取是十分重要的分离单元操作，广泛应用于各种产品的分离和提取过程：

① 湿法冶金过程，如铀、钍、钚等放射性元素，稀土元素，铜、锌等有色金属，金、银、铂等贵金属的分离和提取。

② 磷和硼等无机资源的提取和净化。

③ 医药工业中多种抗生素和生物碱的分离提取。

④ 食品工业中有机酸的分离和净化。

溶剂萃取属平衡分离过程，根据溶质在不同流体相中溶解度的差异来实现分离。由于两个液相之间的密度差小，两相之间的界面张力低，液相的黏度较高，使得溶剂萃取过程具有其独特的操作特性。

① 为了增加溶质在两液相之间的传质效率，通常需要通过搅拌等外加机械能的方法促

进两相接触。

② 萃取过程中，两相传质完成后，需要使分散相的液滴聚并成一相以使有机相和水相分离，这一过程受两相界面张力、密度差和连续相的黏度等影响，通常进行得较慢。

③ 对于连续接触微分逆流萃取过程，轴向混合（返混）的影响相当严重，这是设备设计和放大中必须考虑的因素。

5.2.1　萃取剂

萃取过程的分离介质是溶剂。萃取通常是物理平衡过程或带有化学反应的反应萃取过程。

物理萃取利用溶剂对待分离组分有较高的溶解能力来进行选择性分离，萃取剂与溶质之间不发生化学反应，广泛应用于简单有机化合物等的提取过程。

对于物理萃取，根据目标产物以及与其共存杂质的性质选择合适的有机溶剂，使目标产物有较大的分配系数和较高选择性。选择与目标产物性质相近的有机溶剂为萃取剂，可得到较大的分配系数。萃取剂的选择，其基本依据是“相似相溶”的原则。所谓的“相似”，包括以下两方面：①分子结构相似；②分子间相互作用力相似，对物理萃取往往是分子极性相似。一种常用的做法是根据萃取目标物质的介电常数，寻找极性相接近的溶剂作为萃取剂。表5-1所示为一些常用溶剂的介电常数。除此以外，溶剂与溶质之间能否形成氢键也是通常需要考虑的因素。

工业上选用萃取剂时，常应综合考虑以下几点：①与水溶液不互溶或仅能部分互溶；②对溶质的分离选择性好；③萃取容量大；④化学稳定性好，对设备的腐蚀性小；⑤易于分层，密度差较大，黏度小，表面张力适中，相分散和相分离较容易；⑥萃取剂易于回收和再利用；⑦价廉易得；⑧毒性和环境污染小，闪点高，使用安全。

表5-1　常用溶剂的介电常数（25℃）

溶剂	己烷	环己烷	四氯化碳	苯	甲苯	二乙醚	氯仿	乙酸乙酯	2-丁醇
介电常数 ε/(F/m)	1.90 极性最小	2.02	2.24	2.28	2.37	4.34	4.87	6.02	15.8
溶剂	1-丁醇	1-戊醇	丙酮	丙醇	乙醇	甲醇	甲酸	水	
介电常数 ε/(F/m)	17.8	20.1	20.7	22.2	24.3	32.6	59	78.54	

为了强化萃取过程的分离选择性和萃取容量，对萃取剂和溶质之间的化学反应进行了详细研究，通过选择性的化学反应，例如离子交换反应和配合反应等形成复合分子，在两相中重新分配，通过合理地选择萃取剂和萃取条件，可以对特定的溶质进行有效分离，这就是化学萃取。从技术角度来看，元素周期表上几乎所有的元素都能用萃取的方法进行分离。而对于工业过程，还必须从经济成本等角度考虑问题，因此萃取常用于在接近常温的条件下依据混合物体系的化学性质分离非挥发性、高沸点、热敏性、低浓度体系。

物理萃取广泛应用于简单有机化合物等的提取过程，而化学萃取主要用于金属的提取，也可用于物理萃取效果不佳的物质的分离。

用于化学萃取的溶剂通常由多种组分组成：萃取剂，决定萃取的选择性和萃取容量；稀释剂，用于溶解萃取剂并调节溶剂至合适的物理性质；破乳剂，避免形成乳化体系，使萃取完成后水相和有机相易于分离等。

萃取剂的分类方法很多。根据酸碱质子理论，将萃取剂分为中性、酸性和碱性萃取剂。

另一类萃取剂多数为质子酸，表现出配合剂性质，将其归于配合萃取剂。

中性萃取剂，如醇、醚、酮、酯、硫醚、亚砜和冠醚等。其中的酯包括羧酸酯和磷酸酯。它们在水中一般是中性的。最常见的中性含磷萃取剂是磷酸三丁酯（TBP）、三辛基氧磷（TOPO）和三烷基氧磷等。中性含氧萃取剂中有仲辛醇、甲基异丁基酮（MIBK）、乙酸丁酯等分别属于醚类、醇类、醛类、酮类、酯类、醇醚类的有机溶剂。中性含硫萃取剂主要是亚砜类和硫磷类有机溶剂。常见的有二辛基亚砜（DOSO）和石油亚砜（PSO）。

酸性萃取剂包括有机酸，如羧酸、磺酸和有机磷酸等。它们在水中一般显酸性，可电离出氢离子。酸性有机磷类萃取剂主要有二(2-乙基己基)磷酸(D2EHPA)和2-乙基己基磷酸单(2-乙基己基)酯(HEHEHP)等。

碱性萃取剂包括有机碱，如伯胺、仲胺、叔胺和季铵等。有机胺在水中能加合氢离子，碱性一般强于无机铵，而季铵碱则是强碱。

配合萃取剂，在萃取分子中同时含有两个或两个以上配位原子（或官能团）可与中央金属离子形成配合环的有机化合物。如羟肟酸类化合物（如 Lix64 等）的分子中同时含有羟基（—OH）和肟基（═NOH）；再如 8-羟基喹啉及其衍生物（如 Kelex100 等）的分子中，同时含有酸性的酚羟基和碱性的氮原子。

从分子结构考虑，萃取剂分子中至少有一个反应活性基团，通过它与被萃取的金属离子生成萃合物。在反应活性基团中常见的配位原子有氧、氮和硫原子等，其中以氧原子居多。组成的活性基团有—OH、—O—、═C═O、—NH_2、═NH、═N—、—S—、—SH、—COOH、—SO_3H、═N—OH、═PO(OH) 等。

5.2.2 液液萃取体系的相平衡

溶质在萃取相和萃余相间的分配平衡关系，是液液萃取过程及设备设计的基础。萃取平衡时，溶质在萃取相（E）和萃余相（R）的化学势是相等的，即

$$\mu_i^{\mathrm{II}}=\mu_i^{\mathrm{I}} \tag{5-1}$$

其中，$\mu_i^{\mathrm{I}}=(\mu_i^{\circ})^{\mathrm{I}}+RT\ln(\gamma_i)^{\mathrm{I}}(x_i)^{\mathrm{I}}$，$\mu_i^{\mathrm{II}}=(\mu_i^{\circ})^{\mathrm{II}}+RT\ln(\gamma_i)^{\mathrm{II}}(x_i)^{\mathrm{II}}$，上标Ⅰ和Ⅱ分别表示萃余相和萃取相。

因此有

$$\frac{(x_i)^{\mathrm{II}}}{(x_i)^{\mathrm{I}}}=(K_i)_{\mathrm{D}}=\frac{(\gamma_i)^{\mathrm{I}}}{(\gamma_i)^{\mathrm{II}}}\exp\left[\frac{(\mu_i^{\circ})^{\mathrm{I}}-(\mu_i^{\circ})^{\mathrm{II}}}{RT}\right] \tag{5-2}$$

当萃取涉及两相的标准态相同时，有$(\mu_i^{\circ})^{\mathrm{I}}=(\mu_i^{\circ})^{\mathrm{II}}$，可以得到

$$\frac{(x_i)^{\mathrm{II}}}{(x_i)^{\mathrm{I}}}=(K_i)_{\mathrm{D}}=\frac{(\gamma_i)^{\mathrm{I}}}{(\gamma_i)^{\mathrm{II}}} \tag{5-3}$$

只要掌握了活度系数的定量关系，就可以计算萃取过程的分配比。

对于如图 5-1 所示的三组分萃取体系，各组分在两相间的分配比（又称分配系数，用 K_{D}或 D 表示）和其活度系数的关系如下

$$(K_{\mathrm{A}})_{\mathrm{D}}=\frac{(x_{\mathrm{A}})^{\mathrm{II}}}{(x_{\mathrm{A}})^{\mathrm{I}}}=\frac{(\gamma_{\mathrm{A}})^{\mathrm{I}}}{(\gamma_{\mathrm{A}})^{\mathrm{II}}} \tag{5-4a}$$

$$(K_{\mathrm{C}})_{\mathrm{D}}=\frac{(x_{\mathrm{C}})^{\mathrm{II}}}{(x_{\mathrm{C}})^{\mathrm{I}}}=\frac{(\gamma_{\mathrm{C}})^{\mathrm{I}}}{(\gamma_{\mathrm{C}})^{\mathrm{II}}} \tag{5-4b}$$

$$(K_{\mathrm{S}})_{\mathrm{D}}=\frac{(x_{\mathrm{S}})^{\mathrm{II}}}{(x_{\mathrm{S}})^{\mathrm{I}}}=\frac{(\gamma_{\mathrm{S}})^{\mathrm{I}}}{(\gamma_{\mathrm{S}})^{\mathrm{II}}} \tag{5-4c}$$

两组分之间的萃取选择性（如组分 A 和 C），可以各自分配系数的比值表示。又称选择性系数

$$\beta_{AC}=\frac{(K_A)_D}{(K_C)_D}=\frac{(x_A)^{\mathrm{II}}/(x_A)^{\mathrm{I}}}{(x_C)^{\mathrm{II}}/(x_C)^{\mathrm{I}}} \tag{5-5}$$

选择性系数表示该萃取体系对料液中 A 和 C 的分离效果。

溶剂 S 和料液 F（或萃余相 R）的体积比

$$r_{FS}=\frac{V_S}{V_F}=\frac{S}{F} \tag{5-6}$$

称为该萃取体系的相比。

5.2.3 三组分萃取体系的相图

当体系的热力学影响因素众多，没有可靠的定量计算方法时，萃取过程的相平衡热力学还是需要依靠相应的实验数据。以下以最简单的三组分物系萃取为例，介绍如何对相平衡实验数据进行标绘表达。

三组分物系等温相图通常用三角相图来描述。

(1) 三角相图

常用的是等边三角相图。如图 5-2 所示，三角形 *ACS* 的三个顶点分别表示溶质 A、载体 C 和溶剂 S。三角形的各条边都 100 等分，处于各边上的点表示某个二元组分。三角形内部的任何一点都代表一个三组分混合物，如图中的 *M* 点。混合物的组成可以用体积、质量或摩尔百分数来表示。

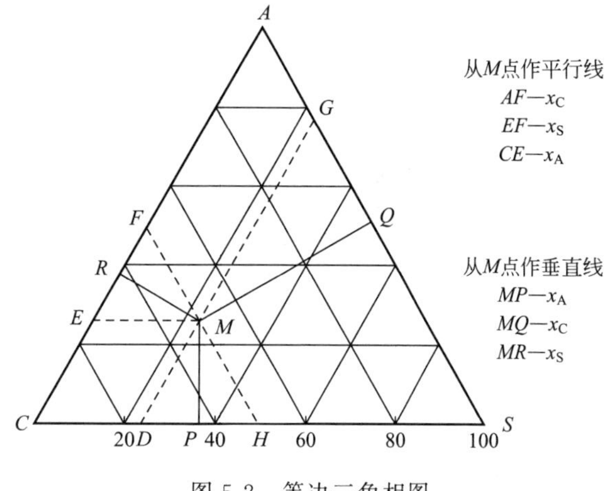

图 5-2 等边三角相图

另一种三角相图是直角三角相图，二者是等效的。

对于图中任意一点 *M* 的组分含量的解读可见图 5-2。例如，以坐标 *AC* 为基准线，分别平行于 *AS* 和 *CS*，过 *M* 点作平行线 *FM* 和 *EM*，将线 *AC* 分成 *AF*、*EF*、*CE*，则 $AF=x_C$，$EF=x_S$，$CE=x_A$。显然 $x_C+x_S+x_A=100\%$。

在溶质、载体溶液和溶剂所组成的三组分物系中，若三组分混合形成一个均相溶液，则不能进行萃取操作，显然只有形成互不相溶的液相才有实际的意义。图 5-3 为在一定温度条件下，形成一对或两对部分互溶液相的三组分物系的等温相图。其中，一对部分互溶组分是指溶质与溶剂完全互溶，为大部分体系的情况；两对部分互溶组分中，溶质与溶剂部分互溶，常见的体系如正庚烷-苯胺-甲基环己烷、苯乙烯-乙苯-二甘醇、氯苯-水-甲乙酮等。图中位于曲线所包围区域以外的点表示该混合物为均相，而落在曲线以内的点表示该混合物可形成两个组成不同的相。该曲线代表了饱和溶液的组成。任一总组成在两相区的混合物，都会分层形成两个液相，这两个相互平衡的液相称为共轭相，其连线称为联结线，由于在分相区内任一混合物都可分成两个平衡液相，故原则上可以得到无数条联结线。图中的 *P* 点称为褶点（也称为临界混溶点），它位于溶解度曲线上。在该点上，两相消失而变为一相。

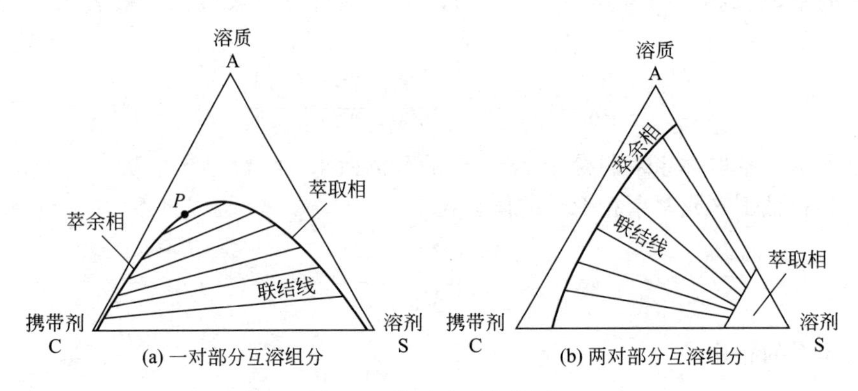

图 5-3 典型的三角相图

在萃取计算中，需要根据已知液相组成，来计算另一平衡液相的组成。这可以通过联结线来进行。而实验获得的联结线总是有限的，这就需要对已知联结线进行插值。图 5-4 显示了如何对平衡联结线进行图解关联：通过已知的平衡联结线与溶解度曲线的交点，作任意一对坐标轴的平行线，得到的交点连接起来获得的曲线（通过褶点 P）称为共轭曲线。将作共轭曲线的方法反过来应用，即可通过内插得到原本未知的联结线关系。

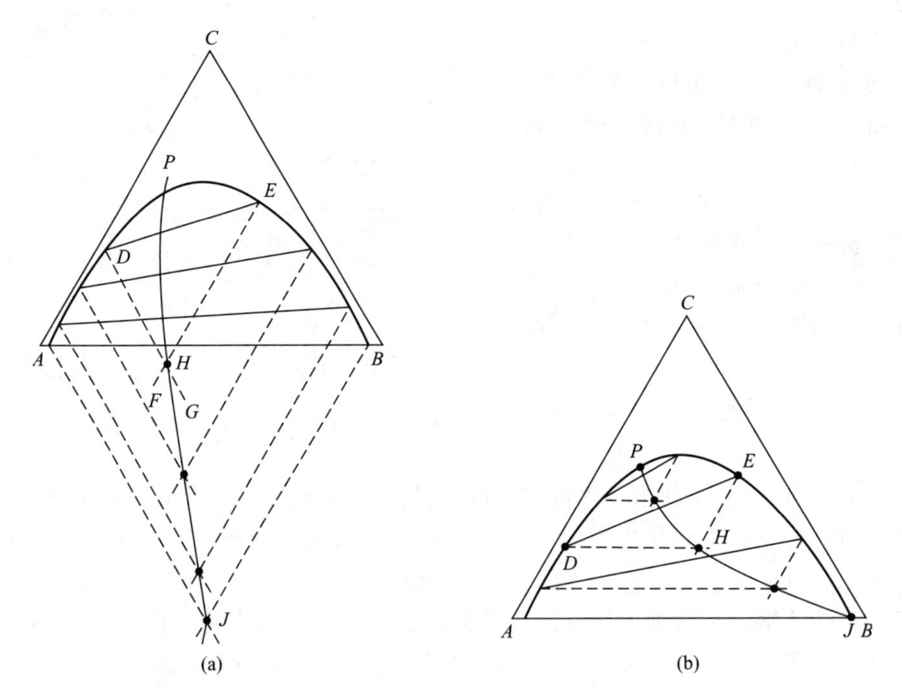

图 5-4 平衡联结线的图解关联

除了等边三角形以外，也可以用直角三角形来表达三组分相图，见图 5-5(a)。

(2) *x-y* 直角坐标法

很多实际萃取体系中，溶剂与原溶剂的互溶度较小或者可以在设计计算中假定它们不互溶。此时，直角坐标法由于使用方便而在萃取化工过程中得到广泛的应用。如图 5-5(c) 所示，三角相图上的一条联结线，对应着 x-y 直角坐标系相图上的一点，其横坐标为萃余相中溶质平衡浓度，而纵坐标为萃取相中溶质平衡浓度。

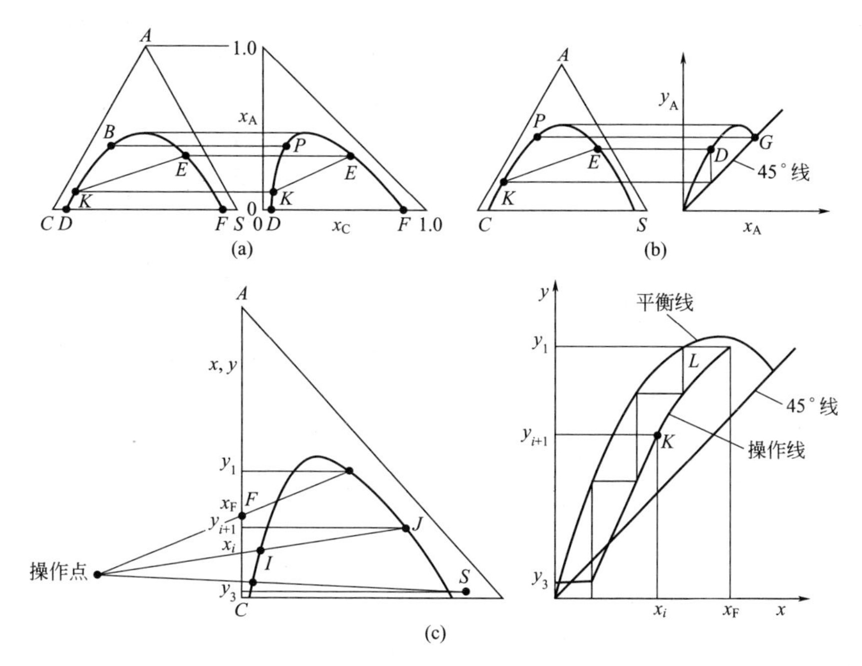

图 5-5　一般直角坐标相图及其与三角相图的关系

5.2.4　平衡联结线的数值关联

联结线关联实际上是对液液平衡数据的关联。

Hand 提出的关联式如下

$$\ln\left(\frac{x_{AS}}{x_{SS}}\right)=n\ln\left(\frac{x_{AC}}{x_{CC}}\right)+\ln K \tag{5-7}$$

x_{AC}为溶质 A 在 C 相（萃余相）中的浓度，x_{AS}为溶质 A 在 S 相（萃取相）中的浓度，x_{CC}为载体 C 在 C 相（料液或萃余相）中的浓度，x_{SS}为溶剂 S 在 S 相（萃取相）中的浓度。

Othmer-Tobias 法的关联式如下

$$\ln\left(\frac{1-x_{SS}}{x_{SS}}\right)=a+b\ln\left(\frac{1-x_{CC}}{x_{CC}}\right) \tag{5-8}$$

Bachman 经验式如下

$$x_{SS}=a'+b'\left(\frac{x_{SS}}{x_{CC}}\right) \tag{5-9}$$

在联结线的各关联式中，浓度 x 使用质量分数或摩尔分数。

5.2.5　液液萃取的平衡级计算

最简单的液液萃取过程是如图 5-6 所示的单级萃取：使含某溶质 A 和载体 C 的料液（F）与萃取剂（S）接触混合，待相平衡后，静置分成两液层，分别以萃取相 S 和萃余相 R 导出体系，溶质 A 进入萃取相，载体 C 仍留在萃余相中，以此实现 A 和 C 的分离。

在对萃取的平衡级的图解计算中，等边三角坐标系也可变形为直角三角坐标系，例如在对单级萃取的计算中（见图 5-6），图中 F 为料液，S 为溶剂。通过物料衡算 $M=F+S=E+R$，得到萃取体系各组分的虚拟总组成，在图中标为 M 点，称为该萃取体系的物料衡算

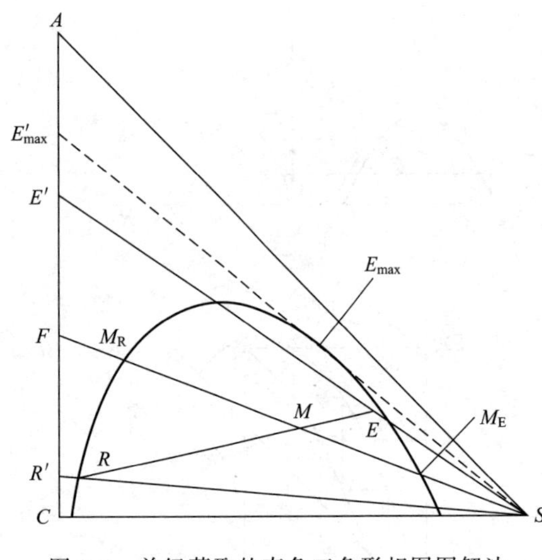

图 5-6 单级萃取的直角三角形相图图解法

点。由于该点位于分相区内，将分相成为萃取相 E 和萃余相 R，其各自的组成分别在图上以 E 和 R 表示。萃取相和萃余相的质量可以根据杠杆规则确定

$$S=F\times\overline{MF}/\overline{MS}\quad E=M\times\overline{MR}/\overline{ER} \tag{5-10}$$

如果溶剂相和萃余相互不相溶，溶质 A 浓度较低，且在该浓度范围内相平衡为线性关系，则单级萃取的物料衡算为

$$Fx+Sy=Fx_F+Sy_S \tag{5-11}$$

对于新溶剂 $y_S=0$。

溶质浓度较低时，相平衡关系为线性

$$K=y/x \tag{5-12}$$

定义萃取因子为

$$\varepsilon=KS/F \tag{5-13}$$

ε 为萃取平衡后，溶质在萃取相与萃余相中数量（质量或物质的量）之比。

结合相平衡关系和物料衡算，得

$$y=\frac{Kx_F}{1+\varepsilon} \tag{5-14}$$

萃余相中溶质浓度为

$$x=\frac{x_F}{1+\varepsilon} \tag{5-15}$$

萃取收率为

$$\eta=\frac{yS}{x_F F}=\frac{[Kx_F/(1+\varepsilon)]F\varepsilon/K}{x_F F}=\varepsilon/(1+\varepsilon) \tag{5-16}$$

单级萃取的流程最简单，但受相平衡关系的限制，难以满足较高的产品分离度、纯度或回收率的要求。为了完成液液萃取的分离任务，经常需要通过多级萃取操作才能达到分离要求。对于萃取过程，多级接触有多级错流萃取和多级逆流萃取等实现方式。多级逆流萃取过程具有分离效率高、产品回收率高、溶剂用量少等优点，是工业生产最常用的萃取流程。

如图 5-7 所示，多级逆流萃取时原料液 F 由第一级加入，逐次通过第二、第三等各级，最终萃余相 R_N 由末级 N 排出。新鲜的溶剂 S 送入第 N 级，由该级产生的萃取相 E_N 与原料液流向相反，按顺序流经第 $N-1$、第 $N-2$，直到第一级，最终萃取相 E_1 由第一级排出。多级逆流萃取流程的特点是萃取剂消耗少，离开系统的最终萃取相 E_1 中溶质浓度也较高。

图 5-7 中，F=料液的质量流率，S=溶剂的质量流率，E_N=离开第 N 级的萃取相流率，R_N=离开第 N 级的萃余相流率，$(y_i)_N$=离开第 N 级的萃取相中组分 i 的质量分数，$(x_i)_N$=离开第 N 级的萃余相中组分 i 的质量分数。

根据料液量及其组成、分离要求、物系的相平衡、溶剂用量等，采用 Hunter and Nash 图解法，可在相图上图解计算达到分离要求所需的多级逆流操作级数，见图 5-8。

总物料衡算

$$F+S=M=E_1+R_N \tag{5-17}$$

由各级的物料衡算可得

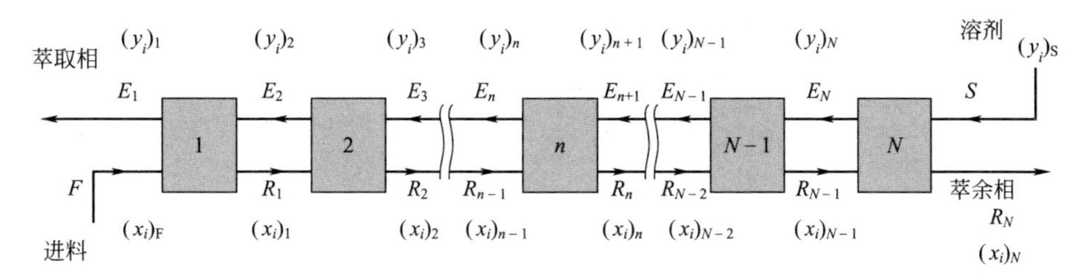

图 5-7　多级逆流萃取操作示意图

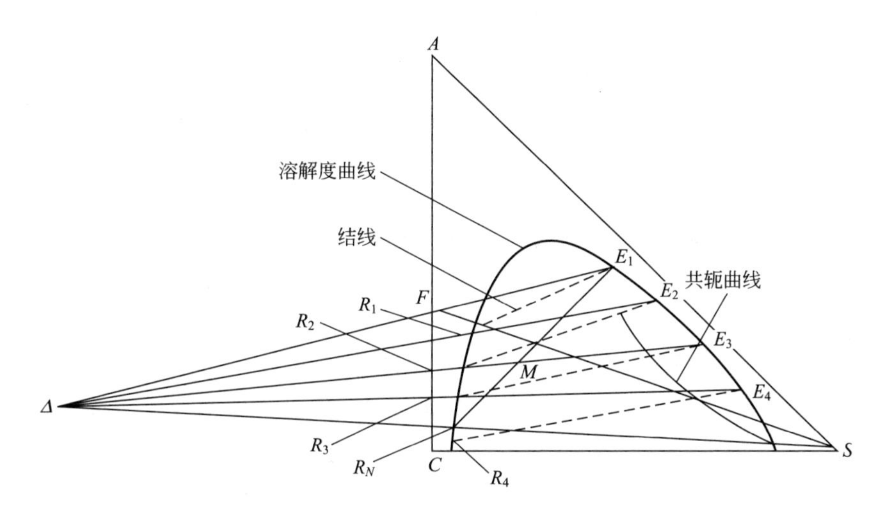

图 5-8　多级逆流萃取的直角三角形相图图解法

$$F-E_1=R_1-E_2=\cdots=R_{N-1}-E_N=R_N-S=\Delta \tag{5-18}$$

由物料衡算关系，在相图 5-8 上分别连接 FE_1 和 SR_N 两条线，并延长相交，就可以确定操作点 Δ，经过该操作点的直线均为可能的操作线。离开每个理论级 i 的萃取相 E_i 和萃余相 R_i 是达到相平衡的，因此，已知萃取相（或萃余相）的组成，利用平衡联结线特性，就可以图解得到平衡的萃余相（或萃取相）的组成。

具体的计算步骤为：

① 由 F、S 点和溶剂用量，确定相图中物料衡算点 M。

② 由分离要求，即萃余相中残余溶质浓度 x_N，确定萃余相组成 R_N，做物料衡算，连接 R_N、M 并延长，与萃取段溶解度曲线相交，得萃取相浓度 E_1。

③ 确定操作点：连接 FE_1、R_NS，并延长，两条线交于 Δ，即为操作点。

④ 利用通过点 E_1 的平衡联结线，确定平衡的第 1 级萃余相 R_1。

⑤ 连接 Δ 和 R_1，该操作线和溶解度平衡曲线相交于点 E_2。

⑥ 再利用通过点 E_2 的平衡联结线，确定平衡的第 2 级萃余相 R_2。

⑦ 重复上述步骤，直到找到点 R_N，其中溶质含量等于或小于分离要求 x_N。

定义萃取因子

$$\varepsilon=(K_A)_D\frac{S}{F} \tag{5-19}$$

对于萃取剂 S 和料液溶剂 C 不互溶，且萃取因子 ε 为常数的多级逆流萃取过程，可以利用 Kremser-Souder 方程求解萃取的平衡级数，此方程的本质与气液吸收过程的 Kremser 有效吸收因子法一致，是利用相平衡关系及物料衡算关系逐级推导获得。通过此公式可以对萃取过程进行快速计算。

$$N=\frac{\lg\left[\left(\frac{(x_A)_F-\frac{(x_A)_S}{(K_A)_D}}{(x_A)_{R_N}-\frac{(x_A)_S}{(K_A)_D}}\right)\left(1-\frac{1}{\varepsilon}\right)+\frac{1}{\varepsilon}\right]}{\lg\varepsilon} \tag{5-20}$$

产物萃取收率 η

$$\eta=1-\frac{(x_A)_N}{(x_A)_F}=\frac{\varepsilon^{N+1}-\varepsilon}{\varepsilon^{N+1}-1} \tag{5-21}$$

【例 5-1】 用糠醛（S）为溶剂萃取水（C）-乙二醇（A）溶液中的乙二醇，已知料液流量为 250kg/h，其中乙二醇的质量浓度为 0.24，糠醛的加入量为 100kg/h，采用多级逆流萃取，要求萃取后萃余液中的残余糠醛不高于 0.025，试求所需的理论级数。

解：（1）物料衡算

如图 5-9 所示，确定物料点 F 在图中的 AC 边上：$(c_A)_F=0.24$，$(c_C)_F=0.76$，同样溶剂 S 在底角 S 上，浓度为 $(c_S)_S=1.0$。连接点 F 和点 S，根据两相的相比 $S/F=0.4$，利用杠杆规则即可确定物料衡算点 M。根据物料衡算 $F+S=E+R$，连接并延长萃余相点 R_N 和点 M 至对面溶解度曲线上的 E_1 点，即为根据物料衡算计算得到的第一级萃取相浓度 E_1，并根据杠杆规则可分别计算得到萃取相和萃余相的流量。物料衡算结果如下：

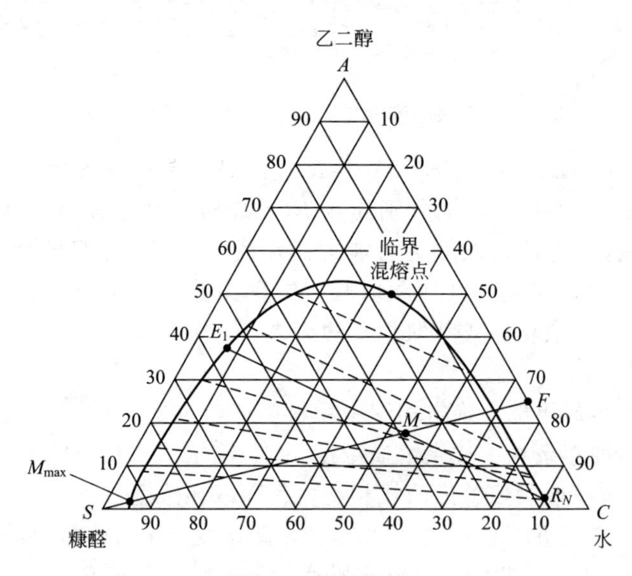

图 5-9 物料衡算

料液流量 F 250kg/h，$(c_A)_F=0.24$，$(c_S)_F=0$，$(c_C)_F=0.76$。

溶剂流量 S 100kg/h，$(c_A)_S=0$，$(c_S)_S=1$，$(c_C)_S=0$。

萃取相流量 E_1 152kg/h，$(c_A)_E=0.365$，$(c_S)_E=0.560$，$(c_C)_E=0.075$。

萃余相流量 R_N 198kg/h，$(c_A)_R=0.025$，$(c_S)_R=0.900$，$(c_C)_R=0.075$。

（2）图解计算理论级数

按图 5-8 所示的方法，首先确定操作点 P。连接 E_1 和 F 以及 S 和 R_N，两线的相交点 P 即为操作点。然后依次画操作线和平衡线直至萃余相浓度等于或低于分离要求 R_N，所画的级数即为理论级数。对于本例，所需的理论级数小于 3 级，如图 5-10 所示。

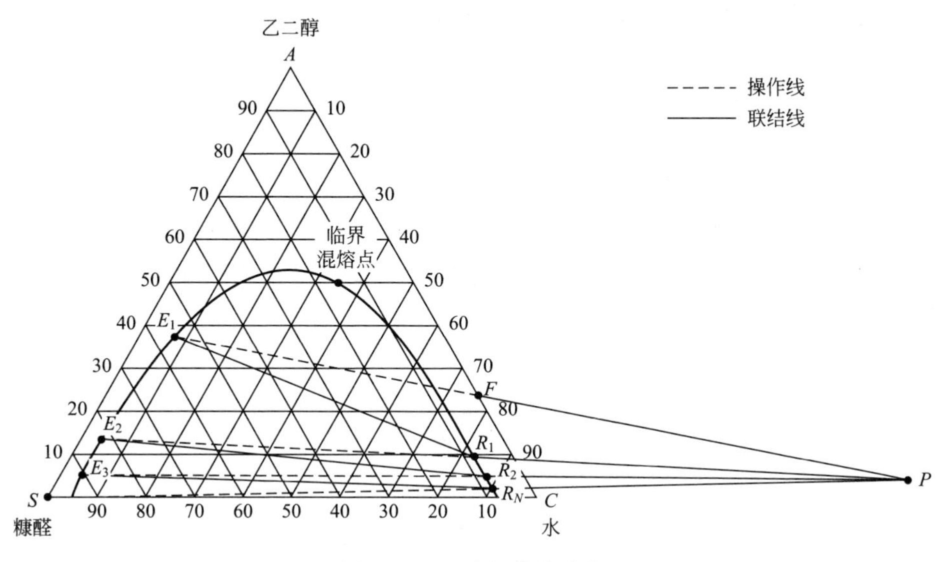

图 5-10 理论级数的确定

由于萃取过程的复杂性，通常需要用实验来确定或验证所需的理论级数，这可以用分液漏斗按一定排列来进行，见图 5-11。通常至少需要进行 $n+3$ 排才能使各取样漏斗中的两相趋近各级平衡。

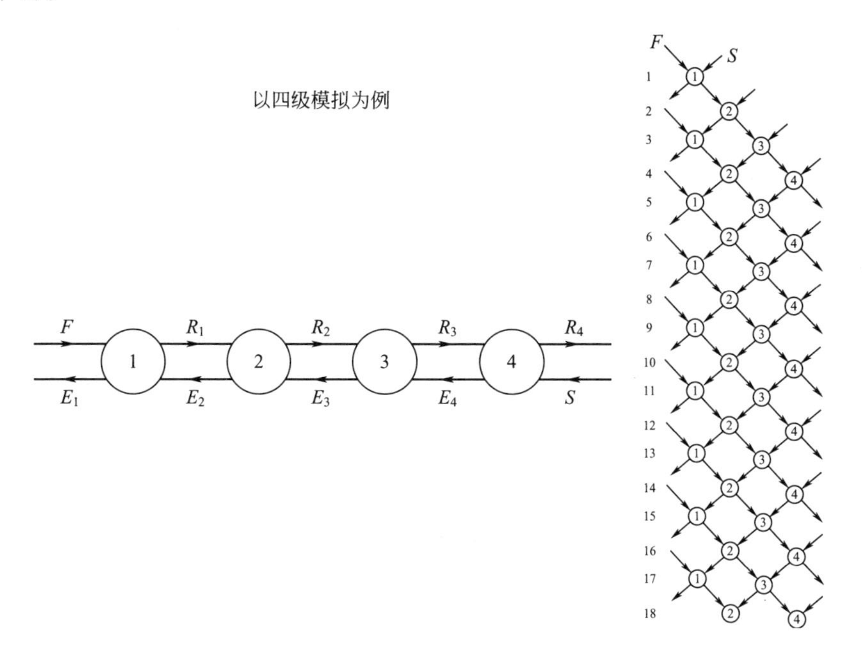

图 5-11 多级逆流萃取过程的实验模拟

5.2.6 液液传质动力学

液液两相接触过程中，一个液相为连续相（Continuous Phase），另一个液相为分散相（Dispersed Phase），分散成液滴与连续相接触。因此，液液两相的相际传质与连续相和液滴（或液滴群）的运动密切相关。

分散相的形成与两相的物性，例如黏度、密度、界面张力、润湿性能等，以及设备的材质，搅拌性能等密切相关。在塔设备中，也可通过喷嘴和喷淋器以及孔板等生成液滴，而使某相成为分散相。

设溶质 A 的传质速率为

$$n_A = k_{OC} a (c_A^* - c_A) \tag{5-22}$$

式中，n_A 为传质速率；k_{OC} 为以溶质 A 计的总传质系数；a 为相间接触比表面积；c_A 为溶质 A 的实际浓度；c_A^* 为连续相平衡时的平衡浓度，两者之差（$c_A^* - c_A$）为传质推动力，取决于分离要求和相平衡关系。相间接触比表面积 a 与液滴的平均直径有关。定义 Sauter 液滴平均直径 d_{32}

$$d_{32} = \frac{\sum_N d_e^3}{\sum_N d_e^2} \tag{5-23}$$

则

$$a = \frac{\pi N d_{32}^2 \phi_D}{\pi N d_{32}^3 / 6} = \frac{6\phi_D}{d_{32}} \tag{5-24}$$

式中，ϕ_D称为分散相滞留率（Dispersed Phase Holdup），是分散相在连续传质设备中传质区域内在全部液体中所占的体积比，对于混合澄清槽来说是其混合槽中分散相的体积比，对于萃取塔而言则是其有效塔高部分的分散相实际体积比。注意：分散相滞留率是由于液滴在设备内的运动自然产生的，一般并不等于相比。

连续相总传质系数

$$\frac{1}{k_{OC}} = \frac{1}{k_C} + \frac{m}{k_D} \tag{5-25}$$

分散相总传质系数

$$\frac{1}{k_{OD}} = \frac{1}{m k_C} + \frac{1}{k_D} \tag{5-26}$$

式中，m 为两相分配系数，$m = \frac{d(c_A)_C}{d(c_A)_D} = (K_A)_D$。

考虑到界面传质阻力，则

$$\frac{1}{k_{OC}} = \frac{1}{k_C} + \frac{m}{k_D} + \frac{1}{k_i} \tag{5-27}$$

式中，k_i为界面阻力。

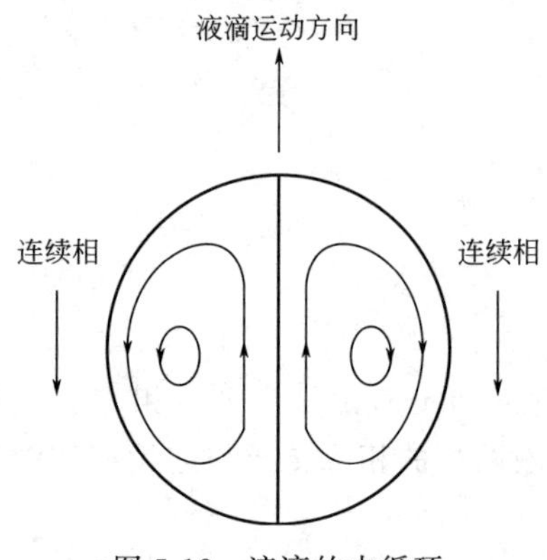

图 5-12 液滴的内循环

在界面无传质阻力的情况下，运动的液滴与连续相流体之间的传质过程包括滴内和滴外传质。液滴的内部是液体，由于受与之相对运动的外部流体的剪切力的影响，液滴的内部流体可能会产生循环流动和湍动（见图 5-12），使传质速率高于固体小球。液滴也会产生形状的变化，产生摆动和振动等，这些都会影响萃取过程的传质行为。液滴的传质过程贯穿液滴的形成阶段、自由运动阶段和聚并阶段，但通常主要考虑自由运动阶段的传质。

当液滴直径从小到大，液滴内部的液体从没有流动（固球模型）、层流内循环（Krong-Brink模型）到湍流内循环（Handlos-Baron模型），滴内传质系数分别如下

刚性液滴（固球模型）　$k_D=\dfrac{2\pi^2 D_D}{3d_p}$　$(Re<1)$　(5-28)

滴内层流内循环（Krong-Brink）　$k_D=17.9\dfrac{D_D}{d_p}$　$(10<Re\leqslant 50)$　(5-29)

滴内湍流内循环（Handlos-Baron）　$k_D=\dfrac{0.0037u_t}{1+\mu_D/\mu_C}$　$(Re\geqslant 80)$　(5-30)

滴内层流内循环时，k_D较刚性液滴提高了2.7倍。而湍流循环下，k_D与扩散无关，仅与液滴的运动速度以及两相的黏度有关。

对于连续相的传质即所谓滴外传质，可以采用下述方法进行估计。

对于刚性液滴外的传质，Gamer提出

$$Sh_C=2+0.95Re_C^{0.5}Sc_C^{0.5}\quad(60<Re_C<660,\ Sc_C\gg 1)\tag{5-31}$$

式中，$Sh_C=\dfrac{k_C d_p}{D_C}$，$Re_C=\dfrac{u_t d_p \rho_C}{\mu_C}$，$Sc_C=\dfrac{\mu_C}{\rho_C D_C}$

对于循环液滴，可以根据势流理论得到

$$Sh_C=1.13Re_C^{0.5}Sc_C^{0.5}\tag{5-32}$$

对于摆动液滴，可采用

$$Sh_C=2+0.084\left[Re_C^{0.484}Sc_C^{0.339}\left(\frac{d_p^{0.333}}{D_C^{0.4}}\right)^{0.072}\right]^{0.667}\tag{5-33}$$

在萃取设备中，两相间传质行为的影响因素相当复杂，除了上面介绍的各种传质现象外，分散相的液滴在整个设备内的运动过程中可能反复地发生分散-聚并-再分散，加上传质表面不断得到更新并伴有湍动，都会造成传质速率得到提高，而界面阻力会阻碍溶质通过界面，并抑制内循环。另外，液滴的大小和外形状态也会对传质产生影响。单位体积内的液滴数量和大小影响传质比表面积的大小。在液滴平均直径计算中都把液滴看作球形，实际上液滴在与连续相的相对运动中，只有小液滴才可能保持球形状态，较大的液滴可能呈椭圆形或其他形状，这些因素都影响着萃取过程中的传质行为。

萃取过程完成后液滴要聚并成相以便使连续相和分散相分别离开。液滴凝聚也是一种复杂的界面现象。由于目前对此尚缺乏透彻的认识，更缺乏可靠的计算方法。从目前对这阶段的研究来看，有以下几个方面的定性认识。

① 界面张力越低，凝聚时间越长。

② 两相密度差增加会使凝聚时间缩短。

③ 连续相的黏度越大，凝聚时间越长。

④ 液滴直径越小，凝聚时间越长。

⑤ 一些外加因素也会影响凝聚，如温度、微量杂质等。通常温度的升高有利于液滴的凝聚。

【例5-2】 以甲苯为溶剂，连续萃取糠醛水溶液中的糠醛。萃取为单级操作，在一圆筒形搅拌槽中进行，采用六平叶标准圆盘涡轮桨（Rushton涡轮桨），尺寸如下：混合室高度和直径$H=D_T=0.9$m，涡轮桨的直径$D_i=0.3$m，搅拌转速N为147r/min，以保证两相达到完全均匀分散。由于停留时间有限，萃取效率不能达到100%。水相进料流率为

9253.4kg/h，而溶剂进料流率为 5080.3kg/h（不含有糠醛）。萃取温度为 25℃。

密度：水相 0.999g/cm^3，甲苯 0.868g/cm^3。黏度：水相 0.89cP（1cP=0.001Pa·s），甲苯 0.59cP。两相界面张力：25dyn/cm（1dyn/cm=10^{-3}N/m）。

糠醛在甲苯（分散相）和水中的扩散系数为：$D_D=2.15\times10^{-9}\,m^2/s$，$D_C=1.15\times10^{-9}\,m^2/s$。

糠醛在两相间的分配系数为：$m=dc_D/dc_C=10.15$。

萃取相为分散相，液滴的平均直径 $d_{32}=0.378mm$。由于停留时间有限，萃取级效率并没有达到 100%。(分散相 Murphree 级效率 $E_{MD}=\frac{c_{D,out}-c_{D,in}}{c_D^*-c_{D,in}}$)。估算：

(1) 分散相传质系数 k_D（假定分散液滴为刚性液滴，采用固球模型传质关系式 $k_D=\frac{2\pi^2 D_D}{3d_p}$）；

(2) 连续相传质系数 k_C（采用下文中经验关系式计算，关系式中各项均为无量纲项）；

(3) 基于分散相的总体积传质系数 $K_{OD}a$；

(4) 糠醛的萃取分率 f $[f=(c_{C,in}-c_{C,out})/c_{C,in}]$。

$$Sh_C=k_C d_{32}/D_C$$

$$=1.237\times10^{-5}\left(\frac{\mu_C}{\rho_C D_C}\right)^{1/3}\left(\frac{D_i^2 N\rho_C}{\mu_C}\right)^{2/3}\phi_D^{-1/2}\left(\frac{D_i N^2}{g}\right)^{5/12}\left(\frac{D_i}{d_{32}}\right)^2\left(\frac{d_{32}}{D_T}\right)^{1/2}\left(\frac{\rho_D d_{32}^2 g}{\sigma}\right)^{5/4}$$

解：

(1) $k_D=\frac{2\pi^2 D_D}{3d_{32}}=\frac{2\pi^2\times2.15\times10^{-9}}{3\times0.378\times10^{-3}}=3.742\times10^{-5}\,m/s$

(2) 各物理量均取标准单位，可求得 $Sh_C=104.7$

连续相传质系数 $k_C=Sh_C D_C/d_{32}=104.7\times1.15\times10^{-9}/(0.378\times10^{-3})$

$=3.185\times10^{-4}\,m/s$

(3) $Q_D=\frac{5080.3}{868}\times\frac{1}{3600}=0.001626m^3/s$

$Q_C=\frac{9253.4}{999}\times\frac{1}{3600}=0.002573m^3/s$

作为简化，假定连续相和分散相的体积比与各自的体积流量成正比。(与搅拌槽中实际情形有一定差异，因为连续相和分散相的停留时间未必相等)

分散相滞留率为 $\phi_D=\frac{Q_D}{Q_D+Q_C}=0.387$

两相间比表面积为 $a=\frac{6\phi_D}{d_{32}}=\frac{6\times0.387}{0.378\times10^{-3}}=6143m^2/m^3$

$$k_{OD}=\frac{1}{\frac{1}{k_D}+\frac{m}{k_C}}=\frac{1}{\frac{1}{3.742\times10^{-5}}+\frac{10.15}{3.185\times10^{-4}}}=1.707\times10^{-5}\,m/s$$

基于分散相的总体积传质系数

$$k_{OD}a=0.1049s^{-1}$$

(4) 单级混合室的级效率为

$$E_{MD}=\frac{c_{D,out}-c_{D,in}}{c_D^*-c_{D,in}} \quad (a)$$

可改写成下式

$$\frac{E_{MD}}{1-E_{MD}}=\frac{c_{D,out}-c_{D,in}}{c_D^*-c_{D,out}} \quad (b)$$

由物料衡算得到的混合室内传质速率为

$$n=Q_D(c_{D,out}-c_{D,in}) \quad (c)$$

由总的传质系数得到的传质速率为

$$n=k_{OD}a(c_D^*-c_{D,out})V \quad (d)$$

由式(b)～式(d)可得

$$E_{MD}=\frac{k_{OD}aV/Q_D}{1+k_{OD}aV/Q_D} \quad (e)$$

在本题中，分散相进口浓度为 0，即 $c_{D,in}=0$

由分散相和连续相物料衡算可得

$$Q_C(c_{C,in}-c_{C,out})=Q_D(c_{D,out}-c_{D,in})=Q_Dc_{D,out} \quad (f)$$

式(a) 可变形为

$$E_{MD}=\frac{c_{D,out}}{c_D^*}=\frac{c_{D,out}}{mc_{C,out}} \quad (g)$$

由式(f)、式(g) 可得

$$\frac{c_{C,out}}{c_{C,in}}=\frac{1}{1+Q_DE_{MD}m/Q_C} \quad (h)$$

糠醛的萃取分率为

$$f=1-\frac{c_{C,out}}{c_{C,in}}=\frac{Q_DE_{MD}m/Q_C}{1+Q_DE_{MD}m/Q_C} \quad (i)$$

由所给条件，可得

$$V=\frac{\pi}{4}D_T^2H=0.5726\text{m}^3$$

由式(e) 可得

$$E_{MD}=\frac{k_{OD}aV/Q_D}{1+k_{OD}aV/Q_D}=\frac{0.1049\times0.5726/0.001626}{1+0.1049\times0.5726/0.001626}=0.9736$$

可得糠醛的萃取分率为

$$f=1-\frac{1}{1+Q_DE_{MD}m/Q_C}=1-\frac{1}{1+0.001626\times0.9736\times10.15/0.002573}=0.862$$

5.3 几种典型的萃取设备

5.3.1 混合澄清槽

混合澄清槽（Mixer Settler）是直接根据图 5-1 所示的原理开发的连续萃取设备，它由混合槽和澄清槽组合而成。

混合槽示意图见图 5-13，料液和溶剂一起从底部的加料口加入，经搅拌混合后，两相

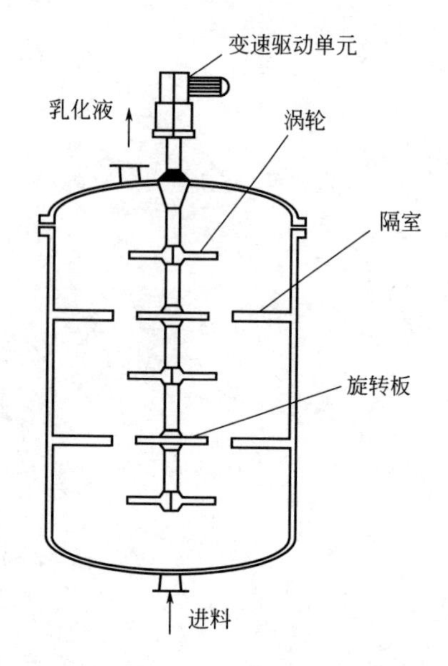

图 5-13　混合槽示意图

混合悬浊液从上部的出口离开混合槽。液液两相在混合槽中通过搅拌能获得足够的传质表面积和传质速率，而一个设计良好的混合槽甚至能达到接近于平衡理论级的传质效果。离开混合槽的悬浊液进入澄清槽（见图5-14），澄清槽是一个矩形或圆柱形的横置容器，两液相在澄清槽中停留足够时间以保证其中的液滴聚并，最终形成两个分离的液相，轻相从上部出口、重相从下部出口分别流出澄清槽，从而完成了整个萃取过程。

混合澄清槽也可以很方便地用于多级萃取。这时采用箱式结构更为方便（见图 5-15）。将混合槽和澄清槽组合在一起做成箱式，然后背靠背组成多级设备。这时一个重要的问题是如何保证每一级中界面的稳定，这可以采用水力学平衡的方法（见图 5-15），或用压缩空气对每级液面上方的气压进行分别调节。

混合澄清槽占地面积大，操作动力消耗大，萃取剂用量大，密闭性差，萃取剂易挥发损失，制造和操作成本高。但是混合澄清槽结构简单，分离效率和处理能力稳定，操作弹性大，在很多萃取分离场合得到应用。

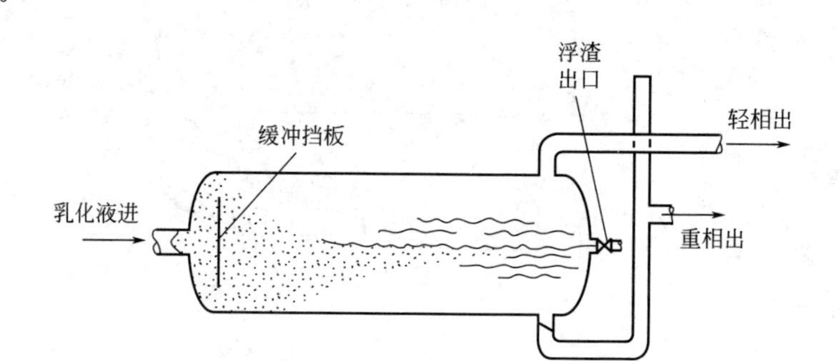

图 5-14　澄清槽示意图

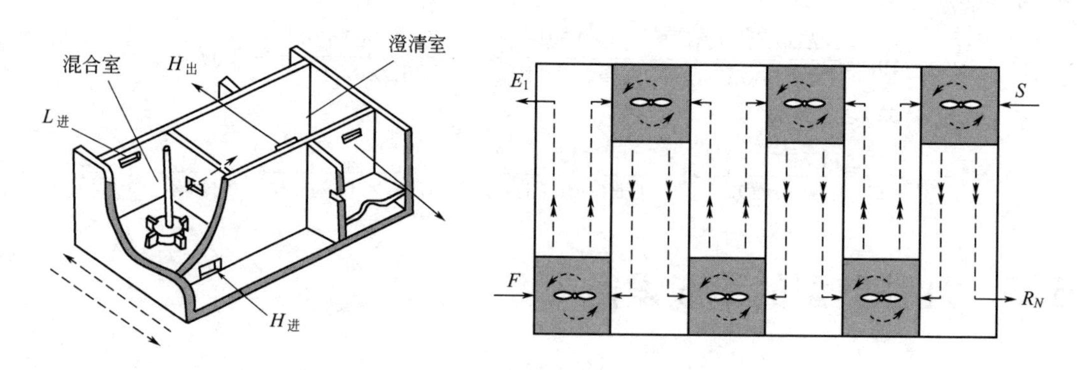

图 5-15　箱式混合澄清槽

注：原料液 F 进入第 1 级混合室，溶剂 S 由最后第 N 级进入混合室，两者逆向流动；最终萃余相 R 从第 N 级澄清室流出，萃取相 E 由第 1 级的澄清室流出。

当分离要求很高时，需要的萃取级数很多，如几十甚至几百级，要求保证稳定的级效率。此时，混合澄清槽是合适的选择。例如，稀土元素的化学性质极为相似，尤其是15种镧系元素，化学性质几乎一样，分离十分困难。所以，工厂生产中采用数百级的混合澄清槽萃取分离稀土元素。

【例5-3】 在一组串联逆流操作的混合澄清槽中，以甲苯为溶剂，从苯甲酸的稀薄水溶液中连续萃取苯甲酸。水相进料和溶剂的流率分别为1892.7L/min和2839.0L/min。混合室为立式圆筒，而澄清室为卧式圆筒。混合室中单位体积液体耗散的搅拌功率可取0.8kW/m³。物料在每个混合室中的停留时间为2min，每个澄清室的处理能力，即单位时间内、单位水平方向最大横截面积上处理的液体流量为203.7L/(min·m²)。根据以上数据，估算：(1) 混合室高径比（H/D_T）为1时，混合室的直径和高度；(2) 混合室搅拌器所消耗的搅拌功率；(3) 澄清室的直径和长度（$L/D_T=4$）；(4) 物料在澄清室内的停留时间。

解： (1) 混合室：$Q_F=1892.7\text{L/min}$，$Q_S=2839.0\text{L/min}$

$$V_m=(Q_F+Q_S)t_m=(1892.7+2839.0)\times 2=9463.4\text{L}=9.463\text{m}^3$$

由 $V_m=(\pi/4)D_T^2H$，$H/D_T=1$，可得

$$H=D_T=2.29\text{m}$$

(2) 混合室搅拌器所消耗的搅拌功率

$$P=9.463\times 0.8=7.57\text{kW}$$

(3) 澄清室

$$S=LD'_T=(Q_F+Q_S)/203.7=(1892.7+2839.0)/203.7=23.23\text{m}^2$$

而 $L/D'_T=4$，因此有

$$D'_T=2.41\text{m},\quad L=4D'_T=9.64\text{m}$$

(4) 物料在澄清室内的停留时间

$$V_s=(\pi/4)D'^2_TL$$

$$t_s=V_s/(Q_F+Q_S)=9.29\text{min}$$

5.3.2 离心萃取机

混合澄清槽中的液液两相在混合槽中完成液相间传质后，进入澄清槽依靠密度差进行重力分相。由于液相间密度差小和界面张力小，两相间分相澄清通常较慢。尤其是连续相黏度较大、存在界面活性物质、分散相液滴过小等，易造成分相不清、两相夹带等影响分离效率的现象，甚至由于乳化现象的产生使萃取过程不能进行。

离心萃取机用高速旋转产生离心力场，液液两相在其中接触传质并分相，见图5-16。

由于离心萃取机中离心加速度是重力加速度 g 的数百乃至数千倍，所以在离心力场中分散相液滴聚并快，因此离心萃取机特别适用于两相密度差很小或易乳化的物系。同时由于物料在机内的停留时间很短，也适用于化学和物理性质不稳定的物质的萃取。

离心萃取机结构复杂，加工精度要求高，制造成本高，因此适用于萃取级数不多的情况。

5.3.3 萃取塔

萃取塔是种类繁多、用途广泛的萃取设备。萃取塔采用直立安装，两相分别从塔的上下两端引进塔内，在塔中接触传质，然后分散相聚并，再流出塔。

萃取塔分为无机械搅拌（见图5-17）和有机械搅拌两大类。无机械搅拌的萃取塔类似于气液接触塔，两相在塔内靠密度差实现逆流流动。为了改善两相接触效果，塔内往往还有填料、塔板等内件。

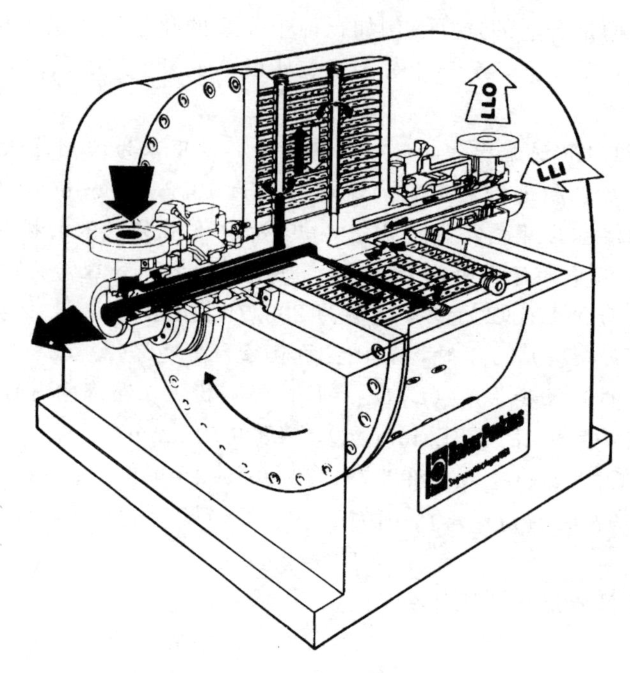

图 5-16 离心萃取机

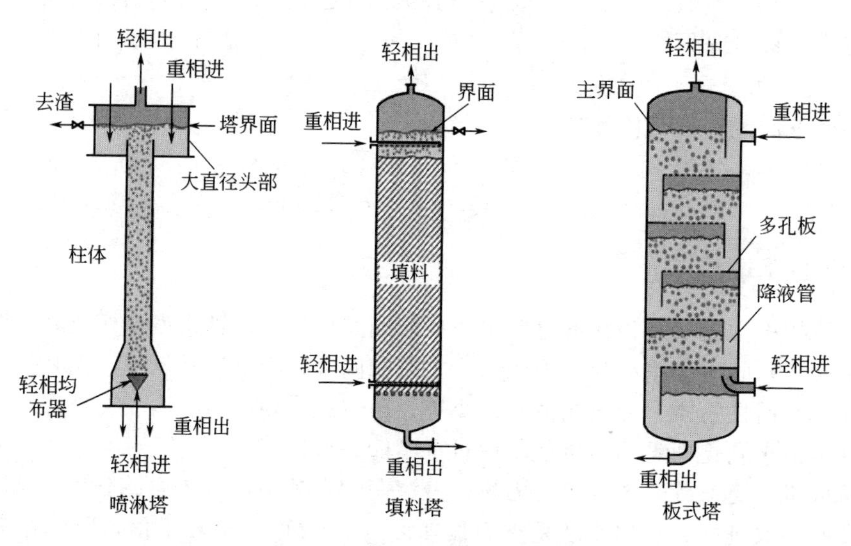

图 5-17 无机械搅拌的萃取塔

与气液接触相比，由于液液系统界面张力较大、两相密度差较小、液体黏度较大，单靠重力不足以使一个液相很好地分散到另一个液相中，产生足够的传质相界面和湍动。需要通过外加机械能量的方法来促进液液分散和流体湍动，增加传质相界面，以及减少传质阻力。

通常可以用脉动、振动或旋转搅拌的方法为萃取塔加入机械能。例如，可以在图 5-17 所示的填料塔或筛板塔中，加装脉冲发生器以使塔中液体产生与塔内件相对的脉动流动，促进流体湍动，加快传质速率。脉动塔没有塔内运动部件，密封性较好。由于需要驱动塔内所有液体运动，其操作能耗较高。

与脉动塔不同，振动塔仅需驱动塔内的孔板往复运动，用以搅动塔内流体（见图 5-18）。

通常的筛板塔筛孔直径在 10mm 左右。但如图 5-18 所示的 Karr 式振动筛板塔采用了与通常筛板不同的大孔筛板（ϕ228mm～ϕ400mm），在中心轴上等距安装，在直接搅动液体的同时，提供足够的通道截面保证塔的通量和操作稳定性。

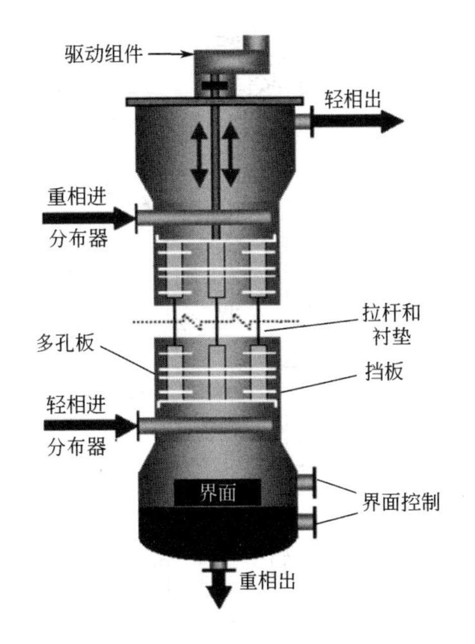

图 5-18 Karr 式振动筛板塔

机械搅拌塔中研究最多的还是各种转动搅拌塔。这类塔在中心安装有转轴，上面装有一系列的转动搅拌桨，以促进液液分散和流体湍动，增加传质相界面，减少传质阻力。下面介绍几种主要的萃取塔形式。

图 5-19 是早在 1948 年提出的 Scheibei 塔。其搅拌器为等间距设置的平叶涡轮桨。在桨叶之间的区域设置了内外圈的水平环形挡板，造成混合区液流的转向，避免近塔壁区域流体混合不充分。塔内装有丝网填料。

Scheibei 塔的设计复杂，且其中的一些设计效果并不如预期，例如要使丝网填料在短暂的接触时间内促进分散相液滴的聚并-再分散效果并不明显，反而阻碍了流体的正常流动。

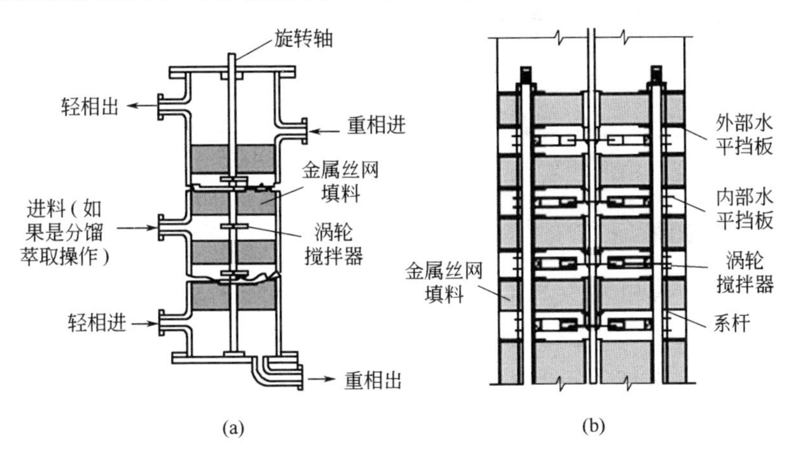

图 5-19 Scheibei 塔

图 5-20 是另一种搅拌塔（Oldshue-Rushton 塔）的示意图。它应用了液体搅拌的研究成果：萃取塔内设置 4 块垂直挡板，等距离设置的定环挡板将塔内分割成多层区间，以限制轴向混合。每层区间的中央采用 Rushton 涡轮桨分散和混合液体。Rushton 涡轮桨的剪切作用强，能使液滴分散充分，但搅拌条件控制不当时，容易形成过小的液滴。塔操作时对于转速变化较为敏感，对于直径较大的塔，往往转速改变很小时即可使塔偏离正常操作区域。

Oldshue-Rushton 塔安装很方便，由于搅拌桨直径小于定环内径，塔体和转轴以及其上的搅拌桨可以分别制造，然后在安装时将轴-桨组件插入塔中。

转盘塔（见图 5-21）使用转动的圆盘为搅拌器，利用圆盘表面施加于流体的剪切力来搅动液体。这种不理想的搅拌结构使得分散效果对转速变化较为不敏感，使塔的操作较稳定。转盘塔结构简单，操作弹性大且运转稳定，通量大，因而获得了广泛的应用。

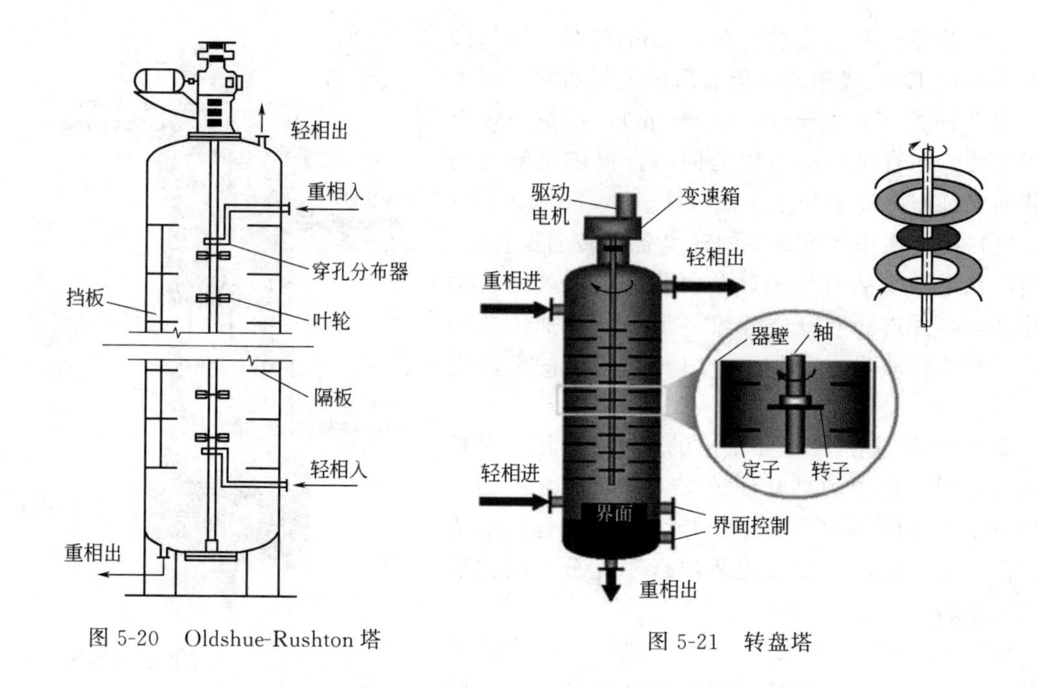

图 5-20 Oldshue-Rushton 塔

图 5-21 转盘塔

5.4 萃取塔中的流体流动

萃取塔是一种高效率的萃取设备，其中的流体流动直接影响着萃取塔的处理能力和传质效果，其特征主要通过两相的相对流动来表征。

5.4.1 特征速度和液泛

在萃取塔内，某一液相为连续相，另一液相为分散相，分散成液滴与连续相接触。分散相液滴相互独立。分散相可以是两相中的任何一相，但实际上往往要考虑下列因素：一般希望选择流量大、黏度大的一相作分散相，当其中一个液相对塔体有腐蚀时，也可选择其为分散相。此外，体系的界面特性、传质方向、通量、操作的稳定性、设备内构件与两相的浸润关系等也影响分散相的形成。

分散相的液滴通常是由分散相通过喷嘴或分布器上的筛孔或借助填料的作用形成的。在有外加能量的设备中，液滴也依靠机械力的作用形成。

分散相液滴群中液滴的尺寸是大小不等的，存在着滴径分布。为方便起见，液滴群的平均直径可用 Sauter 平均直径 d_{32} 表达［式(5-23)］，这样，两相间的传质比表面积就可以用式(5-24) 计算。通过大量的实验研究，对于许多塔设备，d_{32} 与体系物性以及操作条件的半经验关联式已有许多报道。

通常，把萃取设备中分散相占的体积与塔中两相所占的有效体积之比称为分散相滞留率，用 ϕ_D 来表示。

萃取塔中的分散相滞留率可以通过实验来测定：达到稳定操作时，同时关闭萃取塔所有的进、出口阀门，停止搅拌，让分散相发生聚并，量取聚并后体积并除以有效塔体积。

连续相和分散相在萃取设备中作逆向的相对运动。假定连续相为重相，分散相为轻相，则连续相向下流动，而分散相呈液滴状向上运动。稳定时，单个液滴的自由运动（浮升或沉降）速度称为终端速度 u_t。Hu 和 Kintner 研究了单液滴在静止的水中的运动，发现了终端速度与曳力系数、韦伯数，雷诺数和液滴当量直径的定量关系。而分散相的液滴群的运动速度，并不简单地等同于单液滴的终端速度，还受到液滴群的分散尺度和液滴之间的相互干扰和阻尼作用。

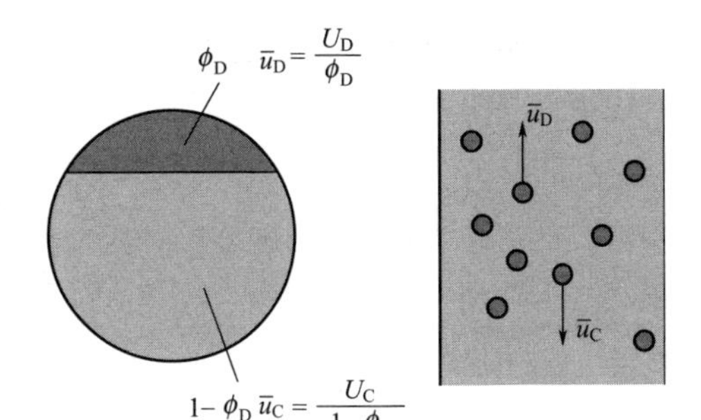

图 5-22　萃取塔中的两相流动

萃取塔中的滑移速度 u_r，是塔内连续相与分散相实际线速度之和，即连续相与分散相的相对速度。U_D、U_C分别为分散相和连续相的表观速度（空塔速度）。如图 5-22 所示，假设连续相和分散相在塔的流通截面上均匀分布，滑移速度 u_r与表观速度满足以下基本关系式

$$u_r=\frac{U_D}{\phi_D}+\frac{U_C}{1-\phi_D} \tag{5-34}$$

Gayler、Pratt 等人通过对大量实验数据的总结，提出了特征速度 u_0的概念。他们通过分析实验数据发现，滑移速度可表示为

$$u_r=u_0(1-\phi_D) \tag{5-35}$$

式中，u_0为系统的特征速度。在一定操作条件下，u_0与分散相滞留率无关，仅是体系物性、设备几何尺寸及搅拌强度的函数。

对于填料塔，滑移速度可表示为

$$\bar{u}_r=\frac{U_D}{\varepsilon_t\phi_D}+\frac{U_C}{\varepsilon_t(1-\phi_D)} \tag{5-36}$$

式中，ε_t为填料空隙率。

对于转盘塔及类似设备

$$u_r=u_0(1-\phi_D)=\frac{U_D}{\phi_D}+\frac{U_C}{1-\phi_D} \tag{5-37}$$

对于不同的萃取设备，已经通过大量的实验提出了许多特征速度的关联式。例如，对于转盘塔，Logisdail 等人提出的特征速度关联式

$$\frac{u_0\mu_C}{\sigma}=\beta\left(\frac{\Delta\rho}{\rho_C}\right)^{0.9}\left(\frac{g}{D_R N_r^2}\right)^{1.0}\left(\frac{D_S}{D_R}\right)^{2.3}\left(\frac{H_T}{D_R}\right)^{0.9}\left(\frac{D_R}{D}\right)^{2.6} \tag{5-38}$$

式中，μ_C为连续相黏度，g/(cm・s)；σ 为界面张力，dyn/cm；N_r为转速，r/min；D_S为定环内径；D_R为转盘直径；D 为塔内径；β 取值为：$(D_S-D_R)/D>1/24$ 时，$\beta=0.012$，$(D_S-D_R)/D\leqslant 1/24$ 时，$\beta=0.0225$。

萃取塔中两相的逆流流动是在重力驱动下的液滴群和连续相的相对运动，受液滴终端速度的限制。因此，两相流量不能随意增加，当超过限度时，分散相将在塔中积累、聚并，并阻止连续相的流动，称为液泛现象。液泛时，塔的正常操作被破坏。

液泛发生时，往往是一相被另一相“推”出塔外，或者分散相在塔内聚并成一段液柱，阻塞了连续相的流动。刚开始发生液泛的点称为液泛点，这时两液相的流速分别称为两相的液泛流速。

发生液泛的情况有两种，流量过大和搅拌强度过高，导致液滴过分细小。所以，萃取塔的设计和操作应注意控制流量和搅拌强度在合适的水平。既然重力是液滴运动的主要推动

力，那么，分散相的运动速度是有限的，操作通量不能无限增加。

液泛时分散相的空塔流速 U_D 对于 ϕ_D 的偏导数为 0，即 $\left(\frac{\partial U_D}{\partial \phi_D}\right)_{U_C}=0$。类似地，在液泛点处，$\left(\frac{\partial U_C}{\partial \phi_D}\right)_{U_D}=0$。

由式(5-37) 可得特征速度 u_0 与分散相滞留率 ϕ_D、连续相和分散相的流速 U_C、U_D 的关系

$$u_0(1-\phi_D)=\frac{U_D}{\phi_D}+\frac{U_C}{1-\phi_D} \tag{5-39}$$

对式(5-39) 求偏导数 $\left(\frac{\partial U_D}{\partial \phi_D}\right)_{U_C}$ 和 $\left(\frac{\partial U_C}{\partial \phi_D}\right)_{U_D}$，并令其等于零，可得到两相液泛速度

$$(U_C)_f=u_0[1-2(\phi_D)_f][1-(\phi_D)_f]^2 \tag{5-40}$$

$$(U_D)_f=2u_0[1-(\phi_D)_f](\phi_D)_f^2 \tag{5-41}$$

这样得到的两相液泛速度称为表观液泛速度。式中 $(\phi_D)_f$ 为液泛时的分散相滞留率。由式(5-40) 和式(5-41) 相除可得到

$$(\phi_D)_f=\frac{[1+8(U_C/U_D)]^{0.5}-3}{4[(U_C/U_D)-1]} \tag{5-42}$$

式中，U_C/U_D 为两相表观流速之比。

根据上述各式，可计算得到萃取塔最大处理通量和操作相比之间的关系，见图 5-23。

液泛是一个局部性质，但会影响整个塔的操作。萃取塔内的分散相滞留率分布是不均匀的，因此液泛常在塔内某一局部首先发生。在大部分情况下，全塔滞留率未达到 $(\phi_D)_f$，但局部区域的 ϕ_D 达到 $(\phi_D)_f$，也会发生液泛。此时，塔的通量 $(U_D+U_C)_f$ 往往比上述公式计算的要小。例如，对于转盘塔和 Karr 塔，液泛通量往往只是计算值的 50%。一般在设计和操作控制中，设备中液相的实际流速应小于液泛流速的 50%。

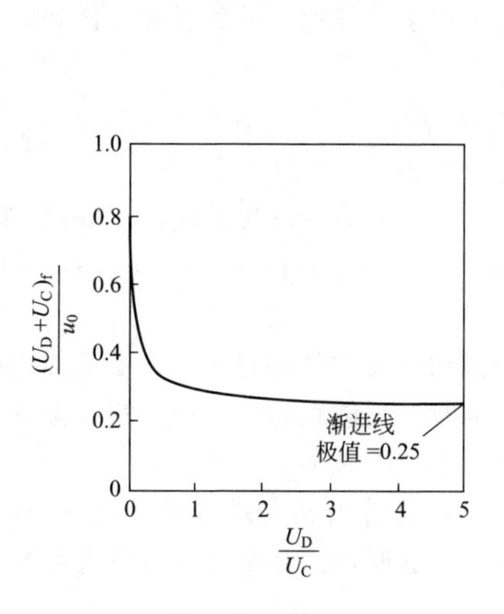

图 5-23 萃取塔最大处理通量和操作相比之间的关系

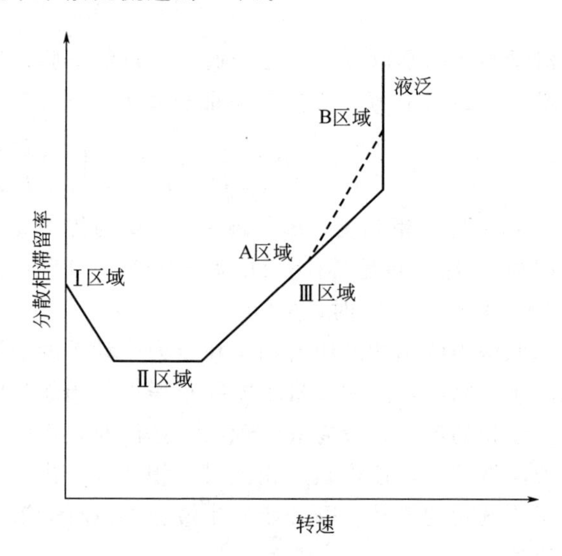

图 5-24 转盘塔的操作区域

以转盘塔为例，图 5-24 是转盘塔的操作条件和分散相滞留率的关系。图中区域Ⅰ中，随着转速增加，部分滞留在定环上方（或下方）角落里的大液滴被甩出，进入主体相流出塔外，表现出 ϕ_D减小。在区域Ⅱ，转速较低，转盘对液滴的剪切力不足，液滴大小和 ϕ_D没有明显变化。区域Ⅲ中，随着转速增加，液滴减小，运动速度放慢，停留时间延长，因而 ϕ_D增加。但是，转盘塔转速增加到某一个临界值后，分散相滞留率急剧增加，正常的萃取操作被破坏，即发生了液泛。区域Ⅰ和Ⅱ都不能进行有效的液滴分散传质，因此，较理想的是选择区域Ⅲ(A) 为转盘塔的操作区。

萃取塔径设计过程中，可以先根据工艺要求确定通量比 U_C/U_D，从式(5-42) 可求出液泛时的分散相滞留率 $(\phi_D)_f$，再选用合适的特征速度 u_0 的关联式并结合式(5-40) 和式(5-41) 求出两相液泛速度 $(U_C)_f$ 和 $(U_D)_f$，然后按小于液泛速度的 50%选定实际操作速度，即可计算塔径。

5.4.2 传质单元数和传质单元高度

萃取塔的有效段是指萃取塔中实际进行两相接触传质的塔段，其高度是萃取塔能否满足萃取分离要求的重要设计参数。

在对萃取塔的早期研究中，使用了理论级当量高度的概念

$$HETS=\frac{H}{NETS} \tag{5-43}$$

式中，H 是塔的有效段高度；$NETS$ 是分离所需要的理论级当量数；$HETS$ 为理论级当量高度，是完成一个理论级分离要求所需的塔高。

由于两相的溶质浓度在塔中是连续变化的，没有理论级的阶跃式浓度变化，理论级当量高度的概念没有明确的物理意义。实际上更常见的是用根据两相溶质浓度微分变化提出的传质单元数和传质单元高度概念来计算塔高。

如图 5-25 所示，设两液相在塔中逆流流动，且均符合活塞流假定，对塔中任意微元进行物料衡算

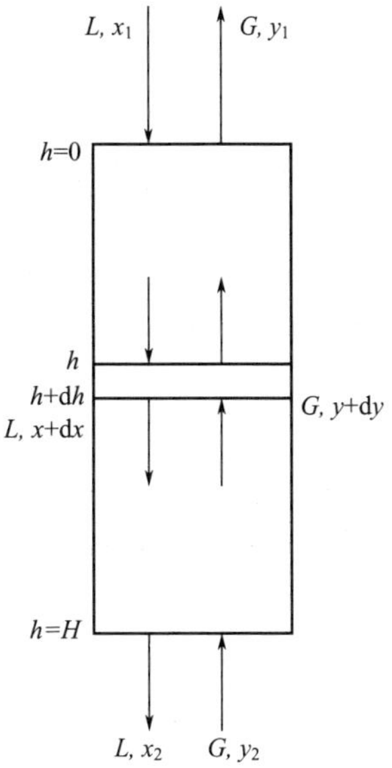

$$k_{OC}(c_C-c_C^*)aA\,dh=-Q_C dc_C \tag{5-44}$$

$$k_{OD}(c_D^*-c_D)aA\,dh=-Q_D dc_D \tag{5-45}$$

沿塔的有效高度对上述二式进行积分，可得到

$$H=\frac{Q_C}{k_{OC}aA}\int_{c_{C2}}^{c_{C1}}\frac{dc_C}{c_C-c_C^*} \tag{5-46}$$

$$H=\frac{Q_D}{k_{OD}aA}\int_{c_{D2}}^{c_{D1}}\frac{dc_D}{c_D^*-c_D} \tag{5-47}$$

图 5-25 萃取塔中两相逆流流动的活塞流假定

式中，k_{OC}、k_{OD}分别为基于连续相和分散相的总传质系数。

令

$$HTU_{OC}=\frac{Q_C}{k_{OC}aA}=\frac{U_C}{k_{OC}a} \quad NTU_{OC}=\int_{c_{C2}}^{c_{C1}}\frac{dc_C}{c_C-c_C^*} \tag{5-48}$$

及

$$HTU_{OD}=\frac{Q_D}{k_{OD}aA}=\frac{U_D}{k_{OD}a} \quad NTU_{OD}=\int_{c_{D2}}^{c_{D1}}\frac{dc_D}{c_D^*-c_D} \tag{5-49}$$

则

$$H=HTU_{OC}\cdot NTU_{OC} \tag{5-50}$$

$$H = HTU_{OD} \cdot NTU_{OD} \tag{5-51}$$

式中，NTU_{OC}和NTU_{OD}分别称为连续相和分散相的传质单元数；HTU_{OC}和HTU_{OD}分别为基于连续相和分散相的总传质单元高度。

由式(5-48)和式(5-49)可知，传质单元数是该萃取体系的分离要求；传质单元高度与塔的结构参数和操作参数有关，是对塔的传质性能的表征。塔的有效段高度是二者的乘积。

5.4.3 轴向混合

活塞流是一种理想流动型式，在萃取塔内，两相逆流流动的实际情况是相当复杂的，其型式与活塞流动有显著的偏离。通常把萃取塔内所有偏离活塞流假定的因素的流体运动统称为轴向混合或返混。在萃取塔内，萃取相和萃余相以分散相和连续相的形式进行接触和传质。连续相和分散相内都存在轴向混合现象，而且两者是相对独立的。

引起轴向混合的原因有多种。具体分析，轴向混合的形成因素包括：连续相内由浓度梯度造成的分子扩散以及涡流扩散；由液滴运动造成的连续相环流运动；分散相液滴尾流造成的连续相夹带；由机械搅拌造成的连续相和分散相循环流动；两相流动的速度梯度和沟流等造成的停留时间分布；连续相在其流动方向上会有速度分布。另外，塔内不同形状的内构件也可能会造成连续相在径向上有一定的速度分布；对分散相而言，其液滴尺寸分布会造成不同液滴的运动速度不均匀等现象。

轴向混合降低了塔内传质的平均浓度梯度，使传质推动力减小，明显影响萃取塔的性能。通过实验和计算发现，塔有效高度的60%～80%是为了补偿轴向混合的影响。因此，计算传质单元高度时必须考虑轴向混合的影响。

在图5-26中，虚线表示活塞流假定时连续相和分散相浓度沿塔高的浓度分布，实线为考虑了轴向混合后的浓度分布。可见存在轴向混合时两相的浓度差明显小于活塞流假定，相应地传质的浓度推动力也减小。

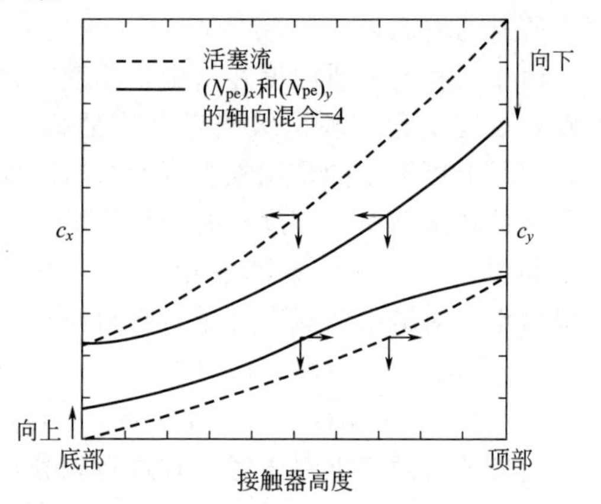

图5-26 轴向混合对萃取塔内浓度推动力的影响

(1) 轴向混合的扩散模型

有多种模型被用于描述萃取塔的轴向混合。例如，对于多级串联萃取设备，可以用多级返流模型；而对于微分接触的萃取塔来说，通常可采用扩散模型来描述。

扩散模型假设：

① 连续相和分散相的轴向扩散分别用轴向扩散系数定量表示；

② 两相的表观速率恒定，而且在每个横截面上均匀分布；

③ 溶质的体积传质总系数恒定；

④ 两相间只有溶质进行物质传递；

⑤ 被萃取的溶质在两相间分配比恒定。

轴向混合的扩散模型见图5-27。其中，E_x 和 E_y 分别为萃余相和萃取相的轴向扩散系数；c_x 和 c_y 分别为两相浓度；U_x 和 U_y 分别为两相空塔流速，当塔横截面积为 A 时，有 $U_x = Q_x/A$ 和 $U_y = Q_y/A$。

轴向混合引起的溶质沿塔高方向的浓度梯度变化主要是流体的涡流扩散引起的，因此轴

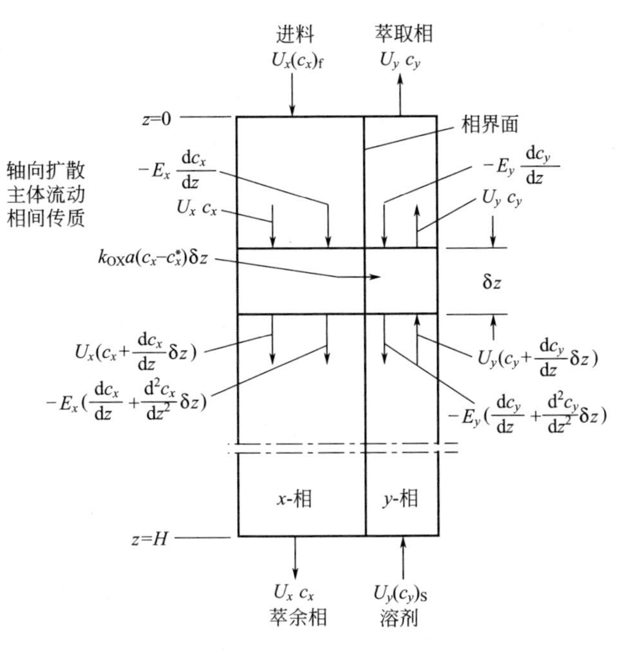

图 5-27　轴向混合的扩散模型

向混合系数又称为涡流扩散系数，与设备的结构以及操作的流体力学条件有关，与体系的物性无关。但对其的描述，可以采用与费克定律类似的形式，设

$$N_x=-E_x\frac{dc_x}{dh} \tag{5-52}$$

和

$$N_y=-E_y\frac{dc_y}{dh} \tag{5-53}$$

图 5-27 中，对塔高 z 处的微元 δ 中的萃余相和萃取相作物料衡算，考虑主体流动、轴向扩散和相际传质等使溶质进出微元 δ 的量，可以得到萃取相（下标 y）和萃余相（下标 x）的扩散模型数学表达式

$$E_x\frac{d^2c_x}{dz^2}-U_x\frac{dc_x}{dz}-k_{OX}a(c_x-c_x^*)=0 \tag{5-54a}$$

$$E_y\frac{d^2c_y}{dz^2}+U_y\frac{dc_y}{dz}+k_{OX}a(c_x-c_x^*)=0$$

边界条件为：

塔顶处（$z=0$）　　$U_x(c_x)_f-U_xc_{x0}=-E_x\frac{dc_x}{dz},\quad \frac{dc_y}{dz}=0$　　(5-54b)

塔底处（$z=H$）　　$U_yc_{yH}-U_y(c_y)_S=-E_y\frac{dc_y}{dz},\quad \frac{dc_x}{dz}=0$　　(5-54c)

为了便于计算，对式(5-54a) 进行无量纲变换，使：

① 无量纲高度 $Z=h/H$，H 为塔高。

② 以 Peclet 数作为描述轴向扩散的无量纲特征数。

萃取相的轴向混合 Peclet 数　$Pe_y=\frac{U_yH}{E_y}$

萃余相的轴向混合 Peclet 数 $Pe_x=\dfrac{U_xH}{E_x}$

③ 传质单元数 $N_{OX}=\dfrac{k_{OX}aH}{U_x}=\dfrac{k_{OX}aV}{Q_x}$

则扩散模型方程可改写为

$$\frac{d^2c_x}{dZ^2}-Pe_x\frac{dc_x}{dZ}-N_{OX}Pe_x(c_x-c_x^*)=0 \tag{5-55a}$$

$$\frac{d^2c_y}{dZ^2}+Pe_y\frac{dc_y}{dZ}+\left(\frac{U_x}{U_y}\right)N_{OX}Pe_x(c_x-c_x^*)=0 \tag{5-55b}$$

边界条件为：

塔顶处（$Z=0$） $$Pe_x[c_{x0}-(c_x)_f]=\frac{dc_x}{dZ},\quad \frac{dc_y}{dZ}=0 \tag{5-56a}$$

塔底处（$Z=1$） $$Pe_y[(c_y)_S-c_{yH}]=\frac{dc_y}{dZ},\quad \frac{dc_x}{dZ}=0 \tag{5-56b}$$

扩散模型可以较好地描述连续相的轴向混合。但是，分散相实际是一群大小不等的液滴，而扩散模型却将其当作拟均相处理，与实际情况有较大的偏差。因此，许多学者专门对分散相的返混进行了研究。例如，前混模型、前混-返流模型等，可以在一定程度上较好地描述分散相的轴向混合。

(2) 扩散模型的近似解法

从非线性二阶微分方程组式(5-55）可以看出，求解扩散模型仍是比较复杂的。为了利用扩散模型方便地计算塔的有效段高度，发展了多种近似计算方法。其中，Miyauchi 和 Vermeulen 提出的解法（简称 M-V 解法）应用较广。

根据 Miyauchi 和 Vermeulen 的近似解法，把按活塞流假定核算得到的总传质单元高度称为表观传质单元高度，$HTU_{OXP}=H/NTU_{OXP}$，并把它分为两部分：一部分是扣除轴向混合影响计算得到的传质单元高度，称为“真实”传质高度，$HTU_{OX}=U_x/(k_{OX}a)$；另一部分是由于轴向混合而增加的传质单元高度，称为分散单元高度 HTU_{OXD}。这样

$$HTU_{OXP}=HTU_{OX}+HTU_{OXD} \tag{5-57}$$

$$NTU_{OXP}=\int_{c_{x2}}^{c_{x1}}\frac{dc_x}{c_x-c_x^*} \tag{5-58}$$

$$H=HTU_{OXP}\cdot NTU_{OXP} \tag{5-59}$$

“真实”传质单元高度 HTU_{OX}可以通过实验测定。在已知体积传质系数时，也可以按 $HTU_{OX}=U_x/(k_{OX}a)$ 计算。

M-V 解法把原先复杂的问题简化成两方面的问题来求解，即分别求得 HTU_{OX} 和 HTU_{OXD}，然后按式(5-57）得到表观传质单元高度。

设计计算的原始数据为两相进出口浓度、表观流速、平衡关系、实验测定的或通过关联式计算的轴向扩散系数，以及真实传质单元高度 HTU_{OX}和表观传质单元数 NTU_{OXP}。

计算采用迭代法。其计算过程可分为以下步骤。

① 计算表观传质单元高度 HTU_{OXP}

当分离因子 $E=mU_x/U_y=1$ 时，存在下式

$$HTU_{OXP}=HTU_{OX}+\frac{E_x}{U_x}+\frac{E_y}{U_y} \tag{5-60}$$

② 计算塔高的初值 H_0

$$H_0=HTU_{OXP}\cdot NTU_{OXP} \tag{5-61}$$

式中，NTU_{OXP}是表观传质单元数，是通过活塞流模型求得的。

③ 计算 $$NTU_{OX}=\frac{H_0}{HTU_{OX}}$$

注意，这一步中求出的 NTU_{OX}，是作为迭代运算的中间参数，没有真正明确的物理意义。

④ 计算分散传质单元数 NTU_{OXD}

$$NTU_{OXD}=Pe_0B+\frac{\phi E\ln E}{E-1} \tag{5-62}$$

$$\phi=1-\frac{0.05E^{0.5}}{NTU_{OX}^{0.5}Pe_0^{0.25}B^{0.25}} \tag{5-63}$$

很多实际情况下，ϕ 的值接近于1。

$$\frac{1}{Pe_0}=\frac{1}{f_xPe_xE}+\frac{1}{f_yPe_y} \tag{5-64}$$

为计算 NTU_{OXD}，需要先计算 f_x、f_y，以及萃余相和萃取相的彼克列特数 Pe_x、Pe_y，进而求出综合考虑两相轴向混合程度的总彼克列特数 Pe_0 和 ϕ，再最后求得 NTU_{OXD}。f_x、f_y和Pe_x、Pe_y可按下列经验式估算

$$f_x=\frac{NTU_{OX}+6.8E^{0.5}}{NTU_{OX}+6.8E^{1.5}},\quad f_y=\frac{NTU_{OX}+6.8E^{0.5}}{NTU_{OX}+6.8E^{-0.5}} \tag{5-65}$$

$$Pe_x=\frac{U_xH}{E_x},\quad Pe_y=\frac{U_yH}{E_y},\quad B=H/D_c \tag{5-66}$$

式中，D_c为特征尺寸，当特征尺寸取 H 时，$B=H/H=1$

⑤ 计算分散单元高度 HTU_{OXD}

$$HTU_{OXD}=\frac{H_0}{NTU_{OXD}}$$

⑥ 计算表观传质单元高度 HTU_{OXP}

$$HTU_{OXP}=HTU_{OX}+HTU_{OXD} \tag{5-57}$$

⑦ 计算塔高 H

$$H=HTU_{OXP}\cdot NTU_{OXP} \tag{5-59}$$

这样，得到第一次试算的塔高 H。

比较计算值 H 和初值 H_0，如符合预期精度，则计算结束；否则，把 H 设置为初值 H_0，返回第②步，继续进行迭代计算，直至精度符合要求。

由于计算数学的发展，扩散模型的微分方程组，已不再注重于模型的简化和解析求解，但在对计算精度不做特别要求时，选择适当的简化解法，能够有效地减少工作量。

5.5 萃取设备的设计

在萃取工艺条件确定的前提下，为其选择适用的萃取设备，主要是根据萃取体系涉及的

物性和具体分离要求着手考虑问题。在选择萃取设备时，往往面临两种情况：一是有众多设备可供挑选，二是所要解决问题的复杂性和多因素性，包括体系的各种物理性质、对分离的要求、处理量的大小等等，甚至还应包括投资条件、技术与操作的可靠性、建设项目所在地的地理环境等因素。

萃取设备的种类很多，各有特点和适用范围。

选择萃取设备时，常常考虑以下几点：①萃取体系的特点，如稳定性，流体特性和澄清的难易程度等；②完成给定分离任务所需的理论级数；③处理量的大小；④对厂房的要求，如面积大小和厂房高度等；⑤设备投资和维修的难易程度；⑥设计和操作萃取设备的经验等。

Luwa 等把体系的物理性质和理论级数与选择萃取设备时的一个重要指标即经济操作范围联系起来，指出在不同范围内可供考虑的设备的类型，见图 5-28，图中所谓的“重力推动”是指没有机械搅拌、依据密度差实现逆流流动的连续萃取塔。

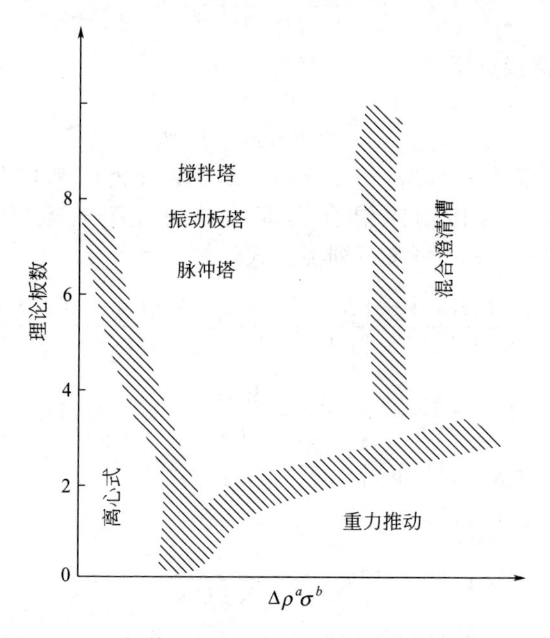

图 5-28 根据体系物性和分离要求选择适用萃取设备

几种主要的萃取设备的特点如表 5-2 所示。

表 5-2 几种主要萃取设备的特点

设备分类	优点	缺点
混合澄清槽	两相接触好，级效率高，可以提供很多理论级数，放大设计较可靠，不需要高厂房	溶剂滞留量大，需要占用厂房面积大，投资较大，操作能耗高
无机械搅拌的连续萃取塔	结构最简单，设备费用低，操作和维修费用低	对密度差 $\Delta\rho$ 小的体系处理通量有限，传质效率低，需要高的厂房，不能处理流量比很高的情况，设计放大困难
带机械搅拌的连续萃取塔	分散接触好，操作费用合理，可以提供较多的理论级数，设计放大较成熟	对密度差较小的体系处理通量有限，不能处理流量比很高的体系，不能处理易乳化的体系
离心萃取机	能处理两相密度差较小的体系，设备体积小，接触时间短，传质效率高，需要的溶剂存量小	设备费用高，操作费用高，维修费用高，单台设备中实现的理论级数有限

5.5.1 转盘萃取塔的设计计算

转盘塔的主要设计内容是确定其基本尺寸，即塔径、塔高（工作段有效高度）、搅拌参数（转盘直径和转速）以及内部结构等。设计的前提是转盘塔要在适当的工况下进行操作。往往需要预设工况，计算出基本尺寸后，再进行核算，必要时进行调整和重新计算。

塔的内部结构应根据所选塔型的结构特征来确定。除此以外，还要确定分散相分布器和塔的絮凝段的设计，以保证良好的分散和萃取后两相完善的分相等。

(1) 基本单元和尺寸

转盘塔基本单元和尺寸如图 5-29 所示。塔径以 D 表示，固定环内径以 D_S 表示，盘间距和环间距都以 H_T 表示，转盘直径以 D_R 表示。

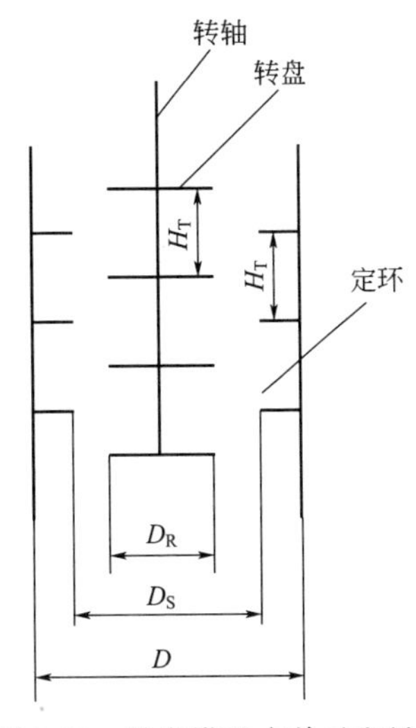

图 5-29 转盘塔基本单元和尺寸

转速越高，液滴被粉碎得越小，传质效果越好。转盘塔的结构对塔的性能也有很大的影响。通常，转盘直径与塔径之比为 1∶(1.5～3)，固定环内径要大于转盘直径，以便于安装和检修，而塔径与转盘间距离之比约为 1.2～8。

在设计中，上述各关键尺寸之比在以下范围内选择比较适当

$$1.5\leqslant\frac{D}{D_R}\leqslant3,\ 2\leqslant\frac{D}{H_T}\leqslant8,\ D_R<D_S,\ \frac{2}{3}\leqslant\frac{D_S}{D}\leqslant\frac{3}{4}$$

在具体选用时，显然应综合考虑体系物性、转盘塔转速、操作条件、材料和机械强度等因素。建议的转盘塔尺寸为

$$\frac{D_R}{D_S}=0.7\sim0.9$$

而 H_T/D 的值可从表 5-3 中选择。

表 5-3 转盘塔 H_T/D 值与塔径的关系

D/m	0.5～1.0	1.0～1.5	1.5～2.5	>2.5
H_T/D	0.15	0.12	0.1	0.08～0.1

(2) 转速与功率

转盘塔依靠转盘来输入外界能量，转盘的高速转动在塔内造成了一个高度湍动下的两相逆流流动，在转盘转动造成的剪切力作用下，分散相被分成液滴。如图 5-24 所示，转速较慢时，对液滴并不产生明显的分散作用，分散相的滞留率没有明显变化；只有当转速增大到一定程度，产生的湍流的压头足以克服界面张力临界值时，液滴才会进一步分散，并伴随着分散相滞留率的增加。因此，转盘塔的转速有一个临界值。

转盘塔的最佳操作转速最好由中试确定，缺乏相应数据时，可按 Treybal 和 Laddha 提出的关联式估算临界转速。一般认为，转盘塔的周边线速度不应小于 90m/min。

转盘塔的功率消耗主要在于向液体施加能量，而输入能量的多少又与液滴的大小有直接的关系。放大时可以用功率因子（$N_R^3D_R^5/H_TD^2$）相等原则作为依据：一般认为，功率因子为 $0.045m^2/s^3$ 时，萃取效率最高。但实际过程中功率因子最好由中试数据确定。通量最好也由试验测定。

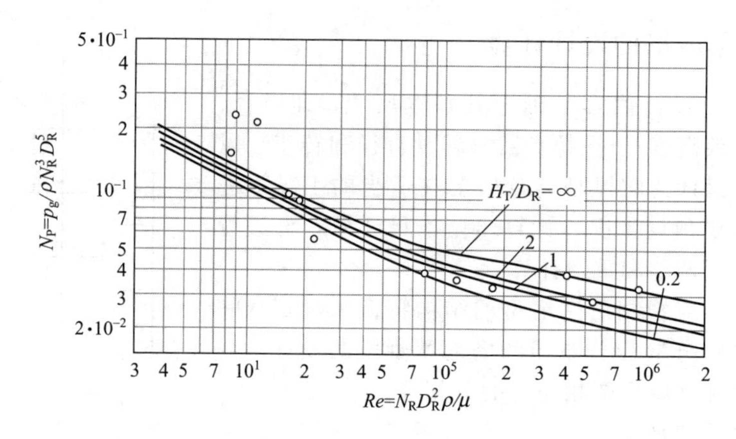

图 5-30 转盘功率数曲线

转盘直径和转速确定后，可以根据图 5-30 计算转盘消耗在液体中的搅拌功率。图中 N_P 是消耗于单盘的功率数，当塔高和盘间距确定以后，转盘的数目也可以确定，全塔的功率消耗就可以计算了。

全塔功耗
$$P_n = nN_P \rho N_R^3 D_R^5 / g \tag{5-67}$$

由于萃取塔内的流体流动条件、液体分散和传质过程的复杂性，工业上转盘塔的设计基本上还是采用中间试验的方法，得到通量和传质效率后，应用经验放大原理进行设计。随着经验的积累，已有从直径为 64mm 的中试设备直接放大到直径为 4～4.5m 工业装置的成功报道。

(3) 塔径

塔径的计算关键在于先得到液泛速度。由图 5-24 可见，随着转速的增加，液滴直径变小。在区域Ⅲ中，液滴得到有效分散，随着转速增加，分散相滞留率线性增加。若转速继续增大，则发生液泛。兼顾传质效果和操作稳定性，一般选择区域Ⅲ(A) 为转盘塔的操作区。

根据两相流量，可以确定塔的液泛点，进而确定正常操作范围，以此可以确定塔径 D 的大小。同时，通过特征速度的计算（通过实验或关联式）可以得到有关搅拌参数 N_R 和分散相滞留率 ϕ_D，进而获得有关传质表面积 a 的数据。

塔径的计算式如下

$$D = \sqrt{\frac{Q_C}{\frac{\pi}{4} U_C}} \tag{5-68}$$

式中，Q_C 为连续相的体积流量，连续相流速 $U_C = 0.5(U_C)_f$。

连续相液泛速度的计算利用式(5-40)～式(5-42)，计算过程中要用到特征速度。转盘塔中的特征速度 u_0 的计算可以用 Logisdail 等人提出的特征速度关联式(5-38)。

(4) 塔高

塔的高度须根据分离要求确定，对此，必须考虑轴向混合的影响。

塔高可按传质单元数计算，并结合轴向扩散的定量模型，将轴向扩散对传质的不利因素考虑在内。总传质单元高度可按扩散模型的 Miyauchi 和 Vermeulen 简捷算法计算，表观传质单元高度为

$$HTU_{OXP} = HTU_{OX} + HTU_{OXD}$$

HTU_{OXP}、HTU_{OX}、HTU_{OXD}等的计算方法，在本章已经有详细介绍。计算中，连续相轴向扩散系数 E_C 可由 Emerding 经验式得到

$$E_C = 0.5U_C H + 0.012 D_R N_R H_T \left(\frac{D_S}{D}\right)^2 \tag{5-69}$$

而按经验，分散相轴向扩散系数 E_D一般取 E_C值的 1～3 倍。

5.5.2 混合澄清槽的设计计算

混合澄清槽由混合室和澄清室两部分组成，应单独设计。除非有特殊要求，对于单级和多级的萃取操作，混合澄清槽的设计要求是相同的。

混合澄清槽的基本设计：已知两相流量 Q_C、Q_D，物系性质，并通过工艺计算确定了萃取流程和理论级数，需要通过设计确定的内容包括混合室体积、澄清室体积和搅拌参数（转速）等。

(1) 混合室体积

由相应物系在萃取时传质速率的快慢，选择合理的物料停留时间 t_m，再结合两相总的体积流量，计算混合室的工作容积。

$$V_m = (Q_C + Q_D) t_m \tag{5-70}$$

(2) 澄清室体积

根据经验或实验，确定搅拌分散后的液液混合物的澄清分相时间 t_s，再结合两相总的体积流量，计算澄清室的工作容积。

$$V_s = (Q_C + Q_D) t_s \tag{5-71}$$

大部分情况下，澄清室的容积可以取混合室的 5 倍左右。

(3) 搅拌功率

搅拌功率水平一般用单位体积液体中耗散的搅拌功率（P/V）表征。

适度的搅拌使两相充分接触，足够快地传质；过度的搅拌则增加能耗，且不利于澄清槽中的澄清。混合室搅拌器有多种型式，如螺旋桨、圆盘涡轮、斜叶涡轮等，需要根据物系的具体性质和萃取要求，选择适用的搅拌器型式、直径和搅拌速度。

根据萃取体系物性如黏度、表面张力等，选定合理的搅拌功率水平。再结合混合槽工作容积计算每级混合槽消耗的搅拌功率，以此为依据选择驱动电机。对于很多体系，P/V 在 $1\mathrm{kW/m^3}$附近。

思考题

5-1 在设计萃取流程时，选择合适萃取剂的原则是什么?

5-2 对于一种液体混合物，根据什么原则决定是采用蒸馏方法还是萃取方法进行分离?

5-3 对于一个具体的分离任务，如何决定采用错流萃取操作还是逆流萃取操作?

5-4 萃取工艺设计中，如何选择萃取剂用量或溶剂比?

5-5 萃取塔操作时，液体流速的大小对操作有何影响?

5-6 何谓“液泛”和“轴向混合”? 它们对萃取操作有何影响?

5-7 脉动萃取塔的脉动振幅与脉动频率是否可以任意选定? 为什么?

习 题

5-1 以甲基异丁基酮为萃取剂，从丙酮水溶液中多级连续萃取丙酮（25℃）。原料液中丙酮含量为45%（质量分数），料液处理量为2300kg/h，溶剂比 S/F 为0.87。要求在最终萃余相中丙酮残余含量不大于2.5%（质量分数）。以上萃取体系相平衡数据如下表所示。

项目	丙酮(质量分数)	水(质量分数)	MIBK(质量分数)	项目	丙酮(质量分数)	水(质量分数)	MIBK(质量分数)
萃取相	0.000	0.022	0.978	萃余相	0.484	0.188	0.328
	0.046	0.023	0.931		0.485	0.241	0.274
	0.189	0.039	0.772		0.466	0.328	0.206
	0.244	0.046	0.710		0.426	0.450	0.124
	0.289	0.055	0.656		0.309	0.641	0.050
	0.376	0.078	0.546		0.209	0.759	0.032
	0.432	0.107	0.461		0.037	0.942	0.021
	0.470	0.148	0.382		0.000	0.980	0.020

平衡联结线数据如下：

水相，丙酮(质量分数)	MIBK相，丙酮(质量分数)	水相，丙酮(质量分数)	MIBK相，丙酮(质量分数)
0.0558	0.1066	0.295	0.400
0.1183	0.180	0.320	0.425
0.1535	0.255	0.360	0.455
0.206	0.305	0.380	0.470
0.238	0.353	0.415	0.480

试图解计算：（1）作出MIBK-水-丙酮三组分物系的等边三角形相图；（2）完成题中分离任务，需要几个理论级？

5-2 多级串联逆流操作的混合澄清槽中，以甲苯为溶剂从苯甲酸的稀薄水溶液中连续萃取苯甲酸。水相进料和溶剂的流量各为1892.7L/min和2839.0L/min。混合室为立式圆筒，澄清室为水平卧式圆筒。混合室中单位体积液体的耗散搅拌功率取0.8kW/m^3。物料在每个混合室的停留时间为2min；每个澄清室单位时间内、单位水平方向最大横截面积上的处理能力为203.7L/(min·m^2)。试估算：（1）混合室高径比（H/D_T）为1时，混合室的直径和高度；（2）混合室搅拌器所消耗的搅拌功率；（3）澄清室的直径和长度（$L/D'_T=4$）；（4）物料在澄清室中的停留时间。

5-3 以S为萃取剂，在内径50mm、有效高度1.09m的喷淋塔内从稀醋酸水溶液中萃取分离醋酸。当入塔萃取相中不含酸，流量为9.90L/h时，可使水相酸浓度由1.19kmol/m^{3}降低到0.82kmol/m^3，出塔的萃取液中醋酸浓度增为0.38kmol/m^3。萃取相平衡关系为$y=0.548x$，x、y分别为水相和萃取相中的醋酸浓度。水和萃取剂S之间不互溶。试计算：此条件下萃取相的总传质系数$k_{OY}a$及传质单元高度HTU_{OY}。

5-4 某萃取过程中的工业萃取塔表观流速$U_x=2.5\times10^{-3}\text{m}\cdot\text{s}^{-1}$，$U_y=6.2\times10^{-3}\text{m}\cdot\text{s}^{-1}$。萃取平衡关系$c_x=1.724c_y$。经中间试验测定，在此条件下真实传质单元高度$HTU_{OX}=1.1\text{m}$，轴向扩散系数$E_x=1.52\times10^{-3}\text{m}^2\cdot\text{s}^{-1}$，$E_y=3.04\times10^{-3}\text{m}^2\cdot\text{s}^{-1}$。根据分离要求和平衡关系计算出所需的表观传质单元数$NTU_{OXP}=6.80$。试结合扩散模型，求解萃取塔

所需有效高度。

5-5 在转盘塔（RDC）中以水为萃取剂，从含有低浓度丙酮的甲苯-丙酮溶液中萃取丙酮，萃取温度为 20℃，有机相为分散相。分散相和连续相的流率分别为 12247kg/h 和 11340kg/h。黏度：水 1cP，甲苯 0.6cP；密度：水 1.0g/cm^3，甲苯 0.86g/cm^3；界面张力为 32dyn/cm。

参考以下材料，试估算：（1）稳定操作时，单液滴的特征运动速度 u_0（对于转盘塔，可取$\frac{u_0\mu_C\rho_C}{\sigma\Delta\rho}=0.01$）；（2）塔径 D_T；（3）理论级当量高度 $HETS$。

塔径的选择，以保证稳定操作时的（U_D+U_C）为发生液泛时的流速（U_D+U_C）$_f$ 的 50%为据。

理论级当量高度 $HETS$ 根据习题 5-5 附图来估算。请注意：对于图中的 $HETS/D_T^{1/3}$ 数群，$HETS$ 和 D_T 的单位均为英寸（in），最终计算结果应换算成国际单位，1in=0.0254m。

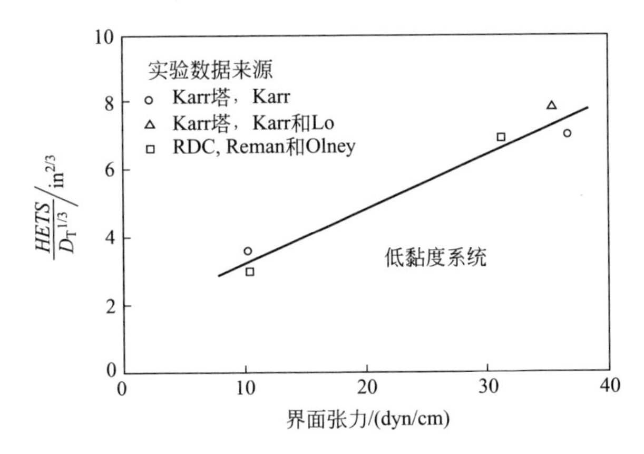

习题 5-5 附图 转盘塔和 Karr 塔中界面张力对 $HETS$（理论级当量高度）的影响

参 考 文 献

[1] Lo T C, Baird M H I, Hanson C. Handbook of solvent extraction [M]. New York: Wiley-Interscience, 1983.

[2] Thornton J D. The science and practice of liquid-liquid extraction [M]. Oxford: Oxford University Press, 1992.

[3] Rydberg J, Cox M, Musikas C, et al. Solvent extraction principles and practices [M]. 2nd ed. New York: Marcel Dekker, 2004.

[4] Godfrey J C, Slater M J. Liquid-liquid extraction equipment [M]. England: John Wiley & Sons., Inc., Chichester, 1994.

[5]《化学工程手册》编辑委员会．化学工程手册．第 14 篇“萃取及浸取”．北京：化学工业出版社，1985.

[6] 陆九芳，李总成，包铁竹．分离过程化学 [M]. 北京：清华大学出版社，1993.

[7] 李洲，李以圭．液液萃取过程和设备 [M]. 北京：化学工业出版社，1993.

[8] 时钧．化学工程手册 [M]. 第 2 版．第 15 篇．北京：原子能出版社，1996.

[9] Ritcey G M, Ashbrook A W. Solvent extraction: principles and applications to process metallurgy, Part Ⅰ [M]. Amsterdam: Elsevier, 1984.

[10] Ritcey G M, Ashbrook A W. Solvent extraction: principles and applications to process metallurgy, Part Ⅱ [M]. Amsterdam: Elsevier, 1979.

[11] Othmer D F, Tobias P E. Tie line correlation [J]. J Ind Eng Chem, 1942, 34: 693.

[12] M J Hampe. Ger Chem Eng, 1986, 9: 251.

[13] Hu S, Kinter R C. The fall of single liquid drops through water [J]. AIChE J, 1955, 1 (1): 42-48.

[14] Gayler R，Roberts N W. Liquid-liquid extraction Part Ⅳ：A further study of hold-up in packed columns [J]. Transaction Instn Chem Engr，1953.

[15] Thornton J D. Liquid-liquid extraction Part Ⅶ：The effect of pulse wave-form and plate geometry on performance and throughput of a pulsed column [J]. Transaction Instn Chem Engr，1957.

[16] 汪家鼎. 液-液萃取脉冲筛板塔中两相流动特性的初步研究 [J]. 化工学报，1965，4：215.

[17] Kung E Y. Dispersed-phase hold-up in a rotating disk extraction column [J]. AIChE J，1961，7：319.

[18] Laddha G S，Degaleesan T E. Transport phenomena in liquid extraction [M]. New Delhi：Tata- McGraw-Hill，1976.

[19] 吴俊生. 分离工程 [M]. 上海：华东理工大学出版社，1992.

[20] Miyauchi T，Vermeulen T. Diffusion of back-flow models for two-phase axial dispersion [J]. IEC，1963，2：304.

[21] Zhang S H，Su Y F. A model for liquid-liquid extraction column performance [J]. Can J Chem Eng，1985，63：212.

[22] Sleicher C A. Axial mixing and extraction efficiency [J]. AIChE J，1959，5：145.

第6章 膜分离技术

本章要点

- 膜分离过程的发展、基本类型和主要特点。
- 膜分离单元分离机理、膜材料种类、膜的微观结构和宏观形态等。
- 膜分离技术工程应用的相关问题-表征膜分离过程通量和分离选择性的定量指标，膜分离过程中浓差极化的起因、后果和控制，实际工程应用中的膜污染和膜的清洗。
- 反渗透膜的截留特性与通量、浓差极化和操作条件，原料液预处理和流程组织方式。
- 超滤的原理和应用，超滤的膜污染。
- 气体渗透分离的原理和应用，膜渗透系数和过程分析。
- 渗透蒸发原理、特点和应用。
- 电渗析原理、特点和应用，电渗析器结构，离子交换膜。

6.1 概述

6.1.1 膜分离技术的起源和发展

早在18世纪，随着对生物膜结构和功能认识的深化，人们开始探索利用膜进行混合物分离的可能性，并试图将其用于制备淡水，先后建立了电渗析、反渗透、膜蒸馏等方法。其中，反渗透是利用能透过水而截留盐的选择性半透膜为分离介质，加压下驱动盐水中的水分子透过膜达到低压一侧而得到淡水，这一机理在1900年以前已经被人们所认知，但早期只能制备通量很低的均质膜，以这种方法制备的淡水产量很低，成本与蒸发相比没有竞争力。

1950年前后，Juda等人建立了电渗析技术，通过直流电场中电解质阴、阳离子的定向迁移和离子交换膜的选择性截留，在使部分电解质溶液增浓的同时，可以制得淡水。

1960年，Leob和Sourirajan等以醋酸纤维为材料，制备出非对称结构的反渗透膜，与原来均质结构的反渗透膜相比，水通量提高了1～2个数量级，反渗透技术的发展进入快速通道。膜制备技术的进步，极大地推动了膜分离技术的发展。经过不断的研究和发展，反渗透膜的水通量、盐截留率已达到很高水平，成本稳步下降，早已取代电渗析等技术，成为高温、干旱缺水地区进行海水、苦咸水淡化的首要和主导的分离手段。同时，类似的膜制备技术也成功地制备出超滤膜，这已成为应用广泛的大分子分级分离技术。20 世纪 80 年代，气体渗透膜的实用化，为气体混合物提供了一种高效、低成本的分离技术。20 世纪 90 年代，渗透蒸发膜的研发和应用，为普通精馏不易解决的某些液体混合物的分离提供了有效的分离手段。

随着膜制备技术的不断发展和膜工程应用的日渐成熟，膜分离技术将在越来越多的场合取代传统的分离单元，推动过程工业的进步。

6.1.2 主要的膜分离单元操作

现有膜分离技术是在近 100 多年的时间内逐步发展起来的，是一大类分离单元操作的综合。从原理上看，膜分离过程是以选择透过性的薄膜作为分离介质，在膜两侧施加一定的推动力（如压力差、电位差、浓度差等），基于混合物中各组分透过膜的迁移速率不同而实现分离、提纯。它本质上是一种速率控制的分离过程，分离效率不取决于膜所分隔两相间的相平衡关系，而是基于各组分穿透膜的速率的快慢。

基于分离机理、膜材料、分离对象、膜的微观结构和宏观形态的差异，膜和膜分离技术有多种分类体系。从膜自身相态来看，有固膜和液膜之分。膜的宏观形态可分为平板膜、管式膜、卷式膜和中空纤维膜等；根据膜的分离皮层是否有孔道结构，可分为致密膜和多孔膜；基于微观结构在空间分布是否均匀，又分为对称膜、非对称膜和复合膜等。

根据膜的分离机理和功能，可分为微滤膜、超滤膜、纳滤膜、反渗透膜、渗析膜、气体渗透膜、渗透蒸发膜和离子交换膜等。

以下简要介绍常用的固膜分离单元。

（1）微滤

微滤是一种常见的膜分离单元，20 世纪 30 年代已被用于拦截和分析水样中固体微粒含量。微滤利用微滤膜孔径的大小，截留溶液中大于或近似于膜孔径的微粒。膜孔径范围为 0.05～10μm，主要分离、截留小于 10μm 的胶体与固体微粒。通过多孔膜表面层的机械截留、膜对颗粒的吸附及颗粒间架桥等表面截留，或膜内部网络截留，微滤膜对微生物等微粒有高效的截留能力，可制备无菌水和无菌溶液。

（2）超滤

超滤以压力差为推动力，膜的皮层是尺度为 1～20nm 的多孔结构，通过膜孔筛分实现小分子的透过与大分子溶质的拦截。拦截对象为分子量＞2000Da 的大分子，尺度为 1～10nm。超滤主要用于生物大分子的分离、不同分子量大分子组分的分级、低浓度大分子溶液浓缩、大分子溶液脱盐等多种场合。

（3）纳滤

纳滤膜表面皮层多为荷电结构，带静电基团，对离子有静电相互作用而截留无机盐。对非荷电溶质，依靠膜孔的空间排阻而截留。纳滤膜截留性能介于超滤膜和反渗透膜之间：对一价离子截留率较低，对二价及多价离子（Ca^{2+}、Mg^{2+}、SO_4^{2-} 等）、小分子量有机物（200～2000Da）截留率很高。纳滤主要用于对一价离子截留率要求不高的浓缩、分离场合（如硬水脱盐等）。

（4）反渗透

反渗透是目前应用规模最大、技术最成熟的膜分离技术。反渗透膜的皮层为致密结构，能截留水溶液中的悬浮物、溶质和离子物质，而仅透过水分子（或其他有氢键的溶剂）。因为反渗透膜对溶质的高截留率，可以用于各种相关的分离场合，如对海水、苦咸水的加压浓缩制备淡水，也可对稀溶液或废水进行浓缩以回收水或溶质。

(5) 气体渗透

气体渗透是对气体混合物进行分离，进料侧为高压侧，部分组分通过溶解/扩散透过膜而在低压侧富集，难渗透的组分在原料气一侧富集，膜两侧压力差为 1～10MPa。气体渗透最早在 1970 年末出现工业应用，现在已有多套工业装置。

(6) 渗透蒸发

渗透蒸发用于分离液体混合物。以高选择性的膜为介质，膜的一侧是待分离的液体混合物，利用混合溶液中不同组分在膜中溶解/扩散能力的差异，优先渗透的组分通过真空、温差等条件汽化蒸发，然后被冷凝回收。1990 年，GFT 公司最早将渗透蒸发用于制备无水乙醇，实现了渗透蒸发的工业化。

(7) 渗析

渗析是用选择透过性多孔膜将含有溶质的混合物溶液与扩散液分隔。浓度差下，基于混合物中不同组分物化性质/分子尺寸的差异导致膜中扩散速率不同，溶液中小分子溶质优先进入扩散液实现分离。渗析操作中，组分迁移推动力是浓度差，过滤通量较低。渗析主要用于血液透析、大分子脱盐、废酸与盐的回收分离等。

(8) 电渗析

电渗析是以电位差为推动力，利用离子交换膜的选择透过性，从溶液中脱除或富集电解质。电渗析分离用膜是离子交换膜（见图 6-1），包括选择性透过阴离子的阴膜和选择性透过阳离子的阳膜。电渗析器中，通过阳膜（C）和阴膜（A）交错排列将工作空间隔成多个隔室。如图 6-2 所示，直流电场中对电解质溶液进行分离，由于离子交换膜的选择透过性，在膜的两侧形成了电解质浓缩液和脱除电解质的淡化液。淡化室中电解质进入浓缩室，使电解质溶液淡化，浓缩室中电解质逐渐增加而浓集。

20 世纪 50 年代，电渗析作为盐水淡化的手段进入实用阶段。随着反渗透的发展和成本的降低，现在一般无需采用电渗析进行盐水淡化。但电渗析的分离机理是离子在电场中的迁移，有其独特性，在需要从溶液中脱除盐或酸等电解质的分离场合，可以有较灵活的应用。

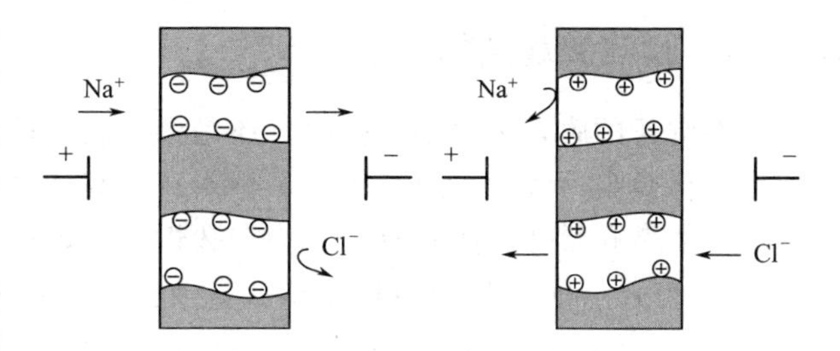

图 6-1 电渗析用离子交换膜

与精馏、吸收、萃取等平衡分离过程相比，膜分离过程有其突出的特点。

① 除渗透蒸发之外，膜分离过程一般不涉及相变，能量要求低，有很大节能优势。

② 操作条件一般较温和，尤其适用于热敏性物质的分离，如果汁、酶、药物等的分离、分级和浓缩。

③ 分离效率较高。不使用化学试剂和添加剂，不会因此而污染产品。

④ 膜分离装置集成为组件的形式，结构简单、操作和控制容易。

⑤ 通用性强，适用物系范围广，规模和处理能力变化大。

6.1.3 膜材料

膜种类很多，按照其制备材料可以分为以下三类。

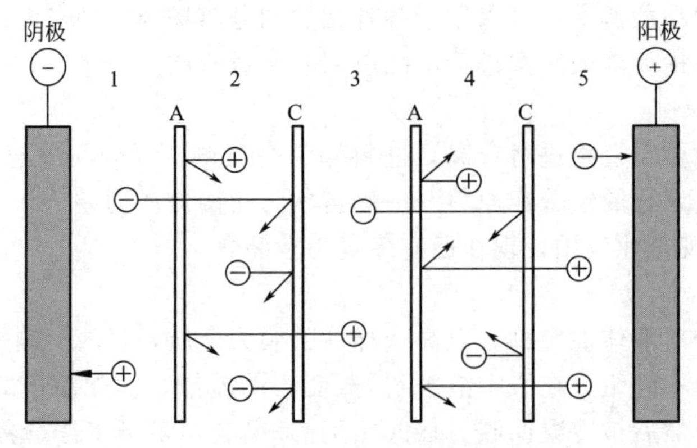

图 6-2 电渗析工作原理

(1) 改性天然高分子材料

主要是纤维素的衍生物，如醋酸纤维素、硝酸纤维素和再生纤维等。天然高分子材料来源广泛，价格相对低廉。缺点是热稳定性差，使用温度不能过高，对微生物侵蚀的耐受性不高，抗氧化性能差，易水解，易压密。使用温度应低于 45～50℃，pH 值范围为 3～8。

(2) 合成高分子材料

商业化应用的膜，大部分用合成高分子材料制备，种类很多，如聚砜、聚丙烯腈、聚酰胺、聚酰亚胺、聚碳酸酯、聚烯类、硅橡胶和聚偏氟乙烯等。其稳定性和使用范围较天然高分子材料有显著改善。

(3) 无机材料

目前用于制备膜的无机材料有陶瓷、微孔玻璃、金属和氧化石墨等。特点是机械强度高，耐高温、耐化学试剂和有机溶剂；但加工成本高，造价一般比高分子材料膜高出一个数量级。

6.1.4 膜的微观结构

早期制备的膜，无论是多孔膜，还是致密膜，都是对称膜，即膜的截面上微观结构对称一致。对称膜阻力大时，通量很低，分离成本高，很难实现商业化应用。

对称的微孔膜［见图 6-3(a)］为多孔性结构，孔径依制备方法和材料而异，常见的孔径为 0.05～20μm。微孔膜可以用于微滤，或作为复合膜的支撑层。对称的致密膜为均匀的薄膜［见图 6-3(b)］，渗透成分要通过扩散穿过比阻很大的致密膜层，一般通量较低。

1960 年，Leob 和 Sourirajan 制备了最早的用于反渗透的醋酸纤维素不对称膜。不对称膜［见图 6-3(c)］包括结构致密的分离皮层和疏松的支撑层。皮层（厚 0.2～0.5μm 或更小）薄但结构紧密，用于实现选择性分离；支撑层（50～100μm）占绝大部分膜厚，使膜有足够的机械强度，但结构疏松，流体阻力小，从而保证高的透水率。与对称膜相比，不对称

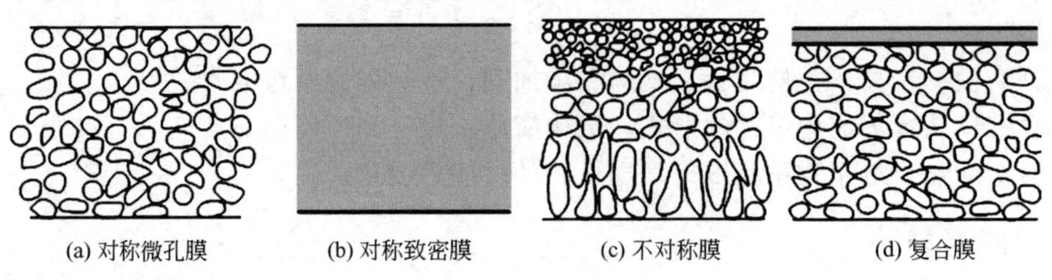

图 6-3 膜的微观形态

膜处理通量有了 1～2 个数量级的提高，更能满足工业分离的需要。有实用价值的膜，如超滤膜和反渗透膜等，均为不对称膜。

早期制备的不对称膜，其多层结构是同种高分子材料，通过在膜制备中控制相转化的条件而形成致密层和疏松层的不同结构。后来，人们通过将不同聚合物材料复合在同一张膜上，得到了性能更好的复合膜［见图 6-3(d)］。复合膜的选择性表皮层，是通过界面聚合、等离子态反应等过程沉积于具有微孔的底膜（即支撑层）表面上，只是表层与底层是不同的材料。

微滤、超滤、渗析等多种膜分离单元，其分离皮层可视为多孔结构。多孔膜的孔道特性包括孔径分布和孔隙率。膜的孔道结构因膜材料和制造方法而异。高分子材料多孔膜的制备一般采用相转化法，无机材料多孔膜主要由无机材料烧结而成，或通过溶胶-凝胶作用制备得到。除了某些特殊方法可制得孔径较均一的微滤膜外，其他多孔膜的孔径均有较宽分布。膜孔径的较宽尺度分布，决定了多孔膜对其分离对象的拦截不可能是清晰的截留分割，必然随着分离对象尺度的变化而有较宽的分布。

6.1.5　膜的宏观形态

为了工程应用和维护方便，商业化的膜都被集成为一定形式的组件，作为膜分离装置的分离单元：膜材料以适当方式加工而成管形或平面，并通过辅助部件加以支撑和固定，集成为便于工程应用的膜组件。

已实现商业化应用的膜组件形式有平板式、螺旋卷式、圆管式和中空纤维式等。各种膜组件的具体形态特征，在化工原理等课程中已有叙述，本章中仅对其特性和应用范围差异进行比较，见表 6-1。

表 6-1　各种膜组件的特性和应用范围

膜组件	比表面积/(m^2/m^3)	设备费	操作费	压降	膜污染的控制	应用
管式	＜80	很高	高	低	很容易	超滤，微滤
板式	400～600	高	低	中	容易	超滤，微滤，渗透蒸发
卷式	800～1000	低	低	中	适中	反渗透，超滤，微滤
毛细管式	600～1200	低	低	高	容易	超滤，微滤，渗透蒸发
中空纤维式	约 10^4	很低	低	高	很难	反渗透，渗析

6.2　膜分离技术的工程问题

6.2.1　选择性和通量

(1) 选择性

① 膜分离过程的选择性用目标产物和杂质之间的分离因子来表达。如图 6-4(a) 所示，目标组分（i）和杂质（j）之间的分离因子，可以用透过液（气）膜中的相对含量 y_i/y_j 与原料液（气）中的相对含量 x_i/x_j 之比来表示。

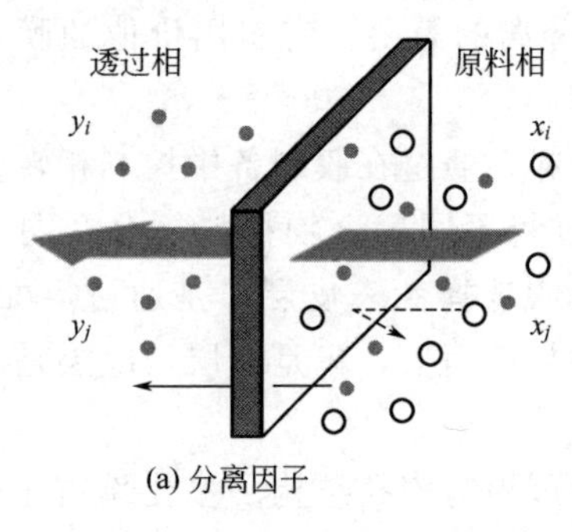

(a) 分离因子

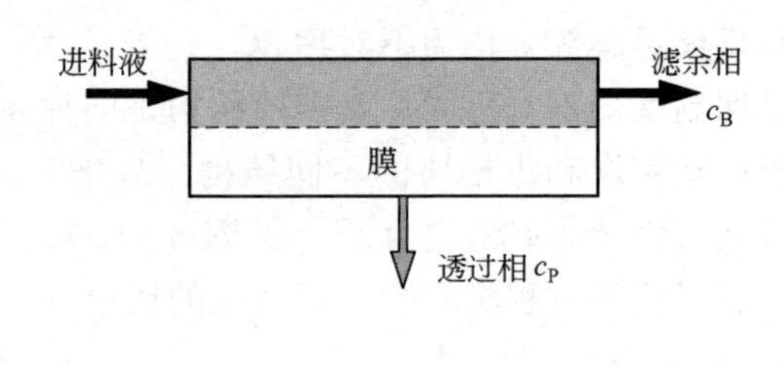

(b) 截留率

图 6-4 膜分离过程的分离效率

$$\alpha_{i,j}=\frac{y_i/y_j}{x_i/x_j} \tag{6-1}$$

② 对于膜分离过程，选择性更常用截留率来表征。如图 6-4(b) 所示，膜的进料一侧，某溶质的浓度为 c_B，在透过相一侧，该溶质浓度为 c_P。膜对该溶质的截留率为

$$R=1-c_P/c_B \tag{6-2}$$

$R=0$ 时，$c_P=c_B$，没有截留，全部渗透；$R=1$ 时，$c_P=0$，全部截留。

对于多孔膜，截留率主要取决于截留对象的大小和膜的孔径。如图 6-5 所示为超滤膜的截留率随分子量的变化关系，超滤膜孔径分布较宽，所以截留率与分子量的关系曲线呈现 S 形。一般来说，将截留曲线上 $R=90\%$ 时的溶质分子量定义为膜的截留分子量（Molecular Weight Cut-Off，简称 MWCO）。相同的膜可能表现出完全不同的截留曲线，MWCO 是反映膜分离特性的一个参数，但并不全面，实际膜的优劣应从多方面加以分析和判断。

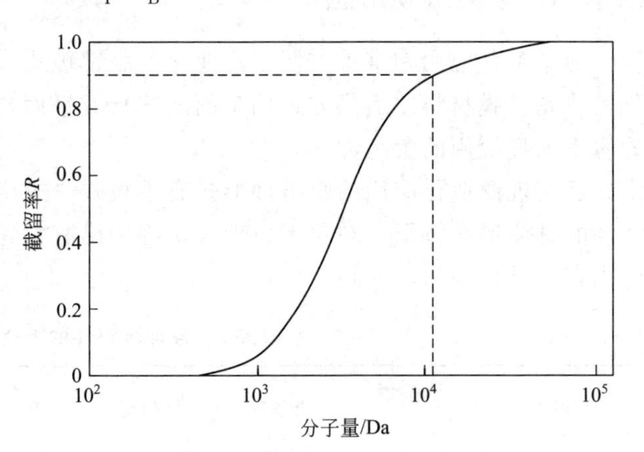

图 6-5 超滤膜的典型截留曲线

(2) 透过通量

透过通量是指单位时间内、单位膜面积上，透过某一组分的量。它是反映膜处理能力的重要参数，决定了膜分离过程需要的膜面积。

对于多孔膜，组分穿过膜孔的流动通量可利用推动力-阻力模型表达。加压下，流体在膜孔道内的流动可视作毛细管内层流，符合 Poiseuille 方程，由此导出溶剂（水）透过通量为

$$J_V=\frac{\varepsilon d^2\Delta p}{32\mu\tau L}=\frac{\Delta p}{\mu R_m} \tag{6-3}$$

式中，d 为膜的平均孔径；Δp 为两侧压差；μ 为液相黏度；L 为膜厚；ε 为孔隙率；τ 为膜孔曲率因子；R_m 为膜本身的过滤比阻。

正常膜分离操作，膜面上往往有类似滤饼层的结构，或膜污染生成的污垢，构成了叠加的滤饼阻力（比阻 R_c），溶剂通量可表示为推动力-阻力模型形式

$$J_V=\frac{\Delta p}{\mu(R_m+R_c)} \tag{6-4}$$

反渗透膜的皮层为致密结构，组分先溶解于膜面，再通过扩散穿透膜层，在下游一侧释放。利用 Fick 定律表征组分透过膜的速率，同样可以将通量表示为推动力除以阻力的形式。反渗透膜对小分子溶质的截留率很高，膜两侧存在很大的渗透压差，一定程度上抵消了压差。反渗透的有效压差为膜两侧实际的压差减去渗透压差。采用推动力-阻力模型时，反渗透的水通量为

$$J_V=\frac{\Delta p-\Delta\pi}{\mu(R_m+R_c)} \tag{6-5}$$

压力推动下的膜分离过程，溶剂通量更常用的表达形式为

$$J_V=K_W(\Delta p-\Delta\pi) \tag{6-6}$$

超滤、纳滤、反渗透等膜分离过程，膜对溶质有截留作用，溶质的透过量可以结合水的通量和截留特性来计算。当然，也可以用膜两侧溶质浓度差为推动力来计算溶质通量，即

$$J_S=K_S(c_1-c_2) \tag{6-7}$$

处理水溶液的各种膜，常以水通量作为膜通量标称值。水通量是在一定条件下（一般为压差 0.1MPa，20℃）通过测量透过一定量纯水所需时间而得。纯水通量只是反映膜透过通量的最大潜力，它不能直接衡量和预测料液的实际通量，溶质吸附、膜孔堵塞及浓差极化会使得实际通量大幅降低。

6.2.2 浓差极化

各类膜分离过程各有特点，但都存在着浓差极化现象。

(1) 浓差极化的产生

如图 6-6 所示的膜分离操作，靠近膜面的流体存在层流边界层，其运动状态有别于料液（料气）主体。所有溶质均有机会随透过液（气）被传送到膜表面上，但由于膜的选择透过性，不能完全透过的溶质受到膜的截留。由于靠近膜表面的流体处于层流状态，被截留溶质不可能瞬间返回进料侧主体，而须经扩散通过层流膜，才能返回进料主体。这就导致被截留溶质在膜表面附近浓度升高，高于进料侧主体浓度，此现象称为浓差极化。

以超滤为例，浓差极化下溶质的浓度分布如图 6-6 所示。稳态下，溶质的透过通量与层流区内向膜面传送溶质的通量和向主体溶液扩散的通量间达到物料平衡

$$J_Vc_P=J_Vc-D\frac{dc}{dx} \tag{6-8a}$$

变形后的物料平衡式为

$$J_V(c-c_P)=D\frac{dc}{dx} \tag{6-8b}$$

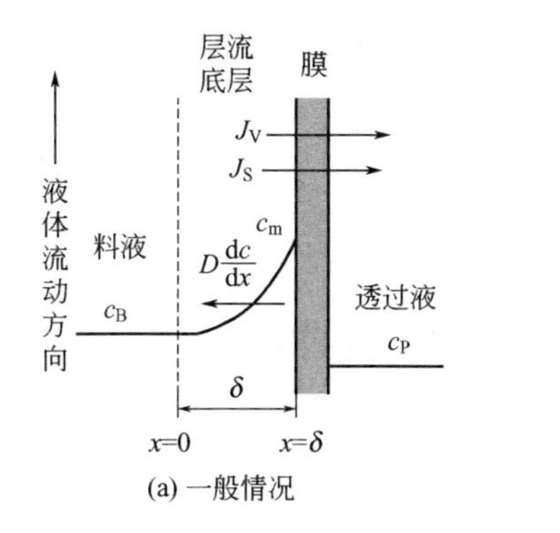

(a) 一般情况

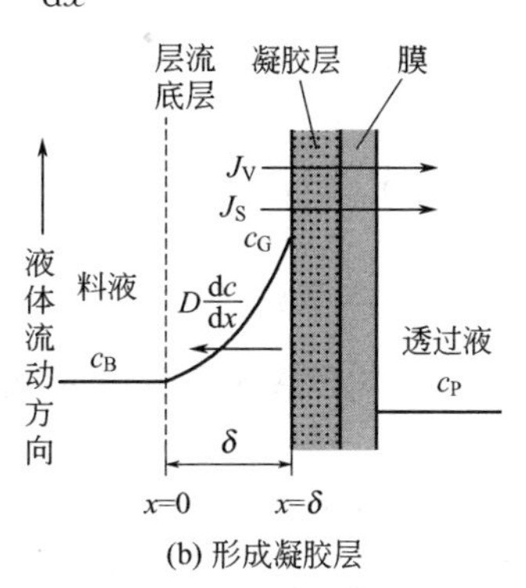

(b) 形成凝胶层

图 6-6　超滤过程浓差极化示意图

边界条件为：　　　　　$x=0$ 时，$c=c_B$；$x=\delta$ 时，$c=c_m$

对式(6-8b) 积分，得到浓差极化方程

$$J_V=\frac{D}{\delta}\ln\frac{c_m-c_P}{c_B-c_P}=k\ln\frac{c_m-c_P}{c_B-c_P} \tag{6-9}$$

式中，c_B为主体相中溶质浓度；c_m为膜表面上溶质浓度；δ 为边界层厚度。$k=D/\delta$，k 为膜传质系数，反映了层流区内溶质扩散和层流区厚度的综合信息。

透过液中溶质浓度为 c_P，透过液中溶质通量为

$$J_S=J_Vc_P \tag{6-10}$$

(2) 浓差极化的后果

浓差极化在膜分离过程中普遍存在。对于超滤、反渗透等过程，浓差极化对膜过程的不利影响包括：

① 膜表面附近浓度升高，膜两侧渗透压差增大，有效压差减小，溶剂透过通量降低。

② 浓差极化严重发展时，膜表面附近溶质浓度超过其溶解度，溶质在膜面上沉淀析出，形成凝胶层（Gelling），如图 6-6(b) 所示。凝胶层的形成，构成了额外的过滤阻力。根据推动力-阻力模型，溶剂通量为

$$J_V=\frac{\Delta p-\Delta\pi}{\mu(R_m+R_g)} \tag{6-11}$$

式中，R_m 为膜的阻力项；R_g 为凝胶层的阻力项。

根据浓差极化方程［式(6-9)］，形成凝胶层时，溶剂透过通量为

$$J_V=k\ln\frac{c_g-c_P}{c_B-c_P} \tag{6-12}$$

式(6-12) 中 c_g为凝胶层浓度，即最大浓度，通量达到极限，即使继续增加压力，也不能提高通量。这与式(6-11) 并不矛盾，形成凝胶层后，如果继续增加操作压力，推动力看似增加了，但阻力 R_g也随之同步增加，凝胶层变得更厚，实际溶剂通量仍然如式(6-12) 所示，保持恒定。料液的浓缩比率应该受到限制，否则将浪费加压过程中消耗的能量。

③ 浓差极化还造成溶质截留特性的改变。

没有浓差极化时，膜面上感知的溶质浓度为 c_B，根据膜对溶质的截留特性，透过液侧溶质浓度应为 $c_P=(1-R)c_B$。实际过程存在浓差极化，膜面上感知的溶质浓度为 c_m，透过液侧溶质实际浓度 $c'_P=(1-R)c_m$。显然，$c_P<c'_P$。发生浓差极化后，透过液中溶质浓度显著提高，意味着分离效率变差。

【例 6-1】 超滤浓缩木瓜蛋白酶溶液，进料浓度为 0.5%（质量/体积），过滤通量为 9.2×10^{-6} m/s，蛋白酶扩散系数 $D=1.45\times10^{-10}\,m^2/s$，膜表面层流边界层厚度为 1.7×10^{-5} m。求边界层膜表面上蛋白酶浓度。

解：根据式(6-9)，可得进料侧膜面上蛋白酶浓度 c_m与主体浓度 c_B的比值为

$$\frac{c_m-c_P}{c_B-c_P}=\exp\left(\frac{J_V\delta}{D}\right)=\exp\left(\frac{9.2\times10^{-6}\times1.7\times10^{-5}}{1.45\times10^{-10}}\right)=2.94$$

设超滤膜对木瓜蛋白酶的截留率 $R\to1$，c_P忽略不计，膜面上蛋白酶浓度为

$$c_m=2.94c_B=2.94\times0.5\%=1.47\%(\text{质量/体积})$$

可见，料液含蛋白酶 0.5%，属于低浓度稀溶液，但超滤过程已产生明显的浓差极化。

浓差极化是可逆的，膜分离过程运行时产生，膜过程停止运行，浓差极化逐渐消失。浓差极化与操作条件相关，为减轻浓差极化的影响，可采取以下措施。

① 装设湍流促进装置，提高料液流速、增强料液的湍流强度。

② 提高料液温度，使黏度降低，以提高溶质扩散速率，进而提高临界凝胶浓度。

③ 对膜面定期清洗，用高流速的水冲或超声波清洗。必要时应用各种化学药剂清洗粘在膜表面上的凝胶层。

6.2.3 膜污染与清洗

膜污染是指膜与料液中某些溶质互相作用，使之在膜表面发生可逆的或不可逆的积累和固定（见图 6-7），使膜的透过流量与分离特性发生不可逆变化。

膜污染的主要原因有：①浓差极化严重时形成凝胶层；②溶质在膜表面形成吸附层；③固形物或溶质分子堵塞膜孔；④溶质在膜孔内的吸附。

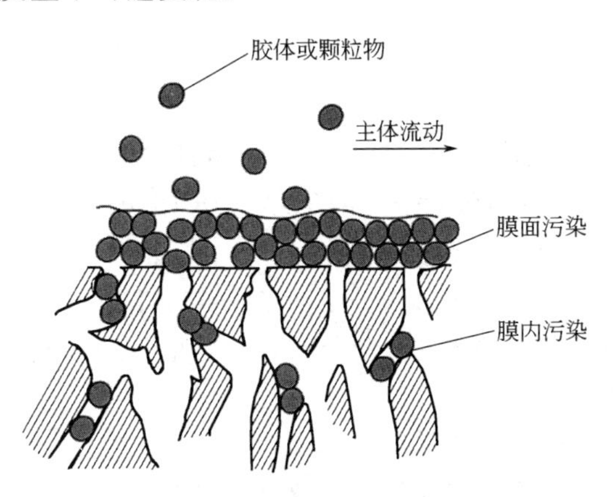

图 6-7　膜污染的发生机理

膜分离操作一段时间后，污染积累到一定程度，需要进行膜面清洗和维护，除去膜表面和膜孔内的污染物。如任其发展，浓差极化会发展，膜的通量和分离效率将持续降低。适当的清洗操作，能使膜长期稳定地以较高的通量水平运行。

清洗操作要中断正常的膜分离过程，有时要消耗清洗试剂，造成分离成本增高。重视清洗作用的同时，需采取措施防止或减轻膜污染，以降低清洗频率。具体措施包括：

① 选择耐污染材料制备膜或对膜进行适当预处理，提高膜的抗污染能力。

② 料液预处理（如预过滤、调节 pH 值等），降低料液中污染物含量，或者是降低污染物与膜材料结合的倾向。

③ 改变操作条件：适当提高水温加速分子扩散，增大流速；降低膜两侧压差或料液浓度；调节料液 pH，远离引起蛋白质沉淀吸附的等电点等，使吸附作用减弱。

膜的清洗可选择水、盐溶液、稀酸、稀碱、表面活性剂、络合剂、氧化剂和酶溶液等为清洗剂。清洗剂要去污能力良好，但不能损害膜过滤性能。

6.3 反渗透

反渗透是渗透的逆过程，是以压差为推动力，截留离子物质而透过溶剂的分离操作。1960 年后，不对称膜制备技术和合适膜材料的研发，推动了膜材料成本和操作成本持续降低，反渗透日益得到广泛应用。

6.3.1 反渗透原理

反渗透膜可以截留水溶液中的离子物质和尺度更大的物质，而仅让溶剂分子（水）透过。如图 6-8 所示，采用一张半透膜隔开纯溶剂（水）和盐溶液，半透膜的选择透过性，决定了它仅透过溶剂分子（水），而高效地截留离子和尺度更大的物质。因盐溶液一侧的压力不同，表现为三种情况：渗透、渗透平衡、反渗透。

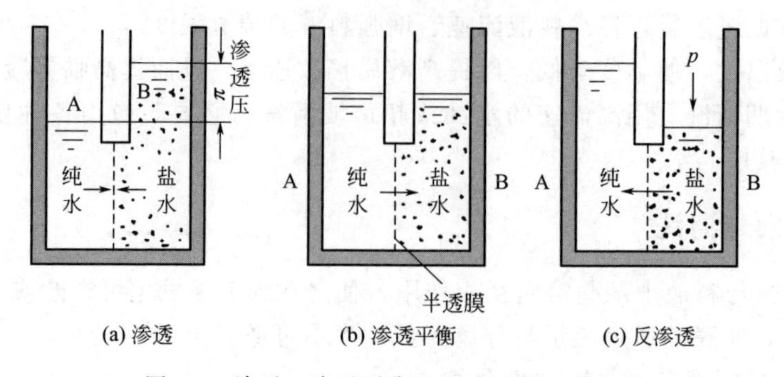

图 6-8 渗透、渗透平衡和反渗透原理示意图

(1) 渗透

如图 6-8(a) 所示，当半透膜两侧（A 和 B）温度和压力相等时，纯溶剂（水）一侧的化学位：$\mu^{\mathrm{I}}_{H_2O}=\mu^{\circ}_{H_2O}(T,p)+RT\ln a_{H_2O}=\mu^{\circ}_{H_2O}(T,p)$。

溶液一侧溶剂的化学位：$\mu^{\mathrm{II}}_{H_2O}=\mu^{\circ}_{H_2O}(T,p)+RT\ln a_{H_2O}$

对于纯水，水分子活度 $a=1$；溶液中水分子活度 $a<1$。一定的 T、p 下，纯水化学位高于溶液中水的化学位，水自发地从纯水侧透过膜向溶液侧渗透，使后者液位趋向升高［见图 6-8(a)］。

(2) 渗透平衡

随着水的渗透，溶液侧液位升高，压力增加。达到渗透平衡时，半透膜两侧水的渗透达到热力学平衡，没有水的净流量［见图 6-8(b)］。渗透平衡为动态平衡，两侧溶液的静压差 p_B-p_A 等于两侧溶液之间的渗透压差，A 侧为纯水时，静压差 p_B-p_A 就是 B 侧溶液的渗透压 π。

假设溶液为二组分物系，溶剂水定义为组分 1，溶质定义为组分 2。设图中 A 和 B 两侧压力分别为 p_A 和 p_B，则膜两侧水的化学位分别为

$$\mu_A=\mu^{\circ}+RT\ln a_A+\int_{p^{\circ}}^{p_A}v_1\mathrm{d}p \tag{6-13}$$

$$\mu_B=\mu^{\circ}+RT\ln a_B+\int_{p^{\circ}}^{p_B}v_1\mathrm{d}p \tag{6-14}$$

式中，v_1 为溶剂（水）的摩尔体积。恒温下，外压变化不大时 v_1 可视为常数。

渗透平衡状态时，$\mu_A=\mu_B$，可得

$$v_1(p_B-p_A)=RT\ln\frac{a_A}{a_B} \tag{6-15}$$

A 侧为纯水，$a_A=1$。即渗透压为

$$\pi=p_B-p_A=-\frac{RT}{v_1}\ln a_B \tag{6-16}$$

B 侧近似为稀溶液时，水的活度系数近似为 1，水的活度 a_B 近似等于溶液中水的摩尔分数 x_B。设溶质摩尔分数为 y，则 $\ln a_B=\ln x_B=\ln(1-y_B)\approx -y_B$。对式(6-16) 化简可得

$$\pi=\frac{RT}{v_1}y_B \tag{6-17}$$

式中，$y_B/v_1\approx c_B$，c_B 为 B 侧溶液中溶质的体积摩尔浓度，代入上式可得

$$\pi=c_BRT \tag{6-18a}$$

这就是稀溶液的 Van't Hoff 渗透压公式。式中，π 为溶液的渗透压，Pa；T 为热力学

温度；R 为摩尔气体常量，8.314J/(mol・K)；c_B为溶质的体积摩尔浓度，mol/m^3。

对于多组分溶质的稀溶液，

$$\pi = \sum_{i=1}^{n} c_i RT \tag{6-18b}$$

对于海水反渗透，Applegate 建议采用以下近似式

$$\pi = 7.724T \sum \bar{c}_i \tag{6-18c}$$

式中，π 的单位为 kPa，T 的单位为 K，$\sum \bar{c}_i$ 是溶液中离子和非离子物质的浓度加和，单位为 mol/L。

(3) 反渗透

由式(6-14) 可知，等温条件下，对溶液（B 侧）施加的压力超过溶液的渗透压时，可以使得该侧水的化学位高于淡水一侧。溶剂从浓溶液向稀溶液迁移，实现从溶液中分离溶剂，此过程称为反渗透［如图 6-8(c) 所示］。

反渗透的操作条件为操作压差足以克服渗透压差，即 $\Delta p > \Delta\pi$。

正常的反渗透操作，推动力为有效压差，即 $\Delta p - \Delta\pi$。反渗透膜无明显孔道结构，多采用溶解-扩散模型描述反渗透膜的透过过程。水的通量如式(6-6) 所示，溶质的通量如式(6-7) 所示。

反渗透过程没有相变，能量消耗主要体现在料液的增压上，这是反渗透制淡水远比蒸发法更节能的主要原因。

6.3.2 反渗透过程分析

浓差极化对反渗透过程有重大影响，除了造成过滤通量下降，浓差极化还改变分离效果。

反渗透膜对溶质的真实截留率（R_{int}）由膜本身的分离特性决定，没有浓差极化时，透过液淡水中溶质的浓度应为

$$c_P = (1 - R_{int}) c_m \tag{6-19}$$

式中，c_m 为进料侧膜面上的溶质浓度；c_P 为透过液（淡水）侧溶质浓度。

由浓差极化方程［式(6-9)］变形，可得

$$\frac{c_m - c_P}{c_B - c_P} = \exp(J_V / k) \tag{6-20a}$$

对于反渗透过程，$c_P \ll c_B$，$c_P \ll c_m$，式(6-20a) 中 c_P 项可以忽略，由此得到

$$\frac{c_m}{c_B} = \exp(J_V / k) \tag{6-20b}$$

式中，c_m / c_B 称为浓差极化比。

膜面上的溶质浓度 c_m 难以测量［如图 6-6(a) 所示］，实际操作下膜的真实截留率不能直接测得。溶液主体 c_B 是可观测的，对应得到表观截留率 R_{obs} 为

$$R_{obs} = 1 - \frac{c_P}{c_B} \tag{6-21}$$

由式(6-19) 和式(6-21) 可得

$$R_{obs} = 1 - \frac{c_P}{c_B} = 1 - \frac{(1 - R_{int}) c_m}{c_B}$$

将式(6-20b) 代入上式，可得

$$R_{obs}=1-(1-R_{int})\exp(J_V/k) \tag{6-22}$$

如果不存在浓差极化现象，$R_{int}=R_{obs}$。实际上，浓差极化总是存在的，所以表观截留率总要低于真实截留率，即 $R_{obs}<R_{int}$。

为了减轻浓差极化的不利影响，可以采取提高料液通量、薄层流动、降低操作压力、提高温度等措施以降低流动边界层的厚度。如图 6-9 所示，充分湍流下，浓差极化得到有效控制，表观截留率接近于膜的真实截留率。

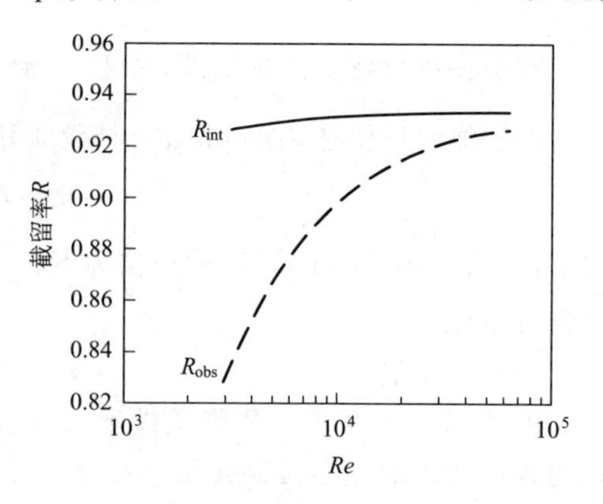

图 6-9　膜的真实截留率与表观截留率

设有一个连续操作的反渗透过程，进料液流量为 V_0，盐浓度为 c_0；渗透液流量为 V_P，盐浓度为 c_P；未透过膜的浓缩液流量为 V_R，盐浓度为 c_R。根据物料衡算可得

$$V_0=V_P+V_R \tag{6-23}$$

$$V_0c_0=V_Pc_P+V_Rc_R \tag{6-24}$$

反渗透的操作指标，常用以下两项表述：

① 脱盐率。根据原料与产品的浓度来定义脱盐率

$$R_P=1-c_P/c_0 \tag{6-25}$$

脱盐率与膜的真实截留能力和极化比有关，也与水回收率有关。

② 水回收率。水回收率的提高可降低能耗，节省原水的预处理成本。结合总物料衡算和盐物料衡算关系，可得水回收率与渗透液、浓缩液中盐浓度的关系

$$\eta=V_P/V_0=(c_R-c_0)/(c_R-c_P) \tag{6-26}$$

为了提高水回收率，须适当提高浓缩液浓度。盐浓度过高，反渗透的有效压差和渗透液（淡水）的采收通量将下降很多，渗透液中盐浓度提高。设置过高的水回收率，还可能由于浓差极化使得膜面上盐浓度达到饱和而沉淀。综合考虑原水预处理成本、膜设备和操作成本，水回收率有一个较优范围。海水脱盐的反渗透操作，水回收率一般为25％～35％。

6.3.3 反渗透的应用

(1) 反渗透的操作流程

考虑到膜污染的控制，为保持长期稳定运行，必须对原水进行一系列预处理，充分预净化后才能进入反渗透膜组件。原水化学成分复杂时，预处理包括：混凝、絮凝、过滤、加氯、光氧化、脱氯、吸附等（见图 6-10）。吸附用于脱除原水中微量有机物和残留于水中的原子态氯。醋酸纤维反渗透膜对原子态氯有一定的耐受力。通过界面聚合制备的复合反渗透膜，对盐的截留率达 0.995 以上，但这种膜对原子态氯比较敏感，吸附脱氯有利于保护膜的性能。

膜分离过程绝大部分以错流方式操作，料液停留时间短，单个膜组件的浓缩效率有限。大流量进料时，单个膜组件的过滤面积是有限的。制定反渗透工艺流程时，应根据对溶液分离的质量要求，对若干单个膜组件以适当方式(并联或串联) 进行组合。

常用的反渗透操作流程有分批循环、连续循环、连续直通、连续渐缩等操作方式，可以根据盐水中盐含量高低、淡水纯度等级和各等级产品流量的具体情况，灵活地选用和组合。

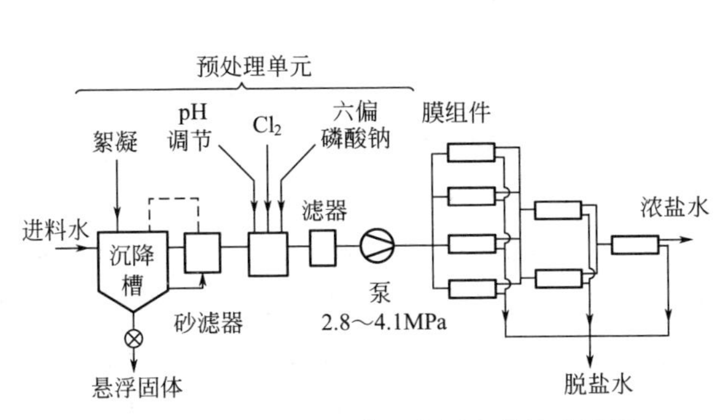

图 6-10 反渗透过程典型的原水预处理过程

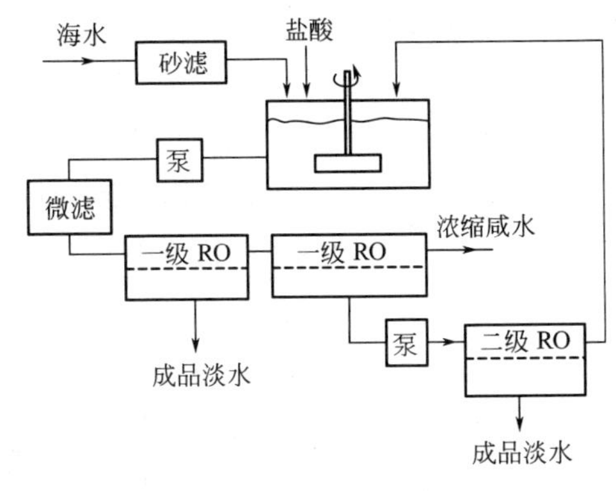

图 6-11 海水淡化流程

如图 6-11 所示为海水淡化流程，海水经沉降、砂滤后进储槽，再加氯灭菌、加硫酸铝使胶体絮凝沉淀，再经砂滤后加酸调节 pH 至 6。经泵加压后，先通过微滤，拦截原水中可能的残留固形物。反渗透过程分两级，第一级前段膜组件已可得到合格淡水，第一级后段膜组件的渗透液含盐量偏高，须经第二级渗透以获得合格淡水。第二级反渗透的透过液中盐含量低于 250ppm（1ppm＝1μg/g），也达到饮用水要求。二级反渗透浓缩液含盐约 1%，低于海水含盐量，作为合格原水返回第一级反渗透，以提高整个过程淡水的采收率。

大型的反渗透装置，如市政大规模淡水工程，处理规模可达每天 275000m^3，总的加压能耗是很大的。为提高过程经济性，可通过水力涡轮回收浓缩液的压力能以降低总能耗。

(2) 反渗透的工程应用

反渗透广泛用在海水/苦咸水淡化、纯水制备、水处理、水溶液浓缩等方面。

① 海水和苦咸水淡化：反渗透已经成为主流的淡化技术，海水经一次反渗透脱盐已可达到饮用水标准（盐浓度低于 250ppm）。

② 医药、电子等行业用水的前期制备：电子工业需要的超纯水中，总盐量低于 1ppb（1ppb＝1ng/g）。采用反渗透制备初级纯水作为原料，再与超滤、离子交换等单元组合，可制备电子工业等所用的高纯度水。

③ 纯净水、锅炉补给水、工艺用除盐软水等的制备。

④ 过程工业中各种工艺物料的浓缩、分离、提纯：用反渗透法浓缩果汁，常温下操作，能耗低，不会发生热敏性物质的破坏，能保持原有风味。

⑤ 造纸、电镀、印染等行业用水及市政废水处理：以电镀废水治理为例，零件经电镀后，经漂洗去除电镀液。漂洗水中含有电镀金属离子和 CN^- 离子。用反渗透处理漂洗废水，能充分拦截金属离子和 CN^- 离子，浓缩液返回电镀槽，节省了电镀试剂的消耗和废水处理的负荷。

其中，用途①、②、③是以渗透液为产品，即制备各种品质的水。用途④是以浓缩液为产品。用途⑤中，渗透液和浓缩液都作为产品，渗透液（回收水）返回系统循环使用，而浓缩液也便于回收和利用其中有价值成分。

6.4 超滤

6.4.1 超滤原理

超滤膜皮层有明显的孔道结构（表面活性层孔径为 2～20nm），利用膜的机械筛分性能，可以截留溶液中的大分子溶质，使这些大分子溶质与溶剂和小分子溶质分离。被超滤膜截留的组分，分子量为1000～1000000Da。

超滤分离的概念，最初产生于20世纪20年代。1963年，Amicon公司的Michaelis等人在Leob制备第一张不对称反渗透膜工作的启发下，成功地制备了不对称醋酸纤维超滤膜，大大提高了超滤膜的处理通量，推动了超滤加速走向实用。

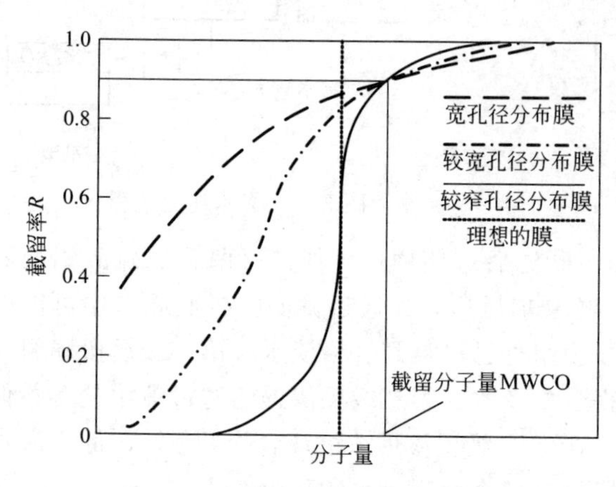

图6-12 超滤膜不同孔径分布对应的截留曲线形态

截留率是衡量超滤膜分离选择性的重要指标。对于连续超滤过程，其定义式如式(6-2)所示。由于超滤膜存在孔径分布，截留曲线为S形曲线。孔径均匀时，曲线形状陡峭，称为锐分割（图6-12中实线）；孔径分布很宽时，曲线变得平缓，称为钝分割。理想的锐分割难以实现，膜在截留率为0.9和0.1时的分子量相差5～10倍，就已经可认为是性能良好的超滤膜。

超滤膜截留蛋白质的分子量、分子直径和截留率的对照关系，如图6-13所示。

由图6-13可见，随着蛋白质分子直径的微小变化，对应分子量会有较大变化。超滤膜的分离皮层中存在孔径分布，且微孔形状不规则，孔径分布的微小变化，将能造成截留能力的显著变化。用孔径指标很难判断超滤膜的分离能力，膜的孔径一般用截留分子量MWCO来间接表达。

截留曲线的两端变化平缓且不易测准。商品超滤膜截留分子量从1000～1000000Da划分为若干等级，使用者需要根据具体的分离对象，选用合适标号的超滤膜。

用已知分子量的基准试验物的缓冲液进行超滤实验，测得超滤膜相应的截留率，可得截留曲线。基准物选用球形分子，常用基准物有葡萄糖、杆菌肽、细胞色素C、肌红蛋白、胃蛋白酶、γ-球蛋白等。

超滤膜标定时，需要以不同分子量的蛋白质为实验原料。为了节省测试费用，采用间歇

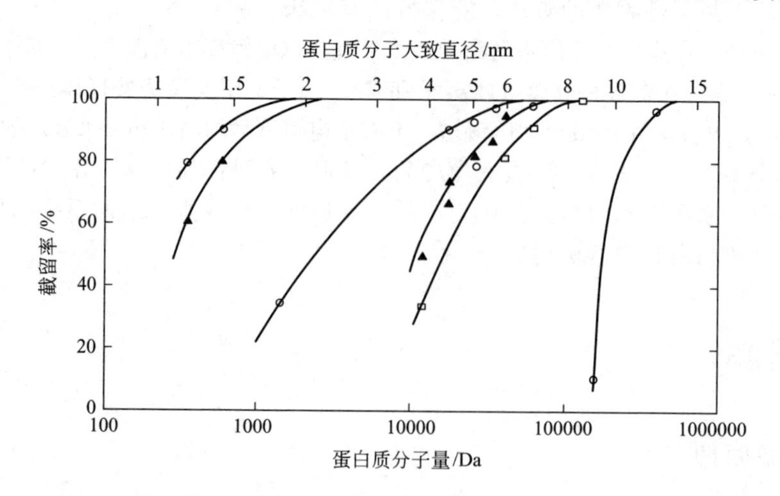

图6-13 超滤膜截留蛋白质的分子量、分子直径和截留率的对照关系

超滤测定截留率较为方便。间歇实验中，c_0和c_t分别为料液侧某一溶质的初始浓度和超滤进行到t时刻的浓度，V_0和V_t分别为料液初始体积和超滤进行到t时刻的料液体积，对应于该溶质的截留率可用下式计算

$$R=\ln(c_t/c_0)/\ln(V_0/V_t) \tag{6-27}$$

6.4.2 超滤过程分析

超滤过程为多孔膜的加压过滤，膜阻力比反渗透小得多，可以得到较高的透过通量。如果条件控制不当，可能产生比较严重的浓差极化。

根据浓差极化方程［式(6-9)］，可得

$$\frac{c_m-c_P}{c_B-c_P}=\exp\left(\frac{J_V\delta}{D}\right)$$

层流边界层中，大分子在水溶液中的扩散系数比小分子溶质低1～2个数量级，因而浓差极化的影响更为严重。蛋白质溶液超滤时，随着通量J_V增加，浓差极化发展较快，使得膜面上溶质浓度c_m达到饱和（对于蛋白质，为胶凝浓度c_g），而析出凝胶层，形成膜污染。此时，再继续增加压差，也不会提高实际通量，而是迫使更多的溶质沉淀析出，膜面上胶凝层变得更厚，以抵抗压力的增加。

对大分子溶液进行超滤时，膜表面上的溶质浓度c_m可以达到料液主体浓度c_B的20～50倍，凝胶层的形成很容易发生。超滤操作条件的选择十分重要，图6-14所示为不同压力下超滤过程的通量变化。显然，不能一味依靠增加进料压力来提高超滤的透过通量，尤其是高进料浓度下。

超滤有分批操作和连续操作两类操作流程。分批操作适用于规模较小的场合。连续操作是采用直通流程，料液用泵增压后流经一系列膜组件，不断分出渗滤液，待浓缩到指定浓度后减压离去。为了达到稀溶液浓缩的效果，同时有效地控制浓差极化，料液必须以高速流经膜表面，并通过浓缩液的连续循环，强化膜面的湍动。

6.4.3 超滤的应用

超滤自问世以来，已逐渐发展成重要的工业分离单元技术，广泛用于各种含小分子可溶性溶质和高分子物质（如蛋白质、酶、病毒）等溶液的浓缩、分离、提纯和净化。酶和蛋白质等活性大分子产物的分离，操作条件要温和，温度、环境介质的化学成分、pH值、剪切条件等都不应偏离生命体条件过远，以减少由于极端的分离条件导致的大分子活性丧失。超滤在常温下进行，不引入额外的化学试剂，因而成为生物分离纯化的重要手段。

超滤过程比较容易发生膜污染和严重的浓差极化，超滤膜组件一般不选用中空纤维膜。料液有充分预处理时，偶尔也采用毛细管膜组件，一般情况下，卷式、平板式或管式膜组件，是可行的选项。超滤处理的大多为蛋白质、糖类等物质料液，需要周期性地清洗以维护膜的通量和选择性。洗涤可用洗涤剂清洗，也可用加酶剂、螯合剂等，以提高清洗效果。

(1) 水的净化

① 电子工业高纯水的制备：电子芯片等产品制造中要用高纯水清洗，要求高纯水不能

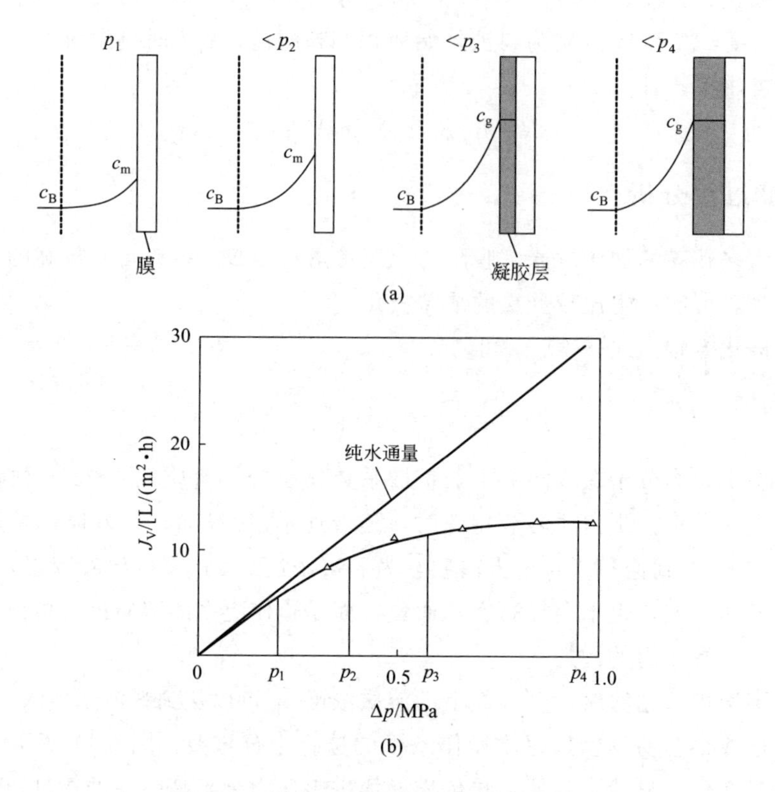

图 6-14 超滤过程的通量变化与操作压力

含尘埃，电阻率高于 10MΩ/cm。高纯水的制备，一般经过活性炭吸附、微滤，除去游离氯、有机物和大分子悬浮物，再经过反渗透制成初级纯水，然后通过混合床离子交换深度脱盐，用超滤作最终处理，滤除一切残存悬浮物。

② 医药工业中，超滤用于制剂水的除菌和除热原。

③ 工业用水的净化、饮用水的净化。

(2) 食品工业

① 乳品生产：乳品的浓缩、乳清中蛋白与水的分离。食品加工业中产生的乳清、大豆乳清中含有水溶性蛋白，含量低（从千分之几到 2%），传统方法提浓经济上不合算，直接排放又造成环境污染。通过超滤，可经济地回收这些蛋白质。如牛乳制乳酪余下的乳清，用 MWCO 10000～20000Da 的超滤膜在 50℃下浓缩，浓缩液经喷雾干燥后制成蛋白粉，既回收了营养成分，又减轻废水治理负荷。

② 果汁和酒等的生产：超滤拦截去除有色蛋白、多糖及胶体，可制得澄清的果汁和酒。

(3) 医药与生物化工

酶和蛋白质等活性大分子的生产中，超滤操作条件温和，不易使生物大分子失活，被用于分离提取过程的各个阶段，如大分子稀溶液的浓缩、脱盐，以及分子量相差较大的不同大分子之间的分级。

(4) 环保过程中用于各种工业废水的处理

① 汽车制造中电泳漆料清洗用水的处理：汽车的喷涂广泛使用电泳漆料，它由树脂微

粒和颜料、助溶添加剂配制而成。电泳涂装时，工件作阳极，树脂微粒带着颜料一起沉积在工件表面。涂装后工件需水洗去黏附而未电沉积的漆料，清洗中产生大量含漆料污水。用超滤处理清洗废水，拦截回收其中的微细漆料，用于重新配制电泳漆料。渗透液还可用作漂洗液，起到降低成本、防止污染的作用。

② 含油废水的处理。

③ 合成纤维生产中退浆液中聚乙烯醇的回收。

6.5 气体渗透

6.5.1 气体渗透原理

1979年，美国Monsanto公司最早将中空纤维聚砜膜用于气体混合物中N_2/H_2的分离，开启了全新机理的混合气体渗透分离技术。

气体渗透采用的膜为致密膜或多孔膜，其分离选择性在于各组分渗透通过膜速率的快慢。进料气一侧为高压，优先透过的组分收集在低压一侧，为渗透气；透过慢的组分在高压侧富集，以渗余气形式离开。气体渗透既无相变，又不用加入质量分离剂，是一种节能的分离方法。气体渗透膜按材料可分为无机膜和有机膜。无机膜可用于高温下气体混合物的分离，但目前其选择性仍小于有机高分子材料制备的致密膜。本节仅讨论致密膜。

6.5.2 气体渗透过程分析

高分子材料的气体渗透膜，表面皮层为致密结构。气体组分透过膜的机理是通过溶解-扩散穿过膜（见图6-15）：①高压侧混合物中易渗透组分溶解、被吸收进入膜表面；②溶解组分从高压侧通过分子扩散传递到低压侧；③在低压侧膜表面，渗透组分解吸释放。

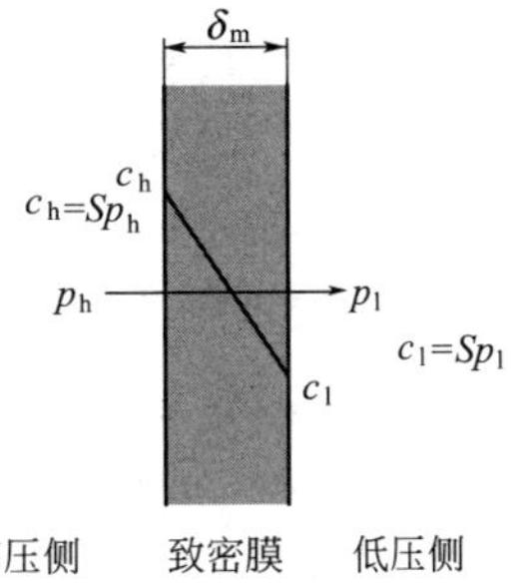

以下按气体渗透的几个步骤进行分析。

① 气体在膜内的稳态扩散，可用Fick定律表达。单组分气体通量为

$$J_G = D(c_h - c_l)/\delta_m \tag{6-28}$$

式中，J_G为气体通量；D为扩散系数；c_h为高压侧膜面处气体浓度；c_l为低压侧膜面处气体浓度；δ_m为膜厚度。

δ_m
c_h
$c_h=Sp_h$
p_h
p_l
$c_l=Sp_l$
c_l
高压侧 致密膜 低压侧

图6-15 单组分透过气体渗透膜的传质过程

② 气体在膜材料中的溶解度符合Henry定律，溶解度系数为S。设单组分在高压侧和低压侧的分压分别为p_h和p_l，气体渗透速率较慢，则$c_h = Sp_h$，$c_l = Sp_l$

所以有

$$J_G = DS(p_h - p_l)/\delta_m = P_M(p_h - p_l)/\delta_m \tag{6-29}$$

组分在膜中的渗透系数取决于组分在膜中的溶解度和扩散系数，即

$$P_M = SD \tag{6-30}$$

式中，P_M为渗透系数（Permeability）；S为溶解度系数。

对于实际气体混合物的渗透分离，各组分在膜材料中的溶解和扩散，可能存在着相互抑制或促进的复杂关系。但一般认为，对于气体渗透分离，各组分渗透速率对气体组成变化不敏感。忽略混合气体中各组分的相互作用，各组分透过通量为

$$J_{G,i}=P_{M,i}(p_{h,i}-p_{l,i})/\delta_m \tag{6-31}$$

式中，$J_{G,i}$为组分i的通量；$P_{M,i}$为组分i的渗透系数；$p_{h,i}$为高压侧组分i的分压；$p_{l,i}$为低压侧组分i的分压。

对于双组分混合气体，易渗组分A在高压侧的摩尔分数为x，在低压侧为y。组分A在膜两侧分压各为$p_h x$、$p_l y$，组分B分压各为$p_h(1-x)$、$p_l(1-y)$。一次渗透能达到的分离因数为

$$\alpha=\frac{y/x}{(1-y)/(1-x)}=\frac{P_{MA}}{P_{MB}}\times\frac{(1-x)(1-y)}{[(1-x)(1-y)+\gamma(P_{MA}/P_{MB}-1)]} \tag{6-32}$$

高压下操作时，压力比$\gamma=p_l/p_h\rightarrow 0$，分离因数趋近于最大值（$P_{MA}/P_{MB}$）。

单级气体渗透操作很难达到清晰分割，为达到高效分离，须将若干膜组件按照精馏级联、提馏级联等方式级联起来，在保证回收率的前提下提高易渗组分、难渗组分的纯度。工业装置是用多组膜组件以并联、串联、混联等方式组成，组合形式取决于装置的处理量、膜组件的处理能力和组分的回收率要求。

6.5.3 气体渗透的应用

① 从工业尾气（废气）中回收氢。如合成氨废气中，含氢气63%、氮气21%、氨气2%，其余为氩、甲烷等惰性气体。脱氨后废气进入气体渗透器，渗透气中氢气含量89%、氮气6%，氢气的回收率约90%。膜分离回收氢气是气体渗透膜应用最多、最成熟的领域。

② 从天然气中回收氦气。天然气经预处理后，进入气体渗透膜组件。两级渗透后，渗透气相中氦气含量由进料气中的5.7%提高至82.5%，氦气回收率约62%。

③ 富氧空气的制备。氧气用于医疗、锅炉和工业窑炉的燃烧节能等方面。利用选择性气体渗透膜制备富氧空气，操作简便。聚砜多孔膜覆盖二甲基硅氧烷的涂层，对氧的透过选择性较好，0.6MPa、40～50℃下，空气经一次渗透，就能得到含氧34%的富氧空气。

④ 富氮空气的制备。富氮空气作为廉价的惰性气体，可用于油井、化工装置保护、蔬菜和果品保鲜等。

⑤ 天然气的纯化。有些气井产出的天然气中惰性成分如CO_2等较多，降低了天然气的品级。某天然气中含二氧化碳10%，用气体渗透法纯化，膜材料为醋酸纤维素，分离选择性$\alpha_{CO_2/CH_4}=15$。单级渗余气中CO_2含量降低至2%以下，渗透气中CO_2含量为42%，可以作为一般燃料或火炬烧掉。

6.6 渗透蒸发

6.6.1 渗透蒸发原理

渗透蒸发根据溶质透过膜的速度不同，使液体混合物得到分离。如图6-16所示，以高选择性的均质膜或复合膜为依据，膜一侧通入料液，另一侧抽真空或通入惰性气体。在分压差作用下，料液中溶质溶于膜，扩散通过膜，在透过侧发生蒸发，蒸发的溶质被膜装置外设置的冷凝器冷凝回收。混合溶液中不同组分在膜中的溶解、扩散能力的差异，决定了某些组分的有选择性的优先渗透。

物质穿过渗透蒸发膜的迁移步骤包括：①液体混合与膜接触，某些组分溶入膜表面。

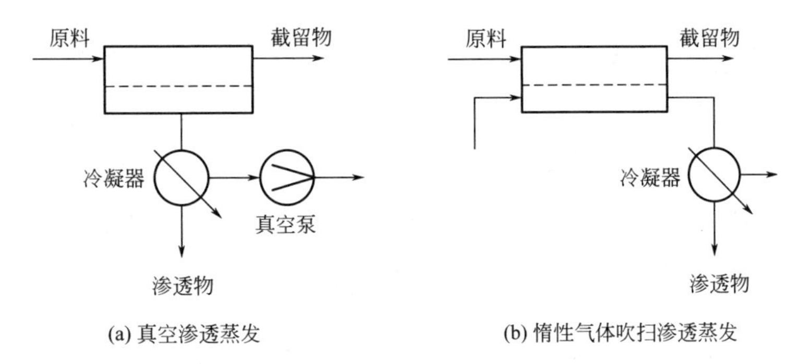

(a) 真空渗透蒸发　　(b) 惰性气体吹扫渗透蒸发

图 6-16 渗透蒸发原理

②溶入的组分扩散透过膜。③到达膜另一侧表面的组分发生气化而离开。渗透蒸发中，组分的透过通量低，而低压侧蒸发速率通常很高，渗透蒸发的速率控制因素是液体在膜内的扩散速率。基于溶解扩散模型，根据组分透过膜的迁移过程（见图 6-17），组分 i 的渗透通量为

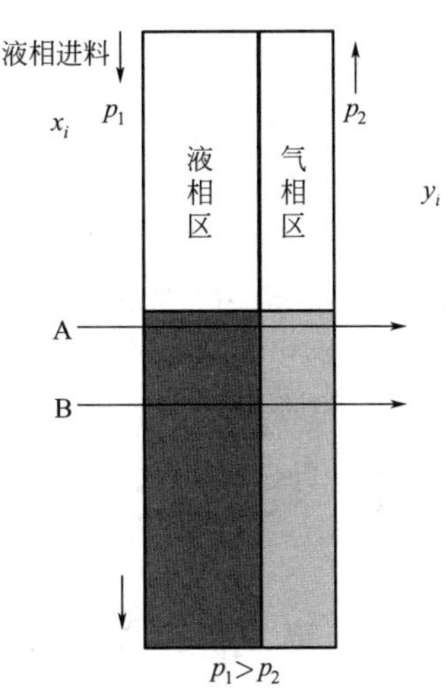

图 6-17 渗透蒸发的通量和分离因子

$$J_i=\frac{P_{M,i}}{l_m}(\gamma_i x_i p_i^s - y_i p_2) \tag{6-33}$$

式中，$P_{M,i}$ 为组分 i 的渗透系数；l_m 为膜厚；γ_i 和 x_i 分别为料液侧组分 i 的活度系数和摩尔分数；p_i^s 为料液温度下纯组分 i 的蒸气压；p_2 为膜下游侧的总压；y_i 为膜下游气相中组分 i 的摩尔分数。

P_M不仅取决于渗透组分、聚合物物性和温度，还受到聚合物中渗透成分浓度的影响（高浓度的溶剂可能导致聚合物溶胀和膜的通透性能改变）。

渗透蒸发过程特点突出，主要体现在：①膜与溶质相互作用决定溶质的渗透速度，适当的膜材料是获得高选择性的前提。②发生有选择性的相变，需提供的热量较低。③不存在蒸馏法中共沸点的限制，适用于近沸或恒沸体系。

膜材料对于渗透蒸发分离的选择性高低有决定性作用。从技术经济性的角度来看，膜材料应使液体混合物中含量较低的组分优先透过。如图 6-18 所示，渗透蒸发分离丙酮-水溶液，如果丙酮浓度很低，渗透蒸发膜材料可选择硅橡胶，对丙酮优先透过；如果水的浓度很低，膜材料则应该选择聚乙烯醇（PVA）等亲水性的材料，对水优先透过。

6.6.2 渗透蒸发的应用

渗透蒸发是一项很有前途的分离技术，通过与各种传统分离技术相互耦合，能极大地提高化工过程的经济性。渗透蒸发利用各溶质透过膜速率的差异实现分离，特别适用于共沸物和组分间挥发度相差较小的溶液体系。20 世纪 80 年代以后，渗透蒸发开始产业化，适用场合包括：①从有机溶剂中脱除微量水分；②从水中回收微量有机物；③对有机物异构体混合物进行分离。

以渗透蒸发和精馏结合制备无水乙醇为例，常规的精馏操作，由于存在乙醇-水二元恒沸，常压下只能得到 96%（质量分数）乙醇，选择亲水性膜材料进行渗透蒸发，让水优先透过膜，由渗余液可以得到无水乙醇。渗透蒸发法由恒沸混合物生产 99.8%无水乙醇已实

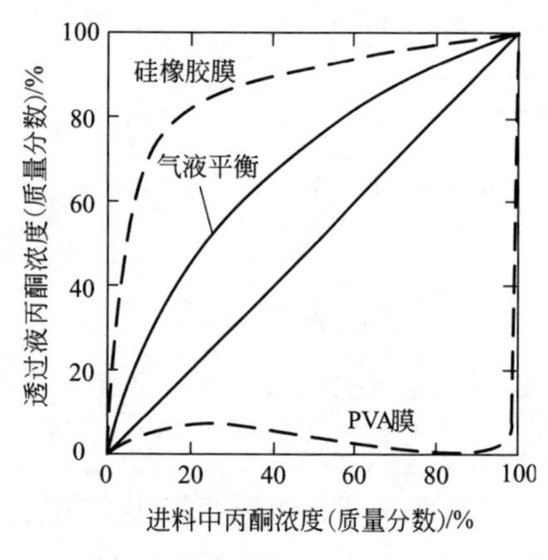

图 6-18 渗透蒸发膜材料的选择

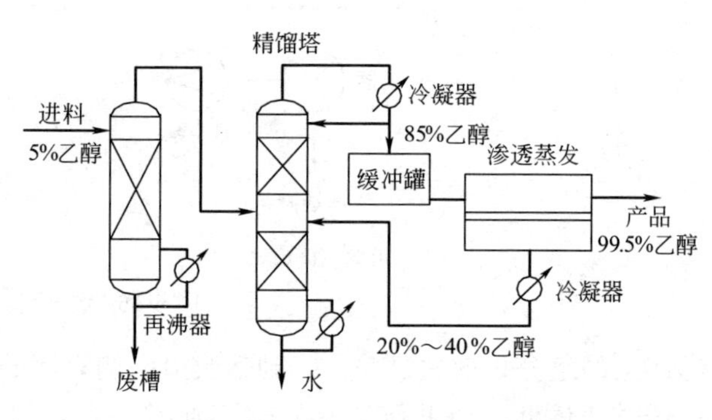

图 6-19 渗透蒸发制备无水乙醇

现工业化，能耗为恒沸精馏的 30%～40%，每制备 1kg 无水乙醇，只消耗 0.5kg 蒸汽（见图 6-19）。

渗透蒸发还可以脱除水中含有的微量或少量有机物，用于环保、有机物或溶剂的回收，或脱除有机物中的少量水分。随着膜材料的不断进步，渗透蒸发膜性能提高，渗透蒸发将能够解决更多类似的分离问题。

6.7 电渗析

6.7.1 电渗析原理和设备

(1) 电渗析设备

电渗析是在直流电场作用下进行的离子渗析。在电位差的推动下，溶液中阳离子向阴极迁移，阴离子向阳极迁移，结合适当配置的阳离子交换膜和阴离子交换膜，就可以实现溶液脱盐、浓缩、脱酸或脱碱、盐溶液的水解等。

一般的电渗析过程，其操作原理如图 6-2 所示，通入电渗析器的电解质溶液，在淡化室中发生电解质脱除，在浓缩室中得到比进料更浓的电解质溶液。为降低电渗析分离的电耗和设备费用，电渗析器为多隔室结构。

电渗析器的主体部分膜组件，由大量的离子交换膜和隔板按一定的格式相间叠加而成(如图 6-20 所示)。电渗析器包括膜堆、极区和夹紧装置三部分。膜堆位于电渗析器的中部，由阳膜、浓（或淡）水室隔板、阴膜、淡（浓）水室隔板交替排列成浓水室和淡水室。极区位于膜堆两侧，包括电极、极水框和保护室，其作用是给电渗析器供直流电，将原水导入膜堆的配水孔，将淡水和浓水排出电渗析器，并通入和排出极水。

隔板位于各张阴、阳膜之间，使膜面间不重叠，形成流水通道，在物理空间上构成浓、淡液隔室。有的隔板在流水道中粘有隔板网，促进流体湍动，减小边界层厚度和浓差极化。

电渗析器的两侧引入直流电源，紧靠电极的隔室（极室）中发生电极反应，极水呈酸性或碱性。电极材质要求导电性能好、过电压低、化学稳定性好等，常采用的材质有石墨、钛丝涂钌或钛丝涂铂等。

(2) 离子交换膜

离子交换膜由高分子材料制成。高分子链包含两部分：一部分是多价的高分子基体，构

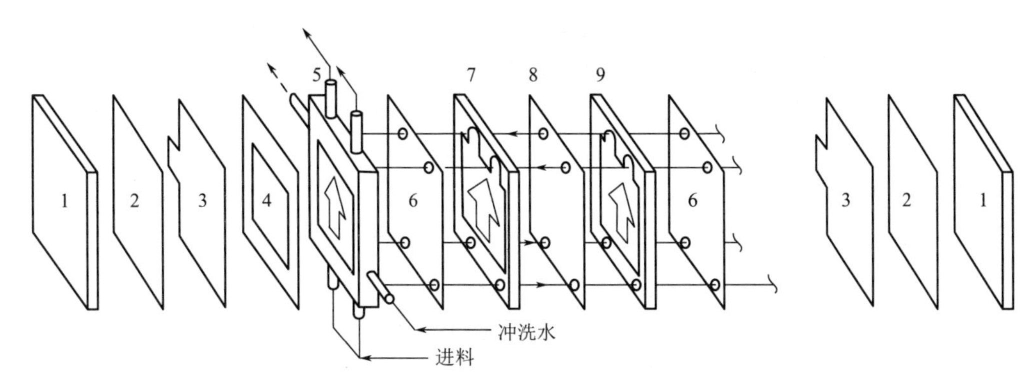

图 6-20　电渗析器的基本结构形式

1—压紧板；2—垫板；3—电极；4—垫圈；5—导水、极水板；
6—阳膜；7—淡水隔板；8—阴膜；9—浓水隔板

成固定的惰性骨架，不溶解于水，保证了膜的化学稳定；另一部分是可解离的活性离子（固定离子），分布在高分子骨架中，可与溶液发生离子交换。液相中，与固定离子相反电荷的反离子受固定离子的吸引，与固定离子相同电荷的离子受到排斥。

离子交换树脂膜中，阳膜的固定离子常用负离子基团（如磺酸根—SO_3^-）和树脂骨架上的烃链相连接，再和与该负离子基团等价的正离子如钠、钾、钙、镁以及氢离子等结合。膜内微孔的平均直径范围在 1～10nm。阴膜的固定离子常用正离子基团，如季铵—N^+R_3，该基团水合后形成含有可解离的 OH^- 化合物，膜带正电，吸引阴离子并使其通过。

(3) 电渗析中的化学反应

电渗析操作中，驱动离子的定向迁移需要消耗电能。通过电能转化为化学能，实现电解质溶液的分离。以 NaCl 溶液电渗析为例，直流电场中，阳极反应如下

$$2Cl^- - 2e^- = Cl_2\uparrow$$

$$Cl_2 + H_2O = HCl + HClO$$

当电流密度过大时，阳极室发生水的电解

$$H_2O \rightleftharpoons OH^- + H^+$$

$$2OH^- - 2e^- = \frac{1}{2}O_2\uparrow + H_2O$$

阴极反应如下

$$2H_2O + 2e^- \longrightarrow H_2\uparrow + 2OH^-$$

$$Na^+ + OH^- = NaOH$$

阳极附近的极室液相呈酸性，阴极附近的极室液相呈碱性。消耗的电能，除了转化为化学能外，还有部分用于克服电阻。优良的离子交换膜，应该有良好的化学稳定性，能耐受酸碱环境的侵蚀和一定程度的温升。

(4) 电渗析的浓差极化

电渗析中同样存在现象，只是其表现形态与压力下的膜分离过程有所不同。

图 6-21 所示为 NaCl 溶液电渗析中阴离子交换膜两侧的 Cl^- 浓度分布。图 6-21(a) 中，阴膜左侧的边界层内，溶液中 Cl^- 迁移速率赶不上膜内 Cl^- 迁移速率，边界层内 Cl^- 浓度显著下降，低于溶液主体，膜面上 Cl^- 浓度最低，浓度梯度导致 Cl^- 从溶液主体向阴膜的扩散。形成稳定浓度分布时，由浓度扩散传递的 Cl^- 量，可弥补阴膜内 Cl^- 电迁移通量与溶液

中 Cl^- 电迁移通量间的差额。继续增加电渗析的操作强度，即电流密度 i，浓差极化会趋于严重，左侧膜面上 Cl^- 浓度继续下降。电流密度趋近极限 i_{lim} 时，左侧膜面上 Cl^- 会下降至很低水平，$c_0 \rightarrow 0$ [见图 6-21(b)]。此时，会发生水的解离，产生的 H^+ 和 OH^- 来承载电流的传输，水的电解消耗了额外的电能，这是正常电渗析操作所不希望的。

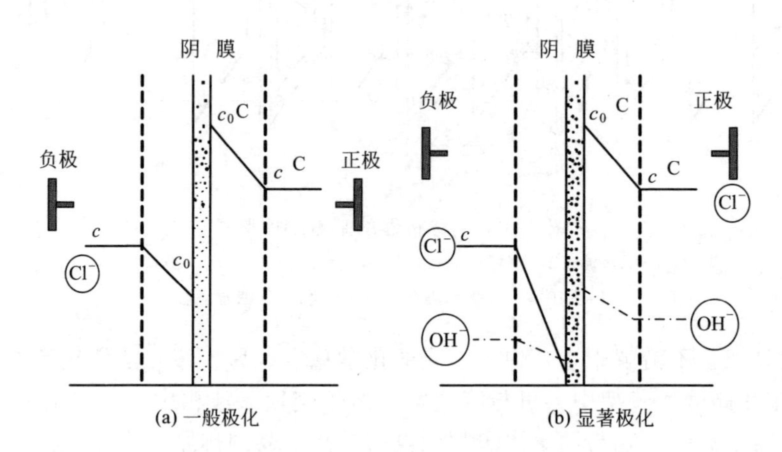

图 6-21 电渗析正常运转时的阴膜两侧浓差极化

为减轻浓差极化，操作时电流密度不能过高。电渗析正常电流密度可取 $i \approx 0.8 i_{lim}$。提高温度、加快流速、适当减薄隔板的厚度，一定程度上可以提高电渗析器性能。

6.7.2 电渗析的应用

作为一种成熟的膜分离技术，电渗析的工业应用主要是小分子电解质的分离和各种溶液的脱盐，如对海水、苦咸水的淡化，制成生活用水。其脱盐效率不足以与高截留率的反渗透相比，成本上也不占优势，但电渗析是利用直流电场推动电解质的浓缩或分离，有其独特性。电渗析膜组件的耐污染性要强于反渗透，在不便于对原料液作过多预处理而难以用反渗透方法的脱盐、脱电解质场合，仍然适合采用电渗析。

与传统分离单元相比，膜分离过程工艺条件温和、操作容易、能耗低、通用性强、适用物系范围广，在化工、生物、医药、环境治理等领域的应用处于不断扩展中。随着膜材料性能的提高、膜的制备技术和工程应用经验日趋成熟，各类膜分离单元还将在适用的场合继续取代传统分离手段，改变未来工业分离技术的面貌。

思考题

6-1 相对于常规分离操作，膜分离过程的特点是什么？

6-2 截留率的概念是如何定义的？

6-3 膜分离过程为什么产生浓差极化？怎样定量表达浓差极化？有何后果？

6-4 膜污染是如何发生的？如何减少膜污染？

6-5 从分离原理、膜结构、膜材料、应用对象等角度，全面分析比较微滤、超滤和纳滤的共性和差异。

6-6 试调研国内纯净水生产的主要分离技术是什么，该技术除去了原水中哪些物质？

6-7 高浓度下操作的超滤过程，可否依靠增加进料压力来提高透过通量？

6-8　电渗析的膜有什么特点？其作用原理是什么？

习题

6-1　用反渗透过程处理溶质浓度为 3%（质量分数）的溶液，渗透液含溶质 150ppm。计算截留率 R 和分离因子 α，并分析这种情况下哪一个参数更适用。

6-2　用气体渗透膜分离空气（氧 20%，氮 80%），渗透气中氧浓度为 75%。计算该膜的截留率 R 和分离因子 α。

6-3　试计算 25℃时以下三个体系的渗透压：3%（质量分数）NaCl 水溶液（NaCl 分子量 58.45），3%（质量分数）白蛋白水溶液（白蛋白分子量 68000）和固体含量为 30g/L 的悬浮液（其颗粒质量为 $1\text{ng}=10^{-9}\text{g}$）。

6-4　中空纤维式的 RO 膜组件，用纯水标定时，水渗透系数为 $L_P=1.8\times10^{-8}\text{m}/(\text{s}\cdot\text{bar})$，膜纤维管的外直径为 0.1mm。根据制造商提供的资料，以含 3%（质量分数）NaCl 的海水为原料，在 6.0MPa 和 298K 下，该膜组件的通量为 $5\text{m}^3/\text{d}$。（注：$1\text{bar}=10^5\text{Pa}$）

试估计：（1）该膜组件的过滤面积为多少？（2）设膜管长度为 1m，膜组件中有多少根纤维管？

6-5　用某型号超滤膜对水溶液进行超滤浓缩。

（1）连续操作实验，进料为浓度 0.51%（质量/体积）牛血清白蛋白（BSA，分子量 68000Da）溶液，透过液中牛血清白蛋白浓度为 0.059%（质量/体积）。求超滤膜对牛血清白蛋白的截留率 R_{BSA}。

（2）间歇操作实验，初始进料为浓度 0.30%（质量/体积）肌红蛋白（MYO，分子量 17699Da）溶液，体积为 600mL。超滤操作一段时间后，进料侧浓度为 0.39%（质量/体积），料液侧溶液体积为 350mL。求超滤膜对肌红蛋白的截留率 R_{MYO}。

参 考 文 献

[1]　陈欢林．新型分离技术 [M]．第 2 版．北京：化学工业出版社，2013.

[2]　Meares P. Membrane separation process [M]. New York: Elsevier Scientific Pub. Com., 1976.

[3]　Sourirajan S. Reverse osmosis [M]. London: Logos Press, 1971.

[4]　Cimini A, Moresi M. Pale lager clarification using novel ceramic hollow-fiber membranes and CO_2 backflush program [J]. Food and Bioprocess Technology, 2015, 8 (11): 2212-2220.

[5]　Thiess H, Leuthold M, Grummert U, et al. Module design for ultrafiltration in biotechnology: Hydraulic analysis and statistical modeling [J]. Journal of Membrane Science, 2017, 540: 440-453.

[6]　Gotoh T, Iguchi H, Kikuchi K. Separation of glutathione and its related amino acids by nanofiltration [J]. Biochemical Engineering Journal, 2004, 19 (2): 165-170.

[7]　Reid C E, Breton E J. Water and ion flow across cellulosic membranes [J]. Journal of Applied Polymer Science, 1959, 1: 133-143.

[8]　Nagar H, Vadthya P, Prasad N S, et al. Air separation by facilitated transport of oxygen through a Pebax membrane incorporated with a cobalt complex [J]. RSC Advances, 2015, 5 (93): 7619-7620.

[9]　Silva T L S, Morales-Torres S, Castro-Silva S, et al. An overview on exploration and environmental impact of unconventional gas sources and treatment options for produced water [J]. Journal of Environmental Management, 2017, 200: 511-529.

[10]　Roy A, Dadhich P, Dhara S, et al. Understanding and tuning of polymer surfaces for dialysis applications [J]. Polymers for Advanced Technologies, 2017, 28 (2): 174-187.

[11] Kristensen M B, Bentien A, Tedesco M, et al. Counter-ion transport number and membrane potential in working membrane systems [J]. Journal of Colloid and Interface Science, 2017, 504: 800-813.

[12] Seader J D, Henley E J. Separation process principles [M]. 北京：化学工业出版社，2002.

[13] Petersen R J. Composite reverse osmosis and nanofiltration membranes [J]. Journal of Membrane Science, 1993, 83 (1): 81-150.

[14] 孙彦. 生物分离工程 [M]. 北京：化学工业出版社，2013.

[15] Tutunjian R S. Comprehensive biotechnology [M]. Oxford: Pergamon Press, 1985, 411.

[16] Sourirajan S, Takeshi M. Reverse osmosis transport through capillary pores: the influence of surface forces [J]. Ind Eng Chem Process Des Dev, 1981, 20 (2): 273-280.

[17] Zeman L J, Zydney A L. Microfiltration and ultrafiltrations principles and applications [M]. New York: Marcel Dekker Inc., 1996.

[18] Loeb S. The Loeb-Sourirajan membrane: how it came about [C]. ACS symposium series 153, Washington D C, 1981.

[19] Marriott J, Sorensen E. A general approach to modeling membrane module [J]. Chemical Engineering Science, 2003, 58 (22): 4975-4990.

[20] Drioli E, Criscuoli A, Curcio E. Integrated membrane operations for seawater desalination [J]. Desalination, 2002, 147 (1-3): 77-81.

[21] Merten U. Flow relations in reverse osmosis [J]. Ind Eng Chem Fundamentals, 1963, 2 (3): 229-232.

[22] Applegate L E. Membrane separation processes [J]. Chem Eng, 1984, 91 (12): 64-89.

[23] Schutte C F. The rejection of specific organic compounds by reverse osmosis membranes [J]. Desalination, 2003, 158 (1-3): 285-294.

[24] Drioli E, Romano M. Progress and new perspectives on integrated membrane operations for sustainable industrial growth [J]. Ind Eng Chem Res, 2001, 40 (5): 1277-1300.

[25] Pagidi A, Lukka T Y, Arthanareeswaran G, et al. Polymeric membrane modification using SPEEK and bentonite for ultrafiltration of dairy wastewater [J]. Journal of Applied Polymer Science, 2015, 132 (21): 41651/1-41651/11.

[26] Belov N, Nikiforov R, Starannikova L, et al. A detailed investigation into the gas permeation properties of addition-type poly (5-triethoxysilyl-2-norbornene) [J]. European Polymer Journal, 2017, 93: 602-611.

[27] Van Hecke W, De Wever H. High-flux POMS organophilic pervaporation for ABE recovery applied in fed-batch and continuous set-ups [J]. Journal of Membrane Science, 2017, 540: 321-332.

第7章 浸取

本章要点

- 浸取过程的热力学分析。
- 固-液传质动力学。
- 多级浸取过程的计算。

7.1 概述

浸取（Leaching）即固液萃取（Solid-liquid Extraction），也常称为浸出，是用某种溶剂将固体原料中的有用组分提取到溶液中的单元操作过程。进行该操作的原料绝大部分是溶质与不溶性固体所组成的混合物（如矿石、植物等），所得产物为浸出液（或浸取液），不溶性固体常被称为渣或载体。

浸取早已应用于人们的日常生活中。如人们饮用的茶就是用热水浸取茶叶的浸取液，服用的中药汤剂是把中草药在水中加热浸煮后得到的，而药酒则是药材用酒浸取后的浸取液。

过程工业中，浸取是常用的分离过程之一。湿法冶金中，用浸取过程把矿石中的有用成分与脉石分开。目前，80％以上的锌、15％～20％的铜、几乎所有贵金属和稀土金属元素都是用浸取的方法处理或提取，再经后续的工序制备或加工得到产品。除此以外，非金属元素中的磷、硼等元素的提取中，浸取也占据十分重要的地位。

在食品、医药和化工等工业中，浸取也常作为提取有效成分的手段。例如以天然物质为原料，应用浸取法可得到各种有机物质：用温水从甜菜中提取糖，用有机溶剂从大豆、花生、米糠、玉米、棉籽中提取食用油，用水浸取各种树皮提取丹宁，从植物的根叶中用水或有机溶剂提取各种医药物质，用有机溶剂提取鱼油，从粗毛中回收油脂等。

在复杂的分离流程中，浸取常常是分离过程的第一步，它既可起到把有用物质从固体转到溶液中的作用，又可起到分离作用。浸取操作的步骤一般为：

① 浸取剂与固体物料密切接触，使可溶组分转入液相，成为浸取液；

② 浸取液与不溶固体（残渣）的分离；

③ 用浸取剂洗涤残渣，回收附着在残渣上的可溶组分；

④ 浸取液的提纯与浓缩，取得可溶组分的产品；

⑤ 从残渣中回收有价值的溶剂。

浸取受化学热力学平衡的限制，同时也是一个涉及气液固或固液的多相反应过程。系统处于热量传递、动量传递、质量传递、化学反应动力学等多个物理化学过程的耦合作用当中。因此，实际生产的最终结果同时受热力学和动力学因素的限制。

在矿物加工流程中，浸取操作占据重要的位置。矿石的浸取过程，其原料为一系列成分非常复杂的矿物。大多数矿物中的有价元素是以氧化物、硫化物、硫酸盐、碳酸盐、磷酸盐等化合物形式存在，只有少数元素如金、银、天然铜、硫黄等以单质形态存在。浸取时必须根据矿物的特点选用适当的溶剂和浸取方法。

浸取的方法按浸取剂的不同，可分为水浸取、酸浸取、碱浸取、盐浸取、氯化浸取、细菌浸取等，见表 7-1。根据操作时的温度和压力条件可分为常温浸取、高温浸取、加压浸取等。按浸取工艺分类，可分为原地（原位）浸矿法、就地破碎浸矿法、搅拌浸矿法和堆浸法等。

表 7-1　浸取方法分类

浸取方法	浸取剂
酸浸取	硫酸、盐酸、硝酸、亚硫酸
碱浸取	氢氧化钠、碳酸钠、氨水、硫化钠、氰化钠
盐浸取	氯化铁、硫酸铁、氯化铜、氯化钠
细菌浸取	菌种＋硫酸＋硫酸铁
水浸取	水
氯化浸取	氯气、次氯酸钠

7.2 浸取过程的热力学分析

浸取过程不是一个简单的溶解过程。对于矿石等固体物料的浸取过程来说，要取得满意的浸取收率，必须选择合适的操作条件，而这受到浸取过程的热力学条件限制。此外，浸取过程中杂质也会有一定程度的溶解，浸取只能达到对目的产物和杂质间一定程度的分离。一般情况下，在浸取过程后还要配以其他的分离步骤，才能保证达到所需的分离要求。

浸取可以是一个单纯的物理（溶解）过程，但更普遍地，是一个固液化学反应过程，包括：固体成分与溶液中的反应剂反应，生成可溶于水的化合物进入溶液中；与溶液中的反应剂反应生成溶解度更小的沉淀而被置换（沉淀的交换反应）；通过氧化还原反应生成可溶性离子；其他反应过程。

物理或化学反应平衡是浸取能否进行的判据以及能达到的程度的极限。通过调整浸取条件可以使浸取过程更完全。

浸取过程的热力学分析，对于选择适合的浸取操作条件，以便获得合适的浸取收率和选择性，都是很有必要的。

浸取过程中，浸取溶剂（浸取剂）的选择是很重要的。一般要求构成的浸取体系对应的

标准自由能变化为负值，这是浸取过程能够进行的热力学判据。此时浸取反应在标准态下的平衡常数 K

$$\Delta G^0=-RT\ln K^0 \tag{7-1}$$

可见，当浸取过程的标准自由能变化为负值，且其绝对值越大，则反应平衡常数越大，反应可进行得越完全。

例如，用盐酸浸取钛铁矿，希望溶解钛铁矿中的易溶组分 FeO，留下的主要是 TiO_2

$$FeO\cdot TiO_2(s)+2H^+ +2Cl^- \rightleftharpoons TiO_2(s)+Fe^{2+}+2Cl^- +H_2O \tag{7-2}$$

浸取溶解过程的标准自由能变化为

$$\Delta_f G_m^0=(\Delta_f G_{m,Fe^{2+}}^0+\Delta_f G_{m,TiO_2}^0+\Delta_f G_{m,H_2O}^0)-(\Delta_f G_{m,FeO\cdot TiO_2}^0+2\Delta_f G_{m,H^+}^0) \tag{7-3}$$

式中，$\Delta_f G_{m,Fe^{2+}}^0$、$\Delta_f G_{m,TiO_2}^0$、$\Delta_f G_{m,H_2O}^0$、$\Delta_f G_{m,FeO\cdot TiO_2}^0$、$\Delta_f G_{m,H^+}^0$ 分别为 Fe^{2+}、TiO_2、H_2O、$FeO\cdot TiO_2$和 H^+ 在 25℃时的标准生成自由能。25℃时，浸取反应的标准自由能变化为负值，反应的平衡常数

$$K^0=\frac{c_{FeCl_2}/c^0}{(c_{HCl}/c^0)^2} \tag{7-4}$$

可按式(7-1) 计算 $\Delta G^0=-RT\ln K^0$

25℃时，式(7-2) 对应的平衡常数 $K^0=10^{8.8}$，反应可进行得很完全。

对于沉淀交换反应，还可以用溶度积来计算反应的平衡常数。以氟化物溶液分解白钨矿（$CaWO_4$）为例

$$CaWO_4(s)+2F^- \rightleftharpoons WO_4^{2-}+CaF_2(s) \tag{7-5}$$

此浸取反应的平衡常数为

$$K=\frac{c_{WO_4^{2-}}/c^0}{c_{F^-}^2/(c^0)^2}=\frac{K_{sp1}^0}{K_{sp2}^0}=\frac{2.13\times10^{-9}}{3.45\times10^{-11}}=62 \tag{7-6}$$

式中，K_{sp1}^0和 K_{sp2}^0分别是 $CaWO_4$ 和 CaF_2 的溶度积。生成的固体产物的溶度积愈小，则平衡常数愈大。

如计算得到的 ΔG 为正值，则在此温度下反应不能自动进行。由 Van't Hoff 公式

$$\frac{d\ln K}{dT}=\frac{\Delta H}{RT^2} \tag{7-7}$$

可得出

$$\ln\frac{K_{T_2}}{K_{T_1}}=\frac{\Delta H}{RT}\left(\frac{1}{T_1}-\frac{1}{T_2}\right) \tag{7-8}$$

如果反应为吸热反应，即 ΔH 为正，则温度上升时，K 值也上升，因此提高温度，反应有可能进行。

如 ΔG^0 为正，则在此标准态下反应不能进行。但对于沉淀交换反应，如果加入的浸取剂过量较大，仍可使反应部分进行，例如对下述的反应

$$AB(s)+C(l) = AC(s)+B(l) \tag{7-9}$$

对应的平衡常数为

$$K^0=\frac{c_B/c^0}{c_C/c^0} \tag{7-10}$$

只要加大浸取液中组分 C 的浓度，浸取液中仍可以得到相当量的 B。显然，如产物价格远高于浸取剂的价格时，这样的过程是经济的，如用碳酸盐浸出钒

$$Ca(VO_3)_2 + CO_3^{2-} = CaCO_3 + 2VO_3^- \tag{7-11}$$

可用加大CO_2通入量的方法，增加溶液中CO_3^{2-}的浓度，使得钒被浸取。

7.2.1 浸取过程的标准自由能变化

一般地，在温度T下，浸取过程标准自由能变化ΔG_T^0可由其标准焓变ΔH_T^0和熵变ΔS_T^0求得

$$\Delta G_T^0 = \Delta H_T^0 - T\Delta S_T^0 \tag{7-12}$$

而焓变可以由比热容经验式进行积分计算

$$\int_{T_1}^{T_2} \Delta \overline{c}_p^0(T)\mathrm{d}T = \Delta H_{T_2}^0 - \Delta H_{T_1}^0 \tag{7-13}$$

熵变与温度的关系为

$$\int_{T_1}^{T_2} \Delta \overline{c}_p^0(T)\mathrm{dln}T = \Delta S_{T_2}^0 - \Delta S_{T_1}^0 \tag{7-14}$$

上式中，$\Delta \overline{c}_p^0$是标准摩尔比热容的变化。

$$\Delta \overline{c}_p^0 = \sum_R c_{p,m,i}^0 - \sum_P c_{p,m,i}^0 \tag{7-15}$$

一般取$T_1=298\text{K}$，则由上述各式可以得出

$$\Delta G_T^0 = \Delta G_{298}^0 + \int_{298}^{T} \Delta \overline{c}_p^0(T)\mathrm{d}T - T\int_{298}^{T} \Delta \overline{c}_p^0(T)\mathrm{dln}T - \Delta T\Delta S_{298}^0 \tag{7-16}$$

ΔG_{298}^0和ΔS_{298}^0作为标准热力学数据可以从相关手册中查出：$\Delta T = T - 298$，因此式(7-16)的应用还需要比热容的数据。

对于非离子组分，比热容和温度之间的函数关系为

$$c_p^0 = a + bT + cT^{-2} \tag{7-17}$$

式中，a、b、c各值可由有关手册查出。

对于离子组分的平均比热容，情况要复杂一些。此时，可通过所谓的“离子熵的对应原理”来估计。

7.2.2 离子熵的对应原理

现规定在任何温度下H^+（水相）的离子熵为零，以及298K时，H^+（水相）的绝对熵$S_{298(H^+,\text{绝对})}^0 = -5.0\text{cal}/(\text{K}\cdot\text{mol})$。

这样，其他离子298K时的绝对熵就可由式(7-18)计算

$$S_{298(i,\text{绝对})}^0 = S_{298(i,\text{相对})}^0 - 5.0z \tag{7-18}$$

式中，$S_{298(i,\text{相对})}^0$可从有关的手册中查得；z为离子的电荷，阴离子的z值为负值。经证明，式(7-18)对任何温度T均适用，即

$$S_{T(i,\text{绝对})}^0 = S_{T(i,\text{相对})}^0 + S_{T(H^+,\text{绝对})}^0 z \tag{7-19}$$

由式(7-19)可知，如知道$S_{T(i,\text{相对})}^0$和$S_{T(H^+,\text{绝对})}^0$，就可求出$S_{T(i,\text{绝对})}^0$。

通过对许多实验数据的统计分析发现，在满足对本节中有关H^+离子熵的规定时，可有以下关系

$$S_{T(i,\text{绝对})}^0 = a_T + b_T S_{298(i,\text{绝对})}^0 \tag{7-20}$$

此式即为“离子熵的对应原理”表达式。式中，a_T和b_T是与温度、离子类型有关而与各类型中的个别离子本性无关的常数。

常见的离子可分为四种类型：①简单的阳离子；②简单阴离子及 OH^-；③含氧阴离子（AO_n^{m-}）；④酸性含氧阴离子［$AO_n(OH)^{m-}$］型。

图 7-1 表明了对于上述各类型的离子，$S^0_{373(i,绝对)}$ 与 $S^0_{298(M,绝对)}$ 之间的直线关系。

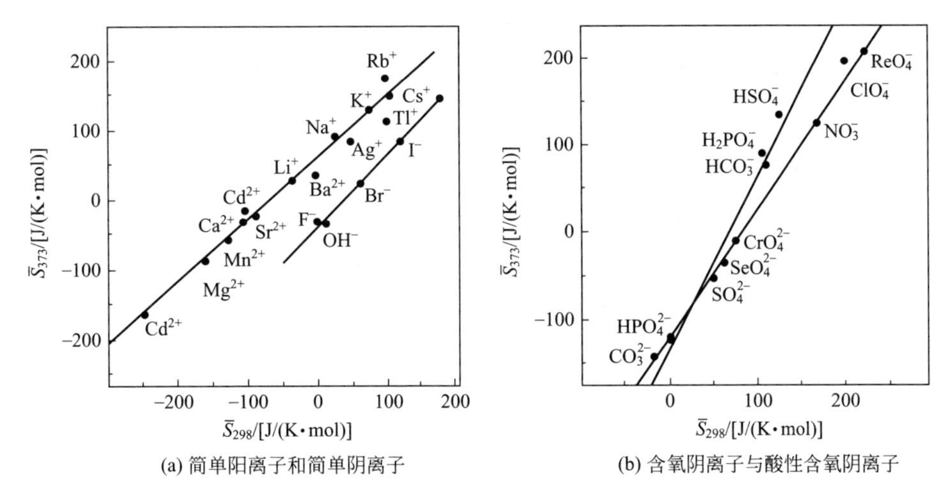

(a) 简单阳离子和简单阴离子

(b) 含氧阴离子与酸性含氧阴离子

图 7-1 298K 和 373K 时离子绝对熵之间的对应关系

表 7-2 中列出了各类离子的 a_T 与 b_T 值。

表 7-2 各类离子的 a_T 与 b_T 值

温度/K	简单阳离子		简单阴离子和 OH^-		含氧阴离子 AO_n^{m-}		酸性含氧阴离子 $AO_n(OH)^{m-}$		$S^0_{T(H^+,绝对)}$/[J/(K·mol)]
	a_T①	b_T	a_T	b_T	a_T	b_T	a_T	b_T	
298	0	1.000	0	1.000	0	1.000	0	1.000	−20.9
333	16.3	0.955	−21.3	0.969	−58.8	1.217	−56.5	1.380	−10.5
373	43.1	0.876	−54.8	1.000	−129.7	1.476	−126.8	1.894	8.4
423	67.8	0.792	−89.1	0.989	−192.5	1.687	−210.0	2.381	27.2
473	97.5	0.711	126.8	0.981	−280.3	2.020	−292.9	2.960	46.4

① a_T 的单位为 J/(K·mol)。

因为

$$d\overline{S}=\frac{\overline{c}_p^0(T)dT}{T}=c_p^0(T)d\ln T \tag{7-21}$$

$$\int_{298}^{T}d\overline{S}=\int_{298}^{T}c_p^0(T)d\ln T \tag{7-22}$$

则平均比热容为

$$\overline{c}_p^0\Big|_{298}^{T}=\int_{298}^{T}\overline{c}_p^0 dT\Big/\int_{298}^{T}dT=\int_{298}^{T}\overline{c}_p^0 d\ln T\Big/\int_{298}^{T}d\ln T \tag{7-23}$$

由式(7-13) 和式(7-20)，可以得出

$$\overline{c}_p^0\Big|_{298}^{T}=\frac{\overline{S}^0_{T(绝对)}-\overline{S}^0_{298(绝对)}}{\ln(T/298)}=\frac{a_T+(b_T-1)\overline{S}^0_{298(绝对)}}{\ln(T/298)} \tag{7-24}$$

$$\alpha_T=\frac{a_T}{\ln(T/298)} \tag{7-25}$$

$$\beta_T = \frac{b_T - 1}{\ln(T/298)} \tag{7-26}$$

则式(7-24) 可以表示为

$$\Delta \bar{c}_p^0 \mid_{298}^{T} = \alpha_T + \beta_T \bar{S}^0_{298(\text{绝对})} \tag{7-27}$$

这样，就可以按式(7-16) 求出反应在温度 T 下的标准自由能变化 ΔG_T^0，从而判断反应的进行方向和限度。

7.2.3 电位-pH 图

金属的浸取过程常常包括了金属的氧化还原过程，例如铀矿中的铀通常是以 UO_2、UO_3和 U_3O_8的形态存在，其中 UO_2和 U_3O_8的溶解过程都包括了铀的氧化过程。在分析这些含有氧化还原反应的金属浸取过程时，电位-pH 图（E-pH 图）是一个有力的工具。

以铀矿的浸取为例

$$UO_2^{2+} + 2e^- = UO_2 \tag{7-28}$$

$$E = 0.22 + 0.0295\lg c_{UO_2^{2+}}/c^0 \tag{7-29}$$

$$3UO_2^{2+} + 2H_2O + 2e^- = U_3O_8 + 4H^+ \tag{7-30}$$

$$E = -0.40 + 0.12\text{pH} + 0.09\lg c_{UO_2^{2+}}/c^0 \tag{7-31}$$

式(7-31) 为铀矿浸取时铀的氧化还原反应电位、酸度和铀离子浓度之间的关系，这种关系可用 E-pH 图来表示。

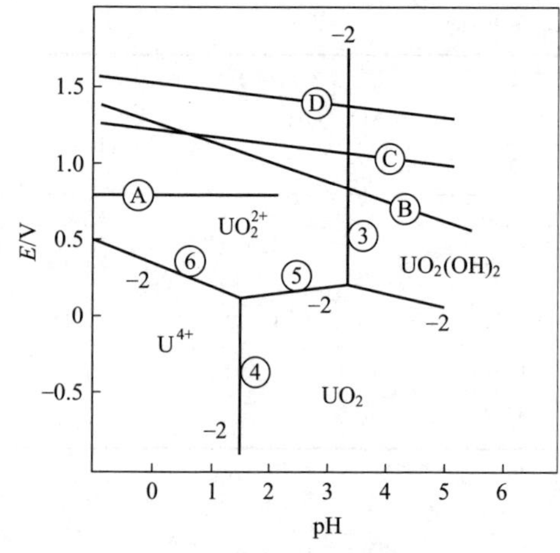

图 7-2 铀矿浸取的 U-H_2O 体系的部分 E-pH 图

E-pH 图是在给定温度和组分的活度（常简化为浓度）或气体的逸度（常简化为气相分压）下，电位与 pH 的关系图。它的参数不仅包括温度、压力和组成，还有氧化还原反应中的电位和控制溶液中溶解、解离反应的 pH 两个参数，有的更把影响配合反应的配合剂浓度也包括了进去。图 7-2 即是 U-H_2O 体系的 E-pH 图（25℃）的一部分。

E-pH 图又称普巴（Pourbaix）图，首先由比利时化学家 M. Pourbaix 提出并用于金属腐蚀的研究中，以后其应用范围不断扩大，现在已成为研究化学、湿法冶金、金属腐蚀、地质学等的重要工具。

以酸对铀矿的浸取过程为例，从图 7-2 可看出 E-pH 图有助于选择合适的浸取条件。

铀矿中，铀通常以 UO_3、U_3O_8和 UO_2三种形态存在。其中，UO_2是一种难溶的氧化物，需要浓酸才能将其溶解

$$UO_2 + 4H^+ = U^{4+} + 2H_2O \tag{7-32}$$

$$\text{pH} = 0.95 - \frac{1}{4}\lg a_{U^{4+}} \tag{7-33}$$

在浸取液中，如铀的浓度在 10^{-2}mol/L 左右（相当于 2g/L），则 UO_2溶解的 pH 为

$$\text{pH} = 0.95 - \frac{1}{4}\lg 10^{-2} = 1.45 \tag{7-34}$$

即图 7-2 中的④线。在如此低的 pH 下浸取，既耗酸又浸出大量的杂质，对后续分离净

化不利。从图 7-2 中⑤线可见，如有氧化剂存在，则 pH<3.5 时，UO_2可按下式溶解

$$UO_2^{2+}+2e^- \longrightarrow UO_2 \tag{7-35}$$

$$E=0.22+0.0296\lg a_{UO_2^{2+}} \tag{7-36}$$

如 $a_{UO_2^{2+}}=10^{-2}$mol/L，$E=0.16$V。如此低的电极电位，表明 UO_2很容易被氧化和溶解。

图 7-2 中Ⓐ线和Ⓑ线分别表示 $Fe^{3+}+e^- \longrightarrow Fe^{2+}$ 和 $MnO_2+4H^++2e^- \longrightarrow Mn^{2+}+2H_2O$ 的反应。由此可见，MnO_2和 Fe^{3+}都可以作为铀矿浸取的氧化剂，但如果仅用 MnO_2作氧化剂，反应为

$$MnO_2+UO_2+4H^+ \longrightarrow Mn^{2+}+UO_2^{2+}+2H_2O \tag{7-37}$$

由于是固固反应，反应速率很慢。

如果用从矿石中与铀一起被浸出的铁离子作氧化剂，则可加快反应速率。由于 MnO_2/Mn^{2+}线在 Fe^{3+}/Fe^{2+}之上，所以 MnO_2可将 Fe^{2+}氧化成 Fe^{3+}，而使铁离子保持在三价状态，故反应为

$$2Fe^{3+}+UO_2 \longrightarrow UO_2^{2+}+2Fe^{2+} \tag{7-38}$$

$$MnO_2+2Fe^{2+}+4H^+ \longrightarrow 2Fe^{3+}+Mn^{2+}+2H_2O \tag{7-39}$$

总反应为

$$MnO_2+UO_2+4H^+ \longrightarrow Mn^{2+}+UO_2^{2+}+2H_2O \tag{7-40}$$

可见，铀的氧化浸出过程中，Fe^{3+}只起催化剂的作用，实际消耗的是 MnO_2。在 E-pH 图中：

③ 线：体系中有氧化剂存在时铀溶解的最高 pH=3.5；

⑥ 线：$UO_2+4H^+ \longrightarrow U^{4+}+2H_2O$ 的 E-pH 关系；

Ⓒ 线：$UO_3+2e^-+2H^+ \longrightarrow UO_2+H_2O$ 的 E-pH 关系；

Ⓓ 线：$U_3O_8+4e^-+4H^+ \longrightarrow 3UO_2+2H_2O$ 的 E-pH 关系。

分析得出，UO_2的浸取条件为 1.5<pH<3.5，以 MnO_2为氧化剂，Fe^{3+}/Fe^{2+}为催化剂，这与工业上实际选用的浸取条件是非常接近的。可见 E-pH 图对于浸取条件的选择可起到指导作用。

E-pH 图是以电位 E 为纵坐标、pH 为横坐标来描绘元素-水系中各种反应的平衡条件。元素-水系中发生的化学反应可分为有电子得失的氧化-还原反应和无电子得失的非氧化-还原反应两类，E-pH 图是由元素-水系中常见的氧化-还原反应和非氧化-还原反应平衡时电位和 pH 的关系所绘制。

现以 Zn-H_2O 系在 298K 下的 E-pH 图为例详解其构成及应用（见图 7-3）。

对于氧化-还原反应

$$pO_x+nH^++ze^-=qR_{ed}+cH_2O \tag{7-41}$$

式中，O_x 和 R_{ed}分别表示物质的氧化态和还原态，z 为电子的迁移数。所示反应的平衡电极电位可按 Eernst 公式计算

$$E=E^{\ominus}-\frac{2.303nRT}{zF}\text{pH}+\frac{2.303nRT}{zF}\lg\frac{a_{O_x}^{p}}{a_{R_{ed}}^{q}} \tag{7-42}$$

式中，$E^{\ominus}$为标准电极电位，可由参与反应的各物质的标准化学势计算，其值与温度和压力有关；a_{O_x} 和 $a_{R_{ed}}$ 分别为物质氧化态与还原态的活度；水的活度设为 1；R 为气体常数 [8.314J/(mol·K)]；F 为法拉第常数（96484C/mol）。上式在 E-pH 图上表现为一条斜率为 $2.303nRT/(zF)$ 的直线。

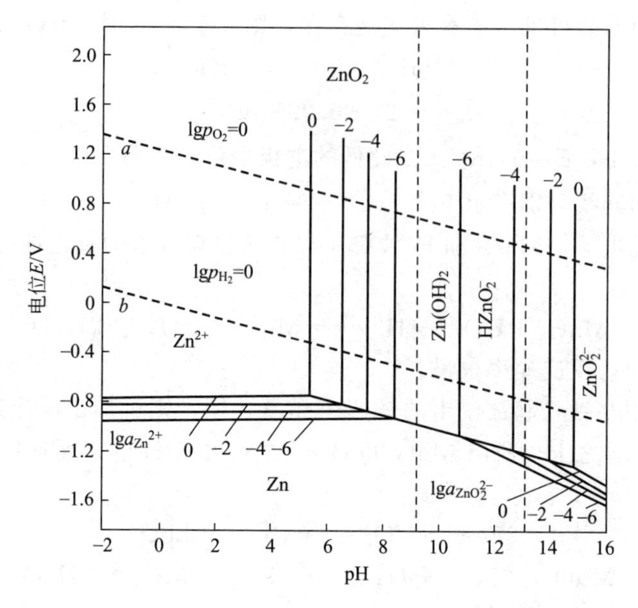

图 7-3　Zn-H_2O 系在 298K 下的 E-pH 图

如果没有 H^+ 参与反应，则

$$p\mathrm{O}_x + z\mathrm{e}^- = q\mathrm{R}_{\mathrm{ed}} \tag{7-43}$$

此时的平衡电极电位为

$$E = E^{\ominus} + \frac{2.303nRT}{zF}\lg\frac{a_{\mathrm{O}_x}^{p}}{a_{\mathrm{R_{ed}}}^{q}} \tag{7-44}$$

表现在 E-pH 图上为一条水平线。

典型的如水解-中和反应

$$a\mathrm{A} + n\mathrm{H}^+ = b\mathrm{B} + c\mathrm{H_2O} \tag{7-45}$$

式中，A 和 B 分别为反应物和生成物。此反应的吉布斯自由能变化 ΔG_T 为

$$\Delta G_T = \Delta G_T^{\ominus} + 2.303RT\lg\frac{a_{\mathrm{B}}^{b}a_{\mathrm{H_2O}}^{c}}{a_{\mathrm{A}}^{a}a_{\mathrm{H^+}}^{n}} \tag{7-46}$$

反应平衡时，$\Delta G_T = 0$，又 $a_{\mathrm{H_2O}} = 1$，于是

$$\mathrm{pH} = \frac{\Delta G_T^{\ominus}}{2.303nRT} - \frac{1}{n}\lg\frac{a_{\mathrm{B}}^{b}}{a_{\mathrm{A}}^{a}} \tag{7-47}$$

$\Delta G_T^{\ominus}$ 是化学反应的标准吉布斯自由能变化，在压力和温度恒定下为常数。所以在指定温度、压力和 A、B 活度的情况下，反应的平衡条件决定于 pH 值，表现在 E-pH 图上是一条垂直线。

将上述有氢离子参加和无氢离子参加的氧化-还原反应，以及水解-中和反应这三种反应的平衡线绘于一图，便是 E-pH 图。

对于氧化-还原反应，若电位高于其平衡电极电位，则反应向生成物质氧化态的方向移动，有利于物质氧化态的稳定，即 E-pH 图横向线条的上方为物质氧化态的稳定区，下方为物质还原态的稳定区。

对于非氧化-还原反应，若溶液的 pH 低于反应平衡 pH 值，有利于获得质子的生成物（B）的稳定存在；若溶液的 pH 高于反应平衡 pH 值，则有利于 A 的稳定存在，即垂直线左

边是 B 的稳定区，右边是 A 的稳定区。

以 298K 时的 Zn-水系的反应平衡为例，图 7-3 中的斜线 a 和 b 表示了下列反应

反应 a

$$O_2+4H^++4e^- = 2H_2O \tag{7-48}$$

反应 b

$$2H^++2e^- = H_2 \tag{7-49a}$$

或

$$2H_2O+2e^- = 2OH^-+H_2 \tag{7-49b}$$

$$E=0-0.0591pH-0.0295lgpH_2 \tag{7-50}$$

图 7-3 中，线 a、b 之间为水的热力学稳定区，若反应电位与 pH 高于 a 线，则水分解析出氧气；若电位与 pH 低于 b 线则水分解析出氢气。锌既可以在酸性溶液中以 Zn^{2+} 形态存在，也可以在碱性溶液中以 ZnO_2^{2-} 形态存在。

通过锌-水系的 E-pH 图可见，锌既可以用酸也可以用碱浸出，Zn^{2+} 的稳定区很大，说明 Zn^{2+} 可以在接近中性的含酸溶液中稳定存在，意味着锌的浸出可以在接近中性的溶液中进行，从而可以使某些杂质（如 Fe^{3+}）因水解沉淀而留在浸出渣中。若用电解法从含 Zn^{2+} 溶液中提取金属锌，阴极电解电位必须低于 Zn^{2+} 与 Zn 的稳定区的分界线，此时由于阴极电位很低而极有可能使 H_2 析出。为使锌电解能有效而经济地进行，必须设法提高氢气析出的超电位。从图中还可以看到，由于 b 线远高于 Zn^{2+} 与 Zn 的稳定区的分界线，因此，不可能用 H_2 从硫酸锌溶液中将 Zn^{2+} 还原成金属锌。

7.3 浸取过程的动力学分析

浸取过程是固液相传质过程，浸取过程动力学主要是研究浸取过程速率及其影响因素。浸取过程可分为以下两类：①物理溶解浸取中溶质分子不发生变化；②化学反应浸取过程是被浸取物质和浸取剂发生化学反应，生成新的可溶性溶质的过程。

被浸取的固体物料一般是形状、大小不一的固体颗粒。为便于分析起见，将其简化为尺寸均一的圆球状颗粒。这可能会带来一定的计算误差，但不影响对浸取过程的分析判断。

7.3.1 物理溶解浸取的动力学

有些矿物是可溶性的，在浸取时不发生化学反应，浸取过程就是简单的物理溶解过程。矿物固体在溶液的作用下，其晶格发生破坏，解离成离子或分子，解离下来的离子或分子通过液膜层向主体扩散。溶解机理的示意图见图 7-4。

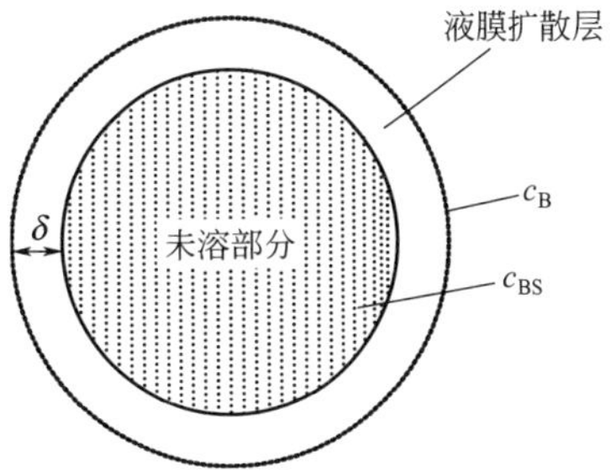

简单物理溶解过程可表示为

$$B(s) \longrightarrow B(aq) \tag{7-51}$$

一般情况下，可溶固体的解离速率远快于边界层扩散速率，固体矿物解离速率对溶解速率的影响可忽略，溶解速率由扩散过程决定，由 Fick 定律可得

$$v_D=\frac{D_B}{\delta}(c_{BS}-c_B) \tag{7-52}$$

式中，v_D 为浸出（溶解）速率，mol/(m^2 · s)；c_{BS} 为溶

液膜扩散层 δ 未溶部分 c_B c_{BS}

图 7-4 固体颗粒的物理溶解机理

质在矿物颗粒表面的浓度，mol/m³；c_B为溶质在溶液主体中的浓度，mol/m³；D_B为溶质在液膜层的有效扩散系数，m²/s。

由式(7-52) 可以看出，简单物理溶解的速率与扩散系数成正比，与液膜厚度 δ 成反比。由于扩散系数 D_B随温度升高而增大，而液膜厚度 δ 随搅拌强度增大而减小，因此，升高温度提高扩散系数、增大搅拌强度降低液膜厚度有利于固体溶解。

简单物理溶解过程中，固体表面的溶质浓度 c_{BS}实际上接近于溶质在浸出剂中的饱和浓度，即 $c_{BS}=c_B^*$，因此由式(7-52) 可得

$$v_D=\frac{D_B}{\delta}(c_B^*-c_B) \tag{7-53}$$

在简单溶解过程中，浸取剂与固体颗粒表面接触后，有一饱和层迅速在紧靠相界面处形成，浸取速率就是溶剂化了的分子饱和层扩散到溶液主体中的速率。

对于固体多为多孔性物料的物理浸取过程，此时，溶剂从固体颗粒中浸取可溶性物质，一般包括以下的步骤：

① 溶剂从溶剂主体传递到固体颗粒表面；

② 溶剂扩散渗入固体内部和内部微孔隙内；

③ 溶质溶解进入溶剂；

④ 溶液通过固体微孔通道扩散至固体表面并进入溶剂主体。

第①、②步一般都很快，不是浸取过程速率的限制性步骤。

当固体为惰性多孔结构时，固体的微孔中充满了溶质和溶剂。对于 A 和 B 的双组分混合物，其中 A 是溶质，B 是惰性物质，Fick 定律可表示成

$$J_A=-D_{AB}\frac{dc_A}{dl} \tag{7-54}$$

式中，J_A为组分 A 在垂直于扩散方向上的摩尔通量，mol/(s·m²)；D_{AB}为组分 A 在 B 中的分子扩散系数，m²/s；c_A为 A 的浓度，mol/m³。

实际工业浸取过程中，由于液体宏观流动的存在，溶质传递并非仅靠分子扩散来完成；实际的多孔固体颗粒中溶质和溶剂扩散，需用有效扩散系数 D_e 来代替 Fick 定律中的分子扩散系数 D_{AB}。

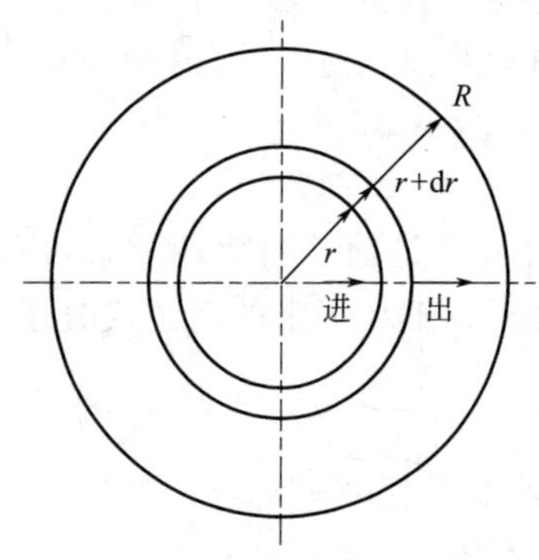

图 7-5　球形粒子内的扩散

令固体内部的孔隙率为 ε，孔道的曲率因子为 τ，则有效扩散系数和分子扩散系数的关系为

$$D_e=D_{AB}\frac{\varepsilon}{\tau} \tag{7-55}$$

设固体颗粒为半径为 R 的球形（见图 7-5）颗粒，初始时刻目标产物在颗粒内呈均匀分布，经时间 t 后，颗粒内从 r 到 R 范围内的溶质均被溶出，对位置 r 厚度为 dr 的微元做物料衡算

可得

$$\frac{\partial c_S}{\partial t}=D_e\left(\frac{\partial^2 c_S}{\partial r^2}+\frac{2}{r}\times\frac{\partial c_S}{\partial r}\right) \tag{7-56}$$

边界和初始条件为

$$t=0,\quad c_S=c_{S,0},\quad c_L=0$$

$$r=0,\quad \frac{\partial c_S}{\partial r}=0$$

$$-D_e\frac{\partial c_S}{\partial r}\bigg|_{r=R}=k_L\left(\frac{c_S|_{r=R}}{m}-c_L\right)$$

浸取过程涉及的相平衡用分配系数 m 表示

$$m=\frac{c_S}{c_L}\tag{7-57}$$

式中，c_L 为平衡时溶质在液相中的浓度；c_S 为平衡时溶质在固相中的浓度。

当浸取操作体系的传质特性和相平衡关系已知时，可计算球内溶质浓度分布随时间的变化以及所需浸取时间。

7.3.2　化学反应浸取的动力学

除了物理溶解以外，更多的浸取过程均有化学反应发生。浸取反应实质上是一个液固反应。其反应过程主要包括在相界面上发生的结晶-化学反应过程、溶剂向相界面迁移、反应产物由相界面向溶液的扩散传质过程。

一般的浸取反应历程为：

① 浸取剂（反应物）A 通过液膜向固体颗粒表面扩散（外扩散）；

② A 进一步扩散通过固体产物层（内扩散）；

③ A 与固体颗粒 B 发生化学反应；

④ 生成的不溶性固体产物 C 使产物固体层增厚，而生成的可溶性产物 D 则逆向扩散通过固体产物层（内扩散）；

⑤ 生成的可溶性产物 D 扩散到溶液主体中（外扩散）。

对于球状固体颗粒的浸取反应过程一般可以用缩芯模型（Shrinking Core Model）来描述。其特征是反应只在固体颗粒内部产物与未反应固相的界面上进行，随着反应的进行，未反应芯逐渐缩小，反应表面也由表及里不断向固体颗粒中心收缩，整个反应过程中，反应表面是不断变小的。缩芯模型有两种情况：一种是反应产物都可溶于浸取剂，无固相惰性物残留或固相产物生成；另一种情况是有固相惰性物残留或有固相产物生成，在未反应芯外形成固体产物层。

(1) 无固态产物层的浸取反应

生成物可溶于水，固体颗粒的外形尺寸随反应的进行而减小直至完全消失。氧化铜的酸浸、氧化锌或氧化铝的碱浸都是典型的无固态产物层的浸取反应。反应方程式可表示为

$$a\text{A(aq)}+b\text{B(s)}=\!=\!=d\text{D(aq)}\tag{7-58}$$

对于无固体产物层的浸取反应，反应在颗粒表面进行，其颗粒大小即是反应芯的大小。浸取反应过程和溶质浓度分布如图 7-6 所示，图中，c_A 为浸取剂主体浓度，mol/m^3；c_{AS}为浸取剂在固体产物层外沿的浓度，mol/m^3；r_S为未反应的颗粒核半径，

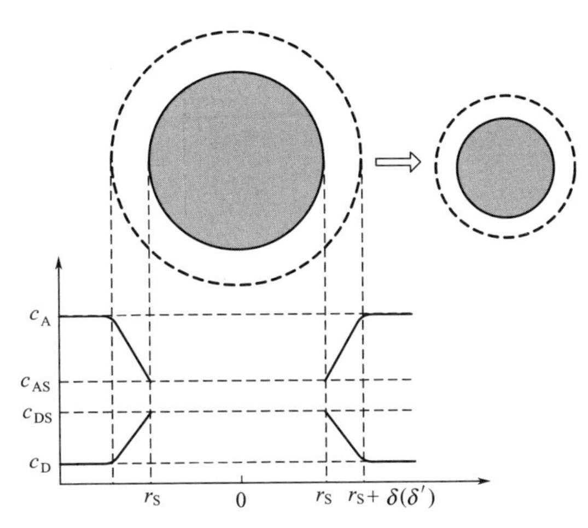

图 7-6　浸取反应过程和溶质浓度分布

m；δ 为液膜扩散层厚度，m。

对于不可逆反应，无固态产物层的浸取过程的速率取决于反应物 A 通过液膜的扩散速率和矿粒外表面的反应速率。浸取剂 A 通过液膜层的扩散速率为

$$-\frac{\mathrm{d}n_A}{\mathrm{d}t}=k_d A(c_A-c_{AS})=\frac{D_A A}{\delta}(c_A-c_{AS}) \tag{7-59}$$

式中，n_A为反应物 A 的物质的量，mol；k_d为液相传质系数，m/s；A 为矿粒的外表面积，m^2；c_{AS}为反应物在矿粒表面的浓度，mol/m^3；c_A为反应物在溶液主体中的浓度，mol/m^3；D_A为反应物在液膜层的有效扩散系数，m^2/s；δ 为液体边界层厚度，m。

假设界面化学反应为一级，则反应速率为

$$-\frac{\mathrm{d}n_A}{\mathrm{d}t}=k_r A c_{AS} \tag{7-60}$$

联立式(7-59)、式(7-60)，得到

$$c_{AS}=\frac{k_d}{k_r+k_d}c_A \tag{7-61}$$

将式(7-61) 代入式(7-60) 得

$$-\frac{\mathrm{d}n_A}{\mathrm{d}t}=\frac{k_d k_r}{k_d+k_r}Ac_A=\frac{Ac_A}{1/k_d+1/k_r}=k'Ac_A \tag{7-62}$$

式中，k'为表观速率常数，m/s，$\frac{1}{k'}=\frac{1}{1/k_d+1/k_r}$。

在浸取剂大大过量的情况下，浸取剂主体浓度在浸取过程中保持恒定，$c_A=c_{A0}$，浸取速率将仅随反应表面积的变化而变化。根据反应的化学计量关系有

$$-\frac{1}{a}\times\frac{\mathrm{d}n_A}{\mathrm{d}t}=-\frac{1}{b}\times\frac{\mathrm{d}n_B}{\mathrm{d}t}=-\frac{1}{b}\times\frac{\mathrm{d}W_B}{M_B\mathrm{d}t}=k'Ac_A \tag{7-63}$$

式中，a、b 为浸取剂和固体颗粒的化学反应计量系数；n_A、n_B分别为浸取剂和固体颗粒的物质的量，mol；t 为浸取时间，s；W_B为固体颗粒的质量，kg；M_B为固体的分子量。

对于球形颗粒，反应表面积 $A=4\pi r^2$，$W_B=\frac{4}{3}\pi r^3\rho_B$，代入式(7-63) 中并积分，得到固体颗粒半径随时间的变化为

$$r_0-r=\frac{bM_B k' c_{A0}}{a\rho_B}t \tag{7-64}$$

式中，r_0为颗粒的初始半径，m；r 为颗粒（即反应芯）在 t 时刻的半径，m。

浸取过程在 t 时刻的浸取率 x 为

$$x=\frac{W_0-W}{W_0}=1-\frac{r^3}{r_0^3} \tag{7-65}$$

可得，$r=r_0(1-x)^{1/3}$，代入式(7-64) 中得到

$$1-(1-x)^{1/3}=\frac{bM_B k' c_{A0}}{a\rho_B r_0}t \tag{7-66}$$

式(7-66) 是对球形颗粒推导出的浸取动力学方程，若矿粒不是球形而是其他形状，也可以得到类似结果

$$1-(1-x)^{1/F_p}=\frac{bM_B k' c_{A0}}{a\rho_B r_0}t \tag{7-67}$$

式中，F_p为矿粒的形状因子，无限大平板 $F_p=1$，圆柱体 $F_p=2$，球体或立方体$F_p=3$。

若浸取反应为浸取过程的速率控制步骤，对于 n 级反应有

$$1-(1-x)^{1/F_p}=\frac{bM_B k_r c_{A0}^n}{a\rho_B}t \tag{7-68}$$

一般情况下，浸取剂浓度会随着浸取过程的进行而逐渐降低。设浸取体系中溶液的体积为 V，且在浸取时保持不变，浸取剂的初始浓度为 c_{A0}，固体颗粒的初始物质的量为 n_{B0}，经过时间 t 后，固体消耗的物质的量为 Δn_B。在 t 时刻，浸取剂的浓度为

$$c_A=\frac{c_{A0}V-\frac{a\Delta n_B}{b}}{V}=c_{A0}-\frac{a}{b}\times\frac{\Delta n_B}{V} \tag{7-69}$$

t 时刻的浸取率 x 为

$$x=\frac{W_0-W}{W_0}=\frac{\Delta n_B}{n_{B0}} \tag{7-70}$$

将式(7-70) 代入式(7-69) 中，整理得到

$$c_A=c_{A0}\left(1-\frac{a\sigma x}{b}\right) \tag{7-71}$$

式中，σ 为固体颗粒和浸取剂的初始物质的量比，$\sigma=n_{B0}/c_{A0}V$。

对于球形颗粒且反应为一级，有

$$-\frac{1}{a}\times\frac{dn_A}{dt}=-\frac{1}{b}\times\frac{dn_B}{dt}=-\frac{4\pi r^2\rho_B}{bM_B}\times\frac{d[r_0(1-x)^{1/3}]}{dx}\times\frac{dx}{dt}$$

$$=\frac{4\pi r^2 r_0\rho_B}{3bM_B(1-x)^{2/3}}\times\frac{dx}{dt}=k'Ac_A \tag{7-72}$$

将式(7-71) 代入式(7-72)

$$\frac{dx}{dt}=\frac{3bk'c_{A0}M_B}{ar_0\rho_B}\left(1-\frac{a\sigma}{b}x\right)(1-x)^{2/3} \tag{7-73}$$

当 $a\sigma/b=1$，即浸取剂按反应的理论当量数加入时，可对式(7-89) 积分得到

$$(1-x)^{-2/3}-1=\frac{2bk'c_{A0}M_B}{ar_0\rho_B}t \tag{7-74}$$

上式适用于 $a\sigma/b=1$ 且浸取化学反应为一级的情况。

若浸取反应的级数为 n，$a\sigma/b=1$ 时浸取动力学方程为

$$(1-x)^{-(n-1/3)}-1=\frac{(3n-1)bk'c_{A0}^n M_B}{ar_0\rho_B}t \tag{7-75}$$

(2) 有固态产物层的浸取反应

有时固体颗粒中的一些组分并不能完全与浸取剂反应，这些固体组分不会分解。一些浸取反应过程会同时有固体的反应产物产生，例如用硫酸浸取磷矿粉时会同时有固体硫酸钙生成，这些硫酸钙会附着在磷矿粉的表面

$$Ca_5F(PO_4)_3+5H_2SO_4+nH_2O = 3H_3PO_4+5CaSO_4\cdot nH_2O\downarrow+HF\uparrow \tag{7-76}$$

有固态产物层的浸取反应方程式可表示为

$$aA(aq)+bB(s)\longrightarrow cC(aq)+dD(s) \tag{7-77}$$

对于球状颗粒，其浸取过程及浓度梯度分布如图 7-7 所示。

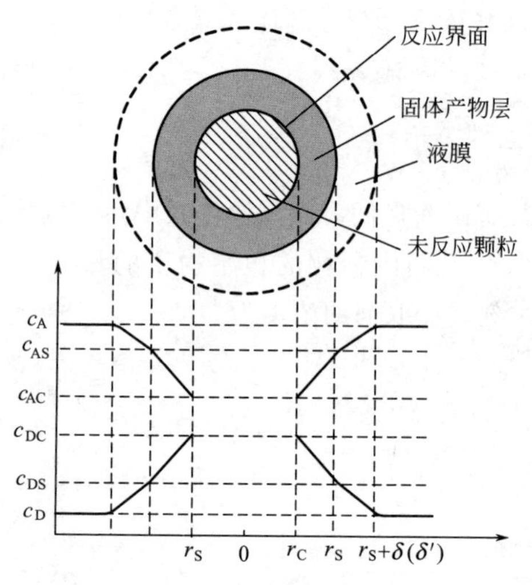

图 7-7 有固态产物层的浸取反应

有固态产物层的浸取反应中，浸取剂要通过固态产物层扩散至反应芯表面进行反应，浸取产物也要通过固体产物层扩散到浸取液中。当矿粒为球体且颗粒大小不发生变化时，浸取剂 A 通过液膜层的扩散速率为

$$-\frac{dn_A}{dt}=k_d A(c_A-c_{AS})=\frac{4\pi r_0^2 D_A}{\delta}(c_A-c_{AS}) \tag{7-78}$$

通过固体产物层的扩散速率为

$$-\frac{dn_A}{dt}=k_s A(c_{AS}-c_{AC})=\frac{AD_S}{\delta_S}(c_{AS}-c_{AC})$$

$$=\frac{4\pi r_0 r D_S}{r_0-r}(c_{AS}-c_{AC}) \tag{7-79}$$

界面反应速率为

$$-\frac{dn_A}{dt}=k_r A c_{AC}=4\pi r^2 k_r c_{AC} \tag{7-80}$$

在稳态情况下，这三个步骤的速率相等，可得到有固态产物浸取反应的综合速率方程为

$$-\frac{dn_A}{dt}=\frac{4\pi r_0^2 D_A c_A}{\delta+\frac{r_0(r_0-r)D_A}{rD_S}+\frac{D_A r_0^2}{k_r r^2}} \tag{7-81}$$

由化学计量关系可知

$$-\frac{dn_B}{dt}=-\frac{b}{a}\times\frac{dn_A}{dt}=\frac{b}{a}\times\frac{4\pi r_0^2 D_A c_A}{\delta+\frac{r_0(r_0-r)D_A}{rD_S}+\frac{D_A r_0^2}{k_r r^2}} \tag{7-82}$$

将浸取率 x 与反应芯半径 r 的关系式(7-65) 代入上式，可得

$$\frac{dx}{dt}=\frac{bM_B}{a\rho_B}\times\frac{3c_A}{\frac{\delta r_0}{D_A}+\frac{r_0^2[1-(1-x)^{1/3}]}{D_S(1-x)^{1/3}}+\frac{r_0}{k_r(1-x)^{2/3}}} \tag{7-83}$$

当浸取剂大大过量时，浸取剂浓度保持恒定，即 $c_A=c_{A0}$，对式(7-83) 积分得到

$$\frac{\delta}{3D_A}x+\frac{r_0}{2D_S}\left[1-\frac{2}{3}x-(1-x)^{2/3}\right]+\frac{1}{k_r}[1-(1-x)^{1/3}]=\frac{bM_B c_{A0}}{a\rho_B r_0}t \tag{7-84}$$

式(7-84) 即为综合考虑边界层扩散、固态产物层扩散和界面化学反应的浸取速率方程。当$\frac{\delta}{3D_A}\gg\frac{r_0}{2D_S}$和$\frac{1}{k_r}$时，浸取过程为边界层扩散控制，此时浸取率 x 与浸取时间 t 呈线性关系；当$\frac{1}{k_r}\gg\frac{\delta}{3D_A}$和$\frac{r_0}{2D_S}$时，浸取过程为界面化学反应控制，此时 $[1-(1-x)^{1/3}]$ 与浸取时间 t 呈线性关系；当$\frac{r_0}{2D_S}\gg\frac{\delta}{3D_A}$和$\frac{1}{k_r}$时，浸取过程为固体产物层扩散控制，将边界层扩散和界面化学反应项忽略后，式(7-84) 转化为克兰克-金斯特林-布劳希特因方程

$$1-\frac{2}{3}x-(1-x)^{2/3}=\frac{2bM_{B}D_{S}c_{A0}}{a\rho_{B}r_{0}^{2}}t \tag{7-85}$$

可以看出，当浸取过程为内扩散控制时，$\left[1-\frac{2}{3}x-(1-x)^{2/3}\right]$与时间 t 呈线性关系。一般情况下，浸取率 $x\leqslant 90\%$时，上述线性关系与实验结果吻合较好，而 $x>90\%$时则与线性关系偏离较大。这是因为在推导方程式(7-84) 时假定固体产物层外径与颗粒的原始直径 r_0 相等，事实上二者并不相等，其差距随浸取率的增加而增大。

考虑这种差异影响的内扩散控制的反应动力学方程是范伦希方程

$$[1+(z-1)x]^{2/3}+(z-1)(1-x)^{2/3}=z+(1-z)\frac{2bM_{B}D_{S}c_{A0}}{a\rho_{B}r_{0}^{2}}t \tag{7-86}$$

式中，z 为固体生成物与消耗矿物的体积比，$z=\frac{r_{s}^{3}-r_{c}^{3}}{r_{0}^{3}-r_{c}^{3}}$。

值得注意的是，式(7-84)～式(7-86) 是在浸取剂浓度 c_A 为常数的条件下得到的，在大多数实际浸取过程中，c_A 如式(7-72) 所示是时间的函数，因此

$$\frac{dx}{dt}=\frac{bM_{B}}{a\rho_{B}}\times\frac{3c_{A0}\left(1-\frac{a\sigma}{b}x\right)}{\frac{\delta r_{0}}{D_{A}}+\frac{r_{0}^{2}[1-(1-x)^{1/3}]}{D_{S}(1-x)^{1/3}}+\frac{r_{0}}{k_{r}(1-x)^{2/3}}} \tag{7-87}$$

这就是浸取剂浓度和反应面积均发生变化时的浸取动力学方程。

以上推导的动力学方程式仅适用于单个颗粒或颗粒大小均一的颗粒群。在实际生产中被浸取的固体颗粒通常是通过破碎形成的，颗粒大小不一，存在粒度分布。不能简单地套用单颗粒的反应动力学方程。

可以通过适当的粒径测定方法将被浸取的固体颗粒群分成 N 种不同大小的颗粒粒级。第 i 种粒级的平均颗粒半径为 r_i、质量为 m_i，则半径为 r_i 的颗粒质量占颗粒总质量的分数 α_i 为

$$\alpha_{i}=\frac{m_{i}}{\sum_{i=1}^{N}m_{i}} \tag{7-88}$$

若 i 粒级颗粒的转化率为 x_i，则颗粒群的总转化率为

$$x=\sum_{i=1}^{N}\alpha_{i}x_{i} \tag{7-89}$$

通过单粒级颗粒实验，测得各粒级条件下的转化率 x_i 与反应时间的关系，得出反应的动力学参数，进而获得 x_i 与颗粒半径 r_i 的关系，再根据式(7-88)、式(7-89)，得到多粒级颗粒体系的浸取动力学。

7.4 浸取过程的操作线和平衡级计算

液固浸取操作主要包括：①固体原料中溶质在溶剂中的溶解过程；②残渣与浸取液的分离过程。

浸取可以间歇进行，也可以采用连续操作过程。

间歇的浸取过程可以在搅拌釜中进行，将固体物料和浸取剂加入搅拌釜中混合，待浸取完成后通过过滤等方法滤去固体，收集包含溶质在内的浸取液即可。

连续的浸取过程可以是单级的，也可以是多级的。图 7-8 即是单级连续浸取过程的示意图。

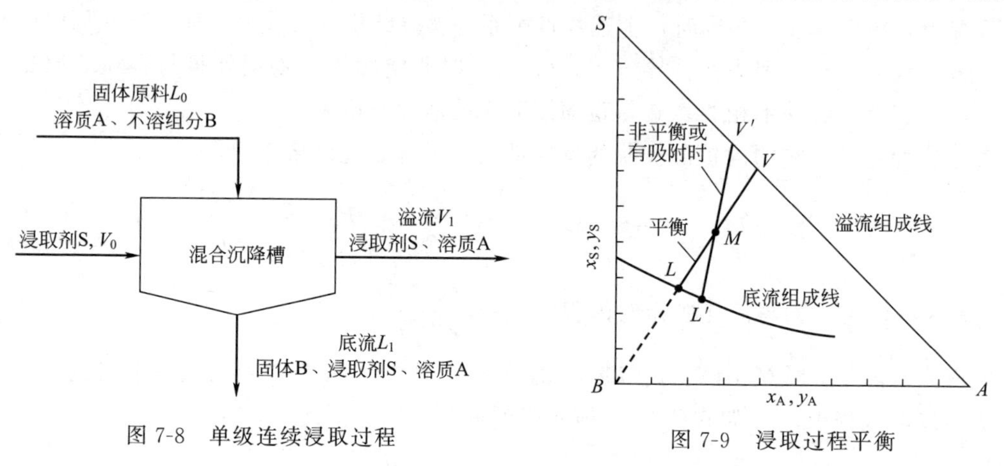

图 7-8 单级连续浸取过程

图 7-9 浸取过程平衡

仅考虑溶质的溶解，则浸取过程至少涉及三个组分：可溶性成分（溶质）A、不溶物质 B（载体）组成的固体混合物、浸取剂 S。三组分物系的固液平衡关系，与液液萃取的三组分物系类似，也可以在三角坐标系表达，见图 7-9。

如图 7-9 所示为溶质 A、不溶性固体 B（载体）和浸取剂 S 组成的三组分直角坐标系。每一顶点代表纯组分，而每一边则代表一种二组分混合物。位于三角形内的点，代表三组分混合物的组成。与溶剂萃取不同的是，浸取过程的浸余液（底流）是含有溶质 A、不溶性固体 B（载体）和浸取剂 S 的液固两相流。因此一个完整的浸取过程还应包括对底流的液固分离，除去渣，回收浸取剂 S 和溶质 A。

在图 7-9 中，点 M 表示固液混合体系组成，点 V 与 L 分别为溢流与底流，直线 VL 通过 M 点。如果溢流是澄清液，则 V 在斜边 SA 上，如果溶剂量很大，达不到饱和溶解度，在溶质（可溶性成分）没有被固体吸附和接触时间充分的情况下，溢流液中的溶质浓度与底流液中的溶质浓度相等。直线 VL 通过原点 B，底流 L 中的液体可认为是与溢流具有相同组成的溶液。这种情况称为处于平衡状态。

当固液两相接触时间不足而未达到平衡时，或是溶质有吸附时，则底流液的溶质浓度将大于溢流液的溶质浓度。溢流和底流分别用 V'、L'表示，点 L'在点 L 的右边。

实际浸取操作中，用相似的条件如接触时间、固液分离程度、温度、溶质浓度等，就各种浓度的混合相进行浸取试验，点 V'等的轨迹就构成了溢流组成线，其澄清液为斜边 SA，而点 L'等的轨迹就构成了底流组成线，由此得到相应的溢流组成和底流组成（如联结线 $V'L'$和 VL）。这种在实际装置操作中和在相似条件下求得的关系，称为实际平衡关系。

在单级连续浸取过程中，设 x 表示离开系统的固体物料中的组分质量分率，y 表示提取液中的组分质量分率，对系统进行物料衡算

$$L_0+V_S=L_1+V_1=M \tag{7-90}$$

$$L_0x_{A0}+V_Sy_{AS}=L_1x_{A1}+V_1y_{A1}=Mx_{AM} \tag{7-91}$$

式中，M 为 L_0 与 V_S 混合物的质量流量；x_{AM} 为混合物中组分 A 的质量分率。

由式(7-90) 和式(7-91) 可得

$$x_{AM}=\frac{L_0x_{A0}+V_Sy_{AS}}{L_0+V_S}=\frac{L_1x_{A1}+V_1y_{A1}}{L_1+V_1} \tag{7-92}$$

不溶固体的物料量

$$B=L_0(1-x_{A0}) \tag{7-93}$$

单级浸取在平衡图上的表示如图 7-10 所示。其中，L_0、V_S分别表示固体物料与溶剂，混合点 M 为$\overline{L_0V_S}$的内分点，其组成可由式(7-92) 计算。因 $y_{AS}=0$，式(7-92) 可改写为

$$\frac{x_{AM}-y_{AS}}{x_{A0}-x_{AM}}=\frac{L_0}{V_S}=\frac{\overline{V_SM}}{\overline{L_0M}} \tag{7-94}$$

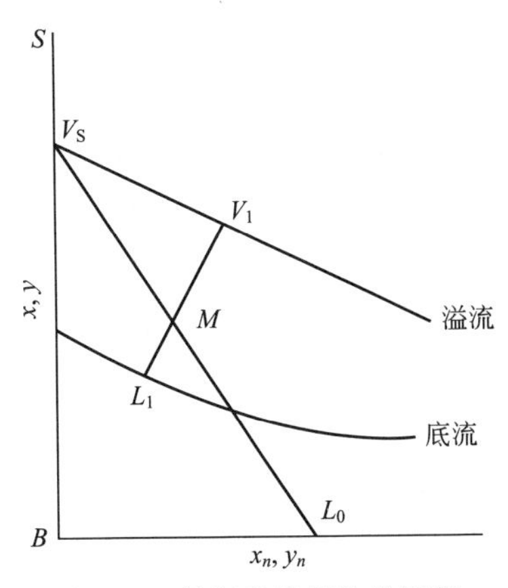

图 7-10　单级连续浸取的图解

V_1L_1为通过 M 点的联结线，从图上可读出溢流（提取液）和底流（提取后的物料）的组成。若接触时间充分，能达到平衡状态时，$\overline{L_1V_1}$将通过原点 B。

单级浸取为固体物料与新鲜浸取剂接触，完成传质后进行液固的机械分离，这种方法溶质的回收率比较低，而且所得的浸取液浓度也比较小。为了提高浸取过程的经济性，可以采用多级错流浸取或多级逆流浸取的方法。

多级错流浸取如图 7-11 所示。经过一次提取后的底流（物料）L_1又与新鲜溶剂接触，进行第二次浸取，这样重复进行的操作为多级错流浸取，其图解法如图 7-12 所示。

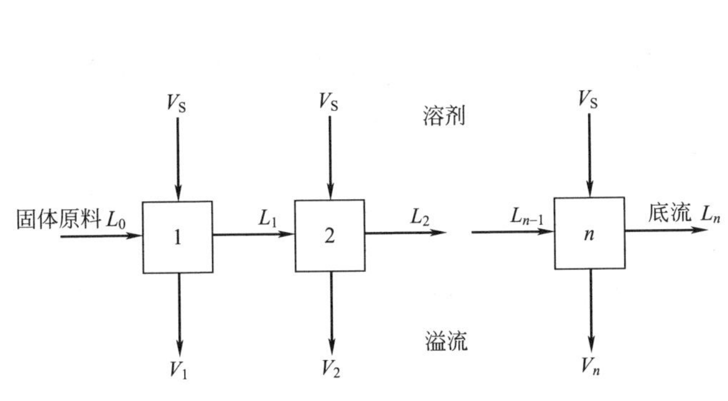

图 7-11　多级错流浸取

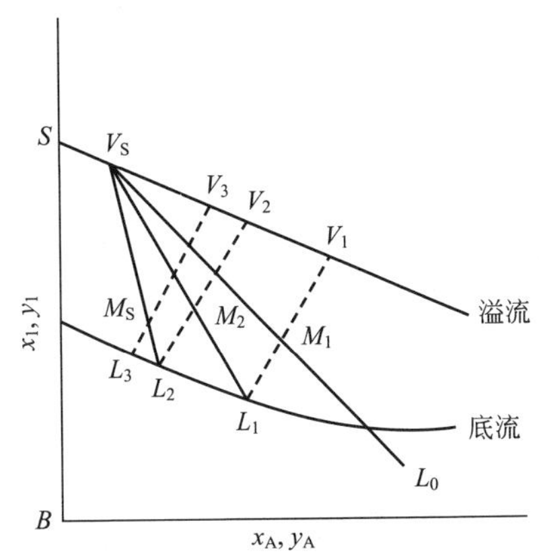

图 7-12　多级错流浸取的图解

由原物料 L_0与溶剂 V_S求出混合物的组成点 M_1，通过 M_1的联结线与溢流组成线及底流组成线的交点分别为 V_1、L_1。在多级错流浸取中，每级均用新鲜浸取剂处理，连接 L_1与 V_S，由 L_1与 V_S比值求出 L_1V_S的内分点 M_2，即可得到通过 M_2的联结线与溢流组成线的交点 V_2、L_2。由此重复下去，即可得到所需的理论级数和最终提取液的浓度。

在多级逆流浸取的操作中，底流与溢流在各级中逆流流动，即在某级中液固两相进行接触传质平衡后，底流液向下一级流动，而溢流液则向上一级流动，各级均按此步骤进行操作。固体在最后一级与新鲜溶剂接触。固体离开设备后，其溶质含量可降到最低，因此可获得较高的溶质回收率。浸取剂在第一级与新鲜固体物料接触后离开浸取设备，也利于获得较高浓度的浸取液。

连续多级逆流浸取流程如图 7-13 所示。图中 L_0、V_{n+1}分别表示固体物料和浸取剂，

L_i、V_i分别表示第i级的底流与溢流。连续多级逆流操作中，底流液（固体物料）与溢流液在各级中逆流流动，可获得较高浓度的浸取液，并可得到较高的浸取率。

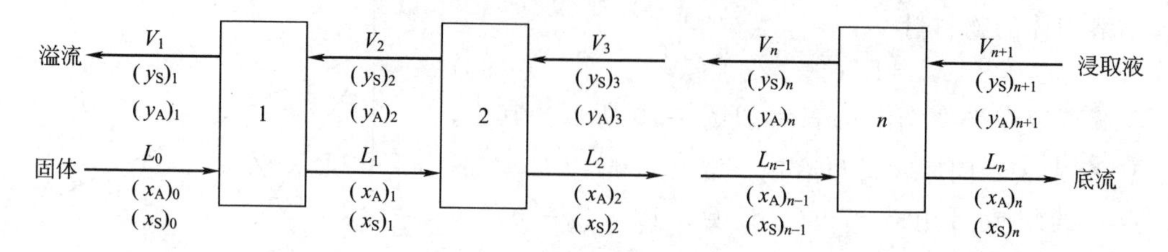

图 7-13 连续多级逆流浸取

在稳定操作时，由第 1 级到第n级作总的物料衡算，见式(7-90)，溶质 A 的物料衡算如下

$$L_0x_0+V_{n+1}y_{n+1}=L_nx_n+V_1y_1=Mx_{AM} \tag{7-95}$$

由式(7-90)、式(7-95)，整理可得操作线关系如下

$$y_{n+1}=\frac{L_n}{V_1+L_n-L_0}x_n+\frac{V_1y_1-L_0x_0}{V_1+L_n-L_0} \tag{7-96}$$

如果从各级流出的底流液能够恒定，则式(7-96)在直角坐标图上是直线，如果L_n（底流液）不恒定，操作线的斜率逐渐变化。在实际生产中，底流液一般是不恒定的。

M是根据L_0与V_{n+1}的比值求出的$\overline{V_{n+1}L_0}$线的内分点，M点又是表示V_1和L_n混合物的点。由各级的物料衡算，可得

$$L_0-V_1=L_1-V_2=\cdots=L_n-V_{n+1}=\Delta \tag{7-97}$$

$$L_0x_0-V_1y_1=L_1x_1-V_2y_2=\cdots=L_nx_n-V_{n+1}y_{n+1}=\Delta x_\Delta \tag{7-98}$$

式(7-97)中Δ是图 7-14 中直线$\overline{L_0V_1}$和直线$\overline{L_nV_{n+1}}$的交点，而表示操作线的各直线L_1V_2，L_2V_3…均通过Δ点。图中M是体系的物料衡算点，视作L_0与V_{n+1}的混合物。而Δ表示从第一级至n级方向流动的净流率。

图解法求逆流萃取级数时，可以从第一级或n级开始，图 7-14 中为从第一级开始进行。由式(7-97)和式(7-98)先定出V_1，通过点V_1的联结线与底流组成线相交得L_1（平衡时，联结线应通过B点），将L_1与Δ连接起来，其接线与溢流组成线相交的交点为V_2，如此重复作图，直至i级底流中溶质浓度$(x_A)_i<(x_A)_n$为止，其级数即等于联结线的数目。如果平衡数值是在实际生产中得到的，所得级数经圆整即为实际所需级数。

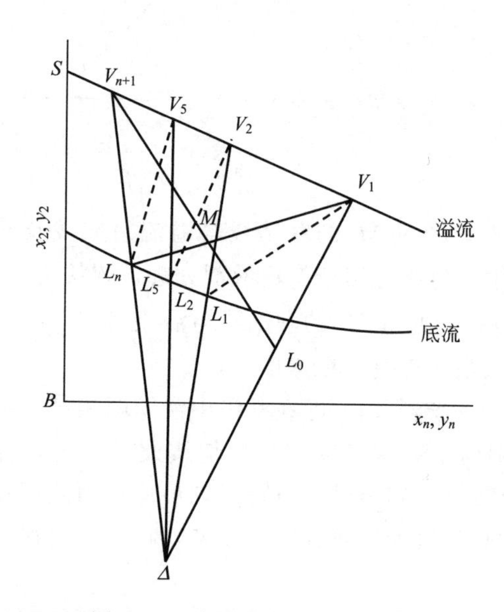

图 7-14 多级逆流浸取的图解

与液液萃取操作多采用多级逆流萃取有所不同，浸取过程中涉及的是固体和液体两相，固体的移动相对麻烦一些，所以，对于浸取过程，除了逆流操作方式之外，在对浸出浓度要求不高时，可以使用较多量的溶剂，采用单级或多级错流的操作形式。

最简单的浸取，甚至可以不配备专门的设备。如在矿床内就地浸取，以及堆矿法，即在事先准备好的场地上堆积矿物，然后从上面喷淋浸取剂

浸取，溶液通过床层本身的渗滤产生，再通过沟渠进行收集。

除了固定床层渗滤的浸取方法外，还可以通过搅拌使固体物料分散于浸取剂中进行浸取，其特点是传质阻力小，操作强度较高。搅拌式浸取槽又分卧式搅拌桨浸取槽、立式搅拌桨浸取槽与回转圆筒式浸取槽等类型。

一个典型的浸取设备如 Kellogg 公司开发的 Rotocel 浸取器（见图 7-15）。这是一种具有较大处理能力的连续逆流浸取器。

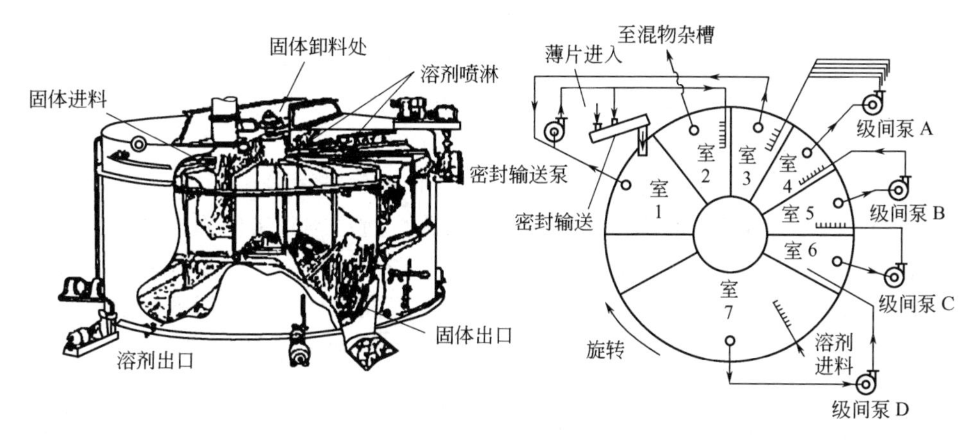

图 7-15 Rotocel 浸取器示意图

Rotocel 浸取器是一种典型的逆流浸取设备，圆盘型料槽在周向隔成若干小槽，固体物料连续地从某一固定地点加入，此后就受到多股浸取剂喷淋。圆盘连续旋转，浸取剂喷洒于其中靠近卸料口的小槽，从该小槽流出的浸取液浓度增加，又喷洒在上游方向的下一个小槽上。浸取剂和原料连续输入，浸取液和萃余物料连续排出，实现连续逆流接触浸取。

过滤是浸取过程中用于分离固体和液体的重要操作，直接影响浸取过程的效率和收率。在浸取工艺的开发时即应加以考虑。

7.5 浸取的工业应用案例——湿法磷酸制造

磷酸盐是大吨量、用途广泛的化工产品，以磷矿为原料加工而成。除了小部分磷矿是通过热法工艺加工为单质磷和热法磷酸外，大部分的磷矿是通过湿法路线加工为湿法磷酸和磷酸盐产物。

磷矿是多种矿物的胶结体，其中主要有用矿物成分为磷灰石，即氟磷酸钙［$Ca_5F(PO_4)_3$］；同时，伴生各种铁质矿物、硅酸盐、铝酸盐等杂质的脉石矿物。评价磷矿质量高低，主要有两个重要因素——磷矿品位和杂质含量。磷矿品位以 P_2O_5 百分含量来表示时，可分为富矿（$P_2O_5 \geqslant 30\%$）、中品位磷矿（$25\% \leqslant P_2O_5 < 30\%$）、贫矿（$P_2O_5 < 25\%$）三个等级。

磷矿的酸分解浸取过程，是以强酸性的无机酸（硫酸、盐酸、硝酸等）为浸取剂，通过氟磷酸钙的分解而释放出磷酸，其中硫酸法最为常用。磷矿被硫酸分解后产生硫酸钙（磷石膏），由于酸浓度、温度、杂质含量等反应条件的差异，可生成含有不同数目结晶水的硫酸钙水合物。根据生成的硫酸钙水合物不同，磷矿酸解工艺包括半水法和二水法。半水法工艺产出较高浓度的湿法磷酸，但对磷矿的要求较高。基于中国磷矿资源以中低品位为主的现实条件，硫酸为浸取剂的二水法工艺是磷矿分解的主流路线，其主要反应为

$$Ca_5F(PO_4)_3+5H_2SO_4+10H_2O = 5CaSO_4\cdot 2H_2O\downarrow+3H_3PO_4+HF\uparrow \tag{7-99}$$

如式(7-99) 所示，磷矿酸解后产生的固相物，主要成分为二水石膏 $CaSO_4\cdot 2H_2O$，不溶于水而形成固体产物层，覆盖在未反应完全的磷矿颗粒的表面上，构成硫酸向颗粒内部扩散的阻力。

磷矿浸取制备磷酸的过程，实际上包括两个方面：①氟磷酸钙的充分酸解；②磷石膏晶体的规整生长。这两者相互关联，它们都受到磷矿颗粒尺度、液相中 SO_3 浓度、磷酸浓度影响。两者又存在冲突，完整致密的磷石膏晶体结构会增加浸取过程的阻力。

磷矿中还存在脉石杂质成分，浸取主反应发生的同时伴随着副反应，主要有

$$(Fe,Al)_2O_3+2H_3PO_4 = 2(Fe,Al)PO_4+3H_2O \tag{7-100}$$

$$CaCO_3\cdot MgCO_3+2H_2SO_4 = CaSO_4\cdot 2H_2O\downarrow+2CO_2\uparrow+MgSO_4 \tag{7-101}$$

副反应中的产物溶解在磷酸中，造成磷酸品质低，但杂质分解后在颗粒中留下少量空隙，后续浸取中，硫酸向颗粒内部扩散的阻力不再像穿过原本致密的固体产物层那么困难。

衡量磷矿浸取工艺质量的指标有：①尽可能高的磷酸浸取率，这是磷矿浸取过程经济性的基本保证；②形成规整、粗大的磷石膏晶体：磷石膏晶体形态直接影响浸取后料浆过滤性能的好坏，间接影响滤饼洗涤的难易、洗涤后稀酸浓度和整个浸取系统产出的湿法磷酸浓度。

工业浸取中，为了保证浸取收率，磷矿总是通过磨矿细化至粒度 100 目以下，再以矿浆形式进入浸取槽。如图 7-16 所示，二水法磷矿浸取过程通常在多隔室的搅拌反应器中进行。磨矿后的矿浆和硫酸连续加入，依次流经各个隔室并发生酸解反应。反应总时间为 2～4h，温度为 80～85℃，控制工艺条件 SO_3 含量为 40～50g/L，液固比为 2.5。完成反应的浸取料浆，部分返回前段隔室，部分送往过滤机，过滤酸中磷酸浓度为 18%～19%。磷石膏滤饼用洗涤水充分洗涤，以回收其中夹带的少量磷酸，过滤后的洗涤水成为稀磷酸，与部分的过滤磷酸一起，作为返酸送回浸取反应器。

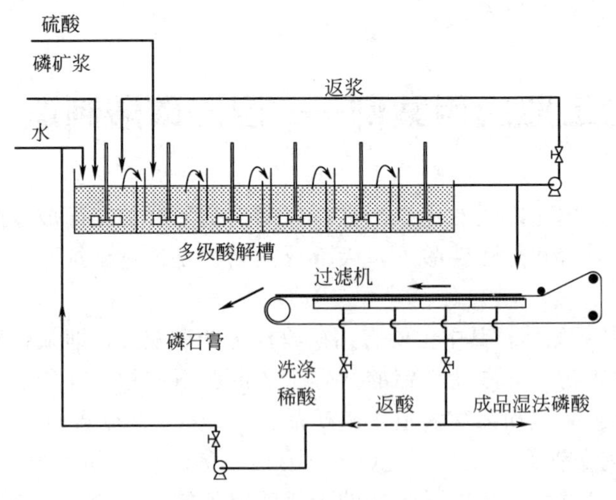

图 7-16　二水法湿法磷酸制备工艺过程

以上二水法工艺中，采用了返浆和返酸两项工艺措施。返回的料浆中，固形物为磷石膏结晶，返回前段隔室作为晶核，可以促进磷矿分解时释放到液相中的 Ca^{2+} 在晶核上沉淀，而减少对磷矿颗粒的包裹。洗涤稀酸和部分过滤磷酸，返回浸取槽中，实际上是加入磷酸和硫酸的混合酸为浸取剂。此时，相当一部分的磷矿浸取是按照以下方式进行的

$$Ca_5F(PO_4)_3 + 7H_3PO_4 = 5Ca(H_2PO_4)_2 + HF\uparrow \quad (7\text{-}102)$$

$$5Ca(H_2PO_4)_2 + 5H_2SO_4 + 10H_2O = 5CaSO_4 \cdot H_2O\downarrow + 10H_3PO_4 \quad (7\text{-}103)$$

磷酸分解磷矿的产物为 $Ca(H_2PO_4)_2$，其中 Ca^{2+} 在液相中与 SO_4^{2-} 沉淀于外加的晶核上，有效地降低了硫酸钙对磷矿颗粒的包覆，提高磷矿的分解效率。通过返酸操作，还有利于获取粗大、均匀的磷石膏。良好晶形的磷石膏，对后续工艺有显著的正面影响：①粗大的结晶增加了过滤速率；②增加了滤洗效率，减少了液体吸着夹带而产生的磷损失；③降低了滤后固体含湿量。

由以上分析可见，浸取过程中，矿物的分解和后续的过滤洗涤操作是有关联的，磷矿的浸取就是两者有强关联的典型过程。一个设计良好的浸取工艺，应该同时满足这两方面的要求。

思考题

7-1　什么是固液浸取？用浸取法分离组分一般有几个步骤？

7-2　试用三角坐标来表达三组分物系的固液平衡关系和三组分混合物的组成。

7-3　用三角坐标来表达三组分物系的固液平衡关系，底流组成线是否具有热力学上的确定性？为什么？

7-4　浸取操作有哪些操作形式？

7-5　何为理论级及浸取的平衡？

7-6　浸取速率是如何影响级效率的？

7-7　总结一下浸取过程的影响因素。

7-8　就湿法磷酸生产工艺作一文献调查报告。

习 题

7-1　对黑铜矿（CuO）进行酸解浸取，试通过计算判断稀硫酸（0.01mol/L H_2SO_4）浸取（25℃）的可行性。

以下标准生成自由能的值，供计算时参考。

化学式	CuO(s)	H_2SO_4(aq)	$CuSO_4$(aq)	H_2O
标准生成自由能 $\Delta_f G^0$/(kcal/mol)	−31.0	−177.97	−162.31	−56.69

7-2　白钨矿主要成分为 $CaWO_4$，难溶于水，溶度积为 $K_{sp}^0 = 2.13\times10^{-9}$，对应的酸为 HWO_4，微溶于水。白钨矿中的 $CaWO_4$ 可以用氟化物溶液进行浸取。

（1）试计算分析，用 NaCl 溶液对 $CaWO_4$ 进行浸取是否可行？（20℃时 $CaCl_2$ 在水中的溶解度为 59.5g/100g 水，$CaCl_2$ 饱和溶液密度为 1.37g/mL）；（2）用氢氟酸分解白钨矿是否可行？为什么？

7-3　碳酸钙可以通过碳酸钠水溶液加入氧化钙沉淀得到。副产物为氢氧化钠溶液。静置分相后，离开沉降槽的料浆为 5% $CaCO_3$（质量分数），0.1% NaOH（质量分数）和相应的平衡水。流量为 45400kg/h 的料浆进入两级连续逆流洗涤系统，用新鲜水洗涤，洗水流量为9080kg/h。每级的稠厚器流出的底流含有20%（质量分数）固体。计算最终溢流液中NaOH的回收率和最后的碳酸钙产物中NaOH的干基浓度。基于以上计算，是否还需要添加第三级洗涤操作？

7-4 TiO_2是常用白色涂料，可以通过金红石等含钛矿物先通过氯化反应转化为$TiCl_4$，再转化为TiO_2。为了纯化不溶性的二氧化钛，在连续逆流操作的稠厚器中用水洗涤可除去可溶性杂质。通过洗涤和后续的过滤、干燥，可得到纯度99.9%（质量分数）的涂料级二氧化钛，产量为200000kg/h。料浆进料中含有50%（质量分数）TiO_2，20%（质量分数）可溶性盐类，和30%（质量分数）的水。洗涤液为纯水，其质量流量和料浆进料流量相等。

如果底流相的参数如下表所示，试在三角坐标图上图解确定：(1) 溢流相和底流相的组成线；(2) 进料、离开的底流相和溢流相位置；(3) 洗涤操作的级数。

溶质浓度 kg溶质/kg溶液	0.0	0.2	0.4	0.6
料浆的液体滞留量 kg溶液/kgTiO_2	0.30	0.34	0.38	0.42

7-5 从含有硫化锌的矿石中浸取回收Zn。矿石先是在氧化气氛中煅烧为ZnO，然后用硫酸水溶液浸取得到硫酸锌溶液，和水不溶性、废弃的脉石。废渣流量为20000kg/h，其中含有5%水（质量分数，下同），10% $ZnSO_4$，其余为脉石。底流物用水连续逆流洗涤，最后流出的溢流液为10% $ZnSO_4$水溶液，硫酸锌回收率达到98%。假设每级底流液中，每1kg脉石含有2kg水（不计其中溶解的硫酸盐）。试计算所需要的洗涤级数。

参 考 文 献

[1] 萃取与浸取．化学工程手册[M]．北京：化学工业出版社，1985.

[2] 邓修，吴俊生．化工分离工程[M]．第2版．北京：科学出版社，2013.

[3] Rousseau R W. Handbook of separation process technology [M]. New York: John Wiley & Sons, 1987.

[4] 丁明玉．现代分离方法与技术[M]．北京：化学工业出版社，2006.

[5] Geankoplis Christie J. Transport processes and unit operation [M]. Boston: Allyn and Bacon., Inc., 1978.

[6] Crank J. The mathematics of diffusion [M]. 2nd ed. Oxford: Clarendon Press, 1975: 89-96.

[7] 杨显万，邱定藩．湿法冶金[M]．北京：冶金工业出版社，2011.

[8] Braun R L, Lewis A E, Wadsworth M E. In-place leaching of primary sulfide ores: Laboratory leaching data and kinetics model [J]. Metallurgical and Materials Transactions B, 1974, 5 (8): 1717-1726.

[9] Box J C, Prosser A P. A general model for the reaction of several minerals and several reagents in heap and dump leaching [J]. Hydrometallurgy, 1986, 16: 77-92.

[10] Bartlett R W. Solution mining: Leaching and fluid recovery of materials [M]. Philadelphia: Gordon and Breach science publishers, 1992.

[11] Dixson D G, Hendfix J L. Mathematical model for heap leaching of one of more solid reactants from porous ore pellets [J]. Metallurgical and Materials Transactions B, 1993, 24B: 1087-1102.

[12] 朱炳辰．化学反应工程[M]．第5版．北京：化学工业出版社，2012.

[13] Levenspiel O. Chemical reaction engineering [M]. 3rd ed. New York: John Wiley & Sons, 1998.

[14] Gbor P K, Jia C Q. Critical evaluation of coupling particle size distribution with the shrinking core model [J]. Chemical Engineering Science, 2004, 59: 1979-1987.

[15] Treybal R E. Mass transfer operation [M]. 2nd ed. New York: McGraw Hill., Inc., 1968.

第8章

结　　晶

本章要点

- 结晶纯化的机理及其特点。
- 晶体的结构及晶体的性质。
- 晶体质量的表征：纯度、晶型、粒度及粒度分布等。
- 结晶介稳区的研究方法、结晶介稳区与结晶成核过程控制的关系。
- 晶核的形成机理、影响成核速率特别是二次成核速率的主要因素。
- 晶体生长的传质理论，基于粒数衡算的晶体生长动力学。
- 结晶方法、主要的通用结晶器类型及操作方法。

8.1 概述

晶体是其内部结构中的质点（原子、离子、分子）作规律排列的固态物体。结晶过程是固体物质以晶体状态从蒸气、溶液或是熔融物中析出而形成晶体。在工业过程中常遇到的是溶液或熔融物的结晶过程。

结晶是一个具有悠久历史的单元操作，从人类文明的起源到当今的科技时代，人们一直在通过结晶方式获取所需的物质。以食盐的制备为例，黄帝时就在运城盐湖用湖水制盐，世界范围内的海水制盐也可以追溯数千年的历史。

结晶是一个被广泛应用的分离操作过程。无论是对获得固体产品还是工艺过程，结晶所起的作用都是巨大的。首先，工业产品多数是晶体产品，结晶方式和结晶过程中晶体的成核和生长对产品的物理化学性质有决定性意义。如化肥工业中的尿素、磷铵、磷酸二氢钾等晶体产品；医药食品行业中包括氨基酸、维生素、抗生素等在内的约85%的产品是晶体产品；冶金和材料行业中的金属产品、高分子聚合物等均是晶体产品。药物的溶出和生物利用度与晶体的晶型和粒度及粒度分布密切相关，聚合物、塑料和其他许多有机合成产品的物理化学特性，都与结晶过程有联系。其次，结晶过程是化学工艺过程的重要组成部分。如采用硫酸萃取磷矿制备磷酸，产品本身是一种溶液而不是晶体，但是它的制造工艺首先取决于生成硫酸钙沉淀的结晶过程。磷酸制造工艺过程的效率，在很大程度上取决于硫酸钙的结晶速度、硫酸钙水合物的形式、晶体的粒度及分布和晶体形状等。结晶过程对于其下游操作的影响也是显著的，如固液两相的分离，产品的精制方法、造粒过程、干燥，尤其是沸腾床干燥，以及其他许多过程。

相对于其他的化工分离操作，结晶过程具有以下的特点：

① 结晶过程具有高的分离选择性，能从多杂质的溶液或多组分的熔融混合物中，分离出高纯度的晶体，包括对于同分异构体混合物的分离。

② 结晶分离具有广泛的适用性，尤其是对于使用其他分离方法难以奏效的难分离混合物系，如共沸物、热敏性物系等。

③ 结晶操作能耗低、工艺过程相对安全。结晶热一般仅为蒸发潜热的1/3～1/10，因此结晶与精馏、吸收等分离方法相比，能耗低得多。同时结晶过程涉及的温度变化范围不大。

④ 结晶过程是多相、多组分的传热-传质过程，也与表面反应过程相关。对于过程的定量表征涉及物料衡算和粒数衡算，相对于其他平衡级分离过程更为复杂，同时，结晶操作方式和结晶设备种类繁多。

结晶过程是大量晶体同时形成和生长，结晶的特点是由这一过程的进行条件决定的。通晓结晶机理、认识结晶过程特点及控制方法，是制备形态和纯度合格的化工固态产物的基础。近年来，结晶技术日益受到科学界以及工业界的广泛关注，例如在生物医药和高新材料技术领域中，结晶操作的重要性与日俱增，生物技术中抗癌药物、抗生素等的制备，催化剂行业中超细晶体的生产以及新材料工业中超纯物质的净化都离不开结晶技术，而现代测量技术的进步，使人们对结晶机理、结晶热力学和结晶动力学等的认识日益深入，结晶理论分析和结晶技术与设备的开发取得了许多引人注目的进展。

8.2 结晶的基本原理

8.2.1 晶体的性状及几何结构

(1) 晶体的基本特点

固体物质结构中的质点（原子、离子、分子）在空间作规律排列就会形成晶体。晶体在良好的生长环境里，会形成有规则的多面体的外形，称为结晶多面体。结晶多面体的面称为晶面，棱边称为晶棱。从内部结构的规律性和稳定性来说，只有晶体才是真正的固态物体。

晶体内部结构规律性体现为晶体的基本性质，有以下几项。

① 自范性。晶体具有自发地生长成为结晶多面体的可能性，即晶体经常以平面作为与周围介质的分界面，这种性质称为晶体的自范性。在理想条件下，晶体生长保持几何上的相似，如图8-1中在不同时间晶体外形保持不变。晶体的中心与这些多面体的各对应角之间的连线（图中虚线）是直线，晶体的中心点是原始晶核所在的位置。

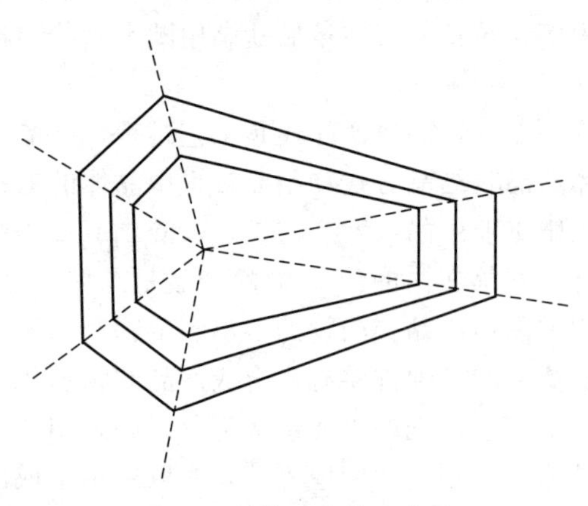

图8-1 晶体生长的自范性

② 各向异性。晶体的几何度量及物理效应

常随方向的不同而表现出数量上的差异，这种性质称为各向异性。晶面的生长速率是从晶体的中心出发，按垂直于晶面的方向，用晶面向外扩展的速度来量度。晶体受到外界作用时，所产生的物理效应的大小随方向而不同，表现为从结晶多面体中心到晶体表面的距离，随方向的不同而异。不同晶面的生长速率是不相同的，因此晶体具有自发地长成多面体的趋势。

但是不能认为无论何种晶体，无论在什么方向上都表现为各向异性，如正六面体的岩盐（NaCl）在晶体结构和导热性能上均是各向同性的。

③ 均匀性。晶体中每一宏观质点的物理性质和化学组成都相同，这种特性称为晶体的均匀性。这是因为晶体中每一宏观质点的内部晶格均相同。晶体的这个特性保证了晶体产品具有高的纯度。

除此以外，晶体还具有几何形状及物理效应的对称性，与物体的其他状态相比，晶体具有最小内能，以及晶体在熔融过程中熔点固定不变等特性。

（2）晶体的几何结构

构成晶体的微观质点（分子、原子、离子）在晶体所占有的空间中按一定的几何规律排列起来，各质点间有力的相互作用，这种作用构成晶体结构中的键，使得质点维持在固定的平衡位置上，彼此之间保持一定距离。质点排列的几何规律是三维空间点阵，也可称为空间晶体格子。图 8-2 为氯化钠的晶体结构，每个离子有六个相邻的离子，组成一个八面体。这种结构称为立方最密堆积（ccp）。

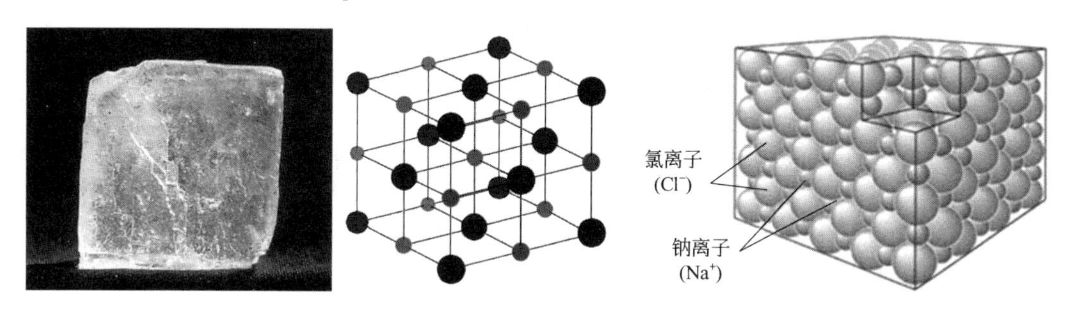

图 8-2　氯化钠的晶体结构

通常用晶系来描述晶体的几何形态。在晶体图形中选取三个坐标轴作为晶轴，分别用 x、y、z 标记，三个坐标面称为晶轴面，晶轴的交角称为晶轴角。y 轴与 z 轴的晶轴角记为 α，z 轴与 x 轴的晶轴角记为 β，x 轴与 y 轴的晶轴角记为 γ。x、y、z 各轴上的变量单位分别以 $\bar{\boldsymbol{a}}$、$\bar{\boldsymbol{b}}$、$\bar{\boldsymbol{c}}$ 三个单位向量标记，称为轴单位。$\bar{\boldsymbol{a}}$、$\bar{\boldsymbol{b}}$、$\bar{\boldsymbol{c}}$、α、β、γ 这六个常数称为晶体常数，它们之间的相对关系可以作为晶系的表征。

一种简单的晶体分类法是把晶体分为七个晶系，如图 8-3 所示，图中虚线表示晶轴。

① 立方晶系（等轴晶系）。三根晶轴互相垂直，且轴单位相等；$\alpha=\beta=\gamma=90°$，$a=b=c$。

② 四方晶系。三根晶轴互相垂直，轴单位中两个相等，但不等于第三个；$\alpha=\beta=\gamma=90°$，$a=b\neq c$。

③ 六方晶系。有三根共平面、等轴单位的轴，夹角互成 60°，第四根轴与之垂直，但轴单位与其他晶轴不等；$a_1=a_2=b\neq c$，$\alpha=\beta=90°$，$\gamma=120°$。

④ 正交晶系。三根晶轴互相垂直，三个轴单位各不相等；$\alpha=\beta=\gamma=90°$，$a\neq b\neq c$（$a<b<c$）。

⑤ 单斜晶系。三根晶轴中两根互相倾斜，但却都与第三根垂直，三个轴单位各不相等；$\alpha=\gamma=90°$，$\beta\neq 90°$，$a\neq b\neq c$（$a<c$）。

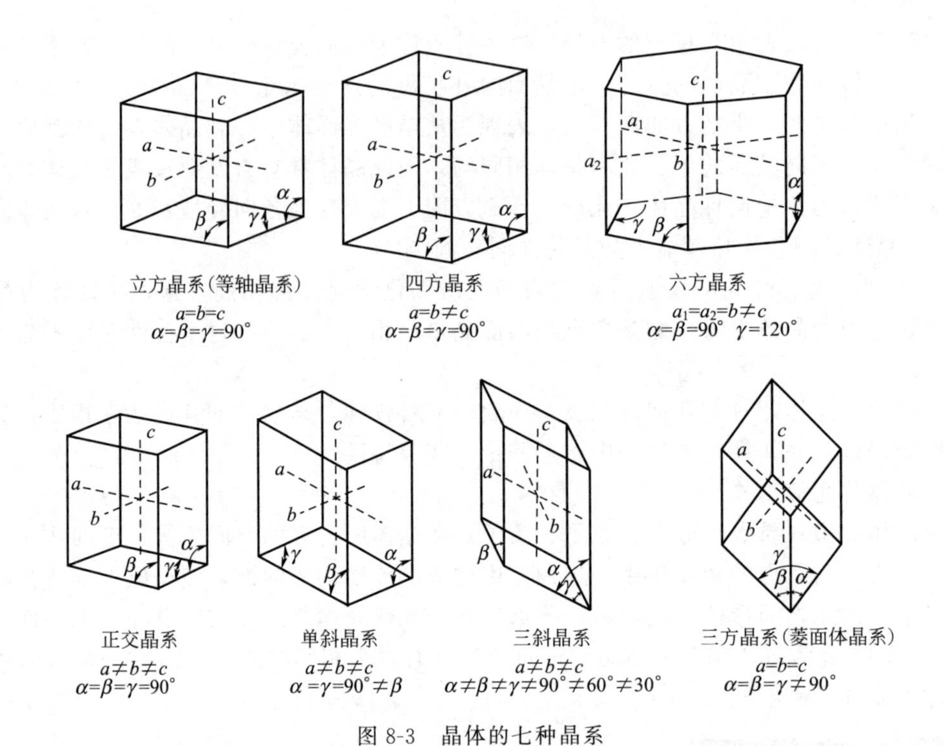

图 8-3　晶体的七种晶系

⑥ 三斜晶系。三根晶轴互相倾斜，三个晶轴角不等于 30°、60°、90°，轴单位各不相等，$\alpha\neq\beta\neq\gamma\neq 90^\circ\neq 60^\circ\neq 30^\circ$，$a\neq b\neq c$（$a<b<c$）。

⑦ 三方晶系（菱面体晶系）。三根晶轴互相倾斜，但晶轴角相等，三个轴单位相等；$\alpha=\beta=\gamma\neq 90^\circ$，$a=b=c$。

图 8-3 亦表示出了各晶系的晶格空间结构，实际结晶体形态比较复杂，可能属于单一晶系，也可能是两种晶系的过渡体。

(3) 晶体的同质多象

对于不同的物质，所属晶系可能不同。对于同一种物质，当所处的物理环境（如温度、压力等）改变时，晶系也可能变化。例如，硝酸铵在－18℃和 125℃之间有五种晶系变化

熔融液 $\xrightleftharpoons{169.9^\circ\mathrm{C}}$ 立方晶系 $\xrightleftharpoons{125.2^\circ\mathrm{C}}$ 斜棱晶系 $\xrightleftharpoons{84.2^\circ\mathrm{C}}$ 长方晶体Ⅰ $\xrightleftharpoons{32.3^\circ\mathrm{C}}$ 长方晶体Ⅱ $\xrightleftharpoons{-18^\circ\mathrm{C}}$ 不等边长方体

在不同的条件下，相同的分子在晶体所占有的空间中可以以不同的方式堆积形成不同的晶体，这种现象称为同质多象，如图 8-4 所示的椭圆形分子的各种堆积方式可以形成不同的晶体结构。

又如，金刚石和石墨都由碳原子构成，但是两者理化性质差异很大，这可以从碳原子在空间排列的不同即晶体结构来说明。如图 8-5 所示，金刚石是典型的原子晶体，每个碳原子都以 sp^3 杂化轨道与四个碳原子形成共价单键，组成正四面体排布。由于 C—C 键的键能大（83kcal/mol），所有价电子都参与了共价键的形成，使晶体中没有自由电子，所以金刚石不仅硬度大、熔点高，并且不导电。石墨晶体属于混合键型的晶体，碳原子以 sp^2 杂化轨道和邻近的三个碳原子形成共价单键并排列成六角平面的网状结构，这些网状结构又联成互相平行的平面，平面之间是以分子间作用力结合，而不是化学键，所以石墨片层之间容易滑动。那个未参与杂化的 p 电子比较自由，相当于金属晶体中的自由电子，所以石墨质软，具有导电导热等基本性质。

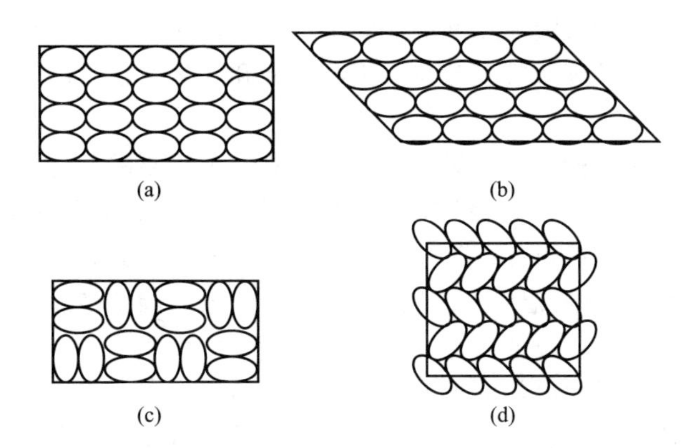

图 8-4 椭圆形分子在空间的各种堆积方式

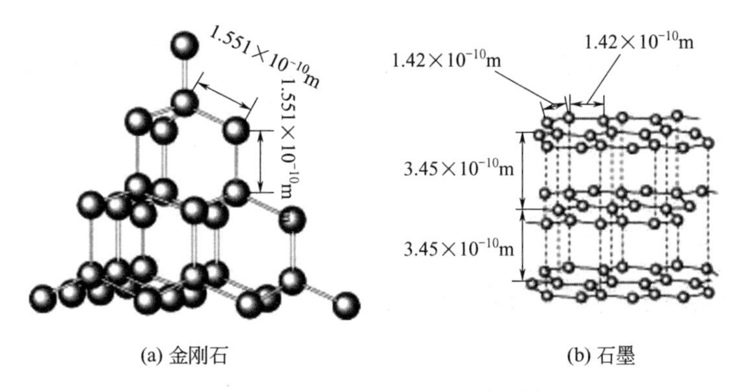

图 8-5 金刚石和石墨的晶体结构

晶体的同质多象说明，在研究晶体性质时，确定化学组成仅仅是第一步，只有进一步确定晶体结构才能深入探讨其理化性质。

8.2.2 晶体的粒度及形状因子

晶体的粒度可以用长度来量度。对于一定形状的晶体粒子，可选择某长度为特征尺寸 L，该尺寸对应于体积形状因子 k_v 和面积形状因子 k_a，于是晶体的体积 V_c 和表面积 A_c 可分别写成

$$V_c = k_v L^3 \tag{8-1}$$

$$A_c = k_a L^2 \tag{8-2}$$

对于常见固体的几何形状，此特征尺寸接近于筛析确定的晶体粒度。例如，对立方晶体，选择边长为特征尺寸 L，则 $V_c = L^3$，$A_c = 6L^2$，即 $k_v = 1$，$k_a = 6$。对于圆球体，选择直径 D 为特征尺寸，则 $V_c = (1/6)\pi D^3$，$A_c = \pi D^2$，即 $k_v = (1/6)\pi$，$k_a = \pi$。从以上二例看出，k_a/k_v 均等于 6，这一关系对于等尺寸的晶体都成立，而对非等尺寸的晶体，则接近此数值。

8.2.3 结晶过程

溶质从溶液中结晶析出，要经历两个步骤：首先要产生微观的晶核作为结晶的核心，产生晶核的过程称为成核。然后是晶核长大，成为宏观的晶体，该过程称为晶体生长。晶核的产生和晶核的生长都是在浓度差的推动下进行的，这个浓度差称为溶液的过饱和度。过饱和

度的大小直接影响着晶核的形成速率和晶体的生长速率，而成核和生长这两个过程的快慢又影响着结晶产品中晶体的粒度及粒度分布，因此过饱和度是考虑结晶问题时一个极其重要的因素。

在结晶过程中，体系中的杂质是影响产品纯度的一个重要因素。黏附于晶体上的母液杂质会降低产品纯度，一般可以通过溶剂洗涤的方式除去。但如果发生若干颗晶体聚结成为“晶簇”的现象，就容易把母液包藏于内，这种情况下洗涤就难以发挥作用。大而粒度均匀的晶体比小而粒度参差不齐的晶体夹带母液少且容易洗涤。调整结晶操作工艺条件，如施加适度的搅拌，可以减少晶簇形成的机会。

溶液中所含杂质还能影响晶体的外形，晶体的外形称为晶习。不同的结晶条件也可使所产生的同一物质的晶体在晶习、粒度、颜色、所含结晶水的多少等方面有所不同。例如，氯化钠从纯水溶液中结晶时，为立方晶体；但若水溶液中含有少量尿素，则氯化钠形成八面体的晶体。

此外，物质结晶时若有水合作用，则结晶水的含量多少不仅影响着晶体形状，而且也影响着晶体的性质。例如，无水硫酸铜（$CuSO_4$）在240℃以上结晶时，形成白色的三棱形针状晶体，属于斜方晶系，但在常温下，结晶出来的是蓝色大颗粒的硫酸铜水合物（$CuSO_4 \cdot 5H_2O$），属于三斜晶系。

8.3 结晶过程的热力学分析

8.3.1 溶解度

溶解度是固体与其溶液之间的热力学平衡关系，是结晶过程产量的极限。物质的溶解度与它的化学性质、溶剂的性质及温度有关。

溶解度的单位可以采用质量浓度、体积浓度和摩尔浓度等多种表示方法，最方便的单位是采用1（或100）份质量的溶剂中溶解多少份质量的无水物溶质，由于一律按无水物来表示溶解度，所以即使对于具有水合物的几种溶质，也不致引起混乱。

(1) 溶解度曲线

一定物质在一定溶剂中的溶解度主要是随温度而变化，压力的影响可以不计。因此溶解度数据通常用溶解度对温度的标绘曲线来表示。

物质的溶解度特征既表现为溶解度的大小，也表现为溶解度随温度的变化。有些物质的溶解度随着温度的升高而增大，如 KH_2PO_4、$NaHCO_3$、$NaNO_3$、$FeSO_4 \cdot 7H_2O$、$Na_2SO_4 \cdot 10H_2O$、NaAc、$CuSO_4 \cdot 5H_2O$ 等在水中的溶解，就属于这种类型。这种物质称为具有正溶解度，当它们在未饱和的溶液中溶解时都要吸收热量。另有一类物质，其溶解度随温度的升高反而降低，即具有逆溶解度，$CaSO_4$、Na_2SO_4 等在水中的溶解属于这种类型。这些物质在未饱和的溶液中溶解时，放出热量。图8-6是某些盐在水中的溶解度曲线，图中横坐标的饱和浓度以100kg水中溶解多少kg的无水物表示。

物质的溶解度特征是选择结晶操作方式的依据。例如，对于像硫酸铜这样具有较大正溶解度的盐，用冷却方法就能够得到足够量的晶体。对于氯化钠这样溶解度随温度变化很小的盐类，无法通过冷却其热饱和溶液得到数量较多的结晶产品。但是，可以通过蒸发溶剂的方法增加产量。根据在不同温度下的溶解度数据可以算出结晶的理论产量。在图8-6(a)中物

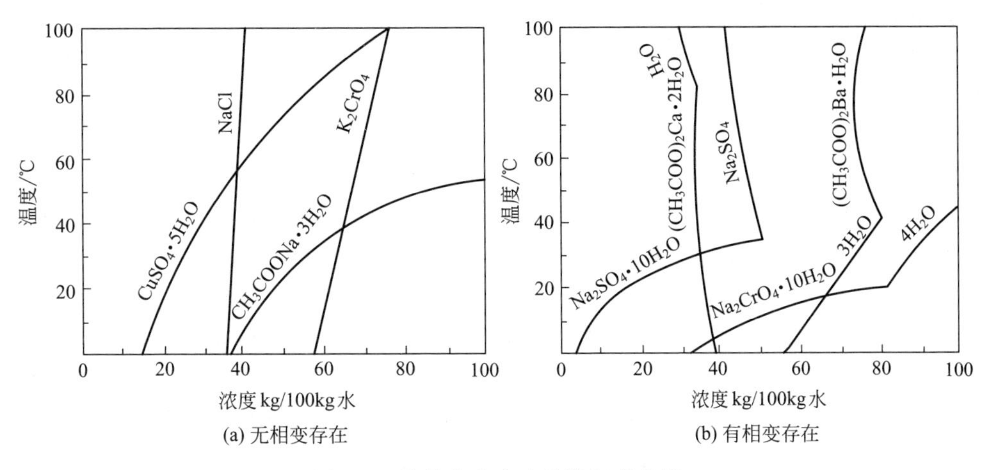

图 8-6　某些盐在水中的溶解度曲线

质的溶解度曲线是连续的，中间没有折断，但图 8-6(b) 中物质形成水合物晶体，它们的溶解度曲线有折断的变态点。例如低于 32.4℃时，从硫酸钠水溶液中结晶出来的固体是 $Na_2SO_4 \cdot 10H_2O$，而在这个温度以上结晶出来的固体却是无水盐 Na_2SO_4，这两种固相的溶解度曲线在变态点 32.4℃处相交。一种有几种水合物物质的溶解度曲线就可以有几个这样的变态点。

观察溶解度曲线图可以发现，硫酸钠在 32.4℃以上有一段逆溶解度曲线，具有相同溶解度性质的还有钙、钡的醋酸盐。这类物质的结晶不能用冷却法而要用蒸发法，需要注意的是这些物质在结晶器中容易沉淀在传热表面上，引起操作上的麻烦。

各种物质的溶解度数据可以通过实验测定，也可以通过手册和专著查询。由于物质的溶解度会受到 pH 值、可溶性杂质及一些其他因素的影响，因此查询所得数据对要研究的体系并不都是可靠的，使用时必须十分小心，遇有可疑之处，最好重新测定。

测定一定温度下物质的溶解度时，可使溶液从两方面达到相平衡状态：①在未饱和溶液中继续加固体物质，使溶液饱和；②从过饱和溶液中使溶质沉淀出来，使溶液达到饱和。也可使两个结果互相核对，提高数据的可靠性。应该注意，要想取得能够重现的溶解度数据，必须保证已达到平衡，通常需要使样品在严格的恒温条件下维持足够的时间。

(2) 溶解度的经验关联

有不少用于估算溶解度的经验关联式，但一般都不具备普遍的适用性。下述关联式较为有用，它适用于许多物系。

$$\ln x=\frac{a}{T}+b \tag{8-3}$$

$$\lg x=A+(B/T)+C\lg T \tag{8-4}$$

式中，x 为溶质浓度（摩尔分数）；T 为溶液温度，K；a、b 或 A、B、C 为用实验溶解度数据回归的经验常数。

式(8-3) 表示 $\ln x$-$1/T$ 呈线性关系，通过试验测定或查询获得某种物质在几个温度下的溶解度，将 $1/T$ 与相对应的饱和浓度 x 的对数值作线性回归，即可求得 a、b 两常数，计算该物质在所需温度下的溶解度。

将 $1/T$ 对 $\ln x$ 标绘，溶解度线为直线。在这种标绘图上，同种物质的不同水合物之间的变态点为两段直线的交点，很容易确定。

(3) 溶解度与晶体粒度

如果分散于溶液中的溶质粒子足够小，则溶质浓度可大大超过正常情况下的溶解度，溶解度与粒度的关系用下式表示

$$\ln\left[\frac{c(r)}{c^*}\right]=\frac{2M\sigma}{vRT\rho_s r} \tag{8-5}$$

式中，$c(r)$ 为颗粒半径为 r 的溶质的溶解度；c^* 是正常平衡溶解度；ρ_s 为固体密度；M 是溶液中溶质的相对分子质量；σ 是与溶液接触的结晶表面的界面张力；v 为每分子电解质形成的离子数，对于非电解质 $v=1$。

对于大多数无机盐水溶液，当晶体粒度小于 1μm 时溶解度急剧增大。例如 25℃的硫酸钡：$M=0.233\text{kg/mol}$，$v=2$，$\rho_s=4500\text{kg/m}^3$，$\sigma=0.13\text{J/m}^2$，$R=8.3\text{J/(mol·K)}$。对于粒度为 1μm 的晶体（$r=5\times10^{-7}\text{m}$），$c/c^*=1.005$，即比正常溶解度增加 0.5%；粒度为 0.1μm，$c/c^*=1.06$，比正常溶解度增加 6%；粒度减至 0.01μm，$c/c^*=1.72$ 比正常溶解度增加 72%。对于可溶性有机物蔗糖（$M=0.342\text{kg/mol}$，$v=1$，$\rho_s=1590\text{kg/m}^3$，$\sigma=0.01\text{J/m}^2$），粒度对溶解度的影响更大：1μm 时，比正常溶解度增加 4%；0.01μm 时，比正常溶解度增加 3000%。由于上述计算中界面张力值是估计的，故其结果只是近似的。

如果在溶液中存在两种溶质，则用 x 轴和 y 轴分别表示两溶质的浓度，其溶解度用等温线表示。若有三个或更多的溶质，可采用两维和三维图形描述溶解度。

8.3.2 超溶解度曲线及介稳区

(1) 超溶解度曲线

在论述晶体成核和晶体生长过程时，理解过饱和概念是非常重要的。当溶液浓度恰好等于溶质的溶解度时，称为饱和溶液。当溶液含有超过饱和量的溶质时，称为过饱和溶液。

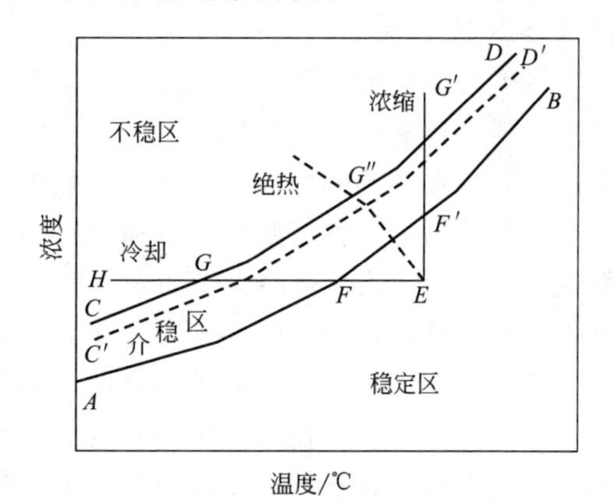

图 8-7 溶液的过饱和与超溶解度曲线

溶液的过饱和度与结晶的关系可用图 8-7 表示，图中的 AB 线为溶解度曲线，CD 线代表溶液过饱和而能自发地产生晶核的浓度曲线，即超溶解度曲线，它与溶解度曲线大致平行。这两条曲线将浓度-温度图分割为三个区域。在 AB 曲线的下方是稳定区，在此区中溶液尚未达到饱和，因此没有结晶的可能。AB 线以上为过饱和溶液区，其中，在 AB 与 CD 线之间的区域称为介稳区，在这个区域中，不会自发地产生晶核，但如果向溶液中添加晶种，就会诱导结晶产生。CD 线以上是不稳区，在此区域中，溶液能自发地产生晶核进行结晶。

若原始浓度为 E 的洁净溶液在没有溶剂损失的情况下冷却到 F 点，溶液刚好达到饱和，但由于缺乏作为推动力的过饱和度，溶液不能结晶。从 F 点继续冷却到 G 点的一段期间，溶液经过介稳区，虽已处于过饱和状态，但输入的能量仍不能满足自发成核的需要。只有冷却到 G 点后，溶液才能自发地产生晶核，越深入不稳区（例如达到 H 点），产生的晶核也越多。蒸发部分溶剂，也能使溶液达到过饱和状态，图中 $EF'G'$ 线代表此恒温蒸发过程。在结晶中往往合并使用冷却和蒸发，此过程可由 EG'' 线代表。由此可见，超溶解度曲线及介稳区、不稳区这些概念对于结晶过程有重要意义。

超溶解度曲线与溶解度曲线有所不同：一个特定物系只有一条明确的溶解度曲线，而超

溶解度曲线为一簇曲线，其位置受很多因素的影响，例如有无搅拌、搅拌强度的大小、有无晶种、晶种的大小与数量、冷却速度等。图 8-7 中，位置在 CD 线之下而与它大致平行的 $C'D'$ 是另一操作条件下的超溶解度曲线。

结晶过程要尽量避免自发成核，以得到平均粒度大的结晶产品，只有尽量控制在介稳区内结晶才能达到这个目的。在结晶器的设计中需要物系的介稳区宽度的数据。所谓介稳区宽度是指物系的超溶解度曲线与溶解度曲线之间的距离，其垂直距离代表最大过饱和度 Δc_{max}，其水平距离代表最大过冷度 ΔT_{max}，两者之间的关系为

$$\Delta c_{max} = \left(\frac{dc^*}{dT}\right)\Delta T_{max} \tag{8-6}$$

式中，c^* 为溶液的平衡浓度；dc^*/dT 为溶解度曲线的斜率。测取介稳区宽度是为结晶操作中选择适宜过饱和度提供依据，它也作为界限，以防止操作进入不稳定区，使产品质量恶化。

(2) 过饱和度的表示

过饱和度有许多表示方法，常用的有浓度推动力 Δc，过饱和度比 S，相对过饱和度 σ。这些表示法定义如下

$$\Delta c = c - c^* \tag{8-7}$$

$$S = c/c^* \tag{8-8}$$

$$\sigma = \frac{\Delta c}{c^*} = S - 1 \tag{8-9}$$

式中，c 为过饱和浓度；c^* 为饱和浓度。

虽然 S 和 σ 是无量纲的，然而它们的数值依赖于所使用的浓度单位。例如，20℃蔗糖的过饱和溶液为 2.45kg 蔗糖溶于 1kg 水，浓度单位采用 kg 蔗糖/kg 溶剂，相应的 c^* 为 2.04，则 $S=1.20$，然而如果浓度单位采用 kg 蔗糖/kg 溶液，S 值变为 1.06。

从热力学上分析，结晶过程的推动力是结晶物质在溶液和晶体状态之间的化学位差，对于未溶剂化的溶质从二组分溶液中结晶，可写为

$$\Delta\mu = \mu_1 - \mu_2 \tag{8-10}$$

化学位 μ 由基准态化学位 μ_0 和活度 a 定义。所以，无量纲推动力用下式表示

$$\Delta\mu/RT = \ln(a/a^*) = \ln\delta' \tag{8-11}$$

式中，a^* 为饱和溶液的活度；δ' 为过饱和溶液的活度。

借助于与浓度相关的活度系数比可以表示基于浓度的过饱和度和基于活度的过饱和度之间的关系。详细情况参阅有关文献。

(3) 超溶解度测定

在结晶器的设计和结晶操作中要求测定超溶解度曲线的确切位置，用于计算物系的介稳区宽度，也就是说要求能通过试验测取较确切的最大过饱和度 Δc_{max} 或最大过冷度 ΔT_{max} 的数据。

测定超溶解度需要考虑各种影响因素，一般工业过程，溶液中总有晶体悬浮，且都有温和的搅拌，在这种条件下测定的超溶解度曲线，其所产生的介稳区宽度比无晶种无搅拌的介稳区宽度窄，但只有在这种条件下测得的数据才具有实用意义。超溶解度曲线如图 8-7 中点划线 $C'D'$ 所示，$C'D'$ 线与 AB 线之间的区域为介稳区。

过饱和度的测定，一般可应用平衡溶解度测定方法，即由浓度分析法关联溶液物理性质的测试结果求取。研究介稳区的宽度主要有三类方法：第一类是直接法，有目测法（包括借助于廷德尔效应的目测法）、激光法等；第二类是间接法，由测定折射率、电导率、浊度、

溶液体积与温度的变化等间接表观条件的变化来测定介稳区的宽度；第三类方法是诱导期法。

① 直接法。通过直接检测结晶系统中的微小细晶出现的时机来确定物质的介稳区。现在应用较多的是激光散射法，如使用氦氖（He-Ne）激光器测定超溶解度，是根据析晶前后透过过饱和溶液的激光强度的变化来检测首批晶核出现的真正时机。He-Ne 激光仪发射出的单色激光光束遇到与波长相近的源体便发生散射和衍射，激光强度大幅度衰减，如图 8-8 所示。通过激光接受仪显示的功率数据可以确定过饱和溶液中首批晶核出现的温度或时间等数据，从而计算出物质的超溶解度。

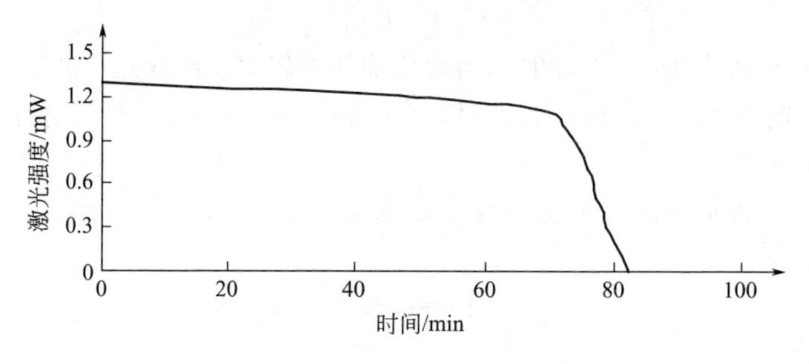

图 8-8 激光功率随时间的变化

激光法不仅简便易行，而且动态响应快，灵敏度高，适用范围广，准确度高。此外，利用激光散射原理的在线粒度分析仪的探头可以直接深入液体内部，在线放大观测液体中的晶核出现，大大提高实验精度。

② 间接法。间接法是通过检测析晶点前后结晶物系的物理化学性质，如电导率、折射率、浊度等的变化来确定晶核出现的时机，进而确定介稳区。这类方法原理简单，但是在实际应用中，由于首批出现的晶核量往往很少，不足以引起物理化学性质的显著变化，因此这种方法很难准确判断首批晶核出现的真正时刻。

对于溶解度对温度敏感的物质，可以采用结晶热力学测定法，根据结晶成核放热，利用 Diamond DSC 功率补偿型差示扫描量热仪对少量饱和溶液程序降温，捕捉出现放热峰的时刻和温度，确定该条件下的超溶解度点，进而确定溶液的介稳区。

通过测量温度确定超溶解度的原理见图 8-9。不加晶种而缓慢冷却的情形下，溶液的状

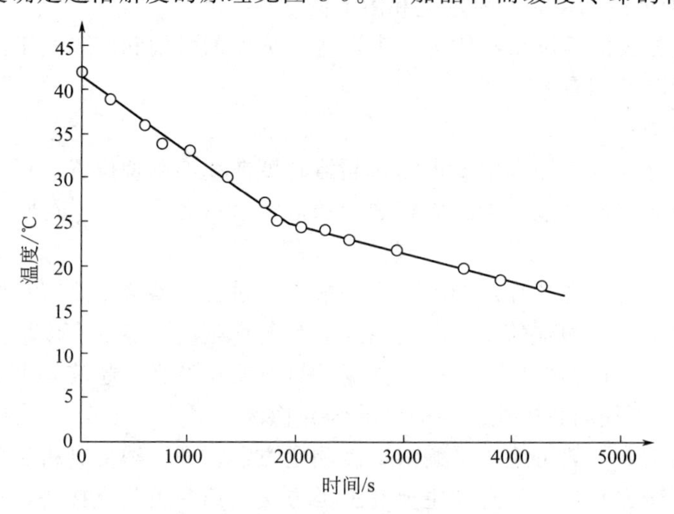

图 8-9 40℃利福平丙酮饱和溶液的冷却曲线

态也会穿过介稳区而到达超溶解度曲线的位置，产生较多的晶核，过饱和度因成核而有所消耗后，溶液的状态当即离开超溶解度曲线，不再有晶核生成。利用超溶解度随温度变化的特征，将一定浓度的溶液均匀冷却，当溶液中无相变时，体系的温度随时间均匀变化。若冷却过程中，体系有相变化时，温度随时间的变化速率减小，曲线斜率发生改变，出现转折点，此点即为相变点，对应的温度就是溶液的相变温度，被测溶液的浓度即为该温度下溶质的超溶解度。

图 8-9 是温度为 40℃时利福平丙酮饱和溶液的冷却曲线，根据实验数据分别对两段降温曲线进行拟合得到两条直线方程，联立方程得出交点温度 $T=24.75$℃，即为该体系下相变温度点，也就是 40℃下利福平在丙酮饱和溶液中的超溶解度点。

③ 诱导期法。Seifert 提出了诱导期法，通过测定成核诱导期来确定溶液的超溶解度，即由过饱和度的大小与诱导期时间长短的关系确定过饱和度。此法以非常快的速度使饱和溶液降温，使其过冷度为 ΔT_i，在停止冷却后，经过一段所谓诱导期 t_i，晶核开始出现。采用不同的过冷度，可得到一系列相应的诱导期。可以推断，过冷度越小，所需的诱导期越长。当过冷度恰恰等于介稳区内的最大过冷度 $\Delta T_{\max}$（即真正的介稳区宽度）时，诱导期为无限长。将试验所得的 $1/t_i$ 与相应的 ΔT_i 标绘，如图 8-10 所示，并将标绘所得的线外延至 $1/t_i=0$ 处，可在横坐标上读得 $\Delta T_{\max}$值。

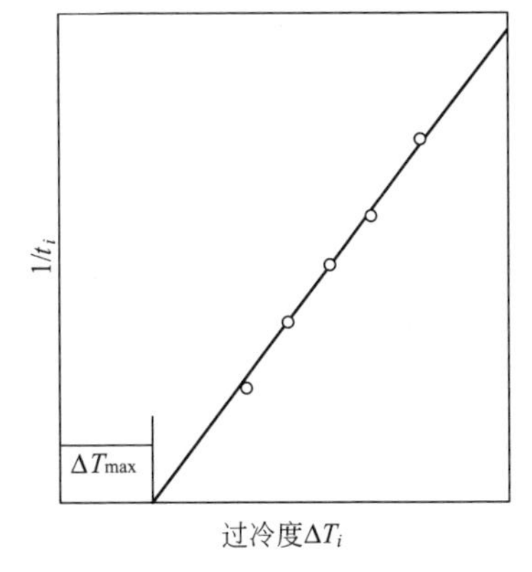

图 8-10 诱导期与过冷度曲线

各种介稳区的测量方法在原理上是相同的，只是检测晶核产生的方法有所不同而已。但是检测方法不同，所得介稳区的宽度也会有差别。因此测定介稳区宽度最关键的一点是如何尽早地发现首批晶核的产生，最大限度地确定过饱和度的真实数值，从而使介稳区尽可能地接近真实的数值。

介稳区宽度的测量，特别是结合晶体成核机理的研究，至今仍是结晶领域研究关注的重点课题。临界晶核的尺寸一般在 $10^{-8}\sim10^{-7}$m 范围内。由于晶核的体积非常小，所以到目前为止，还没有任何检测手段能够真正监测到晶核的出现。但是检测的工具越精确，越能及早地发现首批晶核的出现，使所测出的介稳区宽度越窄而越接近于真正的宽度值。

8.3.3 结晶产率计算

结晶过程产率计算的基础是物料衡算和热量衡算。物料衡算的作用除了计算不同结晶方法的理论产率，还包括建立结晶体系理论分析的物料衡算关系。对于在高过饱和度下操作的物系，母液中常含有更多的处于过饱和状态的溶质，因此导致晶体产品的产率明显低于理论产率，一些有机物系的结晶往往是这种类型。对于可以采用低过饱和度操作的物系，母液中处于过饱和状态的溶质几乎可忽略不计，属于高产量的结晶系统。各种盐类的水溶液的结晶，介稳区宽度很窄，都属于此类系统，在计算产率时可按理论产率计。

在结晶操作中，原料液的浓度是已知的。对于大多数物系，结晶终了时母液与晶体达到平衡状态，可由溶解度曲线查得母液浓度，或是通过实测确定母液的终了浓度。收率计算的基本公式是对结晶器进料和出料中的溶质作物料衡算而导出的。在计算时需要注意两个问题：一是对于形成溶剂化合物的结晶过程，必须考虑结晶产量中包含的溶剂；二是对于真空

绝热或非绝热冷却结晶过程，溶剂蒸发量决定于热量衡算。推导结果为

$$Y=\frac{WR[c_1-c_2(1-V)]}{1-c_2(R-1)} \tag{8-12}$$

式中，c_1、c_2 为原料溶液浓度和最终溶液浓度，kg 溶质/kg 溶剂；V 为溶剂蒸发率，kg 溶剂/kg 原料液中溶剂；R 为溶剂化合物与溶质的相对分子质量之比；W 为原料液中溶剂量，kg 或 kg/h；Y 为结晶收率，kg 或 kg/h。

按照式(8-12) 计算产率，首先要求得溶剂蒸发率 V。对于真空冷却结晶过程，是溶液闪急蒸发而绝热冷却，蒸发率决定于溶剂蒸发时需要的蒸发潜热和溶质结晶时放出的结晶热，以及溶液绝热冷却时放出的显热，据此可以计算出溶剂的蒸发率

$$V=\frac{q_c R(c_1-c_2)+c_p(T_1-T_2)(1+c_1)[1-c_2(R-1)]}{\lambda[1-c_2(R-1)]-q_c R c_2} \tag{8-13}$$

式中，λ 为溶剂的蒸发潜热，J/kg；q_c 为结晶热，J/kg；T_1、T_2 为溶液结晶初始温度和终了温度，℃；c_p 为溶液的比热容，J/(kg·℃)。

将计算求出的溶剂蒸发率 V 代入式(8-12)，可求出结晶产量。

【例 8-1】 采用管式冷却结晶器连续结晶生产 $Na_2SO_4 \cdot 10H_2O$。原料溶液含 Na_2SO_4 的质量分数为 30%，从 323K 冷却到 293K，要求结晶产量为 0.072kg/s。已知 Na_2SO_4 在 293K 的溶解度为 19.5kg/100kgH_2O，溶液的平均比热容为 1.39kJ/(kg·K)，结晶热为 247.149kJ/kg 水合物。冷却水进口和出口温度分别为 278K 和 288K，总传热系数为 0.21kW/(m^2·K)，单位结晶器长度的有效传热面积为 0.5m^2/m，求结晶器的长度？

解：
$$R=\frac{\text{水合盐相对分子质量}}{\text{盐相对分子质量}}=\frac{322}{142}=2.27$$

忽略溶剂蒸发量，故 $V=0$

换算原料液和出口液浓度，$c_1=\dfrac{0.3}{1-0.3}=0.43\text{kg/kgH}_2\text{O}$

$$c_2=0.195\text{kg/kgH}_2\text{O}$$

1kg 原料溶液有 0.3kg 盐和 0.7kgH_2O，故 $W=0.7$kg

代入式(8-12)

$$Y=\frac{WR[c_1-c_2(1-V)]}{1-c_2(R-1)}=\frac{0.7\times 2.27\times[0.43-0.195\times(1-0)]}{1-0.195\times(2.27-1)}=0.496\text{kg}$$

为生产 0.072kg/s 的晶体，原料需要量=1×0.072/0.496=0.145kg/s

冷却溶液需要的显热 $Q_1=0.145\times 1.39\times(323-293)=6.05\text{kW}$

结晶热 $Q_2=0.072\times 247.149=17.79\text{kW}$

合计传出热量 $Q=Q_1+Q_2=6.05+17.79=23.84\text{kW}$

按逆流传热计，对数平均温度差

$$\Delta T_{\ln}=\frac{(T_1-t_2)-(T_2-t_1)}{\ln\dfrac{T_1-t_2}{T_2-t_1}}=\frac{(323-288)-(293-278)}{\ln\dfrac{323-288}{293-278}}=23.6\text{K}$$

需传热面积 $A=\dfrac{Q}{U\Delta T_{\ln}}=\dfrac{23.84}{0.21\times 23.6}=4.8\text{m}^2$

结晶器长度为=4.8/0.5=9.6m

8.4 结晶过程的动力学分析

8.4.1 晶核形成

溶液达到一定的饱和度后会新生出微小晶体粒子，这是晶体生长的核心，称为晶核。晶核形成速率为单位时间内在单位体积的晶浆或溶液中生成新粒子的数目。成核速率是决定晶体产品粒度分布的首要动力学因素。

结晶过程要求有适宜的成核速率，过高的成核速率会导致晶体粒度细小且粒度分布范围宽，产品质量低劣，必然会降低结晶器的生产强度。研究晶核形成的机理及影响成核速率的因素，建立与晶核粒度分布相联系的分析方法，避免在结晶过程中过量晶核的形成，是结晶研究的主要内容之一。

一般将成核现象分为三种形式，初级均相成核、初级非均相成核及二次成核。溶液在不含外来物体的情况下自发地产生晶核的过程称为自发成核或初级均相成核，在外来物体（如来自大气的微尘）诱导下的成核过程，称为初级非均相成核，二者统称为初级成核。在溶液中含有被结晶物质的晶体的条件下出现的成核现象，不论机理如何，统称为二次成核。二次成核的主要机理是接触成核，即晶核是晶体与其他固体接触时所产生的晶体表层的碎粒。

(1) 初级成核

① 初级均相成核

在结晶过程中，一般晶核的主要来源是二次成核，通常只有在超微粒子制造中，才依靠初级爆发成核。但初级成核现象对认识结晶机理具有重要意义。

溶液中溶质的分子、原子、离子作快速运动，称为运动单元。在 10nm^3 的小体积范围中，各运动单元的位置、速度、能量、浓度等都有很大的波动，使各运动单元经常能进入另一个单元的力场中并立即与之结合在一起。虽然它们也很可能又迅速分开，但它们确定能结合在一起，而且继续与第三个及更多的单元结合，这种结合体称为线体。这种结合被认为是可逆的，如下所示

$$A_1 + A_1 \rightleftharpoons A_2$$

$$A_2 + A_1 \rightleftharpoons A_3$$

$$\cdots$$

$$A_{m-1} + A_1 \rightleftharpoons A_m$$

此处 A_1 为单一的运动单元，其下标表示线体中的单元数。当 m 值增大至某种限度，线体可称为晶胚，当晶胚生长至能与溶液建立热力学平衡的尺度时就可称之为晶核。晶核的 m 值约为数百。

如前所述，晶核的形成过程具有可逆性，晶核如失去一些运动单元，则降级为晶胚，甚至溶解。如得到一些运动单元，则生长成为稳定的晶核而继续长大。总之，晶体的生成经历了以下步骤

$$\text{运动单元} \rightleftharpoons \text{线体} \rightleftharpoons \text{晶胚} \rightleftharpoons \text{晶核} \rightleftharpoons \text{晶体}$$

可见，粒子只有长至某一临界粒度才能成为继续长大的稳定的晶核，溶质单元的集聚和溶剂分子的逐出都需要功，这部分功或成核的能量就是控制成核动力学的能量势垒。晶胚若能长到某临界粒度，则进一步生长的自由能变化可忽略，该晶胚成为最小粒度的稳定的晶

核。若晶胚达不到临界粒度，则会再溶解。Kelvin 方程描述了临界晶核粒度与溶液过饱和度之间的关系

$$L_n=\frac{4V_m\sigma}{vRT\ln S} \tag{8-14}$$

式中，L_n 为临界晶核粒度；V_m 是晶体的摩尔体积；σ 为固体和溶液之间的界面张力；v 是每分子溶质中离子的数目（由分子构成的晶体，其值为 1）；S 为过饱和度比（$=c/c^*$）。

从该式看出，较小的临界晶核粒度对应着较高的过饱和度。实际上达到如此高的过饱和度时，具有该粒度的粒子就会溶解。

溶质要从溶液中析出长到临界尺寸成为晶核，需要克服成核的能量势垒 ΔG_{max}，该能量是形成核表面的自由能变化与相转变的自由能变化之和。

$$\Delta G_{max}=\frac{16\pi\sigma^3V_m^2}{3(kT\rho\ln S)^2} \tag{8-15}$$

将上式带入采用 Arrhenius 类型表示的速率公式 $B^0=A\exp\left(-\frac{\Delta G}{kT}\right)$ 中，得到初级均相成核速率方程

$$B^0=A\exp\left[\frac{-16\pi\sigma^3V_m^2}{3k^3T^3(\ln S)^2}\right] \tag{8-16}$$

式中，B^0 为成核速率；A 为指前因子，其理论值为 10^{30} 核数/($cm^3\cdot s$)；k 为 Boltzmann 常数。

式(8-16) 表明，成核速率随过饱和度和温度的增大而增大，随表面能（界面张力）的增加而减小，其中过饱和度是最主要的影响因素。表 8-1 是水的成核诱导期，理论上水在过饱和度大于 1 的任何状态下，只要有足够的结晶时间，均能自发成核，但其成核速率随过饱和度的增加呈现指数增加，当过饱和度达到 4.0 附近时能够瞬时成核。

表 8-1 水的成核诱导期

过饱和度 S	1.0	2.0	3.0	4.0	5.0
时间	无限长	10^{62}a	10^3a	0.1s	10^{-13}s

值得注意的是，实际上存在一个适宜的成核温度，该成核温度下的成核速率低于最大晶体成核速率，并且其受液相黏度和分子运动状态的制约。

② 初级非均相成核

真实溶液常常包含灰尘或其他外来物质粒子，这些外来物质的存在能在一定程度上降低成核的能量势垒，诱导晶核的生成，这类初级成核称为非均相成核。非均相成核一般在比均相成核低的过饱和度下发生。

采用式(8-16) 计算结晶过程的初级成核速率相对困难，故其应用价值较少，一般使用简单的经验关联式表达初级成核速率 B_p 与过饱和度的关系

$$B_p=K_p\Delta c^n \tag{8-17}$$

式中，K_p 为初级成核速率常数；n 为成核指数（一般大于 2）。K_p 和 n 的数值由具体系统的物理性质和流体力学条件而定。

初级成核速率大，而且对过饱和度变化非常敏感，难以控制，因此除制造超细粒子外，一般结晶过程要避免初级成核的发生。

(2) 二次成核

① 二次成核机理

二次成核是在已有溶质晶体存在条件下的成核，是结晶器中晶核的主要来源。二次成核速率是决定晶体产品粒度分布的关键因素之一，因此需要详细地了解二次成核过程的机理，了解过程的操作参数和结晶器的结构参数对二次成核的影响。

由于过饱和溶液中有晶体存在，这些母晶对成核现象有催化作用，因此，二次成核可在比自发成核更低的过饱和度下进行。二次成核机理比较复杂，曾经提出许多假设，现在人们普遍认为起决定作用的是两种机理：流体剪应力成核和接触成核。

流体剪应力成核　在高过饱和度下，在晶体表面有枝晶生长，受到流体的剪切力作用时，晶体断裂，成为晶核来源。另一种说法是，晶核起源于晶体和溶液之间的边界层，在它附近的溶质和溶液则处于松散有序的相态，流体的剪切作用足以将吸附分子层扫进溶液，并长成晶粒。如果不存在较大的剪应力，则这些粒子会并入正在生长的晶体中。由式(8-14)可知，只有尺寸大于临界粒度时，粒子才不会被溶解，所以被扫落的粒子只有一部分可以生存下来，作为晶核继续生长。如果溶液的过饱和度较低，相应的临界粒度大，得以生存的粒子所占的百分数就会较小，那么这种成核机理的重要性也就有限了。

接触成核（或称碰撞成核）　在有搅拌的结晶器中，晶核的生成量与搅拌强度有直接关系。晶体在与外部物体（包括另一粒晶体）碰撞时会产生大量碎片，其中粒度较大的就是新的晶核。这种成核现象被认为在结晶器中占有重要地位。

结晶器中，接触成核主要有晶体-晶体、晶体-搅拌器和晶体-结晶器壁接触成核三种方式，其中晶体与搅拌器之间的接触成核占首要地位，如何降低这部分的成核速率是结晶器结构设计中应主要考虑的问题之一。各种成核速率对总成核速率的“贡献”具有力和性。

接触成核在结晶过程中被认为是获得晶核的最简单的方法，同时也是最好的方法，它有以下优点：动力学级数较低，也就是说溶液过饱和度对接触成核速率的影响较小，容易实现稳定操作的控制；成核过程是在低过饱和度下进行的，在这种结晶操作条件下能得到优质产品；产生晶核所需的能量非常低，被碰撞的晶体不易造成宏观的磨损。

② 影响接触成核速率的因素

二次成核速率受三个过程的控制：在固相表面或附近产生二次成核；簇的迁移；生长成为新固相。影响这些过程的因素包括过饱和度，碰撞能量，杂质、晶体的粒度和硬度等。过饱和度是控制成核速率的关键参数，其对成核速率的影响有三方面：在过饱和度较高的情况下，吸附层比较厚，引起大量晶核的生成；临界晶核粒度随过饱和度的增高而降低，因此晶核存活的概率比较高；随着过饱和度的增高，晶体表面的粗糙程度也增加，导致晶核总数比较大。一般说来，成核速率随过饱和度的增加而增高，但是其成核指数低于初级成核。

温度对二次成核的影响。对几个系统的研究表明，在固定过饱和度条件下，成核速率随温度升高而降低。这是由于在较高温度下，吸附层与晶体表面结合的速率比较快，吸附层的厚度减小，成核速率也随之降低。成核级数对温度的变化不敏感。

晶体粒度与每次接触生成的晶核量有密切关系。当结晶器的几何形状、搅拌器的直径、转速等条件相同时，粒度较大的晶体的碰撞能量较高，因而晶核的生成量较多。不同粒度的晶粒与桨叶相撞击的机会是不同的，这可用“中靶效率”（Target Efficiency）来描述。当流股流经的路径中设置有障碍物时，流股中的粒子只有一部分能够撞击此障碍物，这部分粒子所占的分数称为中靶效率。从图 8-11 可以看到，大于 4mm 的晶粒有不小于 50%的中靶效率，当粒度小于 1mm 时，其中靶效率已接近于零。对于结晶悬浮液体系，只有当搅拌强度

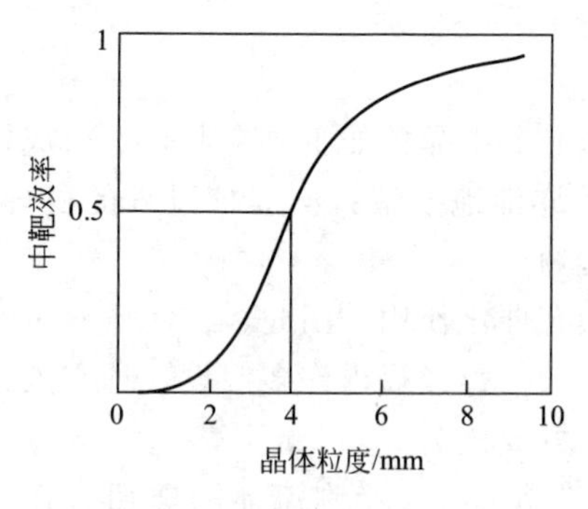

图 8-11 $MgSO_4 \cdot 7H_2O$ 物系的中靶效率

达到一定值后，不同粒度的晶体才能是均匀分布的，不同粒度的晶体才能以相同的频率通过桨叶旋转平面。为了避免晶核的过量生成，结晶器的搅拌桨总是在适宜的低转速下运行。不同粒度的晶体，其循环频率也有差别，与桨叶的接触频率也必然有差别，粒度更大的晶体有较低的接触频率。综合上述几方面因素的影响，可以推断接触成核速率随粒度的变化呈现出由低至高，再由高到低的规律。

搅拌溶液可使吸附层变薄而导致成核速率的降低。但这并非绝对，有些小晶粒物质成核速率随搅拌程度的加强而增加，对于较大晶粒，成核速率与搅拌程度无关。由于晶-桨接触对成核速率影响重大，因此在成核速率模型中引入搅拌桨转速或叶端速度等参数，以表征搅拌桨的构型及结构参数对成核速率的影响。

接触材料的硬度和晶体的硬度对二次核生成也有影响。通常材料越硬，对成核速率的增加越有效。例如聚乙烯材质的搅拌叶轮与钢制叶轮相比较，成核速率小。晶粒的硬度也影响成核性质，硬而光滑的晶体二次成核的效率相对较低，有一定粗糙度的不规则晶体成核的效率相对较高。

少量杂质的存在能对成核速率产生很大的影响，然而这种影响不能事先预测。附加物的存在或促进或抑制了物质的溶解。溶解度的增大引起过饱和度和生长速率的降低。如果假定杂质吸附在晶体表面上，那么有两个相反的因素起作用：一方面，附加物的存在降低了表面张力并提高了生成速率；另一方面，杂质附加物阻塞了潜在的生长中心，因而降低了成核速率。由此可见，杂质的影响是复杂的和不可预见的。

③ 二次成核的经验模型

预测成核速率并没有普遍适用的理论，常使用经验关联式来描述二次成核速率 B_s

$$B_s = K_b M_T^j N^l \Delta c^b \tag{8-18}$$

式中，B_s 为二次成核速率，数目/($m^3 \cdot s$)；K_b 为与温度相关的成核速率常数；M_T 为晶体悬浮密度，kg/m^3 溶液；N 为搅拌速度（转速或周边线速度），1/s 或 m/s；Δc 为过饱和度；j、l、b 为受操作条件影响的常数。

结晶过程中，总成核速率 B^0 即单位时间单位容积溶液中的新生核数目，可表达为

$$B^0 = B_p + B_s \tag{8-19}$$

与初级成核相比较，二次成核所需的过饱和度较低，所以在二次成核为主时，初级成核可忽略不计。

在某些情况下式(8-18) 可简化为

$$B^0 = K_N M_T^j \Delta c^n \tag{8-20}$$

在该情况下，K_N 随搅拌速度而变化。

④ 控制成核的措施

将结晶过程中可能采取的控制二次成核现象的措施总结如下：维持稳定的过饱和度，防止结晶器在局部范围内产生过饱和度的波动，例如蒸发面、冷却表面、不同浓度的两流股的混合区内；限制晶体的生长速率，不盲目地以提高过饱和度来达到提高产量的目的；尽可能降低晶体的机械碰撞能量及概率；对溶液进行加热、过滤等预处理，以消除溶液中可能成为

晶核的微粒；从结晶器中移除过量的微晶，产品按粒度分级排出，防止符合粒度要求的晶粒在器内继续参与循环；调节原料溶液的 pH 值或加入某些具有选择性的添加剂以改变成核速率。

8.4.2 晶体生长

在过饱和溶液中有晶核形成后，以过饱和度为推动力，溶质分子、原子或离子继续在晶核表面层层排列上去而形成晶粒的现象称为晶体生长。晶体生长理论及模型众多，得到普遍认可的是传质理论。

按照传质理论或扩散理论，晶体的生长经历图 8-12 所示的三个步骤。第一步为溶质扩散，即待结晶的溶质借扩散穿过靠近晶体表面的一个静止液层，从溶液中转移至晶体表面，推动力为浓度差（c-c_i）。第二步为表面反应，即到达晶体表面的溶质嵌入晶面，使晶体长大，同时放出结晶热。此步骤的关键是溶质分子或离子在空间晶格上排列组成有规则的结构，即完成长入晶面的过程。第三步为放出来的结晶热借传导回到溶液中，由于大多数物系的结晶热量不大，对整个结晶过程的影响可以忽略不计。据此，可以得到以下方程。

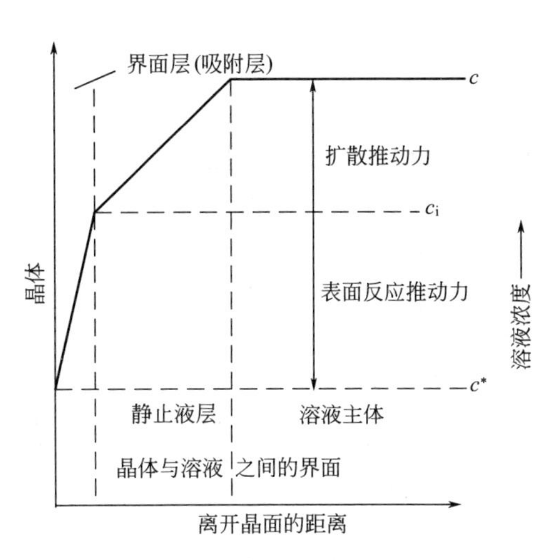

图 8-12 晶体生长的传质理论学说示意图

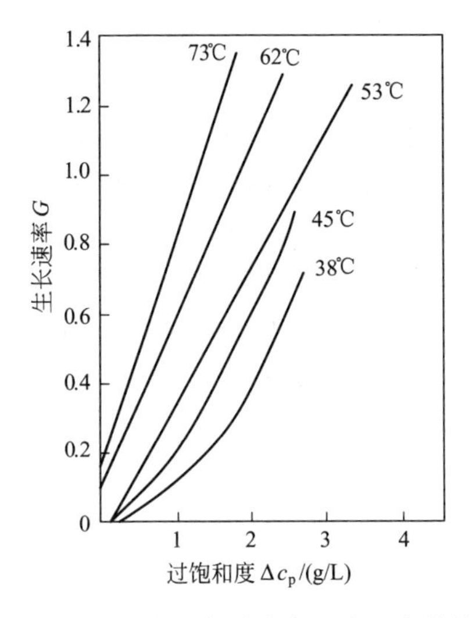

图 8-13 NaCl 的生长速率与过饱和度的关系

扩散过程
$$G_m=\frac{\mathrm{d}m}{A\,\mathrm{d}t}=k_f(c-c_i) \tag{8-21}$$

表面反应过程
$$G_m=\frac{\mathrm{d}m}{A\,\mathrm{d}t}=k_r(c_i-c^*)^{n_r} \tag{8-22}$$

式中，G_m 为晶体的质量生长速率；A 为晶体面积；c、c_i 分别为溶液主体浓度和界面浓度；c^* 为溶液主体的饱和浓度；k_f 为扩散传质系数；k_r 为表面反应速率系数；n_r 为生长幂指数；m 为晶体质量；t 为时间。

通常很难或不可能确定界面浓度 c_i，如果表面反应是 1 级，即 $n_r=1$，则将式(8-21) 和式(8-22) 合并可消去 c_i

$$G_m=\frac{\mathrm{d}m}{A\,\mathrm{d}t}=\frac{c-c^*}{1/k_f+1/k_r}=K_G(c-c^*) \tag{8-23}$$

式中，K_G为晶体生长总速率常数；$(c-c^*)$是作为总推动力的总浓度差，即过饱和度。

当表面反应速率很快时，k_r很大，此时的结晶过程由扩散速率控制。同理，扩散速率很高时，k_f很大，此时的结晶过程由表面反应速率控制。受操作参数的影响，同一物料的结晶过程既可以属于扩散控制，也可以属于表面反应控制。在较高温度下，表面反应速率有较大幅度的提高，而扩散速率的增大则有限，过程往往属于扩散控制；反之，在较低温度下，则可能属于表面反应控制。如图 8-13 所示为 NaCl 的生长速率与过饱和度的关系，在 50℃以上，关系线为直线，属扩散控制，生长速率与过饱和度属 1 阶关系。但是到了 50℃以下，关系线变为曲线，属表面反应控制，而 NaCl 结晶的表面反应过程并非一级。

若以 G 为晶体的线性生长速率，晶体粒度用特征长度 L 表示，晶体的质量和表面积可分别按式(8-1) 和式(8-2) 表示，可得到

$$\mathrm{d}L/\mathrm{d}t=\frac{k_a}{3\rho_s k_v}\times\frac{c-c^*}{1/k_f+1/k_r} \tag{8-24}$$

该式简化为

$$G=\frac{\mathrm{d}L}{\mathrm{d}t}=K_1\Delta c \tag{8-25}$$

式中，K_1为晶体生长线性速率常数。

则，晶体质量和线性生长速率之间的关系为

$$G_m=\frac{3k_v\rho_s}{k_a}G \tag{8-26}$$

进一步分析式(8-25) 可看出，由 $G=\mathrm{d}L/\mathrm{d}t$ 所定义的线性生长速率说明结晶的生长服从 ΔL 定律，即当同种晶体悬浮于过饱和溶液中，所有几何相似的晶粒都以相同的速率生长。如 ΔL 随某一晶粒的线性尺寸增长，则在同一时间内悬浮液中每个晶粒的相对应尺寸的增长都与之相同，即晶体的生长速率与原晶粒的初始粒度无关。

对于晶体生长速率与粒度无关的物系，无论结晶过程为溶质扩散速率控制，还是表面反应速率控制，对表面反应级数 $n_r=1$ 的情况，均可用式(8-23) 和式(8-25) 表示晶体的生长速率。

对于溶质扩散与表面反应两步必须同时考虑的结晶生长过程，结晶生长速率应是两步速率的叠加。在结晶中，常使用经验式

$$G=K_g\Delta c^g \tag{8-27}$$

式中，K_g为与具体物系及过程物理环境相关的生长速率常数；g 为幂指数。若表面反应速率为过饱和度的一次函数，即 $n_r=1$，则仍可采用式(8-23) 和式(8-25) 表示。

对于与粒度相关的结晶生长的物系，例如硫酸钾溶液，晶体生长不服从 ΔL 定律，而是晶粒粒度的函数，经验表达式为

$$G=G^0(1+\gamma L)^b \tag{8-28}$$

式中，G^0为晶核生长速率；b、γ 为参数（物系及操作状态的函数，b 一般小于 1）。

晶体生长速率直接影响晶体晶习、产品纯度和外观质量，因此在结晶器中不提倡以采用高的过饱和度来提高生长速率的方法。从图 8-14 和表 8-2 可以看到过高的过饱和度对结晶质量的影响，所用试验物系为 $MgSO_4 \cdot 7H_2O$。当过冷度 $\Delta T<4$℃时，晶体生长良好，处于最好的操作区。当过冷度在 4～8℃时，生长出的晶体欠透明，质量欠佳，但无晶核生成或仅发生接触成核现象。当过冷度大于 8℃时，则呈须状或帚状生长，晶体质量低劣。

表 8-2 过饱和度对 $MgSO_4 \cdot 7H_2O$ 晶体生长品质及成核类型的影响

过冷度 ΔT/℃	生长	成核现象	
		无晶-固接触	有晶-固接触
1	良好生长	无成核现象	接触成核①
4	晶体欠透明		
8	枝状、须状及帚状生长	碎片研磨	晶体碰撞碎片
16		非均相初级成核	

① 的区域为"最佳操作区"。

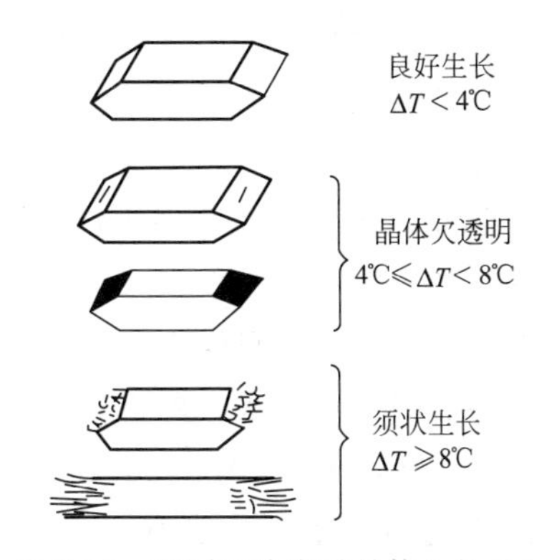

图 8-14 不同过冷度时晶体生长品质

8.4.3 晶体产品的粒度分布及粒数衡算

晶体粒度分布问题直接与晶体的成核速率和生长速率以及晶体在结晶器内的停留时间长短有关，间接地则几乎与结晶器所有的重要操作参数有关。Randolph 及 Larson 等将粒数衡算方法及粒数密度的概念应用于结晶过程，将产品的粒度分布与结晶器的结构参数及操作参数联系起来，发展了结晶理论。

应用粒数衡算研究晶体粒度分布问题的目标有两个：①即根据已有的结晶产品的粒度分布得到特定物系在特定操作条件下，晶体成核和生长动力学，用于指导结晶器设计；②获得规定的产品粒度及粒度分布时的结晶器操作条件，指导参数调整。

(1) 粒数密度

设 ΔN 为单位体积晶浆中在粒度范围 ΔL（从 L_1 至 L_2）内的晶体粒子的数目，则晶体的粒数密度 n 定义为

$$\lim_{\Delta L \to 0} \frac{\Delta N}{\Delta L} = \frac{dN}{dL} = n \tag{8-29}$$

n 值取决于 dL 间隔处的 L 值，即 n 是 L 的函数，单位为数目/(μm・L 晶浆)，即每升晶浆中粒度为 L 处的 1μm 粒度范围中的晶粒个数。

ΔN 也是 L 的函数，在 L_1 到 L_2 范围的晶体粒子数由下式得出

$$\Delta N = \int_{L_1}^{L_2} n\,dL \tag{8-30}$$

若 $L_1 \to 0$，$L_2 \to \infty$，则式(8-30) 所表示的 ΔN 变成单位体积晶浆中晶粒的总数，即 N_T。

(2) 基本的粒数衡算方程

首先，定义一种理想化结晶器——MSMPR 结晶器（Mixed Suspension, Mixed Product Removal)。该结晶器的特点是在器内任何位置上的晶体悬浮密度及粒度分布都是均一的，且与从结晶器排出的晶浆的悬浮密度及粒度分布也相同，如图 8-15 所示。用这种结晶器进行分析是因为它与工业上广泛采用的强制内循环结晶器相似，对其进行理论分析有较好的实用意义。此

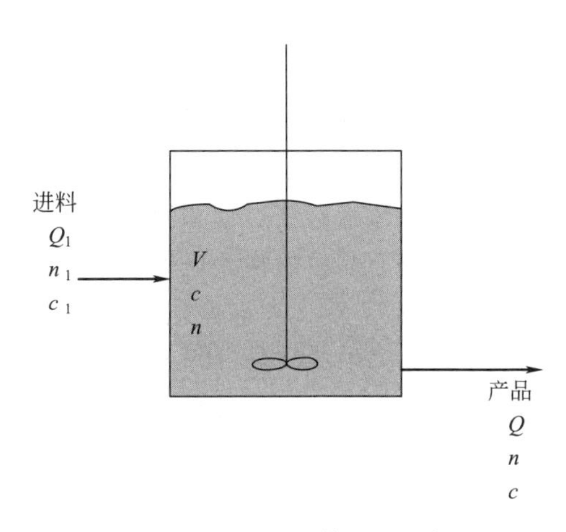

图 8-15 MSMPR 结晶器示意图

外，应用粒数衡算技术分析这种理想化的结晶器时，可以作出一些合理的假设，从而使理论分析工作得到简化。

设结晶器中悬浮液体积为 V，悬浮液中粒度为 L_1 和 L_2 的粒子的粒数密度分别为 n_1 和 n_2，相应的晶体生长速率分别为 G_1 和 G_2，经时间增量 Δt 后，作 L_1 和 L_2 粒度范围内粒子数的衡算。衡算原则是进料带入的该粒度范围内的粒子数和在结晶器中因生长进入该粒度段的粒子数之和，减去出料带出的粒子数和因生长而超出该粒度的粒子数，等于该粒度范围的粒子在结晶器中的累计数。即

$$V\Delta n\Delta L=(Q_i\,\overline{n}_i\Delta L\Delta t+Vn_1G_1\Delta t)-(Q\,\overline{n}\Delta L\Delta t+Vn_2G_2\Delta t)+V(B-D)\Delta L\Delta t \tag{8-31}$$

式中，Q_i 为进入结晶器的溶液体积流率；Q 为引出结晶器的产品悬浮液体积流率；$\overline{n}$ 为 L_1 至 L_2 粒度范围中的平均粒数密度；B、D 为单位晶浆体积中单位粒度范围，单位时间间隔里出生或消灭的晶粒数［个/(μm・L・s)］。

在 ΔL 及 Δt 趋近于 0 的极限，上式变为

$$\frac{\partial n}{\partial t}+\frac{\partial(Gn)}{\partial L}+\frac{Qn}{V}=\frac{Q_i n_i}{V}+(B-D) \tag{8-32}$$

在结晶过程中，晶体很少有机会被破碎为若干个粒度较小的碎块，所以粒数衡算式中新生成及消灭的粒子数可取为零，即 $B=D=0$。故式(8-32) 可简化为

$$\frac{\partial(nG)}{\partial L}+\frac{Qn}{V}-\frac{Q_i n_i}{V}=-\frac{\partial n}{\partial t} \tag{8-33}$$

该式为非稳态粒数衡算式。注意此式以晶浆体积为基准，有别于以清液体积为基准。

当结晶器的进料为清液，不含晶种 $n_i=0$ 时，上式简化为

$$\frac{\partial(nG)}{\partial L}+\frac{Qn}{V}=-\frac{\partial n}{\partial t} \tag{8-34}$$

对于 MSMPR 结晶器，晶体在器内的停留时间与液相的停留时间相同，故晶体的生长时间 $\tau=V/Q$，上式又可简化为

$$\frac{\partial(nG)}{\partial L}+\frac{n}{\tau}=-\frac{\partial n}{\partial t} \tag{8-35}$$

解式(8-35) 能得到描述粒数密度分布的方程。此为 MSMPR 结晶器的动态粒数衡算式。

如结晶器处于稳定状态操作，粒数密度不随时间变化，$\partial n/\partial t=0$，上式可进一步简化为

$$\frac{\mathrm{d}(Gn)}{\mathrm{d}L}+\frac{n}{\tau}=0 \tag{8-36}$$

此为 MSMPR 结晶器的稳态粒数衡算式。

① 与粒度无关的晶体生长的粒度分布

当同种晶体悬浮于过饱和溶液中时，所有几何相似的晶粒都以相同的速率生长，即晶体的生长速率与原晶粒的初始粒度无关。一般称此为 ΔL 定律。

利用物系符合 ΔL 定律的假设，可使结晶器的数学模型得到较大的简化，对于在 MSMPR 结晶器中的结晶过程，可做以下的假设：ΔL 定律适用，即 $G=\mathrm{d}L/\mathrm{d}t\neq f(L)$；系统在稳定状态下操作；晶粒在器内的平均停留时间可定义为器内悬浮液的体积 V 与料液体积速率 Q_i 之比（$\tau=V/Q_i$）；加料中无固体颗粒。

则

$$\frac{\partial(nG)}{\partial L}+\frac{n}{\tau}=0,\ \mathrm{d}G/\mathrm{d}L=0$$

$$\frac{dn}{dL}+\frac{n}{G\tau}=0 \tag{8-37}$$

令 n^0 代表粒度为零的晶体的粒数密度，即晶核的粒数密度，积分得

$$\int_{n^0}^{n}\frac{dn}{n}=-\int_{0}^{L}\frac{dL}{G\tau} \tag{8-38}$$

或

$$n=n^0\exp(-L/G\tau) \tag{8-39a}$$

写成对数形式

$$\ln n=\ln n^0-L/G\tau \tag{8-39b}$$

该式表示 MSMPR 结晶器稳态下的粒数密度分布函数。

将 $\ln n$ 与对应的 L 值标绘，可得一直线，此线的截距等于 $\ln n^0$，斜率等于 $-1/G\tau$（见图 8-16）。因此，若已知晶体产品的粒数密度分布 $n(L)$ 及平均停留时间 τ，则可算出晶体的线性生长速率 G 及晶核的粒数密度 n^0。

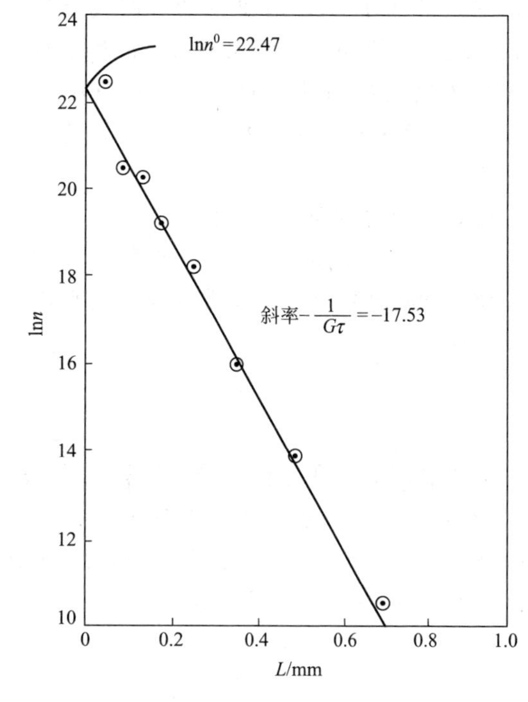

图 8-16 MSMPR 结晶器粒数密度与粒度关系图

由式(8-39a) 所表达的粒数密度分布关系式可以看出，结晶产品的粒度分布决定于三个参数：生长速率 G、晶核粒数密度 n^0 和停留时间 τ，停留时间由结晶器的设计者决定。G 和 n^0 由结晶物系的成核及生长特性所决定，因而是结晶器的结构细节及流体力学条件的函数。

晶核的粒数密度 n^0 与成核速率 B^0 之间存在着一个重要的关系式

$$\lim_{L\to 0}\frac{dN}{dt}=\lim_{L\to 0}\left(\frac{dL}{dt}\times\frac{dN}{dL}\right) \tag{8-40}$$

等号左边即为 dN^0/dt 或 B^0，右边第一项为 G，第二项为 n^0，其中 N 及 N^0 分别为单位体积晶浆中晶体及晶核的粒数，故得

$$B^0=n^0G \tag{8-41}$$

由于结晶生长速率 G 也是过饱和度的函数，且 $B^0=K_NG^iM_T^j$，故式(8-39a) 可演变成

$$n^0=K_NG^{i-1}M_T^j \tag{8-42}$$

式中，K_N 为温度 T 与外部输入能量的函数。式(8-42) 消去了很难准确测量的过饱和度。

② 与粒度相关的晶体生长的粒度分布

与粒度相关的晶体生长速率用经验式(8-28) 表示，将此式代入粒数衡算式(8-37)，得到

$$n=n^0(1+\gamma L)^{-b}\exp\left[\frac{1-(1+\gamma L)^{1-b}}{G^0\tau\gamma(1-b)}\right] \tag{8-43}$$

当 $b=0$，则该式简化为与粒度无关的晶体生长粒数密度分布式(8-39a)。

为简便起见，定义 $\gamma=1/G^0\tau$，而模型中的待定参数 γ 和 G^0 只有一个是独立的，使模型的应用简化。式(8-43) 可改写成

$$\ln n=\ln n^0+\frac{1}{1-b}-b\ln(1+\gamma L)-\frac{(1+\gamma b)^{1-b}}{1-b} \tag{8-44}$$

此式表达了在 MSMPR 结晶器中稳态操作时，与粒度相关的晶体生长的粒数密度分布。式中参数 n^0、G^0 和 b 值的确定由 $\ln n$-L 数据对式(8-44) 拟合得到。

当生长速率随粒度增大时，b 是正值。以 K_2SO_4 和 $Na_2SO_4 \cdot 10H_2O$ 的晶体生长为例，将式(8-43) 绘于图 8-17 上。和与粒度无关的晶体生长（$b=0$）相比较，随粒度增大而加快的晶体生长速率导致产生更多的粒度较大的晶粒，这通常是所希望的。注意，图 8-17 上 $L/(G\tau)<2$ 的所有曲线都收敛在一起，这说明与粒度无关的生长模型对于小晶体也能得到满意的结果。K_2SO_4 和 $Na_2SO_4 \cdot 10H_2O$ 实验数据与上述计算值拟合很好。

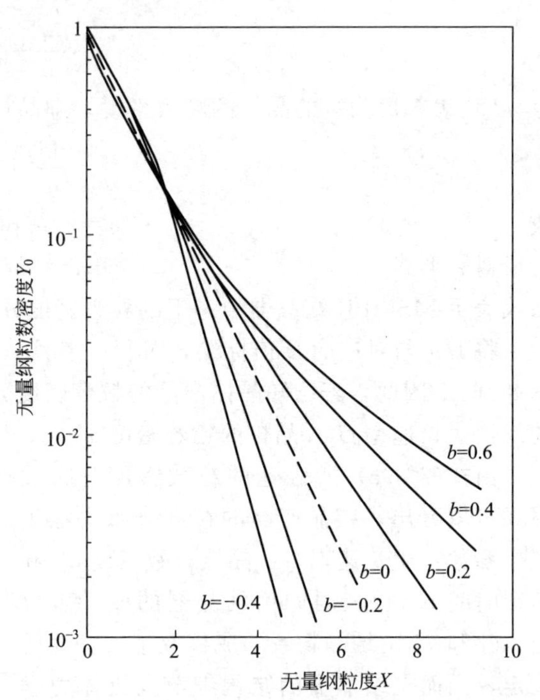

图 8-17 与粒度相关的生成粒数密度图

注：$X=L/G\tau$，$Y_0=n/n^0$

(3) 平均粒度和变异常数

对 MSMPR 结晶器作粒数衡算，得到了总质量的特征粒度 L_D 和质量分布的平均粒度 L_M

$$L_D=3G\tau \tag{8-45}$$

$$L_M=3.67G\tau \tag{8-46}$$

对于晶体的粒度分析可采用筛析的方法，将晶体样品标绘为筛下（或筛上）累积质量（或体积）分数与筛孔尺寸的关系线，如图 8-18 所示。但更常用的简便方法是以中间粒度（Median Size，简称 MS）与变异系数（Coefficient of Variation，简称 CV）之比来表达粒度分布。在图 8-18 中，如筛析数据在 10%～90%的数据点落在（或近似地落在）直线上，则

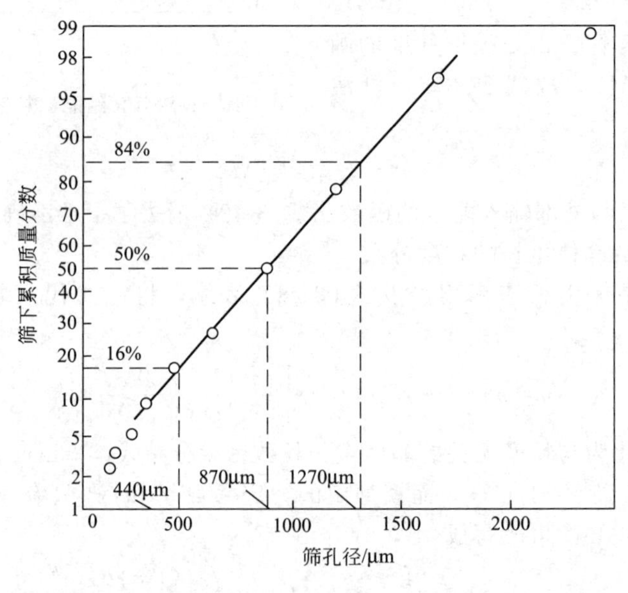

图 8-18 晶体粒度分布图

可用此法表达。例如 $MS/CV=870/48$，表明中间粒度为 870μm，而变异系数为 48%。根据这两个参数就可以在合理的精度范围内确定通过各级标准筛的质量分数。

变异系数定量地描述了粒度散布的程度，通常用百分数表示

$$CV=\frac{L_{84\%}-L_{16\%}}{2L_{50\%}}\times 100\% \tag{8-47}$$

式中，$L_{84\%}$ 表示筛下累积质量分数为 84% 的筛孔尺寸，$L_{16\%}$ 和 $L_{50\%}$ 同理。这些数值可从累积质量分布曲线获得。

对于一个晶体样品，其粒度分布的 CV 值大，表明粒度分布范围宽；其粒度分布的 CV 值小，表明粒度分布范围窄，粒度趋于平均，若 $CV=0$，则表示粒子的粒度均匀一致。对于 MSMPR 结晶器，其产品粒度分布的 CV 值大约为 50%。对于大规模工业结晶器生产的产品，例如强迫循环型结晶器和具有导流筒及挡板的真空结晶器，其 CV 值为 30%～50%。

【例 8-2】 尿素在工业中用 Swenson DTB 结晶器结晶。一次投料操作得到的数据如表 8-3 所示。

表 8-3　例 8-2 一次投料操作数据

筛网目数	14	20	28	35	48
累积百分率/%	19	38.5	63.5	81.5	98
筛网直径/mm	1.168	0.833	0.589	0.417	0.295

操作时间为 3.97h，晶浆中晶体浓度为 404g/L。尿素密度 $\rho=1.33\text{g/cm}^3$。晶体的体积形状因子 k_v 约为 1.0。

试求：(1) 晶体生长速率；(2) 结晶成核速率；(3) 主导晶体的尺寸。

解：(1) 将实测数据整理成 $\ln n$-L

以第一组数据的计算为例，平均开孔 $L_1=1.00\text{mm}$，粒度间距 $\Delta L_1=0.335$

粒子数 $\Delta N_1=\Delta M/k_v\rho L^3$　$\Delta N_1=59233.083\text{L}^{-1}$

粒数密度 $n_1=\dfrac{\Delta N_1}{\Delta L_1}=176815.17\#/(\text{mm}\cdot\text{L})$

$$\ln n=12.083$$

计算结果如表 8-4 所示。标绘出 $\ln n$-L 如图 8-19 所示。

表 8-4　例 8-2 计算结果

筛网目数	质量分数/%	k_v	$\ln n$	L(平均粒度)/mm
20	19.5	1.0	12.083	1.00
28	25	1.0	13.672	0.711
35	18	1.0	14.731	0.503
48	16.5	1.0	16.024	0.356
65	2	1.0	15.306	0.2525

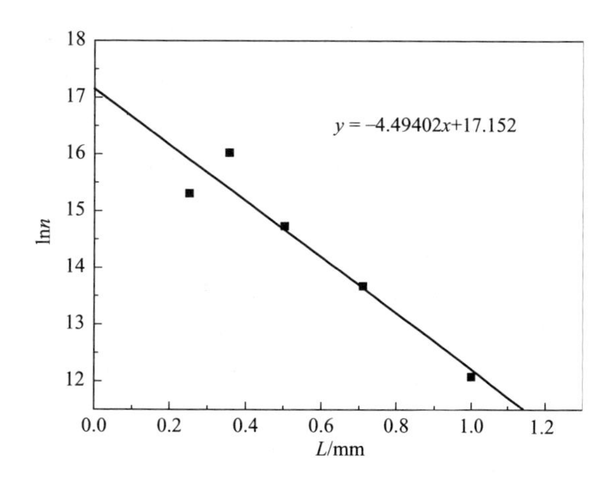

图 8-19　$\ln n$-L 图

直线斜率为-4.49402，直线截距为17.152

由$-1/G\tau=-0.1858$　得出$G=0.051\text{mm/h}$

（2）$B^0=Gn^0=0.051\times e^{17.152}=1.434\times10^6$ #/(L·h)

（3）晶体特征尺寸为$LD=3G\tau=3\times0.051\times3.97=0.6074\text{mm}$

8.5 结晶方法和结晶设备

8.5.1 结晶方法

溶液结晶一般按产生过饱和度的方法分类，而过饱和度的产生方法又取决于物质的溶解度特性。对于不同类型的物质，应采用不同类型的结晶形式。一般来说，溶解度随温度变化较大的物质适用冷却结晶方法，溶解度随温度变化较小的物质一般采用蒸发结晶等，而溶解度随温度变化介于上述两者之间的物质，适于采用真空结晶的方法。溶液结晶的基本类型如表8-5所示。但是，这样的分类并非绝对，具体选用哪种结晶操作方式，除了考虑溶质的溶解性能外，还需要考虑溶质的热稳定性、溶剂的沸点、结晶体系的黏度及体系杂质的性质等因素。实际工业结晶操作往往是多种结晶方式的联合使用，包括盐析结晶、反应结晶、加压结晶等。随着分离技术的发展，出现了萃取结晶、膜分离浓缩结晶、超临界流体结晶等新结晶技术，也拓宽了结晶方式的选择范围。

表8-5　溶液结晶的基本类型

结晶类型	产生过饱和度的方法	图8-7中相应路径
冷却结晶	降低温度	$E\rightarrow F\rightarrow G$
蒸发结晶	溶剂的蒸发	$E\rightarrow F'\rightarrow G'$
真空绝热冷却结晶	溶剂的闪蒸与蒸发兼有降温	$E\rightarrow F''\rightarrow G''$
加压、盐析、反应结晶等	改变压力，加反溶剂，化学反应等降低溶解度的方法	—

（1）冷却结晶

冷却结晶过程是使溶液冷却降温，成为过饱和溶液，该过程基本上不去除溶剂。此法适用于溶解度随温度的降低而显著下降的物系。

对物料的冷却方法可分为自然冷却、间壁冷却及直接接触冷却。自然冷却是使溶液在大气中冷却而结晶，其设备构造及操作均较简单，但冷却徐缓，因而生产能力低。同时，由于自然四季温度的差别，批次之间的冷却结晶速率始终处于变化之中，产品质量难以控制，一般在生产中已不被采用。间壁冷却是工业结晶中广泛应用的方法。需要注意的是间接换热冷却结晶的冷却表面容易结垢，导致结晶过程换热效率的下降，引起结晶成核速率及生长速率的大波动。虽然，冷却结晶消耗的能量较少，但由于冷却传热面的传热系数较低，允许采用的温差又小，故一般多用在生产量较小的场合。

直接接触冷却结晶的原理是依靠结晶母液与冷却介质直接混合制冷。以乙烯、氟利昂等惰性液体碳氢化合物为冷却介质，靠其蒸发汽化移出热量。应注意的是结晶产品不应被冷却介质污染，结晶母液中溶剂与冷却介质不互溶或者易于分离。也有用气体或固体以及不沸腾的液体作为冷却介质的，通过相变或显热移走结晶热。目前在润滑油脱蜡、水脱盐及某些无机盐生产中采用这些方法。

(2) 蒸发结晶

依靠蒸发除去一部分溶剂的结晶过程称为蒸发结晶，它是使结晶母液在加压、常压或减压下加热蒸发浓缩而产生过饱和度。蒸发结晶消耗的热能较多，随着溶剂的蒸发料液的稠厚度增加，导致加热面结垢，传热受阻，操作困难。目前蒸发结晶主要用于糖及盐类的工业生产。为了节约能量，糖的精制已使用了由多个蒸发结晶器组成的多效蒸发，操作压力逐效降低，以便重复利用二次蒸汽的热能。很多类型的自然循环及强制循环的蒸发结晶器已在工业中得到应用。溶液循环推动力可借助于泵、搅拌器或蒸汽鼓泡热虹吸作用产生。蒸发结晶也常在减压下进行，目的在于降低操作温度，减小热能损耗。

(3) 真空绝热冷却结晶

真空绝热冷却结晶是使溶剂在真空下闪急蒸发而绝热冷却，实质上是以冷却及去除一部分溶剂两种效应来产生过饱和度。这是一种被较多采用的结晶方法，这种方法所用的主体设备较简单，操作稳定。最突出之处是结晶器内无换热面，因而不存在晶垢妨碍传热，且设备的防腐蚀问题也比较容易解决，劳动生产率相对高，为大规模生产中首先考虑采用的结晶方法之一。

真空冷却法的操作压力一般可低至 30mmHg（绝压），也有低至 3mmHg（绝压）的。真空的产生常采用多级蒸汽喷射泵及热力压缩机，其能量消耗远远高于不用真空的冷却法。在大型生产中常由多个真空冷却结晶器组成多级结晶器，使操作真空度逐级提高，以节约前级喷射泵的能量消耗。

(4) 盐析结晶

盐析结晶方法是向待结晶的溶液中加入某些物质，它可较大程度地降低溶质在溶剂中的溶解度以产生过饱和度。所加入的物质可以是固体，也可以是液体或气体，这种物质往往称为稀释剂或沉淀剂。作为沉淀剂需要满足一定的要求：能溶解于原溶液中的溶剂，但不溶解被结晶的溶质；同时，溶剂与沉淀剂的混合物应易于分离。

例如，向盐溶液中加入甲醇则盐的溶解度发生变化。如将甲醇加进盐的饱和水溶液中，经常引起盐的沉淀。甲醇的盐析作用可应用于 $Al_2(SO_4)_3$ 的结晶过程，并能降低晶浆的黏度。盐析结晶的另一个应用是将 $(NH_4)_2SO_4$ 加到蛋白质溶液中，选择性地沉淀不同的蛋白质。工业上也将 NaCl 加到饱和 NH_4Cl 溶液中，利用共同离子效应使母液中的 NH_4Cl 尽可能多地结晶出来。

盐析结晶的优点有：①可与冷却结晶法结合，提高溶质从母液中的回收率；②结晶过程可使温度保持在较低的水平，对于热敏性物质的结晶纯化有利；③在有些情况下，杂质在溶剂与稀释剂的混合物中有较高的溶解度，而保留在母液中，从而简化了晶体的提纯。

但是，采用盐析结晶方法，需要配备回收设备以处理母液，分离溶剂和稀释剂。

(5) 反应结晶

反应结晶是通过气体或液体之间进行化学反应而沉淀出固体产品的过程。该过程常用于制药工业、某些化肥生产和煤焦工业中。例如从焦炉废气中回收 NH_3，就是利用 NH_3 和 H_2SO_4 反应结晶产生 $(NH_3)_2SO_4$ 的方法。反应结晶的过饱和度较低，结晶速率较快，晶体的粒度控制相对困难，因此要仔细控制过程产生的过饱和度，努力把反应沉淀过程变为反应结晶过程。

8.5.2 结晶设备

结晶器的类型繁多，有许多型式的结晶器专用于某一种结晶方法，但更有许多重要型式的结晶器，如DTB（Draft Tube and Baffle，导流筒-挡板）型、DP（Double Propeller，双螺旋桨）型、Oslo型结晶器等通用于各种不同的结晶方法。此外还有晶浆混合型与粒度分级型结晶器、母液循环型与晶浆循环型结晶器、分批操作型与连续操作型结晶器等的区分，以致任何一种结晶器的分类都难尽如人意。

此处仍按照结晶方法的不同来对结晶器进行分类，但对那些通用的重要型式的结晶器则会做专项介绍。

(1) 冷却结晶器

① 结晶敞槽

这是一种最原始的结晶器，在大气中借自然冷却使槽中的溶液温度逐渐降低，同时也有少量的溶剂汽化。在这种结晶槽中，通常不用任何方法控制冷却速率、晶核的形成及晶体的生长。晶体通常结在槽的内壁及器底，有时在槽中悬挂一些细棒、线条或是丝网，使晶体结于其上，而不致与泥渣同沉槽底，这样可获得较纯洁的产品。

结晶敞槽采用分批操作，生产效率很低，晶体粒度范围无法控制，晶体易于连结成簇而包藏母液杂质。但结晶敞槽构造最简单，造价最低，在产品量不太大且对产品纯度及粒度要求不严时，仍可采用。

② 搅拌结晶槽

搅拌釜是最常用的间接换热冷却结晶器。釜内装有搅拌器，釜外有夹套，设备简单，操作方便。搅拌器可使槽内温度比较均匀，产生的晶体较小但粒度较均匀，也使冷却周期缩短，生产能力提高。由于所包藏的母液较少，且晶体的洗涤效果较好，故产品纯度也有所提高。

搅拌槽可通过冷却夹套或内螺旋管以加速冷却。夹套要比螺旋管好些，因为体积较大时，晶体容易在螺旋管上结垢，妨碍传热。槽中溶液与冷却表面之间的温度差不宜超过10℃，否则会在邻近的地区产生高的过饱和度，引起过量的成核。装设冷却夹套的结晶槽内壁应当尽可能地平整光滑，以减少晶体在壁上积结，切忌用工具铲除晶垢，以免在壁上留下刮痕，形成更多的核心，加速壁上晶垢的产生。应采用溶解或熔融的办法除去晶垢。对结晶槽被冷却的内壁面来说，抛光的不锈钢或搪瓷都是良好的构造材料。

图8-20是内循环冷却结晶器，设备顶部呈圆锥形，用以减慢上升母液的流速，避免晶粒被废母液带出，设备的直筒部分为晶体生长区，内装导流筒，在其底部装有搅拌桨，使晶浆循环。结晶器内可安装换热构件。图8-21为外循环冷却结晶器，通过浆液外部循环可使器内混合均匀，提高换热速率。该结晶器可以连续或间歇操作。

(2) 蒸发结晶器

把溶液加热到沸点，使之蒸发浓缩而结晶所用的蒸发结晶器与一般的溶液浓缩所用的蒸发器在原理、设备结构及操作上并无不同。但需要指出，采用一般的蒸发器，虽然能使细晶随溶液循环，但不能对晶体的粒度有效地加以控制。结晶操作时，一般需将溶液先在通用的蒸发器中浓缩至略低于饱和浓度，然后移送至有较充分的粒度分级作用的结晶器，以完成结晶过程。

蒸发结晶器也常在减压下操作，其操作真空度不高，为了避免与下文的真空结晶器混淆，可称为减压蒸发结晶器。采用减压的目的在于增大传热温差，利用低能阶的热能，组成多效蒸发装置。

蒸发结晶器的一个重要应用是用于NaCl的生产，它们一般具有较大的生产规模，效数多采用四效或五效，年产量可达百万吨，结晶器蒸汽分离室的直径可达8m。NaCl的生产装

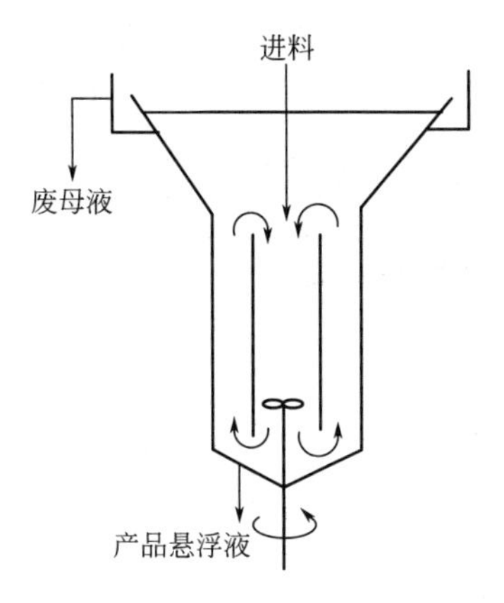

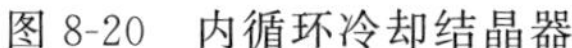
图 8-20　内循环冷却结晶器

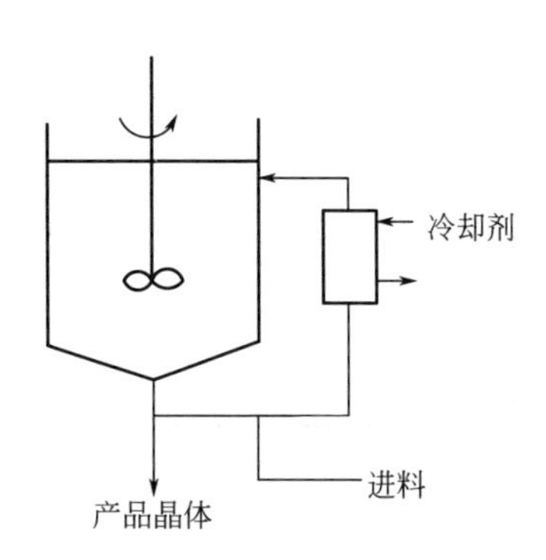

图 8-21　外循环冷却结晶器

置有以下特点：平流加料，即原料盐水同时向各效加入；并流排料，即第一效的排料送入第二效，依此类推；强制循环，以提高循环速率。设备的流程如图 8-22 所示。

蒸发结晶器在生产中遇到的主要困难在于加热面上经常有溶质结成晶垢，妨碍传热，需要向结晶器加入溶剂溶解晶垢。这样，不但使结晶器难以实现稳定的操作，且蒸出此额外加入的溶剂也要消耗更多的能量。在强制内循环结晶器中，导流筒应比加热管长一些，并且使加热面较深地浸没在液层中，以避免溶液在加热面上沸腾，从而避免局部过浓，以降低晶垢的结出速率。

(3) 真空结晶器

真空结晶器的操作原理为把热浓溶液送入密闭而绝热的容器中，器内维持较高的真空度，使器内溶液的沸点较进料温度为低，于是此热浓溶液势必闪急蒸发而绝热冷却到与器内压力相对应的平衡温度。因此，这类结晶器既有冷却作用又有少量的浓缩作用。溶剂蒸发所消耗的汽化潜热恰好由溶液冷却所释放的显热及溶质的结晶热所平衡。在这类结晶器中，溶液受到冷却而无需与冷却面接触，溶剂被蒸发而又不需使溶液与加热面接触，故而在器内根本不需设置换热面。这样就在很大程度上避免了在结晶器内产生晶垢的麻烦。

真空的产生和维持常采用多级蒸汽喷射真空泵，以达到很低的结晶温度。如果有低温冷却水或冷冻剂可供冷凝器使用，则可把溶剂蒸气由结晶器直接引入冷凝器，加以冷凝。在这种情况下，蒸汽喷射泵（或机械真空泵）仅承担排出不凝性气体的任务，能量消耗可显著降低。在很多情况下，为了提高结晶产品的产率，常要求达到尽可能低的结晶温度，所产生的溶剂蒸气不能被冷却水所冷凝，则需使用蒸汽喷射增压器（或称热力压缩器）将溶剂蒸气在进入冷凝器之前加以压缩，以提高其冷凝温度。

真空结晶器的操作可以是分批的，也可以是连续的。

① 分批真空结晶器

分批真空结晶器的器身常常是直立圆筒形，内部装有导流筒。下部为锥形底，并装有下传动式螺旋桨，后者将驱动溶液向上流过导流筒而达到溶液的蒸发表面。调节真空系统的抽气速率及冷却水用量，可以使器内的压力及相应的溶液温度按照预定的程序逐步降低，直至达到真空系统的极限。在操作过程中溶液的循环良好，使整个溶液的温度及浓度均匀，并维持晶体在溶液中的悬浮。当溶液被冷却至所要求的低温时，即可解除真空，通过底阀把晶浆排放至适当的过滤设备中去。

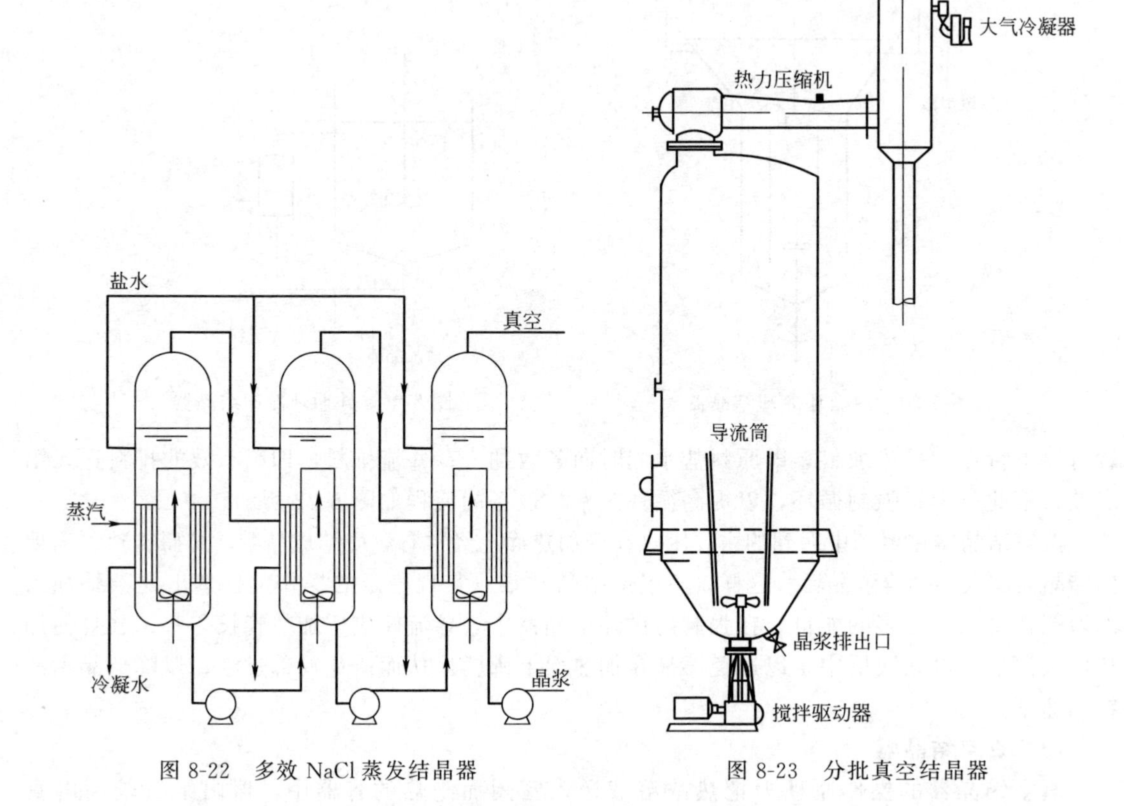

图 8-22 多效 NaCl 蒸发结晶器　　图 8-23 分批真空结晶器

在采用批次结晶操作时，必须特别注意保持恒定的结晶推动力，尤其是在操作之初应避免过高的冷却速率，以防止出现过度的成核现象。

分批操作在以下两种情况下可优先考虑采用：产品产量较小，如年产量在万吨以下；要求生产粒度分布范围很窄的产品。

图 8-23 所示为一具有导流筒的分批真空结晶器，这种形式的结晶器也称为 Buflovak 结晶器。其真空系统由热力压缩机、大气冷凝器及双级真空泵组成，广泛适用于各种无机盐及有机化工产品的生产。分批真空结晶器有时也采用强制外循环来实现结晶器内晶浆的混合。

② 多级真空结晶器

分析分批真空结晶器的操作特点，可以看到：它的操作压力在每个操作周期中是逐渐降低的，直到操作接近尾声，才达到最高的真空度；而连续操作的真空结晶器则在整个操作期间都使用最高的真空度，所以它的能量消耗（包括工作蒸汽、冷却水等）要比分批操作大得多。为了克服这个缺点，大型连续真空结晶装置都由若干台结晶器组成，多级操作使操作压力及温度逐级降低，以减少能量的消耗。级数越多，能量消耗越接近于分批操作，实际级数一般为 3～8 级。

多级真空结晶与多效蒸发都是以节约能量为目的，其不同之处在于：多级真空结晶器单位有效体积的晶体生产能力并未降低，各级的温度降虽然减少了，但可以用加大进料量来补偿被结晶的溶质量，这样仅仅使流程复杂些。

这里介绍一种能在单一的设备中实现多级真空结晶操作的结晶器，称为 Messo 多级结晶器，其结构示于图 8-24 中。这种结晶器为横卧的圆筒形容器，器内由垂直挡板分割为几

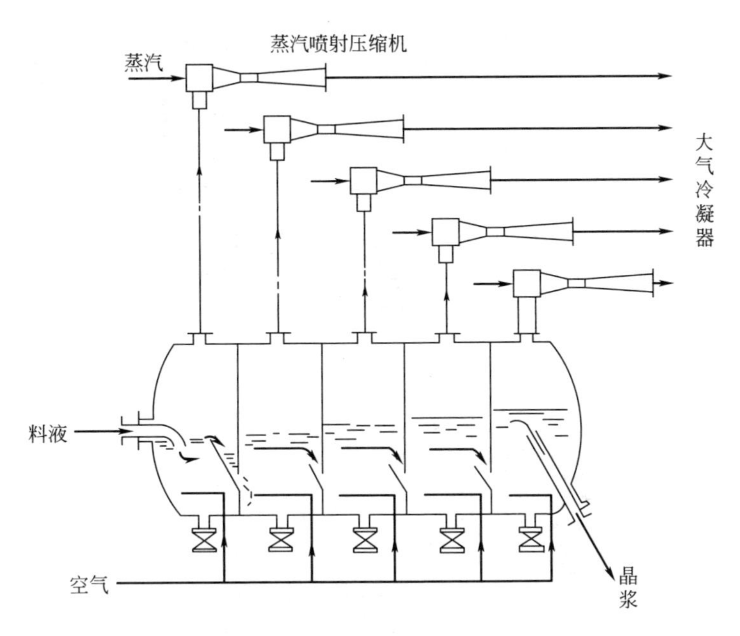

图 8-24　多级真空结晶器

个室，各室的下部是相连通的，各室上部的蒸汽空间则互相隔绝。允许晶浆在各室之间流动，而各蒸汽空间分别与真空系统相连。热浓料液从贮槽吸入第一级，在真空下闪急蒸发，降温后流入下一级，如此溶液逐级流动，真空度则逐级提高，使闪急蒸发所达到的冷却温度也相应地降低。

在结晶器底部各级中都装有空气分布管，与大气相连通，故在运行时可从器外吸入少量空气，经分布管鼓泡通过液层而起搅拌作用。当溶液温度降至饱和温度之下，晶体开始析出，在空气泡的搅拌下，晶粒得以悬浮、生长，并能与溶液一起逐级流动。各级的溶液浓度各不相同，与级间的浓度差所对应的溶质量都能从溶液中析出。晶体在结晶器的停留时间比溶液要长很多，若能正确地选择各级的操作压力，则可建立良好的晶体生长条件。

末级结晶室中的液位取决于溢流管的高度，前几级的液位取决于各级的压力。前几级的真空度较低，蒸汽可直接通入冷凝器；后几级的真空度较高，蒸汽只有经过热力压缩器增压后才能达到冷凝压力。图中各级都设置了热力压缩器，但各级工作蒸汽的消耗量不同。

8.5.3　几种主要的通用结晶器

(1) 强制外循环结晶器

强制外循环结晶器简称 FC（Forced Circulation）结晶器，其结构如图 8-25 所示，由结晶室、循环管、循环泵、换热器等组成。结晶室有锥形底构造，晶浆从锥形底排出后，经循环管用轴流式循环泵送经换热器，被加热或冷却后，沿切线方向重新进入结晶室，如此循环，故这种结晶器属于晶浆循环型。晶浆排出口位于接近结晶室锥底处，而进料口则在排料口之下的较低位置上。

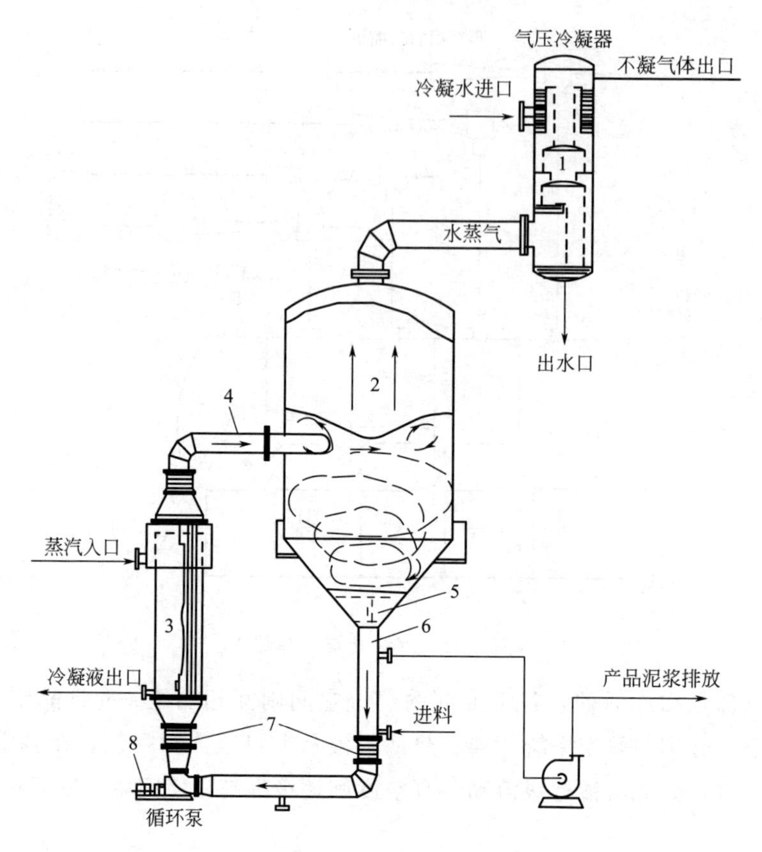

图 8-25 强制外循环结晶器

1—大气冷凝器；2—真空结晶室；3—换热器；4—返回管；5—旋涡破坏装置；6—循环管；7—伸缩接头；8—循环泵

FC 结晶器可通用于蒸发结晶法、间壁冷却结晶法和真空冷却结晶法。若用真空冷却结晶，则无需换热器存在，而结晶室则应与真空系统相连，以便在室内维持较高的真空。

现以蒸发结晶法为例说明其操作过程：晶浆被泵送至列管换热器，单程通过管内，用蒸汽加热，使其温度提高 2～6℃。由于加热过程并无溶剂汽化，对于具有正常溶解度物质的溶液，在加热管壁上不会造成晶垢板结。被加热的晶浆回到结晶室，与室内的晶浆混合，提高了进口处附近的晶浆温度。结晶室内液体表面上出现沸腾现象，溶剂蒸发，产生过饱和度，使溶质沉积于呈旋转运动的悬浮晶体的表面。换热器设置于结晶室之外，循环路程较长，输送所需的压头较高，泵的叶轮转速较高，因而循环晶浆中的晶体与叶轮之间的接触成核速率必然高于强制内循环结晶器。此外，它的循环量也低得多。有研究表明，结晶室内的晶浆混合不均匀，存在局部过浓现象。这两方面的原因使得采用这种结晶器生产的晶体产品平均粒度较小，且粒度分布不良，是该种结晶器在性能上的缺陷。

FC 结晶器多被应用于生产氯化钠、尿素、柠檬酸及其他类似的无机及有机晶体，产品粒度为 0.1～0.84mm。

设计 FC 结晶器需要通过计算确定的项目包括：晶浆循环量，结晶室的体积，循环泵的尺寸和转速等。操作方式可以是连续的，也可以是分批的，后者要求结晶室有较大的体积。

（2）Oslo 结晶器

Oslo 结晶器也常被称为粒度分级型结晶器，在工业上曾得到较广泛的应用。在我国建有年产量达万吨级的 Oslo 结晶器，用于 NH_4Cl 的生产。这种结晶器的主要特点为过饱和度产生的区域与晶体生长区分别设置在结晶器的两处，晶体在循环母液流中流化悬浮，为晶体生长提供一个良好的条件。在连续操作的基础之上，能生长成为大而均匀的晶体，即可用于生产 MS 值较大而 CV 值很小的晶体产品。

① Oslo 真空冷却结晶器。如图 8-26 所示，结晶器由汽化室与结晶室两部分组成，结晶室的器身常有一定的锥度，上部较底部有较大的截面积。母液与热浓料液混合后用循环泵送到高位的汽化室，在汽化室中溶液汽化、冷却而产生过饱和度，然后通过中央降液管流至结晶室的底部，转而向上流动。晶体悬浮于此液流中成为粒度分级的流化床，粒度较大的晶体富集于底层，与降液管中流出的过饱和度最大的溶液接触，得以长得更大。在结晶室中，液体向上的流速逐渐降低，其中悬浮晶体的粒度越往上越小，过饱和溶液在向上穿过晶体悬浮床时，逐步解除其过饱和度。当溶液到达结晶室的顶层，基本上已不再含有晶粒，作为澄清的母液在结晶室的顶部溢流进入循环管路。进料管位于循环泵的吸入管路上，母液在循环管路中重新与热浓料液混合，而后进入汽化室。

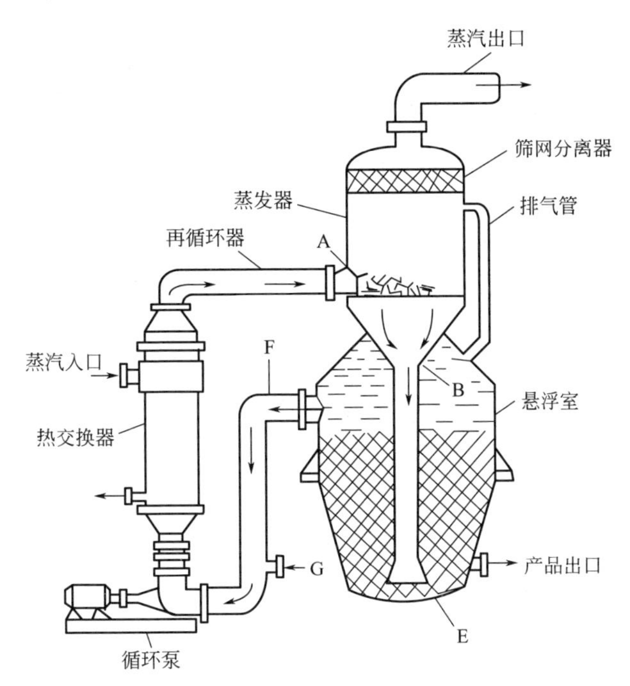

图 8-26　Oslo 流化床真空结晶器

A—闪蒸区入口；B—介稳区入口；E—床层区入口；F—循环流入口；G—结晶母液进料口

这种操作方式的结晶器属于典型的母液循环型，它的优点在于循环液中基本上不含晶粒，从而避免发生叶轮与晶粒间的接触成核现象，再加上结晶室的粒度分级作用，使这种结晶器所产生的晶体大而均匀，特别适合于生产在饱和溶液中沉降速度大于 20mm/s 的晶粒。母液循环型的缺点在于生产能力受到限制，因为必须限制液体的循环流量（亦即流速）及悬浮密度，把结晶室中悬浮液的澄清界面限制在溢流口之下，以防止母液中挟带明显数量的晶体。

Oslo 结晶器也可采用晶浆循环方式进行操作，称为全混型操作。实现的方法只需增大循环量，使结晶室溢流的不再是清母液，而是母液与晶体均匀混合的晶浆，循环到汽化室中去，结晶器各部位的晶浆密度大致相同。在汽化室中，溶液所产生的过饱和度立即被悬浮于其中的晶体所消耗，使晶体生长，所以过饱和度生成区与晶体生长区不再能作明确的划分。Miller 等人曾以硝酸铵水溶液为试验物系，证实当 Oslo 型结晶器采用晶浆循环，实现全混型操作时，所得的硝酸铵的晶体质量比母液循环型操作时要好得多。分析其原因，他们认为：按母液循环型操作，结晶室内从器底至器顶有较大的过饱和度梯度，在底部有最大的过饱和度，造成过高的生长速率，甚至出现母液包藏现象，导致产品质量低劣。而且在结晶室的中上部晶浆密度、晶体生长速率及供溶质生长的晶体表面都急剧减小，所以就整个结晶室来说，生产强度也较低。实际情况是许多工业规模的母液循环型 Oslo 结晶器也常常在远高于设计处理量下运行，此时即接近于晶浆循环或全混型操作。

晶浆循环或全混型操作的这种结晶器也存在与前述的 FC 结晶器相同的缺点，即循环晶浆中的晶粒与高速叶轮的碰撞会产生大量的二次晶核，降低了产品的平均粒度，并产生较多的细晶，使 *CV* 值增大。

② Oslo 冷却结晶器。如图 8-27 所示，与真空冷却法相比，它取消了汽化室，而在循环管路上增设列管式冷却器，母液单程通过管方。热浓料液在循环泵前加入，与循环母液混合后一起经过冷却器，使溶液被冷却后变为过饱和，但是它的过饱和度不足以引起自发成核。按母液循环操作，循环液量与进料量之比约为 50～200 倍。晶浆产品可在器底通过设置在该处的捕盐器排出。悬浮在溶液表面附近的过量细晶与清母液一起通过溢流口排至器外。

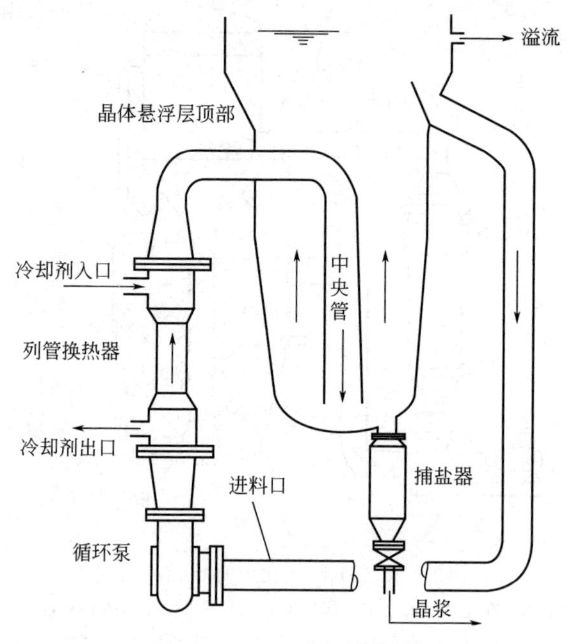

图 8-27 Oslo 冷却结晶器

曾用这种型式的冷却结晶器生产醋酸钠、硫代硫酸钠、硝酸钾、硝酸银、硫酸铜、硫酸镁、硫酸镍等无机盐。这种粒度分级型结晶器的产品粒度是相当大的，而各种全混型结晶器的产品粒度低于此值。此外，冷却器的换热面积相对来说是很大的，其原因在于母液与冷却剂之间的温度差必须控制在很低的数值，譬如说不大于 2℃，以避免冷却面上结晶垢。

③ Oslo 蒸发结晶器。构造简图示于图 8-28 中，它基本上与图 8-26 中的真空冷却型相似，主要由汽化室及结晶室组成，只是在循环管路上增设蒸汽加热器。溶液流经加热器时处

在一个足够大的静压头下，使之不致汽化而结晶垢。结晶室底部有时可装设支持晶体的筛板，这是为了使过饱和溶液能较均匀地流过悬浮的晶体床层。当然，只有采用母液循环的粒度分级型操作，装设筛板才起作用。这种结晶器曾用于氯化钠、重铬酸钠、硝酸铵、草酸等的生产。

(3) DTB 结晶器

DTB 结晶器是 20 世纪 50 年代出现的一种效能较高的结晶器，首先用于氯化钾的生产，后为化工、食品、制药等工业部门所广泛采用。经过多年的运行考察，证明这种型式的结晶器性能良好，能生产较大的晶粒（粒度可达 600～1200μm）产品，生产强度较高，器内不易结晶疤。它已成为连续结晶器的主要型式之一，可用于真空冷却法、蒸发法、直接接触冷冻法及反应法的结晶操作。

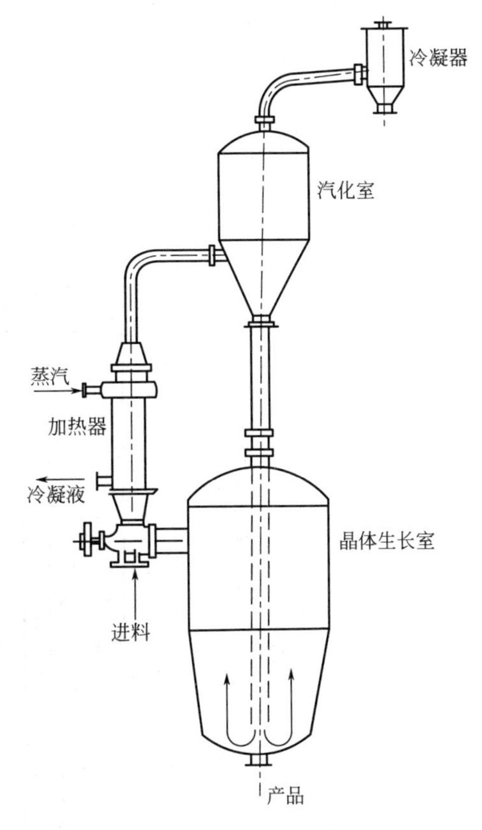

图 8-28 Oslo 蒸发结晶器

DTB 结晶器的构造简图示于图 8-29 中。它的中部有一导流筒，在四周有一圆筒形挡板。在导流筒内接近下端处有螺旋桨（也可以看作内循环轴流泵），以较低的转速旋转。悬浮液在螺旋桨的推动下，在筒内上升至液体表层，然后转向下方，沿导流筒与挡板之间的环形通道流至器底，重新被吸入导流筒的下端，如此循环，形成接近良好混合的条件。圆筒形挡板将结晶器分隔成晶体生长区和澄清区。挡板与器壁间的环隙为澄清区，其中搅拌的影响实际上已消失，使晶体得以从母液中沉降分离，只有过量的微晶可随母液在澄清区的顶部排出器外，从而实现对微晶量的控制。结晶器的上部为气液分离空间，用于防止雾沫夹带。热的浓物料加至导流筒的下方，晶浆由结晶器的底部排出。为了使所生产的晶体具有更窄的粒度分布，即具有更小的 *CV* 值，这种型式的结晶器有时在下部设置淘析腿。

DTB 结晶器属于典型的晶浆内循环结晶器，由于设置了内导流筒及高效搅拌器，形成了内循环通道，内循环速率很高，可使晶浆质量密度保持在 30%～40%，并可明显地消除高饱和度区域，器内各处的过饱和度都比较均匀，而且较低，因而强化了结晶器的生产能力。DTB 结晶器还设有外循环通道，用于消除过量的细晶，以及淘析产品粒度，保证了生产粒度分布范围较窄的结晶产品。

这种晶浆内循环结晶器，与无搅拌结晶罐、循环母液结晶器、强制外循环结晶器相比，其效果可在图 8-30 中清楚地看到。器内溶液过饱和度的理论变化在图中由实线表示，而实际变化则由虚线表示。图中表现了将大量生长中的晶体送至过饱和度生成区（沸腾区、冷却面或反应区），使过饱和度在生成的同时被消耗，从而明显地降低最大过饱和度的现象。

由于 DTB 结晶器循环流动所需的压头很低，使螺旋桨得以在很低的转速下工作，这样过剩晶核的数量大为减少，这也是此种类型结晶器能够产生粒度较大的晶体的原因之一。

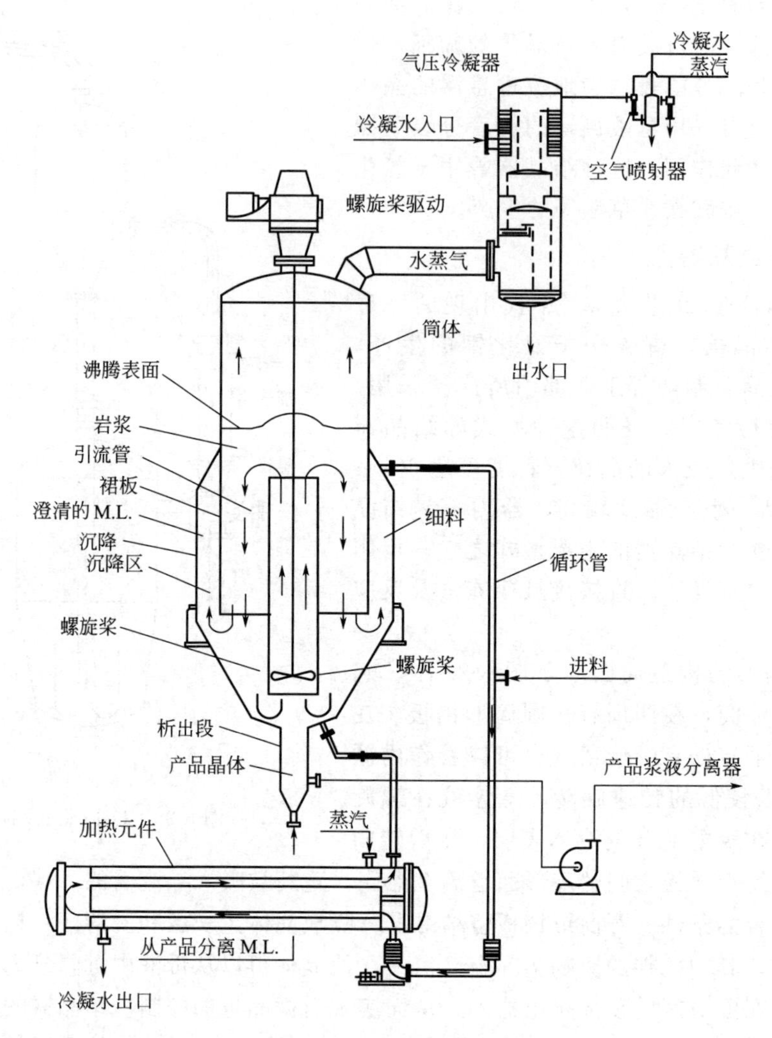

图 8-29 DTB结晶器

DTB结晶器还设有母液外循环通道，用于过量微晶的消除及产品的淘洗，可使DTB结晶器产品的 *CV* 值从50%降低至20%～30%。

结晶器内结晶疤的现象是危及设备正常运行的主要原因。蒸发法及真空冷却法结晶器最容易结晶疤的部位为沸腾液面处的器壁上及结晶器的底部。DTB结晶器的良好内循环及导流筒把液面沸腾范围约束在离开器壁的区域内，故结疤的趋向大为减弱。在正常情况下这种结晶器可连续运行约三个月到一年，而不需清理。

DTB结晶器适用于各种结晶方法，但各有一些差别。例如用于蒸发法，则外循环量要大为增加，消除微晶用的加热器就成了主加热器，因此要求它有足够大的加热面积。用于接触冷冻法时，则另设冷冻剂加入管，将冷冻剂通至导流筒的下侧。用于反应法时，反应物（包括某些气态反应物）也可分别通入器底。用在间壁冷却结晶法时，结晶器的结构有较大的变化，也可以不再称为DTB型。如为了便于清理，将冷却器设在器外，把内循环改为外循环，气液分离空间也不再需要了。

通常DTB结晶器适用于晶体在母液中沉降速度大于3mm/s的结晶过程。设备的直径可以小至500mm，大至7.9m。

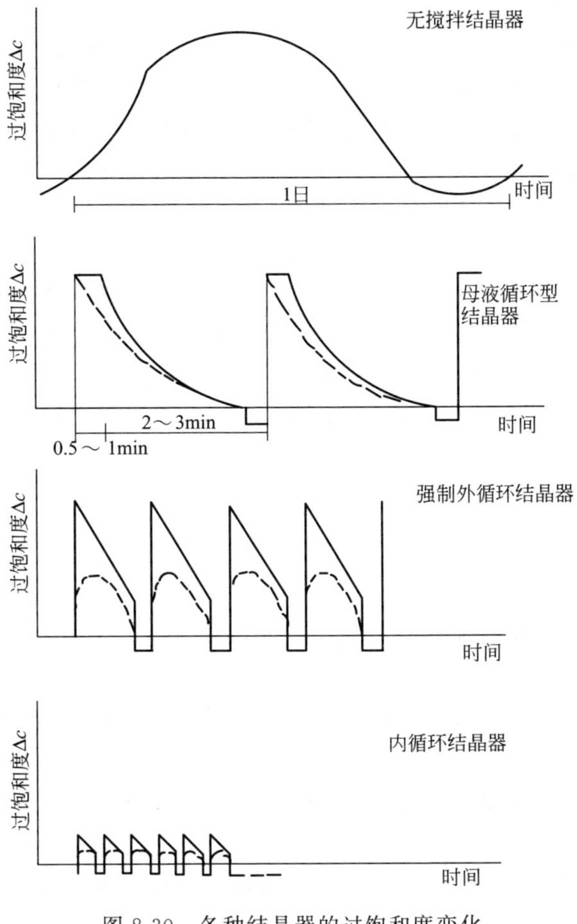

图 8-30　各种结晶器的过饱和度变化

8.5.4　结晶器的选择

结晶器的选择要全面考虑所处理物系的性质、希望得到的产品粒度及粒度分布范围、生产能力、设备费和操作费等诸多因素。没有简单的规则可循，在很大程度上要凭实际经验。下述一般性原则只能供参考之用。

物系的溶解度与温度之间的关系是选择结晶器时首要考虑的因素。要结晶的溶质不外乎两大类：第一类是温度降低时溶质的溶解度下降幅度大；第二类是温度降低时溶质的溶解度下降幅度小或者具有逆溶解度。对于第一类溶质，可选用冷却结晶器或真空结晶器。对于第二类溶质，通常须用蒸发结晶器，对某些物质可用盐析结晶器。

结晶产品的形状、粒度及粒度范围对结晶器的选择有重要影响。要想生产颗粒较大而且均匀的晶体，可选用具有粒度分级作用的或产品分级排出的混合型结晶器。这类结晶器生产的晶体也便于后处理，即过滤、洗涤、干燥等，最后获得的结晶产品也较纯。

但需要指出，生产大粒度的产品往往要显著地增大设备投资及生产成本。使用粒度分级型结晶器（例如 Oslo 型），必须采用母液循环型操作，因而生产能力较低。如需提高生产能力，必须采用晶浆循环型操作，但这样一来又不能算是粒度分级型了。由于粒度分级型结晶器仅适用于为数不多的物系，且能够连续运行的时间也较短，因此，DTB、DP 及 Messo 结晶器更具应用性。

费用和占地大小也是需要考虑的重要因素。一般说来，连续操作的结晶器要比分批操作的经济些，尤其是产率大时。如果生产速率大于 1t/d，用连续操作较好。蒸发和真空结晶器需要相当大的顶部空间，但在同样产量下，它们所占的面积要比冷却槽式结晶器小得多。

冷却结晶器的造价相对便宜，缺点是它们的传热表面与溶液接触的一面往往有晶体聚结成晶疤，与冷却水接触的一面又容易有水垢沉淀，其结果是既降低冷却效率又增加去除疤垢的操作，同样的问题在蒸发结晶器中也会遇到。至于真空结晶器，由于没有换热表面，所以没有结垢问题，但它们不适用于沸点升高得很多的溶液，例如烧碱溶液的结晶。

本节简单地介绍了几种主要的通用结晶器，它们是现有的各种结晶器的主要代表。近些年来很少出现更新型的大型工业结晶器作为一个新型结晶设备，往往被要求能适用于不同物系，并能比已有的设备型式在性能上有明显提高。也有观点认为，没有必要针对特定物系去选择结晶器的最佳型式，而只需就自己比较熟悉的结晶器型式去确定能够生产合格产品的操作条件。

思考题

8-1 晶体和非晶体的根本区别是什么？举出一些现实生活中的例子，并描述晶体的严格定义。

8-2 均一性和各向异性都是晶体的基本性质，这两者看起来似乎是矛盾的，如何解释这两个基本性质？

8-3 晶体和非晶体之间是可以相互转变的，能否说，晶体和非晶体之间这种相互转变是可逆的？为什么？

8-4 怎样用微粒排列的规律性来解释晶态有固定熔点，而非晶态没有固定熔点？

8-5 在日常生活中我们经常看到这样一种现象：一块镜面，如果表面有尘埃，往上呵气时会形成雾状水覆盖在上面，但如果将镜面擦干净再呵气，则不会形成一层雾状水。请用成核理论解释原因。

8-6 说明粒度相关的晶体生长模型与粒度无关的晶体生长模型有什么联系与区别。

习 题

8-1 用真空冷却结晶器使醋酸钠溶液结晶，获得水合盐 $NaC_2H_3O_2 \cdot 3H_2O$。料液是80℃的 40%醋酸钠水溶液，进料量是 2000kg/h。结晶器内压力是 10mmHg。溶液的沸点升高可取为 11.5℃。计算每小时结晶产量。

已知结晶热，$q_c = 34.4$kcal/kg 水合盐；溶液的比热容，$c_p = 0.837$kcal/(kg·℃)；10mmHg 下水的蒸发潜热，$\lambda = 588$kcal/kg 水；10mmHg 下水的沸点为 17.5℃；溶液的终了浓度 $c_2 = 0.539$kg $NaC_2H_3O_2$/kg 水。

8-2 治疗结核病的药物利福平是通过冷却结晶的方法制备的。当结晶过程的降温速率为 3℃/h 时，产品的 $L_{84\%}$ 值为 1190μm，$L_{16\%}$ 值为 590μm。为了提高生产效率，现将结晶过程的降温速率提高至 8℃/h，结果所获得产品的粒度分布发生了变化，产品的 $L_{84\%}$ 值升至 1250μm，$L_{16\%}$ 值降至 480μm，而 $L_{50\%}$ 值没有发生改变。请通过计算说明操作条件的改变是否有利于利福平产品质量的提高。

8-3 根据在MSMPR结晶器中尿素结晶实验的晶体样品计算其粒数密度、成核和生长速率。已知数据：晶浆密度 $\rho=450g/L$，晶体密度 $\rho_c=1.335g/cm^3$，停留时间 $\tau=3.38h$，形状因子 $k_v=1.0$。

产品粒度测定值			
筛网目数	质量分数/%	筛网目数	质量分数/%
14～20	4.4	48～65	15.5
20～28	14.4	65～100	7.4
28～35	24.2	>100	2.5
35～48	31.6		

参 考 文 献

[1] 钱逸泰．结晶化学导论［M］．第3版．合肥：中国科技大学出版社，2005.

[2] Mullin J W. Crystallization［M］．4th ed. Boston：Butterworth Heinemann Press，2015.

[3] Myerson A S. Handbook of industrial crystallization［M］．2nd ed. Boston：Butterworth Heinemann Press，2002.

[4] 何涌．结晶化学［M］．北京：化学工业出版社，2008.

[5] Vainshtein B K. Modern crystallography Ⅰ：Symmetry of crystals & methods of structural crystallography［M］．New York：Spring-Verlag，1981.

[6] Nye J F. Physical properties of crystals［M］．New York：Oxford University Press，1985.

[7] Hammond C. Introduction to crystallograpys［M］．New York：Oxford University Press，1990.

[8] 周公度．晶体结构测定［M］．北京：科学出版社，2001.

[9] Hahn T（ed）．International table for crystallography：Space-group symmetry［M］．Holland：D Rridel Publishing Company，1987.

[10] Ladd M F C. Symmetry in molecules and crystals［M］．New York：Halsted Press，1989.

[11] 秦善．晶体学基础［M］．北京：北京大学出版社，2004.

[12] 林树坤．结晶化学［M］．上海：华东理工大学出版社，2011.

[13] 赵珊茸．结晶学及矿物学［M］．北京：高等教育出版社，2004.

[14] 方奇，于文涛．晶体学原理［M］．北京：国防工业出版社，2002.

[15] Glusker J P. Crystal structure analysis for chemists and biologists［M］．VCH Publishers.，Inc.，1994.

[16] Giacovazzo C. Fundamentals of crystallography［M］．New York：Oxford University Press，1992.

[17] Schwarzenbach D. Crystallography［M］．New York：John Wiley & Sons.，Inc.，1996.

[18] Keith F(ed）．The encyclopedia of mineralogy［M］．Hutchinson Ross Publishing Company，1981.

[19] Whittaker E J W. Crystallography—An introduction for earth science（and other solid state）students［M］．Oxford：Pegramon Press，1981.

[20] Smith J V. Geometric crystallography［M］．Dordrechet，Lancaster：D Reidal Publishing Company，1986.

[21] Carpenter M A. Thermochemistry of aluminium/silicon ordering in feldspar minerals［M］．Holland：D Reidal Publishing Company，1988.

第9章 吸附分离与色谱分离

本章要点

- 吸附的基本概念包括吸附现象、吸附剂、物理吸附和化学吸附。
- 不同流体的吸附平衡：纯组分气体、混合气体和溶液的吸附等温方程。
- 吸附速率：外扩散、内扩散或总传质速率方程。
- 吸附分离特性参数：穿透曲线以及吸附等温线对穿透曲线的影响。
- 吸附分离工艺：固定床吸附、模拟移动床、变温吸附和变压吸附。
- 色谱分离法及其分类。
- 色谱分离的基本参数：色谱图、保留因子、分离因子及分离度。
- 色谱基础理论，包括塔板理论模型和速率理论模型。
- 色谱分离过程：进样量、洗脱方式、色谱柱放大计算及柱层析与工业色谱。
- 色谱分离法：离子交换色谱、疏水作用色谱、亲和色谱以及凝胶过滤色谱。

9.1 概述

吸附分离是用固体吸附剂处理气体或液体混合物，将其中所含的一种或几种组分吸附在固体表面上，从而实现混合物的组分分离。常用的传统吸附剂有活性炭、活性白土、硅藻土、硅胶、活性氧化铝、分子筛、合成树脂等。吸附在工业上的主要用途有：气体和液体的深度干燥，食品、药品等的脱色、脱臭，异构体分离，空气分离，废水和废气处理等。

单级吸附分离方法，由于固体吸附剂的吸附表面积有限而使过程处理容量较低，吸附剂对吸附质的吸附选择性较低，这些都使传统的吸附技术的使用范围很有限。19 世纪由分析化学家首先发展起来的所谓色谱方法，是将吸附剂充填于细长的柱子中，然后让含有不同溶质的流体（气体或液体）流过柱子，通过溶质在流体和吸附剂表面的多次重复的吸附和脱附，造成流过柱子的溶质的停留时间的差别而实现分离。

气相或液相色谱分离具有很高的分离精度，是一种精密的组分分析方法。用于工业规模的制备分离时，由于流动相用量很大而溶质分离量有限，通常只用于高价值溶质的分离制备。

随着新型吸附介质的发展以及新型的吸附制备色谱分离方法的开发，如变压吸附和模拟移动床吸附等，吸附色谱已成为应用广泛的高效、高精度分离方法，用于生物技术产品生产、制药工业、精细化工以及石化工业中。

9.2 吸附分离

9.2.1 吸附现象与吸附剂

(1) 吸附现象

吸附现象的发现及应用虽已有悠久的历史，但很多年来，吸附操作只是作为一种辅助手段，用于溶剂的回收及气体的精制。近年来，由于技术的进步，吸附应用得到了很大的发展。目前在工业中，吸附操作主要用于气体和液体的净化以及液体混合物的分离。

吸附过程属于平衡级分离过程，所有可用于平衡级分离过程的技术对吸附操作都适用。但与液液及气液两相接触不同，固体吸附剂颗粒层一般固定不动，因此吸附操作常采用半连续法。

吸附过程是非均相过程，气体或液体为吸附质，与固体吸附剂接触，吸附质中的组分从流体相被吸附到固体表面。从吸附开始到吸附平衡，系统的自由能降低，表明系统无规则程度的熵也降低。按照热力学定律，自由能变化 ΔG、焓变 ΔH 及熵变 ΔS 应满足如下关系

$$\Delta G=\Delta H-T\Delta S \tag{9-1}$$

式(9-1) 中，ΔG 和 ΔS 均为负值，则 ΔH 也为负值，说明吸附过程是个放热过程，其所放出的热量就称为该吸附质在此固体吸附剂表面上的吸附热。

(2) 物理吸附和化学吸附

吸附是由于吸附质单个原子、离子或分子与固体表面分子之间存在相互作用力，根据其作用力性质可分为物理吸附和化学吸附。

物理吸附是指当气体或液体分子与固体表面分子间的作用力为分子间力（也称范德华力）时产生的吸附，又称范德华吸附。物理吸附相当于流体中组分分子在吸附剂表面上的凝聚，吸附热近似等于液化热，可以是单分子层，也可以是多分子层。这一类吸附的特征是吸附质与吸附剂不发生作用，吸附过程进行得极快，参与吸附的各相可瞬间达到平衡。当温度升高或吸附质分压降低时，气体或液体分子的动能增加，吸附在固体表面的分子会从固体表面脱离逸出，但不改变原有性质，此过程称为解吸。工业上，利用物理吸附的可逆性，通过改变操作条件，使吸附质解吸，达到吸附剂分离或再生并回收吸附质的目的。

化学吸附是基于在固体吸附剂表面发生化学反应使吸附质和吸附剂之间以化学键力结合的吸附过程。这种吸附力比物理吸附的范德华力要大很多。化学吸附实际上是一种发生在固体表面的化学反应，其选择性较强，吸附速率较慢，只能形成单分子层吸附且不可逆，升高温度可以大大提高吸附速率。

物理吸附和化学吸附的特征比较见表 9-1。

物理吸附与化学吸附在本质上虽有区别，但有时也难以严格区分。同一种物质，可能在较低温度下进行物理吸附，而在较高温度下进行化学吸附，也可同时发生两种吸附，如氧气在木炭中的吸附。

表 9-1　物理吸附和化学吸附的特征比较

吸附性质	物理吸附	化学吸附
作用力	范德华力	化学键力
吸附热	近于液化热(＜40kJ/mol)	近于化学反应热(约 80～400kJ/mol)
选择性	一般没有	有
吸附速率	快,几乎不需要活化能	较慢,需要一定的活化能
吸附层	单分子层或多分子层	单分子层
温度	放热过程,低温有利于吸附	温度升高,吸附速率增加
可逆性	常可完全解吸	不可逆

(3) 吸附剂

大多数固体表面能吸附气体和液体，但只有部分物质具有选择性吸附能力，这些物质称为吸附剂。用固体吸附剂处理气体或液体混合物，将其中所含的一种或几种组分吸附在固体表面上，从而实现混合物的组分分离。常用的传统吸附剂有活性炭、活性白土、硅藻土、硅胶、活性氧化铝和分子筛等多孔性固体介质。对于生物大分子的吸附，由于其分子很大，上述孔径较小的传统吸附剂通常较难应用。为此开发了一系列大孔径、表面高度亲水的特种有机聚合物固体凝胶介质，包括多糖凝胶介质（纤维素、葡聚糖、琼脂糖等）和亲水有机聚合物凝胶介质（聚丙烯酰胺等），以及它们的交联产物和混聚物。这些凝胶介质载体具有较大的内部孔径和适当的强度，表面亲水，不易对生物大分子产生显著的非特异性吸附。为了加强凝胶吸附介质的选择性吸附作用，利用其表面富含的羟基，偶联上特定的活性吸附基团，构成不同的吸附介质。为了便于使用，这些凝胶载体通常制成直径为数十微米的微珠，内部孔隙率通常在 80%或以上，通常经过化学交联以增加其强度。

其中，一种特殊的吸附剂为离子交换树脂，包括阴离子和阳离子交换树脂。应用离子交换树脂进行混合物分离的技术称为离子交换。离子交换过程是液、固两相间的传质与化学反应过程。它利用离子交换剂与不同离子结合力的强弱，将某些离子从水溶液中分离出来，或者使不同的离子得到分离。

实际工业应用的吸附剂应具有以下性质：①大的比表面积和多孔结构，以获得大的吸附容量，工业上常用的吸附剂的比表面积约为 300～1200m^2/g；②足够的机械强度和耐磨性；③高选择性，以达到流体的分离净化的目的；④重复使用寿命长；⑤制备简单，成本低廉。表 9-2 列举了工业上目前应用较多的多孔吸附剂的性质和特征数值。

表 9-2　工业用多孔吸附剂的性质和特征数值

吸附剂	表面特性	平均孔径 d_p /nm	孔隙率 ε_p	颗粒密度 ρ_p /(g/cm^3)	比表面积 S_p /(m^2/g)
活性氧化铝	亲水	1.0～7.5	0.4～0.5	0.9～1.25	150～320
硅胶	亲水或疏水	2.2～15.0	0.4～0.71	0.62～1.3	200～850
活性炭	疏水、无定形	1.0～3.0	0.4～0.6	0.5～1.0	200～1500
碳分子筛	疏水	0.2～2.0	0.35～0.41	0.9～1.1	400～550
沸石分子筛	极性、亲水	0.29～1.0	0.2～0.5	0.9～1.3	400～750
聚合物	亲水或疏水	4.0～25.0	0.4～0.55		80～700
离子交换树脂	阴离子或阳离子交换			0.67～0.85(湿)	
多糖凝胶	亲水		0.87～0.90	0.69(湿)	

9.2.2 吸附平衡

在一定条件下，当流体与吸附剂接触时，流体中的吸附质将被吸附剂吸附，经过足够长时间，吸附质在两相中的含量达到恒定值，该平衡关系决定了吸附过程的方向，是吸附过程的基本依据。与气液和液液平衡不同，目前还没有成熟的理论用于估算流体-固体的吸附平衡，因此必须通过实验测定某一特定系统的平衡数据，并绘制吸附剂上负载的吸附质与流体吸附质浓度之间关系的吸附等温线。下面对气体和液体吸附的一般特性作简单介绍。

(1) 纯组分气体

Brunauer 等将单组分气体吸附等温线分为五类，如图 9-1 所示，图中纵坐标为吸附量，横坐标为蒸气组分分压与该温度下饱和蒸气压的比值 p/p^s。由于吸附剂和吸附质分子间作用力不同，吸附等温线的形状不同。Ⅰ型表示吸附质分子在吸附剂上形成单分子层吸附；Ⅱ型为完成单层吸附后再形成多分子层吸附；Ⅲ型为吸附气体量不断随组分分压而增加直至相对饱和值趋于 1 为止；第Ⅳ类、第Ⅴ类分别为第Ⅰ、Ⅱ类的等温吸附的毛细管冷凝型，在相对压力达到饱和（$p/p^s=1.0$）以前，在多层分子吸附区域存在毛细管冷凝现象，上行吸附线表示多层吸附与毛细管冷凝同时发生，而下行解吸线表示仅有毛细管冷凝，使等温线出现滞后现象。

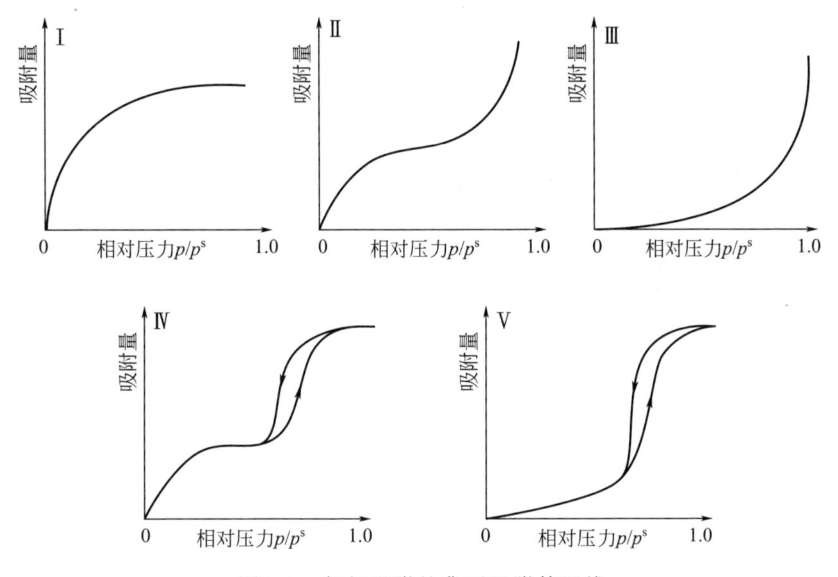

图 9-1　气相吸附的典型吸附等温线

前人采用不同的假定和模型来描述平衡现象，推导出相应的吸附等温方程。

① Langmuir 等温吸附方程

Langmuir 假设在等温下，被吸附溶质分子之间没有相互作用力，在表面上形成单分子层吸附，其表达式为

$$\frac{q}{q_m}=\frac{kp}{1+kp} \tag{9-2}$$

式中，q、q_m 分别为吸附剂的吸附量和单分子层吸附的饱和吸附量；p 为被吸附气体的分压；k 为 Langmuir 吸附常数，与温度有关。

虽然大部分物系的吸附曲线不能完全符合 Langmuir 等温吸附方程，但可近似符合。

② Freundlich 等温吸附方程

Freundlich 等温吸附方程最早由 Boedecker 和 Bemmelen 导出，其吸附量与气体的分压

呈非线性关系

$$q=kp^{1/n} \tag{9-3}$$

式中，k 和 n 为与温度有关的常数。n 值一般大于 1，随着 n 值的增加，其吸附等温线偏离线性程度增加，当 n 值增大到 10 时，吸附等温线几乎变成矩形。

③ Langmuir-Freundlich 等温吸附方程

将 Freundlich 方程与 Langmuir 方程相结合，可得 Langmuir-Freundlich 等温吸附经验方程，其适用范围可拓宽。

$$q=q_s\frac{Kp^{1/n}}{1+Kp^{1/n}} \tag{9-4}$$

式中，q_s 为与温度有关的比例常数。

(2) 混合气体

工业上一般为双组分或多组分混合气体吸附分离，如果混合物中的几个组分都同时吸附，一个组分吸附量的变化会影响另一组分的吸附量。若吸附分子之间存在相互作用，则吸附更复杂。

假定混合物中各组分无相互作用，则可采用扩展的 Langmuir 等温吸附方程

$$q_i=(q_m)_i\frac{K_ip_i}{\sum_j K_jp_j} \tag{9-5}$$

同理可得多组分 Langmuir-Freundlich 等温吸附方程

$$q_i=(q_s)_i\frac{k_ip_i^{1/n}}{\sum_j k_jp_j^{1/n_j}} \tag{9-6}$$

式中，$(q_s)_i$ 为饱和吸附量，与单分子吸附层的 $(q_m)_i$ 不同。

对于非极性多组分混合物在分子筛上的吸附，式(9-6) 可以很好地关联其吸附数据。

(3) 溶液

液相吸附比气相吸附在机理上要复杂得多，溶液中溶质为电解质与溶质为非电解质的吸附机理不相同，影响吸附机理的因素除了温度、浓度和吸附剂的结构性能外，溶质和溶剂的性质对其吸附等温线的形状也有影响。

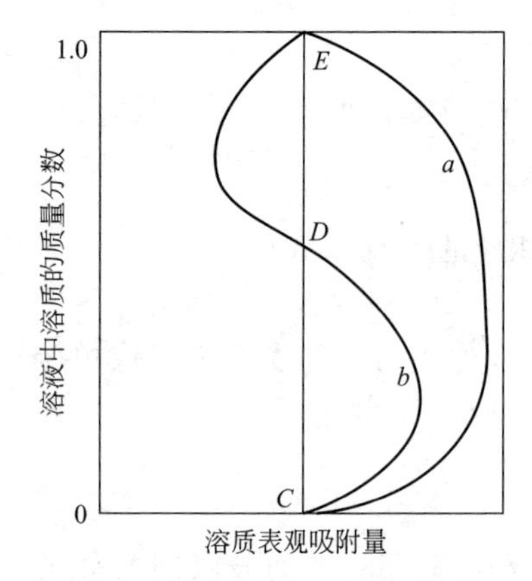

图 9-2 浓溶液中溶质表观吸附量

对稀溶液，吸附等温线可以用 Freundlich 方程表示

$$c^*=K[V(c_0-c^*)]^m \tag{9-7}$$

式中，V 为单位质量吸附剂处理的溶液体积，m^3 溶液/kg 吸附剂；c_0 为溶液中溶质的初始浓度，kg 溶质/m^3 溶液；c^* 为溶液中溶质的平衡浓度，kg 溶质/m^3 溶液；K、m 均为常数；$V(c_0-c^*)$ 为单位质量吸附剂的表观吸附量。

如图 9-2 所示，浓溶液的吸附存在两种情况：

① 如果溶质始终被优先吸附，则得曲线 a，溶质表观吸附量随溶质浓度增加而增加，到一定程度又回到 E 点。当溶液中全是溶质时，溶质浓度不再随吸附剂的加入而变化，因而体现出无表观吸附量。

② 如果溶剂与溶质两者被吸附的程度相似，则出现如 b 线所示的 S 形曲线。从 C 到 D 范围内，溶质比溶剂优先吸附；在 D 点两者同等量地被吸附，表观吸附量降为零；从 D 到

E 范围内，溶剂被吸附程度增大，溶质浓度因吸附剂的加入反而增加，溶质表观吸附量为负值。

9.2.3 吸附速率

(1) 吸附机理

吸附质在吸附剂多孔表面上的吸附过程通常可分为以下三步：

① 吸附质从流体主体通过吸附剂颗粒周围的滞流膜层，以分子扩散与对流扩散的形式传递到吸附剂颗粒的外表面，称为外扩散过程。

② 吸附质从吸附剂颗粒的外表面通过颗粒上的微孔扩散进入颗粒内部，到达颗粒的内表面，称为内扩散过程。

③ 在吸附剂的内表面上吸附质被吸附剂吸附，称为表面吸附过程。

解吸时则逆向进行。一个吸附过程包括外扩散、内扩散、表面吸附三个步骤，其中任一步骤都将不同程度地影响总吸附速率，总吸附速率是综合结果，它主要受速度最慢的步骤控制。对于化学吸附，通常吸附比较慢，为控制步骤；对于物理吸附，通常表面吸附过程进行很快，几乎是瞬间完成的，吸附由扩散控制，决定物理吸附过程总速率的是内扩散过程和外扩散过程。

(2) 传质速率方程

① 外扩散传质速率方程

吸附质从流体主体扩散到吸附剂颗粒外表面是典型的流体与固体壁面间的传质过程。在装填吸附剂颗粒的固定床中，某一时刻吸附和解吸过程中吸附剂颗粒的温度分布和流动相溶质的浓度分布如图 9-3 所示。

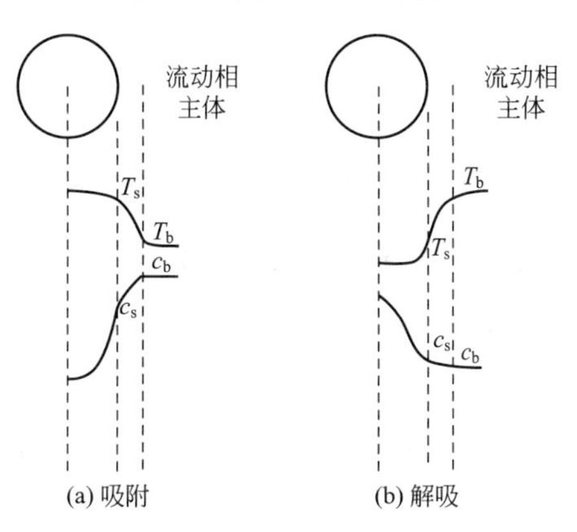

图 9-3　多孔吸附剂中立体浓度分布和温度分布

由图 9-3 可知，在颗粒外表面与流动相主体之间的对流传质微分方程可以表示为

$$\frac{\partial q}{\partial \tau}=k_{\mathrm{F}}a_{\mathrm{p}}(c-c_{\mathrm{si}}) \tag{9-8}$$

式中，q 为单位质量吸附剂所吸附的吸附质的量，kg 吸附质/kg 吸附剂；τ 为时间，s；$\frac{\partial q}{\partial \tau}$ 为吸附速率的数学表达式，kg 吸附质/(s・kg 吸附剂)；a_{p} 为吸附剂的比表面积，$\mathrm{m^2/kg}$；c 为流体相中吸附质的平均浓度，$\mathrm{kg/m^3}$；c_{si} 为吸附剂外表面上流体相中吸附质的浓度，$\mathrm{kg/m^3}$；k_{F} 为外扩散过程的传质系数，m/s。它与流体的性质、颗粒的几何特性、两相接触的流动状况以及吸附时温度、压力等操作条件有关。

② 内扩散传质速率方程

吸附质由吸附剂的外表面通过颗粒微孔向吸附剂内表面扩散的过程与吸附剂颗粒的微孔结构有关，而且吸附质在微孔中的扩散分为沿孔截面的扩散和表面扩散两种形式。前者可根据孔径大小分为三种情况：当孔径远远大于吸附质分子运动的平均自由程时，其扩散为分子扩散；当孔径远远小于分子运动的平均自由程时，其扩散过程为纽特逊（Knudsen）扩散；而孔径大小不均匀时，上述两种扩散均起作用，称为过渡扩散。由上述分析可知，内扩散机理是很复杂的，通常将内扩散过程简单地处理成从外表面向颗粒内的传质过程，其传质速率

方程可表示为

$$\frac{\partial q}{\partial \tau}=k_{s}a_{p}(q_{si}-q) \tag{9-9}$$

式中，q_{si}为单位质量吸附剂外表面处吸附质的质量，kg 吸附质/kg 吸附剂；q 为单位质量吸附剂上吸附质的平均质量，kg 吸附质/kg 吸附剂；k_s 为内扩散过程的传质系数，kg/(m^2 · s)，k_s 与吸附剂微孔结构特性、吸附质的物性以及吸附过程的操作条件有关，可由实验测定。

③ 总传质速率方程

由于吸附剂外表面处的浓度 c_{si}和 q_{si}无法测定，因此通常按拟稳态处理，用总传质速率方程表示

$$N=\frac{\partial q}{\partial \tau}=K_{F}a_{p}(c-c^{*})=K_{s}a_{p}(q^{*}-q) \tag{9-10}$$

式中，c^* 为与吸附质含量为 q 的吸附剂成平衡的流体中的吸附质浓度，kg/m^3；q^* 为与吸附质浓度为 c 的流体相成平衡的吸附剂上吸附质的量，kg 吸附质/kg 吸附剂；K_F 为以$\Delta c=c-c^*$ 为推动力的总传质系数，m/s；K_s 为以 $\Delta q=q-q^*$ 为推动力的总传质系数，kg/(s · m)。

如果在操作的浓度范围内吸附平衡线为直线，则由式(9-8)～式(9-10) 可得

$$\frac{1}{K_F}=\frac{1}{k_F}+\frac{1}{mk_s} \tag{9-11}$$

$$\frac{1}{K_s}=\frac{m}{k_F}+\frac{1}{k_s} \tag{9-12}$$

可见，吸附过程的总阻力为外扩散与内扩散阻力之和。若内扩散很快，过程为外扩散控制，q_{si}接近 q，则 $K_F \approx k_F$；若外扩散很快，过程为内扩散控制，c 接近于c_{si}，则 $K_s \approx k_s$。

9.2.4 吸附分离特性参数

固定床吸附是指以颗粒状吸附剂作为填充层，流体从床层一端连续地流入，从另一端流出，进行吸附的过程。

(1) 穿透曲线

固定床吸附器中流出物浓度-时间曲线称为穿透曲线，它是吸附器几何尺寸、操作条件和吸附平衡数据的函数。

含吸附质初始浓度为 c_0 的进料连续流过装填吸附剂的床层，经过一定时间，部分床层被吸附质所饱和，部分床层建立了浓度分布即形成吸附波，随着时间的推移吸附波向床层出口方向移动。如图 9-4 所示，在 t_i 时，流出液开始出现吸附质；时间 t_b 对应穿透点，此时 c 达到某一容许值 c_b，t_b 称为透过时间，c_b 为破点浓度。一般选择流出液浓度为进料浓度5%～10%的点为穿透点；在 t_e 时，床层中全部吸附剂与进料中吸附质的浓度达到平衡状态，吸附剂失去吸附能力，必须再生。从 t_i 到 t_e 的时间周期对应于床层中吸附区或传质区的长度，它与吸附过程的机理有关。很容易看出，透过曲线以上的面积表示了保留在床层中吸附质的数量。饱和区所处的状态对应于吸附等温线上的一点。

由于透过曲线易于测定，因此可以用它来反映床层内吸附负荷曲线的形状，而且也可以较准确地求出破点。如果透过曲线比较陡，则说明吸附速度较快。影响透过曲线形状的因素较多，除吸附剂和吸附质的性质外，其他参数如温度、压力、浓度、pH 值、移动相流速分

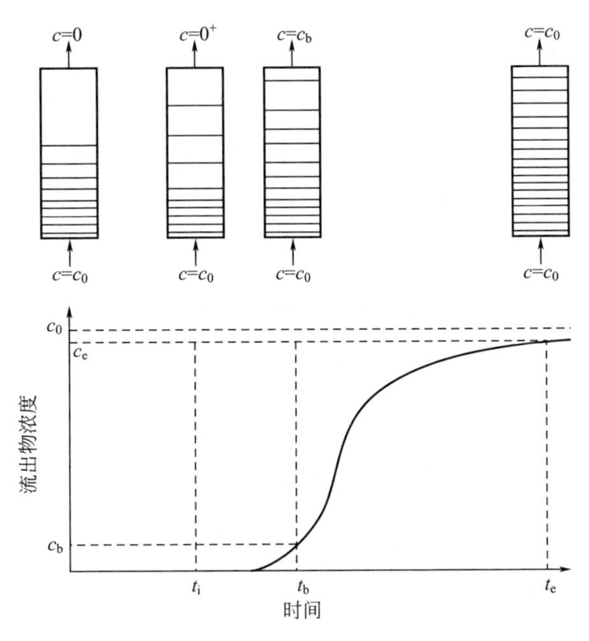

图 9-4　恒温固定床吸附器的穿透曲线

布、设备和吸附剂的尺寸大小，甚至吸附剂在固定床层中的装填方法等都会产生不同程度的影响。

(2) 吸附等温线对穿透曲线的影响

吸附等温线按照 q-c 直角坐标上曲线斜率的变化，可分成五种类型，又可按照吸附等温线对固定床动态特征的影响分为优惠型、线性和非优惠型三种吸附等温线。

优惠型吸附等温线如图 9-5(a) 所示，优惠型吸附等温线的斜率随被吸附组分浓度的增加而减少，即$\partial^2 f(c)/\partial c^2 < 0$，吸附质分子和固体吸附剂分子之间的亲和力随溶液组分平衡浓度的增大而减小。当 $t=0$ 时，床层进口随着原料的进入先形成直线的浓度波，继续进料时浓度波向前移动。从优惠型吸附等温线的上一段可以看出，组分浓度增加，吸附量相应减少，故浓度波前沿中高浓度的一端比低浓度的一端移动要快。随着过程的进行，浓度波前沿逐渐变陡，传质区变得越来越窄，床层的有效利用率增加。

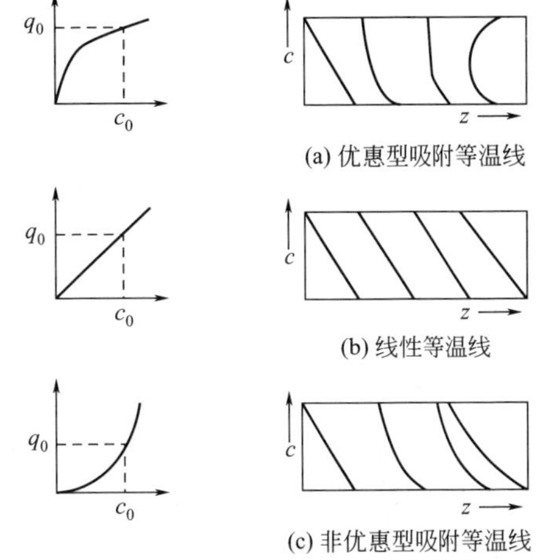

图 9-5　三种吸附等温线与浓度波的关系

线性吸附等温线的斜率为定值，不因吸附质浓度的增加而变化，因此，固定床中浓度波为向前平推的直线，如图 9-5(b) 所示。

非优惠型吸附等温线的特征是，固定床中浓度波的低浓度区移动更快，浓度波随时间或床层深度变宽，床层的利用率低，如图 9-5(c) 所示。

综上所述，优惠型等温线的吸附剂有利于吸附操作。反之，非优惠型吸附等温线的吸附剂不利于吸附过程。值得注意的是，吸附时为优惠型的吸附等温线，脱附时则成为非优惠型的吸附等温线，故在选择吸附时，应同时兼顾吸附和解吸操作。

9.2.5 吸附分离工艺

根据待分离物系中各组分的性质和过程的分离要求（如纯度、回收率、能耗等），选择适当的吸附剂和解吸剂，采用相应的工艺过程和设备来完成分离。

常用的吸附分离设备有：吸附搅拌槽、固定床吸附器、移动床和流化床吸附塔。吸附分离操作的分类一般是以固定床吸附为基础的。若根据分离组分的多少，可分为单组分和多组分吸附分离；根据分离组分的浓度，可分为痕量组分脱除和主体分离；根据床层温度的变化，可分为非等温（绝热）操作和恒温操作；根据进料方式，可分为连续进料和间歇分批进料等。

(1) 固定床吸附

在固定床吸附器中，吸附剂颗粒均匀地堆放在多孔支撑板上，流体自下而上或自上而下地通过颗粒层。固定床吸附器结构简单，操作方便，是吸附分离中应用最广的一类。

① 双器流程

因为吸附剂需要再生，所以为使吸附操作连续进行，至少需要两个吸附器轮换循环使用。图 9-6 所示的 A、B 两个吸附器，A 进行吸附，B 在进行再生。在 A 达到破点之前，B 再生完毕，下一个周期是 B 进行吸附，A 进行再生。对于吸附速率快，穿透曲线陡的情况可采用这种流程。

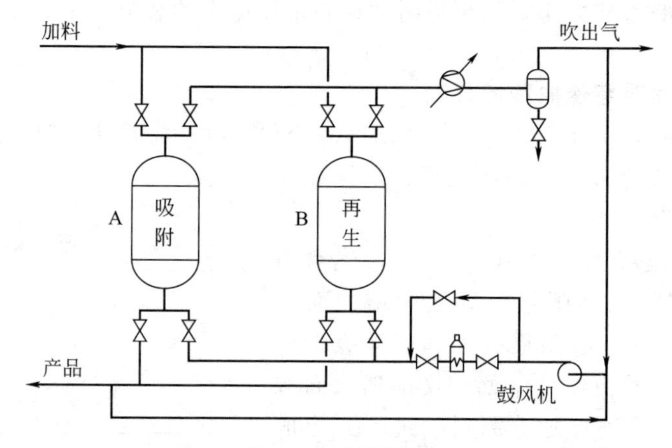

图 9-6 双器流程

② 串联流程

当体系的穿透曲线比较平坦，吸附传质区比较长时，如采用上述双器流程，流体只在一个吸附器中进行吸附操作，达到破点时很大一部分吸附剂未达到饱和，利用率很低，这种情况宜采用两个或更多个吸附器串联使用。图 9-7 是两个吸附器串联使用的流程，流程中共有三个吸附器。图中加料先进入 A，然后经 B 进行吸附，C 进行再生。此时吸附传质区可以从 A 延伸到 B，这个操作一直可进行到从 B 流出的流体达到破点为止，接着将 A 转入再生，C 转入吸附，而加料则先进入 B，再进入 C。转入再生操作的 A 可以接近饱和。

③ 并联流程

当处理的流体量很大时，往往需要很大的吸附器，设备制造与运输都有困难，此时可以将几个吸附器并联使用，图 9-8 是两个吸附器并联使用的流程，图中 A、B 并联吸附，C 进行再生，下阶段是 A 再生，B、C 吸附，再下一阶段是 A、C 吸附、B 再生，

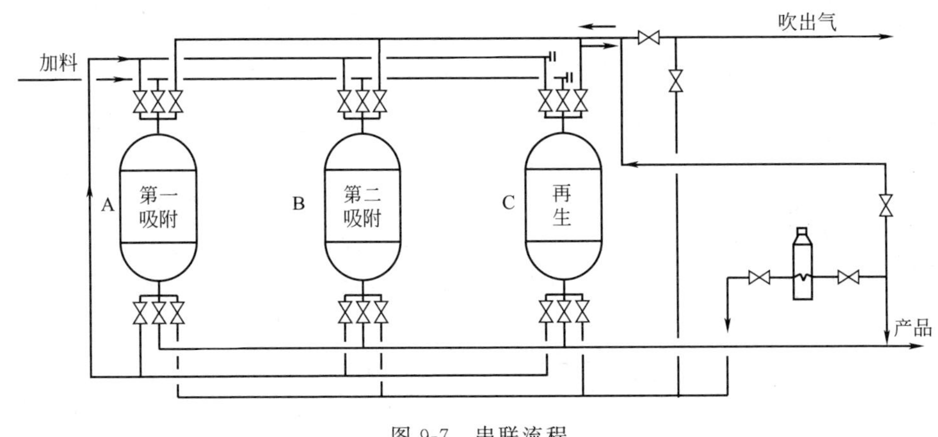

图 9-7　串联流程

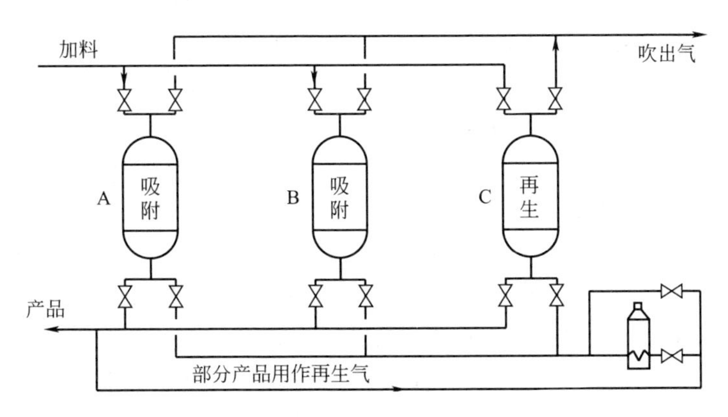

图 9-8　并联流程

依此类推。

在上述三种流程中，再生时均用产品的一部分作为再生用气体，实际上根据过程的具体情况，可以用其他介质再生。例如用活性炭去除空气中的有机溶剂蒸气时，常用水蒸气再生。再生气（水蒸气+有机物蒸气）冷凝成液体，再进行分离。

(2) 模拟移动床

进行液体吸附分离时，可采用间歇式的固定床操作，也可用连续式的移动床操作，固定床间歇操作效率低，吸附剂和脱附剂用量大，设备大，不能广泛应用于工业上。移动床连续操作虽然效率较高，但由于吸附剂在设备内不能以活塞流的理想流动方式运动，难以得到较高浓度的产品，且动力消耗大、吸附剂易磨损等使应用也受到限制，故目前广泛采用模拟移动床。

模拟移动床吸附分离的基本原理与置换脱附的移动床相似，图 9-9 是液相移动床吸附原理图，进料液里只含 A、B 两个组分，用固体吸附剂和液体脱附剂 D 来分离它们。

固体吸附剂在塔内自上而下移动，从塔底出去后，经塔外提升器提升至塔顶循环入塔。液体用循环泵输送，自下而上流动，与固体物料逆流接触，整个吸附塔按不同物料的进出口位置，分成四个作用不同的区域：ab 段—A 吸附区；bc 段—B 脱附区；cd 段—A 脱附区；da 段—D 的部分脱附区，被吸附剂所吸附的物料称为吸附相，塔内未被吸附的液体物料称为吸余相。

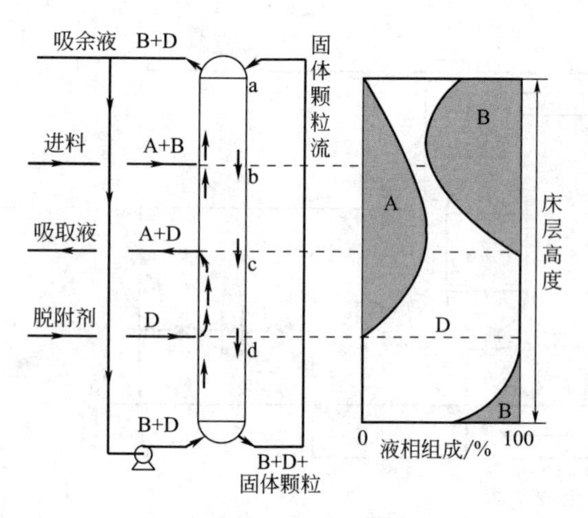

图 9-9 液相移动床吸附原理图

在 A 吸附区，向下移动的吸附剂吸附进料 A+B 液体中的 A，同时置换出已吸附的部分脱附剂 D，在该区顶部部分循环进料中的组分 B 和脱附剂 D 构成的吸余液 B+D 部分排出。

在 B 脱附区，从此区顶部下降的含 A+B+D 的吸附剂，与从本区底部上升的含 A+D的液体物料逆流接触，因 A 比 B 有更强的吸附力，故 B 被脱附出来，下降的吸附剂中只含有 A+D。

A 脱附区的作用是将 A 全部从吸附剂表面脱附出来。脱附剂 D 自此区底部进入塔内，与本区顶部下降的含 A+D 的吸附剂逆流接触，脱附剂 D 把 A 组分完全脱附出来，从该区顶部放出吸余液 A+D。

D 部分脱附区旨在回收部分脱附剂 D，从而减少脱附剂的循环量。从本区顶部下降的只含有 D 的吸附剂与从塔顶循环返回塔底的液体物料 B+D 逆流接触，按吸附平衡关系，B 组分被吸附剂吸附，而使吸附相中的 D 被部分地置换出来。此时吸附相只有 B+D，而从此区顶部出去的吸余相基本上是 D。

当固体吸附剂在床层内固定不动，而通过旋转阀的控制将各段相应的溶液进出口连续地向上移动（见图 9-10），这与进出口位置不动，保持固体吸附剂自上而下地移动的结果是一样的，这就是多段串联模拟移动床。在实际操作中，塔上一般开 24 个等距离的口，同接于一个 24 通旋转阀上，在同一时间内旋转阀接通四个口，其余均封闭。如图所示 3、6、15、23 四个口分别接通解吸剂（D）进口（10），抽余液（B+D）流出口（7），原料（A+B）进口（1），抽出液（A+D）排出口（16），一定时间后，旋转阀向前旋转，则进出口变为 2、5、14、22，依此类推，当进出口升到 1 点后又转回到 24，循环操作。由于液流进出口

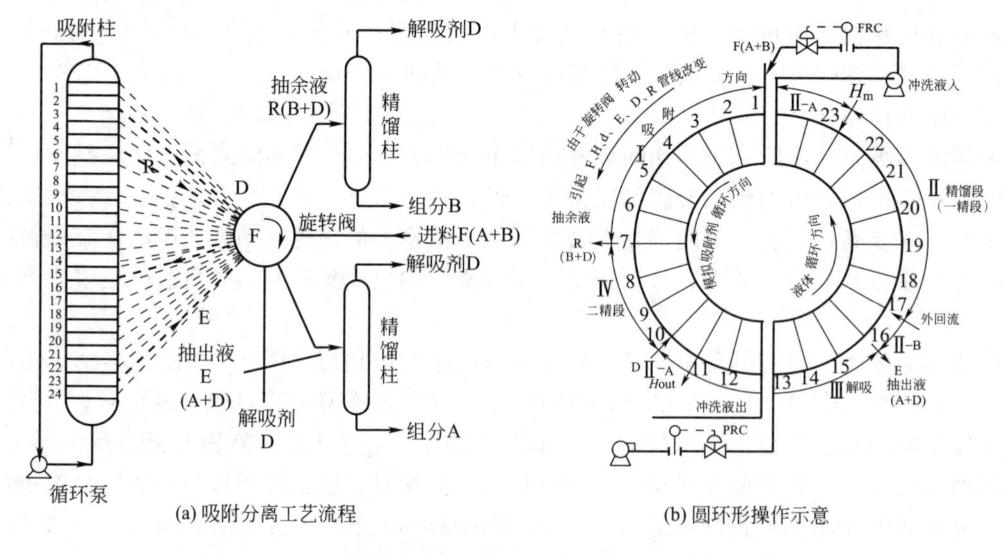

(a) 吸附分离工艺流程　　(b) 圆环形操作示意

图 9-10 Sorbex 模拟移动（多柱串联）床吸附分离操作流程

D—解吸剂；E—抽出液；F—料液；R—抽余液

的向上移动，相对地就产生了与液体进出口固定而吸附剂向下移动相同的效果。这样，通过旋转阀的定时转动，依次向上移动液体进出口，实现流体与吸附剂的逆流操作。

采用模拟移动床连续操作，可以更有效地发挥吸附剂和脱附剂效率，吸附剂用量仅为固定床的 4%，脱附剂用量仅为固定床的一半。

由于模拟移动床可以提高固定相的利用率与产品纯度，在提供产品收率的同时也可以减少解吸剂的消耗，近年来在手性药物、石油化工分离等领域受到越来越多的关注，目前工业上主要用于混合二甲苯、正构和环烷烃异构体、C_4 馏分以及果糖与其他葡萄糖类的分离，我国目前有十余套大型装置在运行。

(3) 变温吸附

变温吸附利用吸附剂的平衡吸附量随温度升高而降低的特性，采用常温吸附、升温脱附的操作方法，目前普遍被用于挥发性有机废气的净化处理。变温吸附原理可由图 9-11 说明，循环操作在两个固定床吸附器中进行，一个在常温附近 $T_1=T_{ads}$ 吸附溶质，另一个在较高温度 $T_2=T_{des}$ 下解吸溶质，使吸附质床层再生。

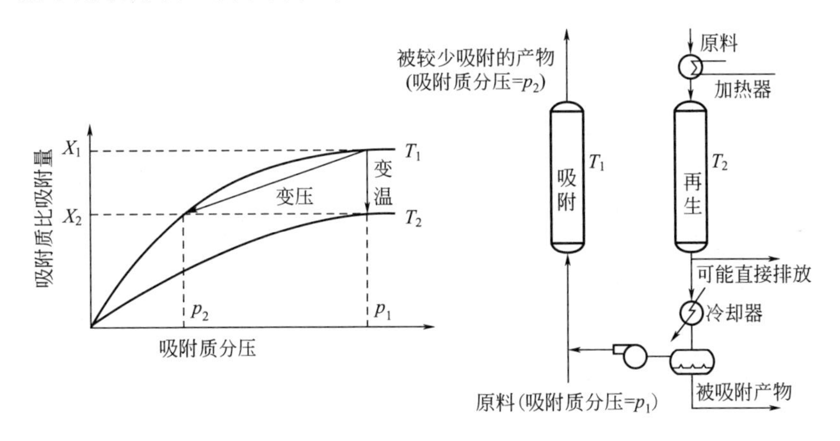

图 9-11 变温吸附和变压吸附

解吸温度一般都比较高，但过高的温度会造成吸附剂性能下降，因此变温吸附比较适用于脱除低浓度杂质，此时吸附和解吸均可在接近恒温的条件下进行。一个理想的变温吸附循环包含 4 步：①在 T_1 下吸附直至达到透过点；②加热床层至 T_2；③在 T_2 下脱附到低吸附质负荷；④冷却床层到 T_1。实际循环操作没有恒温阶段，再生过程是第②和③两步结合在一起的，床层被加热的同时，用经预热的清洗气解吸，直至进出口温度接近。第①和④两步也是同时进行的，床层冷却后即开始进料，因此吸附基本上在进料流体温度下进行。

由于固体吸附剂传热性能较差，床层的加热和冷却很难在短时间内完成。虽可以采用床层夹套或设置内部换热器间接传热，但变温吸附的循环周期较长，通常需要以小时或天数计，因此能量利用和操作效率不高。

(4) 变压吸附

变压吸附分离过程是 1958 年开发的一种在恒温下通过改变压力以改变吸附量，从而达到吸附-脱附循环的操作方法。典型的吸附量和组分分压之间的关系如图 9-11 所示。在一定压力下气体组分被吸附，减压下被吸附组分解吸，放出该气体组分，吸附剂得到再生。它与变温吸附不同，不用外加热源，使吸附剂受热再生，故又称为无热吸附分离过程，其效率显著提高。经济分析表明，制造液氮时变压吸附成本比深冷分离要低得多。

最简单的变压吸附和变真空吸附是在两个并联的固定床中实现的。如图 9-12 所示，与变温吸附不同，它是靠消耗机械功提高压力或造成真空完成吸附分离循环。一个吸附床在某压力下吸附，另一个吸附床在较低压力下解吸。由于压力对液相体系影响不大，故变压吸附通常只用于气体吸附分离。变压吸附可用于空气干燥、气体脱除杂质和污染物以及气体的主体分离等。

具有两个固定床的变压吸附循环如图 9-13 所示，称为 Skarstrom 循环。每个床在两个等时间间隔的半循环中交替操作：充压后吸附，放压后吹扫，实际分四步进行。原料气用于充压，流出产品气体的一部分用于吹扫。在图 9-13 中 1 床进行吸附，离开 1 床的部分气体返至 2 床吹扫用，吹扫方向与吸附方向相反。

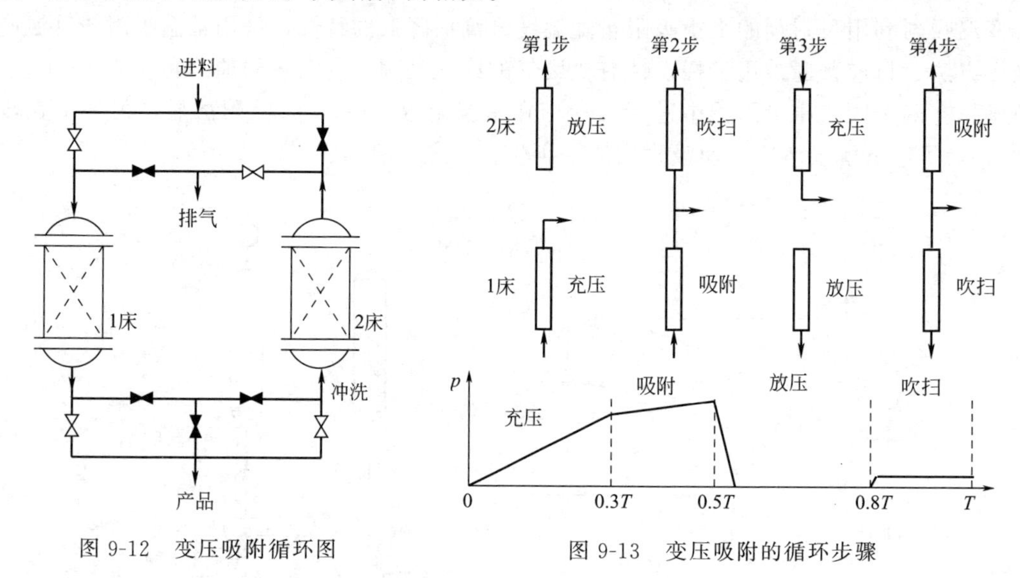

图 9-12　变压吸附循环图

图 9-13　变压吸附的循环步骤

9.3 色谱分离

9.3.1 色谱基本原理

色谱也称为层析（Chromatography），是一种物理或物理化学的分离分析方法。色谱法可按分子聚集状态、操作方法及分离原理等有不同的分类方法，见表 9-3。

表 9-3　色谱法分类

分类方法		色谱法
状态	流动相的状态	气相色谱、液相色谱和超临界流体色谱
	固定相的状态	气固色谱、气液色谱、液固色谱和液液色谱
操作方法		柱色谱、平面色谱、逆流分配法
色谱过程的分离机制		吸附色谱、分配色谱、体积排阻色谱、亲和色谱、化学键合相色谱、毛细管电色谱和毛细管电泳法
使用领域		分析型色谱和制备型色谱
色谱峰形态		线性色谱和非线性色谱

从20世纪初发展至今，色谱技术在理论上已从线性色谱发展到非线性色谱，在实践中则从分析规模发展到制备生产规模。用于制备色谱分离的色谱法一般为液相色谱法，因此本章重点对液相色谱进行阐述。

在色谱分离中，被分离物质（溶质）的分子在两相（固定相和流动相）之间分配，依据不同溶质分子在固定相和流动相之间分配平衡浓度的不同，实现多次吸附、脱附分配，使亲固定相的溶质分子在系统中移动较慢，而亲流动相的溶质分子则随流动相较快地流出系统，从而实现了不同物质之间的分离。

目前，色谱分离技术已成为最主要的分离纯化技术之一。色谱技术能够分离物化性能差别很小的化合物，当混合物各组成部分的化学或物理性质十分接近而其他分离技术很难或根本无法应用时，色谱技术愈加显示出其实际有效的优越性。如在消旋体处理等方面，所要求的产品纯度标准只有使用色谱技术才能达到。同时，色谱技术通常可以在常温、水相、适当的pH、离子强度、避免使用有机溶剂等有害的化学试剂等条件下操作，因而可以在避免破坏具有生物活性物质的前提下（温和的条件），以很高的识别性，以及较高的分离能力和收率，经济有效地从稀溶液中提取、分离、纯化目标产物。

人们对色谱技术的应用进行了大量的研究，新的性能更好的色谱载体、新的制备过程、新的分离能力更强的过程、装备和精密控制技术等的发展，为各类产品提供了更为有效的分离技术。同时，为了简化分离过程，进一步提高整体分离过程的效率、降低大规模分离的生产成本，通过将分离过程的特点和化学工程的基本原理结合，人们正在探索和研究各种新型的分离单元操作，如扩张床吸附和亲和错流过滤以及高效率的连续逆流色谱技术，如采用模拟移动原理构成的多组分连续分离过程等，这些新型分离技术的发展将进一步促进医药、生物和精细化工工业产品的产业化过程。

9.3.2 色谱分离的基本参数

(1) 色谱图

组分通过色谱柱分离后，在柱出口处的浓度与流出时间的关系一般显示出一个峰形，通常就把它称为色谱峰。多个组分如能通过色谱柱分离，就会形成多个峰。色谱柱出口浓度与时间或流动相体积的关系就是色谱图。对色谱柱分离的讨论都要涉及色谱图上峰的分析。图9-14是一个标准的色谱图。

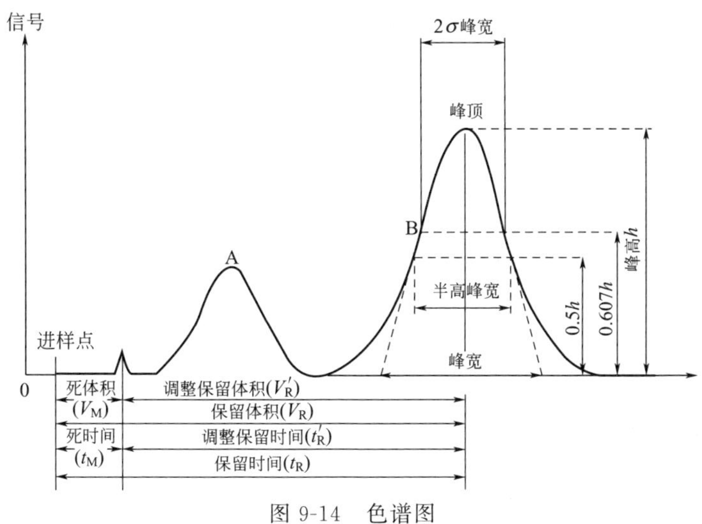

图9-14 色谱图

色谱图中涉及的各种参数具体见表 9-4。

表 9-4 色谱图中的不同参数名称及定义

参数名称	定义
基线	流动相中没有样品时色谱柱出口检测器的响应信号
峰高	色谱峰顶点到基线的垂直距离
半峰高	峰高一半处的宽度
峰宽 W_b	由色谱峰两侧拐点作切线，与基线交点间的距离
标准偏差	当把色谱峰看作对称的高斯曲线时，峰高的 0.607 处峰宽度的一半即为标准偏差 σ
死体积 V_M	整个柱中的流动相体积，称为滞液量，是填充在固定相外空隙中的液体和固定相内部孔隙中的液体之和
保留体积 V_R	溶质从色谱柱一端进样开始直至其从色谱柱另一端流出所需的流动相体积，称为该溶质的保留体积。显然，只要色谱载体对溶质有吸附作用，V_R将大于 V_M。为了便于测量，也常用保留时间 t_R 来表达溶质的保留参数，$V_R=Ft_R$，其中 F 为流动相的体积流率

(2) 保留因子

表 9-4 保留参数均与色谱柱的几何尺寸有关。为通用性起见，可使用保留因子（容量因子）k 作为保留参数，即

$$k=\frac{V'_R}{V_M} \tag{9-13}$$

其物理意义为溶质在固定相（吸附剂）和流动相之间的分配比。

(3) 分离因子

分离因子是溶质 A 和溶质 B 的保留参数之比，表示这两个组分通过色谱进行分离的可能性

$$\alpha=\frac{V'_{R(A)}}{V'_{R(B)}}=\frac{k_A}{k_B} \tag{9-14}$$

(4) 分离度

两个不同的组分能否通过色谱进行分离可用分离度（或分辨率）来表示，分离度（分辨率）R_s的定义为两个色谱峰之间的距离和两个峰的平均峰宽之比

$$R_s=\frac{2(V_{R2}-V_{R1})}{W_{b2}+W_{b1}}=\frac{2(t_{R2}-t_{R1})}{t_{b2}+t_{b1}} \tag{9-15}$$

欲使两组分峰得到完全分离，R_s应大于 1，R_s小于 1 说明两峰之间有一定程度的重叠。优化的分离条件为所有欲分离的组分之间的 R_s均大于 1，然而过大的 R_s也是不必要的，这会使分离成本增加。

9.3.3 色谱理论模型

在层析技术的发展历程中，研究者们提出了很多层析理论模型，以解释层析分离现象，指导层析技术的发展，进行层析设备和层析介质的设计。从层析过程热力学和动力学的观点出发，这些理论模型主要有两大类型：塔板理论或反应器串联模型；速率理论或质量平衡模型。另外，有人提出平衡理论实际上是速率理论的一个特例。

(1) 塔板理论模型

① 基本假定

塔板理论是色谱的热力学平衡理论。它假定色谱分离柱本身是不连续的，是由 N 个相

同大小的混合接触器串联起来的，并做出如下假设：流动相在柱内的流动符合“活塞流”假定；色谱柱由许多小段组成，这些小段称为“塔板”；在“塔板”上溶质在流动相和固定相之间达到平衡，并符合 $X_s=KX_m$，式中 X_m 和 X_s 分别是溶质在流动相和固定相中的浓度，K 是溶质在两相中的分配系数，为无量纲的常数；溶质随流动相依次流过各塔板并反复达到分配平衡，依不同的平衡趋势获得不同的保留时间。

② 洗脱曲线

塔板理论旨在提供一个溶质的洗脱曲线方程，该方程描述了溶质浓度与流动相体积之间的关系，从而可通过色谱图来确定层析体系的各种特征。

若在 n 块塔板的色谱柱中，有三个连续塔板 $p-1$、p 和 $p+1$，如图 9-15 所示。

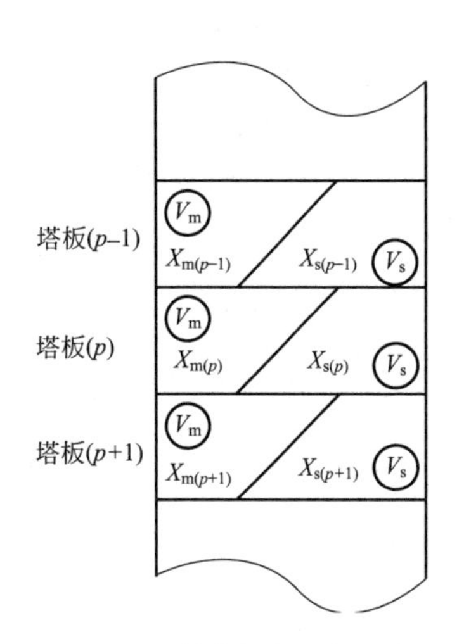

图 9-15 色谱柱中三块连续理论塔板示意图

设流动相和固定相在每块塔板中的体积分别为 V_m 和 V_s；溶质在每块塔板中的流动相和固定相的浓度分别为 $X_{m(p-1)}$、$X_{s(p-1)}$、$X_{m(p)}$、$X_{s(p)}$、$X_{m(p+1)}$、$X_{s(p+1)}$；dV 为流动相从塔板 $p-1$ 流到塔板 p 的体积，其与流动相从塔板 p 流到塔板 $p+1$ 的体积相等。

由物料衡算，在塔板 p 中溶质的质量变化为

$$dm=[X_{m(p-1)}-X_{m(p)}]dV \tag{9-16}$$

当溶质在塔板 p 中达到平衡时，dm 自然会使两相浓度发生变化，假定在流动相和固定相中溶质的浓度变化分别为 $dX_{m(p)}$ 和 $dX_{s(p)}$，则有

$$dm=v_s dX_{s(p)}+v_m dX_{m(p)} \tag{9-17}$$

将平衡式 $X_s=KX_m$ 的微分式 $dX_s=KdX_m$ 代入式(9-17)

$$dm=v_s K dX_{m(p)}+v_m dX_{m(p)}=(Kv_s+v_m)dX_{m(p)} \tag{9-18}$$

合并式(9-16) 和式(9-18) 得

$$\frac{dX_{m(p)}}{dV}=\frac{X_{m(p-1)}-X_{m(p)}}{Kv_s+v_m} \tag{9-19}$$

求解微分方程式(9-19)，须采用数值法进行变量的转换。首先定义函数 Kv_s+v_m 为塔板体积，流动相体积以塔板体积为计量单位。塔板体积的物理意义为：将固定相和流动相加和所得的溶质总量换算成流动相的平衡浓度所对应的流动相的体积。在此基础上定义一个新的变量 v

$$v=\frac{V}{v_m+Kv_s} \tag{9-20}$$

将其微分式 $dV=(v_m+Kv_s)dv$ 代入式(9-19) 即得

$$\frac{dX_{m(p)}}{dv}=X_{m(p-1)}-X_{m(p)} \tag{9-21}$$

该微分方程描述了任一塔板中溶质在流动相的浓度随流动相体积的变化速率，对该方程式(9-21) 积分即为溶质的洗脱曲线方程

$$X_{m(n)}=X_0\ \frac{e^{-v}v^n}{n!} \tag{9-22}$$

式中，$X_0=X_{m(0)}$ 为加载在第一块塔板上的初始溶质浓度。

采用仪器测定色谱柱出口第 n 块塔板的溶质浓度，就可得到由电压-时间表示的模拟色谱图。式(9-22) 是一个 Poisson 函数式，当 n 很大时，这个函数式近似于 Gauss 函数，如式(9-23) 所示。

$$X_{m}(v)=\frac{1}{\sqrt{2\pi\sigma^{2}}}e^{-\frac{v^{2}}{2\sigma^{2}}} \tag{9-23}$$

对实际的液相色谱而言，n 总是远远大于 100，也就是说所有色谱峰会呈现 Gauss 或接近于 Gauss 分布形态。

③ 保留体积

保留体积是指流动相流经柱子直到洗脱至峰出现最大值时所用的体积。对洗脱曲线方程式(9-22) 进行微分可得

$$\frac{dX_{m(n)}}{dv}=\frac{X_{0}}{n!}(-e^{-v}v^{n}+e^{-v}nv^{(n-1)})=\frac{X_{0}e^{-v}v(n-1)}{n!}(n-v) \tag{9-24}$$

在峰的最大值处，式(9-24) 必须为零，即有 $n=v$。因为 v 是用塔板体积为单位测得的，峰最大值就相当于 n 个塔板体积的流动相流经柱子。由 $v=\frac{V}{v_{m}+Kv_{s}}$ 可得流动相以毫升数表示的保留体积 V_{R}

$$V_{R}=n(v_{m}+Kv_{s}) \tag{9-25}$$

④ 理论塔板数

根据塔板模型，色谱柱分离效果的好坏可用其理论塔板数来表达，已知在色谱柱出口，$X_{m(n)}=\frac{X_{0}e^{-v}v^{n}}{n!}$，则在色谱峰拐点处有

$$\frac{d^{2}X_{m(n)}}{dv^{2}}=\frac{d(X_{0}e^{-v}v^{n}/n!)}{dv^{2}}=0 \tag{9-26}$$

求解式(9-26) 可得 $v=n\pm n^{1/2}$。因此，当流动相塔板体积分别为 $n-n^{1/2}$ 和 $n+n^{1/2}$ 时，色谱曲线出现拐点。那么由峰宽和塔板体积的定义，两个拐点间的流动相体积［$(n+n^{1/2})-(n-n^{1/2})$塔板体积$=2n^{1/2}$塔板体积］转换为毫升数计量可得

$$两拐点间的峰宽=2\sqrt{n}塔板体积=2\sqrt{n}(v_{m}+Kv_{s}) \tag{9-27}$$

而当 $n\to\infty$，色谱峰可用 Gauss 函数表示，$X_{m}(v)=\frac{1}{\sqrt{2\pi\sigma^{2}}}e^{-\frac{v^{2}}{2\sigma^{2}}}$，采用此函数时，两拐点间的峰宽$=2\sigma$，将其代入式(9-27) 可得

$$2\sqrt{n}(v_{m}+Kv_{s})=2\sigma \tag{9-28}$$

合并式(9-25) 和式(9-28) 得

$$n=\left(\frac{V_{R}}{\sigma}\right)^{2} \tag{9-29}$$

此即根据色谱峰的参数计算理论塔板数的基本式。将其进行转换后，采用不同的色谱峰参数可得不同的表达式，如表 9-5 所示。

为方便起见，通常以半峰高处的宽度（称为半峰宽）来计算理论塔板数

$$n=5.54\left(\frac{V_{R}}{w_{1/2}}\right)^{2} \quad 或 \quad n=5.54\left(\frac{t_{R}}{t_{1/2}}\right)^{2} \tag{9-30}$$

⑤ 塔板理论模型的局限性

表 9-5　理论塔板数的表达式

色谱峰参数	标准偏差	理论塔板数
V_R 和 σ		$n=\left(\frac{V_R}{\sigma}\right)^2$
V_R 和 w	$\sigma=\frac{w}{4}$	$n=16\left(\frac{V_R}{w}\right)^2$
V_R 和 $w_{h/2}$	$\sigma=w_{h/2}/\sqrt{8\ln 2}$	$n=5.54\left(\frac{V_R}{w_{h/2}}\right)^2$
V_R 和峰面积 A 及峰高 h	$\sigma=\frac{A}{h\sqrt{2\pi}}$	$n=2\pi\left(\frac{V_R h}{A}\right)^2$

塔板理论是将色谱柱比作精馏塔的半经验式理论，它在解释流出曲线的形状（呈正态分布）、浓度极大点的位置及数值、色谱峰区域宽度与保留值的关系以及评价柱效能等方面取得了成功。但事实上，它的某些基本假设与色谱过程的事实并不相符。例如：纵向扩散是不能忽略的，流动相的“活塞流”假定与填充床中流体的实际流动形态有较大差异；塔板模型假定溶质在流动相和固定相之间的相平衡符合线性关系，但这只有在溶质浓度较低时适用，与制备色谱上样浓度高、上样量较大的情况有较大差异；塔板模型假定在“塔板”上达到相平衡，没有考虑到传质阻力和流体流动造成的浓度梯度对色谱过程的影响。因此，塔板理论不能解释在同一色谱柱上不同组分所得理论塔板数不同的原因，不能说明同一组分在同一柱上所得的理论塔板数不同的原因，也不能说明理论板数和色谱峰形变化受哪些因素的影响，更无法给出改善柱效的方法。

鉴于塔板理论的众多局限性，也为了更好地描述色谱过程，范弟姆特（Van Deemter）等人在塔板理论的基础上，又提出了色谱过程的动力学理论——速率理论模型。

(2) 速率理论模型

1956 年，荷兰学者范弟姆特（Van Deemter）等人提出了色谱过程的动力学理论，他们吸收了塔板理论的概念，并把影响塔板高度的动力学因素结合起来，导出了理论塔板高度 $HETP$ 与载气速度 u 的关系，即 Van Deemter 方程式——气相色谱理论方程式。两年之后，Giddings 与 Snyder 等人根据液体与气体的差别，提出了 Giddings 方程式——液相色谱速率方程式，现分述如下。

① Van Deemter 方程式——气相色谱速率理论

Van Deemter 考察了多种影响柱效的因素，导出了以下关系式

$$HETP=A+B/u+Cu \tag{9-31}$$

式(9-31) 中，u 为载气线速度；A、B、C 为 3 个常数；$HETP$ 为理论塔板高度，即相当一块理论板作用的色谱柱高度，是表示色谱柱分离效率的重要参数。设色谱柱长度为 L，理论板数为 n，则有

$$HETP=L/n \tag{9-32}$$

式(9-31) 可由图 9-16 表示。由图 9-16 及 Van Deemter 方程式，曲线在 $HETP$ 值最小时所对应的 u 值为最佳气体流速。当 $u=0$～

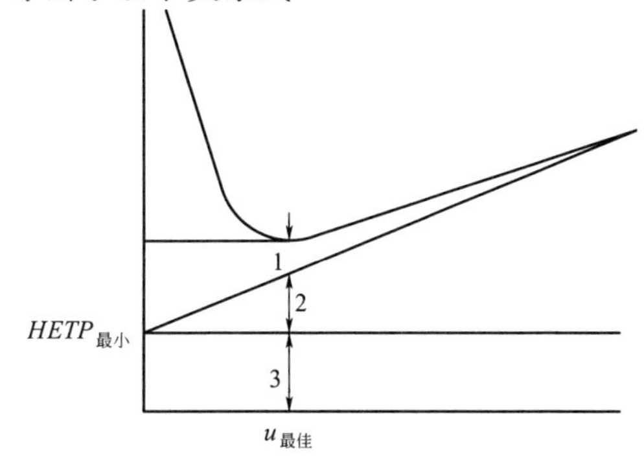

图 9-16　塔板高度-流速曲线

1—B/u；2—Cu；3—A

$u_{最佳}$时，u 越小，Cu 越小（可忽略），B/u 越大，此时 B/u 占主导，u 增加，$HETP$ 降低，柱效高。当 $u>u_{最佳}$ 时，u 越大，Cu 越大，B/u 越小，此时 Cu 占主导，u 增加，$HETP$ 增加，柱效降低。当 u 一定时，A、B、C 3 个常数越小，$HETP$ 越小，柱效越高；反之，则峰展宽，柱效降低。

现针对填充柱，逐项讨论影响板高的因素。

A 项为涡流扩散项或多径项，该项说明由于填充柱填充不均匀而引起的峰（谱带）的展宽。$A=2\lambda d_p$，λ 为填充不规则因子（填充越均匀，λ 值越小）；d_p 为填料（固定相）颗粒的直径。

B/u 项称纵向扩散项或分子扩散项。由于试样组分被载气带入色谱柱后，是以“塞子”的形式存在于柱的一小段空间中，在“塞子”前后（纵向）存在着浓度梯度，因此使运动着的分子产生纵向扩散。$B=2\gamma D_g$，式中 γ 是因载体在柱内填充而引起气体扩散路径弯曲的因数（弯曲因子）；D_g 为组分在气相中的扩散系数。

Cu 项也称传质阻力项，系数 C 包括气相传质阻力 C_g 和液相传质阻力 C_l 两项。对于填充柱，$C_g=\dfrac{0.01k^2}{(1+k)^2}\times\dfrac{d_p^2}{D_g}$；$C_l=\dfrac{2}{3}\times\dfrac{k}{(1+k)^2}\times\dfrac{d_f^2}{D_l}$，式中 k 为容量因子。

综上所述，范弟姆特方程式对于分离条件的选择具有指导意义。它可说明填充均匀程度、担体粒度、载气种类、载气流速、柱温、固定相液膜厚度等对柱效、峰扩张的影响。

② Giddings 方程式——液相色谱速率理论

液相色谱与气相色谱的主要区别可归因于液体与气体性质的差异：气体的扩散系数比液体要大 10^5 倍左右；液体黏度比气体约大 10^2 倍；液体表面张力比气体约大 10^4 倍；液体密度比气体约大 10^3 倍；液体是不可压缩的。这些差别对液相色谱的扩散和传质过程影响很大，而传质阻抗对峰展宽的影响尤为显著。因此液相色谱的速率理论方程式与气相色谱的速率理论方程式的主要差别表现在纵向扩散项（B/u）及传质阻抗项（Cu）上。1958 年，Giddings 等在 Van Deemter 方程式的基础上提出液相色谱速率方程式，二者有相似之处，但某些函数的含义不同。

Giddings 与 Snyder 等人提出的液相色谱速率方程式如下

$$HETP=H_e+H_d+H_m+H_{sm}+H_s=A+B/u+C_m u+C_{sm}u+C_s u \tag{9-33}$$

与气相色谱类似，影响柱效（用理论塔板高度 $HETP$ 表征）的因素如下。

(a) 涡流扩散项 H_e

$$H_e=2\lambda d_p \tag{9-34}$$

为了使 H_e 减小以提高液相色谱柱的柱效，可从以下两方面采取措施：采用粒度小的固定相（填料），固定相的直径（d_p）越小，H_e 越小，但 d_p 越小，越难填匀（λ 越大），因此，通常多用 $d_p=3\sim10\mu m$ 的填料；采用匀浆法装柱，降低 λ。

(b) 纵向扩散项 H_d

当试样分子在色谱柱内被流动相带向前时，由分子本身运动所引起的纵向扩散同样引起色谱峰的扩展。它与分子在流动相中的扩散系数 D_m 成正比，与流动相的线速 u 成反比。

$$H_d=\frac{C_d D_m}{u} \tag{9-35}$$

式中 C_d 为一常数。由于分子在液体中的扩散系数比在气体中要小 4～5 个数量级，因此在液相色谱中，纵向扩散项对色谱峰扩散的影响实际上是可以忽略的，而在气相色谱中这一项却很重要。

(c) 传质阻力项

传质阻力项可分为固定相传质阻力项和流动相传质阻力项。

固定相传质阻力项主要发生在液液分配色谱法中。试样组分的分子从流动相进入到固定液内进行质量交换的传质过程取决于固定液的液膜厚度 d_f，以及分子在固定液内的扩散系数 D_s。

$$H_s=\frac{C_s d_f^2}{D_s}u \tag{9-36}$$

式中，C_s 是与 k（容量因子）有关的系数。由式(9-36) 可知，它与气相色谱中的液相传质项含义是一致的。

流动相传质阻力项指试样分子在流动相的传质过程。它有两种形式，即在流动的流动相中的传质和在滞留的流动相中的传质。

流动的流动相中的传质阻力项 H_m。当流动相流过色谱柱内的填充物时，靠近填充物颗粒的流动相流动的稍慢，所以在柱内流动相的流速是不均匀的，即靠近固定相表面的试样分子走过的距离比中间的要短。它能引起塔板高度的变化，这种影响与线速 u 和固定相粒度 d_p的平方成正比，与试样分子在流动相中的扩散系数 D_m成反比。

$$H_m=\frac{C_m d_p^2}{D_m}u \tag{9-37}$$

式中，C_m 为一常数。

滞留的流动相中的传质阻力 H_{sm}。由于固定相的多孔性，会造成某部分流动相滞留在一个局部，滞留在固定相微孔内的流动相一般是停滞不动的。流动相中的试样分子要和固定相进行质量交换，必须先从流动相扩散到滞留区。若固定相的微孔小而深，此时传质速率就慢，对峰的扩展影响大，这种影响在整个传质过程中起着主要作用。固定相的粒度越小，它的微孔径越大，传质途径也就越小，传质速率也就越高，因而柱效就高。由于滞留区传质与固定相的结构有关，所以改进固定相就成为提高液相色谱柱效的一个重要问题。

滞留区传质项 H_{sm}为

$$H_{sm}=\frac{C_{sm} d_p^2}{D_m}u \tag{9-38}$$

式中，C_{sm}是一常数，它与占据部分颗粒微孔中流动相的分数及容量因子有关。

综上所述，由柱内色谱峰扩展所引起的塔板高度的变化可归纳为

$$HETP=2\lambda d_p+\frac{C_d D_m}{u}+\left(\frac{C_m d_p^2}{D_m}+\frac{C_{sm} d_p^2}{D_m}+\frac{C_s d_f^2}{D_s}\right)u=A+\frac{B}{u}+Cu \tag{9-39}$$

式(9-39) 与气相色谱的速率方程式在形式上是一致的，主要区别在于纵向扩散项可忽略不计，影响柱效的主要因素是传质项。

据上述讨论可知，要提高液相色谱的效率，必须提高柱内填料的装填均匀性和减小粒度，以加快传质速率。薄壳型担体，具有大的孔径和浅的孔道，这种担体可大大提高传质速率，而大小均一的球形又为柱内填充均匀创造了良好的条件。由式(9-39) 可知，$HETP$ 近似正比于 d_p^2，减小粒度是提高柱效的有效途径。选用低黏度的流动相，或适当提高柱温以降低流动相黏度，都有利于提高传质速率，但提高柱温将降低色谱峰分辨率。降低流动相流速可降低传质阻力项的影响，但又会使纵向扩散增加并延长分析时间。可见，在色谱过程中，各种因素是相互制约的。

对于液相色谱，影响色谱峰扩展的因素除以上几个方面外，还有一些其他因素，例如柱

外展宽的影响等。所谓柱外展宽是指色谱柱外各种因素引起的峰扩展，又分为柱前和柱后两种因素。

柱前峰展宽主要由进样所引起。液相色谱进样方式，大都是将试样注入色谱柱顶端滤塞上或注入进样器的液流中。这种进样方式，由于进样器的死体积，以及注样时液流扰动引起的扩散造成了色谱峰的不对称和展宽。若将试样直接注入色谱柱顶端填料上的中心点，或注入填料中心 1～2mm 处，则可减少试样在柱前的扩散，峰的不对称性也能得到改善，柱效显著提高。

柱后展宽主要由连接管、检测器流通池体积所引起。由于分子在液体中有较低的扩散系数，因此在液相色谱中，该因素比气相色谱更显著。因此，连接管的体积、检测器的死体积应尽可能小。

9.3.4 色谱分离过程

(1) 进样量

色谱通常采用脉冲进样的方法，即层析操作开始时在层析柱的进口注入一体积很小的分离样品。在理论研究中，所谓“脉冲进样”是指在瞬间完成的进样，即进样峰的宽度可以被忽略。很显然，在实际操作中，进样体积不可能无限小，这样就导致宽度不同的进样峰，而进样峰的宽度和进样浓度必然会影响洗脱峰的形状、宽度和分离度。尤其在制备色谱中，为了提高单次层析分离操作的处理量，往往采用大体积进样或高浓度进样，使进样呈现宽的矩形脉冲状，并使层析柱在非线性状态下工作。

图 9-17 显示了不同的进样量对被分离的两种组分的洗脱峰的影响：①很小的进样量，洗脱峰为分离完全的尖峰，这种情况常见于分析层析（见图 9-17a)；②对层析处理量进行优化的进样量，洗脱峰为两个恰好不重叠的矩形峰，这是在达到良好分离的前提下层析柱所能处理的最大样品进样量（见图 9-17b)；③过大的进样量，这时两组分的洗脱峰有部分重叠，只有最先出峰的组分的前端部分有可能得到较完全的分离（见图 9-17c)，这种操作方式在层析研究中也有应用，称为前端层析。

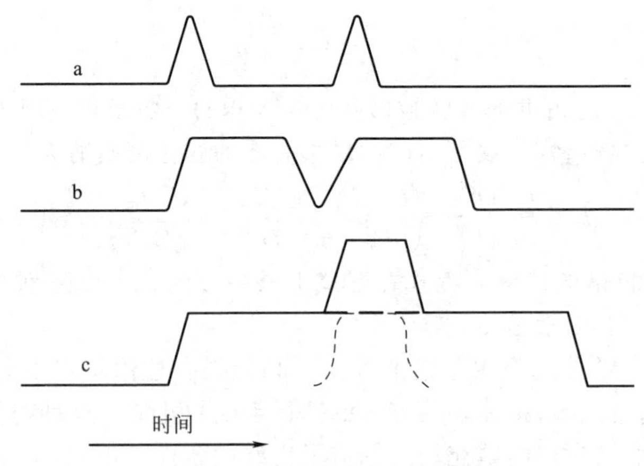

图 9-17 进样量对制备层析的影响

(2) 洗脱方式

① 恒组成洗脱

层析操作最简单的洗脱方法是恒组成洗脱，或称常液洗脱，即在整个层析展开，洗脱过程中所有条件都保持不变。样品中各组分在通过柱时遵循式(9-17)。各组分的保留时间由各

自的容量因子 k 决定。在恒组成洗脱中，由式(9-19) 可得，两个相邻色谱峰 1 和 2 的分离度也可表示如下

$$R_s=\frac{\sqrt{n_2}}{4}\times\frac{\alpha_{21}-1}{\alpha_{21}}\times\frac{k_2}{k_2+1} \tag{9-40}$$

式中，n_2 和 k_2 为组分 2 的理论塔板数和容量因子；α_{21} 为组分 2 和 1 的分离因子；k 和 α 代表了溶质的保留特性和色谱峰的相对位置，取决于溶质、固定相和流动相的性质和温度等因素，n 是柱效，它代表色谱峰的扩展程度，由色谱柱自身的特性和色谱分析操作条件决定。

从出峰速度来讲，k 值越小，则越节约分析时间，但从分离度的角度来说，k 值大有利于提高分离度。在一个成功的常液洗脱过程中，每一组分都应在一段合理的操作时间内以合理的分离分辨率被洗脱出来。这只对有限的分离样品是适合的，而常见的问题是，由于层析分离的对象通常都很复杂，分离样品中各组分的容量因子 k 的大小范围分布很宽，而常液洗脱在整个层析过程中保持条件不变，不在过程中进行调节，常使得整个分离过程时间过长，洗脱液用量很大，且分离效果不够好。如果用保留参数来分析，主要表现在以下几方面：具有相当小的容量因子 k 的物质分离不良；容量因子 k 很大的物质洗脱时间过长；容量因子 k 太大的物质洗脱峰太宽，此时如果组分含量较低，则洗脱峰不易被检测出来。这是层析分离的一般问题。从对式(9-40) 的分析可知，单纯调整相对保留值 α、容量因子 k 或增加理论板数 n 都不能完全解决问题。尤其是当被分离组分的容量因子 k 相差很大甚至达到数量级的变化时，很难用常液洗脱得到满意的结果。因此，要在洗脱过程中系统地改变洗脱条件（或“洗脱力”的大小），以分别适应不同组分的洗脱要求。

② 分步洗脱

分步洗脱又称为阶段洗脱，是按照洗脱能力递增顺序排列的几种洗脱液进行逐级洗脱。其过程与恒组成洗脱类似，只是在不同时间段采用不同的洗脱液。

它主要对混合物组成简单、各组分性质差异较大或需快速分离时适用。每次用一种洗脱液将其中一种组分快速洗脱下来。

③ 梯度洗脱

当混合物中组分复杂且性质差异较小时，采用一种色谱体系，很难得到理想的分离结果。要么分离时间太长，要么分离度太差，为了在最短的时间内得到好的分离效果，一般采用梯度洗脱。

梯度洗脱技术是在洗脱过程中逐渐增强流动相的“洗脱力”，是目前在层析操作中常用的洗脱方法之一。洗脱液洗脱力的改变对于不同的层析技术可以采取不同的方法：对于离子交换层析，可以逐渐增加洗脱离子的浓度，使被分离组分的表观 k 值逐渐下降；对于反相层析，逐渐增加洗脱液中的非极性溶剂的浓度，使表观分配系数逐渐下降；在其他一些层析技术如亲和层析中，可以逐渐增加竞争吸附剂（洗脱剂）或使缓冲液的条件逐渐从吸附向脱附改变。

在梯度洗脱中，两个相邻色谱峰 1 和 2 分离度 R 的测定方法几乎与恒组成洗脱中的关系式相同，即

$$R_s=\frac{\sqrt{n_2}}{4}\times(\alpha_{21}-1)\times\frac{\overline{k_2}}{\overline{k_2}+1} \tag{9-41}$$

式中，用溶质 2 在梯度洗脱期间保留因子的平均值$\overline{k_2}$代替恒组成洗脱中的 k_2，由于在梯度洗脱中，流动相的洗脱强度是递增的，所以 k_2 值会随洗脱时间的增加而减小。对梯度洗脱中平均容量因子$\overline{k_2}$定义如下：它是组分沿色谱柱迁移至一半时的瞬时 k 值，在梯度洗脱过

程中各组分色谱峰的容量因子 k 值会迅速降低，从而缩短了保留时间。在离开色谱柱的最后时刻，每个组分色谱峰的 k 值都相当小，这样就保证了所有后洗脱的组分峰宽都相近，并克服了在梯度洗脱中经常出现的峰拖尾现象。此外，随梯度洗脱的进行，流动相的洗脱强度会逐渐增加，每个较晚洗脱出的色谱峰都会比它前面的色谱峰以稍快的速度向前迁移，因此对称性也会更好。

最简单的梯度洗脱方法是线性梯度法，即洗脱剂的浓度在洗脱过程中是线性增加的。这可以采用简单的双容器梯度洗脱装置来实现（见图 9-18）。在洗脱过程中，与固定相结合最弱的组分首先被洗脱下来，然后随着洗脱力的逐步增强，吸附在固定相上的其他组分按其结合的弱强依次被洗脱。梯度洗脱可以减少洗脱液的用量，并可明显改善洗脱峰的拖尾现象，提高分离效果。

图 9-18　梯度洗脱液发生装置

和梯度洗脱类似的还有阶跃洗脱法：按不同组分的最适洗脱条件，阶跃地增加洗脱剂的浓度或阶跃地改变洗脱条件，使被吸附组分逐个洗脱下来。

(3) 色谱柱的放大与计算

① 溶质回收率

由于层析分离中需要消耗大量的流动相，因此溶质的回收率经常是判断层析分离经济效益的重要指标。它的计算方法如下

$$\text{溶质回收率}=\text{洗脱溶质量}/\text{总溶质量} \tag{9-42}$$

而在馏分收集的时间间隔 t_1 和 t_2 之间，洗脱溶质量为 $\int_{t_1}^{t_2} cH\,\mathrm{d}t$，总溶质量为 $\int_0^{\infty} cH\,\mathrm{d}t$，其中 c 为流动相中溶质的浓度，H 为流动相流量。因此溶质回收率可计算如下

$$\text{溶质回收率}=\frac{\int_{t_1}^{t_2} cH\,\mathrm{d}t}{\int_0^{\infty} cH\,\mathrm{d}t} \tag{9-43}$$

将 c 表示的溶质浓度曲线代入上式积分，就可以计算出溶质回收率。

② 产品纯度

层析分离操作中的产品纯度如下

$$i\ \text{组分的纯度}=\text{洗脱}\ i\ \text{组分量}/\text{洗脱的总溶质量}$$

因此

$$i\ \text{组分的纯度}=\frac{\int_{t_1}^{t_2} c_i H\,\mathrm{d}t}{\sum_j \int_{t_1}^{t_2} c_i H\,\mathrm{d}t} \tag{9-44}$$

式中，下标 j 包括所有组分。

i 组分的纯度也可由溶质回收率来计算

$$i\text{ 组分的纯度}=\frac{y_{\mathrm{F}}(i\text{ 组分的纯度})}{\sum_{j}y_{\mathrm{F}}(j\text{ 组分的纯度})} \tag{9-45}$$

式中，y_{F} 为进料组成。

③ 层析柱放大技术

色谱分离的特点在于其很高的分离效率。因此在将色谱柱放大以获得更大的处理量时，必须同时尽可能地保持小柱的分离效率，也就是说在放大的过程中应该尽量保持各组分在色谱柱上浓度分布曲线的形状不变或不产生大的改变。只有这样，才能保证产品的回收率和纯度在放大了的工业分离色谱柱上能与小的实验室分离色谱柱相近，而没有很大的下降。在实际工作中就是要使大型工业色谱柱的 $HETP$ 尽可能地小，接近小直径柱的 $HETP$。

从影响 $HETP$ 的各种因素来看，增加填料的粒径 d_{s}，使 $HETP$ 增大，σ 也增加，因此峰形变宽。提高流动相的流速，可增加处理量，但流速过大，$HETP$ 则明显增加。若在提高流速的同时，增加柱长 L，使二者对 σ 的影响抵消，是放大的一条途径，但往往造成压降过大，甚至会产生填料变形的现象。

增加处理量的另一条途径是加大色谱柱的直径。从 $HETP$ 的计算式看，柱径的大小对它并没有影响，但柱径加大后，由于填料不易装填均匀，使涡流扩散项的影响大大增加，解决这一问题的方法是改进色谱柱的装填技术。填料的粒度分布必须有一定范围，因为在填充过程中，不同大小的粒子分布不同，从而使速度流线分布混乱。粗粒填充松散，渗透性大；细粒填充密实，流动相停留时间延长，使谱带变宽。改善装填技术的方法是小量投入填料粒子，并轻轻敲打、振荡柱。填充方法不同的柱，效率相差悬殊。克服径向截面分布不均的另一方法是沿轴向加入挡板，使流动相每隔一定距离重新混合再分布，这种方法特别适用于大直径柱。此外采用流态化填充柱，可使不同大小的填料在径向均匀混合，且填充层密度小，渗透性好，但稳定性较差。

色谱柱的高径比一般应根据体系分离的难易程度来决定，对难分离体系（相对挥发度 $\sigma<1.15$）可用长而窄的色谱柱，对易分离体系（$\sigma>1.15$）可用短粗的大直径柱，以增加处理量。在大直径色谱柱中安装特殊设计的挡板以增加柱的径向混合，减少轴向返混是改善大直径色谱柱分离性能的重要措施。

(4) 柱层析与大型工业色谱

冲洗色谱是最常见的色谱循环操作。一种典型的工业气液冲洗色谱的流程如图 9-19 所示。惰性的流动相连续通入色谱柱内，待分离混合物间歇地以阶跃的形式注入系统。在色谱柱内，组分不断经历被吸附、洗脱的过程，从而根据各自与固定相和流动相相互作用的不同而达到有效的分离。柱层析是最简单的大型工业冲洗色谱。待分离的混合物一次送入层析柱，随后以设定的条件通入洗脱剂，使混合物得以分离。待分离完成后，再重新开始下一次分离。尽管气相制备色谱也有研究报道，但大多数大型制备色谱的流动相是液相，因此柱层析的时间一般较长，在实际操作中常常是多柱并联和串联来完成分离任务的。

在普通柱层析中，除了分离谱带所处的那段层析柱外，其余层析柱并没有发挥出分离作用，这就降低了层析柱的生产效率。因此，可以通过多次脉冲进料的方式来利用这些层析柱部分，这也是制备型色谱的特点。此外，为了尽可能提高层析柱或色谱柱的生产效率，每次进料与分析型色谱相比要大得多，从而难以保证阶跃进料方式，即进料本身带有弥散，使色

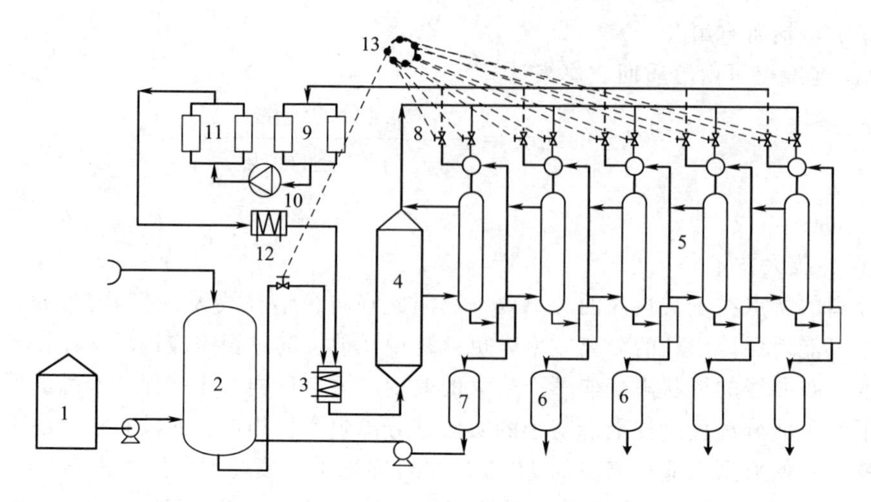

图 9-19 工业气液冲洗色谱流程

1—料液贮槽；2—料液蒸发器；3—进样注射器；4—色谱柱；5—冷凝器；
6—产品贮槽；7—循环组分；8—阀；9—载气清洁器；10—压缩机；
11—载气脱氧；12—载气预热；13—自动控制阀

谱柱的操作条件恶化。因此，与分析型色谱相比，进料谱带对分离效率的影响相当严重。所有这些，再加上大型色谱柱的装填不易均匀，使得大型工业色谱的分离效率大大低于分析色谱。

提高冲洗色谱效率的根本方法在于减少弥散和增大传质速率，以降低理论板当量高度值。可采用缩小填充颗粒的直径，用低黏度溶剂或载气冲洗的方法以增加扩散系数。

工业色谱柱在实际操作中因轴向弥散、有限的传质速率和非线性等温线，以及各区间的拖尾分散扩大的影响，要得到纯的产品就要加长色谱柱使之完全分离。这样，需要用更多的吸附剂，用更多的流动相冲洗，使产品更稀，使洗脱剂回收的能耗更大。改进的方法是将部分待分离的物料和没有完全分离的馏分再次循环，同时在组分分离后即将产品抽出。这种柱切换的流程，在各组分中有一强吸附组分，因而在谱带运动很慢的情况下，效果良好。

在进料方式方面，大型工业色谱为了取得最大的原料处理能力，往往采用较宽的进料谱带。当然，为了保证一定的分离度，进料谱带也不能太宽，一般认为，进料谱带的宽度不应超过柱出口谱峰宽度的 1/4。

对于大型工业色谱的操作来说，要根据体系的性质，选择适当的操作参数。

① 应选择适当的固定相和流动相。要求固定相对分离组分的选择性系数高、吸附容量大、装填性能良好、价格低廉易得等。对于流动相的选择，要求对分离组分的选择性强、容易与分离组分溶液分离、精制简单、易于循环使用，流动相本身的化学性能稳定、黏度较低、价廉易得等。

② 要选择好进料参数。包括进料的浓度和宽度、进料的频度等，以保证产品的纯度和色谱柱的处理量。一般进料浓度高、进料谱带宽、进料频度大有利于提高柱的处理量，但会影响产品的纯度。

③ 要选择好流动相的流速、淋洗程序等。

大型工业液相冲洗色谱的特点是有很高的分离效果，对挥发度非常接近的物质，如难以用一般的精馏过程分离的异构体、热敏性物质，或一般结晶、萃取过程难以分离的大分子物质的分离比较适用。

9.3.5 色谱分离法

(1) 离子交换色谱

离子交换色谱（Ion Exchange Chromatography）是以离子交换剂作为柱的填充物，以适当的溶剂作为流动相，使组分按它们的离子交换亲和力的不同而实现分离。

离子交换介质（固定相）由载体和其上的酸性或碱性取代基组成。载体主要有以下几种：①疏水性的聚苯乙烯交联树脂或部分疏水性的聚甲基丙烯酸交联树脂；②合成或天然的亲水性聚合物，例如纤维素、葡聚糖、琼脂糖、聚丙烯酰胺等；③硅胶。偶联于载体上的离子交换基团种类很多，可分为阳离子交换树脂和阴离子交换树脂。阳离子交换树脂一般含磺酸、膦酸、羧酸等活性基团，阴离子交换树脂一般含伯胺基、仲胺基、叔胺基和季胺基等活性基团。离子交换介质的酸碱强弱按使之完全离子化的pH范围区分，较宽者为强，较窄者为弱。合适的树脂需考虑多种因素，如树脂颗粒的大小、内部孔径大小、扩散速率、树脂容量、反应基团的种类和树脂的寿命等。

对用于分离的离子交换介质，要求载体具有小的非特异性吸附、足够大的内孔径以减小分子筛效应和内扩散阻力。对于载体的粒径，用于精细分离的介质载体采用小颗粒，而用于大规模色谱的载体可选用较大的颗粒，以减小柱压降。

离子交换色谱由于具有普适性、高分离效能和高处理容量等优点，使其既能应用于整个分离过程的最初步骤，大量富集和浓缩目标物质，也能成功地用于精细分离和纯化步骤。朱家文等在研究用DEAE和QAE离子交换色谱从基因工程菌*Pichia pastoris*发酵液中分离重组人血清白蛋白（rHSA）时，首先用卵清蛋白模拟与其性质接近的杂质蛋白进行离子交换色谱条件的研究，再用该条件下的DEAE离子交换色谱过程对发酵清液中的rHSA进行分离，可以从含杂蛋白众多的发酵清液中很好地分离提取rHSA。

(2) 疏水作用色谱

疏水作用色谱（Hydrophobic Interaction Chromatography，HIC）是利用表面偶联疏水作用基团（疏水性配基）的疏水性吸附剂为固定相，根据样品各组分在疏水性固定相上亲和力的差异，通过改变流动相的操作和洗脱条件，使各组分在填料上的吸附移动速度产生差异，从而达到分离的目的。对于含有疏水区域的大分子如蛋白质，能为疏水作用色谱介质上的疏水配基所吸附，并通过色谱原理进行分离和纯化。

水是非极性溶质的不良溶剂。非极性物质在水中的溶解在热力学上是不利的。溶液中的溶质具有互相吸引而聚集或吸附到某种疏水性表面的趋势，以使自由焓下降。这就是非极性分子在水溶液中产生疏水作用的原因。温度同时影响溶液系统的焓变和熵增，因而影响疏水作用。实验和理论分析表明，疏水作用的强度随着温度的上升而增加。溶液中的盐的种类和浓度会影响溶液的极性，由于盐溶液的表面张力大于纯水的表面张力，因此盐的浓度越高，疏水作用也越大。溶液中高的盐浓度有利于吸附，因此在疏水作用色谱的吸附操作时都采用高盐溶液。盐的种类对疏水作用的影响与感胶离子序一致。

对阴离子：$SO_4^{2-} > Cl^- > Br^- > NO_3^- > ClO_4^- > I^- > SCN^-$

对阳离子：$Mg^{2+} > Li^+ > Na^+ > K^+ > NH_4^+$

疏水作用色谱的洗脱可以采用改变盐浓度、改变流动相的极性或加入表面活性剂实现。使用过的疏水作用凝胶可以再生继续使用。常用的再生方法是用6mol/L尿素或盐酸胍变性洗脱顽固吸附杂质，然后洗涤和平衡，再次使用。

现以从牛骨中提取酸性磷酸酯酶为例，简要说明疏水作用色谱的应用。牛骨洗净并仔细除去所有非骨组织和血液细胞等，粉碎、匀浆、抽提，抽提物经 CM-Sepharose 离子交换色谱、纤维素磷酸盐亲和色谱、Sephacryl S-200 凝胶过滤色谱和疏水作用色谱纯化得到纯的电泳酸性磷酸酯酶。最后步骤即疏水作用色谱使用 Phenyl-Sepharose 凝胶。收集上一步骤凝胶过滤色谱洗脱液中的活性峰切割部分，在 4℃、温和搅拌的条件下缓慢加入硫酸铵直至30%饱和度（缓冲液为 100mmol/L 醋酸钠，pH 6.5)，在室温下上柱，以硫酸铵饱和度从30%～0%的负梯度洗脱，收集活性峰。结果表明过程的活性回收率为 92%，浓度提纯了 13 倍。

(3) 亲和色谱

亲和色谱分离法是利用高分子化合物可以和相应的配基（如酶及其底物或抑制剂、激素和受体、抗原和抗体)，进行特异并可逆结合的特点进行分离的。这种相互作用（称为亲和作用）具有高度特异的生物识别性，可以达到很高的分离选择性和纯化倍数。

由于亲和色谱所使用的配基的多样性，分离过程中所用的亲和色谱介质往往需要使用者自己合成。这需要选择合适的配基、载体以及载体的活化和配基偶联方法。

亲和色谱过程中理想的配基应具有如下特点：配基与目标蛋白质的结合应是可逆的；配基对目标蛋白质应具有适当的专一吸附特性；配基与目标蛋白质的结合常数应足够大以形成稳定的结合，或在色谱过程中提供足够的保留值；当流动相条件改变时，目标蛋白质应能够较容易地被洗脱下来，不会对目标蛋白质造成不可逆的变化；实践表明，配基与目标蛋白质的结合常数 K_A 在 10^5～10^6 时（相当于解离常数 K_D 为 10^{-6}～10^{-7}）较为合适。当 K_A 大于 10^{10}～10^{11} 时，不能应用于亲和色谱。同时，配基上应有合适的化学功能团使之能与载体偶联。

大孔、高比表面积的亲水性凝胶，特别是琼脂糖凝胶珠，很适宜作为亲和色谱介质的载体。它具有一系列近乎理想的性能，如生物相容性好、不产生非特异性吸附作用、表面具有可与配基结合的功能基团等优点，主要的缺点是机械强度和化学稳定性不够好。通过对凝胶进行化学交联处理可以部分克服这些不足。其他介质载体尚有纤维素、交联葡聚糖、聚丙烯酰胺、硅胶、琼脂糖-聚丙烯酰胺共聚凝胶等。

配基和载体的偶联步骤分为三步：①载体的活化，使之能和配基上的功能基团反应；②配基和活化载体的偶联反应，使配基以共价结合的方式牢固地连接到载体上；③残余活化基团的掩蔽，一般通过加入过量的能与活化基团反应的小分子化合物来实现，以得到稳定的亲和吸附介质并避免在使用中产生不希望的副作用。常用的多糖凝胶载体与配基的偶联方法有溴化氰法、双环氧乙烷法和环氧氯丙烷法、碳二亚胺法等。对于不需要“手臂”的载体，朱家文等提出了一种在多糖载体上偶联含氨基配基的简便方法：将载体在碱性下加热，当无还原剂存在时，部分葡萄糖基团产生羧基，然后在水溶性碳二亚胺存在下直接与带氨基的配基偶联而得到亲和载体。用该方法可制备良好的亲和超滤吸附载体。

亲和色谱的典型应用为 Protein A 亲和柱分离免疫球蛋白（IgG)。鼠单克隆抗体能在高pH、高离子强度下结合到 Protein A-琼脂糖柱上。用结合缓冲液（1.5mol/L 甘氨酸，3mol/L NaCl，pH 8.9）平衡 Protein A-Sepharose CL-4B 凝胶柱，鼠血清 1∶1 稀释后上样，然后分别用一系列 pH 不断降低的缓冲液洗脱，即可把不同的 IgG 亚族洗脱下来。

(4) 凝胶过滤色谱

凝胶过滤色谱（Gel Filtration Chromatography）是 20 世纪 60 年代初发展起来的一种快速简单的分离技术。关于凝胶过滤色谱的原理有多种假设和理论，目前，人们普遍接受的是分子筛效应。即凝胶并不吸附所分离的物质，当被分离的混合物加入色谱柱后，用同一种溶剂进行洗脱，大分子物质不能进入凝胶内部而通过凝胶珠之间的空隙直接流出柱外，较小的分子可以进入凝胶的网孔结构内部，增加其在柱上的保留时间，并在一定的范围内按分子量的大小顺序依次流出色谱柱，从而实现按分子量大小的分离。

理想的凝胶过滤色谱介质应具备下列条件：化学惰性；化学稳定性，可以在较宽的pH和温度范围内正常使用；凝胶上没有或只有极少的离子交换基团；足够的机械强度，机械强度不够的凝胶在流动相流动压降和柱床层重量的作用下会变形，使流动阻力增大和分离性能变差；最后，凝胶应有足够大的内体积（即较小的骨架体积）以及适当的孔径大小和分布。常用的凝胶过滤色谱介质有：葡聚糖凝胶、葡聚糖-次甲基双丙烯酰胺交联凝胶、聚丙烯酰胺凝胶、琼脂糖凝胶、琼脂糖-葡聚糖复合凝胶、琼脂糖-丙烯酰胺复合凝胶和硅胶等。

在凝胶过滤色谱中，流动相流速是影响分离效果的重要因素之一。流速的大小受扩散的影响。当流速太高时受固定相内扩散速率的限制，一定的内体积实际上不能得到利用，使介质的分离能力不能得到充分的利用，同时，流速的提高也受到柱的最高承受压力的限制；当流速太低时，柱内主体流动的轴向扩散也可能起到不利作用。

凝胶过滤色谱用于蛋白质溶液的脱盐已有数十年的历史。图9-20显示了用Sephadex G25对蛋白质（肌红蛋白）溶液进行脱盐的结果，其上样体积达到床层体积的37%。

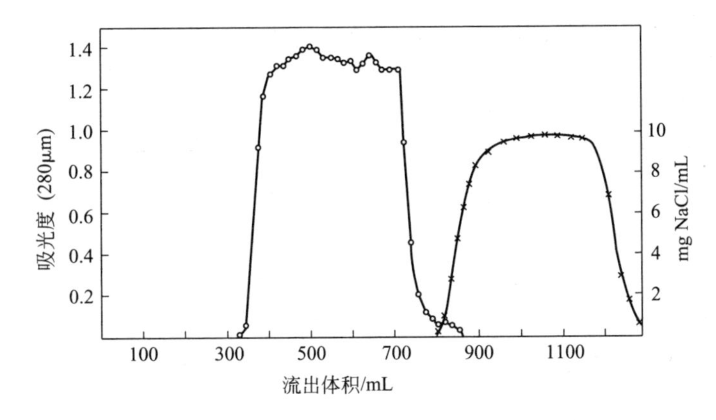

图9-20 凝胶过滤色谱对大量样品的一步脱盐

色谱柱：4×85cm；介质：Sephadex G25；样品：o=肌红蛋白；×=氯化钠

思考题

9-1 分析混合气体和溶液吸附等温线的差异及原因。

9-2 试述固定床吸附和移动床吸附的优缺点及适用范围。

9-3 叙述塔板理论的局限性及原因。

9-4 分析气相色谱和液相色谱速率方程式中纵向扩散系数大小的差异及原因。

9-5 讨论各色谱分离操作的分离机理。

习题

9-1 2mol含丙醇35%（摩尔分数）的丙烯和丙烷混合物在25℃和101kPa下用0.1kg的硅胶吸附剂吸附达到平衡。平衡数据如附图所示。计算被吸附气体的物质的量及其组成，未被吸附气体的平衡组成。

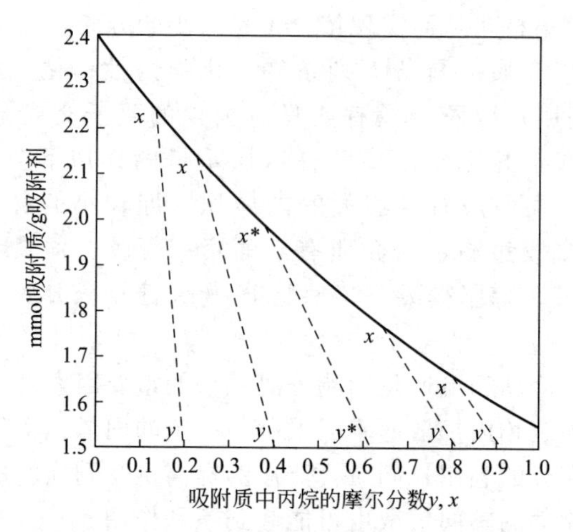

习题 9-1 附图 C_3^0 和 $C_3^=$ 在硅胶上吸附平衡曲线（25℃，101kPa）

9-2 水中少量挥发性有机物（VOCs）可以用吸附法脱除。通常含有两种或两种以上的VOCs。现有含少量丙酮（1）和丙腈（2）的水溶液用活性炭处理。Radke 和 Prausnitz 已利用单个溶质的平衡数据拟合出 Freundlich 和 Langmuir 方程常数。对小于 50mmol/L 的溶质浓度范围，给出公式的绝对平均偏差见下表。

丙酮水溶液(25℃)	q 的绝对平均偏差/%	丙腈水溶液(25℃)	q 的绝对平均偏差/%
$q_1=0.141c_1^{0.597}$ (1)	14.2	$q_2=0.138c_2^{0.658}$ (3)	10.2
$q_1=\dfrac{0.190c_1}{1+0.146c_1}$ (2)	27.3	$q_2=\dfrac{0.173c_2}{1+0.0961c_2}$ (4)	26.2

表中，q_1 为溶质吸附量，mmol/g；c_1 为水溶液中溶质浓度，mmol/L。

已知水溶液中含丙酮 40mmol/L，含丙腈 34.4mmol/L，操作温度为 25℃，使用上述方程预测平衡吸附量，并与 Radke 和 Prausnitz 的实验值进行比较。实验值：$q_1=0.715$mmol/g，$q_2=0.822$mmol/g，$q_{总}=1.537$mmol/g。

9-3 用大孔吸附树脂从发酵滤液中吸附某抗生素。假定该抗生素的吸附属于 Langmuir 等温吸附，即符合 $q=\dfrac{q_m KC}{1+KC}$。饱和吸附量 q_m 为 0.06kg(抗生素)/kg(干树脂)；当液相中该抗生素的平衡浓度为 0.02kg/m³时，树脂的平衡吸附量 q 为 0.04kg/kg。试求：料液中抗生素平衡浓度为 0.2kg/m³时的吸附量。

9-4 用大孔树脂吸附色谱法从发酵液中吸附分离某抗生素 A。色谱柱中填料的有效高度为 30cm。测得该组分在柱中的保留时间为 9.1min，该组分峰的半峰宽 $w_{1/2}$ 为 0.96min，计算：(1) 该柱的理论塔板数；(2) 该色谱柱的塔板高度。

9-5 已知物质 A 和 B 在一个 30.0cm 柱上的保留时间分别为 16.40min 和 17.63min，不被保留组分通过该柱的时间为 1.30min，峰宽为 1.11mm 和 1.21mm，计算：(1) 柱分辨能力；(2) 柱的平均塔板数目；(3) 塔板高度。

参 考 文 献

[1] Seader J D, Henley E J, Roper D K. Separation process principles chemical and biochemical operations [M]. 3rd ed. New

York：John Wiley & Sons，2011.

[2] 邓修，吴俊生．化工分离工程［M］．第 2 版．北京：科学出版社，2013.

[3] Georges G. Fundamentals of preparative and nonlinear chromatography［M］．Boston：Academic Press，1994.

[4] 刘家祺．分离过程与技术［M］．天津：天津大学出版社，2001.

[5] Scott R P W，Simpson C F. Liquid chromatography column theory［M］．New York：John Wiley & Sons.，Inc.，1991.

[6] 杜斌．现代色谱技术［M］．郑州：河南医科大学出版社，2001.

[7] 叶勤．现代生物技术原理及其应用［M］．北京：中国轻工业出版社，2003.

[8] 朱家文．离子交换层析分离纯化重组人血清白蛋白［J］．华东理工大学学报，2002，28（4）：341-347.

[9] 赵德明．分离工程［M］．杭州：浙江大学出版社，2011.

[10] Lau K H，Farley J R，Freeman T K. A proposed mechanism of the mitogenic action of fluoride on bone cells：Inhibition of the activity of an osteoblastic acid phosphatase［J］．J Biol Chem，1987，262：1389-1397.

[11] 刘家祺．分离过程［M］．北京：化学工业出版社，2002.

[12] 朱家文．水溶性亲和超滤载体的制备和应用［J］．华东理工大学学报，1999，25（6）：560-566.

[13] Janson J C，Ryden L E. Protein purification，principles，high resolution methods，and applications［M］．New York：VCH Publishers Inc.，1989.

[14] Rodrigues A E. Permeable packings and purfusion chromatography in protein separation［J］．J Chromatogr B，1997，699：47-61.

[15] 陈欢林．新型分离技术［M］．第 2 版．北京：化学工业出版社，2013.

[16] 夏小燕．生物大分子分离纯化技术的重大突破——灌注层析系统［J］．生物工程进展，1994，14（5）：40-45.

[17] Bidlingmaier B，Unger K K，Doehren N V. Comparative study on the column performance of microparticulate 5-μm C 18 -bonded and monolithic C 18 -bonded reversed-phase columns in high-performance liquid chromatography 1［J］．Journal of Chromatography A，1999，832（1-2）：11-16.

[18] Gustavsson P E，Larsson P O. Continuous superporous agarose beds in radial flow columns［J］．J Chromatogr A，2001，925：69-78.

[19] 叶庆国．分离工程［M］．第 2 版．北京：化学工业出版社，2017.

[20] 袁惠新．分离工程［M］．北京：中国石化出版社，2002.

[21] McCormick D K. Expanded bed adsorption-The first new unit process operation in decades［J］．Bio/Techno，1993，11：1059.

[22] 路秀林．人血清白蛋白纯化技术研究进展［J］．生物工程学报，2002，18（6）：761-766.